张曼——著

好妈妈总有好办法

一本书搞定孩子成长中的关键心理问题

中国法制出版社
CHINA LEGAL PUBLISHING HOUSE

序 言

当今社会，经济、科技、文化都发生着千年未有的巨变。而家庭教育处于这种巨变中，父母怎样用自己体验过的教育方法，去抚养、引导需要适应几十年后的社会的孩子，这是一个艰难、复杂的考验和任务。

每一个儿童在人格形成的最重要阶段都是生活在家庭中的，父母是孩子心理健康水平和社会适应能力的最重要的影响者和引导者。但在咨询和教培工作中，我见到太多的父母仅凭一腔热血和满怀期望去养育孩子。很多儿童和青少年在这种情境下被“养”出了心理疾病，他们厌学、辍学、上网成瘾、出现偏差行为、逆反……科学、有效的家庭教育理论和技能如同沙漠中的甘泉般稀缺。

脑神经科学和心理学研究证明，心理是大脑的功能，不了解孩子的大脑发育特点，父母就无法科学、高效地针对孩子的心理、行为、情感进行引导和培养。这本《好妈妈总有好办法》，集我十几年来对中小学生及学龄前儿童进行心理辅导和咨询的经验，帮助父母从孩子的生理、大脑与心理发育特点入手，针对普遍存在的、让父母感到苦恼的儿童心理行为，给予实操性指导，帮助父母科学育儿。育儿痛苦的根源在于父母不懂孩子的发展规律，很多孩子的正常发展过程被父母当成严重的问题。父母没有在正确的时间做正确的事，失去了培养孩子某些良好习惯、行为与技能的黄金窗口期。

我曾经读过一则寓言：一个农夫得到了一块宝玉，他想把它雕刻成一件精美的作品，可他手中的工具是锄头。很快，这块玉变成了更小的玉，而它的形状始终像石头，而且价值也在慢慢失去。如果用寓言象征父母与孩子的关系，年轻的父母就是农夫，孩子则如同宝玉。孩子经过不同父母的教养，长大后差距巨大。而让孩子产生差距的根源，就是父母教养孩子的工具。可能每个父母都觉得自己挺聪明的，怎么会傻到用锄头雕琢美玉呢？可现实中，很多父母就是这样做的，家庭教育的败笔往往藏在生活的细节中。父母无意中的一些小行为、小失误，给孩子造成了心理阴影，严重影响孩子的心理健康，而父母却认为是“为了孩子好”。

下面几个例子是很多父母经常做的事：想教育孩子懂礼貌、尊重别人，无视孩子正在专心致志地玩玩具，强迫儿童甚至幼儿必须回答大人的问话；要求孩子让着比他小的孩子；让孩子必须把自己喜欢的零食玩具和其他小朋友分享。在成人的世界里，礼让和分享是好品质，但对一个 3 岁甚至更小的孩子来说呢？他们的大脑还没有发育出这样的能力，只能做到“自我中心”，成人的诸多教育目标违背了孩子的生理和心理发展的自然规律。使用这种违背发展本能的教养模式，父母会在孩子逐渐成长的过程中，发现越来越多的问题，怯懦、自卑、退缩，或者逆反、厌学、辍学以及日益恶化的亲子关系。

当孩子出生时，我相信每个父母的心愿都是美好的，但结果很难如愿。为什么会出现这种结局，就是因为父母们选择了不合适的教育工具。

俗话说：“工欲善其事，必先利其器。”要想把孩子雕琢成一块“美玉”，父母需要首先用科学的理论武装自己，了解孩子的生理、心理发展特点，充分把握孩子各项能力发展的“窗口期”，达到事半功倍的效果。用科学的儿童心理学知识为孩子未来的人生幸福与成就奠定坚实的基础。

作为一名大学心理学老师，一名专业的儿童青少年问题专家，普及科学靠谱的育儿理念是我们的重要工作。我们一直在做的，就像在沙滩上救小鱼的孩子一样——执着地将一条条小鱼放进大海，这条在乎，那条也在乎……如果不能帮助全部，帮助一些也是好的。

在本书中，每节都会从“你遇到的问题”开始，然后讲问题的解决方案，并在最后做出总结“这一节指导了你什么”，帮助父母对学习的内容进行归纳和思考，加深记忆和理解。

这里，我谨向本书的审稿人和出版流程中涉及的各个环节的工作者表示感谢，他们帮助我提高了本书的质量，他们的辛勤付出，才让本书得以最后出版。此外，我还要向在本书的写作过程中帮助我校稿的各位朋友表示感谢，他们是禹建林、成运、方传斌、刘伟、李庆。

我还想感谢翻开《好妈妈总有好办法》的每一位读者，感谢你们为关爱和理解儿童付出的努力。我衷心希望，每一位读者都能跟随本书完成一场愉快的、难以忘怀的心灵成长之旅。

张　曼

2020 年 8 月

目　录

CHAPTER V 第五章

CHAPTER 1 第一章

如何提高孩子的学习能力

LESSON 1 第一课

孩子的天分藏在哪儿——左脑还是右脑

每个家长都希望自己的孩子更聪明，综合能力发展得更完善，所以父母们很早就开始学习怎样让孩子全面发展。很多妈妈在怀孕的时候就会刻意注重营养摄入、避免噪声干扰、重视胎教等。孩子出生后，妈妈们更是注意给孩子补充各种营养。除此之外，家长还想给孩子报名参加各种训练班。

感觉只要某个方法被专家证明是对孩子的智能发展有好处的，家长就绝对不会错过。我要给这样的家长点个赞，因为他们非常关注孩子的心理发展，并且积极实践。但是我想问家长们一个问题，什么叫全面发展呢？全面发展是不是我们以前所提倡的德智体美劳？如果你学习了一些脑科学知识可能就会明白，我们原来强调的那些德智体美劳，在心理学的心智发展上来说，并不算是全面发展。它可能只是孩子的能力和天赋发展的一小部分，而真正的全面发展还需要我们的大脑说了算。讲得形象一点，人的大脑就像是分了很多区域的收纳盒，孩子们的能力、天赋就装在这些盒子里面，不同方面的天赋装在不同的盒子里，生理学家把这些盒子叫脑区。比如，大脑的顶叶区域负责人类的触觉、痛觉和温度觉，额叶区域掌管人类的运动控制和认知活动的功能，颞叶区域负责我们的听觉过程。如果使用功能性核磁共振进行脑成像扫描，你就会发现当你的身体被触摸或被刺痛的时候，大脑的顶叶区域就会被激活，而在脑成像图上就会反映出大脑的这个区域亮起来了。如果你正在制订下个月的学习计划，这个时候你的大脑的额叶区域会被激活，在脑成像图上显示的就是你的额叶区域亮了起来。

人类的各个脑区几乎掌握了我们身体所有的运行和功能，所以医学上定义一个人活着的必须条件是他的大脑要活着。大脑的一个最明显的分区叫左右半球分区，脑神经科学家研究发现，人类左右脑的功能也有很大差别。在20世纪50年代，美国加利福尼亚大学心理技术研究院的斯佩里教授，通过把癫痫病人左脑和右脑之间的胼胝体连接切断，去验证一个人的左脑和右脑的功能各是什么。

结果发现左脑与右脑的功能是有非常明显的倾向性的。斯佩里发现人类的左脑主要负责语言、书写、数学、逻辑等，而人类的右脑主要包括空间关系、情绪、音乐和艺术方面的能力。通过进一步的研究发现，总体来说，人类大脑的左半球倾向于分析师的风格，它喜欢对我们接受的信息进行一点一点的处理。我们对那些细节记忆的把握，精细的计算、背诵、写作文、做应用题等都是左脑擅长做的。人类大脑的右半球倾向于全方位式的工作风格。也就是说，它从整体上进行信息处理，所以那些宏观的整体思维以及创造性思维是右脑擅长的。

一个人只有在左脑和右脑相互协作的情况下，同时接受两种信息加工的风格，才能把我们藏在大脑里的天赋都释放出来。说到这里，有的人可能要问："你说这些对我们培养孩子有什么用呢？"乍一听我好像只是在给大家做脑科学的科普，但实际上这和我们前面讲的知识培养方式是有联系的。孩子出生以后，他们的大脑处于高速的发育阶段，大脑神经元会在两岁的时候全部完成生长，以后大脑会不断地修剪这些神经元，来提高它们的运作效率。连接我们左右脑的神经元叫胼胝体，它也会得到迅速的发展，十岁左右可以达到成人的水平。随着年龄的增长，孩子左右脑的单侧化优势会越来越明显，这是什么意思呢？这就意味着父母需要在孩子十岁以前就开始同时训练它们的左脑和右脑，让他们大脑中的两个半球都被激活。

我给大家介绍一个关于左右脑平衡训练的方向，虽然不是具体的方法，但可以给大家提供一个训练的思路。美国哈佛大学教育学院的心理学家加德纳在1983年的时候，通过他的著作《智能的结构》提出了一个非常伟大的概念，叫作多元智力。他认为人们的全方位能力并不只是我们传统意义上说的智商，而是有更多的因素决定了我们的全部能力。这些因素包括言语、数学逻辑、空间、运动、音乐、社交、自我认知，共七种多元智力。主管这些能力的脑区分别分布在我们大脑的左右半球，且大多需要左右脑的配合才能完成。

因此，那些没有注意多元智力发展的孩子会在成长过程中慢慢落后。这种落后并不是指成绩上的落后，而是指综合智力上的落后。这也解释了为什么有的学生在学校期间明明成绩很好，但一进入社会就不适应了。很多人在同学聚会的时候会发现，有的差等生反而成了人生赢家，而优等生则变成了相对平凡的人，这些都能体现出大脑全面发展的重要性。现代社会，人们的竞争从生物学上来说就是脑的竞争。具体怎么做其实不用我多说，家长们需要转换思维，多带孩子参加运动，学习音乐，跑到大自然里面去感受；培养他们写日记的习惯，帮助他们反思和总结自己的一天；也可以与孩子讨论关于生死的问题，不要以为这些和学校考评体系没有关系就可以不做。

LESSON 2 第二课

利用“敏感期”培养孩子的语言能力

这部分内容要跟大家讲一讲，怎样在孩子六岁之前培养他们的语言能力。我们都知道，零岁到六岁是孩子语言发展的关键时期，特别是在零岁到两岁这个阶段。可以说，家长只要在孩子零岁到六岁期间用科学的方法好好地培养孩子的语言能力，那么他们的语言能力往往会自然而然地往好的方向发展。

这些年，我在进行心理咨询的过程中遇到过很多这样的孩子，他们非常苦恼，和我说：“老师，其实我经常为自己的表达能力困扰，我有很多心里话不能对爸爸妈妈说，因为我说不清楚。我想和同学表达一些观点，但是我又说不出来。竞选班干部的时候，我每次都想冲上去，但是又害怕自己的演讲太差。”我作为心理咨询师会对他们说：“你要接受自己，如果你觉得自己的语言能力不太强，你可以多进行这方面的训练，或者你可以发展出除语言能力外的其他优点。”

但是作为家长，如果你的孩子年龄还小，你为什么不在语音发展的关键时期培养好孩子的语言能力呢？我们都知道当代社会一个人的说话能力非常重要，比如美国总统的竞选，每个候选人都必须是一个很优秀的演讲家，即使你不去竞选美国总统，只是当一个团队的领导，你也得把自己的想法向大家表达清楚。在班上当班干部、当小组长，你也得有很好的表达能力。有的人可能会说：“我是搞科研的，语言能力对我来说是不是就不太重要了呢？”错，如果你有很好的研究成果，但是无法在学术大会上详细清楚地讲给大家听，那么你这个成果的影响力一定会大打折扣。在我们的日常生活中，语言能力也是一个人魅力的体现，会说话的人一定会在人际交往，包括谈恋爱当中获得不少红利。

因此，亲爱的家长们，如果你们的孩子还小，你一定要认认真真了解这部分内容——怎样在早期培养孩子的语言能力。具体怎么做呢？我刚才说了，一定要抓住关键期，这个关键期的核心是零岁到两岁。一般来说，刚出生到九个月的婴儿还没有学会说话，所以家长要做的，就是营造一个家里有不断对话的语言环境，你可以不断地对你的宝宝说话、唱歌，这些都会刺激他的大脑对语言的反应，也能够促进他的大脑语言神经末梢的发育。在下一个阶段，也就是九个月到十三个月的时候，家长的指导非常关键，因为在这个时候，孩子开始出现了类似语言的发音。这个时候就需要家长，特别是妈妈对孩子的发音进行模仿，比如宝宝的嘴里发出“妈妈”的声音，那么你就要趁热打铁地重复“妈妈，妈妈”。如果宝宝发出“包包包”的声音，你可以猜一猜他在说什么，你可以不断重复“宝宝，宝宝”。关键是什么呢？关键是要回应他所说出来的话，哪怕只是模糊、含混不清的声音。有研究表明，母亲在这个阶段对孩子的语言进行回应能够促进他的词汇爆发。一般来说，十三个月到二十个月是孩子的词汇爆发期，这也被称为孩子语言学习的黄金八个月。在这个时期，家长一定要尽一切可能和孩子多对话、多说话、多回应。

你要让宝宝知道，原来对话是我说一句，然后你再说，你说完我再接着你的话说，让孩子知道这种对话的模式也容易让他以后成为一个很好的倾听者。那么你可能要问，除了这些方法，我们还能做些什么来有针对性地提高孩子的词汇量呢？下面我要再教你一个方法，叫作此时此刻原则。比如，你在教宝宝进行词汇辨认的时候，一定要遵循他正在做什么事情，一定要抓住这个机会来教他相关的词语，而不是强制他去认某个物品。打个比方，宝宝正在玩皮球，你就要抓住这个机会告诉宝宝：“皮球，皮球”，因为宝宝这个时候的注意力是在这个球上的，宝宝会更容易把语言和物品联系起来。而不是在宝宝玩皮球的时候，你指着窗外说："小狗，小狗"，这样的方式会让宝宝感到很迷惑。父母训练孩子的词汇量一定要以孩子为中心，他正在从事什么事情，我们就教他什么事情的词汇，这样的方法能让孩子更高效地学习词汇，从而帮助孩子在二十个月之前掌握至少五十个词汇。

除了让孩子学习母语，可能有的家长会问，什么时候让孩子学习外语，他能够同时接受呢？因为有的父母可能会担心如果宝宝同时学习两门语言会产生混淆。其实，这种担心是多余的，因为每个孩子的大脑里都有一种叫作语码转换的机制。两岁的孩子完全可以同时学习两门语言，所以你如果想让孩子学习外语，两岁就可以开始了。当然，学习外语最好的方法就是家里有两种语言的语言环境。

两岁之前，家长做到这些，对孩子的语言发展就够了。那么两岁以后，孩子已经学会说话了，家长又应该注意哪些事情呢？这里就要讲到所有宝宝最喜欢的一件事情——睡前故事，对于每位父母来说，都应该给孩子讲睡前故事。你可能会说："现在不是有很多早教机嘛，我就把早教机放在孩子的床边，让早教机给他讲故事。"但这样好吗？我建议大家，如果不是迫不得已，请你自己给孩子讲故事。孩子在两岁到六岁这个时期的睡前故事，是帮助家长和孩子建立感情联结的最好时机。而且每个故事都需要你精心挑选，因为每个故事都可能给孩子幼小的心灵植入一个新的概念，也会促进他养成一个好习惯。这种把讲故事的机会交给早教机的行为其实很不明智，因为孩子在听故事的过程中也会问很多问题，这时就可以促进你和他进行问答与交流。

总结一下，要想在六岁之前培养孩子优秀的语言能力，家长应该怎么做呢？第一，我们要在孩子零岁到两岁的时候，积极回应孩子的发音或语言。第二，在孩子十三个月到二十个月的时候，对他进行语言“轰炸”。第三，在两岁以后多讲睡前故事，这就是父母们可以做而且能做到的事情。当然，对于特殊儿童还有一套不同的语言训练方法。

LESSON 3 第三课

提升孩子智商的科学技巧

这节内容讲解的问题是怎样在六岁前提高孩子的智商。我想每个孩子在出生前，父母和其他长辈都对他们寄予了两个最大的愿望：一个是聪明，另一个是漂亮。

当然，漂亮不是儿童心理学要解决的问题，今天我来告诉家长们，怎样让孩子变得更加聪明。“聪明”可以用一个心理学术语——智商（又称 IQ）来描述，那么什么是智商呢？其实智商简单来说，就是一个人对这个世界的认知能力，也就是一个人认识这个世界的能力有多强。如果一个孩子的智商比较高，那就意味着他在将来很可能会取得更高的成就，在对世界的认识活动上，他可能会更优秀。虽然智商不是取得成功的唯一标准，但它是我们能否成为人生赢家的重要条件，所以自从这个概念提出以后，各界人士都对儿童的智商非常重视。

很多父母在孩子很小的时候就想知道：“我家孩子的智商怎么样啊？”不过在孩子三岁之前，智商是不能直接测试的，因为孩子本身的表达能力没有发展成熟，所以你无法给他布置一些任务来测试他的智商。当然，办法还是有的，有一个测试叫作贝利婴儿发展量表，就是根据婴儿表现出来的行为是否符合他这个年龄所应该表现出来的行为，从而判断这个孩子的智力是否正常，但是这个量表主要针对特殊儿童使用，也就是说，主要用来评估这个孩子是否有异常、是否有情绪困扰、是否有感觉缺失、是否有神经缺陷。对于正常的婴幼儿来说，测试智商是没有必要的。当幼儿超过四岁半以后，我们就可以采取韦氏智力测验对其进行测试。韦氏智力测验是当今被认为最准确的儿童智力测试方法。如果家长需要，可以带孩子到专业的心理测评机构或大医院做韦氏智力测试。

不过，以上这些内容不是本节课的关键，这节课主要讲一讲怎样提高孩子的智商。有的人认为智商是天生的，就像有句俗话说的那样“龙生龙，凤生凤，老鼠的孩子会打洞”，意思就是孩子的智商是由基因决定的，所以后天没有什么办法可以改变。但是如果你还记得我们上节课讲的语言敏感期的内容，就应该知道其实各种能力的发展都有敏感期，当你错过孩子的某个关键期，即使你的基因再好，孩子的智力也很难得到最充分的发展和提升。

但是如果你在孩子智商发展的关键期对其进行了良好的教育，孩子就可能变得更聪明。说到这里，大家可能会问，成长环境包括了学校和家庭，那么到底是学校还是家庭对孩子的智力发展更重要呢？我们经常看到有的家长把孩子送到幼儿园、送到小学，然后对老师说："老师，我把我家孩子就交给您了，那全部都拜托您了。"这种说法对吗？其实家庭教育与学校教育是相辅相成的，虽然学校起着主导作用，但还需要家长的配合，对孩子进行全方位的培养，才能使教育得到最好的效果。那么对于家庭来说，父母应该怎样帮助孩子，促进他们的智商发展呢？

1. 在孩子零岁到三岁的阶段，家长要多对孩子进行亲吻和爱抚

这一点可能妈妈们做得更好。亲吻和爱抚的动作，可以促进对孩子大脑的刺激，建立一个爱的反馈。这个发现是由著名心理学家哈洛通过恒河猴实验得到的关于母爱的结论，是人类爱的本质。

2. 鼓励孩子探索环境，多让他对各种事物进行尝试

如果孩子犯了错误，不要对他盲目指责，更不能取笑他，比如孩子拿东西没有拿稳掉到地上，或者是打坏了什么东西，不能说“你怎么连这个都拿不好”。还有的家长指导孩子做作业，如果做错了哪道数学题，比如加减法运算，家长可能会说“你怎么连这个都不会做”，孩子就会对做作业完全失去动力。所以，父母们在说话的时候一定要多加注意。

3. 对孩子提出的问题要进行耐心的解答

我们都知道孩子在年幼的时候会有很多疑问，比如，他们会问“妈妈，为什么树叶是绿色的，花却是红色的呢？”“为什么鸟可以飞，人却不能飞？”“爸爸，我们为什么要天天吃饭？”所有这些问题都是孩子对世界的探索，有的家长却认为这些问题很无聊，所以可以不用回答，就算我不回答，孩子长大后自然会明白。但是这种想法大错特错！研究显示，孩子在小的时候得到父母越多的回应，长大后的智力、成绩越好。

4. 父母要多亲自教孩子生活的常识

比如，教孩子认识物品怎样排列，怎样对物品进行分类，怎样去做对比，包括一些实践的指导，如怎么吃饭，怎么穿衣服，怎么系鞋带……记住，不要把这些事情交给老师去做，一定要爸爸妈妈亲自陪着孩子做。

5. 多表扬、多称赞

这可能是最容易被忽视的，那就是要对学龄前的儿童多进行表扬，而且要对他们取得的任何一个小成就举行小小的庆祝仪式。比如，他第一次学会穿好衣服，第一次可以自己吃饭，你都应该非常郑重其事地对他进行表扬和庆祝，甚至给他一些奖励。这个仪式是非常重要的，家长不要以为孩子的行为很简单，没有什么值得庆祝的。但对孩子来说，每一个小技能的学习都是一个里程碑。

6. 多和孩子进行语言和非语言的沟通与交流

这与第三点讲的内容有相似之处，要多回答他的问题，多问他问题，多和孩子说话，而且努力促进他和你进行对话。当然，家长也可以设计一些小的文字游戏，对话游戏，背唐诗、接唐诗等。除了语言方面的刺激，我们还要对孩子进行非语言的刺激，比如我们可以通过音乐的方式来促进孩子对你的回应，我们可以亲自教孩子唱歌，当他还不太会唱的时候，我们可以让他只唱一个字、一个音都没有问题。比如，我们教孩子唱“一闪一闪亮晶晶”，当他不会唱完整的句子时，我们可以只要求他唱一个音，我们唱“一闪一闪亮”，然后等着他把“晶”唱出来。当孩子更熟练的时候，我们可以一人唱一句，甚至可以一人唱一首歌。除音乐外，我们还可以对孩子进行动作肢体方面的训练，比如陪孩子玩滚滚球，我们从这头把球滚到孩子那边，让孩子把球再滚过来，这也是一种非语言的交流。

总结一下，我刚才介绍了六点建议，从原则上来说其实很简单，首先就是要和孩子进行更多的身体接触；其次多陪伴勤指导，耐心交流；最后就是鼓励探索，积极评价，不取笑不指责。

LESSON 4 第四课

婴儿智力发展精确阶段分解

这节内容我来给大家介绍一下，按照孩子的年龄时间轴和相应的大脑发育，给家长们提供在不同阶段采取不同养育方法的参考方案。这也是科学的育儿心理学提倡的：在正确的时间做正确的事。我以零岁到两岁婴儿认知发展的精细时间表为例，详细介绍儿童的智力发展。你可能要问什么是认知呢？认知就是人类获得知识和应用技能的过程，家长们关心的孩子的记忆力、想象能力、思维能力，包括智力的发展，都属于认知的范畴。可以说认知的发展决定了孩子今后是否聪明，是否有创造力。如果你了解了孩子的认知发展过程，那么对于任何诸如提高智力、怎样进行早教、什么时候应该学什么等问题，你就完全明白了。

一个人从出生到成年，他的认知水平发展分为四个阶段，分别是感知运动阶段、前运算阶段、具体运算阶段和形式运算阶段。零岁到两岁的小宝宝正处于感知运动阶段，这个精细的时间划分是由20世纪伟大的儿童心理学家皮亚杰用一生所研究出来的成果，我现在给家长们详细解读这张时间表。

总的来说，感知运动阶段的儿童主要是通过感知觉和身体的运动来认识自己和世界的。这个时间段，认知发展的关键是刺激感知觉、解放儿童身体。因为这个阶段的孩子认知发展速度非常快，因此皮亚杰又把零岁到两岁这个阶段进一步划分成六个小时段，每个小时段都拥有非常具体的发展任务。

1. 第一个小时段——出生后的前30天

大多数人可能从没意识到，孩子出生以后非常忙碌，他们可不只是躺在床上等着你帮他们处理吃喝拉撒，他们在出生后的前30天里不断练习先天赋予他们的那些反射能力。比如，我们都知道宝宝出生以后就会有吮吸反射，他们的嘴只要碰到妈妈的乳头就知道如何去吮吸，这是天生的能力，但他们还是会努力不断地练习，即使嘴巴没有碰到乳头，也可以通过调整头的位置找到乳头。而且他们经常会在不饿的时候做出吮吸的动作，只要你把手指或安抚奶嘴放在他们的口里，他们就会开始吮吸。你不要以为宝宝是被你忽悠了，误以为安抚奶嘴就是妈妈的乳头，你是不可能骗过他们的，他们只是在练习罢了。

2. 第二个小时段——一个月到四个月

这个阶段的宝宝们会特别喜欢重复那些偶尔让他们感觉到快乐的动作，比如吃手指、用不同的方式吸奶、抓握物品……这都是他们在练习新的技能。就拿吃奶这件事来说，一个月的宝宝非常容易呛奶，当然这有喉软骨发育不全的原因，但还有一个原因就是他们不知道其他的吃奶方式来控制奶的流量，所以容易呛到。但是一个月到四个月的宝宝不断练习吮吸的各种技能，从而通过控制口腔的肌肉来减少奶的流速，你可以发现，这个时期的宝宝发生呛奶的次数会明显减少。

当你发现宝宝有一些非常喜欢做的事情时，你就要让他们来反复练习这样的事情，特别是练习抓握的动作。除了经常伸手让宝宝抓，你还可以提供一些不同形状的东西让他们抓握。有很多家长会把不同形状色块的玩具悬在宝宝的面前，方便孩子举起手去抓握那些眼前的物品。你要记得的是，一定要重复练习，不需要给孩子太多的玩具和材料，这反而会让孩子们在练习的时候不够专注。

3. 第三个小时段——四个月到八个月

这个时候的孩子们会对操控物品和了解事物的新特征产

生浓厚的兴趣，如果重复一件事情可以让他们感到快乐，他们就会不断地重复。比如，你给他一个拨浪鼓，如果宝宝喜欢，他就会用自己的手抓住拨浪鼓不断地摇。这个时候，你要注意的是，不要只是自己在宝宝面前摇给他听，而是要反复把拨浪鼓放到宝宝可以够得着的地方，或者直接递到他的手上，让他自己来摇，来体会，这是一种听觉、触觉协调能力的综合训练。四个月的孩子开始学会面孔识别，如果看到一张友善的面孔，他们会主动发出咕咕的声音想要留住这张面孔的主人。如果他喜欢你这张脸，那你就要尽可能在他提出要求的时候接近他，让他感到快乐，这种方式可以增加孩子对环境的控制感和安全感。

4. 第四个小时段——八个月到十二个月

这个阶段里，宝宝们会变得更加主动，他们会开始学着总结经验解决问题。如果你在孩子附近放一些好看的玩具，他们想要的时候就会自己爬过去拿。如果你用一只手挡住设立一个障碍，他们会努力地推开你的手，然后尝试克服困难拿到物品。这个阶段，他们的每一个动作都越来越有目的性。所以如果你想训练宝宝主动探索的能力，八个月以前可能是做不到的，因为他们的身体发育水平和认知能力都达不到。而一旦到了八个月到十二个月的时候，你就可以开始训练他们实现目标的能力了。

比如，你可以把一些宝宝感兴趣的东西放在离他不远的地方，然后设置一些小的障碍让他们去克服。你可以在他爬过去拿玩具的路上放一个大枕头来挡路，他们必须绕过这个枕头，或者从枕头上爬过去才能拿到东西。这时候，宝宝想要什么东西需要付出努力才能得到，而不是小手一指你就帮他拿过来了。

5. 第五个小时段——十二个月到十八个月

这时候，孩子将进入一个非常关键的时期，就是创造力萌发的阶段。这个阶段，幼儿的好奇心会达到一个高峰，他们非常喜欢探索，而且会想办法用不同的方法来达到相同的目的，这就是所谓的发散思维。比如，你给宝宝一个橡皮鸭，可能你给宝宝展示的是用手去捏橡皮鸭，然后发出响声，但是他们用手实验过以后可能还不满足，很多孩子会把橡皮鸭扔在地上用脚踩、用棍子打、用屁股坐，如果同样能发出声音他们会感到非常开心，而且会感受到很大的成就感。这时候，你千万不要认为我家孩子真调皮，不爱惜东西，其实他们是在非常努力地研究一个目的的多种实现方式，这就是创造力的萌芽。因此，只要没有危险，一定不要阻止孩子的这种行为。

6. 第六个小时段——十八个月到二十四个月

这时候，宝宝们会进入学步期。如果宝宝们在前五个阶段都发展顺利，那么到了第六个阶段，孩子就会发展出一个很强大的能力——表征能力。孩子之前要解决一个问题，必须依赖实际的物品进行实验试错才行，而一旦拥有了表征能力，他们就能够把外界的数字、图像和语言都放到内心当中进行运算操作，而不需要真的做这些事情就可以想象出结果了。

有一位心理学家和自己的女儿玩过这样一个游戏，当时他的女儿只有六个月大，心理学家当着女儿的面把一根项链放到火柴盒里面，让女儿打开火柴盒把项链拿出来。刚开始，他的女儿会把火柴盒翻来翻去想倒出项链，但没有成功，用手直接抠也抠不出来。然后她的女儿出现了一个非常奇怪的现象，就是她轻轻张开了嘴，然后越张越大，停顿了几秒钟，好像突然想到了办法，用手从火柴盒的细缝用力一拉，火柴盒就这样被拉开了，项链也就拿出来了。他的女儿张开嘴的过程其实就是在脑海中模拟了打开火柴盒的场景，她用自己的身体模仿了整个过程，从而最终独立解决了问题。

到了这个阶段，宝宝们的记忆、思维能力都开始高速发展。如果说之前家长们不需要做什么的话，那么现在我们对孩子的智力培训就可以全面开始了。在说方法之前，我再次强调，智力提升绝不是报个什么机构，要求宝宝们老老实实地坐着听课就可以了，所有的培养其实都源自日常生活中的一些常规小动作，具体分为四个方向：空间、数、分类和模仿。超过一岁的宝宝基本上可以区分自己和周围环境的区别，他们就像一台数据信息收集器一样，需要积累很多的空间知识的数据。那么家里的环境，房子周围的环境、大自然，都可以成为他们信息收集的好场所，所以对空间能力的训练就是不要去限制孩子的运动，因为限制运动就等于限制了他们的数据采集。很多人成年以后的空间能力不佳，经常迷路，或者是身体控制能力弱往往与他们小时候在关键时期的数据采集训练不足有关。所以从儿童大脑发育的角度来说，学步车最好不用，还有那种把宝宝关在里面的小围栏最好也不要用。

一岁半的时候，你就可以对孩子进行一些数字概念、数数、认识数字这样的学习了，甚至简单的十以内的加减法都可以开始进行了。在你平时和宝宝的对话过程中，可以不断地运用分类的概念，比如动物分类、植物分类、颜色分类、性别分类，都可以在不知不觉中让他们识别。当你发现宝宝开始模仿你的表情、动作的时候，你要做的就是鼓励和支持他们，把你的动作放慢，反复演示给他们看。他们会在不断的演示过程中记住你的表情、动作和情绪，要注意的是，你在示范情绪的时候，如果宝宝看到的是一个快乐的妈妈，这个快乐情绪也会被孩子记住；如果你是一个忧郁的、焦虑的妈妈，他们也可以很灵敏地感受到你的负面情绪，并且学会你的方式。

总结一下，在零岁到两岁这个感知运动阶段，你需要根据孩子认知发展的六个小时段实施有针对性的养育方案。在孩子十八个月以前，你基本上不用刻意做什么，只要注意不阻止他们的认知自然发展即可。十八个月以后，你可以针对孩子的空间、数、分类和模仿能力的发展提供一些合适的训练条件。当然，即使你知道了每一个阶段该做什么，能做好这一切的关键还是取决于你能否把养育孩子真的看成一件快乐和有成就的大事，因为取得养育成功的强劲动力永远是第一位的，而方法是第二位的。

LESSON 5 第五课

抓好这五点，孩子很聪明

上一节介绍了零岁到两岁儿童认知发展的精细时间表，家长们了解了小宝宝的大脑是如何运作和思考的。随着时间的推移，超过两岁的儿童大脑的认知水平会有一个质的飞跃。如果我们把零岁到两岁的儿童大脑认知水平看作手机中的老人机，那么两岁到六岁这个阶段，儿童认知能力则直接升级到智能机。心理学家皮亚杰把这个时期叫作前运算阶段，孩子在这个阶段会发展出各种新技能，带给父母们最直观的感觉是孩子比之前聪明多了。这一节，我就给家长们讲一讲，智能机版本的孩子到底在哪些地方变聪明了。

1. 发展出符号功能

两岁以下的孩子存在这样的现象，他们在看到一个喜欢的东西，想要拿到它的时候，如果你把这个东西拿走，不让孩子看见，并且用一些方法分散他们的注意力，孩子很快就想不起自己刚才要什么东西了。这是因为两岁前的孩子对任何事情的关注和记忆都非常依赖线索，也就是说，他们需要看到或摸到这个东西才行。

但是智能机版本的孩子就不一样了，哪天他从幼儿园回来，刚走到屋子里面可能就会大声喊“我要吃冰激凌”。但是他从幼儿园回家的路上根本就没有看过任何人吃冰激凌，也没有看到冰激凌的广告图片，没有任何提示，他还是可以想起冰激凌凉爽香甜的感觉，这个时候就意味着孩子认知的第一个功能升级已经完成，这就是符号功能。从此以后，孩子可以摆脱思维对具体物品的依赖，光凭记忆和想象就能对以前看到过、听到过、感受过的东西进行思维加工了。而词语、数字和图像都是孩子们可用的符号，为什么说孩子在两岁以后，他的词汇量、句子、语言的流畅程度会飞速发展，就是因为他们在等着大脑符号功能的成熟。符号功能也让他们开始对周围的事物进行模仿，并且开始想象游戏。如果他自己去医院打过一次针，过了一段时间，孩子就会自己拿着注射器去给小熊或娃娃打针，这些行为都是他们在努力用符号去构建一个自己心中的成人世界。有一句广告词“大人吃大馒头，小孩吃小馒头，大猫走大洞，小猫走小洞”，这是非常符合两岁到六岁儿童的心理特点的。

2. 理解同一性和分类能力

第二个重要的认知升级叫理解同一性和分类能力。什么叫同一性呢？就是指孩子们开始知道，虽然人和物品在形式、大小或外观上发生了变化，但是它的本质没有变。比如，你把孩子经常吃的小蛋糕换一个新的包装给他，只要他打开一看就知道，这还是原来的配方，还是熟悉的味道。就算幼儿园老师穿上了海盗的衣服，小朋友们也会想："你不还是我们的老师吗，别以为穿上马甲我就不认识你了。"

而分类能力意味着孩子们开始对周围的人和事情进行归类总结，比如不同的颜色、不同的大小，都会被他们在头脑里进行区分。更重要的是，孩子有了分类就开始有了是非观念。孩子们会把人分为好的和坏的、善良的和自私的等，这就意味着你要给孩子树立正确的价值观、培养优良的家风，这些从孩子三岁左右就可以开始了。有了分类的能力也意味着你可以和孩子进行谈判，儿童心理学家为什么花费很多力气给家长们讲解，遇到孩子不听话的时候，不要使用直接惩罚和制止他们的行为。因为他们在这个年龄，你可以和他们对话，你在日常生活中要告诉他们什么是好的，什么是坏的，比如你可以告诉孩子"吃饭前洗手是很好的事情""把鞋子放到鞋柜里面是很棒的"，然后让他们判断很多事情的好坏。比如，你可以问孩子"那个小男孩欺负妹妹的行为好吗？"对儿童的教育要先用价值观提前熏陶，然后再进行教育就会轻松很多。

3. 初步知道事情间的因果关系

接着，我们来看逻辑能力。两岁半以上的儿童开始逐步知道了事情之间有因果关系，特别是那种连在一起发生的事情，比如他在草坪上看到一个皮球飞了过来，他会马上往球飞来的方向看是谁踢的。这个时候就是培养孩子们考虑事情后果的时候了，你可以经常给他们说一些简单的因果关系句式，再利用一些机会进行发问。比如，你可以说“吃东西前不洗手会生病”“把爸爸的书撕烂，爸爸会生气”。有了这样的一些预设之后呢，你有机会就可以问他们“饭前不洗手，你会怎么样啊？”“要是把爸爸的书撕烂，爸爸会怎么样啊？”当然这个时候，孩子对因果关系的认识还非常简单，他们会把一切先后发生的事情都认为有因果关系。比如，有一天孩子被批评了，然后爸爸妈妈在家里吵架了，孩子就很容易认为是自己的原因让爸爸妈妈吵架，这样他就开始担心爸爸妈妈会不会离婚，从而出现一些焦虑感引起的怪异行为。

4. 同理心的发展

这个阶段还是同理心发展的关键时期。所谓同理心就是想象和理解他人的感受的能力，如果你在这个时候引导孩子去识别他人的情绪，比如将很多的头像表情放在孩子的面前，然后问宝宝：“你看这个人的心情怎么样，他是开心还是难过呢？”你也可以和他在一起看绘本的时候问他这样的问题：“你看这个人的心情是什么样子的？”当孩子能够准确识别大多数情绪时，你就可以进行下一步的推理教育了。比如，你可以问宝宝：“你看那个小女孩哭得好伤心啊，你觉得她为什么要哭呢？”“嗯，她找不到妈妈了，那我们应该怎么办呢？我们一起带她去找妈妈吧。”这就是最基本的利用同理心让孩子决定做什么的训练，也是儿童社交训练所提倡的，让孩子自己思考并决策。

5. 数字的概念

这个时期，孩子最后一个认知水平的提升是开始理解数字的概念。一般到了三岁，绝大部分的儿童都可以数数到 20 以上，并且知道 1 到 10 的数字里面谁最大，谁最小，领先一点的小朋友可以进行 10 以内的加减运算。在多数人的认识里，学习数学好像与天赋有关，包括我们认为男孩子的数学就是比女孩子好，有的孩子数学怎么学也不可能学好的，这其实都是偏见。儿童发展心理学研究表明，一个儿童的计数和运算能力主要取决于这个家庭所处社会的文化和对数学的教学，也就是说，数学好也可以是一种后天训练的效果。一个家庭越重视数学，儿童的数学能力越好。那你可能要问为什么美国学生的数学没有我们中国孩子的数学好呢？难道这么发达的美国对数学还不重视吗？其实，我们中国孩子数学好占了一点语言和文化的便宜。三岁以前，孩子们学习数数，美国儿童和中国儿童的学习表现是一样好的。而到了三岁以后，中国孩子开始学习 10 以上的数字，比如从 11 到 20，美国孩子就要重新学习每一个名称，eleven、twelve、thirteen 等。而中文的数字系统是十进制的，中国孩子学习的是 11、12、13，根本就不是一个新的数字，从直觉上就可以判断是 10+1、10+2、10+3。这种语言体系对孩子学习数学更加有效，慢慢地差距就拉开了。

说完这些，你有没有发现，从儿童的认知发展规律来看，真正对孩子进行正式的有计划的培养，应该从孩子两岁半左右开始。而两岁以前，除了给予丰富的环境刺激，家长在培养上需要做的可能并不多。这也就是为什么儿童心理学家一直强调的，“在正确的时间做正确的事”有多么重要了。每次我在讲儿童心理发展的各种特点的时候，总有一个担心，就是害怕我们的父母觉得这一课好像没有给我们一个解决问题的方法，但是我个人认为，从整体上了解儿童各个阶段的成长特点比解决单个问题要有意义得多。因为这是你用来制定教育方针的最好依据，如果你已经有这样的认识了，那么我要恭喜你，你的教育理念已经升级到智能机版本了。

LESSON 6 第六课

儿童认知能力的特点

上一节我们讲了两岁后的幼儿大脑的认知水平会升级到智能机版本，他们在五个方面变得更聪明了，但另外一个问题可能会浮现在你的脑海里：这个时候的儿童思维有什么弱点呢？如果你想到这一层，我要给你点个大大的赞，因为这说明你已经可以站在儿童的角度来看问题了。

1. 自我中心

幼儿认知虽然比婴儿时期进步了不少，但缺陷也是明显的，学龄前的孩子，准确地说是两岁到六岁的孩子还有很多事情做不到。我们需要注意，孩子的哪些思维具有局限性呢？经常有一些学习课程的父母和我吐槽："老师，为什么我家孩子总是只考虑自己，一点儿都不理解我们做父母的想法呢？我明明想让他这样，他一定要反着来，有时候我很着急，他好像一点儿都不能理解，还跟我纠缠。”有这种困惑的父母先别急着怪孩子，我要告诉你儿童思维的第一个局限性，就是儿童容易只关注情境的某一个方面，而忽略其他的方面，他们不能同时考虑几个方面的问题，所以很难站在别人的角度上看问题。

上星期，我的一个好朋友找到我，他说：“我儿子现在两岁半了，老喜欢说‘不要’‘不行’。奶奶给他穿袜子怕他冷，他说‘不要’，然后就跑开了。午休之前想让他先上个厕所再睡，他也说‘不要’，然后到时候还是得自己再去一次。我们的好心他怎么体会不到呢？”听完以后我笑着说：“两三岁的孩子是很难从你的角度上想问题的，这时候的儿童表达都是从自我出发。两岁以后，儿童的自我意识开始飞跃，迫切地想要获得独立感，但语言能力还跟不上，结果就体现在他们总是说‘不要’‘不好’。”我给了这位朋友一个建议：“每次都给孩子一个选择，比如问他‘你是现在穿袜子还是晚五分钟再穿呢？’第一逆反期的孩子需要这种自主感，满足这种感觉以后他反而会变得听话。”他回去用了这个方法，让孩子自己做选择，结果真的见效了。其实孩子所说的“不要”“不行”的背后含义是：“妈妈，这次能不能让我自己做主啊，然后再听你们的话可以吗？”

皮亚杰为了研究儿童的自我中心，设计了一个著名的“三山实验”。他邀请了很多三岁到五岁的孩子，让他们站在一张正方形的桌子三边，桌子上有一座山的模型，山的各个面是不同的形状。他在桌子的第四边放了一个娃娃，然后问这些孩子：“你能告诉我娃娃眼里的山是什么样子吗？”这时候，孩子们基本是按照自己的角度来描述山的样子，说不出娃娃看到了什么。皮亚杰认为这个年龄的儿童都是自我中心的。所谓“自我中心主义”并不是我们平常说的那种自私自利，而是指孩子觉得“我看到的角度就是世界的全部”。如果一对夫妻经常吵架，那么他们家里的宝宝很可能认为“是因为我不乖，才惹得爸爸妈妈吵架”，这种心态反而无私地承担了一切责任。

不过你肯定要问，那能不能想办法让孩子更好地理解别人呢？答案是可以。在皮亚杰的“三山实验”之后，还有其他的心理学家做了一个实验，他们让三岁到五岁的孩子坐在一个正方形木板的前面，这个木板的平面被隔板分成了四个区域。心理学家让孩了们居高临下地去看，心理学家在正方形木板的一边放上一个玩具警察，再把娃娃分别放在第一个、第二个、第三个和第四个区域里面，然后问孩子：“娃娃在哪里的时候，警察可以看到呢？”30 名三岁到五岁的儿童，十次实验他们有九次都答对了，因此心理学家认为，想要这个时期的孩子更好地理解别人的观点，就必须让他们来完成比较熟悉的任务。警察和娃娃是孩子们比较熟悉的，而山是比较陌生的，超出了孩子的理解范围，他们就只能以自己为中心来理解了。如果你想要孩子更好地理解妈妈，其实可以在做游戏和讲故事中进行角色互换。比如，你跟孩子玩过家家，让孩子做妈妈，拿一个娃娃来让他光着脚，然后说："现在天气很冷了，是冬天了，你觉得光着脚的娃娃会怎么样呢？你是妈妈，你应该做些什么呢？"然后把娃娃的袜子放在旁边，孩子很有可能会给娃娃穿上袜子。多让孩子在游戏当中模拟父母的身份，孩子可能就更容易站在他人的角度上看问题了。

2. 不懂守恒

除了容易觉得自己是宇宙的中心之外，孩子们的第二个思维局限是他们还不能理解"守恒"。什么是守恒呢？也就是两个物体，如果外形发生了变化，质量没有增加或减少，那么两个物体仍然是相等的。皮亚杰做过很多这样的实验，他给一个叫蒙迪西的小男孩展示了两个相同的透明玻璃杯，两个杯子都是那种宽并且矮的样式，里面装有相同的水，然后他问这个小男孩："这里面的水是一样多的吗？"蒙迪西说："是一样多的。"接着，皮亚杰当着蒙迪西的面，把其中一杯水倒进一个高而窄的杯子里，还让蒙迪西亲自操作了一遍，然后再次问他："现在两个杯子里面的水是一样多还是哪个更多呢？"蒙迪西非常坚定地回答："高的那个杯子里的水多。"

换了其他的小朋友呢？有的小朋友说高的那个多，因为杯子高一些。还有的小朋友则说宽的杯子多，因为杯子大一些，几乎没有孩子说两杯水一样多。但是明明孩子们亲眼看到两杯同样多的水倒进了不同的杯子里面。如果他们会反推的话，想象新杯子的水倒回原来的杯子，他们就会明白两杯水一样多了。这个实验证明，这个阶段的孩子的思维具有不可逆性。上次有个爸爸说："我家儿子上一年级了，我问他一斤棉花和一斤铁哪个重，他跟我说铁重。我说错了，他还跟我争，你说我这孩子是不是有点儿笨啊？"我说这一点都不奇怪，你等他到二年级的时候再讲这个问题，他就可以明白守恒的道理了。

3. 泛灵论

学龄前儿童的第三个思维局限性表现在，他们区分有生命和无生命的事物是有困难的。你认真观察就会发现，孩子们会跟玩具说话，甚至会小心翼翼地轻拿轻放，好像生怕弄疼了它们一样，这很有可能是因为孩子认为这些玩具都是有生命的。所以如果你扔了他心爱的娃娃、机器狗之类的，他会伤心很久。皮亚杰曾经问过很多幼儿，风和云彩是有生命的吗？有的孩子说云有生命风没有，有的正好相反。孩子喜欢把所有的事物都看成有生命的，心理学家称这种现象为"泛灵论"。这也可以解释为什么孩子拿着一个物品可以自言自语地玩很久，到晚上有可能害怕一顶帽子或一条围巾。后来有人开始质疑皮亚杰的理论，他们发现如果给孩子呈现差距比较大的物品，比如人和石头，他们就可以知道人是有生命的而石头没有。之后又有心理学家发现，这种“泛灵论”特别受文化的影响，比如以色列的儿童会通过一个东西能不能吃来判断是不是有生命；美国的孩子会通过观察他们是不是能够呼吸、生长和死亡来判断有无生命；日本的儿童则会认为所有东西都有生命、有情感，包括石头和凳子。

这节内容为大家介绍了学龄前儿童的三个思维局限——自我中心、不懂守恒和泛灵论，目的还是要促进家长们更好地理解孩子的各种童年心理发展现象，帮助父母不再只是站在自己的角度去主观判断孩子们行为背后的意义，从而减少提出儿童做不到的非分要求。如果你一定要提出孩子们做不到的那些要求，孩子会痛苦，家长会受挫，这都是因为我们的养育不合乎道。从本质上来说，儿童心理就是一种道，而所有的父母都是修道之人，修的是儿童心灵成长之道，也是自我心灵成长之道。今天你修炼了吗？

LESSON 7 第七课

好记性靠“心计”

进入小学以后，孩子就进入了记忆策略培养的黄金期。到了这个时候，孩子们对信息加工和保存的能力逐步提高，儿童大脑中的一些多余的神经突触开始逐渐被修剪，这会导致他们大脑加工的效率提高，记忆的容量增大，思维变得更加复杂和高级，并且这个时候他们也开始学会了使用记忆的策略和技巧。你是否能回忆起，在你读小学或中学的时候，总有些同学的记性特别好，老师随便布置一些背诵作业，他们总能准确无误地背出来。在靠记忆能力打天下的小学、初中，这些同学便是那个时代的学霸。更可气的是，很多人还在同学面前摆出一副我天生就是记性好的样子，让有些记单词、背课文的困难户只能羡慕嫉妒恨了。直到有一天，我了解了大脑的发育特点，心理学家研究出来的记忆策略和方法，这才揭开了记性好的人获得成功的惊天秘密。原来并不是他们的记忆秒杀了同学们，而是他们在做专门的训练。

所谓天生记性好和记性不好，说的是孩子们的工作记忆容量大小，也就是说，一个人在专注的时候能够保持多少信息在你的脑海里。比如，工作记忆容量大的孩子可以轻松地记住一个手机号码，而容量小的孩子可能只能记住一个座机号码。但是这种差距完全可以被后天学习的记忆策略弥补，也就是说，记忆这种东西绝对是可以勤能补拙的。接下来，我要告诉那些对自己的记忆力不自信的孩子五条干货记忆策略。

1. 48 小时内及时复习 +1.5 倍过度复习法

艾宾浩斯是一个研究记忆的心理学家，他在 1885 年的时候发表了他的经典的实验。他让人们去记住很多完全没有意义的音节，比如 CEGDAX 而不是 DOG（狗）。要记住这些内容，基本上只能靠死记硬背。结果艾宾浩斯发现，如果人们第一天能够记住所有的材料，24 个小时以后，他们就会忘记超过 60%。但是随着时间的推移，他们忘记的速度会变得越来越慢，到了一个月以后，他们即使不复习也可以保持 20% 左右对材料的记忆。这个实验告诉我们，人类的遗忘是先快后慢的。如果要让记忆保持，就必须在学习后的 48 个小时之内及时复习，这个时候的巩固效果是最好的。后来艾宾浩斯发现，如果想要更牢固地记住这些材料，需要采用一种叫作

1.5 倍“过度学习”的方法，就是说，如果你需要背十遍才能够背出一篇课文的话，你就必须再多背五遍，达到刚好记住的练习的 1.5 倍，这个时候的记忆效果是最好的。可能有的人会问，为什么是 1.5 倍而不是多多益善呢？因为实验发现，记忆的次数超过了 150%，以后进行再多努力都不能提升记忆的效果了，有时候甚至还会起反作用，所以心理学家总结的第一条干货就是 48 小时内及时复习，并采用 1.5 倍的过度复习法。

2. 利用编码特异性进行记忆

第一种方法针对的是机械记忆，也就是死记硬背的方法。到了学龄期，孩子最大的本事是对信息的整合以及理解记忆，所以心理学家又研究出另外一些更高级的记忆策略，比如编码特异性。也就是说，如果你想要回忆起那些已经学过的内容，最好使它在提取的时候和你学习的时候有类似的背景。打个比方，你现在需要默写单词，如果你默写的地方和你记单词所处的环境有高度的一致性，那么你对单词的记忆效果一定会更好。

当你要记一些内容的时候，比如要背演讲稿，你可以在背诵的同时放上音量比较小的音乐，持续在音乐中进行记忆，当你一旦登台以后，保持同样的背景音乐就可以提高你的记忆提取能力。或者你明天要考试了，今晚你要复习，你也可以进行特殊的设置，音乐可能不行，因为考试时不能听音乐。这个时候，你可以在房间中放一个香袋，滴上薄荷或柑橘类的精油，你在整个复习的过程当中都闻到这样的香气。等到第二天考试时，你把香囊带上，当你觉得记忆提取困难的时候就拿出来闻一闻，很有可能让你回忆起那些卡壳的知识。这种记忆法的诀窍就是，怎么记的就怎么提取。

3. 利用系列位置效应进行记忆

除以上两方法外，第三种方法是用在学习的过程当中。我们记忆材料的时候，存在一种叫作“系列位置效应”的现象。也就是说，我们往往更容易记住材料的开头部分和结尾部分，而中间部分是最容易忘记的。如果我现在让你想一想背过的英语单词表，你是不是对A和Z开头的部分能够脱口而出，比如A，abandon等。但是如果我要问你中间的字母，是不是就很难回答出来了？不用不好意思，其实所有人都是这样的。心理学家发现，我们之所以能够记住头尾的内容，是因为头尾的内容比起中间的内容来说少了一些干扰。我们最开始记的东西只会受到后面材料的干扰，最后面学的东西只会受到前面信息的干扰，而中间的内容受到两面夹击，所以更容易混淆。利用这个规律，我们可以对复习的方案做一些调整。在你复习一系列内容的时候，你要刻意加强中间部分的复习力度，增加中间部分单元与单元之间的间隔时间。比如，你要背50个单词，你背一个单词的平均速度是20秒，那么等背到第15个单词的时候，你就应该刻意增加背每个单词用的时间，如用一分钟，这样可以保证薄弱的部分被更好地记住。另外，每次复习的时候不要用同样的顺序来复习，尽量把顺序打乱，昨天从头开始，今天从中间开始，明天从最后开始，这样就可以把系列位置效应的影响降到最小。

4. 记忆的深度加工法

第四种高级方法叫作“记忆的深度加工”，这就是说你对一段材料不仅是去背，而且要对它进行整理、分类等，这样你对内容的记忆会变得更加深刻。比如，这本书的内容很多，我从头看到尾，看了后面的忘记前面的，好像顾此失彼，这个时候你就可以用思维导图把整本书的知识点进行归类，哪几章讲的内容其实是一个，哪些概念之间是有联系的，加工以后的信息会不知不觉地变成你的内隐记忆，就是那种随时可以自动提取的记忆。所以，深度信息加工的方法可能是保持记忆效果、考出好成绩最实在、最靠谱的方法了。你可能对具体的方法还不是很理解，我告诉你一个简单的方法，如果你想牢牢记住复习的内容，你可以去做一个小老师，把你学的内容讲给别人听。当你能给别人讲明白了，你对知识就掌握得差不多了。现在最流行的翻转课堂学习法，就是采用了这个原理。

5. 元记忆

最后一个方法透露一个小技巧，我觉得在考试的时候特别有用，叫作“元记忆”。元记忆说的是你对记忆的直觉，也就是你对记忆的记忆。这是什么意思呢？比如，你在考试当中有五道论述题，你可能都需要写出来，当你瞄了一眼题目，感觉前三道题你背了很多遍，后两道题你不确定自己记不记得，这个时候你该怎么做？我认为你应该放弃后两道题，集中精力先把前三道题做完。心理学家经过实验发现，当我们感觉自己对某部分记忆很清晰的时候，那你提取这个信息的正确率一定很高，而当你不确定某个记忆是否可靠时，那么它可能真的就不可靠。所以在考试时就是要先做你感觉自己会做的。

这节内容讲了这么多干货，对于孩子有什么价值呢？其实应用起来非常广泛。你可以和他讨论什么时候做作业效果最好，是看动画片前还是看完动画片后，是适当的安排作业量还是纯粹的题海战术。怎样去选择复习的顺序和重点，以及让他成绩起飞的最好办法。可以让他作为一名小老师，而你老老实实地做个乖学生。最后我要强调的是，今天的内容信息量很大，值得你们多看几遍，你们也可以对本节内容做一次深度加工。好好学习记忆法，其实每个孩子都可以拥有最强大脑。

LESSON 8 第八课

助力孩子成为语言高手

我们都知道，语言能力对每个人来说都是一种非常重要的生活技能，一个善用语言的人，能够更好地表达内心的想法，更好地沟通，以及有可能取得更加卓越的成就。在一个人的成长过程中，零岁到六岁是儿童语言发展的关键时期，但是这并不意味着六岁以后语言就停止发展了，而是进入了一个新的发展阶段。六岁以前，儿童的语言发展基本上是那种发音、理解力或口语能力的发展。六岁以后，孩子们运用词汇的能力得到更加细化的发展。就拿“打”这个字为例，学龄期的孩子完全可以区分什么是拍打，什么是敲打，什么是轻打，而且他们可以理解同样一个词的不同含义。比如，你说百米赛跑和这个电脑跑不动了，小学生完全可以区别，一百米赛跑是我们真的跑步，而电脑跑不动是电脑无法运行的意思。这些发展都为学龄期孩子语言运用的进一步升级提供了能力上的准备。可以说读小学以后，儿童的语言发展进入了需要正规训练的重要阶段。那么我们要让孩子在学龄期成为语言应用的高手，应该做些什么呢？这就涉及三大方面，即表达能力、阅读能力和写作能力。

1. 表达能力

一个表达能力优秀的七岁孩子，他在这方面的能力基本上和成人是非常接近的，甚至有一小部分孩子比成人拥有更好的谈话技能。可是还有一部分孩子并不善于表达，那我们怎么来帮助自己的孩子更好地表达呢？可能有人认为，要让儿童一开始就进入一个陌生的群体，这才能训练他们的能力，但实际上这种想法的反面才是正确的：想让孩子们多表达，就要让他们和自己喜欢的小伙伴一起活动。其实包括我们大人在内，面对新的伙伴都会不自然、紧张，对吗？陌生的场景对表达是有抑制作用的，就算是一个平常很内向的人，他和好朋友在一起时，说话是不是也会滔滔不绝呢？所以，和熟悉、喜欢的人在一起，孩子们更有表达的欲望。

不过，表达分为两种：一种是我们刚才说的和朋友一起谈话的能力，另一种是在人们面前公开叙述的能力。如果你希望锻炼孩子公开演讲的能力，甚至成为一个演讲的高手，那么你就需要经常为他模拟一些小的演说、讲故事的场景。光是这样还不行，你需要注意下面这一点：要在训练的时候循序渐进，不同的年龄阶段使用不同的训练方法。比如，一年级孩子的叙事能力不是很强，他的记忆、理解能力还没有达到高级的水平，所以这个时候我们应该尽量让孩子先来复述那些简短的文章，像寓言故事、成语故事这样的内容。如果你经常让孩子做这样的练习，你就会发现，小学一年级的孩子在复述的时候有个特点，就是喜欢用写实的语言，自己看到过什么就说什么，不会虚构。到了二年级，非常明显的是孩子的叙述能力已经升级了，他们可以慢慢地开始讲那种长篇的故事，比如让二年级的小朋友给妈妈讲一遍安徒生童话《海的女儿》，或者复述一整部电影的情节，都不是太难的事情。而且这时候，他们会开始虚构情节，不会按照看到的内容原原本本地描述了。三年级以上的孩子可以完成描述一件事情的背景、角色，也就是我们经常所说的故事的三要素：时间、地点和人物，而且可以描述得很清楚，他们的复述更加结构化，情节也更加复杂，并且减少了那些啰唆和不必要的话。我们在新闻里听说的那种演说小天才、小作家，最早一般也要到九岁才开始出现，这是因为儿童的心理发展是有其规律的。所以对于叙述能力的训练，关键就是在合适的年龄使用合适的训练方法。

2. 阅读能力

关于语言的运用，第二大能力是孩子们的阅读能力。所谓阅读能力，就是孩子们吸收和理解书面语言的能力。提高阅读能力，也就是提高他们对书面语言的记忆和理解。教育心理学发现，让孩子们学会阅读一般有两种思路：第一种叫作解码法，第二种叫作全语言教学法。

解码法是什么意思呢？就是在我们学习新课文之前，把每一个生词都教给孩子，然后解释每一个词的意思，最后才开始学习文章。这样就可以保证孩子在阅读课文的时候，词汇基本上都会读，而且能够理解所有词汇的意思。但这种解码法也有一个问题，就是阅读效率比较低。我们自己在学习英文阅读理解的时候就知道，如果我们每一个单词都去查意思，就会读得特别慢，一个小时也看不了几篇，而且大量的单字生词的训练也比较机械和枯燥，容易让孩子注意力不集中。

因此教育心理学家又提出了第二种方法：全语言教学法。他们认为每一个孩子都有自然学会阅读和写作的能力，所以家长不需要那么麻烦去教孩子每一个单字和词汇，你只需要把课文读给孩子听，结合一些图片和讨论游戏。你可能要问，如果他们猜不出字词的意思呢，那就可以再听一遍课程的录音或者问老师，这就大大提高了阅读的效率，孩子们也可以在短时间内阅读更多的文章。因为阅读没有限制，而且是在活动当中进行，这可以激发孩子们的兴趣。说到这里，你是否觉得这种全语言教学法比解码法更加先进呢？也不能这样说，虽然全语言教学法听起来很美妙，但是它也有缺点。心理学家发现，这种学习方法培养出的孩子虽然阅读量比较大，但是他们在读文章的时候很容易读错别字，而且对语法的掌握也比较混乱，所以全语言教学并不是完美的解决方案。

更平衡的方式是两种方法的折中，怎么做呢？就是让孩子们在面对那些熟悉的场景的课文时，比如那些课文是描述家庭场景，以及和同学玩耍、逛公园、春游等，完全可以采取全语言教学法。如果课文描述的是孩子们不太熟悉的场景，比如科技文章、文言文，还是建议家长把每一个不认识的词语全部提取出来，等到每个陌生的词都会了以后再去阅读。这样的综合方法会更有效地提高孩子们的阅读能力。包括阅读的方法也是一样，对于那些熟悉的材料，我们可以泛读、速读，而对于那些陌生的材料，我们要采取慢读、重读甚至是背诵的方法。研究发现，两种方法相结合的训练可以让孩子们更好地提高阅读的自信心。

3. 写作能力

很多小学生都觉得写作是一件非常痛苦的事情，他们每次到了作文课都非常头疼。其实，他们并不是因为写作本身有多痛苦，而是写作的教学方式让孩子们觉得不愉快。你们想一想，传统的作文课是怎么上的，老师会说：“我给你们一个题目（或者是一张图片），大家想一想，然后坐在自己的位置上认认真真地写作文。”如果这时候，你和旁边的同学交头接耳，老师还会说：“自己写自己的，不要和别人说话。”但是这种写作课是非常低效的。

心理学家做过一个研究实验，他们让四年级的孩子两两配对写作文，也就是说，两个人可以一起讨论，用头脑风暴的方式写作文。结果发现他们共同讨论出来的文章比单独写作的文章要更加新颖，语言运用更加熟练，而且语法错误更少。所以我建议在作文课上，老师要鼓励孩子们进行讨论和交流，甚至可以把学生分为两两一组或三三一组，每个人写故事的一个部分，你写前面一半，我写后面一半，或者我们两人写一个姐妹篇，这样的方法其实可以让整个写作的过程更加有乐趣。

总结一下，想要提高学龄期孩子的语言运用水平，包含三个方面的训练：表达、阅读和写作，我们鼓励孩子们和自己喜欢的朋友在一起进行互动。叙事能力应该按照孩子的年龄发展特点，提供不同程度的复述材料；阅读能力的训练，最好采取解码和全语言教学两种方式相结合；提高孩子写作能力的最好方法是让孩子们在交流、头脑风暴以后再开始写作文。

总的来说，儿童在学龄期阶段的语言运用能力并不是谁有天赋谁就厉害，小学阶段的表达、阅读和写作能力的提高，基本上是后天系统训练的结果。如果你想培养一个爱表达、会读书、善于写作的孩子，那么小学阶段就是打好基础的最好时间，也请每一位父母不要错过这个时期。

LESSON 9 第九课

怎样帮助孩子在小学抢占学业先机

这节内容我将结合发展心理学的研究成果，和家长们介绍一下如何帮助孩子在小学期间就抢占学业成绩的先机。经常有家长问我说：“我家孩子马上要从幼儿园进入小学一年级了，我最关心的就是他能不能适应小学生活？对于小学的学习他能不能跟得上？希望老师花时间讲一讲如何适应小学的学习生活。”我觉得这些家长真的特别有远见，俗话说“一年之计在于春，一日之计在于晨”，那么小学之际当然就在于一年级了。美国心理学家发现，小学一年级儿童的学习体验越好，他们就会越积极地投入学习当中，也会更加刻苦，并且学习信心更足。他们还发现，如果一个小朋友在一年级就对学习感兴趣，那么这种兴趣会影响他从小学一年级一直到小学四年级的成绩和老师对他的评价。所以，家长在孩子还没有入学，或者刚刚入学的时候来学习心理学，时机非常好。

那么要让孩子在小学一年级就学习领先，心理学家到底有什么建议呢？虽然刚刚进入一年级的小朋友感觉与幼儿园大班没有什么区别，但是他们在这个时候的发展任务已经有了巨大的变化。幼儿园时期，孩子们是以游戏为主，上了小学以后，他们要以学习为第一要务。

可能有的父母会说，我当然知道学习重要了，所以我给他报了很多课外辅导班、强化训练班，但是效果都不明显。这反映了大家对学习这个概念的理解问题。小学生的主要任务是学习，但这里说的是，我们要培养孩子主动学习的习惯，而不是替他们安排更多的学习生活。这两者的区别非常大：一个是把孩子看成成长的智慧体，重点是引发他们的内部动力，另一个则是把孩子当成水缸，不断地往里灌水。那么如何让孩子在一年级就进入主动学习的状态呢？有三个关键的心理因素：第一是自我效能感，第二是奖励方式，第三是管理方法。

1. 自我效能感

自我效能感是指一个人在做某件事情的时候，感觉自己能够成功的一种心理特质，也就是遇到某个挑战任务的时候，我感觉“我能行”。感觉自己“能行”的孩子会更多地去尝试挑战，并且会把当前的挫折当成取得成功的过程。而自我效能感比较低的孩子容易把小的挫折直接判定为“我可能真的不行”。

那么，如何培养孩子的自我效能感呢？这里有两个方法：第一个叫作行为成败的经验。简单来说，就是你第一次做某件事就成功了，那你会很容易获得再次的成功。有人说“成功是一种习惯”，这并不是说第二次做某事会更容易成功，而是因为这个人更有信心去付出更多。我记得在我小学刚开始学习写作文的时候，第一次老师布置了一篇关于春游的作文，我非常认真地思考、酝酿，回味春游的愉快过程和心情，写完作文后，又仔细地修改了好几遍。后来上语文课的时候，老师把我的文章作为全班朗读的范文，这让我一下子获得了巨大的成就感。从那以后我每次写作文时，都觉得自己拥有能写成范文的水平，也会花更多的心思在写作文上。在这个老师教我的两年内，我写的所有作文几乎都成为全班朗诵的范文，直到我大学毕业回去探望这位老师，她仍然保留着我的作文，时不时给她现在的学生阅读。我写作的自我效能感就是因为有了一个很好的开始，有了成功的经验才形成的。所以每次写作文，我都会有一种要拿文学奖的快感，这也让我的成绩真的变好了。所以，每一门学科的开头阶段都是最重要的，也是家长要帮助孩子获得信心的主要阶段。

当然你可能会说，我自己也不太懂孩子学的东西，怎么帮助他获得成就感呢？这里你可以运用自我效能感提高的第二个方法——替代性经验，就是学习者通过示范行为获得间接经验，从而提高自我效能感。也就是说，如果你看到一个水平和你差不多的人都成功了，这个时候你会认为：我也能行。此处请注意，家长经常犯一个错误，就是把自己的孩子和那些优秀的同学比，这种比较一点用都没有，还会降低孩子的自我效能感。为什么呢？因为他认为那些同学本来就比自己好得多，人家能做到是人家天生的实力。所以一定要注意，做比较也要有方法，你可以事先了解一下，在孩子眼中哪些人是和自己差不多的，然后看看这些孩子有什么优点，再通过比较去激励孩子进步，效果才是最好的。比如，家长可以说："强强，你看这件事情，你的好朋友都做到了，你是不是也可以做到？"

2. 奖励方式

第二个激发孩子学习动力的因素是家长给予孩子的奖励方式。家长们最常见的奖励方式是这样的："强强，这次期中考试如果你能考到95分以上，爸爸就给你买一个奥特曼。"这种方法叫作外部激励法，就是用外部刺激去激励孩子的动力。这种激励法的效果往往非常不稳定。我记得我弟弟在读初中时最大的愿望就是拥有一台任天堂游戏机，我妈承诺他如果能考到全班前三名就给他买。结果，这个承诺真的激发了弟弟非常大的学习动力，天天晚上给自己加码，在期末考试的时候，真的考入了前三名。父母非常高兴，毫不犹豫地兑现了承诺。后来，物质激励满足以后，弟弟的学习动力完全消失，天天抱着游戏机玩。一个学期以后，他的成绩掉落到班上的第 35 名。老师们都不懂这是怎么回事，其实这就是外部激励法惹的祸。所以，家长们在孩子一年级的时候激励孩子学习的最好方法是激发他们的内在兴趣，这样获得的学习进步才是稳定而真实的。

再举一个我自己的例子，在读书的时候，我的物理成绩一直非常优秀。为什么呢？因为我爸爸是学物理的，有时候他在家里阅读相关书籍的时候，就会给我讲一些有关知识。有时候上班也带上我，让我随便在实验室里玩。看实验室里的叔叔阿姨们做实验，我觉得很有意思。等到我自己上物理课的时候，就会结合我看到的那些场景认真地学习，思考为什么会出现这个现象，结果越学越有兴趣，每次考试都名列前茅。我在对物理的学习上没有得到任何外部奖励，但反而学得最好。所以家长需要让孩子用一种很轻松的方式学习一门学科，激发他们的动力，晚一点去功利性地比较孩子们的排名、评判分数，这样会更容易让他们入门。

我听过一位化学老师讲的课，课程名字叫作“名侦探柯南与化学探秘”，这个课程把动画片的场景和化学课结合起来，效果超级棒。据说，这位老师的课常常座无虚席，甚至有很多其他班的学生来旁听，这种情况正是因为这位老师激发了学生们的内部动力。

3. 管理方法

第三个提高小学生成绩的方法就是要成为民主型父母，我把这种父母称为“不发脾气的虎妈虎爸”。你不要以为虎妈虎爸就是那种成天板着脸，非常凶，让孩子很害怕的父母，这是完全错误的。真正的民主型父母其实是很温柔的，但是他们的意志很坚强，舍得和孩子打持久战。他们会给孩子提供一个安静的学习场所，成为孩子良好的行为典范，所以那些喜欢在家里搓麻将、刷抖音的家长们，这一点就做得不好。此外，民主型父母会保证孩子一日三餐有规律，按时写作业和看电视，时间分配得非常合理。他们和孩子一起做家务，带孩子参加课余活动等。

只要家长能够给孩子们所需要的爱，严格管理他们人性中的弱点，我想你家那个小学一年级的孩子的成绩绝对是能够领先的。

以上就是关于如何在小学阶段激发孩子的内在学习动力的内容，家长们要注意看了这些内容后一定要懂得实践。可能你要问怎么去实践？我就拿我家当时给弟弟买游戏机的案例分析一下，当时我爸妈应该怎么说和做，才能让弟弟的成绩持续稳定地提高呢？当孩子想要游戏机的时候，你可以和他说："嗯，爸爸妈妈愿意满足你这个愿望，但是玩游戏会占用很多的时间，我们需要和你确认一下，你能不能够安排好学习和游戏之间的时间分配，这样我才能放心地给你买。这个学期我们来试验一下，看看你对学习时间的安排能力，你给我一张时间计划表，然后把你将来玩游戏的时间在这个时间表里面预留出来，我看看通过这个时间表，你的成绩是否有进步。如果有进步，就证明你有这个能力，如果不行那就要等一等。"这样的沟通方式把孩子的进步与他自身能力的提高联系起来，而不是直接以成绩为导向。购买游戏机后，你同样需要和孩子约定："游戏机的所有权归我们，你只有使用权，所以要按照你的时间表严格执行玩和学。如果你的成绩下降，我们有权收回游戏机。"这样，即使买了游戏机，孩子也能有意识地执行规则，不容易耍赖，产生的激励效果也会持续更长的时间。

LESSON 10 第十课

让孩子爱上阅读的三“DO”和三“NO”

经常有家长和我抱怨：“孩子都上小学了，一回家就是看动画片、看电视，除了做作业，其他课外书翻都不翻一下。”还有的父母说：“我家孩子只看漫画书，文字型的书经常会被他扔在一边。老师，怎样做才能让他们看点有价值的书呢？”

我要纠正一下，看电视和看漫画书也不是完全没有价值，孩子可以从里面学到很多东西，家长没有必要把读书和看电视、看漫画对立起来，这完全是两件事。不过，一个孩子的阅读能力对他将来的成长真的是太重要了。大量的心理学、社会学研究都证实，阅读和一个人的知识体系的完备性、学业水平的优劣、个人成就的高低都有着高度的正相关，当我们遇到问题无法通过自己的思考得出答案的时候，阅读就是最好的捷径。我自己也感觉，无论是专业方面还是创业方面，我遇到的难题中，90% 以上可以从相应的书本里找到答案，难怪古人说“书中自有黄金屋”，这是有道理的。对孩子来说，阅读已经成为未来取得优势的一种必备能力，一个好的阅读习惯会让你的孩子受益终身。那怎么才能让自己的孩子爱上阅读，养成好习惯呢？这节课我就要告诉你，培养孩子阅读能力的三个“DO”和三个“NO”，就是三个“做什么”和三个“不要做什么”。

一、三个“DO”

1. 抓住关键期

前文讲过，给婴幼儿讲睡前故事是培养他们语言能力和阅读兴趣的好方法。这个时候，家长可以以阅读绘本为主。五岁以后，特别是学龄期，绘本不再是主流。因为绘本的图画多，文字少，承载的信息量也不够，所以五岁以后我们要帮助孩子过渡到正式的文字阅读阶段。不过孩子的认知能力有限，文字也没有图片直观，怎么让他们喜欢上这种纯文字的内容呢？

2. 做好读书的演示

好的父母其实就是好的演员，你要让孩子爱上读书，就必须让他们觉得读书是一件非常有意思的事情。你可以从孩子学龄前就开始，有意无意地在孩子面前认真专注地读书，而且时不时还表现出很快乐的样子。这样孩子们会产生一种非常强烈的好奇感，“哎，什么东西这么好玩啊？”孩子产生好奇感以后我们就可以来进行第三点。

3. 亲子共读

也就是说，家长要带着孩子一起读文字书。你可以拿着文字型的故事书带着孩子一起逐字朗读故事，读到哪里就用手指到哪里。你陪着孩子读书，也可以让孩子把听到的字音和看到的字形对应起来。心理学家研究发现，这种亲子共读的形式是帮助儿童识字的有效方法之一。不知不觉，你会发现你的孩子认识了大量的文字，有时候你在读前面一个字的时候，后面的文字他自己就读出来了。根据美国政府的报告，在美国有 80% 的女孩和 82% 的男孩每周至少三次听到父母给他们读书。这些从小听父母阅读故事的孩子，不仅知道文字的读写顺序是从左边到右边，从上面到下面，而且知道每个词之间有空格。最主要的是，亲子阅读可以激发孩子们强烈的阅读动机。当经过一段时间亲子阅读的积累，不需要你教，你家的孩子就可以自己阅读了。你可能会欣喜地发现，某一天孩子可以一个人安安静静地坐在某个角落里开始看书，并且还会读出来。这时候，家长们要注意，我们要准备第一个不要了。

二、三个“NO”

1. 不要打扰孩子

当孩子独立阅读的时候，请你和孩子保持适当的距离，不要过去打扰，要给孩子足够的独立空间，这样他会在自己的世界里用自己的方式阅读。这也是培养孩子独立思考和自主阅读的好机会。

2. 不要纠正孩子阅读时的错字

如果孩子在阅读的过程中出现了一些问题，比如出现了不认识的字，或者有些地方读错了音，这个时候我们要记得第二个不要，就是在孩子遇到错别字或读错了音的时候，不要主动去纠正。孩子们在阅读的时候肯定会有一些不认识的字，需要停下来想半天。如果有些不认识的字不影响阅读，他可能就跳过去了。但是有时候遇到某些不认识的字，他怎么想也猜不出字的意思，也没有办法跳过去，这时候他可能会去查字典或过来问你，这时候你再告诉他。这时会有一个非常有意思的现象，就是当他问了你一个字以后，很长时间他都不会忘记。因为认识这个字是出于他自己的需要才来问的，所以印象格外深刻。记住，在他们阅读的时候，一旦出现有读错的音，认错的字，不要主动纠正。

有的家长一看到孩子读错了就开始着急，你这个字读错了，应该怎么样怎么样读。你在指出孩子问题的时候，他会感到紧张害怕，而且会变得没有自信。另外，孩子发现既然家长提供答案是一件很容易的事，他就会想办法从你这里得到答案，而不去自己思考了。其实孩子自己是具备这种发现错误、纠正错误的能力的，但这种能力要在没有压力、没有催促的情况下才能起作用。比如，孩子在读故事书的时候，把季节的“季”字认成了姓李的“李”字，刚开始他可能还很满足地继续阅读，当他发现后面出现了一个“小李子”的时候，他就会想前面那个字好像有什么不对劲啊，他会感到很不安，然后翻回去找错误。当然有的时候，他可能意识不到这个错误，一方面是因为上下文没有让他发现错误的地方，另一方面可能是他太专注了，没有什么能够打扰到他往下读的专注状态，那么家长就更不要去打扰他们了。作为父母要尽量少地让你的孩子依赖你，让他自己学会发现问题。

3. 不要过度提问

父母可能认为提问是好事情啊，但过多的提问，特别是假如你的问题过于封闭，反而会产生负面作用。因为在读书的时候，孩子们看问题的方式和家长不一样，他们读一个故事、一篇文章，其中产生的想法是很有创造性的。而你总是问一些你自己感兴趣的模式化的问题，这就会破坏他们的创意、想法。如果孩子觉得你的问题不好，就会产生那种明显的标志性反应。比如，你问了他一个问题，他明明知道答案，但是他偏偏用我不知道来回答你，或者保持沉默，甚至是故意告诉你错误的答案，这就说明你的问题让孩子觉得太无聊、太没意思。

我的邻居讲过一个他自己的事情，他平常喜欢和儿子一起读书，然后问儿子很多的问题，比如小兔子最后找到了家吗？公主最后找到了什么颜色的花？刚开始孩子会很有兴趣地回答，结果问得次数太多了，他的儿子就回答不知道，甚至乱答一些内容。我告诉他，这就意味着你的问题对他来说已经失去了吸引力，孩子是非常聪明的，他觉得你的问题很蠢，所以他生气了，用这种方式来回应你。我建议他以后别问这么多问题，让孩子把故事重新讲给家长听，家长做一个好的听众就可以了。结果下一次碰面的时候，他告诉我，儿子很兴奋地把故事复述给他听，而且讲得很完整。所以说，总是用固定的问题来提问，会损害孩子们的阅读兴趣。

总结一下这节的内容，对孩子阅读兴趣培养的三“DO”是要早开始、多熏陶、亲子共读。三个“NO”是不要打扰，不要纠正，不要过度提问。最后我还想说，阅读是人生当中很美好的一件事情。家长除了希望孩子通过读书变得更有才华，更有意义的是，让孩子们体会到阅读中的美好。所以你只要负责让他们爱上读书，至于读什么书，就交给孩子自己选择吧。

LESSON 11 第十一课

孩子怎样学好外语

这节将和大家探讨一个热门话题，怎样让孩子学好外语？很多人都希望自己的孩子能够掌握一门外语，尤其是英语。掌握一门外语可以让人们用另外一种语言了解这个世界，相当于打开了深度了解世界的另一扇窗户。我相信大家也看过很多关于如何学好英语的文章，但是我觉得还是有必要从儿童发展心理学的观点来谈一下，怎样才能让你的孩子学好外语。

1. 营造文化环境

要学好外语，你必须意识到，你学的不是语言本身，而是这门语言背后的文化、历史、宗教、节日、地理、城市、民俗、寓言、童话等。如果你对这些感到排斥，即便语言能力再好，也可能学不好外语，因为对语言背后文化的接纳是学好语言的第一步。你会发现那些中文很好的外国人对中国文化很感兴趣，他们普遍能说出很多中国明星的名字，喜欢中国功夫，喜欢吃中餐。

如果你对外语背后的文化不了解，那么即使你每一个字、每一句话都听清楚了，你依然很可能不知道对方在讲什么。比如，美国有一档很红的娱乐访谈节目，嘉宾在讲述自己在海外度假时遇到海啸被困、劫后余生的经历，当时主持人问："Did you bring back your volleyball?"（你把你的排球带回来了吗？）台下观众哄堂大笑，嘉宾也笑着说："I hope I had one."（我要是有一个就好了。）即便屏幕上有英文字幕，那些不熟悉其语言背后文化的人可能还是不知道他们在笑什么。但是如果你熟悉2000年汤姆·汉克斯主演的经典电影《荒岛余生》，知道里面主人公和排球之间的关系，那你就知道笑点在哪儿了。同样，如果你周末准备出游，发现下起大雨，你故作生气地对着天空大喊："许仙不在这儿，去隔壁城市找吧。"其他人可能都会知道这是一个笑话，但假如同伴中有一个老外，他可能每一个中文字都听清楚了，但他很难知道你们到底在笑什么。这背后的原因就是文化。

如果家长真心希望自己的孩子能学好英文，我建议从小就应适当地营造一个和英文相关的文化环境，比如给孩子念一些与英美文化相关的故事和绘本，让孩子从小听一些英文儿歌，陪孩子一起看英文原版的迪士尼动画片，可以和孩子一起过圣诞节、感恩节等，也可以给孩子起一个英文名。

2. 学习外语宜早不宜晚

前文讲过，心理机能发展的敏感期理论，也就是说，儿童在某一个特定的时间内会对某一种知识或技巧有着非常强的感觉。在这期间的孩子会出现大量的有意识的活动，所以如果在敏感期内施教会事半功倍，孩子的心智也会得到更快速的发展。但家长需要注意的是，敏感期很短暂，如果错过了这个时期，以后孩子很难再出现有同样强烈兴趣感的时间段。这也是为什么很多第一代华人移民发现，自己在美国待了整整三十年，英文能力却远远不如孩子只待了三年。所以，我的建议是在一岁半到三岁半这个语言敏感期阶段，就要开始给孩子进行多语言的熏陶。这个时候不管孩子会不会说话，都要不断给他注入养分，多和他说话，讲故事，不断刺激孩子的语言中枢。家长既可以说中文，也可以说英文，当孩子需要表达自我感受的时候，你会发现他自然而然就会开口说了，而且还说得很不错。

3. 听说并重、读写并重

英语口语表达不好的人听力往往也不好，反之亦然。因为听和说是一体的，如果一个人的英文说得结结巴巴、毫无节奏，说明他耳中听到的英文也是支离破碎的，无法进行整体加工。相反，如果一个人能把英语说得逻辑连贯，重点突出，富有节奏，那他同样也能听出别人表达中的逻辑和重点，这个时候英文的沟通能力自然而然就形成了。虽然印度人口音重，但他们能很有效地与英国人沟通，这说明语音、语调和口音并不会严重影响沟通，真正影响沟通的其实是表达的逻辑。比如，“没想到你在这儿”，这句话你用英文会怎么说呢？也许你会下意识地以“I didn't”开头，因为这样更符合中文的语言表达习惯。但实际上“You are not expected here”才是更地道、更容易让英国人理解的一种表达。换句话说，学英文其实学习的是一种思维习惯，也就是说，用英文来思考英文。因此，想要更好地学会英文，不但要多听，还要开口说，这样才能促进感知觉的多通道参与。我比较推荐家长在手机上下载像一些配音类的APP，用来给孩子锻炼英文的听说能力还是蛮不错的。

读写也是同样的道理，如果你能较为轻松地阅读英文的原文资料，那你的英文写作能力通常也不会差到哪儿去。同样，如果你的英文写作标点符号准确，分段清晰，还善于用关联词来表达逻辑，那你的英文阅读能力往往也很不错。所以家长不妨让上小学的孩子保持定期阅读一篇英文短文和每天写英文日记的习惯。这里需要注意一点，在写的时候一定要正确使用更多的关联词。

4. 词汇和语法很重要

千万不要相信那些话，说中国人想要改变过去的哑巴英语的学习方式，就要重听说、轻语法。重听说是没错，但绝不是要顾此失彼，学生听说能力普遍低与重语法的教育之间其实不存在任何因果关系。相反，语法非常重要。可能有很多家长正准备或者将来想要把孩子送去国外读书，如果您的孩子在中学期间想要申请去国外读书，或者想向国外的某位教授讨教某个问题，那他写出去的第一封电子邮件将直接决定对方会不会回信。如果他的邮件语法错漏百出，基本上不会收到对方的回应。因为对方会认为糟糕的语法代表一个人糟糕的思维，也就是说，写信的人思维不严谨，缺乏逻辑。

另外，要学好英文，词汇量的累积一定是要持续的。可能有些家长对此感到很头疼，但这是因为孩子没有掌握好的学习方法。其实只有很少一部分英文单词是需要死记硬背的，而其余的词汇都可以通过分析词根前缀和后缀的方式来记忆。比如，"counterclockwise"（逆时针方向）这个单词长达 16 个字母，但是当我们把这个单词分解成"counter"（逆的、反的），"clock"（时钟），"wise"（朝……方向），这么一解析，你就会发现，这么长的单词显得好记多了。所以如果你想让孩子更轻松地记英文单词，最好买一本有词根、词缀的字典，或者更简单的方法就是在手机上下载带有词根、词缀字典的APP。

我们一直在谈怎样学好英文，但是这个“好”是一个相对的概念，而且是主观的。也许某个人的英文在别人眼里已经好到可以做高水平的国际会议的同声传译了，但也许只有他自己心里清楚，自己与狄更斯之间依然存在无法跨越的鸿沟。换句话说，如果一个人在语言发展的关键期，他不是在外语的语言环境下长大，那很可能他永远也无法掌握真正地道的外语。当然，如果您只是将外语当作日常生活中的工具，那么我们周围很多人的外语应用能力绰绰有余，而一旦要进行更深层次的沟通和人际交往，便时刻能感受到一堵看不见、摸不着的墙存在，而这堵墙就是我之前所说的文化。

文化常常包含在语言的修辞和隐喻中，在英文中有大量类似中文的修辞表达，比如“A squeaking wheel gets grinding”，英文直译过来的意思是嘎吱作响的车轮才需要抹润滑油，其实中文里我们也有相应的表达式，即“会哭的孩子有奶吃”。虽然两句话表达的是类似的意思，但句子背后投射出的文化完全不同。当然诸如此类的例子还有很多，这些都和文化有关，如果不熟悉语言背后的文化，很多时候我们无法了解这个修辞所要表达的含义。此外，在非正式场合中用到的感叹词看似简短，却与地域文化联系得非常紧密，也更容易泄露一个人的英语到底地道不地道。

美国鬼才导演昆汀·塔伦蒂诺拍过一个电影叫《无耻混蛋》，里面迈克尔·法斯宾德饰演一位假扮德国军官的英国军人。哪怕他德语说得再流利，计划做得再缜密，最后还是被一个非常不德国的手势暴露了身份，很快做了枪下鬼。同理，如果你不是在英国文化环境下长大，即使你的英文说得再流利，也很难在不小心摔碎一个杯子的时候条件反射地自动说“Wow”，而更可能是说：“哎呀”。所以，就算一个在外人看来英语非常好的人，也很难自信地认为自己的英语足够好。我要强调的是，作为一个非英文母语的人，在享受学习英语的同时，也要承认和接纳自己的局限性。要意识到即使自己再努力，也依然存在天花板的现实，别再盲目地艳羡别人，也别把自己逼得太紧。

总结一下，想让孩子学好外语，一定要利用孩子的语言发展关键期，而且听、说、读、写要并重。语法很重要，它关乎着孩子的逻辑思维能力。词汇也很重要，但是可以教孩子通过巧记词根、词缀的方法进行积累。此外，不要不切实际地指望自己和狄更斯一样说好外语，更重要的是要享受外语背后的文化。

LESSON 12 第十二课

十分钟讲透孩子学习不好的原因

孩子的学习一直是家长非常关心的问题之一，经常有家长和我咨询孩子的学习问题，比如注意力不集中，做作业拖延，上课不认真，记不住单词等。这些问题是那么普遍，但大家解决起来好像也没有什么头绪。集体补课、找家教、找心理辅导老师，好像什么招都用过了，但总像是碰运气一样。

学习问题真的有这么复杂吗？孩子学习不好，到底是什么原因？我想把儿童学习比成一个吃东西的过程。学习好的孩子，消化吸收比较好，就会容易吃成一个知识的胖子；学习不好的孩子，知识摄入困难，消化不良就容易饿成知识的难民。那孩子为什么会消化吸收不好呢？三个原因：阅读障碍、没有安全感以及好奇心不在线。

1. 阅读障碍

阅读障碍又叫“失读症”，英文叫作Dyslexia，是一种阅读能力的发展缺陷。有阅读障碍的孩子，他们的阅读能力是和自己的智商不匹配的。比如，一个智商测试120分的孩子，如果患有阅读障碍，那么他的阅读速度、理解水平，都会比智商测试普通的孩子要低。这是学习障碍里最常见的问题，也是导致孩子成绩不好的最主要的生理原因。

对于患失读症的孩子，他的听说读写能力和数学能力都会有困难，比如他难以数数、难以比较大小，计算能力也比较弱，背诵数学定理更容易忘记。他们不善于使用记忆策略，任务导向性差，反映到学习上自然就是成绩很差。

那是不是说有这种障碍的孩子的学习就没救了呢？当然不是，治疗失读症有两种模式：第一种是医疗模式。例如，到医院的儿童心理专科做认知行为训练以及神经系统训练，就是我们常说的感统训练，经过系统的治疗会产生明显效果。第二种是同伴模式。一般情况下，有阅读障碍的孩子很容易被老师、同学抛弃和边缘化。不过，科学实验发现，如果在某一个班里，老师、同学不但不嫌弃他们，反而让那些成绩最好的同学和他们组成兴趣小组，每天在一起写作业，让那些成绩好的学生指导失读症儿童复习，并且用学霸们的学习热情来感染失读症儿童，这对失读症儿童来说是一种非常有效的改善办法。其实历史上有很多患有阅读障碍的孩子最终都成了卓越的人物，比如美国前副总统洛克菲勒、演员汤姆·克鲁斯、童话作家安徒生以及物理学家爱因斯坦，等等。

2. 没有安全感

如果一个孩子没有阅读障碍，但是成绩不好，那么其中的一个原因可能是他没有一个“安全基地”。“安全基地”这个词是安思沃斯（也就是那个研究依恋理论的著名心理学家）提出来的。他说，婴儿都会把母亲当成安全基地，并由此出发去探险世界。随着年龄增大，孩子也会把父亲或整个家庭作为安全基地。越安全，他们越敢向外探索。那些曾经被过继或领养的孩子经常会显得有些胆怯，不敢尝试新事物，这是因为他们没有安全感。

安全基地就像是航空母舰，飞机能够飞很远，但总是可以回来休息和加油。有安全基地的孩子有个特点，他们会经常说：“等我长大了，我要成为爸爸那样的人。”而那些觉得不安全的孩子可能会说：“我才不要和妈妈一样当一个老师，啰唆死了。”有安全基地的孩子可以不用时时刻刻去猜你在想什么而去讨好你，他们会把精力用在自己好奇的事物上。所以这样的孩子的学习成绩一定不会差，就算是学习成绩暂时没有领先，但能力在这里，当他想要冲刺的时候后劲是很足的。

那么，怎样的父母才算是合格的安全基地呢？你想想看，你和谁在一起会觉得舒服呢？是不是那种尊重你、欣赏你，并且允许你自由表达自己思想的人？同样地，己所欲施于人，面对孩子，你也应该尊重属于他们的权利，让他独立思考并且决定自己责任范围内的事情，让他们畅快地表达自己的想法，你也就可以成为孩子的安全基地。

但在现实生活中，我看到很多因为孩子学习成绩差来找我的家长，大部分都是那种不允许孩子表达，控制欲非常强的父母，但这些家长自己意识不到。其实要鉴别自己是不是那种父母，你只需要闭上眼睛把自己想象成孩子，然后从孩子的角度来感受一下，接受你的教育会是什么心情。如果你感觉有些不舒服，那就基本可以确定，你扮演了自己讨厌的那种父母。

3. 好奇心不在线

这种孩子本身很聪明，反应灵敏，但就是不愿意关注学习，“好奇心不在线”。这类孩子学习成绩不好，很大程度上不是因为他们没有办法好好学，而是他在学习别的事情，在学习一门不同于学校功课的课程。他们为什么这么做呢？有两个原因：第一，对这个聪明的孩子来说，老师讲的课真是太没有意思，就像是做饭有一堆好的原材料，但厨师的水平太差，孩子当然也不愿意吃。所以当你的孩子和你抱怨学校里哪个老师讲课没意思的时候，不要一味地只是摆出一副过来人的姿态说："学习的关键是靠自己，老师讲得不好，自己也应该认真学。"以现在的条件，想解决这个问题其实很容易，请一个家教或在网络上找一些大牛老师讲的课，让孩子去学习。记住，请家教的目的永远不是给孩子补充知识，而是期望老师通过更有意思的方式让孩子对这门学科感兴趣。家教不是来帮你喂饭的保姆，而是更能调味的知识厨师。

第二，孩子的好奇心不在学习上，可能是因为你家里有太多的秘密。回想一下，作为父母，你们是不是喜欢有很多事情对孩子保守秘密呢？比如，你去了哪儿，做了什么决定，孩子问你，你总是说"这是一个秘密"，或者说"大人的事情，小孩子不要问"。你以为你这样说，孩子的问题就结束了吗？没有。这反而会激发起孩子对秘密更大的好奇心。我之前见过一个家庭，他们家儿子七岁，非常聪明，智商测试 138 分，但成绩不好。我了解到，他的爸爸妈妈离婚了，但是他们对孩子一直隐瞒这个事实。爸爸每星期会回去两次，在一些很重要的节日，比如情人节、结婚纪念日也在家，父母商量好了只是说"爸爸工作忙"。但这个孩子居然问同学："你爸爸会在情人节回家吗？"他一直想搞清楚这个问题的答案。这种孩子就是把好奇心用在了对家庭秘密的关心上。改变这一类的问题只要做到一点，就是对孩子坦诚，他们心中的疑惑就会消除。有时候我们觉得自己是为了爱孩子而隐瞒，却没有意料到隐瞒反而制造了伤害。

总结一下，孩子学习成绩不好其实有三个方面的原因：一是在生理遗传上患有失读症等学习障碍；二是在心理上缺乏安全感；三是在注意力方面把好奇心放在了学习以外的事情上。弄懂了原因，并且发现了孩子在学习上的各种问题之后，先别急于批评孩子。找一找，看看你自己做得怎么样，然后再下结论。这样你就会比普通家长高明很多，愿你在通往精益父母的道路上天天向上。

CHAPTER Ⅱ

第二章

如何提高孩子的社交能力

LESSON 13 第十三课

怎样解决孩子间的冲突

我对参加亲子课程的学员提出的问题做过一个统计，我发现大家的问题里与孩子社交能力相关的问题占到了40%。很多家长都对这类问题感到困扰，他们经常会问："我家孩子遇到一点儿小的挫折就开始发脾气、哭闹，怎么劝都不行。""我儿子经常抢其他小朋友的玩具，人家不给就打人，怎么办呢？"或者"我家孩子特别不听话，总是不按照我们的要求做，这是怎么回事？"

我要告诉你们的是，我们学习儿童心理学的目的是要掌握教育孩子的原则和原理，而不只是解决一个一个简单的问题。老子曾经说："为学者日益，为道者日损。"就是指如果你只是学习一个个问题的解决方法，那么你需要学习的东西会越来越多，无穷无尽。如果你能掌握事情的基本原则，那么你在生活中要解决的问题会变得越来越少。凡事要掌握本质，迷失于纷繁复杂的表象之中便无法掌控自己而随波逐流。其实大家提出的这些问题都和一个问题有关，那就是孩子的社交能力有问题。孩子为什么喜欢发脾气？为什么容易攻击别人，或者是干脆自己一个人闷闷不乐？这是因为，他们根本想不出除此之外其他的解决办法。其实每一个孩子长大的过程都是一个逐渐社会化的过程，而家长提到的以上问题，比如孩子脆弱、攻击性强、孤僻，都反映了孩子的社交能力不足。

不幸的是，大多数家长都没有认识到这个问题。遇到孩子出现这些状况，很多家长通常会采取两个步骤。第一，他可能会简单地制止孩子，告诉孩子不要这样做，这样的结果会是什么。家长们不断地强调“这个你不能做，那个你不能做”，可是孩子只知道结果，不知道具体的原因是什么。所以我们会发现这些家长的制止基本上无法产生效果。第二，很多家长喜欢先定性，再对孩子进行教育。很多家长经常用这样的句式向我提问：“我家孩子太怎么怎么样了，太调皮了，情绪太不稳定了”，一旦你用这样的句式来提问，就意味着你进入了这样一个模式——用推卸责任加盲目定性的简单方法来处理问题，这意味着你正站在自己的角度看问题。家长们可以想一想，你们小时候难道不是和你的孩子一样吗？你要求孩子分享，要求孩子大度，甚至要求孩子像孔融让梨一样为他人着想，但这些都是成年人的思考模式。你是在替孩子思考，而不是在促进他们自己思考。

我们下面就来看这样一个场景：宝宝把自己的玩具小汽车借给了小明，过了一会儿，宝宝想把自己的玩具拿回来，可小明玩得正起劲儿，不想归还。结果宝宝冲上去就是一口，咬住了小明的胳膊，然后小明开始尖叫，两个孩子就打起来了。打了一段时间，宝宝抢回了自己的小汽车，小明号啕大哭。两个人身上都有牙齿印和青一道紫一道的抓痕，弄得两败俱伤。心理学里有一个挫折攻击理论，研究人什么时候最容易攻击别人？那就是在自己受到挫折的时候。也就是说，当一个人受到挫折，找不到其他方法发泄的时候，他就倾向于攻击别人。如果家长们看到两个孩子在争抢玩具而没有制止，孩子就会任由他的天性来发展。什么是孩子的天性呢？也就是他的动物性，这样孩子就无法做到很好地适应社会。

我们可以来看一看，平常我们的家长是怎样教育孩子的呢？家长通常会说："你要懂得分享，你要让着弟弟，你要让着妹妹。"这些都是在干什么？这都是在代替孩子思考。下面我们来看这样一段对话。

妈妈："宝宝，你又和小明打架了？"

宝宝："小明拿了我的玩具不给我。"

妈妈："你和小明一起玩不好吗？你们可以轮流玩啊。"

宝宝："但是小汽车是我的。"

妈妈："你的有什么关系啊，你要学会和朋友分享，知道吗？如果你不分享就没有人和你玩了。"

宝宝："但是小汽车是我的。"

妈妈："但是你不能抢，更不能打架，你看小明都哭了。"

宝宝："他先拿我东西的。"

妈妈："快去和小明说对不起。"

我知道很多家长看到这里已经开始暗暗笑出来了，因为你们平常就是这么教育孩子的。但其实这里有很多问题。比如，看看这位妈妈的说法："你不能抢，更不能打架，你看小明都哭了。"这句话是妈妈说出来的，不是孩子自己说的，也不是他的思考。这是妈妈定义打架抢东西是不好的行为，但孩子不知道打架为什么不好，抢东西为什么不好。另外，妈妈的理由是"你看小明都哭了"，那么就意味着，只要小明哭了，孩子就应该把东西给小明。所以妈妈让孩子道歉的原因是不清晰的，孩子思考来思考去，可能还是觉得想不通。我们再来看看另一种做法。

妈妈："宝宝，你怎么和小明抢玩具了？"

宝宝："小明拿了我的小汽车，是我的。"

妈妈："你让小明玩一会儿。"

宝宝："可他都玩好久了。"

这里暂停，我们先来分析一下，孩子并不是没有分享，对不对？只是他分享后不知道怎样拿回来。

这个时候妈妈继续说："你去抢玩具咬小明，你觉得他是什么感觉呢？"

这句话很关键，一定要促进孩子对事情的结果进行思考。

宝宝说："他会生气，但玩具是我的。"

这个时候一定要引导孩子把话说出来，特别是引导孩子说出对方的感受，就是要去猜想别人是怎么想的，是什么感觉。

妈妈继续说："你在抢玩具的时候，小明做了什么？"

宝宝："他也打我了。"

妈妈："那你觉得怎么样？"

宝宝："我也很生气。"

妈妈："你看你这样做呢，两个人都不开心，你可以想一个让两个人都不生气，还能拿回玩具的不同方法吗？"

当妈妈这样问的时候，一定要坚持让孩子说出答案。这就是引导孩子对社交能力的思考。

宝宝："嗯，我可以好好说，让他还给我。"

妈妈："这是一种方法，但是他可能说什么呢？"

宝宝："他可能说不给我。"

妈妈："有这个可能，那你能再想一个办法吗？"

注意，这个时候如果孩子说不知道的话，你可以给他提示和建议。

接下来宝宝继续说："那我可以让他玩我的小恐龙。"

妈妈："嗯，真棒，你已经想出两个办法了。"

注意这句话，妈妈夸真棒，不是夸他想出来的某个办法好，而是夸他已经想出两个办法了，就是鼓励他思考。这样的对话方式就比第一种要好得多。如果你不去刻意训练孩子怎样正确地思考，孩子可能很久才能领悟到这些道理。所以家长们必须记住这句话：教孩子如何思考，而不是告诉他思考什么。

上面这段对话的主动权基本上是交给孩子的，所有答案都是孩子自己想出来的，而不是家长告诉他应该怎么做。这个时候，当孩子想出一些办法并去实践，然后得到结果的时候，他会感觉到巨大的成功，这也有利于培养孩子的自信心与价值感。

大量的研究显示，在孩子三岁到四岁的时候，如果你帮助他学会正确的社交方法，可以提高他面对困难和对抗挫折的能力，即使这个困难和挫折没有解决，他也可以正确地面对。这种能力是心理学界非常强调的一种能力，即心理弹性。一个拥有高心理弹性的人在遇到生活的巨大挫折时，能比一般人更容易接受挫折，也比一般人更不易患上心理疾病。

所以，当我们发现孩子有社交、行为问题的时候，作为父母首先不能着急，要养成积极思考的习惯，然后让孩子也成为一个能够独立思考的人。当他找到了四五条解决问题的方法时，他还会生气，还会焦虑，还会无助吗？

这节内容，我要给大家留三个思考题，关于你应该怎样培养孩子的原则。你认为教育孩子是教导还是引导？是你教给他东西，还是通过发散思维让他自己想出答案？如果你要把孩子培养成一个助人为乐、乐于分享的人，你觉得应该用什么样的方法奖励他是最好的？

总结一下，解决孩子与人相处的冲突问题，核心就是一句话：能不能想一个其他的办法来解决问题？我常常想我们学习儿童心理学，到底是帮助孩子提高，还是改变我们自己呢？就像这个问题，能不能想一个其他的方法来解决问题？家长们做到了吗？

LESSON 14 第十四课

儿童社交的三个超级秘诀

前文讲过怎么解决孩子间的冲突，但是还有一个问题没有解决，那就是如果家长想从小培养孩子的交友技巧，应该怎么做呢？这节课就将详细讲解学龄期孩子交友的核心技巧。在讲孩子的社交技巧前，家长们必须弄清楚一个问题，那就是学龄期的孩子之间的友谊到底有什么特点。

孩子上小学以后的友谊和他们在婴幼儿时期的友谊是完全不一样的。在孩子三岁以前，同伴可能只是生活的附属品，有爸爸妈妈的陪伴就好了。而在孩子三岁到六岁时，同伴更像是一起玩游戏或探索的队友，有一定的临时性，相互之间的交往也不够深。每一次做游戏他们会组合起来，等到游戏结束以后又会各自分散。但是到了学龄期阶段，朋友会成为孩子的氧气，是他们获得安全感和信心的途径。孩子的活动范围会从家庭扩展到社会团体，所以他们在这个时候没有朋友是真的不行的。如果一个孩子在小学受到同学们的排挤，没有人跟他玩，这是一件非常严重的事情。因为在小学阶段，儿童之间的友谊会越来越深，他们可能会为了朋友牺牲掉自己的利益。

你可以回忆下，长大以后，你的小学同学可能会经常聚会，但是很少听说幼儿园或托儿所的同学聚会，这是由人的心理发展规律决定的。从发展的眼光来看，在学龄期发展深刻的友谊其实是孩子脱离父母依赖的一个重要行为。有一位心理学家这样说过，成长并不是我们变得完全独立，而是开始依赖更多人了。为了孩子更好地成长和独立，就必须在他们进入学龄期之前，有意识地培养孩子的交友技巧，这样才能让他们有能力去依赖更多的人。以下介绍三种方法，帮助你培养孩子的社交技巧。

1. 学会轮流和分享

有位妈妈曾经向我描述她的儿子："如果别人主动邀请他玩，他会很乐意地接受，如果别人没有那么主动，他就不愿意加入别人的游戏中。"这种孩子就属于平时没有得到足够的轮流训练。现在人们的家庭条件普遍比过去好了，对孩子来说，可能家里所有的资源都可以让他优先享用。无论什么东西，父母、长辈都是让孩子先拥有，而大多数的义务是由家长来承担。在这种家庭中，孩子不知道什么叫作轮流，自然也不懂得什么叫作分享。而轮流和分享这两种行为一定是训练出来的，家长可以从孩子三岁开始一直到学龄时期，在平常的生活中刻意强调轮流的概念。比如，吃饭的时候，我们设立一个规则，这一周必须是等大家都坐好了，爸爸说开饭了，所有人才可以一起吃饭。乍一听感觉怎么有点回到了封建家长制的味道，但这么做对孩子是有意义的，可以让他学会等待、习得规则的意识和仪式感。而到了下一周，我们可以把开饭的宣布者变成孩子，所有人都等他宣布吃饭了才能吃饭。这其实就把主动权交给了孩子，让他开始习惯自己主持事务。你有没有在你身边发现这种人，就是每次吃饭的时候他都说我不知道点什么菜，让别人来点，这其实就是他没有做惯这种主持事务。

其实你可以把轮流的习惯融入生活的方方面面，比如一起堆积木的时候一人搭一块，哪怕在家里刷牙、上厕所也要排队，就算你家里住的是豪宅，有很多洗手间，最好也要设计一些资源紧张的场景，让孩子按照家里的顺序和规则进行。这么做意味着你必须让孩子放弃成为资源优先的享用者，变成一个普通的拥有自己秩序的成员。

分享精神也是从轮流的练习当中习得的，在家里吃东西、使用电视机、玩玩具，甚至是睡觉睡哪张床都是一个有顺序、有规则的过程。比如，吃东西之前问问其他人吃不吃，哪个时间段是自己看电视的时间，这些都是有规定的。你不要觉得这太严格了，会限制孩子的自由，其实给孩子拥有资源无限的优先权、不讲秩序才是对他们社交能力最大的伤害。

2. 同理心

无论是大人还是小朋友，都喜欢那种可以站在别人的角度上思考问题的孩子。比如，他们看到朋友在游戏中获胜的时候会替别人高兴，你难过的时候他会安慰你，人们简直没有办法拒绝和这样的人做朋友。但这些高情商的行为，孩子究竟是怎么学会的呢？这涉及两个能力：第一个是观察别人情绪的能力，你如果不知道别人现在的情绪是什么，就根本谈不上同理心。在日常生活中，你可以随时随地让孩子来识别情绪。当他们年龄很小的时候，你可以用那种有简笔画的人物头像卡片，带着孩子识别每一种情绪。比如，你先后拿起微笑的、皱眉的、流泪的、不安的图片，带着孩子认识各种表情，并教给他很多描述情绪的名词。你可以说："宝宝，这叫作高兴，对吗？""这是害羞""这个图像是悲伤""你看这个表情是什么？是惊讶，对不对？"然后用卡片来考他们。等到五岁以后，你可以抓住日常生活中的一切场景去问孩子，比如你可以问他："你看叔叔的表情是什么样的？""你觉得小女孩的心情怎么样，是开心还是难过？"

如果你的孩子几乎可以识别出所有的面孔、表情和情绪，那么就可以开始进行第二步预设行动，即当你知道别人的情绪后应该做什么。你需要在平时就向孩子发问："要是你看到你的同班同学小强有点害怕，你会怎么办呢？"孩子可能会说："我会拉着他的手说'别害怕，我陪着你。'"这时候，只要孩子说出了方案，你就要表扬他。你可以继续问："还有什么别的方法呢？"可能他又会说："我把玩具借给他玩一下。"只要你长期去训练孩子进行这种对话，他就会把遇到别人的情绪问题应该怎么做内化到心里去。时间长了，在真实的生活中，他就会非常自然地去帮助别人，形成一种习惯。

3. 主动道歉

这个能力太重要了。在生活中，每个人都会犯错，即使不是故意的，也可能是因为我们自己考虑不周全而伤害了别人，这时候挽回友谊的最好方法就是道歉。现在有很多成人犯错以后拒绝道歉，这种人基本上就属于情商欠费的类型。为什么他们会这样？这源于他们小时候父母在面对他们犯错的时候，没有使用正确的处理方法，而是一味指责。这种方式只会让孩子畏惧家长的强权，就算孩子承认自己错了，但根本不是真心的，因为他不知道自己错在哪里。其实道歉绝不是一个丢面子的事情，这是对自己错误的正确审视，并且表示愿意承担的态度。善于道歉的人往往是生活中的强者，他们敢于面对犯了错的自己，而承认意味着改变。

家长需要注意的是，当孩子犯了错，你一定要先解释他为什么错了，分析原因，等到孩子真正听懂了，搞清楚了自己究竟错在哪里，你再郑重其事地要求他承认错误，而不要把道歉变成一种形式。当孩子长大一些，你甚至可以对孩子说："你在和朋友玩的时候，有时候虽然你觉得自己没有错，但其实也是可以说对不起的。因为说对不起，有可能会安慰到别人。你愿意帮助别人、安慰别人吗？"此外，当家长犯错的时候，同样要勇于当着孩子的面认错，不要觉得做这种事情好没面子。不！你是在给孩子做榜样。

这三种方法主要是从培养良好习惯的方面去训练孩子的社交技巧，讲的是一个大的框架。如果你想让孩子把那种共赢互利的思维习惯内化到他的心里，还需要在日常生活中做专门的思维、行为、对话训练。

LESSON 15 第十五课

二胎家庭，大宝嫉妒小宝怎么办

这节内容我来讲讲二胎话题，为了让这个专题能够更深入，我对三十个二胎家庭做了一系列深度访谈，从他们身上得到了很多真实的困惑和成功的经验。我发现对于每一个二胎家庭的爸妈来说，都没有办法避免两个孩子之间的这三座大山——嫉妒、分歧和冲突，而且这三个问题是层层递进的，因为有嫉妒争宠，所以产生了矛盾和分歧。当矛盾难以调和的时候就会上升为冲突。

这节课将带领家长们攻克“嫉妒”这第一座大山，重点讲讲大宝对小宝的嫉妒。可以肯定，生二宝之前，父母们都希望两个孩子能够相亲相爱、和睦相处，但当你真的成为二胎父母的时候，那些争风吃醋、嫉妒、争夺妈妈的情况时时刻刻存在。孩子们之间的争吵、抢夺、哭喊可能变成了生活的常态。这不禁让做父母的开始怀疑人生，真的是我带娃的能力有问题吗？很多家长不允许嫉妒存在，只要老大开始抱怨，他们就会想尽办法苦口婆心地教育：“你不应该吃妹妹的醋，你是个大孩子了，要有大孩子的样。妈妈小时候不也是这样带你的，你不记得了？”但家长们发现这种话几乎没什么用，为什么呢？因为嫉妒是人的天性，只要有情感竞争就会存在嫉妒。这种竞争的警觉，在大宝发现妈妈决定怀二宝的那一刻就开始了。

你们在怀二宝之前有没有征求过大宝的意见，他们是怎么说的？

“圆圆，给你要个弟弟（或妹妹），好吗？”
“我要离家出走，你和弟弟（或妹妹）过吧。”

“妈妈再给你生个弟弟，好不好？”
“不好，我不要他，我照顾不好他。”

“我们再要一个小宝宝好不好？”
“关我什么事啊？”

“妈妈再给你生个弟弟（或妹妹），好不好？”
“不好，就是不好！”

为什么大部分大宝对妈妈生二宝这个问题多多少少会有

一些抗拒呢？因为每个大宝在他们的弟弟妹妹出生以后，都会感觉到一种强烈的同辈压力。他们会觉得弟弟妹妹没有出生之前，一切都是好好的，但是他们出生以后，很多事情都变了，妈妈没有那么多精力照顾我、亲我、抱我了，自己受到的关注好像也少了。大宝对这种情感上的细微变化是很敏感的，因为他们特别害怕爸爸妈妈会因为小宝的出生变得不再爱自己了，所以他们唯一能做的事就是奋力抗争，维护自己被爱的权利。所以，只要是心智正常的孩子都会嫉妒，根本没有办法消除，你越努力寻找消除的方法，你就越痛苦。因为你的方向本身就是错的。

在一次采访中有位妈妈对我说："我的大女儿三岁半了，在没有妹妹的时候，其实已经比较独立了，爸爸、爷爷、奶奶都可以带她，有时候可以很长时间不用我来看着。但是自从我怀了二宝以后，大宝就变得非常黏人，时时刻刻都想和我在一起。妹妹出生以后，大宝竟然开始尿床，而且早就断奶的大宝居然吵着要喝妈妈的奶奶，很奇怪。"

其实，心理学上把大宝出现的这些现象称为退行，就是一个人的行为倒退到更小时候的样子。当大宝发现她和妈妈的关系不像从前一样的时候，她就会产生一种对过去温存的怀念感，而且她的这种退行往往是不自觉的。大宝不是要故意去尿床，或者真的想吃奶奶，她只是很羡慕二宝与妈妈亲密的关系，不知不觉地想起自己曾经和妈妈亲密的感觉。这会让她无意识地模仿小宝的行为，她觉得这样就可以回到她和妈妈从前的那种亲密关系中。

所以家长千万不要去怪大宝，因为他们也不想这样，只是控制不住。妈妈有时候也很矛盾、很内疚，觉得因为有了二宝而忽略了大宝的感受。但如果大宝时时刻刻都黏着自己，或者把弟弟妹妹推倒弄哭，妈妈又会很恼火，甚至对大宝发脾气说："我都这么累了，你还在这里添乱"，或者说："你怎么搞的？怎么又欺负弟弟了？"妈妈经常会想："我真的没办法，我精力分不过来，我没有办法把自己劈开，两边都照顾得那么好，到底怎么办呢？"其实想要改善孩子心理层面的问题，必须从心理建设开始。

1. 接受大宝的情绪

父母应该做的第一件事是接受大宝的嫉妒情绪，并且做好这种情绪会长期存在的准备。你并不需要和孩子解释那么多理由，或者说生一个小弟弟小妹妹也是为了你好。你只需要在他们发出嫉妒信号的时候，非常坦诚地告诉大宝："宝宝，我知道这段时间因为小宝的出生，妈妈陪你的时间少了。我知道你心里委屈，也谢谢你的宽容。但是你要知道爸爸妈妈一直都很爱你。"其实大宝想要的就是反复确认爸妈是不是还爱自己。

当然，不要期望你说一次马上就能有效果，但至少你的语气是站在孩子的角度去思考的，让他们觉得自己能被父母理解，也就不会再怀疑自己的嫉妒情绪是否应该出现。千万不要让孩子背上道德压力，去指责、批评他的嫉妒行为，让他认为自己嫉妒小宝是不对的、是坏孩子，这样反而是在拉仇恨。大宝会进行新一轮的反抗，从而把矛头指向小宝，认为都是小宝造成的。所以有的家庭经常会听到大宝说："你们把妹妹送走好不好？我们养不起她了。"

如果你换一种方式和他说："宝贝，有时候你不喜欢妹妹是正常的。世界上所有的哥哥都有过你这样的感受，但是我相信你不会一直不喜欢她的，你看当你和她玩的时候，我相信你也是很喜欢妹妹，很关心她的。有时候你也觉得妹妹很可爱，对不对？"这样说反而会给他树立一个很正面的老大形象，让他们不知不觉地产生了一种责任感。即使还有嫉妒的情绪存在，他们也感觉自己的心情是被父母理解了。

2. 给大宝一些专属特权

家长不需要过多追求大宝和二宝之间的平衡，不用什么东西非得一人一半，包括时间分配也是这样。我们的精力很有限，很难做到平均分配，做不到反而会让自己内疚。但你还是可以时常注意对大宝做心理建设，比如随手就把他抱起来，亲亲他，不需要太长的时间，你可以增加亲密的频次，给大宝一些专属的特权。比如，睡前单独给他讲 20 分钟的故事，如果你没有精力把两个孩子分开，你可以让两个小朋友一起听，但是你要不断地强调这个故事是为大宝讲的，如果时间到了，大宝还是吵着要听，你又太累，其实坚持去休息也是正确的选择。这就像送孩子上幼儿园一样，总要过这一关的。

如果你的计划再远大一点，可以在二宝出生之前就开始给大宝讲那些多子女背景的故事绘本，比如《不一样的卡梅拉》这样的童话书，提前建立大宝对弟弟妹妹的期待。当小宝宝要出生的时候，尽量让大宝参与这个过程，让他帮一些忙，更不要把他送走，不要让他产生弟弟妹妹的出生和我被迫离开是联系在一起的。在我采访的妈妈里有几位和我说，其实月子里有大宝的陪伴反而是一种安慰，大宝的快乐会成为自己的心理按摩师。在小宝出生的头一年，家长要做好大宝的安全感建设，在这一年里要更加关心大宝，尽量让他感觉到小宝的出生没有带来那种冰火两重天的变化。当他在第一年感觉到安全后，嫉妒的火焰会慢慢转化为兄弟姐妹的情谊。

3. 懂得放手

聪明的妈妈都是懂得放手的妈妈，那些焦虑、辛苦的妈妈总是对别人不放心，这也看不惯、那也看不惯，甚至包括自己的老公。有的妈妈会说："我家孩子不要我老公"，但是你有没有想过，到底是孩子不想要，还是你不想让他要。如果让他去努力适应，我想没有哪个孩子会真正抗拒和爸爸的亲近。放弃你那些完美的育儿想法，当你精力不足的时候，心力交瘁的时候，大胆地把孩子扔给他的爸爸，也可以是爷爷、奶奶、外公、外婆，暂时放手是为了更好地照看自己。只有自己状态好了，才能更好地去面对你的孩子。

总结一下，面对两个孩子之间的嫉妒，理解和接纳是真正的解脱之道。用你的实际行动去理解大宝，也让孩子模仿你的理解，从而接受家庭中这位新的成员。作为父母时不时强调自己对大宝的爱，给他一些小特权。等他长大了，懂得适时放手，让两个孩子自己适应环境，这也许就是你能做的所有。但即使这样，争风吃醋、闹矛盾仍然会继续存在，只有你不再害怕，这一切也许只是家庭中某个阶段的一道独特风景，与其抗拒不如好好地感受，以后回忆起来也会更加难忘。记住，接纳是面对孩子嫉妒的最好良药。

CHAPTER Ⅲ

第三章

如何塑造孩子好的性格和习惯

LESSON 16 第十六课

输不起的孩子怎么回事

我们在陪孩子玩游戏或看着他们玩游戏的时候，经常能看到这样一种情况：孩子们参与到有规则的竞争类游戏时，如果输了就要赖或大哭大闹，说这个不算，一定要自己赢了才算数。在我指导的几所幼儿园中，幼教老师也经常向我反映，有很多这样“输不起”的孩子，每天都会情绪失控。虽然看起来这是有一点孩子气的行为，但是如果孩子养成这种习惯，可能会发展成在生活中只要有一点小小的不如意就开始情绪崩溃，今后再遇到点有些难度的事情，做不好就干脆放弃，或者根本连尝试的愿望都没有。如果父母遇到这种情况该怎么办呢？我们来想想看，孩子为什么会输不起呢？输赢，这个概念是他们天生就有的，还是后天习得的呢？当然是后天学会的，而且通常是父母教给他们的。

其实儿童最初心里根本没有关于输赢的概念，不知道什么叫作“赢了”，他只是单纯地玩，享受探索每一个新鲜事物的快乐。但是随着成人在生活中一次又一次地告诉他“你赢了”“你成功了”或者“你输了”“你失败了”，这时候他就学会了“噢，原来这就是赢”或者“啊，原来这就是输”。很多家长和我说：“老师，我们平常根本就没有对孩子说‘你一定要赢’或‘你一定要考第一名’，为什么他还是忍受不了失败呢？”你觉得自己没有强调输赢，但是你和孩子互动的过程中，你的那些表情和话语出卖了你们。你会不会对两种结果区别对待呢？比如，孩子成功以后，你会对他开心地笑，赞扬、拥抱；而当他输的时候，即使你没有批评他，但也不会表扬，脸上的表情也没有那么热情。虽然你没有直接说“你要赢”，但孩子接触到的非语言信号明明就是“赢了很好，输了不好”。所以如果你想让孩子不过分在乎结果，家长和老师就不能过分地肯定结果，而只要表扬他们做事的态度和过程就可以了。只有你表现得不太看重结果，他才会不再看重结果。

但是问题又来了，如果你家孩子现在就是一个输不起的小家伙，那该怎么办呢？家长应该对孩子实施挫折教育吗？我觉得现在有一种流行的对挫折教育的错误解读，就是认为我们应该人为地给孩子制造很多的逆境和挫折，当孩子受到的打击比较多了，自然就会变得坚强。我要告诉你，这是一种非常有害的观点。孩子在成长的过程中本身就会经历很多困难和挫折，再去额外地制造挫折其实完全没有必要。如果他们在小时候经常受到那种不能承受的挫折，是会形成童年阴影和心理创伤的。

哪个家长都不愿意看到这种事情发生，真正对抗挫折不是说经历多少困难的问题，关键在于怎样去面对挫折。所以当你真正遇到孩子输不起的情况时，应该做出如下三件事：第一，接纳失败的情绪，不逃避；第二，认真地去解释过程和结果；第三，谈一谈下一步该怎么做。当遇到孩子因为输了而发脾气、哭泣的时候，我们最开始要做的不是让他不哭，不能生气。家长们常见的两种典型错误行为就是要么讲道理，要么找理由。比如，有的家长会说："哎呀，小胖输了一盘棋有什么好哭的，能赢得起也要输得起。怎么这么不坚强呢，不要哭了。"一般讲道理对孩子的情绪是没有什么效果的，而且你这是在否定孩子的情绪，给出的信号就是即使伤心也不应该哭，要忍着、要压抑着。这就是为什么有那么多人，内心堆积压力以后还不愿意倾诉和发泄，直到有一天忍受不了了才爆发，这就是小时候种下的种子。第二种错误就是为孩子的输找理由。比如，有的家长会说："宝贝，你今天输了是因为不认真，所以下次你一定会赢的。"或者干脆说："好了好了，你没输，是妈妈输了。"如果你经常这样说，孩子仍然会继续输不起。因为你带着他一起回避、否认失败这件事，你做的只是希望他不要再发脾气，不要哭了，这样持续下去，孩子长大后很可能非常容易放弃一件有难度的事情。

所以正确的第一步应该是完完全全地接纳孩子伤心或发脾气的情绪，当他们难过的时候不要急着对他说什么，而是陪在他的身边，温柔地看着他，等他的情绪自然平复以后，记得一定要靠他自然平复，而不是你编造一个美丽的理由。当他自己面对一次失败后，他会发现原来输了哭一顿也就这么回事，没那么可怕，所以必须去面对。还有一点要注意的是，这个过程当中你必须陪着他度过，而不是把孩子扔在一边，让他自己去反省。

这个过程结束以后，我们要进行第二招——解释过程和结果。在孩子已经平静下来后，我们就可以带着他认识刚刚经历过的这一次游戏的过程和结果。你可以问："宝贝，你刚开始为什么喜欢玩飞行棋这个游戏呢？你觉得这个游戏哪里最好玩？"这个问题就是在引导孩子开始进入过程导向的思考，让他意识到我玩这个游戏的初心到底是什么。然后你可以问："那你觉得这个游戏怎么玩才能让你更开心呢？"注意，你不是说"结果"怎样才开心，而是"怎样玩"才开心，这一切都是在关注游戏本身的乐趣，而不是结果产生的快乐。

这一步做完以后，我们就要进入最后一步的讨论了。你可以问孩子：“下次再玩这个游戏的时候，你会怎么办呢？”这句话其实就是在提前预设下一次的场景，让孩子想到未来，用什么样的方式才能获得更多的快乐。等到下一次再玩这个游戏的时候，你可以提前再问一句：“宝贝，我们玩这个游戏你可能会赢，也可能会输，你做好准备了吗？”如果每次你都能连续运用这三个方法，我相信用不了多久，你的孩子将会更容易接受游戏比赛的结果，也不会轻易成为那种玻璃心的小孩了。

当然，如果我们在陪孩子玩那种有竞争性的游戏时，要尽量机智地陪玩。什么叫机智地陪玩？就是掌握好平衡，既不能毫不留情让孩子没有赢的机会，也不能总是让着他。这样他在外面和别的孩子竞争的时候，挫败感会更加明显，而且他们会觉得原来爸爸妈妈一直在骗我，我根本没有那么厉害。所以要给他们赢的机会，也要让他们有体会失败的机会。其实，这也有些小技巧，比如你们下象棋，你可以非常认真地和他下，但是你可以让他几个子，造成一种军事的对阵，这样的话也不会太不公平。

在每一次游戏的过程当中，无论孩子是赢了还是输了，你都要保持微笑，不对输赢进行区别的对待，因为孩子能够参与游戏的本身就是一种很好的成长。我身边有很多企业家朋友，我发现那些比较成功的企业家、创业者身上都有那种敢于面对失败，越挫越勇的精神。而在儿童教育方面，输不起看似是一个很小的问题，但是如果你能培养出一个能够正确面对失败的小孩，他将会在未来激烈的社会竞争中，无论遇到多少困难和打击，都会继续尝试，坚持到底。能够接受失败的孩子才配得上拥有成功。

LESSON 17 第十七课

你家孩子撒谎吗

在孩子所有的问题行为中，撒谎可能是最不能被接受的行为之一了。一提到撒谎，人们就会把它和一个人的人品道德联系起来。如果孩子骗人你可能会非常愤怒，觉得这个孩子怎么这样，都学会撒谎了。撒谎可能也是家长最名正言顺地打孩子的理由，打的时候你可能还会说："你犯错，妈妈可以原谅，但是你骗人就不能饶恕了。"

从小接受这种教育，让我形成了一个信念，即撒谎是一个很严重且不可饶恕的道德问题。在很长的一段时间，我都认为撒谎是必须严肃处理的问题行为，直到我发现有很多孩子就算是受到了非常严厉的惩罚，也仍然继续撒谎，这让我开始努力地想要搞清楚撒谎的背后到底有什么样的心理机制。经过研究，我发现这个问题涉及的内容实在是太丰富了，也非常有价值。我将专门讲述孩子撒谎行为背后的秘密。孩子撒谎真的就是道德败坏，不可原谅吗？想要细细地解读这个行为，首先要搞清楚儿童究竟是什么时候学会撒谎的。

俗话说“童言无忌”，意思是孩子是不会撒谎的。不过这句话只说对了一半，真实的情况是，孩子不会撒谎，除非他年纪足够大，并且努力这么做。一般的心理学研究认为，四岁以上的孩子才有可能学会欺骗这个能力，因为欺骗这件事是非常有技术含量的。什么叫骗人？从认知心理学的理论解释，欺骗就是努力在他人的心里植入错误的观念。而孩子心中的原始设置是知道什么就说什么，骗人意味着他们不但要抑制说真话的冲动，还需要正确组织语言来试图让欺骗成功。这背后如果没有足够的动力，孩子们是不会做这种费力不讨好的事情的。不过最新的研究发现，孩子们具备骗人能力的时间比以前估计的要早一年到两年。

心理学家卡尔森做过一个实验，他找来很多三岁的儿童，先陪他们玩，搞好关系。然后，卡尔森分别对孩子们说：“宝贝，接下来我们捉弄一下那个叔叔，好不好？”那个叔叔指的是另外一个实验者。“你看到对面的两个盒子了吗？我们把一个球藏在两个盒子当中的一个，我们一起藏好以后，待会儿如果那个叔叔来问你球放在哪个盒子里，你要记得给他指那个错的盒子，不要让他找到球，知道吗？”说完以后卡尔森就走了，等到另一个实验者进来后问球在哪里？结果大部分孩子都欺骗了实验者，这个实验证明了三岁的孩子已经具备了撒谎的能力。

不仅如此，研究发现，三岁到六岁的孩子不仅能够撒谎，而且能够识别谎言，甚至可以知道你为什么要骗他们。皮亚杰曾经说过，这个年龄的儿童会把所有有目的或无目的的错误都当成谎言。很多家长有过这样的经历，如果你无意中说错了一个答案，孩子会以为你是在骗他。比如，宝宝问你："我的滑冰鞋在哪里？"如果你也不记得，随便说："在门后面吧。"如果孩子在门后面没有找到，他可能会说："爸爸你骗人，鞋子根本没在门后面。"这其实意味着他们对欺骗这件事开始变得敏感了，如果他们被骗过一次，或者哪怕只是看到别人被骗，下一次再遇到同样的场景，他们就会识别出欺骗，并且能够猜出背后的目的。比如，这一次你为了让孩子停止哭闹，告诉他"妈妈明天给你买玩具"。但是到了第二天你没有买，下次孩子再哭，你再和他说买玩具，三岁到六岁的孩子就能猜出你这么说的目的不过就是想安抚他一下而已，很有可能是不会兑现的。

你是不是从来没有想到孩子能如此聪明。不过这里还有一个问题没搞清楚，那就是孩子为什么要骗人呢？你可以想想你小时候会在什么情况下撒谎呢？是不是有两个原因：一个是逃避惩罚，另一个是获得奖赏。

逃避惩罚很好理解，如果你觉得自己犯了一个严重的错误，说实话可能遭到惩罚，你就可能通过撒谎来试图逃避惩罚。获得奖励也是孩子撒谎的原因。我调查过很多因为想获得奖励而撒谎的孩子，他们在班上通常不是那么拔尖和优秀的学生，被当众表扬的机会也不多，甚至显得有些没有存在感，因此经常使用撒谎来刷存在感。

从这两个方向，家长们可以想一想，自己在平时对孩子的教育中有没有过于严厉，惩罚是否过重？孩子的内心是否缺乏父母和老师的肯定？如果孩子在学校并不出众，家庭是不是能够弥补他们的心理需要呢？他们为什么要冒着被揭穿的风险去撒谎呢？如果你能够想到这一层，你对孩子撒谎的行为就会更理解了。那么在孩子欺骗你的时候，你处理的水平也许就能够提高一点点，可能你不会再粗暴地惩罚孩子。为什么说只是提高一点点呢？因为光用逃避惩罚和获得奖励的理由来解释孩子撒谎的行为还不够，有时候他们还会在微不足道的事情上撒谎。比如，明明没有刷牙，孩子却说自己刷牙了；明明没有组合变形金刚，孩子却和同学吹牛，说自己有多少套最新的变形金刚玩具。明明没有养宠物，孩子却和老师说，自己家的狗狗死了，让大家一起表示同情。甚至有时候他们的谎言被揭穿了，还死不承认犟到底，这到底是什么原因呢？这些问题意味着撒谎真的是一个非常复杂的话题，想找到孩子所有撒谎的行为和种类，了解针对每一种撒谎可以采取的对策，请看下一节内容：孩子撒谎，见招拆招。

LESSON 18 第十八课

孩子撒谎，见招拆招

阅读了上一节内容的父母已经了解到，儿童撒谎其实是孩子们的认知水平获得发展的结果，并不一定是他们道德败坏。但家长们可能仍然想知道，面对孩子们撒谎的情况，我们应该怎么办呢？想要更好地应对，需要我们精确地识别孩子撒谎的各种类型，然后根据每一种类型采取灵活的应对策略。下面我就来讲一讲儿童撒谎的四种常见类型与应对策略，这四种类型分别是：微不足道型谎言、吹嘘型谎言、解释情感型谎言和分离型谎言。

1. 微不足道型谎言

某一天，你可能突然发现，从前那个单纯的孩子学会了撒一些小谎，但那些谎言都是一些微不足道的事情。比如，晚上睡觉前，你问孩子刷牙了吗，他很干脆地说刷了。但是你用眼睛一瞟，以前他刷完牙杯子都是乱放的，但是今天漱口杯放得好好的，而且你用手一摸，牙刷是干的。这时候你也许会觉得纳闷：孩子为什么要骗我，这么小就开始撒谎了，长大了怎么办？接着你继续脑补：孩子是不是还有别的事情在骗我呢？等他长大，到了社会上以后还喜欢撒谎，说不定会犯罪……简直不敢想了！于是，很多父母在遇到这种微不足道型谎言时，很容易给孩子一顿雷霆霹雳般的教训。但这真的是最好的应对策略吗？

儿童心理学家研究发现，四岁到七岁是孩子们微不足道型谎言的高发时期。孩子们喜欢在各种生活的小细节上时不时地说谎。因为这个时候的孩子认为：之前我的生活百分之百都是被爸爸妈妈掌控的，他们好像有读心术。虽然这个想法可以给孩子很好的安全感，可是当孩子超过四岁，他们的自我意识发展水平越来越高，就会越来越渴望有独立的生活，比如拥有一些自己的小秘密。

有心理学家说，孩子们第一次对父母成功撒谎就是他们首次独立的开始。孩子通过这种方式来意识到原来父母是没有读心术的，撒些小谎其实就是他们一次又一次对自己拥有秘密的尝试和挑战。七岁以后，孩子们的隐瞒可能会变得更有策略，特别是在你对他们的管教比较严厉的情况下，他会发展出各种撒谎的技能。我有时候觉得，一个孩子的成长史就是一部和父母斗智斗勇的进化史。为什么这么说呢？因为独立是孩子们不可逆转的趋势。

面对这种微不足道型谎言，我们应该怎么办呢？父母首先要了解，这种谎言其实是孩子智力进步的一种表现。在这个认识基础上再去采取行动，你的心态也许会平和一些。你可以选择对有些谎言睁一只眼闭一只眼，而对另外一些谎言认真处理。我继续说前面的例子，当孩子回答你“我刷过牙了”，结果你发现牙刷是干的，这个时候有的父母就会揭穿孩子：“你骗人，牙刷是干的，你根本没有刷过牙。你撒谎妈妈很生气。”这样说的结果是让孩子感到沮丧，他们会想：“唉，还是逃不过你的手掌心啊。”效果可能适得其反，这会刺激他们想更周全的隐瞒办法。

如果你换个说法：“嗯，刷过牙了是吗？不过我觉得你好像刷得不认真，要不要再刷一次，把牙齿彻底刷干净。来，妈妈跟你一起刷。”这种说法完全没有提到“骗人”两个字，既没有给孩子贴标签，也满足了他们想有点秘密的需求，还展示了你识别的能力。类似这种单纯的隐瞒需求，孩子在得到一些满足后其实就不再有那么强烈的骗人愿望了。甚至有时候，你需要给孩子一些自由支配的空间、时间，允许他们做一些越界的行为，比如你出去一整天，把家完全交给他们。

2. 吹嘘型谎言

除了这种微不足道式的谎言，有些五六岁以上的孩子开始学会吹牛，我们称之为吹嘘型谎言。我记得在我小时候很流行任天堂的游戏机，但父母很少会给孩子买。我有个同学经常吹嘘自己有一台最新款游戏机，每到周末就尽情地玩，把我们这些同学羡慕坏了，一直都想去玩玩他的任天堂。但这个同学总是用各种理由来搪塞我们，一会儿说借给别人了，一会儿说拿去升级了，最后还是我们跑到商店才发现，当时根本就没有那款游戏机，这个同学的吹嘘型谎言也就被揭穿了。

我在几所小学负责师生与学生家长的心理辅导工作。在这些学校中，我发现很多喜欢吹牛的孩子经常炫耀自己有很多新潮的玩具，可实际上他们根本没有。他们为什么要这么做呢？想搞清楚原因，就要知道这些孩子通过撒谎能获得什么益处。当他们吹嘘的时候，通常可以吸引同学们认认真真地在旁聆听，还能让同学们羡慕不已，这些都会让孩子产生强烈的满足感。

在这些爱吹嘘的孩子心里都有一个共同的信念：我不够好，所以需要这些外部的东西让他人喜欢自己。其实这种心理也是一部分成年人喜欢炫富、晒奢侈品的根源。这些孩子的家庭从小就非常强调结果，比如有的家长经常说："我家宝宝真棒，11 个月就会走路了。”或者“哇，我家宝宝已经可以认识一千个字了。”孩子上学以后，家长更加强调成绩与现实的联系。比如，有的家长会说：“如果你考前五名，我就带你去海边旅游。”或者“我最喜欢成绩好的孩子了。”家长这些做法的逻辑是：我们对你的爱是建立在你优秀的前提下才有的。孩子则会理解成：如果我不优秀，也许你们就不那么爱我了。所以，当孩子做不到足够优秀的时候，撒谎就是满足他们这种虚荣心的最好办法。

这种撒谎的本质是家长给孩子设定的游戏规则。那么，家长在对待这种谎言时更加不能粗暴地责备孩子，因为家长才是始作俑者。家长需要反思，自己是不是在教育孩子的过程中太过强调结果和优秀程度，而没有做到无条件地爱孩子。

如果你想补救，有以下几点建议：每当孩子遇到事情不知道该怎么办的时候，家长首先应该表态“没关系，爸爸妈妈和你一样，小时候也经常有自己搞不定的事情”，这一步叫作共情，让孩子感觉到没有压力。然而，你要注意不可以这样说：“我小时候遇到这种事情都是自己做好的。”或者“我那会儿都能自己处理好，现在你有这么好的条件还做不好？”另外，如果有机会，你可以和孩子讲一讲你小时候有什么事情做得不太好，但是后来接受了这个事实，并且发挥自己的特长在别的方面取得了成功。这样的故事可以经常讲。重要的是，不要一味地给孩子灌鸡汤，好像任何事情都必须做到最好。你应该让孩子知道，任何事都做好本来就是不可能的。

3. 解释情感型谎言

第三种谎言叫作解释情感型。如果你家孩子突然开始和同学们说一些自己的故事，而且这些故事听起来很悲伤，让人同情，但你一下子就看出来这个故事是假的，这时候千万注意不要马上批评他。比如，有一天你的孩子在班上说自己养了五年的宠物狗死了，以前他是多么开心，狗狗小时候是多么可爱。听得好多同学都流泪了，但你知道你家从来没有养过狗。

这种行为不是他们的道德出了问题，而是孩子们会凭借自己的想象来编故事，把这些故事作为解释他们最近内心感受的一种方式。我们成人也会用这种方式来表达自己的情绪，比如“我觉得自己的心像被千把刀子扎一样”，这是一种感觉的描述。而孩子们会直接用想象出来的故事去描述自己的心情，比如当他很沮丧或很孤独的时候，就会编造一个自己的爱宠或好朋友离去的故事。这是在提醒家长，他最近的情绪真的不是很好。

所以遇到这样的情况，首先不要把这个故事解释为谎言，你可以帮助孩子重新定义这样的事情。“爸爸妈妈知道，虽然这个故事不是真的，但我理解你的感受，你的心情不太好，是吗？可以和爸爸妈妈说一说吗？”这样的询问会为你们接下来的沟通打下良好的基础。

4. 分离型谎言

最后一种谎言是问题最严重的一种，叫作分离型谎言。这些儿童看上去很有主见，可以打理好生活中出现的各种问题，但是他们简直就是说谎大王。就算是谎言被拆穿，他们也仍然坚持说谎，更严重的是他甚至相信自己说的谎是真的。

我参加一些社会公益项目的时候，发现一些偷东西的孩子，他们大多数存在着家庭关系混乱或是长期和父母分离的情况。可是你去调查他们的偷窃行为时，他们会表现得非常无辜，撒谎的时候面不改色心不跳，甚至委屈得直掉眼泪。你如果抓住了现行，他们还会马上道歉。

你是不是很奇怪，这些孩子为什么会如此熟练地撒谎呢？其实这种谎言背后的原因是非常心酸的：说分离型谎言的儿童基本上都是生活压力很大、极不快乐的，他们总是在生活中体验到极大的不安全感，他们总是害怕被伤害。这些孩子一般都有很多的问题行为，比如偷东西、搞破坏。他们在做了坏事以后，其实心里也明白这样不好，他们的内心很希望把那个做坏事的自己和好的自己分开。那么，说谎话就是分离的一种方式。他们极力否认自己做过的坏事来维护好形象，就像是给自己催眠："我没有犯错，我没有犯错。"久而久之，自己也觉得那些错误和自己没有关系。对于这一类孩子，最重要的是恢复他们内心的安全感，让他们感觉到自己以后不会再被伤害，这样他们才会慢慢地不需要用撒谎来保护自己。一般遇到这样的孩子，我建议家长可以找专业的心理机构进行系统的心理治疗。

现在，你是否对孩子们的谎言有了新的认识呢？在平时的咨询和工作中，我有一个感触：要让父母的养育过程更加顺利和有效，理解孩子是非常重要的。当你可以站在孩子的角度去感受他们的内心动态时，你就可以在今后的教育决策中做出更人性、更有爱的教育动作。愿你们在父母成长的道路上天天向上。

LESSON 19 第十九课

怎样建立孩子的自信

本节课我来给家长们讲讲儿童的基本情感需求——重要感，也就是如何让孩子觉得自己很重要。我们先试着想一想，如果一个人觉得自己很重要，他会有怎样的行为表现呢？肯定是做事很有动力，非常积极主动。他会认为我可以改变很多事情，我周围的人也非常需要我，所以我应该不断地努力做些什么。如果你发现你的孩子做什么都没有动力，表现比较懒散，也不喜欢热心帮助其他人，那你可能要考虑孩子是不是觉得自己不够重要。他们也许会认为既然自己无足轻重，那这个世界也不需要我来努力做太多事情了，所以重要感直接反映的结果就是一个人的成就动机是高还是低。

那么，是什么因素影响了孩子们的“重要感”呢？我先列举一些生活中的场景，看看这些情况你是怎么做的。如果你住在楼房，每天要乘电梯上下楼，当你的孩子看到电梯按钮说："我来按我来按"，但他的个子很矮，够不到高层按钮的时候，你会直接按下电梯按钮，还是鼓励孩子踮起脚来按；当你的孩子年纪还小时，他坐在儿童餐椅上，在你还没有给宝宝喂饭的时候，他就自己开始用勺子来吃，但是他还不熟练，一不小心把饭菜洒到了衣服裤子上，到处都是油。你的第一反应是什么？是说："不要这样，你看你弄得到处都是，还是我喂你吧"，还是摸摸他的脑袋说："你想自己吃饭了，真棒，我们慢慢来，最后一点给你自己吃，好吗？"如果你在这两种情境下的反应都和后面那种家长一样，那我要恭喜你了，你的孩子一定会觉得自己是一个很重要的人。但如果你每次都扮演了前面那一种家长，不好意思，你的孩子的"重要感"会大打折扣，他们会觉得自己在你眼中并不重要。

你不要以为这对他们的影响只是心情不好而已，没有那么简单。大部分没有形成自我价值感的儿童，可能会通过寻求负面的方式得到关注，比如他们在小时候可能会用调皮捣蛋乱搞破坏的方式吸引你，长大后会用奇异的造型吸引别人。此外，认为自己不重要的孩子特别容易加入某种团体或帮派，因为任何一个能给他们一点点重要感的人都可以控制他们。我在咨询中曾听说一个孩子，因为别人喊了他一声"老大"，就到处帮人出头打架，结果因为一些小事情把同学打伤，导致未成年犯罪。想想原因，也许是这一声“老大”对他来说太有诱惑力了，毕竟他在家里这种“重要感”无法被满足。我的经验是：父母过度保护和代替孩子做决定是伤害儿童重要感的第一大原因。

按照儿童心理发展的规律，尝试和冒险是自信心和重要感的源泉。如果家长们不小心阻断了孩子探索和冒险的途径，那么孩子就会产生一种无能感，认为自己什么都做不了。我有一个大学生来访者，父母都是单位的领导，都很有能力。这名来访者的学习成绩很棒，上的重点大学，但他就是很不自信，不敢和寝室的同学们主动交流，总感觉自己是个不重要的人，甚至一度想放弃学业。我想，他的父母都是大学生，培养孩子即使不算内行，应该大体还算靠谱吧。但正因为他的母亲太能干了，她帮助孩子几乎屏蔽了成长中的任何风险，从衣食住行到学习生活，防止早恋，防止被欺负，防止某些事耽误时间影响学习。结果没想到，孩子的学习成绩是很好，但孩子反而觉得自己不重要，很不自信。这其实就是心理学上讲的，阻断了孩子自己探索获取重要感的途径。也许有父母反驳：这个世界如此危险，孩子还小又不懂事，做父母的不应该替他们多防范吗？这属于一种极端化思维，让孩子去探索，不是要你一下子把他扔到社会上就放手不管了。我谈的鼓励孩子探索是指遵循心理学上的最近发展原则，就是让他们去做一些能力现在还达不到，但是踮着脚可以努力一把做到的事情，也可以说永远不让他们安于自己的舒适区，就像刚才所说的踮起脚按电梯、慢慢学会自己吃饭是一个道理。

当然了，探索还包括让孩子们自己做决定，可以说孩子们做任何一个决定，无论是出现美好的结果，还是犯错的结果，都会增加他们的重要感。决定对了，他们会觉得我真棒，错了呢，他们会想这个错误我是可以承担的。怕的就是那种，他们从来不做决定。其实你不难发现，不喜欢做决定的人在我们身边到处都是。我们出去吃饭点菜，可能有人会说把菜单拿走，我从来不会点菜，你们点你们点。这背后体现的问题就是他认为别人的决定更重要。所以当孩子能够认字甚至可以识途的时候，你就可以训练他们自己点菜，决定他们今天要穿哪一件衣服，带哪些东西去旅行，等等。在做每一个决定的过程当中，就是孩子自己了解优点和缺点的好机会。这种了解也促进了重要感。

除了限制孩子探索，还有一种同样会伤害儿童重要感的行为，听起来和过度保护相反，叫作过度骄纵。也就是说，你在生活当中从来不对孩子说“不”，这听起来有些奇怪，我答应孩子的要求为什么会让他觉得自己不重要呢？人性当中都有懒惰和追求享乐的一面，如果你不加区分地满足孩子的所有需求，就意味着你满足的不是他们的重要需求，而是欲望。

什么是欲望？比如，吃很多的垃圾食品，到很晚了还要看电视，有很多玩具了还要更多，这种满足意味着孩子不需要自己动脑筋和努力就可以得到想要的东西。这有两个坏处：第一，孩子在这个过程当中并不会对自己的能力产生任何的骄傲；第二，当他们走出家门，别人不会无止境地满足他们的欲望，这个时候他们就会产生挫败感。从古至今，很多的政治家为了让一个很重要的对手丧失志向，就为其提供很多的金钱、美色、食物，这就是在无限制地满足对手的欲望。久而久之，这个人就会放弃理想，变得颓废，用我们的话说就是觉得自己不再重要了。所以骄纵的效果其实和过度保护、代替做决定是一样的。

总结一下，想要让孩子从小就觉得自己是一个很重要的人，关键要做到不为你的孩子包办一切，要让他分担一些家务责任，还要给孩子做决定的权利。千万不要试图控制所有的事情，或者满足他们的一切要求。要让孩子参与家庭生活，尽可能多方面分配任务，授权给他们，给孩子一些地位和角色，哪怕他们做事情的时候会犯错，或者花了很长的时间，还不如你自己动手的效果好。这个时候做父母的一定要有耐心，因为我们的放权能让孩子从心理上觉得“我很重要”，他们也就不会通过做那些不正当的刺激的事情来向别人证明自己是一个人物了。最后，仍然有一个思考题：请你想出三种到五种，能够提高孩子重要感的具体行为。

LESSON 20 第二十课

如何改掉孩子的拖延症

我总在工作和咨询中被问到的一个问题是："我的孩子做事拖拉，吃饭一粒一粒地数，穿衣服磨磨唧唧的，特别是写作业比别的孩子都要慢。你小声催他吧，他不在乎，有时心里的火一下就冒上来了，忍不住对孩子大吼大叫。刚开始，效果立竿见影，孩子顺从了。可是孩子学会了看脸色行事，你不发脾气，他就又拖拉，你一变脸就又快一点儿。有时候，我看到孩子一副不安、害怕的样子，又觉得于心不忍，有些后悔，怎么办呢？"家长们先别焦虑，任何行为的背后都有它存在的原因。其实，孩子拖拉的原因并不复杂，具体需要从孩子和家长两方面来分析。

一、孩子的原因

1. 孩子的生活技能不足

我们先从孩子的特征说起，孩子拖拉的第一种可能性就是他的生活技能不足，家长又没有对他们进行有针对性的训练，结果家长过早地要求孩子既快又好地完成，孩子却根本做不到。这就是典型的欲速则不达。不是孩子不想快，而是快不起来啊！比如，孩子连筷子都拿不好呢，你让他吃饭快点儿，孩子系鞋带不熟练，你嫌他出门太慢，让他系快点儿，这些就是不合理的要求。孩子早期大脑的发育与肢体的动作发育存在不同步的现象，他们做事情的规范性、顺序性和协调性并不是同一时间发展完成的，所以他们做快了就容易错，按照顺序要求做又会太慢。如果你没有对孩子的生活技能进行专项的刻意练习，没有给他们充分的时间让他们经历由不知到熟悉再到熟练的过程，就容易让他们产生无所适从的感觉。

2. 孩子还没有建立起时间观念

除刚才说的生活技能不足外，时间概念也是一种能力，孩子的时间观念并不是天生就有的。在孩子还没有时间概念的时候，他们不知道父母说的一分钟、三分钟到底是多长，穿衣服、吃饭、写作业是快还是慢。于是，孩子在家长要求他们快一点的时候经常表现出无所谓的样子，这是因为他们根本不知道什么样的动作才叫快。孩子小，不懂得时间的珍贵，总以为时间有的是，孩子并不知道，当他快点把一件事情做完之后会有更好的结果，所以就会延续着以前的行为习惯。

3. 孩子的气质类型不同

每个孩子的气质类型都不同，比如困难型和慢热型的孩子，他们的气质类型是不活跃的，天生就比较慢。所以家长在面对这些孩子的时候，期待本身就应该降低一些。

二、家长的原因

我经常会和父母们说，孩子的问题其实就是家长问题的精准反应，而孩子的拖延很大程度上是为了适应家庭环境的需要。我总结了一下，行事拖拉的孩子的父母一般会有这几种类型。

1. 包办替代型家长

为什么包办？因为着急，有些家长看到孩子在吃饭、穿衣、整理书包等事情上显得笨手笨脚的时候，就忍不住给孩子喂饭，帮孩子穿衣或整理书包。事实上，这种包办抚养的方式剥夺了孩子锻炼的机会，培养了孩子的依赖性，毕竟被人伺候是一件很舒服的事情，最终使孩子丧失了自立自强的动力。等孩子成年以后，家长认为他们应该自立自强的时候，他们已经没有这个能力了，只能一而再再而三地拖延下去。

2. 拖拉型的家长

有些家长自身就有很严重的拖延症，他们规划了许多高大上的人生目标，却把时间消耗在发帖、刷圈、看新闻上。高大上的人生目标只好一拖再拖，孩子在不知不觉中模仿了家长的言行方式，而家长自己没有意识到，却要求孩子快一点，再快一点。孩子心里就想："就知道叫我快点，那你自己呢？"

3. 雷厉风行的家长

如果孩子做事的速度没有达到家长的期待值，雷厉风行的家长就忍不住催促孩子："快点，别磨磨蹭蹭的了。"结果，孩子反而慢了下来，产生了一种逆反的心理，故意和家长对着干。孩子心里就会想："催什么，催我也这样，你能把我怎么样？"

三、解决方法

能力不足的孩子加上这三种类型的家长，拖延就变成了一种合理的行为。我们既然明确了孩子行事拖拉的原因，家长应该怎么应对呢？我们可以通过下面三个方法来解决孩子拖拉的问题。

1. 锻炼孩子的自理能力

刻意练习孩子的自理能力，是预防及纠正拖延行为的基础。你可以问问自己，想要训练孩子的什么能力呢？比如，我想让孩子熟练地掌握穿鞋的方法，那就可以和孩子通过穿鞋比赛，帮助孩子找到自信心。

首先，你要手把手地通过分解、示范、让孩子实践等方法教会孩子穿鞋。然后，和孩子进行穿鞋比赛。刚开始的时候，父母可以故意放慢速度让孩子觉得自己有赢的希望而努力加快穿鞋的速度，甚至有时候可以故意输给孩子，提高孩子加快做的动机及成就感。最后，父母还可以把孩子的日常生活行为做成表格，用心记录孩子每次穿鞋所花费的时间，看看孩子是不是在逐渐进步，精细动作是不是越来越精准。等孩子大一点的时候，就可以告诉孩子一些分步计划的方法，先做什么，后做什么，会更有效地提高做事效率，做到又好又快。孩子在自理方面养成习惯后，会慢慢地迁移到学习和生活等方面。

2. 让孩子独立完成

无论孩子做事有多慢，家长只能示范，不能替代。要让孩子独立完成训练，而父母只作为教练。在这里，我想分享一下我训练小孩系鞋带的故事。说起系鞋带，这是一段痛并快乐的回忆。有一段时间，我的小外甥在我家住了几个月。这个小宝贝每次穿鞋至少要用 8 分钟的时间，而更悲催的是他常常花了 8 分钟，鞋带还是系成一团麻。有时候，他系着系着就去找玩具了，有时候系一下停三下。孩子的外婆说："和孩子讲了很多次系鞋带的方法，感觉是竹篮打水一场空。"那天出门又是这样，孩子的外婆在旁边说："你帮他系，问题不就解决了吗？"当孩子听到外婆这么说的时候，就对我说："姨妈，你就帮我系一下嘛。"他干脆停下来把鞋递过来。我对外甥说："姨妈决定从今天开始当雷锋，我每天帮你穿鞋、刷牙、吃饭、喝水、睡觉、上厕所，你看好不好啊？"外甥马上说："姨妈你这么坏。"我说："宝宝，你喜欢姨妈做个坏人吗？"外甥摇摇头。于是我把鞋递回到孩子的手中，对孩子说："从今天起姨妈和你一起穿鞋。"然后，我拿过自己的鞋，并且看了一下手表。

在穿鞋的过程中，我没有和孩子交流，孩子系鞋带的姿势不正确，我就帮孩子纠正姿势，当孩子想去够玩具，我就温和且认真地把他的手拿回来。当我们系完鞋带的时候，我对孩子说："今天你穿鞋只用了 6 分钟，比以前快了两分钟。告诉姨妈，你是怎么做到快了两分钟的呀？"外甥很认真地向我比画着说："就这样一直系。"我又说："明天我们用 5 分钟的时间穿好鞋，你说我们能做得到吗？”外甥用力地点点头。在接下来一段日子里，我们就这样重复着这个过程，慢慢地孩子穿鞋的时间减少到4分钟。之后，我又买了一个紫色的沙漏放在玄关处。再坚持一段时间后，我把沙漏拿走了。孩子穿鞋慢的问题就这样慢慢地被纠正过来了。

3. 培养孩子的时间意识，让孩子学会时间管理

当我们要告诉孩子1分钟是60秒时，孩子就会纳闷60秒是多长呀。所以我们可以通过具体的事情让孩子体验，比如2秒钟可以走一步路，1分钟可以找出4个五角形状的积木，3分钟可以做多少道口算题，5分钟可以洗几个碗，10分钟可以完成一幅拼图等。

关于让孩子学会时间管理，在这里我想说说我是怎么训练一个来访者来管理时间的。来访者自述："我的孩子正在上初中，作业量很大，写作业的过程中一会儿要喝水，一会儿要上厕所，一会儿要吃水果。有时，他看课外书，看着看着就忘了时间，结果作业要写到12点。总之是状况百出，急死我了。"不知道你家的孩子是否也有类似的状况呢？这种情况严重影响了孩子的休息，此刻时间的管理就显得特别重要。于是我建议这位妈妈，每天孩子放学回家后让他先休息20分钟。在这20分钟里，妈妈需要问孩子三个问题：第一个问题是“今天有几门课留作业了？”第二个问题是“作业的难度怎么样？”第三个问题是“你预估下需要多长时间才能完成作业？”孩子说：“五门课”“不是很难”“大约三个半小时”。妈妈也要在这三个半小时内给自己找一项任务，与孩子同步开展，设定闹钟。当孩子在预估的时间内完成作业，妈妈就鼓励孩子，并让孩子总结经验。当孩子没有在预估的时间内完成作业，妈妈则让孩子寻找原因及对策。当孩子按照自己的对策，在下次写作业的过程中成功地解决了问题，妈妈就奖励孩子。经过两个月的训练，孩子现在对时间的管理越来越好，还能利用碎片时间来完成自己想要做的事情。

总结一下，家长应该刻意训练孩子的自理能力，要做一个放心、放手的父母，要注重培养儿童的时间意识及时间管理能力。这个能力将决定孩子未来的行为方式及行为能力。拖拉的习惯会使孩子逐渐产生自卑、退缩的心理，尽早发现并处理好孩子的拖延习惯，从而奠定孩子成功的基础。

LESSON 21 第二十一课

被遗忘的教育神器

我在工作和咨询中发现，家长们最喜欢对孩子说的一句话就是：“你只管好好学习，其他什么事情都不用做，爸爸妈妈当好你的后勤部部长”。很多家长说出这句话的时候，多少还带着一点骄傲的感觉。可能他们要表达的意思是，我们有能力免除你的后顾之忧，做爸妈的应该算对得起你了吧。不过他们可能没想到的是，这句话不但没有让孩子真的做到两耳不闻窗外事，而且还起到了三大负面效果。

第一，要孩子认真学习，不让他们做家务，其实潜台词就是在说，“家务我们都帮你做了，你还不好好学习，就是对不起我们了”。所以这种说法对激励孩子没有任何好处，反而会增加孩子身上的学习压力，一旦考试成绩不理想，孩子就会产生不必要的内疚感。这种说法其实只是在满足家长们的一种虚假的付出感。

第二，不让孩子做家务，就会让他对家庭事务失去责任心和参与感。在我工作的心理咨询中心，我发现绝大多数的问题青少年在家里是从来不做家务的，有些孩子不愿去上学，在家玩游戏，还得让妈妈给他洗衣服、做饭。这些妈妈还来问我："老师，我的孩子怎么办啊？"反过来想一想，不让孩子做家务难道不是家长在拒绝孩子参与对家庭的奉献吗？家长的这些付出，其实是在奖励孩子的懒惰和叛逆。

第三，不让孩子做家务，剥夺了孩子体会日常生活当中细微快乐的机会。人对自然的觉察方式有两种：第一种是用身体来感受、体会当下每一种细微的感觉。这种方式会让我们感觉到很放松，也容易让我们体会到细小的快乐。比如，你吃饭是认认真真的，每嚼一口都细细地感受不同食物所带来的不同味道，这个时候你会感觉很满足，而且不容易吃得过饱。睡觉之前，你努力体会身体的感受，感受你的呼吸，这个时候你的身体就更容易放松，也更容易入睡。第二种觉察生活的方式是通过想象。你会想明天要做什么？你过去做过了什么？这些事情会有什么样的结果？一个人过度使用想象力的时候，会产生各种各样的情绪。如果你总是想着"明天有很多工作要做"，会让你感觉很焦虑，你总是想着"我有好多事情没有做”，那会让你很后悔。如果你在吃饭的时候不仔细去感受食物的味道，而是满脑子想着工作上的事情，你将失去吃饭这件事情的乐趣。做家务其实也是一种很好的体会日常快乐的方式。如果你能够细细地体会做家务的过程，慢慢地洗碗，慢慢地擦桌子，你会感觉很放松，从而帮助孩子缓解学习的压力。

不过，当我和一些家长聊这个话题的时候，他们总会提出一些很奇怪的想法。比如，男孩的家长会说：“我会让我家孩子专注于事业，以后他做家务的机会可能不会很多，大不了请个保姆呗。”女孩的家长说：“女儿要富养，现在如果让她习惯了做家务，那她结婚后岂不是做一辈子家务啊。”这些想法都充满了功利的色彩，但是人的成长恰恰又不是按照功利的逻辑进行的。其实家务对于一个家庭的大人来说，本来就是维系感情的重要纽带，也附带了很多的心理意义。

美国心理学家做过一项调查，研究一个家庭中到底哪些因素会让夫妻的关系更稳定，双方的幸福感更强。他们调查了大量的因素，比如夫妻双方是不是经常吵架，是不是门当户对，是不是学历高、收入高。结果最后发现一个很有意思的现象，那就是：无论夫妻吵不吵架，收入高不高，学历水平怎么样，个性的相似程度如何，这些都不是关键因素，关键因素居然是夫妻能不能共同承担家务。做家务这个事情决定了家庭的稳定和幸福感。研究者还发现，能够帮助老婆做家务的男人，平均寿命要比那些不帮忙的男人长很多。所以他们得出了结论：做家务是家庭幸福的秘诀之一。而对于孩子的教育，学会做家务更加是一种很好的行为塑造方法。

首先，它是一种很好的赢得自尊的方法。前文讲过，那些容易被欺负的孩子往往是低自尊的，他们不善于表达自己的意见。很多家长问，怎样培养孩子的自尊自信呢？要知道自尊自信并不完全来自某些重大的成功。我工作的咨询中心来过很多的高考学生，他们有的是自己学校高考的前三名，有的还是状元，可依然有不少人对我说："老师，我觉得自己很没用。"长期而稳定的自尊来自那些日常生活中获得的小成就感的积累，而这些小成就感很难从每学期的各种考试中获得。为什么呢？周期太长。

如果孩子学会收拾房间，帮忙做饭，帮家长洗碗扫地，从这些小事情就很容易获得成就感，因为孩子一努力马上就可以看到结果。孩子整理了房间，房间就会变得整整齐齐。孩子洗了碗，碗就会变得干干净净。孩子每次完成以后，家长都给孩子一个拥抱或赞扬，就会让孩子把做家务和快乐、成就联系起来。当然有的家长说："我怕孩子做不好，洗不干净，甚至她洗碗的时候把碗都打碎了。"但谁也不是刚开始就是一个熟练的好手。做家务的时候，你要亲身示范，把经验和方法教给孩子，但是不要强求他按照你的做法去做。你只需要比较一下，你们两个完成的结果，到底哪种方法更好，这样就可以了。

其次，如果你放弃了让孩子做家务的机会，孩子也不一定会用节约下来的时间去学习，而很有可能被电子游戏吸引，因为电子游戏一定比你更善于奖励孩子。

最后，一起做家务还是亲子沟通的黄金时段。很多的家长说："孩子现在很少和我说学校里发生的情况，总是不愿意交流。"你可以想一想，一个学龄期的孩子每天和父母坐在一起聊天的时间其实是很少的，除了吃饭和看一会儿电视，其余时间就是去完成家庭作业了。等他们完成作业以后，已经很疲惫了，这个时候再聊天，明显错过了最好的时机。而且就算你有时间和孩子面对面地谈心，他们也不见得愿意和你聊他们心里的一些苦恼，比如学习成绩啊，朋友之间相处得是不是愉快啊，甚至在学校里被欺负了。为什么？因为面对面谈心是一件很有压力的事，直接把自己的内心展示给别人看是很难做到的，哪怕你是他们的父母。为什么在做心理咨询的时候，咨询师和来访者要把椅子呈 90° 角摆放，或者干脆我们并排坐，就是为了让来访者感觉，咨询师和他们是同一战线的，而不是来探听他们秘密的人。当你和孩子一起做家务的时候，你其实就是在一个非常放松的环境下和孩子进行交流，这样他们表达起来也会比较没有防备。

和孩子一起洗碗的时候，他可能就会告诉你，哪个老师讲课讲得好，哪个老师好像太过严厉了，哪个同学好像对自己不友好，甚至告诉你哪个女孩或哪个男孩子是自己喜欢的类型。化沟通于无形才是沟通的最高境界。如果你这个时候还抱着“只要孩子好好读书，什么都别管”的观念，那你就真的是落伍了。做家务、整理和清扫并不只是表面上看起来的简单劳动，它能训练人们的专注力和对自己的生活负责的态度。

日本有一句俗话叫作“每天必须打扫的地方有两个，一个是厕所，另一个是人的心灵”。无论成年人还是孩子，都可以通过对外部秩序的整理来改善自己的内部秩序。我自己的工作室在刚开始成立的时候，员工做事情有一种浮躁、不认真的风气，我想了很多的管理方法，奖惩、罚款都起不到效果。后来我对团队成员提出了一个要求，就是每天来公司的第一件事情就是花 20 分钟的时间做清扫和整理。如果做得不干净，我会让这个人重新打扫，直到过关。有意思的是，我发现这个方案实行没多久，团队成员做事更加认真，在工作中犯错的次数也大幅减少了。我想这和教育孩子是一样的。每个家长都是一个管理者、一个教练，所以你们也可以运用做家务这个教育“神器”，让你们的孩子在每一件小事中持续地成长。

记住，做家务改造孩子还有一个不能忘记的前提，就是你需要和孩子一起做。就像最好的教育，是你先做好孩子的榜样，就是这么简单。

LESSON 22 第二十二课

你为孩子的叛逆出了多少力

从人格发展角度来说，亲子关系的品质基本可以说是由父母（或者替代父母的抚养者）亲自造就的。父母建立良好亲子关系的能力就像是渡过孩子青春之河的一条帆船，只有拥有它，才能够顺利渡河。如果没有，父母们也许只能游泳过河，可这么漫长的渡河过程显然是游不过去的。你肯定要说，那我怎么知道我平时的做法是不是符合与叛逆期孩子相处的原则呢？这节内容我就来教你一个十分方便的分析方法。根据这个方法，你就可以知道你平时做得是好还是不好。

美国的教育心理学家杰弗里·伯恩斯坦把父母和孩子的沟通行为分为了两类：第一类叫作积极的亲子行为，也叫作加分行为；第二类叫作消极的亲子行为，也叫作减分行为。当你所做的积极亲子行为的得分减掉消极亲子行为的得分小于3的时候，你家就可能存在孩子叛逆的风险。当你所做的积极行为的得分除以消极行为的得分比值小于1的时候，那我几乎可以肯定你家孩子存在叛逆的行为。

我们平时与孩子沟通和交流的内容虽然很多，但是大致可以分为15种正面的行为和15种负面的行为。如果你现在有时间，我们可以来做一个评估。我们采取的计分法则是：如果你没有做过这件事情，得0分，如果偶尔做得1分，经常做得2分，每次都做得3分。

比如，你有没有在见到孩子的时候微笑？如果你从来不微笑，得0分；你只是偶尔笑一笑，得1分；你经常微笑，得2份；每次都微笑，得3分。明白了吗？下面我们开始进行评估。

1. 你有没有在见到孩子的时候微笑？

2. 你有没有和孩子存在那种不需要说话，一个眼神，他就懂了你的意思的状态？

3. 你喜欢拍孩子的肩膀和后背吗？

4. 你是否每次都和孩子站得很近？

5. 你和孩子说过我爱你吗？

6. 你见到孩子的时候有目光接触吗？

7. 你会拥抱孩子吗?

8. 在和孩子说话的时候，你会频频点头吗?

9. 在孩子小的时候，你会每次都牵着他的手，长大以后，你会经常和他握手吗?

10. 每当孩子有家长会或亲子活动的时候，你会去参加吗?

11. 你会给予孩子表扬和赞美吗?

12. 你会经常给孩子一些物质和精神上的奖励吗?

13. 你会帮孩子安排节日的活动，特别是他的生日聚会吗?

14. 你会督促孩子按时上课吗?

15. 你会督促孩子参加各种课外活动吗?

以上是积极行为。你可以观察一下，我列举的 15 种积极行为中只有一种和学习有关。这意味着家长和孩子之间的积极关系，这种良好的情感是陪出来的，而不是督促他学习搞出来的。

下面我们再来看一看，在六个月之内，你有哪些负面的减分行为。只要在半年之内，你出现过这些行为就得分，出现几次得几分。

举个例子，你有对孩子吼叫、骂他或羞辱他吗？如果从来没有，得 0 分；如果有一次，得 1 分；如果程度更高，分值更高。下面我们开始进行评估。

1. 你有对孩子吼叫、骂他或羞辱他吗？

2. 你有嘲笑、挖苦，或者贬低过你的孩子吗？

3. 你有打过他或其他的体罚，或者当着他的面把东西扔掉吗？

4. 你有没有忽视或否定他的感受？比如，孩子在和你说话，你却一句都没有听。如果孩子哭了，你却说他不应该哭。

5. 你会不会经常地说教和唠叨他？这种事情也许是你自己曾经也没有做到的。

6. 孩子说话的时候，你会不会打断他？

7. 当你要说孩子的时候，会不会经常翻旧账，就是你本来在批评他这个问题，但你会把他以前所有做错的都翻出来讲？

8. 你有多大的频率喜欢批评他？

9. 你在教育孩子时候，如果你做错了，是否会有内疚感？

10. 当你生气的时候，会不会刻意刺激或挑衅孩子？

11. 你有没有对他撒过谎？有些家长认为自己是出于善意的目的欺骗孩子，比如和孩子讲，晚上妈妈一直会陪着你，但是睡到一半妈妈就走了；或者为了安抚孩子，承诺给孩子买什么东西，结果最后又没有做到。

12. 在别人的面前说自己家的孩子不好。父母们可能认为这是谦虚的表现，但实际上如果孩子听到了，心里也会受伤的。

13. 你有没有经常威胁孩子，比如“你如果怎么怎么样，我就怎么怎么样”？

14. 你对孩子有没有耐心？他每次请你帮他做什么事情的时候，或者是对你说话的时候，你都没有耐心完整地听完，或者帮他一点点做好。

15. 你有没有对孩子怀有那些不切实际的期望？比如，他的能力只能达到中等水平，你却希望他达到最优秀的水平。

来看一看，你的得分是多少？只要把这两次的分数计算完，你就可以看到你和孩子的关系处于安全、风险，还是糟糕的范围了。假如你们的关系程度很危险，需要你马上做出改变，以挽回你们之间已经被破坏的亲子关系。

有家长问过我：“我的积极行为和消极行为的比例并没有像你说的那么好，但是好像我家的孩子也没有表现出多大的叛逆。好像他从来也不敢和我对着干，这是为什么呢？”你可能不知道，叛逆其实存在另外一种特殊的类型。假如你是一位足够强势的家长，那么你的孩子从小到大在高压的政策下可能会变得非常乖巧，但是在他乖巧的背后，一定会有一些小聪明的把戏。在人前很懂道理、很乖巧，背后却经常打破规则，做一些小动作去伤害别人。当有人指出他这种把戏的时候，他立即会变成一副很听话的样子，这使得他可能不会受到任何惩罚。但是他如果把这种关系模式带到人与人的相处中会非常糟糕，很可能影响到别人的利益。那些长大以后喜欢在职场里玩阴谋诡计的人，他们在青春期的时候往往处于这种隐形叛逆的状态，而这种状态比激烈式的叛逆更可怕。

当然不是说孩子所有的叛逆全部是家长造成的，但是如果你发现你在亲子关系中的贡献值中负面得分太高，那就意味着其实你是孩子叛逆的主导者，改变势在必行。那怎么改变呢？我们可以借用美国华盛顿大学的古特曼博士在改变家庭关系当中使用的 5∶1 原则，来撬动父母和孩子之间已经破碎的关系。古特曼博士认为，想要消除父母每一个负面行为的影响，必须通过五个积极行为进行弥补，特别是对于那些已经被家长伤害的叛逆孩子。参考上文中的测试标准，记住你的正面行为比负面行为不是 3∶1，也不是 1∶1，而是要调整到 5∶1 的强度，这样才能真正有疗愈的效果。

改变不是一件容易的事情，它会时时刻刻挑战某些父母的玻璃心。因为他们在小时候也曾经这样被父母对待，在父母与他们的关系中也许只有掌控和服从，只有家庭的权力争夺。这些影响在他们长大以后，保留到他们和自己孩子相处的关系模式中。但我要说的是，虽然过程痛苦，但如果你希望你的家庭进入另一种更加健康的状态，没有其他办法，只能慢慢地放下你心中那个脆弱的我，用更加智慧的眼光来看待家庭新的生命周期。

LESSON 23 第二十三课

不懂这招，妄想搞定叛逆孩子

这节课要和家长们讲一讲，搞定叛逆孩子的最重要的一个大招，也是所有招数的基础。在我的工作室里，我听到那些叛逆孩子的家长最常说的一句话就是："其实我真的很爱孩子，可是为什么他们感受不到呢？难道真的是孩子们不懂感恩吗？"

我觉得这种想法有点强人所难。这些家长好像觉得只要我爱孩子，这种爱就会神奇般的传递给孩子，并不需要额外做什么。可孩子又不是家长肚子里的蛔虫，家长什么都不做，孩子怎么知道你爱他呢？要让他们感受到你的爱，不只是你自己觉得爱就行，必须让孩子真真切切地感受到，那么你的爱想传递给孩子依靠的是什么呢？传递的桥梁叫作理解。可以说，几乎所有叛逆的孩子都会觉得父母不理解他们，不把他们的想法当回事，这就意味着只要你让孩子感觉到他们被充分理解了，他们才能感受到你对他们的爱，否则你和他们之间会被厚厚的一层叛逆之墙阻挡。所以我要教家长们的大招叫作“理解”。

有人肯定要说：“我知道要理解孩子，但是该怎么理解呢？”理解不是一个空泛的概念，它是能拆分成可操作、可量化的步骤具体实施的。要实现理解可以分为三个步骤：第一，真正学会倾听孩子；第二，要有耐心；第三，要学会与叛逆孩子的正确对话方式。

1. 倾听

什么叫作倾听？倾，代表着低下身子；听，代表认真地接受。对心理医生来说，倾听是非常重要的方法。当我们低下来和来访者平等了，他们就能更加放松和接受我们。美国杰出的心理医生斯科特·派克在著作《少有人走的路》中写道：“如果我们倾听孩子的专注程度和认真的态度，就像听一位伟大的演讲家一样，就等于送给了孩子一件珍贵的礼物，这比你给他买任何昂贵的玩具和礼品有价值得多。”可惜的是，大多数父母都不知道怎样去倾听孩子说话。他们的逻辑是我是大人，你是小孩，我走过的桥比你走过的路还多，所以你得听我的。但是，在这个假设前提下，家长将很难倾听孩子真正的心声。

你也许没有发现，孩子和我们其实是两类人，他们不是成人的微缩版，而是另外一类。我们也说不清楚应该是我们跟孩子学习的东西多，还是孩子跟我们学习的东西多。当你转变了对孩子的看法，你也许就更能接受我接下来要讲的。

当他对你说话的时候，你一定要看着他，目光保持接触，即使他不看着你，你也要看着他，听他说话的时候不要做其他事情。比如，孩子在和你说话的时候，你一直看微信、刷碗，或者看电视，这些行为传递的信号就是你讲的事情对我不重要。在你听的时候，最忌讳孩子还没有说完你就打断他，我们平时说话的时候也非常讨厌被人打断，所以你也不要做一个孩子讨厌的插话者。

你可以在他说话的时候保持微笑，点点头，拍拍孩子的肩膀，用肢体语言鼓励他，但最好不要说话。就算他的观点你不同意，也不要马上批评他。比如，他和你吐槽学校的哪位老师对自己怎么不好了，有的家长会觉得孩子挑剔，觉得孩子没有资格说老师不好，觉得孩子的成绩不好，老师这样做肯定是为了孩子好。如果你这么说，孩子肯定会在心里默默地念："好了，我绝不再和你讲任何事情，反正说了也是白说。"这样你就失去了一个与孩子拉近距离的机会。你要知道孩子和你吐槽并不代表他读不下去书了，他只是希望你能理解他的感受。我们吐槽自己的工作时不也是这样的吗？所以想要做到倾听，家长先要与孩子有目光上的接触，放下手上的事情，不要打断孩子，也不要急于做价值判断。当你做好了倾听，理解就做到了第一步。

2. 耐心

耐心其实是一种心态上的修炼，耐心在心理学里意味着，你遇到任何事情都不按照自己的情绪和身体的第一感觉来反馈。也就是说，有时候无论孩子做了错事或说了难听的话，对你大吼大叫，砰的一声把门关上，你都要视而不见。你可能说这也太难了，我也有七情六欲，怎么能做得像一尊佛一样平静呢？这确实很难，不过这取决于你的关注点是什么。

如果你把所有的关注点都放在自己的身上，你就会认为孩子是在刺激你、伤害你，你肯定不能做到有耐心。但人往往特别注意别人对自己的伤害，而忽视我们对别人的伤害。如果你关注的是孩子做出这样的表现，究竟是什么原因？他有多么害怕，多么受挫，多么沮丧。这个时候你就不会只注意到心中的那个自我，而是产生一种慈悲之心。因为伤害别人的人，其实心中也是混乱和痛苦的，当你能站在更高的角度上对孩子产生这种慈悲和怜悯的态度，你就不会和他站在一个等级水平去计较到底谁说的话更有道理，到底是谁伤害了谁。能做到这一点，耐心自然就产生了。

当你平静下来，用这种心态来宽容和帮助孩子，他是能感觉到的。而且他会对你产生观察、学习，他也学会了有耐心。《道德经》里说道："善者吾善之，不善者吾亦善之，德善。"意思就是，对善良的人，我善待他，对不善良的人，我也善待他，这样就可以得到善良，从而人人向善了。对待孩子也是一样的道理，他有耐心的时候你也有耐心，他躁动的时候你更加需要有耐心，这样全家都有耐心了。

3. 学会和孩子讨论

我们在和孩子相处的过程中总是喜欢直接给他们提出建议，而不是和孩子讨论。比如，孩子没有考好，你说："如果你早点开始努力，就不会有这样的结果了。"这就属于那种未经允许的建议，孩子根本就没有问你。一个没有提问的人是不会关心答案是什么的，你需要先和孩子讨论，这次考试你觉得没有考好的原因到底是什么，是没有花时间复习，还是复习的方向不对。等到孩子产生想问问题的感觉，你再说出你的建议。而且句式应该是，如果是我的话，我会选择什么样的方法，这样他的接受程度就会马上提升。因为孩子对问题的答案产生了饥饿感。

4. 关心孩子的感受

你需要改变总是谈论自己感受的习惯，转而去关心孩子的感受。当孩子遇到问题的时候，你是不是经常说："我就不理解了，你为什么这么激动呢？”“你这样的表现，我真的很失望。”是的，这样说的确能够抒发你自己的感受，但对理解孩子没有任何帮助，只会让他更失望。所以你在每次提问的时候可以说：“是什么事情让你这么激动，和妈妈（或爸爸）说下好吗？”“你觉得你这次的表现怎么样？”“你怎么看呢？”当你把关注点放在孩子的感受上，他才会有被理解的感觉。

5. 不要随意评价孩子

家长需要注意，不要对孩子的任何行为给出过早的评论。比如，你为什么总是长不大？你这样做就像个没出息的人。当你给出评论后，实际上就是给孩子设置了一个框，这种负面评价会激起他的逆反心理。好吧，你说我长不大，我就做个小孩子给你看。结果，他只能用自己的失败来证明你对他的评价是对的，这是双输的结果。所以任何事情你都要做到延迟评价。

如果你在倾听、耐心和对话的方式上都能做到及格线以上的水平，再给孩子植入一些你的理念，那就是带着爱植入的，就像是苦药外面包裹着的糖衣，孩子吃下去会容易得多。

最后，我想提醒各位家长，仅知道“理解”的方法是什么还不够，还需要在日常生活中多多练习。你也可能会经历很多次把控不住自己的时候，但只要你找到了正确的方向，坚持下去就一定有效果。请记住，对孩子进行任何指导和建议都应该在足够的爱和理解的前提下去做。什么叫作足够？就是做到孩子也开始对你的苦心表示理解和同情的时候，你就慢慢走向成功了。

LESSON 24 第二十四课

如何培养孩子的专注力

心理学家发现，孩子的专注力就像肌肉一样，是可以培养和锻炼的。这个消息对于那些觉得自己孩子的专注力不够好的父母来说，是一个好消息。这节内容我就给家长们介绍三种重要且有效的方法。

1. 创建无干扰的环境

这里讲到的无干扰不是说家里一定要非常安静，就像大学自习室一样。对普通家庭来说，这是很难做到的。这里说的无干扰主要是三点：第一没有生理干扰；第二没有成人干扰；第三减少无意注意干扰。

首先，生理干扰是指你必须保证孩子的作息规律，按时吃饭、睡觉，一个饿着肚子或睡眠不足的孩子是无法保持专注的。所以专注产生于孩子的基本生理需要被满足以后。其次，没有大人的打扰。这种情况在现实中经常出现，当孩子专注于某一件事情的时候，如画画、看绘本、玩乐高或者是练字，大人经常会打扰他们。比如，孩子自己玩得不亦乐乎的时候，家长凑上前去说："宝宝，你在干什么呢？"还有的父母甚至会干涉孩子："这个不能这么玩，你应该这样玩才可以。"当孩子在游乐场玩得正欢的时候，家长心血来潮地把他拉回来问："你玩得怎么样？你玩了什么？"然后让他喝水、休息等。

如果孩子在专注于某项活动的时候，家长经常去打扰，就会在无形中破坏他好不容易形成的专注力。最后，减少无意注意的干扰。其中，对孩子干扰最多的就是电子产品，现在的小孩手机、平板电脑玩得贼溜。当儿童沉迷于那些电子产品，让无意注意占据了他过多的业余时间时，慢慢地，他就习惯于这种轻松的专注方式，从而更容易抗拒那些需要预设目标，需要主观意志力监督的活动，比如画画、弹琴、读绘本、练字等，学习也就慢慢成了他们讨厌的东西。

2. 训练自带目的性的儿童

生活中，很多孩子专注于某件事情是因为他们喜欢这件事情。比如，有的孩子做数学题的时候非常入迷，因为他们觉得做数学题有趣，而不是因为能获得家长或老师的表扬。这些孩子有一个特点，就是自带目的性享受活动本身，他们通常是为了事情本身去做某件事情，而不是为了达成某一个外部的目标。

比如，他们学画画就是因为画画有趣，而不是因为画得好会得到奖励。很多孩子之所以不喜欢学钢琴，是因为他们大多数都是依靠外部奖励来维持弹琴的动力，比如他们能得到父母的夸奖或各种奖品。虽然刚开始孩子会大受鼓舞，但是久而久之会感到麻木、厌烦。相反，有的孩子在练习钢琴的时候，家长不会给予外部奖励，而是加以引导，比如问孩子："这首曲子你觉得怎么样？你在用手指表现《威尼斯船歌》当中流水音效的时候，你有什么感受？"这些家长引导孩子去喜爱事物的本身，而不是任何外在的报酬，所以孩子会对弹钢琴一如既往地热爱。美国著名心理学家德西说过："外在的奖励会削弱内部的动机，哪怕报酬只是作为表现的奖励，也会降低人们对事情的喜爱。"

所以，为了培养孩子的专注力，家长要有意识地训练他们，对生活充满好奇，成为可以享受事物本身快乐的人。这样的孩子被心理学家称为自带目的性的儿童。家长想要培养自带目的性的儿童，关键在于培养他们的内部动机，也就是让孩子关注事物的本身，而不是结果。怎么做？我举个例子，一个小朋友兴致勃勃地画了一幅画，然后拿给家长看，一般会得到两种回答：一种是外部报酬式的回答："宝贝画得真好看"；另外一种是内部动机式的回答："宝贝，你这幅画的背后有没有故事？能不能讲给爸爸妈妈听？你能告诉爸爸妈妈你为什么要这样画吗？”第二种方式就是引导孩子去关注事物的本身，而不是结果的反馈。所以第二种回答更有利于激发孩子对事情本身的喜爱。

再如，当你的孩子很快做出了一道算术题，你不要夸他：“你好厉害，你好快”，而是可以说：“你是如何做到的？”如果你的孩子考试成绩出来了，你不要总是问他：“你考了多少分？你们班上的最高分是多少？你排名多少？”而是可以这样说：“你有哪些题目还没有搞清楚？你是如何做到的呢？”总之，你要让孩子明白，做的过程比做到了什么更重要。

3. 游戏训练

游戏训练的方法很多，这里我教大家两个经典的儿童注意力游戏训练法，第一个叫作“猜糖果”。这个游戏的玩法非常简单，家长准备三只颜色不同的小碗放在一张桌子上，然后把几粒糖果放在其中一个颜色的碗里，对孩子说：“宝贝，我们一起来玩一个游戏，好吗？等会儿妈妈数 123，移动这些碗，你猜猜糖果在哪个碗里。”如果孩子猜出来了，就可以获得这些糖果。当然，难度还可以升级，你可以使用颜色相同的碗，让孩子去判断糖在哪一个碗底下。

孩子在玩这个游戏的时候，需要在一定的时间内目不转睛地盯着这些移动的碗，他的专注力是高度集中的，久而久之他的专注能力就会得到提高。当然，如果天天都玩这个游戏，孩子迟早有一天会腻，一定要和别的游戏换着玩。

第二个游戏叫作舒尔特方格，这是一个风靡全球的注意力游戏。舒尔特方格不但可以简单测量孩子的注意力水平，也是心理咨询师在做心理治疗时经常使用的方法。这个游戏的玩法非常简单，让孩子在一张方形的纸上画上 5×5 的方格，然后填上 1 到 25 的数字，数字随机分布在不同的格子里，让孩子按照顺序从 1 一直读到 25，并且要指出来。三岁到八岁，也就是幼儿园到小学低年级的孩子，认知能力有限，家长可以从 9 个格子开始，也就是在纸上写上数字 1 到 9，然后让孩子指出。随后逐步增加难度，家长可以在一旁记录孩子数完数字所消耗的时间，时间越短，孩子的注意力水平就越高。通过游戏的方式既让孩子获得了欢乐，又训练了注意力，可以说是一举两得。

总结一下，想让孩子长时间保持专注力，首先，你要给他创设一个无干扰的环境。其次，你可以将他培养成自带目的性的儿童，培养他学习的内部动机。最后，你可以通过很多游戏来训练他的注意力，比如猜糖果、舒尔特方格等。如果你遵循孩子身心发展的规律就会发现，培养孩子学习的专注力其实是一件非常轻松的事情，和你做任何事情的规律一样，用对了方法就不会太难。

LESSON 25 第二十五课

怎样提升孩子的自控力

自控力包含三个部分，分别是“我不要做”“我要做”和“我想要”。而“我想要”的力量影响着“我不要做”和“我要做”。所以自控力训练的第一步，就是引导孩子明确什么是自己真正想要的，而不是父母想要给孩子的，具体怎么做呢？

1. 我想要

用三个字来概括这个方法就是具体化，把无形的想法具体成可描述的内容。你可以在安静的环境下，让孩子在纸上写下10个句子，当然还不会写字的小朋友需要由父母来代替，从生理、心理、社会等角度越具体越好。比如，第一，我想要身体健康，不生病；第二，我想去外婆家吃她做的葱花饼；第三，我想要画出小猪佩奇和乔治；第四，我想要看完爸爸买的新绘；等等。然后，父母把这张纸贴在床头，孩子容易看得到的地方，或者要求孩子每天阅读，把他最想要的三条用特别的颜色标注出来，把这些事情放到每一天的时间表当中。比如，周一画一幅画，周三看爸爸买的绘本《一口袋的吻》，周六去外婆家吃葱花饼。条件允许的话，你可以把小朋友完成这些事情的照片随手拍下来，到了周末和小朋友一起回顾一下这一周发生了哪些事情。这一步可以让孩子直观地看到自己的行为，给他一个反馈，等到下一周来临之前，再把这一周孩子展示的“想要做”的事情撤下来，腾出地方给新的计划。这种仪式感不仅会让小朋友感到新鲜，也让他们确信原来我每周想做这么多事情，而且我大部分都做到了。这是一种自我控制感，小朋友会受到极大的鼓舞。

当然，有的父母可能会问：“要是孩子成天想着吃喝玩乐怎么办？要看电视、要玩电子游戏、吃垃圾食品，我怎么处理呢？”对这个问题你需要搞清楚，什么事情才是需要具体化写在纸上的。是那些需要努力才能完成的事情，而不是吃喝玩乐这种基本无须努力的行为。所以“我想要画画”可以写在计划当中，但“我想要睡觉”就无须写下来。“我想要去外婆家吃葱花饼”这件事情可能需要准备行李，坐车到外婆家，还要亲自动手帮忙，这也可以写在计划里。但如果是玩电子游戏、看电视就无须写下来，只要在约定的时间里结束就可以了。

家长对于“需要努力”和“无须努力”这两种事情应该持有的态度是，孩子计划里有需要努力、认真完成的事情，你就表现出期待的眼神，并且找机会和他探讨关于这件事情有意思的点在哪里。比如，孩子想要自己做一个剪贴画，你就可以很期待地问：“我非常好奇，你到底想剪什么形状？妈妈小时候上手工课也做过剪纸，还贴在了窗户上。”如果孩子想要做的是无须努力的事情，你就可以告诉他这些事情属于玩和休息，不用计划，你自己去做就好了。对这样的事情没有特殊情况尽量不要限制，也不用关注。我们的目的是想让孩子学会专注于他们想要实现的目标，只有目标才需要写在纸上，玩就是随意的事情，不需要有仪式感。有的家长可能会犯这样的错误，他们会不断地说你要完成什么，少玩一点，多学一点，这样做反而会产生负面效果。

孩子觉得为什么你总是限制我，是不是玩才是更珍贵的事情？越压抑越好奇，这就是为什么那些禁书、禁片更受人关注的原因。我用一个比喻来形容这种操作，那就是关注闪亮的珍珠，但不去贬低路边的鹅卵石。当孩子逐渐明确了自己想要做的事情，接下来我们就可以接着进行“我不要做”和“我要做”的训练。

2. 我不要做

对学龄前的孩子来说，一个非常有效的办法就是“等待

10分钟”的训练。10分钟也许看起来不太长，但神经科学家发现10分钟能在很大程度上改变大脑的奖励机制。“我不要做”训练的方法就是引导孩子在面对诱惑的时候，协商一个10分钟的等待时间，如果10分钟后他仍然想要就可以拥有它。比如，孩子很喜欢吃冰激凌，但是吃多了对身体不好，也容易发胖，而且他发现朋友们喜欢嘲笑那些太胖的人。那么，当孩子路过店铺想吃冰激凌的时候，妈妈就可以说：“我知道你现在很想吃，但是我们先等10分钟，再看看要不要吃。”在这10分钟里，妈妈又陪孩子逛了玩具店，同时讨论了班上同学的审美，发现大家都比较喜欢苗条的人。10分钟以后，妈妈往往会发现孩子对吃冰激凌没有什么欲望了。在家里你也可以尝试这样的方式引导孩子不要玩手机，不要看电视，前提是孩子也知道这个事情对自己不太好，也想做出调整。

3. 我要做

“我要做”的训练方法是，你可以使用10分钟法则来帮助孩子去做这样的事情。和“我不要做”的训练相反，是让孩子坚持做10分钟再放弃。也就是说，孩子知道做这件事对自己是好的，也想做，但是有点不在状态，打不起精神来。这个时候，你要做的就是引导他在放弃之前先坚持10分钟。比如，明明在学钢琴，老师每天都布置了练琴的任务。有一天，明明妈妈说：“孩子一从幼儿园回来就只想着玩，根本不想练琴”，她每天为了明明弹琴这件事情伤透了脑筋。这个妈妈学会了10分钟法则后，说：“有一次明明回来又想玩，我就告诉他先弹琴，坚持10分钟，然后就可以停下来。10分钟以后，我告诉他时间到了，他却不想停下来了，而且那天弹了半个小时。之后的几天里，我都这样引导他，现在他能坚持下来了。”这其实就是利用了心理学里的启动效应，一旦启动形成了惯性，人们就能坚持下来。

在日常生活当中，你也可以有意识地制造机会，让孩子再坚持10分钟。比如，孩子口渴而水很烫的时候，引导孩子再等几分钟水凉下来再喝；过生日的时候让孩子吃完生日蛋糕，再拆礼物；几个人一起玩玩具的时候，让孩子排队，轮到自己才玩这个玩具。

在孩子坚持的过程当中，你可以帮助他用一些策略来克制欲望。比如，自言自语、转移注意力等。在10分钟的等一等和再坚持一会儿当中，孩子的“我不要做”和“我要做”的能力也就不知不觉地增强了。

但家长掌握了这三点就够了吗？其实还差一点。心理学家想要验证，是不是平时对孩子进行延迟满足训练，他就能更好地学会自控。于是，实验者把孩子分成两组，让他们去参加画画活动，实验者中途答应孩子给他们拿一些彩色蜡笔。

第一组的孩子如愿得到了蜡笔，而第二组的孩子被放鸽子了。然后两组继续画画，实验者又答应给孩子带一些彩色的贴纸。实验者对第一组孩子信守承诺，而第二组孩子又被放鸽子了。然后，实验者对两组孩子进行棉花糖实验，结果发现第一组孩子能够忍住不吃棉花糖的人数是第二组的 4 倍。这说明对孩子提升自控力的训练方法中，影响最大的是家长平时是否信守承诺。如果你总是在生活中对孩子出尔反尔、连哄带骗，孩子就会更倾向于及时满足。

很多时候，家长认为育儿是成人对孩子进行各种各样的训练，把他们改变成什么样的人，但真实的情况并不是这样。孩子的成长健康与否，很大程度取决于家长是否具备普世的优良品质，你是否成熟，是否坚强，是否关心他人，是否胸怀宽阔？如果你自己拥有这样的品质，即使不刻意对孩子进行训练，他们也会从你身上学会那些闪闪发光的优点。所以，育儿先要育己。

CHAPTER Ⅳ

第四章

如何与孩子沟通

LESSON 26 第二十六课

孩子有分离焦虑，怎么办

有一个七岁的小女孩马上要上二年级了，可是她开始非常抗拒去学校。每次上学前，她要么把自己锁在房间里不肯出来，要么就哭闹不停，说自己胃疼、想吐，反正就是不能去学校。父母好不容易把她劝进教室，她也无法认真上课，总是一副注意力不集中、神情恍惚的样子。她老是分神，担心妈妈是不是被坏人捉去了，或者是不是遇到了车祸。每当想到这里，她就双手发抖，手心出汗，胸口怦怦乱跳，一副坐立不安的样子。老师觉得她很不对劲，就通知家长接她回家。回到家里只要一看见妈妈，她就马上冲过去，紧紧地抱住妈妈，反复确认妈妈不会离开她。这个女孩晚上还经常做噩梦，不敢一个人睡在房间里，半夜总是忍不住偷偷跑到父母的房间，要求和妈妈一起睡。女儿的这一系列行为让全家人非常担心。这样的例子在你身边是不是也会碰到？你是不是非常想知道，这个孩子到底怎么了？其实这个女孩得了典型的儿童分离型焦虑障碍。所谓儿童分离型焦虑障碍，专业解释就是儿童与依恋对象分离后感到过度焦虑的一种症状。

这里有两个概念给大家解释一下，什么是依恋对象呢？就是指爸爸、妈妈、爷爷、奶奶等养育者，或者是孩子熟悉的一些家庭环境。那么什么叫过度焦虑呢？就是指焦虑已经影响了孩子的健康和与其年龄相适应的社会功能状态。在这种状态下，孩子会极力回避让其与依恋对象分离的活动。

分离型焦虑有哪些表现形式呢？一般来说，不同的年龄有不同的表现。三岁左右，也就是孩子刚上幼儿园的时候，早上入托前即使妈妈给他们穿好了衣服，宝宝也总是躲在某个角落不出来，送到幼儿园门口的时候，他们会大哭，抓住家人不放。在幼儿园里哭泣、吵闹、拒绝吃饭，不听从老师的指令，也不愿意和其他的小朋友一起玩耍。

到了五岁到八岁时，孩子开始有了一些表达和思考能力，他们会出现一些不切实际的担心，比如担心父母被人伤害，担心有灾难降临到亲人身上，担心自己生病，甚至经常做噩梦，不敢一个人睡觉。

到了十二岁，孩子开始出现对分离的过分苦恼，比如在分离前就过分担心将要到来的分离，分离的时候表现痛苦，依依不舍，之后仍然出现过度的情绪反应，烦躁不安，注意力不集中、哭泣等。甚至有个别孩子还会出现只是想象和爸爸妈妈分离，就会产生剧烈的情绪波动，号啕大哭。在儿童或少年期，孩子有时候表现出大量的躯体症状。比如，孩子会出现一些头疼、胃痛、恶心等说不清道不明的问题。而且学习的时候情况特别严重，但打游戏看电视的时候，症状就会减轻。这些症状在一般孩子身上也多少会出现一些，但是如果焦虑的情绪比较严重，出现了很多身体症状，或者是持续的时间超过一个月，对孩子的社会功能有明显的影响，比如孩子已经没法去幼儿园，或者是没法继续读书，就构成了儿童分离型焦虑障碍的诊断了。

这种疾病是如何产生的呢？科学研究发现，儿童分离型焦虑障碍的产生与父母或主要照料者有直接关系。在临床工作的十多年时间里，我常常有这样的感觉，往往有问题的孩子归根到底其实是家庭和父母出了问题，儿童分离型焦虑障碍就是一个典型的例子。分离型焦虑有家族聚集的现象，如果父母容易焦虑，孩子往往从小就表现得性格内向，胆小害羞。面对新环境或不熟悉的人时，常常会出现回避行为。这是因为父母过度焦虑，所以会对孩子从小就采取过度控制和保护的教育方式，给孩子很少的自主权，这样教养出来的孩子就会形成依赖、任性、懒惰等行为习惯。那么当他面临新环境、新问题时，他完全不知道应该如何处理，就会表现得惊慌失措。

当父母表现出焦虑的行为示范，孩子就会模仿、学习父母的举动，从而出现回避的行为。除此之外，婴儿期形成的不安全的依恋模式也容易使孩子早早地出现焦虑障碍。那么碰到这种儿童分离型焦虑的孩子，我们应该怎么办呢？家长最好从两个方向入手解决：第一个方向是改善孩子对于焦虑感的认知。前文我们提到过孩子的心理发展关键时期的概念，其实在十二岁以前是孩子安全感塑造的关键期，这个阶段往往是孩子出现分离型焦虑最多的时候。处于这个阶段的孩子对于自我情绪感知，对于焦虑情绪的理解还不到位。在他们眼中可能只有开心不开心，身体舒服或不舒服，害怕或不害怕几种简单的感受。所以每当他们因为焦虑而茫然、痛苦的时候，在孩子的内心世界里面，他们完全不知道自己怎么了，应该怎么办。

这时候，家长需要做的事情，就是帮助孩子们认识到，其实他们这是有焦虑情绪了。我们需要告诉他，焦虑不是危险因素，是有方法解决的。就好像爸爸妈妈告诉孩子，你看马路上呼啸而过的钢铁怪物其实就是小汽车，是我们的一种代步工具，可以帮助我们节省时间。不过如果宝宝你担心被汽车撞到，那你经过汽车的时候慢一点、小心一点，遵守规则就好了，不用紧张，也不用害怕。你甚至可以用小玩具和孩子演示汽车经过时的场景，这样孩子是不是就比较不怕汽车了，甚至可能喜欢上汽车了呢？

刚才我举的例子，是如何改变孩子对于汽车的焦虑。具体来说，我们应该怎么解决孩子的分离型焦虑呢？我相信只要掌握了这几个原则，每个爸爸妈妈都是天才的创意者，肯定能创造出适合自己孩子的方法，我这里给大家抛砖引玉说几个例子，比如孩子不愿意去幼儿园，或者是哭泣吵闹不愿意去上学，我们该怎么办？

首先，我们要肯定孩子的感受，并且要告诉他，这个就是焦虑的感觉，这种感觉确实会让你很不舒服，爸爸妈妈小时候也经历过。千万不要嘲笑或呵斥孩子，说你怎么这样没有出息，一点小事情就哭等。也绝对不能因为孩子哭泣就心疼得不行，或者对孩子上学出现这些情形，自己也开始出现焦虑的情绪。其次，我们可以给孩子一些时间平复心情，然后帮助他一起想象在幼儿园或学校可能会发生什么开心的事情，或者是如果碰到麻烦事应该如何处理。当孩子对于未来有了一个乐观的预期，或者知道如何应对可能发生的糟糕事情后，他就不会那么焦虑了。最后，我们还要和孩子做一个很有仪式感的道别，家长要很郑重地和孩子说再见，让孩子也很郑重地予以回应。你们甚至可以约定一个有趣的表示再见的动作，比如挥手三下，再转个圈，或者吻别等，这样做能够增加孩子的掌控感，也能建立他的安全感。

第二个方向是结合家庭的力量去处理。前面提到，儿童分离型焦虑有家族聚集性，焦虑孩子的情绪体验以及他的行为方式往往是从父母身上学到的，所以做父母的也要反思一下自己的情绪，以及在对孩子的问题上是不是过度包办了，或者几乎完全不管。这两种情况都会造成孩子的情绪出现问题。如果父母通过反思发现自己和孩子的互动方式不对，可以先调整自己的心态或婚姻状况。记得一定要为孩子设置一个恰当的空间和界限，要给足他们自己决定和承担结果的区域，这样才能让他们在长大后更好地适应社会。

其实在孩子的成长过程中，分离型焦虑的出现是非常常见的，基本上都能随着时间逐渐恢复。只有在那些合并有对立违抗障碍、注意缺陷多动障碍，或者是父母婚姻严重出现问题的孩子，这种分离型的焦虑才会长久存在。

LESSON 27 第二十七课

轻松搞定孩子不肯上幼儿园的“困难症”

这一节的内容是怎样搞定孩子不肯上幼儿园的问题。每当我和三岁到六岁孩子的家长聊天时，总绕不开一个话题，那就是“我家孩子不想上幼儿园怎么办？”孩子的具体表现通常有：一要上幼儿园就故意拖延，各种不舒服。要么肚子疼，要么是一副忧郁或极不情愿的样子。到了幼儿园，一看到爸妈要走就放声大哭。在幼儿园的时候，不喜欢和小朋友们说话，总是一个人玩，或者经常说不喜欢某个老师，每次都要家长给孩子做很久的安抚工作。搞得父母有时候会想，我家孩子到底要不要上幼儿园，干脆放家里让爷爷奶奶带算了。真的可以这样吗？我要告诉你，大原则是幼儿园必须上，幼儿园是早教体系中最重要的一环，如果缺失了这个环节，对儿童的心理发展会有严重损失。

孩子在幼儿园里面有几个重要的发展任务，比如他们要学会在人群中玩耍，学会社交和分享，学会和父母以外的成人相处，这些是每一个孩子必须经历的成长环节，也是社会化的开始。那么问题来了："我家宝宝就是害怕或不喜欢上幼儿园，我们这些家长该怎么办呢？"我们来分析一下，为什么很大一部分孩子在家里一切正常，但就是害怕或不喜欢上幼儿园呢？英国的儿童心理学家安吉拉·克利福德-波斯顿在《如何读懂孩子的行为》一书中写道："上幼儿园对孩子的生活来说看起来是如此平常，以至于成年人很容易忘记，这段经历对孩子会造成多么强烈的影响。"从家庭走向一个陌生的群体，这种转变不亚于我们成年人经历一次丛林大冒险。这种生活简直是一个巨变，也就是说，要让孩子喜欢上幼儿园，必须让他们的冒险成功。每一个孩子从家庭到幼儿园必须经过五关，家长们可以对照一下自己的孩子，如果他不想上幼儿园，到底是卡在哪个关口上了。

1. 第一关，规则与习惯的冲突

走出家门到幼儿园，对孩子来说是从一个世界迈向了另外一个世界。不同的地盘自然有不同的规矩，幼儿园有新的规矩，比如孩子在家里看着电视吃午餐，可能是被家人允许的。但在幼儿园，这就不行；孩子在家里可以把薯片从袋子里面倒在桌上，然后一片一片地吃，但在幼儿园的操场上也许根本就不准吃零食。这个时候，孩子们就可能会产生第一个不适应，他们对这个新码头的规矩摸不透。所以第二天，当他们再被送去幼儿园的时候便不愿意去了。

2. 第二关，文化差异

如果幼儿园里面的小朋友都是说普通话，但你的孩子之前都是由爷爷奶奶看管，操一口浓郁的方言，大家都听不懂他的话，就是再有爱心的孩子想和你玩，语言不通也是爱莫能助。

3. 第三关，竞争

这一点经常会被大家忽视。幼儿园里，一个班上通常会安排两三个老师，但小朋友有十几个甚至几十个，这就意味着教室里面的同学互相之间都是竞争对手，都在争夺老师对自己的注意。你觉得所有的老师都能够理解你的孩子，老师们都会像你一样读懂孩子发出的一些小信号，并且认真对待每个孩子的欢乐和苦恼吗？大多数情况下这是很难做到的。可以说像父母一样与孩子产生依恋关系并不是老师的工作，老师的作用是提供一个温暖的、让孩子信赖的环境，然后让他们自己去探索。这也意味着在家里被过度满足需求的孩子会更难适应这种一对多的模式，他们可能上了幼儿园不知什么原因就哭了，说想爸爸妈妈。

4. 第四关，孩子担心父母不快乐

有的人可能要愣一下，但这种情况也会发生。有的孩子担心如果自己不在家，爸爸妈妈会吵架。比如，我做过一例家庭咨询，父母描述自己四岁的女儿非常不愿意上幼儿园，她的表现不是那种大哭大闹的类型，而是表情很忧郁，常常有淡淡的忧伤。但当她回到家，一切就恢复正常了。其实，幼儿园里的同学对她非常好，孩子的集体生活也算比较适应，很多时候还表现得很出色。但老师细致地观察到，这个孩子在大部分时间里情绪低落，所以老师把情况反馈给了父母。

我在和孩子玩沙盘游戏时通过沙盘的模拟，了解到孩子确实在上幼儿园期间很担心爸妈会吵架，希望自己能够看着他们。于是，我和这对夫妻说："你们两个是不是觉得现在的婚姻不幸福，却不愿意面对呢？"他们有点惭愧地说："我们两个人有时候会背着孩子吵架闹离婚。有一次，孩子无意间听到了我们说'要不是因为孩子，咱们早就离婚了'。"就是因为这句话让孩子开始担心，如果自己不在家，爸爸妈妈就会分手，所以这一关属于孩子对父母亲密关系的担忧。

5. 第五关，孩子担心自己

这和第四关正好相反，当家长对自己的关注有可能被分散的时候，孩子开始担心自己。比如，孩子刚上幼儿园，这个时候家里新出生了一个更小的宝宝，如果家长的做法不恰当，孩子可能在幼儿园里会显得焦虑不安或变得胆小退缩。小孩天生害怕最亲近的人把给自己的爱分给别人，这也是所有二孩家庭要面临的共同问题。

面对孩子不愿意上幼儿园的五种原因，家长们应该怎么办呢？虽然小朋友逃避幼儿园的原因五花八门，但仔细分析原因只有两种：第一种是对新环境的适应不良，第二种是对失去爱的担忧。搞清楚这两种内心需求，家长就可以对以上的五关见招拆招了。

如果孩子不适应新环境怎么办？家长需要认识到，成长就是不断地适应新的环境和扩展自己的边界的过程。如果你遇到适应性障碍，要么改变环境，要么调整自己的认知结构去适应新的环境。比如，家里的规矩和幼儿园的规矩发生冲突，做父母的你们应该怎么办呢？你可以选择换一家对孩子行为要求更自由的幼儿园，直接让新幼儿园来适应他，这不是不可能，比如传统的幼儿园与蒙氏机构或日本的巴学园，它们之间的理念是非常不同的，主动选择一种适合自己孩子的机构是完全可以的。那么孩子的方言问题呢？以儿童为中心的幼教机构可能会更好地引导孩子们去接纳与自己不同的小伙伴，而且会有更多的成人负责照看更少的孩子。

但并不是每一个家庭都能够做到让环境为自己的孩子改

变，所以我们可能需要使用另外一种模式——顺应，这种方式更适合大多数普通家庭。既然幼儿园里面的规矩很严格，那么我们可以从家里开始采取更接近幼儿园的行为规范，从家里就开始适应。如果宝宝习惯说方言，那么就从家里开始练习普通话，争取与小伙伴们同步。如果老师不能仔细地解读孩子，父母可以主动地和老师说“我家孩子有某些小习惯，请老师平时多多关照”。

如果孩子不想上幼儿园是害怕失去父母的爱，那么最重要的任务就是恢复孩子的安全感。如果夫妻感情不和，用孩子为借口来逃避，家长不如更加坦诚地面对和协商夫妻间的感情问题。如果能够挽回爱，拯救婚姻当然是最好的结果。然而，父母婚姻完整但经常发生冲突的家庭中的孩子受到的负面影响比父母离婚的家庭更大。恰当地爱孩子，即使夫妻在形式上分开，也是完全可以做到的。

如果上幼儿园的大宝只是出于对二宝的嫉妒，或者是担心父母不爱自己就不上幼儿园了，这意味着做爸妈的没有做好安抚工作。记住，只是说“爸爸妈妈还是很爱你的”远远不够，这种话说多了就会让孩子感觉很空洞，无法激起他的正面联想，你要变着法地不经意地对孩子说“我有多么想你”。比如，你可以说：“我今天上班的时候一直在想你，我想早点回家给你买个奶油蛋糕，我想这该多好啊，你看这是我给你带的礼物。”时不时地给孩子带一些小礼物，不一定有多贵重，但是这意味着你很在乎他。对人的心理影响层面，暗示的力量永远比明着表白效果要好得多。

总结一下，一个孩子是否愿意做一件事情的背后一定有他的理由。有时候，原因非常简单，特别是小婴儿哭了就是因为饥饿、不舒服或想睡觉了。但是随着孩子年龄的增加，他们的行为背后的原因也越来越复杂，不可能用一招就搞定。这就需要我们的精益父母更仔细地分析和观察，找到核心原因，然后对症下药，育儿就会变成一件很高效的事情，如果你的孩子正在抗拒上幼儿园，明天就开始试试新方法吧。

LESSON 28 第二十八课

如何打，孩子才会听

近现代的儿童心理学和教育学研究者都提倡尽可能少或者不对孩子进行肢体上的惩罚，但是总有人私信我说："我小时候经常被爸爸打，但是长大后好像也没什么问题，没有恨我爸爸。现在我儿子不听话的时候，我也会忍不住打他，但老师们都说不能体罚。我虽然基本赞同，但就是不明白到底为什么不能体罚？老师你可以详细地讲一讲吗？"

好吧，既然没有专家来讲如何打孩子，那就由我来和大家深入地讨论一下，有没有一种体罚是可以接受的呢？如果不体罚，还有没有更简单有效的办法呢？

我相信现代的教育传播者基本上都会一致地呼吁：不要打孩子，体罚是解决不了问题的！但仍然有些家长心中存在那种"不打不成器"的观念。他们觉得打可以树立家长的威信，让孩子害怕。很多爸爸在和我聊天的时候喜欢用一句口头禅："哎呀，我家孩子还是怕我的，我一瞪眼他就老实了。"说的时候还流露出一种得意的表情，好像他们认为，只有"怕"才能够教育好孩子。但是，有怕的时候就意味着未来有不怕的时候，我想问问这些家长，那时候你该怎么办？

还有一些人觉得，打可以激发孩子良好的行为，如果孩子学习偷懒，我打了他，那么他就不敢偷懒了。这个逻辑倒是说得通的，但是就像人生病了吃药一样，你在考虑疗效的同时，至少也要考虑一下副作用吧。体罚有什么副作用呢？很多专家都认为，虽然体罚和虐待儿童不一样，但它们之间的界限是非常模糊的，稍有不慎就可能引起很严重的后果。我们先来看看大量的横向研究的结果。所谓横向研究就是在一个时间点调查很多的孩子，看看他们遭受过的体罚和现在的表现有什么关系。研究结果发现，体罚会对孩子产生短期和长期的消极影响，除被打这种身体上的物理伤害外，童年时期经常被体罚会阻碍一个人道德感的形成，让他们更加相信那种丛林法则。如果体罚的方式很粗暴，还会引起亲子关系的恶化，儿童也会学习这种攻击性的行为。长大以后，他们更容易患上焦虑症、抑郁症、酒精依赖症，也更有可能虐待自己的配偶和孩子。

当然，这个结论刚开始的时候受到一些人的怀疑，他们反驳说，你说体罚会造成孩子更有攻击性，那也有可能是因为这些孩子本身就具有攻击性，喜欢欺负别人，所以才容易受到体罚，那些乖孩子可能就不容易被打了。针对这个质疑，从 1997 年开始就有很多的大样本研究，在设计的时候控制了儿童本身的攻击性这个因素。也就是说，心理学家也研究了那些小时候很乖的孩子，看看他们在被打以后会不会变得更有攻击性。他们从这些孩子三岁时就开始一直跟踪到高中毕业，最终发现儿童受到的体罚越多，他们就越具有攻击性，越可能成为反社会性人格的成人。这也就证明，确实是体罚造成了儿童攻击行为。

此外，那些认为打人可以减少负面行为的父母可能要失望了，因为大部分时候体罚会招致怨恨和愤怒。一旦儿童产生这种情绪，他们会把注意力集中在“我有多痛苦”，而不是“我犯了什么错”上。你可以设想一下，当你非常愤怒的时候，有个人和你讲道理，就算他的道理再正确，你听得进去吗？别说体罚了，就是普通的惩罚也会起到负面的效果。

著名的管理学家彼得·德鲁克曾经发现，如果一个公司对个人的错误进行严格的追责，不但不会提高这个公司的生产效率，降低错误率，反而会导致两种不希望发生的结果：第一种就是员工破罐子破摔无所谓了，不就是扣钱嘛，反正工资也没多少；第二种就是让员工没有动力去创新，反正做得多错得多，干脆保守一点儿。所以后来很多公司都取消了对个人追责的惩罚措施，而改成了对团队的整体奖惩。

养育孩子也是一样，体罚用得越多效果就会逐步减弱，甚至还会让孩子故意去犯错。而且体罚会阻碍儿童的认知发展，通俗来说就是“越打越蠢”。当孩子长到青春期，他们的力量足够强大，可以反抗了的时候，那些依靠惩罚教育孩子的父母，他们的威信将会下降到最低水平，然后会出现那种完全“管不住”的现象，这也是很多青春期孩子的父母来找我的原因。

一项1999年的研究报告，研究人员对991名父母进行了详细的调查，结果发现，35%的家长对零岁到三岁的婴幼儿实施过体罚，94%的家长对三岁到四岁的儿童实施过体罚，主要的方式是打耳光。超过一半的家长，会在孩子满十二岁以后还实施体罚。哪怕孩子到了十七岁，还有13%的家长对他们进行体罚。这个数字真是让人触目惊心！孩子在三岁左右正处于第一逆反期，但是94%的家长至少用过一次体罚来压制他们的违规行为，这种现状让我觉得，普及科学的儿童教育还有很长的路要走。我自己也开始反思，光是呼吁家长们不要打孩子，到底是不是最有效的方法呢？如果体罚这个行为在家庭当中长期存在，无法避免，我们又该怎么办呢？是否有一种比较安全的体罚方法呢？

有一项持续六年的跟踪研究，发现有一种特殊的体罚可以最大限度地减少对儿童的伤害，并且几乎不会引起事后的问题。这是什么方法呢？那就是当儿童受到了适度的体罚时，也同时感受到了来自母亲或父亲强烈的情感支持，这个时候本次体罚就基本不会引起孩子将来的问题行为。也就是说，你在体罚他的时候，自己对他的痛苦也能做到感同身受，并且在惩罚之后对孩子进行情感上的安慰，这种方式就是相对安全的。

其实，我回想起自己小时候也受过这样的体罚。我记得应该是我小学二年级的时候，经常放学后不回家，到处去玩。次数多了，我父亲就有点恼火。有一天，家里人有急事需要出远门，嘱咐我要早点回，结果当天我又没有按时回家，这个时候父亲决定体罚我。我记得当时父亲下手还是很重的，我后来发现自己的胳膊上有几处瘀青，但是那一次我并没有觉得内心受伤，而且心里主要是在反思自己做得不好的地方。为什么我在被打之后没有受伤和怨恨呢？因为父亲在打我的时候，他也在流泪，打完以后他自己竟然坐在旁边哭了起来。后来他还抱着我说自己真的舍不得打我，只是我犯了太多次这样的错误，而且不去改正自己，他的内心非常焦急，也很难过，他这样的表现让我反倒去同情他了。这就是所谓的有情感支持的体罚。如果在我们的家庭当中不能完全避免体罚，那至少也要使用这种情感支持类型的体罚才可以。

但要注意的是，不要以为有了这个方法你就可以滥用体罚，这种方式有非常严格的条件：第一，你打孩子的强度要适当；第二，惩罚之后要对孩子做大量的情感支持和安抚的工作。这两点都不是很容易把握的，所以美国儿科协会还是极力主张父母不要使用任何方式的体罚，而是采取另外一种有效而非暴力的惩罚——申斥。在孩子犯错的时候，明确告诉他“我不喜欢什么”。比如，你可以对孩子说“我不喜欢你放学后超过六点才到家”，用这样的话来明确你不希望看到的行为。然后你还要时常地表达“我喜欢什么”。我喜欢你把吃的东西分给弟弟妹妹，我喜欢你按时起床等，这种方法如果坚持下去会非常有效。

如果你准备使用这种方法，需要注意以下几条原则：第一，既要说明你不喜欢什么，也要同时告诉孩子你喜欢什么，这样才能给出更加明确的量化指标。比如，“我不喜欢你放学超过六点回家，我喜欢你每天五点就到家”。第二，要坚持前后一致，你的规矩不要变来变去，否则就无效了。第三，申斥的时候要身体接近孩子，不要远离他。第四，惩罚的时候要单独对孩子执行，但表扬的时候要大声当着所有人的面来表扬他。如果你能够科学地执行这几点，你家孩子的那些坏毛病一定会越来越少。如果这个方法还不够用，可以再结合取消特权的方法，比如如果孩子违规，那你可以减少一些他每周玩电脑游戏的时间等。

我们来总结一下。这节内容要告诉家长们的是，体罚是一种很危险的教育方式，在绝大多数的情况下不建议使用。如果体罚不能避免，请至少在充满情感支持的环境中进行，并且做好足够的安抚工作。效果更长久的方法是给孩子设定明确的界限，反复地强调，并且做到单独惩罚，当众表扬。如果你能够把这些贯彻到底，你将成为一个善于运用奖惩的家长，而你在生活当中关于教养的烦恼也会减少很多。

LESSON 29 第二十九课

怎样“尊重”你的孩子

我经常听家长们说，我家孩子没办法控制情绪，动不动就乱发脾气，遇到小事就会沮丧，一蹶不振，或者遇到陌生人会紧张害怕等。家长们想办法搞定了一个问题，可能另外一个问题跟着就来了。家长们很苦恼，为什么孩子们就不能照顾好自己的心情呢？你可能也发现了，上面的这些困扰都属于儿童的情绪问题。每个儿童都可能遇到一些事情变得心情很糟，但如果一个孩子会被很小的事情搞得情绪恶劣，而且很难安抚，那就不仅仅是情绪问题这么简单了，这可能是孩子的情感健康出了问题。情感和情绪就像是气候和天气的关系，一个地方如果气候很好，四季如春，即使偶尔狂风暴雨，其他大部分时间也是很宜人的；反之，如果一个地方气候恶劣，就算有阳光明媚的日子，大部分的天气也很难让人接受。如果你能够培养一个情感健康的孩子，那么他出现情绪问题的概率就会很低。可以说，只关心如何控制孩子的情绪是一种应激型的养育方式，家长们会被问题追着跑。而关心情感培育的父母才是有预见的设计师，他们像建设花园一样注重长期的目标和效果，在育儿过程中，他们才是最终的胜利者。

孩子们出生伊始，他们的情感都很单纯，情感气候是在后天一点点形成的，那么要给孩子营造一个情感上的“四季如春”，家长们应该怎么做呢？道理很简单，一个内心丰富充盈的人，也会在情感上变得稳定和健康，想要培养一个情感健康的孩子，关键要在儿童时期努力满足孩子的五种基本情感需求：尊重感、重要感、被接纳感、归属感和安全感。有了五大情感营养的滋润，孩子们将会成长得自信、温和、安全和有爱心，这五种需求就像是在情感银行里存款一样，父母存的“钱”越多，孩子在遇到负面事件的时候才有“钱”可花。如果缺乏这五种满足感，很多人长大以后就会体验到一种爱无能的状况，他们不知道怎样建立亲密关系，因为他们根本就没有体验过这种满足，自然也不知道怎样来满足别人的情感需求。

其实这五种需求我们并不陌生，可能也在很多的讲座当中听过，我们要尊重孩子，要接纳和爱孩子，要给他安全感。问题是，到底什么是尊重，什么是接纳？我们具体要做什么，你可能还是很模糊，接下来的内容将会向家长们彻底讲清楚，孩子们渴望的情感需求到底是什么，怎样才能满足他们。

1. 让孩子体会被尊重的感觉

平时，我们经常听到这样的言语："宝宝，你要尊重父母，要尊重老师和长辈，知道吗？"这当然是正确的价值观，不过就算是家长时常这么说，孩子们也不一定会照着做。他们可能没有礼貌，不懂得尊重。问题出在哪里呢？凡是有这样困扰的家长，你们可能需要想一个问题，如果孩子自己都没有体验过被尊重的感觉，他们怎么能够懂得尊重别人呢？所以尊重的第一个要点就是，让孩子得到尊重。我们来想象一个场景，当孩子看到一本喜欢的故事书，想拿过来让你讲给他听，但是你现在很忙，没有时间讲，你会怎么和他说呢？你会说："你没看到妈妈在忙吗？现在别来烦我。"还是无论你多忙，你都会对孩子说："对不起宝贝，妈妈现在没有时间，晚上睡觉前再给你讲。"这就是尊重与不尊重的区别。有人可能会说那孩子不听怎么办，可是你说了"别来烦我"孩子就会听吗？你说的话是否有效取决于你拒绝的态度是否坚定，而不是你的态度很粗鲁。同样是拒绝，温柔的坚持几乎不会给孩子带来任何负面影响，而"别来烦我"则有可能让孩子认为原来我是一个讨厌鬼，孩子们对尊重的需求不会因为他们年纪小就打折扣，他们也需要受到礼貌、体贴、细心地对待。

2. 让孩子模仿父母尊重他人的行为

第二个让孩子学会尊重的要点，是他有没有看到生活环境当中出现的尊重行为并且去模仿，最主要的是他有没有看到自己的父母尊重别人。比如，爸爸妈妈在小区门卫帮忙打开门的时候会不会说谢谢，早上出门的时候遇到保洁阿姨有没有主动打招呼，是不是那种选择性的尊重，如遇到领导他会很谦卑，但是在路上遇到那些平凡的人却不尊重对方。你的任何一个行为示范都会让孩子领会你的逻辑，如果你内心觉得没有必要尊重这些人，只需要对那些有地位、有交换价值的人给予尊重，对其他人可以无所谓，身边的小家伙们很快就会学会，这在心理学上叫观察学习。当有一天你的孩子只在问你要钱的时候才尊重你，而在不需要你的时候完全不在乎你的感受，你就不要问自己到底做错了什么？在环境当中看到尊重，其实还包括了父母会不会有意无意地在孩子面前撒谎。比如，你可能会当着孩子的面和别人说："不好意思，我在外面出差呢。"或者你答应了孩子周末去海洋公园玩，到了那一天又不打算兑现承诺，这些都是在损害孩子们被尊重的需求，也都成了被他们模仿的示范行为。

3. 不可有双重标准

第三个尊重的要素，是把孩子当成自己一样来尊重，也就是说，不要有双重标准。有一次，我在做家庭治疗的时候，引导一个父亲和他十岁的儿子进行对话。这个时候，孩子父亲的电话突然响了，尽管这个小男孩还在说话，但是父亲突然站了起来，没有打招呼就直接跑去接电话了，聊了十多分钟才回来，回来以后没有理孩子，就准备和我讲话。他的儿子在旁边提醒："我的话还没说完呢"，结果父亲瞪了他一眼，大声说"别那么没礼貌，我正在和张老师交流呢"。这时候，我打断了这个父亲的话，我说："到底是孩子没有礼貌，还是你没有礼貌呢？"孩子不会因为自己年纪小对尊重的需求就比成人少，如果小时候他的这种需求没有得到满足，长大后他们做很多事情很可能都是为了找回被尊重的感觉，他的人生可能被这种潜意识的需要要挟、控制。你看那些伪造学历、论文造假的事件，或者明明家庭条件一般非要装成富二代的样子，这些人的行为都可能源于童年期被尊重的需求没有得到满足。

我有一个事业上很成功的朋友，我发现她在尊重孩子方面做得非常好。我们有时候会在一起聊天，晚上她的儿子经常会因为想妈妈而打电话给她。只要是儿子来电话，她总会说："不好意思，我儿子的电话，我一定要接。"当儿子问她在干什么的时候，她会说："我在和你张阿姨聊天，我们在聊些很重要的事情。"然后再陪儿子聊一两分钟，最后一定会告诉他："我会在几点钟之前回来。"我觉得这个朋友真正懂得什么叫“尊重”，她完全可以和儿子讲：“我在外面有事晚点回来。”她没有这样做，她既提到了和张阿姨一起聊天，让现场的我感觉被重视，也让孩子感觉到妈妈把详细的情况都告诉自己了，没有敷衍自己。我发现真正能做到这一点的父母不是很多，很多父母在和孩子讲话的时候，都是那种似听非听、心不在焉的样子，一边做别的事情，一边和孩子讲话。但是很多家长经常问为什么我和孩子说话的时候他们好像听不到一样，其实这是因为孩子没有从你这里学习到原来别人和自己说话的时候是需要专注倾听的。

4. 允许孩子自己行动

最后一个尊重的要素，就是不要剥夺孩子自己行动的权利。平常我们经常会碰到一些亲戚朋友问孩子问题，比如“你几岁啦”“在哪个学校读书啊”“喜欢学什么呢”，很多家长都迫不及待地代替孩子回答。但重点是别人问的是孩子，就算孩子回答问题的声音小、慢，或者不回答，这都是他们的权利。还有的父母喜欢在和朋友聊天的时候对自己的孩子评头论足，甚至说一些孩子很私密的事情。有时候孩子会抗议：“别说了。”父母可能还会反驳：“阿姨是看着你长大的，又不是外人，没事。”他们可能不知道让孩子拥有自己的秘密，让他们完成自己的任务和挑战，都是在肯定他们的潜力，也是对他们能力的尊重，那些替代行为不是在帮助他们，而是在证明他们不行，他们需要爸爸妈妈帮助才能搞定事情，这会降低孩子的自尊感。

总结一下这节的内容，让孩子学会尊重别人，家长需要先让孩子从童年期就能享受到被尊重的感觉，也需要让他看到父母对别人的尊重。对孩子和大人的尊重标准要一视同仁，并且尊重孩子有自己行动和选择的权利。如果能做到以上四点，你家孩子在尊重方面的情感需求就能得到很好的满足。为了检验家长们是不是真正理解了这节课的内容，我想留一个思考题：有一天，你和孩子经过书店，他看到了一本名著《三国演义》，吵着要你给他买。可是之前你给他买了很多的课外书，他只是看了一点点，所以你这次不想给他买。我的问题是，你如何在遵循自己内心意愿的情况下，也用尊重孩子的方式来处理此事呢？

LESSON 30 第三十课

怎样“接纳”你的孩子

这节课我会和家长们讨论一个比较深层次的问题：当你们生下孩子以后，真的从内心接纳了自己的孩子吗？我这么问可能有人会觉得奇怪，我这么爱孩子，每天都围着他转，怎么还说我没有接纳他呢？其实，你为孩子做了很多事和你有没有接纳他没有直接联系。所谓接纳，就是接受孩子的所有表现，无论他是可爱、活泼，还是爱哭、调皮、捣蛋。其实在我们身边，很多家长都在为了养育而辛劳，但是他们的内心深处并没有完全接纳孩子。所以，有的父母经常会用这样的句式来问问题：“老师，我家的孩子总是捣蛋，总是太黏我，总是不爱说话，我都烦死了，急死了，怎么才能让他乖一点呢？”这些家长的潜台词就是他乖一点我就会过得好一点，这还是站在自己的角度来希望孩子改变。这些家长在潜意识里认为孩子是个麻烦。

而还有些家长在咨询的时候会这样来提问："老师，我的孩子很想和其他小朋友玩，但就是不敢去，我觉得他有点孤独，我该怎么帮助他？"这些父母的内心认为自己是孩子成长的协助者，就会带着一种慈悲之心去养育，是在帮助孩子走出困境。

这两种父母的心态和教育结果将会有很大的区别，前一种会让孩子觉得被排斥，而后一种会让孩子感觉自己是被父母接纳的。接纳感和我们前面讲的尊重、重要感不同，尊重和重要感的需求往往具有一种仪式感，也就是说，我们会在生活里的一些重要时刻感到被尊重和自己很重要，但接纳感却是时时刻刻存在的，就像弥漫的空气一样。比如，一个成长在偏僻地区的小朋友普通话说得不标准，当他到城里的学校读书时，可能会有大家好像没有不尊重我的感觉，但大家对自己习惯的说话方式指指点点，觉得别扭，这就是缺乏被接纳感，从而有一种寄人篱下的感觉。那么关键问题来了，什么样的父母养育的孩子缺乏接纳感呢？

1. 不站在孩子的立场思考问题

总的来说，这样的父母不认为孩子应该拥有自己的感受、观点、担心以及需求。这些父母最喜欢用自己的方法来代替孩子独特的感受。很典型的一个例子，为什么中国的孩子总是被迫穿上秋裤，哪怕他们一直都在说"妈妈我不冷"，但是孩子冷不冷不重要，重要的是妈妈觉得孩子冷。我还记得我在小时候每次跑出去玩得很累的时候，就会对爸爸妈妈说："我已经累得腰酸背痛了。"结果他们却说："小孩子有什么腰啊。"问题是我真的感觉腰很酸啊，这就是否定儿童的感受，当然这算是比较温柔的玩笑式的否定。

那些从心底里不接纳孩子的父母，经常对孩子做出比这个严重得多的否定。他们对孩子一点点出格的要求都会做出过度的反应，比如你的孩子今天晚上 9 点想要到 10 公里以外的同学家去玩，你会怎么说呢？有人会讲："什么？这么晚还跑出去玩，你发神经吗！你不知道这么晚，外面多危险吗？"显然家长是因为害怕孩子出危险才会说出这种情绪化的话，但是孩子现在什么都还没有做，只是在争取你的同意，表达一个愿望。而这种草率的回答给他们的印象是，父母根本就没有理解自己的感受，父母只是为了不担心我的安全才不准我去。

到了青春期以后，孩子们听到这种话一定会逆反的。如果一个接纳孩子有表达权利的父母可能会这么说："你这么晚还想出去，看来同学家真的有很好玩的东西，可是我听到最近的报道说，在我们的城市里晚上会发生一些犯罪活动，让我和你爸爸都很担心。为了你的安全，我们一起来商量一下，找一个别的时间去好吗？"我辅导过很多的孩子，哪怕是已经进入了青春期的孩子，只要父母表现出接纳的态度，他们其实是非常好说服的。说句实在话，那些和父母对着干的孩子，都是被父母的说话方式逼出来的。你们可以记住一个诀窍，如果你们想制止孩子的危险行为，永远要站在他们的立场上考虑问题，而不是站在家长的角度上为自己考虑。

2. 压抑孩子的感受

不接纳孩子的另外一个典型行为，是喜欢压抑他们的感受。假如有一天，你家孩子气冲冲地跑回来说："小强对着我大喊大叫，气死我了，亏我还把他当成最好的朋友。"如果你是父母，你会怎么说？不接纳的回答是："气什么气，他不把你当朋友，你就别傻傻地把他当朋友了，你不是还有其他玩得好的朋友吗？"其实很多父母是出于好心，不想让孩子难过，但是这种说法等于是在否定孩子的情绪。你要求孩子遇到这种事情不该生气，不该沮丧，而是应该看得云淡风轻，但是可能吗？我们在遇到同事或领导对我们大喊大叫时，我们也受不了，更何况孩子呢。这样做最直接的坏处就是让孩子不舒服，而且不愿意再和你交谈。

所以，我们要懂得孩子的情绪、感受没有对错之分，他们有权利感受到任何正面或负面的情绪，并且表达出来。其实遇到这样的问题，你只需要简单地说一句："哎呀，你这个好朋友对着你乱发脾气，你肯定很伤心吧，其实我小时候也遇到过一件被朋友误会的事情。”看见没有，这就是共情的技术。我们经常会遇到闺密向自己诉苦，你只要好好听着并且表示理解，对方很快就会感觉到释然，然后对你说：“和你这么一聊，我觉得好多了，谢谢！”其实，你根本就没有给出什么建设性的方案，这就是接纳和共情的力量。

3. 拿孩子与别人做比较

最后一种对接纳感有伤害的行为，是那种不经意的比较。有句话叫“没有对比就没有伤害”，这么来说，我们这一代都是被比较严重伤害的孩子。小时候，我们经常听到父母说：“你看人家谁谁，语文考了满分，你要是有他那么努力该多好。”或者“你看那个谁谁，每天做完作业还帮妈妈打扫房间，你要是有他那么勤快该有多好。”但是这种话的逻辑是有问题的，为什么别人语文考满分，我就非得也考满分呢？为什么别人帮妈妈打扫房间是好孩子，我在妈妈买菜的时候帮忙提篮子就不是好帮手呢？我觉得大部分的比较都是因为家长没有完全接纳孩子的特点，而是幻想孩子要成为我们头脑中想象的那个样子。

这样做比较造成的结果就是我经常会听到孩子们说：“老师，我努力有什么用呢？我永远都没有办法让他们满意。”所以我要提醒在看这本书的二孩父母，你们可以比较两个宝贝，谁做事认真，但尽量不要去比较他们做事的结果。比如，不要说："姐姐在你这么大的时候已经会背一百首唐诗了，你却连这么简单的诗都记不住啊。"也不要说："妹妹都会做的题，你还不会做。"对孩子来说，家长在拿自己做比较时，最好是用自己的优势来比较别人的短处，而不是不断地扩大孩子们对自身短板的注意。你们想，伟大的人基本上都是把自己的长处发挥到极致，如果你拿着放大镜去看伟人们的缺点，你会觉得他们其实也很普通。所以一定要记住：发挥优点，忽略缺点。

讲到这里，可能有人会提出疑问："我知道你说得对，但我就是会习惯性地犯你所说的这几种错误，好像是一种自动化的反应，这是为什么呢？"因为在你小的时候，你也没有被父母很好地接纳。想想看，你的爸爸在批评你的时候是不是从来不让你辩解？他的做法让你觉得辩解是坏孩子的行为，而不是去教你怎样为自己争辩才是正确的方式。在你成绩不好或把事情搞砸的时候，他会不会说"我不想听你任何借口"，而且他也总是在观察你的错误，对你的表扬却显得非常吝啬。如果是这样的话，请你在每次想要用同样的方式对待你的孩子的时候先等五秒钟，把对面站着的孩子想象成小时候的你，他们也可能会因为你这种态度而感到不被接纳，这时候你还会想让这种错误继续吗？父母的态度让你感觉到不被接纳，从而让你不能完全接纳自己，而现在孩子给了你一个机会，让你重新接纳自己。完全接纳了孩子就是重新接纳了自己，不知道你能明白这个道理吗？

本节内容的最后，我仍然送给家长们一道思考题：如果你的儿子已经十二岁了，很喜欢一个长发的足球明星，所以他非常想留长头发，但是班里没有一个男同学是留长头发的。这个时候你会怎么做？又会怎么和他说呢？

LESSON 31 第三十一课

如何面对孩子“痛苦”的作业

每当我和家长聊起孩子的家庭作业时，大家都有吐不完的槽。很多家长说：“我家孩子作业做不完，质量又不太好，做事总是拖拖拉拉，拖到很晚都做不完。老师你有什么办法让我孩子能够喜欢做作业吗？”

我觉得孩子不喜欢做作业并不是一个问题，不需要家长们这么担心。如果孩子喜欢做作业，那才是一件奇怪的事情呢。为什么？因为孩子要做的作业是他没法选择的，是老师布置的。而老师布置的作业有的他可能喜欢，也有的他可能不喜欢。就像是你给朋友介绍一个男朋友，如果她不喜欢这个人，你还要她继续生活一段时间，她会是什么样的感觉？做作业恰巧就是孩子们要面对的那些不愿意做又不得不做的事情，所以孩子们不喜欢做作业。其实成年人也有很多工作不想做，但是必须得做，家长们遇到这种事情会怎么办？孩子们面对作业就像我们面对其他的生活难题是一样的。

一、孩子做作业困难的原因

家长们在遇到孩子做作业有困难的时候，一定要区别对待，不要一看见孩子作业做得不好，就认为是孩子懒惰。其实，很多事情真的不能完全怪孩子。家长们可以分析一下，自己家孩子不好好做作业的原因。

1. 孩子消极怠工，做事拖延

罗大佑演唱的《童年》这首歌的歌词这样写道："总是要等到睡觉前，才知道功课只做了一点点，总是要等到考试以后，才知道该念的书都没有念。"歌词反映了孩子们写作业拖延是一个很普遍的现象，家长没有什么好大惊小怪的。

2. 孩子只满足于快速写完作业

有些孩子做作业非常快，速战速决，有时候甚至在学校就把作业完成了。我在知乎上看到一篇文章，专门告诉大家怎样在上课的时候完成作业，怎样偷偷做还不让老师发现。这些孩子可能作业做得很快，但是他们做完作业以后就只想到玩，没有什么其他的追求。

3. 孩子觉得作业太简单

有些孩子可以顺利完成，但是他们觉得作业太简单了，起不到复习的效果。因为老师没有布置更多的作业，所以他们也不知道该做些什么。

4. 孩子觉得作业太难

有些孩子对做作业感到很困难，他的能力不足，所以做不完作业。

家长们可以思考一下，老师给孩子们布置作业的目的到底是什么？做作业的目的是帮助孩子复习和消化当天的学习内容，促进孩子对学习内容的记忆和思考，这才是最关键的。那么最理想的作业是什么？不是老师布置的，而是根据孩子的个人特点来布置作业。当然，现在我们还做不到，估计以后人工智能可以做得到。老师现在布置的作业是针对学生的平均水平，有的孩子看到作业会觉得很难，也有的孩子会觉得很简单。这是我们现在教育状况决定的，很难改变。而且有时候老师布置的作业内容也不一定是对学习内容的最好复习，比如有的老师是新手，他在刚开始布置作业的时候，很可能有不合适的地方。

当然，我在这里绝不是说老师做的有什么问题，我相信所有的老师都在尽他们自己所能，把最好的教育资源给了孩子们。我想表达的是，孩子做作业的好与坏，需要家长进行更多的思考。我发现家长们在解决孩子们做不好作业时有这样几种类型。

二、不同类型家长的应对措施

1. 放任型家长

我认为这是最差的解决方式，就是完全不管，放任自由。你做得好，我不管你；你做得坏，我也不管。这种态度是不提倡的，这不是给孩子空间，孩子的成长是需要家长的反馈和关注的。所以这种方式是所有方式里面最不可取的。

2. 评委型家长

这种家长可能会检查孩子的作业，然后评价好坏。如果孩子做得不好，他会发脾气，会大发雷霆，甚至把作业撕了让孩子重新做。这样的家长其实可能对孩子很关心，但是这样的方法会产生一个结果，就是让孩子把“做作业”和“痛苦”联系在一起。一旦这种联系建立了，以后孩子每次做作业都会觉得很痛苦，让他们做作业的唯一动力就是因为害怕父母。因此，家长的这种方式也是不可取的。我把这种家长叫作评委型家长，只评判不指导。

3. 教练型家长

这类家长会对孩子的作业内容进行分析研究，还会问孩子对于做作业是否有困难。孩子做完作业以后，他们还会和孩子来聊天，会问孩子写作业的感受，有什么收获等。

4. 评估教练型家长

其实孩子无法按质按量完成作业，只有三个原因：第一是能力，第二是兴趣，第三是习惯。善于指导孩子做作业的家长会进行三种评估：第一种是习惯评估，第二种是能力评估，第三种是兴趣评估。比如，这个类型的家长不会让孩子天天都把老师布置的作业全部完成，为什么？因为有时候作业太多了，孩子做到 12 点也做不完，一定要逼着孩子把作业都做完才能睡觉吗？一般来说，小学低年级学生每天的家庭作业超过 1 个小时都可能是有问题的，不是孩子的能力有问题，而是作业量确实太多了。这也是我在小学做咨询老师多年总结出来的经验。

那么，怎样进行这三项评估呢？首先，我们要看孩子有没有能力完成作业。我曾经接到过一个案例，孩子在学校里经常受到老师的批评，有时候甚至被老师要求休学，因为他总是完成不了作业。但是让孩子休学也不是解决之道，所以孩子的爸爸妈妈带着他来到我的咨询室。我问这个孩子："为什么做不完作业呢？"孩子说："我很多都不会做，真的是做不完。有时候做到晚上 11 点都做不完，后来我就很讨厌做作业了。"这样的孩子其实是有做作业能力不足的问题。那么家长面对这种情况应该怎么做呢？我对他的家长给出的建议是：“你家孩子最喜欢做什么作业？”他们反馈说，孩子最喜欢做语文作业，数学也好一点，但是英语很差。我说：“与其让孩子每天什么作业都做一点点，还不如好好地把一到两门作业完成。当然在这样做之前，你们需要到学校和老师沟通，要和老师商量，说‘我家孩子可能学习上有些困难，能不能这样，先让他好好完成这两门作业，其他的暂时先缓一缓。’等到孩子可以很好地完成这两门作业的时候，再给他加一门，慢慢让他适应这种学习的节奏。如果确实发现孩子在某些能力方面有缺陷，你们还可以进行专项的训练，比如如果他的小肌肉群运动有问题，或者记忆、认知有问题，我们都可以进行专项的训练。”

其次，我们要评估孩子对做作业是否感兴趣。我小时候学游泳，刚开始学习的时候心里是非常抗拒的。因为我长在山区，没有游泳池，只能在河里学习。父母为了保证我的安全，每次都用一根很长的绳子绑住我，他们坐在离岸边不远的地方，这根绳子同时也保证了我只能在岸边，在父母的眼皮子底下练习。本来在水里，与其说游泳让我快乐，不如说自由地戏水才是快乐之源。可是在父母的监督下，他们一会儿说我的胳膊姿势不对，一会儿又说我的腿的配合不协调，总之游泳这件事让我很有压力。游得不好、姿势不对，父母就马上批评，导致我根本就不想下水了。不过，父母还是有很多事情要忙的，不能一直这么亲自监督。后来，我就和同学以及厂里的孩子们一起玩。这个时候，没人在乎我的胳膊与腿的配合是否协调，腿部的滑水角度是否合适等问题了，我唯一需要做的就是把自己扔到河里，从岸边到江中间的沙洲反复游，这也练就了我日后比较强大的耐力和毅力，而这种特质让我无论在学业方面还是工作方面都受益无穷。这就是兴趣的力量，我们说兴趣是孩子最好的老师。

那么，怎么让做作业的过程变得有趣呢？家长能够做些什么呢？如果你的孩子确实对某一科不太感兴趣的话，家长能做的就是把有趣的事情和这门学科结合起来，让孩子把两件事情融为一体。打个简单的比方，如果你家的孩子喜欢唱歌，但是他不喜欢背课文、背唐诗，那怎么办呢？你可以把唱歌和背唐诗结合起来，你可以把唐诗的内容谱成曲，然后让孩子去唱。如果你的孩子不太喜欢做数学题，你应该怎么做呢？你可以把做数学题设计成一些通关游戏，每当孩子做完一百道数学题，家长就可以给他一张积分卡，孩子可以用积分卡换取自己喜欢的礼物，这就是我们的代币法应用了。所以说，让孩子对做作业感兴趣并不是那么难的事情。

最后，我们要评估孩子的学习习惯。评估习惯和延迟满足有关，就是说孩子愿意先做完作业再去玩，还是愿意先玩再做作业，这涉及一个先苦后甜和先甜后苦的问题。如果你想让孩子养成好习惯，那你可以训练孩子放学回来后的第一件事情是做作业。除了吃饭和必要的家务，所有的事情往后排，只有把作业按质按量地完成，他才可以考虑其他的事情。当然有的孩子有注意力方面的问题，他做作业的过程中经常会分散注意力，这个时候怎么办？这个问题其实有很多的方法来解决，比如有一种很流行的时间管理方法叫作番茄工作法。你可以要求孩子集中注意力 15 分钟去专注地做作业，并且设定一个 15 分钟的番茄时间，让他在这 15 分钟里全神贯注地做作业。到了 15 分钟闹铃响起，他可以休息 5 分钟。休息结束后，马上开始继续做作业。如果孩子专注的时间越来越长，你可以把番茄时间设置为 20 分钟甚至 25 分钟。需要强调的是，其实评估、辅导、询问、聊天，所有我们做的一切都是为了传递一个信息，那就是无论如何，我们和孩子是站在一边的，我们是帮助他，而不是去教育他，这一点非常的重要。

有的家长可能会问我，对孩子的作业我也不太懂，小学的内容丢了那么久了，我也搞不太清楚。这里我要告诉你，自己不懂不是不帮助孩子的借口。如果你真心想改善孩子做作业的行为，你一定有很多的方法，也一定有很多的人可以帮助到你。面对问题不逃避，保持积极的态度，也是我们为孩子树立的一个好榜样。

LESSON 32 第三十二课

在孩子面前树立权威，其实很容易

根据儿童心理学的研究发现，权威型父母是养育过程当中行动最有效的一类父母，他们最有可能培养出自信、独立、守信，而且自律的孩子。那么大家肯定想知道，怎样在孩子面前树立父母的权威呢？有很大一部分家长会认为，要在孩子面前树立权威，建立威信是很简单的事，就是要对孩子严厉一点、凶一点，尽量少和他们嬉皮笑脸，这样孩子就会怕自己，从而你提要求的时候孩子就不敢违背了。但是这样的逻辑可能会诱发两个矛盾：第一，你对孩子太凶、太严格，自然会和孩子之间产生距离感。你渴望的那种亲密的亲子关系和儿童活泼的天性自然会受到影响。另外，靠恐惧建立起来的威信总有一天会消失，等到孩子长到不怕你的时候，你所谓的权威也就荡然无存，所以这种想当然的思路并非正道。

那究竟用什么样的方法来帮助你在孩子面前建立权威感呢？我先来讲讲鲍姆林德的理论，权威型的父母最核心的特点是：积极满足孩子的各种生理和心理需要，尊重他们的决定、兴趣和想法，但同时又是严格的标准制定者和执行者，他们会对孩子的社会行为、礼貌、道德加以要求和限制。简单说，就是严与爱的结合。不过就算这么说，可能你们还是不知道具体应该做些什么。接下来，我会用简单的方式教给大家树立权威的三大绝招，总结起来只有六个字：守信、少说话、幽默。

1. 守信

守信可以分为两个方面。第一个方面你也许知道，就是答应孩子的要求要做到，不要忽悠他们。就像小时候我们读过的曾子杀猪的故事。有一天，曾子的老婆要去集市上买东西，儿子一定要跟着去，她就哄儿子说："你待在家里，妈妈买了东西回来就给你杀猪吃，好吗？"儿子听了这话才老老实实地回家了。结果曾子的老婆买完东西回来，看到曾子正准备给儿子杀猪吃，他老婆一下子就急了，说："我只是和儿子开个玩笑，你怎么当真了？"曾子这个时候对他老婆说："做父母的教导孩子，孩子就会听从教导。如果你欺骗了他，那就是在教他怎么去骗别人，他以后也不再会相信你了。"说完就真的把猪杀了。这个故事很好地诠释了父母对孩子的权威是由承诺与兑现的匹配实现的，但这个故事只说到了在满足孩子要求这方面信守承诺是非常重要的。

第二个方面，我们对孩子的限制方面也要守信。也就是说，我答应给你的一定会给你，但我说过要限制你的也不能违规。有位妈妈说不想让孩子吃那么多巧克力，所以要求他只能一个月吃一次，或者在小朋友过生日的时候才可以吃，但是孩子居然背着自己偷偷问阿姨要了巧克力吃，还想联合阿姨一起隐瞒他偷吃的事实，她问我该怎么惩罚呢？其实大的原则就是：如果你和孩子有过约定，每个月只能吃一次巧克力，那就应该坚决执行，不妥协。如果孩子偷偷违反了规定，我们的原则就是精确打击违规行为本身，不要去惩罚违规附带的行为，比如他为了偷吃联合阿姨隐瞒的过程，我们只需要针对吃巧克力这件事本身进行处理就可以了。比如，你可以说："宝宝你昨天偷吃了巧克力，按照我们的约定，这个月你就没有再吃巧克力的机会了。"就算是有小朋友过生日，也只能等到下个月再吃了。另外，对限制和惩罚的守信原则就是标准低一点，惩罚的强度小一点，但一定要确保及时执行。千万不要像有些家长一直容忍孩子的小毛病，积累得多了，犯错以后才秋后算总账，集中起来打一顿，这就很难让孩子确认违规和限制之间的明确关系，而你的权威感也很难建立起来。学会守信，你的权威感算是有了基础。

2. 少说话

第二个树立权威的小技巧叫作少说话。如果曾经有人对你说，你说起话来怎么像个家长一样啰唆，你要知道这绝对不是什么赞美之词。因为那些对教育子女很认真，但是效果不佳的家长都有一个共同的特点——喜欢重复自己的观点，长篇大论，啰啰唆唆。当你养成这样的习惯后，孩子肯定经常在心里呐喊："够了"。时间长了，你的话就被屏蔽在孩子的意识范围之外，不再起作用。我们看社会上那些有权威的人，说话一般都是言简意赅，话不在多，但是很有分量。其实语言最大的作用不是告诉别人具体应该做什么，而是引发别人的思考，促进他们的选择和判断。

如果有一天你家的小宝过来眼泪汪汪地投诉说："哥哥总是欺负我，我在玩玩具的时候，他就故意来把东西弄乱，不停地打扰我。"有些父母很容易会因为大宝的破坏行为而宣布一大堆的批评和惩罚方案，比如："我和你说过多少次了，不要去烦你弟弟，少给我惹麻烦。你要再犯，我就再也不会给你买任何玩具了。"这种话只会引起大宝和你围绕着事实进行辩论，大宝会说："我没有啊，弟弟他也打了我。"如果你希望用权威式的方法来对话，你就可以说："大宝，你自己来选择，是像以前那样面壁思过，还是去安抚弟弟？"这句话无可辩驳，还可以促进孩子自己反思错误在哪里，并且马上行动。一般来说，绝大多数的孩子都会选择向弟弟道歉。

在你执行简短式对话的同时，要注意运用选择性沉默的力量。在你提出要求或反问孩子的时候，看着他的眼睛，然后保持沉默，这种短暂的沉默往往会产生强大的效果，促进孩子自己思考。比如，有一天，你上三年级的女儿对你说："我昨天走了太多的路，腿好痛，明天不想上学了。"通常我们的做法可能是对女儿说："你都可以参加活动，为什么不能上学，你又不是完全走不动。"接下来，双方就会展开一场女儿的腿痛得有多厉害的辩论了。但如果你只是看着她一声不吭，表情严肃，在她说话之前完全沉默，虽然没有对话，孩子的脑子可能会飞快地转动，她会猜你这是什么意思？等到孩子再问，你觉得我该去上学吗？你就可以回答，你对这个还有疑问吗？她会很快得出结论，自己必须要去上学。孩子的违规要求很多时候只是在试探我们，并没有形成真实的违规。所以少说话，反而可以让孩子自己通过父母的表情和身体语言来领悟我们的真实态度，也避免了很多不必要的争辩。

3. 幽默

建立权威感的最后一招叫作幽默。俗话说"一句幽默抵得上千言万语"，幽默感并不是单纯的搞笑，而是站在新的角度上看待同一个问题。如果有一天，你家孩子回来突然和你抱怨："那个谁谁的妈妈每个星期都给他买新的玩具，而且还给一百块钱的零花钱。但是妈妈你好抠门，一个学期才给我买一个新玩具，零花钱也少得可怜。"不懂幽默的家长可能会生气地说："嫌妈妈给的零花钱少是吧？你有本事自己去赚啊，你赚了钱想买多少玩具都可以。"可是，如果你因为孩子的抱怨就和他进行这样的争辩，就陷入了孩子的思维层次，显得特别不令人信服。如果你尝试换一种说法，比如："真的，他妈妈这么慷慨啊！你有他家的电话吗？我现在就打电话问问他妈妈愿不愿意把我的女儿接过去，这样我就可以节省更多的钱了。"这种说法孩子反而会觉得挺好笑的，本来的怨气也就烟消云散了。心理学家发现，人们会把那种有幽默感的人看作生存能力更强，并且更有权威的人，他们说出的话也会被认为层次更高，让人感觉快乐。所以作为家长，用幽默来面对孩子的抱怨，意味着你在告诉他们："你这些话都是小儿科，我才不和你一般见识呢"。

现在请你再思考一下，要建立起父母在孩子心中的权威，你还认为应该更凶、更严厉地使用惩罚吗？其实管理孩子和管理公司一样，一个人被赋予权力很容易，但形成权威却很难。这需要领导者或家长通过日常的每一件事情，对员工或孩子信守承诺，善用沉默，也能用幽默的视角来看待每一次员工或孩子的行为问题，以及对自己的挑战。如果你能做好这几点，无论在孩子还是在员工面前，你将不怒而威，你下达的指令也会得到认真贯彻，这时候你将会成为一名有威望的优秀管理者或一位说话有分量的好父母。

LESSON 33 第三十三课

对孩子要宽容，还是要定纪律

很多刚刚开始关注儿童心理学的父母在入门阶段都会遇到一个普遍的烦恼：我到底是应该对孩子纪律严明一些，还是应该宽容点呢？俗话说："没有规矩不成方圆，没有五音难正六律。"只有赏罚分明，才能教出一个懂礼貌、讲规矩的好孩子。但另外一方面，又有专家告诉我们，要对孩子宽容一些，给他们最大的爱与自由，这样才是尊重孩子的天性。

作为父母，谁不愿意把我们最温柔、最美好的一面展现给孩子呢？不过这种想法很快会被孩子们的那一连串调皮和违规的行为赶走，我们不得不重新板起脸，变成一个严厉甚至很凶的家长，才能让孩子们消停下来。这种矛盾让很多家长没有办法平衡。那么，我们到底应该对孩子宽容一些，还是严格一些呢？如果你能搞清楚两个概念，我相信你从此以后在这个问题上将不再困惑。下面我就来讲一讲，到底什么是纪律，什么又是宽容？

在我们的想象中，纪律可能就是那种胡萝卜加大棒，做对了有奖励，做错了有惩罚。但惩罚的最大弊端是：虽然可能减少违规行为的发生，但是也有可能引发新的更严重的问题。如果你仔细观察，可能会发现，学校里那些最调皮的孩子往往也是受到惩罚最多的人。受到惩罚后，他们改变了吗？基本上没有，经常闯祸的还是那几个人。如果惩罚有效，这些孩子应该早就变得规矩了。为什么会这样呢？这是因为没有哪个孩子在受到惩罚以后会对自己说："我要改，我要更有责任心、更合作，因为我希望让惩罚我的人高兴。"

其实，惩罚有时会让那些有强烈自尊心的人产生内心的防御，而不会成为改变的动力。惩罚就像是消炎药一样，用多了也有"副作用"。内科医生有一句座右铭，叫作"首要的原则是不伤害病人"。同理，父母在执行纪律时，最重要的就是不要对孩子的情感造成伤害。儿童心理学家通过大量研究发现，让孩子遵守纪律的关键在于寻找惩罚的有效替代手段。而真正做到这一点其实并不包括传统意义上的惩罚，比如体罚、剥夺孩子玩的权利、限制自由等。看到这里你肯定想问："那我该怎么做呢？难道无论孩子做什么，我都应该宽容吗？"现在我就带你一起来区分什么是宽容，什么是过度纵容。

宽容并不是我们允许孩子的一切行为，而是我们接受孩子的一种态度，允许他们做孩子，而不是做大人。做孩子意味着他不可能把一件干干净净的衣服穿在身上而保持得很久，也意味着如果他走在路上，不可能总是老老实实地走，而是蹦蹦跳跳或跑来跑去的。他有自己的幻想，可以表达自己的愿望和想法，就像鱼永远在水里游，鸟却习惯在天空飞一样，这种动力是不能阻止的。所以宽容的关键是：孩子不需要为自己的感觉和想法负责，但要对自己的行为负责。当孩子生气的时候，无论他们说多少气话，或者画一个很丑的头像，写上“这是妈妈”，这些都应该是被宽容的。但孩子有任何一点儿破坏行为，比如伤害自己或伤害别人，父母就应该马上制止，越快越好，绝不能妥协。那些过分纵容孩子的父母正好相反，他们不去及时阻止孩子的不良行为，从而让后果越来越严重。

两种不同的态度会造成两种完全不同的结果。父母接受孩子的态度能够让孩子更有信心，更愿意向父母表达情绪，说心里话。如果父母纵容孩子的行为，孩子就会觉得自己有特权，而且这种欲望会不断滋生，越来越难以满足。所以宽容的定义，简单说就是你有任何意见、不爽都可以表达出来，但是要做坏事、违规那就不行。

举个例子，在我进行的儿童心理咨询案例中，有很多中小学生的父母会和我说，自己的孩子有时候和学校的某某老师合不来，有冲突，自己作为家长，面对孩子的抱怨不知该怎么说。按照刚才所说的原则，你可以这么做。假如有一天你的女儿回到家，气冲冲地把书包往桌上一扔，对你说：“英语老师总是和我作对，别人默写单词默写错了，他什么都没说。我一错，他就揪着不放，让我重抄50遍，我感觉这很不公平。”这时候如果你说：“老师对你严格是为了你好，是要提醒你学习认真一点儿”，我敢保证你家孩子一定会觉得你根本不理解她。而作为懂得宽容的家长可以这么说：“女儿，你今天看上去很生气啊。”孩子会说：“当然生气了，我明天不想上英语课了。”家长可以说：“你肯定觉得老师对你的要求格外严格，对吗？”孩子会说：“难道不是吗？”家长可以说：“嗯，照你所说，我也觉得有点不公平。不过如果你要确定别人是什么想法，是不是最好当面去问问他呢？你看是你明天自己去问老师，还是我和你一起去问呢？”这样说最大的好处就是，你和孩子是站在一边的，而且这样的交流也会促进她去思考：要不要搞清楚老师是不是真的对自己有偏见呢？

如果孩子只是因为默写不好而沮丧，其实她心里很清楚，老师并没有偏心，仅仅是自己的挫败感在作祟罢了。这时候，她自己可能会反思，她不要上课的想法只是一个想法，而不会真的违规。如果孩子确实认为老师不公平，那你陪着孩子去搞清楚事实真相，也是一件很有价值的事情。这个案例的原则就是：吐槽老师可以说出沮丧愤怒，甚至不想上课的想法是可以的，但是真的不去上课不行。这就是执行纪律和宽容相结合的原则。

对孩子执行纪律应该明确三个层次：鼓励、允许和禁止。第一个层次是我们希望并且认可的行为，我们会非常乐意地对孩子说“好”。第二个层次是中间地带，包括了我们不太认可，但是因为某些特别原因可以接受的行为，比如孩子初次学习，或者生病、搬家、朋友分离的一些特殊时刻，因为情绪低落而犯错，这些错误行为是可以接受的。第三个层次是我们无论如何也不能容忍、必须制止的行为。执行纪律的关键就在于家长对第三个层次的行为有怎样的处理方法。如果一个爸爸允许自己的女儿深夜跑出去泡吧，这个女儿的内心不但不会感激他，还会觉得爸爸没有正确统一的标准；如果一个妈妈不去制止孩子在饭局上胡闹，就算其他大人不说，也意味着妈妈失去了孩子的尊重。

问题是我们不能粗暴地用惩罚的方式来管教孩子，那该怎么办呢？这时候，我们就必须掌握限制这类行为的技巧，一共分为两步：第一步，清楚地告诉孩子什么是不可以接受的行为。第二步，告诉孩子哪些替代的行为是可以接受的。比如，家长可以告诉孩子："你不可以扔盘子，但是你可以扔枕头。"或者"弟弟不是用来推的，你可以推小板车。"限制一定要非常明确，行就是行，不行就是不行，千万不要做那种部分地限制。比如，家长不可以说："你可以往妹妹身上泼一点点水，不把她弄得太湿就可以了。"正确的说法是："你不能往妹妹身上泼水，但你可以把水泼到树上。"你在表达界限的时候要展示的是家长的权威，而不是对孩子的侮辱。限制一定要严格地保持在对事情的本身上面，避免伤害孩子的自尊。假如孩子和你说："我想买一台属于自己的平板电脑玩游戏。"但你并没有这个计划，你可以说："你想要这个东西已经好久了，你很想早一点玩到那个新游戏，我知道了。按照我们的约定，期末考试以后吧。今天想吃点儿什么呢？"承认孩子的愿望，就是对他们的理解。而这种拒绝方式要比直接否定他们的想法伤害小，也更容易让他们接受。

来帮大家梳理一下这节的内容。关于对孩子宽容还是严格这个问题，我们可以无限地爱孩子，对他们宽容，但宽容主要是针对情绪而不是行为。我们可以尽可能严格地要求自己的孩子，哪怕你做虎妈、虎爸也没有关系，但是执行纪律就像是拿手术刀，执行一定要精确，不能随意下刀。限制孩子的违规行为，但是要保留孩子提非分要求的权利，就算你不答应他们，也可以给出新的选择。做到这两点，也就做到了严与爱的结合，做到温柔、有爱、有边界，你的精益父母水平也就真的能得高分。这个道理说起来虽然简单，执行起来就要靠我们每个人日常的修炼。每天在和孩子的交往当中记住这两点，你会做得更好。

CHAPTER V

第五章

如何应对孩子的特殊问题

LESSON 34 第三十四课

孩子被霸凌，父母是帮凶

很多家长问我：“老师，怎么样才能让自己的孩子在校园当中不受到霸凌呢？”或者问我：“怎样能让自己的孩子不去欺负别人呢？”其实，仔细回忆，校园霸凌的新闻常常见诸报端，这也说明校园霸凌可以说在每个学校都或多或少存在着。

我曾在一篇报道中看到一起霸凌事件，这些欺负同学的孩子简直就是恶魔。他们给同学取外号羞辱别人，甚至用沾满屎尿的垃圾桶砸向其他同学。文章的描述充满了画面感，我都有一种冲过去帮助受伤孩子的冲动。但当我事后冷静地想一想，那些欺负别人的孩子就真的是道德败坏、恶贯满盈吗？我记得我小的时候也会被欺负，比如有些高年级的同学会逼着我们交出零花钱。打乒乓球的时候，会遇到有人来抢占我们的台子。其实，被欺负不可怕，可怕的是被欺负以后那种不敢反抗、恐惧无助甚至崩溃的心理状态。

那么，为什么有的孩子被欺负的时候能够顺利地将危机化解，避免下一次再被欺负，有的孩子却会一步步退让，让被欺负的行为慢慢升级呢？我在上千例儿童心理咨询案例中发现了一个特点：让孩子受到霸凌的关键性因素并不是那些坏孩子们，而是受霸凌孩子的家庭。说得更直接一些就是：受害孩子的父母无意中成了孩子被霸凌的帮凶。有的家长可能会不满意地说："老师，你这是什么话？我们爱孩子还爱不过来，谁敢欺负我家孩子，我就跟他拼命，我怎么会是帮凶呢？"这些家长请别着急，先听我来仔细分析一下。

一、攻击性行为的分类

1. 工具性攻击行为

什么是霸凌？其实按照儿童心理发展的规律，孩子的攻击性行为分为三种：第一种叫作工具性攻击行为。当孩子发展到一定的时期，就会开始和别的孩子抢玩具，他攻击别人的目的不是要伤害其他人，而是要抢这个玩具。当发现这种现象的时候，家长们千万不要担心，这是儿童心理发展的必然需要，因为两岁到三岁这个时间段是孩子自我意识飞速发展的阶段。这个时候，他发现原来我和别人是不同的，我要为自己争取资源，竞争意识就在这个时候形成了。有很多研究显示，会抢东西的孩子更加强大，也更有魅力。当然家长也不能听之任之，你需要站出来主持公道。这种工具性的攻击行为会随着孩子的语言发展慢慢消退，到孩子六岁左右，这样的行为会大大减少。

2. 敌意性攻击行为

孩子在六岁到十二岁的时候会出现第二种攻击性行为，叫作敌意性攻击行为。这时，孩子的这种攻击行为不是为了抢东西，而是为了伤害对方。表现在男孩子身上可能就是打架、肢体冲突，表现在女孩子身上可能就是那种柔性的语言攻击，孤立、诽谤他人，有的女孩子的攻击方式就是“我们大家都不准跟她玩”。当然，这种敌意性的攻击行为，其实是每个人在预防自己可能受到伤害的时候提前做出的攻击，根本目的是为了保护自己。这两种都不算校园霸凌。你可能要问，这些都不是，那什么才是呢?

3. 霸凌行为

真正的校园霸凌是反复的、有针对性的、敌意性的攻击行为，而且它会随着时间的推移，程度一次比一次更强。比如，他们会先给你取个外号，再推搡你一下，之后骂你两句，接着开始打你，最后发展到羞辱你，甚至进行更严重的伤害行为。

二、孩子不反抗的心理原因

为什么在这种伤害不断升级的过程中，孩子从来没有有效地去反抗呢？我记得在我读小学的时候，有个男生特别喜欢欺负班上一个女生，可能是因为这个女生当时的成绩不太好，而且也没什么朋友，这个男生就经常扯她的辫子，给她取外号，甚至把她推到沟里去。其实现在回想起来，这就是校园霸凌，而这个男生其实也想欺负其他的同学，其中也包括我。但为什么他想要欺负其他同学最后没有得逞呢？我记得他当时欺负我的时候，我就联合了以前被他欺负过的几个同学，一起商量怎么对付他。我们首先形成了一个联盟，当他要欺负我们的时候，我们就联合在一起来对抗他。然后，我们把这件事情告诉了老师，让老师来处理他的这种攻击性行为。这样还没完，我们又集合了一帮同学一起到他家里，对他的爸爸说，你家的孩子经常欺负我们，请叔叔你好好管教他。从那以后，他再也没有欺负过我们了。

为什么我们和那个女孩有着不同的结果呢？后来我学习了心理学才知道，那个女孩就是属于那种易被欺凌型的孩子。容易被欺负的孩子通常有三大特点：焦虑、顺从和脆弱。也就是说，这些孩子对自己没有什么信心，做什么都担心自己做不好，而且生怕被人拒绝。

1. 不反抗的孩子的特点

第一个特点是焦虑。举个例子，如果他们没在第一次少先队员评选中获得红领巾，他们就会觉得非常伤心和难过。此外，他们经常担心自己会被群体抛弃。第二个特点是顺从，这些孩子表现得过于听话、乖，你说什么他都不反驳，好像没有自己的想法一样。第三个特点是脆弱，每当他们遇到任何一点小困难就很容易哭鼻子，而且极度缺乏自理能力。

2. 低自尊的原因

用一个心理学名词来概括这三种现象就叫作“低自尊”，这种低自尊和父母的教育方式有着密切的联系。比如，作为父母，你有没有在孩子很小的时候经常开这样的玩笑：“妈妈不要你了，你再这样妈妈就不爱你了。”你认为这种话是玩笑话，可是孩子当真了。而且有的家长喜欢玩突然消失的游戏，就是把孩子带到一个地方，当然家长认为是安全的，然后突然不见了，这时孩子找不到爸爸妈妈就开始哭起来。如果这样的游戏多玩几次，孩子就会觉得原来这个世界都是不稳定、不可靠的，我的爸爸妈妈可能走着走着忽然就消失了。这是非常容易让孩子产生焦虑的一部分原因。

那么，孩子为什么会过于顺从呢？学过发展心理学的家长可能知道，孩子两到三岁是第一个逆反期。孩子从特别听话，特别顺从，到开始有自我意识，他们逐渐认为我应该有自己的想法，我不能什么都听家长的。遇到这样的状况时，家长通常有两种反应，也会出现两种结果：第一种就是理解孩子自我意识的发展，尊重孩子的变化，孩子会得到一个正常而健康的心理发育。第二种家长在孩子开始逆反的时候，用父母的权力和强力去压制孩子，那么孩子就会变得非常顺从。但是第二种做法会有两大隐患：第一大隐患就是孩子会把这种逆反藏起来，直到青春期再爆发。不过当他们进入青春期，逆反情绪爆发的时候，这种能量会是正常情况的几倍。这个时候你会发现孩子非常叛逆，管都管不住。第二个隐患就是惩罚泛滥。一般来说，用强力压制孩子的家庭通常属于严苛型家庭。我在咨询中接待过一位这样的爸爸，他希望自己的孩子很小就能学习很好，他让孩子背唐诗，有一次孩子唐诗背得不好，大冬天的他把孩子赶出家门，只穿了一件单衣。这样的孩子如果遇到校园的霸凌现象，有人欺负他，他根本不会和家长说。因为家庭过于严苛的标准，让孩子学会了闭嘴。

孩子脆弱则是因为受到了家长的过度保护。孩子有什么事情，家长都代替他做。上学书包都帮孩子背，孩子平常该好好学习的生活技能都没有得到锻炼，这样的孩子遇到困难就容易崩溃。

当然，更可怕的一种现象就是家庭暴力。比如，你经常让孩子看到家庭暴力的过程，孩子可能就会认为被欺凌或者欺凌别人，其实也没有什么大不了的。当一种非正常的现象被孩子认为是常态的，那么悲剧就开始了。

三、如何帮助孩子免受校园霸凌

写到这里我要问父母们一个问题：你们认为被欺负的孩子和欺负别人的孩子哪个更危险？看起来好像是欺负别人的孩子更危险，但是经过大量的数据研究发现，那些被欺凌、被霸凌的人的危险性更大。因为他们被霸凌到一定程度，内心的某种情绪会达到极限，他们更容易做出非常严重的伤害案件，导致激情犯罪。有一些过失杀人的少年犯，其实他们自己最开始也是被欺凌的受害者。

所以，家长们需要好好想一想，你有没有在孩子成长的过程中让他缺乏安全感，对他过度严苛，或者对他过度地保护呢？很多家长可能又要问，如果我的孩子就是这种容易被欺凌型的孩子，那我该怎么办呢？甚至他在学校里已经被某个同学经常欺负了，我该怎样帮他呢？有的家长可能会和孩子说："你要锻炼身体，你要变得强壮，这样你才打得过别人。"但是欺凌现象的决定原因不完全是身体上的，心理崩溃才是真正的原因。你要知道，孩子心理崩溃以后是不会反击的，他会默默承受所有的伤害。所以要想帮助孩子避免被人欺凌，最重要的是帮孩子重建自信心。因为孩子接触最多的就是爸妈，你首先要恢复他的信心，要让他在你们身边能够站起来。所以从现在开始，你要尽量减少会对他的自信产生任何打击的批评。这里我是指易被欺凌型的孩子，不是所有的孩子。

1. 阳性强化法

心理学中有一种方法叫作阳性强化法，对恢复孩子的自信心很有帮助。具体怎么做呢？第一，当你发现孩子的缺点和错误的时候，就假装没看见，完全忽视它。而当孩子出现任何闪光点的时候，你要大大地鼓励他，奖励他，通过这种方式让他慢慢忘记他的伤痛经历。第二，你要认真地聆听他说的每一句话，而且看着他的眼睛，你要让他觉得“我是被重视的，我的话是有用的”。那么他在被欺负的时候，才会去告诉老师，去寻求家长的帮助，或者是去联合其他同学来抵抗这种欺凌。第三，要帮助孩子选择去做那种成功的概率在50%左右的事情，也就是说，让孩子做一些只要努力就可以做得到的事情。这个时候，他会慢慢积累成就感，也会一步一步地感觉越来越自信。做到这三点，孩子的信心重建将指日可待。

2. 圆桌会议

有的家长可能会说：“我的孩子很内向，他的交流和沟通能力不强，我应该怎样去帮他呢？”我觉得美国的一些父母在这一点上做得很好，他们会用一种叫作“圆桌会议”的方式，就是每当家庭要做出重要决定的时候，每个人都得参加，要把孩子也请到桌子旁边，孩子也要对家庭的决定投出一票。并且在讨论的时候，绝对不会忽略孩子的意见和感受。做父母的可以在这种圆桌会议的过程当中，故意制造一些可以谈判、可以争论的机会，让孩子发挥他的语言能力。当这种家庭会议开得多了，孩子也会形成这种商量和做出独立判断的习惯。

3. 培养孩子的心理弹性

“心理弹性”也就是孩子的抗挫折能力，通常有两个好的提高方法：一是在孩子睡前刻意给他讲一些勇敢者的故事，让他知道某个人是怎样战胜困难，怎样不畏强暴对抗敌人，使用自己的勇气和智慧，最终达成了自己的目标。如果睡前故事能够每天晚上都讲，这些内容会深深地根植于孩子的潜意识中，他们会把故事里的智慧转化为自己生活当中的能力。二是带孩子刻意做一些需要克服困难、运用体力和勇气的活动。比如，练习跆拳道、做一些探险性的游戏，都有助于提高孩子的心理弹性。

校园霸凌虽然是一个社会性问题，但解决的根本之道还是要帮助孩子建立一套积极的应对模式，帮助他们面对成长路上一次又一次的外部挑战，自信心才是最好的护身符。

LESSON 35 第三十五课

儿童抑郁症容易被忽视

我曾接到一位妈妈很紧急的咨询预约，她说自己七岁的儿子最近经常说活着没意思、心情不好之类的话。而且他在整个假期几乎拒绝参加所有课外活动，只是宅在家里发呆，或者看电视。有时候她想让孩子多出去走走，话稍微说得重了一点，孩子就开始流泪，很久都不说一句话，她真的不知道该怎么办了。她怀疑自己的孩子是不是得了抑郁症。但是，总感觉抑郁症好像都是大人才得的，孩子应该是无忧无虑的，怎么会得抑郁症呢？我对她说："你对孩子的情绪健康这样敏感是非常难得的。我需要告诉你的是，即便是五岁到十二岁的儿童也完全有可能患上抑郁症。"那么这节内容，我就来和大家详细讲讲儿童抑郁症到底是怎么回事？

一、儿童抑郁症的种类

儿童抑郁症分为两种：一种叫作“重度抑郁障碍”。患上这种疾病的孩子会在超过两周的时间里变得情绪低落、无精打采，而且不光是心情不好，还有可能处于一种烦躁不安、容易发怒的状态。他们对很多之前很喜欢做的事情可能都表现得没有兴趣，哪儿都不想去。比如，之前他很喜欢吃冰激凌，吃冰激凌的时候很开心，但是现在吃冰激凌不会感到很兴奋。还有可能他会觉得自己没有价值，经常会想：“我怎么什么都不如别人，我怎么长得这么丑。”这样的问题可能会反复出现在他们的脑海中，他们不再喜欢参加团体活动，最严重者可能会反复想关于死亡这件事情，甚至会有自杀的计划。我们可以用四个字形容患上了重度抑郁的孩子的心境——生无可恋。另一种儿童抑郁症叫作“持续性抑郁障碍”。这种情况比重度抑郁障碍的症状要轻得多，是那种持续的淡淡忧伤。表现在行为上，可能是学习成绩不好、低自尊以及同伴关系不良等。

一旦你发现你家孩子有以上这些表现就需要重视了。不要说小孩子哪里知道什么忧伤，等他们长大一点自然就好了。我要负责任地告诉你，如果孩子真的患上了儿童抑郁症，是不太可能自己好起来的。不治疗会极大地损害孩子的健康，甚至会有生命危险。作为专业心理咨询师，我听到过很多人讲起家里抑郁症病人自杀的悲剧，所以我要提醒父母的是，发现孩子有这样的情况，一定要尽早就医治疗。

二、儿童患抑郁症的原因

说到这里，你可能心里多多少少会有些疑惑，这么小的孩子就得了抑郁症，到底是为什么呢？可能有的家长猜想，是不是在他小时候，我哪一次对他的惩罚太狠了，让他产生了心理阴影，然后就抑郁了？但是事实没有这么简单。有的孩子可能被父母体罚、羞辱、贬低，他心里肯定很难受，但并没有得抑郁症。但有的孩子一旦遇到了挫折、失败，就很容易变得抑郁。为什么会有这样的差别呢？因为抑郁并不是单个因素决定的。

1. 遗传因素

抑郁症有高度的遗传性。大量研究发现，如果一个家族内曾经有患过抑郁症的人，那么孩子得抑郁症的概率将会比正常人高。心理学家曾经把多组同卵双胞胎分开抚养，也就是为了避免后天环境的影响，结果发现这些双胞胎如果其中一个得了抑郁症，那么另外一个同胞患抑郁症的可能性也很高。所以有遗传史的家庭可能要对孩子的情绪更加关注。

2. 父母心理状态的影响

当然，也不是有抑郁症家族史的孩子就一定会患上抑郁症。有大量研究发现，在儿童时期患上抑郁症的儿童，很大程度和父母的心理状态相关，父母的焦虑、紧张和抑郁会大大提高孩子患抑郁症的可能，越小的孩子受到的影响越大。

3. 教养方式的影响

如果一个家庭采取了异常严厉或过度保护的教养方式，有可能增加儿童患抑郁症的概率。这个研究结果与我平常接触的个案情况完全一致。很多抑郁症孩子的父母来到心理咨询中心，咨询师一眼就能看出他们或者是那种过度控制孩子的父母，抑或是恨不得代替孩子做一切事情的父母。此外，如果孩子得不到足够的社会支持，比如父母的鼓励、陪伴，有几个要好的小伙伴，还遇到了一些突如其来的生活变故，如搬家、转学或亲人离世等，都有可能成为诱发抑郁症的危险因素。

三、应对方法

很多家长肯定要问：“要是我已经发现了孩子有抑郁症，该怎么办呢？”我觉得从心态上来说，父母不要过于自责，如果你的孩子已经患上了抑郁症，不要去纠结到底原因是什么，自己究竟做错了什么？其实抑郁症的成因非常复杂，现在最出色的医生和心理学家也没有完全搞清楚抑郁症的病理机制，所以与其内疚自责，还不如接受现实，赶快积极配合治疗。

治疗最好请专业人士进行。通常采用心理治疗和药物治疗相结合，认知行为疗法是被广泛接受的治疗抑郁症的有效方法。心理治疗大家可能还能接受，但很多家长一听说孩子要服药就会非常排斥，感觉好像是吃了抗抑郁的药，孩子成了精神病人一样，这是非常老旧和有害的想法。你的身体感冒了，你会主动吃药，而抑郁症是心理感冒，如果孩子真的患了抑郁症，家长也不应该对孩子服药有任何压力。相反，你应该主动告诉孩子，你的心情不好是因为得病了，不是因为你不乖，爸爸妈妈会和你一起面对。

在照顾孩子的时候，你应该尽可能多地给予孩子支持和爱，你可以一直不厌其烦地提醒："爸爸妈妈永远陪在你的身边。"而且你要对他说："我们非常愿意听你说话，不管你说的是高兴的事情，还是难过的事情。"有的家长可能会因为孩子的负面反馈或没有回应感到非常沮丧，但是你要知道，对抑郁症儿童不断传递爱是一种治疗方法，所以一定要持续下去。你不要期望通过那种打鸡血的方式来改善孩子的症状，比如对他们说："你要振作一点。"孩子也想振作起来，但这个时候他们没有这个能力，就像是你让一个喝醉的人走直线一样做不到。如果他们不愿意起床，不能完成作业，或者是做事拖延，你要做好足够的心理准备，多听、少教育。只要孩子表现出一点点主动的行为和进步，家长一定要给予肯定和表扬。

最后一点，可能家长们都会害怕和孩子谈论死亡。如果孩子主动来和你谈死亡或自杀方面的事情，你能够和他们进行深入讨论，反而会让孩子觉得是一种解脱，也会增加对你的信任。不过，如果孩子在和你讨论这样的话题的同时，开始把自己的东西送给别人，或者去查询有关自杀的信息，你一定要马上寻求专业人士的帮助，最好采取入院治疗。

总结一下，抑郁症是每一位父母都不愿意在自己孩子身上看到的问题，但是如果你的孩子真的遇到了这样的状况，请一定不要犹豫，尽快寻求专业人士的帮助才是上策。如果你现在还不能确定孩子是否真的患了抑郁症，最好带孩子到专业机构进行测试。作为父母，要能够真正发现孩子们身上潜在的风险因素，才算是他们的保护神。

LESSON 36 第三十六课

孩子偷东西怎么办

我相信无论是谁，如果发现自己的孩子有偷东西的行为，一定会非常紧张和惶恐。因为这个行为看起来不只是犯错误那么简单，还容易让人联想到这是孩子将来偷窃犯罪的预演。俗话说“小时偷针长大偷金”，家长的担心我非常理解。不过在给孩子们偷东西的行为定性之前，我想请你回忆一下，你小时候是不是也偷过东西。其实很多人小时候都有未经同意就把别人的东西拿走的行为，而长大后也没有都变成小偷。所以遇到孩子偷东西或偷钱的情况，先别紧张，你需要详细分析一下他们“偷”背后的心理原因。

一般来说，五岁之前的孩子很少会有意识地偷拿别人的物品或钱，这个时候的儿童物权意识还比较模糊，就算是拿走了不属于自己的东西也不会觉得有什么不对。所以家长在孩子五岁前的重点是培养孩子的物权观念，平时多和他们讲讲："这个东西是哥哥的""这个东西是爸爸的""你要的话需要提前征得他们的同意，知道吗？"这种因为好奇心且物权观念不强而偷拿东西，家长们基本上是不需要担心的。

如果孩子偷东西或偷钱，是在你反复强调规则之后仍然不改，并且孩子的年龄已经超过六岁，这个时候父母就需要非常重视了。已经上学的孩子要偷拿别人的东西或钱，是会有道德压力的。平时家长、老师肯定已经强调过很多次，拿别人东西是不对的，如果孩子仍然偷东西，一定有更深层次的原因。这些孩子在明白禁令以后还要偷，通常有三种原因。

一、孩子偷东西的原因

1. 自控力低下，缺乏延迟满足的训练

心理学家对一群五岁的孩子做过一个著名的实验——棉花糖实验。实验人员对孩子们说："如果你在十分钟之内不吃这颗棉花糖，我就再奖励你另外一颗。"但这样的奖励不足以让所有孩子忍住，很多孩子马上就把棉花糖吃掉了，而这些迫不及待把棉花糖吃掉的孩子就属于延迟满足能力不足的人。当然，这种能力与年龄有关，孩子的年龄越大，相对来说越容易控制自己的欲望。但是如果一个孩子是自控力极端薄弱的人，就可能在某种情况下产生偷窃的行为。

我在一次儿童心理干预中遇到了一名五年级的男生，他长期偷东西，被老师带出来和我见面。我发现他的家庭就是那种从小满足孩子所有需要的类型，只要他提出要求，父母从来不会反驳。因为他的父母很忙，所以就把满足孩子的物质需求作为唯一表达爱的手段，结果他的需求越来越多，欲望越来越强。他在上小学四年级的时候，每个月上千块钱的零花钱都不能满足他。这时候，父母才感到问题严重了，所以干脆停了他所有的零花钱，但这样孩子根本无法适应。抗议无效后，男孩开始偷同学们的钱。他每天趁着午休时间偷偷拿走同班同学的现金，然后满足自己的消费需要，最终被老师抓住。他的父母就属于过度满足孩子的欲望，从不对孩子进行延迟满足的训练，这也就导致了孩子的自控力极度薄弱，完全抵抗不了任何诱惑。

2. 唤起家长的关注

孩子出现偷窃行为的第二个原因是，这个孩子想要找回失去的情感体验。他们偷东西不是因为他真的想要什么，或者物质上缺了什么，而是内心的缺乏感。我代理心理老师的小学有一名男同学叫小龙，他看上去一切都很正常，但就是有偷东西的习惯。坐在他周围的小伙伴基本上被他偷了一个遍，同学们都恨他，有时候还憋着想一起教训他一顿，老师也没少和他谈话。但有意思的是他除了钱之外什么都偷，比如橡皮、圆珠笔、尺子等，也包括别人的钥匙。老师感到很奇怪，有些东西对他来说毫无用处，为什么要偷呢？后来我们才知道，小龙的身世非常可怜，他妈妈在他六岁的时候就得病去世了，之后爸爸再婚，又和继母生了一个小弟弟。父亲的工作很忙，继母除给小龙提供基本的吃饭、穿衣外，不关心他的任何需求，完全放任不管。他经历了两个妈妈不同的对待之后，内心特别失落，产生了一种难以弥补的缺失感。所以很多孩子的偷窃行为其实是在表达自己的一种感受——我真的好失落，我的心里好像缺了些什么，偷点东西可能会让我感觉好点。而且如果我偷东西被抓，可以让父母来学校，虽然不光彩，但可以证明父母还在关心自己。这种孩子期望通过偷来弥补获得感，唤起父母对自己的重新关注。我们经常可以听到新闻上说那种家里条件非常好的女孩，在服装店偷一些裙子、内衣之类的东西，这并不是因为她们买不起，而是因为她们想用偷来满足内心的缺失感。

3. 同伴压力

最后还有一种偷东西的情况，就是出于同龄人的压力。大家在一起玩的时候，有人提议“一起偷点什么东西吧”，有的孩子不知不觉就跟着做了。这种偷窃行为和孩子的同伴有关，所以家长对于孩子同伴的基本品质也要进行筛选。为什么孟母要三迁，就是这个原因。

二、如何应对孩子偷东西的行为

1. 错误的应对方法

知道了孩子偷东西背后的心理机制，那么当我们再发现孩子有偷窃行为时应该怎么做呢？先说两个错误方法：第一错误方法叫作贴道德标签，比如责骂孩子："你这样就是个小偷，你知道吗？偷东西就是贼。"每一个孩子在被定义以后，不管他内心有多么抗拒，但是他的潜意识里会深深地记住"贼""小偷"这些词，今后不知不觉就会想起，我曾经被定义成了贼，这可能会让孩子背上沉重的心理负担，抬不起头。而且你给孩子什么样的定义，孩子就有可能向这个方向发展，这就是心理学里著名的皮格马利翁效应，也叫期待效应。有的孩子觉得既然自己已经被看成贼了，那么以后再偷就没什么了。

第二个错误方法是，教育孩子的时候让外人参与。很多人喜欢在孩子犯错以后，让七大姑八大姨一起来教训孩子，这对孩子可以说是致命的打击，他们的自尊心会降到最低点。自尊心丧失的孩子很容易破罐破摔。所以你要批评或惩罚，一定要单独进行，绝不能公开化，给孩子留面子，留下孩子向上的可能性。

2. 正确的应对方法

正确的方法怎么做呢？三个步骤：认知、道歉与惩罚。首先，你想让孩子今后不再拿东西，一定要让他具备道德的自律，也就是说即使没有人监督，他同样不会偷东西。体罚肯定不是好的选择，因为体罚传递的信息就是我要打到你怕，所以你不敢偷东西了。但是如果孩子有一天不怕你了，是不是就可以偷了？所以家长要做的是让孩子产生本身不想做这件事情的想法，要达到这个目的，就要利用好孩子的同情心、畏惧心和自尊心。人非草木，岂能无情？孩子的心也是柔软的。如果你发现他偷东西，可以激发他对被偷者的同情，比如你可以告诉孩子："你把小明的钱放到自己的口袋里面，这个钱可能是小明吃早餐的钱，没有这个钱，他可能一直要饿着肚子。你想看到你的同学饿着肚子难受的样子吗？"你要给孩子描述一个受害者痛苦的场景，让他们在脑海里产生画面感，从而生出同情心。这样孩子的心里就产生了第一个不再偷拿东西的理由。

如果孩子的道德发展水平还不够的时候，我们就需要利用畏惧心帮助孩子产生第二个不偷拿东西的理由。利用畏惧心和体罚不一样，体罚起到的作用是真实的痛感，而畏惧心起到的是心理上的害怕，这种害怕远胜过已经受到的惩罚。你可以设想一下，如果一种惩罚是未知的，那么所有人都会不断脑补可怕的画面。家长在使用畏惧心的时候，最好用隐喻故事，比如你可以告诉孩子："我上次看到一个偷东西的孩子被警察叔叔抓走了，听说在派出所关了好久，几天都看不到爸爸妈妈，真可怜。”虽然这种讲法没有直接说自己的孩子，但是这种隐喻会让他更容易想象别人被惩罚的场景，具有很好的震慑作用。

当然，家长还可以利用自尊心帮助孩子产生第三个不偷东西的理由。你可以告诉孩子：“只要你能看到别人的东西不动心，不去拿，这就是高尚的行为。”对高尚行为的塑造，可以提升孩子对自己的期待，对良好行为的保持效果比恐惧还要牢固和持久。

做到这三点，其实在思想上的工作就已经做通了。但是如果偷东西的行为已经产生，也绝不能随随便便就过去，你必须带着孩子向受害者郑重其事地道歉。虽然学龄前的孩子不一定能够做到主动道歉，但是至少家长要当面向受害者表示歉意，并且让孩子看到这一切。

除了道歉，我建议家长应该对孩子偷东西的行为进行惩罚，这种惩罚主要是让孩子对这件事印象深刻，并且勇于承认错误和承担责任。除了让孩子归还东西，家长还可以对受害者做出一些赔偿，而这些赔偿的代价必须通过孩子的劳动来获得，比如让孩子帮父母做两周家务来换取赔偿给受害者的钱。

在经过以上这些方法的教育后，只要不是那种经历了严重的亲情缺失和童年创伤的孩子，一般的孩子完全可以矫正偷东西的行为，这些方法其实就是心理治疗当中的认知行为疗法。从认识到行为层面，共同作用产生改变。

这节课讲解了如何面对偷东西的孩子，我想问各位父母一个问题："当你发现孩子偷东西的时候，你的第一反应有多愤怒？"如果你发现自己暴跳如雷，可以静下心来想一想，自己是否也有过偷东西的念头。心理学研究发现，人们对一种行为越愤怒，也就意味着这个人曾经有多么想做这件事，只是没有做成，或者受到了惩罚。所以当你发现自己没有做成的坏事，别人做成了，你会觉得更加不能原谅。想想看，是这样吗？

LESSON 37 第三十七课

女孩自保的心理护身符

在中国人的传统观念里，对养育男孩和养育女孩可能有着不同的担心。养个男孩子吧，家长怕他们过度活跃、乱跑、乱动、寻求刺激，增加出意外的风险。养个女孩吧，家长最担心的可能就是怕被别人伤害，毕竟女孩在身体力量上是相对的弱者。每当电视里出现女孩受到侵害的新闻，总是能牵动无数父母的心，特别是揪起了爸爸们的紧张神经。可从现实讲，做父母的总有不在女儿身边的时候，不可能守护女儿一辈子。所以与其担心出问题，不如从小让女儿学会一种能力，而这种能力可以让女孩保护自己。

到底是什么能力呢？有人猜是不是女子防身术啊？我承认学了防身术的女孩在面对危险的时候可能要安全一些，但是无论怎么练习，对抗都不是女孩的优势，特别是对小女孩来说，她们能够练得有多强？所以，与其锻炼她们的对抗技能，不如好好培养她们形成具有保护作用的心理能力。其实，人类在几百万年的进化过程中，早就拥有了强大的感受力。这种能力可以帮助我们了解自己的感受，做出对人和环境的判断，并且了解别人的感受，知道别人是怎么想的，我们应该如何对待别人。这种能力越强大的人，情商越高，越能够保护自己。感受力和人类四种基本情绪有关——恐惧、悲伤、愤怒和欢喜，每一种情绪都在指导人类的生存，让人更容易适应环境。比如，当一个人害怕的时候会变得谨慎，生气的时候会维护自己的权利，难过的时候更容易反省自我，欢喜的时候会很放松，精力也会得到恢复。可以说，感受是人类面对世界首选的生存工具，它甚至比理性的分析更有价值。

你有没有发现，有时候我们通过逻辑推理做出的判断往往是错的，而第一感觉得到的答案才是正确的，为什么呢？其实我们的感受并不是胡乱得来的，它就像是一个运算的后台，在做出感受之前已经经过了大量的计算，最终得出结果，所以感受常常是更加靠谱的判断法。以下将介绍四种保护女孩的心理护身符。

1. 恐惧

很多年前美国有一个连环杀手，杀害了很多女孩子。在他被捕以后，警察惊讶地发现，这个杀手其实很多次并没有得手，也就是说，很多女孩没有跟罪犯走。警察找到这些女孩子，询问她们为什么没有跟罪犯走。她们基本上都是说，我也不知道为什么，但总感觉哪里有点不对，或者说我感觉有点害怕，但是又不知道为什么。这些女孩尊重了自己的感觉，感受到了恐惧，因此也救了自己。女孩们大多富有同情心，喜欢帮助别人，但有些人会利用女孩的这个特点企图伤害她们。但是如果女孩可以倾听自己内心的感受和声音，并且信任它们，就是一种强大的生存技巧。

2. 愤怒

女孩从小就被大人教导，要乖、要听话，似乎愤怒是她们最不应该有的情绪。所以很多时候，女孩的脾气都被压抑了，但愤怒是人类自我保护机制的一部分，特别是对于女孩，如果一个女孩懂得感受并表达愤怒，她会是一个更加安全的人。我们可以看到有些案件的描述，比如公车上的咸猪手，偏远地区的男老师性侵女学生等，最开始都是一种试探的行为，先碰一碰你的手臂，看你没有反抗，再摸一下你其他的部位，如果你还没有明显的反应，就越发得寸进尺、胆大妄为。那种平时愤怒被压抑的女孩，在这种时候可能只有害怕，也只懂得默默忍受，但这样反而是非常危险的。这其实就是给了犯罪分子一个信号，这个女孩是个软柿子，可以继续欺负。

但我也看到过很多次在公车上遇到咸猪手的女孩非常懂

得表达自己的愤怒，她们对着那些猥琐男大吼一声："你在干吗，离我远点"，或者干脆联合群众，把这个人抓起来。这些女孩就是愤怒情绪得到了充分发展的人，你在培养女儿的时候应该允许她表达愤怒，当她遇到自己不喜欢的事情时，你要鼓励她态度强硬，对那些试图伤害自己的人说"不，不行！我不喜欢你这样！"这并不是教她粗鲁，而是要她学会正确表达情绪的方法。

3. 难过

这是一种比较安静，而且更指向内在的情感。难过是对自己内心的觉察，这意味着一个人需要更多地被理解、被安慰。如果一个人能够处理好难过的情绪，意味着他可以坦然地面对人生的低潮，这样的人得抑郁症的可能性更小。但是家长们有时候不容易接受女儿出现难过的情绪，总觉得女儿一伤心就需要我们马上去把她哄开心了。我们可能会给她一些糖果，或者给她讲个笑话来逗她们，但这样会让女儿感受难过的能力无法得到训练。

难过也是一种生活状态，如果你试图消除女儿在生活当中的每一次伤心和难过，这其实是在变相告诉女儿，难过是不应该的，难过是一种坏的情绪。抑郁症是怎么来的？就是一个人很难过，但又觉得自己不应该这样难过，于是就产生了极大的心理冲突。所以当女儿难过的时候，更好的方法是去理解她的心情，给她一段时间自己处理情绪。比如，她心爱的小猫死了，这可能会让女儿心碎，但你要允许她有伤心的权利和时间，你要做只是陪着她，等待悲伤过去，而不是急于改变。

4. 欢喜

社会学家做过调查，发现那些幸福感最强的民族，经常是那些快乐情绪容易外露的人群，他们会开心地大笑，有夸张的身体语言，而且喜欢载歌载舞。这些人很乐观，不容易为生活的困难烦恼。感受快乐是一种能力，我们需要培养女孩从小就拥有这种能力。

总结一下，对恐惧的敏感，可以帮助女孩提前预判危险的发生；感受并表达愤怒，可以让女孩对抗威胁；感受难过，可以帮助女孩更好地面对内心的困境；感受欢喜，能让女孩的生活更有乐趣。拥有了这四种能力，可以说女孩就拥有了在社会中生存的强大能力。而我们在女孩的养育过程中，要懂得刻意培养和训练孩子对这四种情绪的感受力。

当你的女儿说："妈妈，我害怕那个人"，或者"我害怕那个东西"。这时候你不要说："这有什么好害怕的，你看妹妹都不怕"，你需要做的是肯定她的恐惧，并且告诉她："妈妈知道你害怕，所以我会在你的身边陪着你。"如果你的女儿因为一些事情冲着你发脾气，你也最好不要说：“发脾气是不对的”，或者“女孩不可以发脾气”这样的话。如果今天她不懂得发脾气，或许明天在面对领导为难或同学欺负的时候，她也只会默默流泪。当你发现女儿因为一些事情感到难过的时候，先别急着去改变她的悲伤情绪，别说：“这件事并不值得难过”，你应该给她一些时间，可以让她独处，但最好你能够陪在她的身边，给予情感上的支持和鼓励就足够了。当孩子很开心、很兴奋的时候，你也别总是强调乐极生悲之类的大道理，让孩子可以拥有一些完全放纵、狂欢的自由空间，你要知道这是在帮助她发展感受快乐的能力。

虽然以上说的是培养女孩自我保护的四种心理能力，但换在对男孩的养育中，其实也是一样的。要让孩子更好地适应未来的生活，最关键的不是学习多少知识和技能，而是要让他们学会感受情绪的能力。因为这是在进化过程中，生命赋予我们最重要的保护能力。家长们想要培养孩子的这种能力，核心只有一句话：“尊重孩子的每一种情绪和感受。”

后　记

这只是个开始，而非结束

教育，有两个基本内容，一个叫作“点燃孩子内心的火焰”，即培养孩子的信心和对世界的好奇心，提升孩子对学习的兴趣，使之在人生的体验中有更大的主动性，这就是“以孩子为中心”的启发式教育。另一个叫作“给内心的火焰加柴”，如果孩子有兴趣主动读书当然好，但是孩子的生理特点决定了他们保持注意力的时间短，不愿意接受漫长、枯燥的训练，遇到挫折容易灰心甚至放弃。而一个人所有的成功，都是以抗挫能力和意志力为基本条件的。孩子内心的火焰即使点燃，烧一会儿就容易熄灭，只有不断加柴，火焰才能持续燃烧。所以，不断延长孩子的注意力、专注力，培养抗挫力和自信，提升孩子的学习力，是每个家长的重要责任。

英国著名作家查·艾霍尔说过："有什么样的思想，就有什么样的行为；有什么样的行为，就有什么样的习惯；有什么样的习惯，就有什么样的性格；有什么样的性格，就有什么样的命运。"个人能否获得成功和幸福并非取决于天性，而是取决于习惯。

习惯是什么？《大戴礼记·保傅》中有这样的话："少成若性，习贯之为常。""习贯"，即习惯，习于旧贯，指逐渐养成而不易改变的行为、思维、情感等生活方式，也就是我们日常生活中经常重复的一些言行举止。比如，有人喜欢早睡早起，也有人经常晚睡迟起；有人做事雷厉风行，也有人总是拖拖拉拉；有人遇事冷静，也有人动辄暴怒……这些都是习惯，只不过是好习惯和坏习惯之分罢了。

习惯之始，如蛛丝；习惯之后，如绳索。习惯的养成似纺纱，起初只是条细丝，如果我们不断地重复相同的行为，就好像在那条细丝上不断缠绕上许多相同的丝线，最终变成一条粗绳，有着很强的约束力，死死地绑住我们的思想和行为。最后的结果，则如亚里士多德所说："习惯实际上已成为天性的一部分。"

每个家长都盼望自己的孩子将来能健康快乐、获得成功，拥有自由幸福的人生，可美好的愿望怎样变成现实？答案只有一个：关注习惯，从小做起。孩童时期是人生的春天，从现在起关注孩子生理与心理的发育，科学地了解孩子，帮助孩子养成好习惯，就是为孩子种下了成功的种子。

本书就是以儿童发展心理学为基础，以实操养育技巧为着力点，帮助家长引导孩子养成好的行为、思维、情绪习惯。习惯这个东西，若不是最好的仆人，就会成为最差的主人。

尽管本书已经到了尾声，但我希望这对你成为一个反思型精益父母的持续发展、成长过程来说，只是一个开始。本书所呈现的知识和技能，引领你进入一个了解孩子生理和心理的发展规律与特点，恰当、科学地养育孩子的世界，最终形成引导孩子建立良好行为习惯与高情商的思维。

培养孩子可以说是这个世界上最复杂的“工程”，想履行好父母这个角色设定的任务和职责，你需要进行持续的学习、个人反思和观察。本书提供的儿童心理和生理发展的理论知识，只是帮助你胜任父母这个角色的第一步。

我希望通过对儿童心理发展理论和技能的介绍，能够帮助你提高履行父母责任的能力，从而成长为一个具备儿童专家那样思考能力的父母，对孩子在成长过程中表现出的各种行为、观念、情感保持开放、探索、反思的态度，认识到自己运用这些方法能力的局限性，在成为精益父母的道路上不断前行。

图书在版编目 (CIP) 数据

好妈妈总有好办法：一本书搞定孩子成长中的关键心理问题 / 张曼著 .—北京：中国法制出版社，2020.9

ISBN 978-7-5216-1210-3

Ⅰ .①好…　Ⅱ .①张…　Ⅲ .①儿童心理学—通俗读物 Ⅳ . ① B844.1-49

中国版本图书馆 CIP 数据核字（2020）第 131454 号

责任编辑：陈晓冉（chenxiaoran2003@126.com）　　封面设计：杨鑫宇

好妈妈总有好办法：一本书搞定孩子成长中的关键心理问题

HAO MAMA ZONG YOU HAO BANFA：YI BEN SHU GAODING HAIZI CHENGZHANG ZHONG DE GUANJIAN XINLI WENTI

著者 / 张　曼

经销 / 新华书店

印刷 / 三河市国英印务有限公司

开本 / 880 毫米 ×1230 毫米　32 开　　印张 / 8.25　字数 / 158 千

版次 / 2020 年 9 月第 1 版　　2020 年 9 月第 1 次印刷

中国法制出版社出版

书号 ISBN 978-7-5216-1210-3　　定价：36.00 元

北京西单横二条 2 号　邮政编码 100031　　传真：010-66031119

网址：http://www.zgfzs.com　　**编辑部电话：010-66071900**

市场营销部电话：010-66033393　　**邮购部电话：010-66033288**

（如有印装质量问题，请与本社印务部联系调换。电话：010-66032926）

最高人民法院专家权威指导用书

中华人民共和国
民法典
条文精释与实务指南

人格权编、侵权责任编

郭 锋 陈龙业 周伦军 等◎编著

中国法制出版社
CHINA LEGAL PUBLISHING HOUSE

撰稿人（按撰写顺序）

郭　锋　陈龙业　贾玉慧　廖　钰　张鑫萌　李予霞　周伦军　潘　杰　李赛敏
程立武　谢冠东　李玉林　杨　奕　范怡倩　袁定波　景光强　龚　茜　孙　超
孙　茜　张　音　石　磊　王　灯　李全锁　仇彦军　杜一华　杜　博　刘　琨
甘　琳　邵　普　何江恒　赵芳芳　张　新　朱　川　陈晓宇　李非易　何　云
万　怡　吴学文　王　振　秦元明　曾　志　朱　理　孙晓光　田　璐　王　丹
杨　浩　张　娜　董晓敏　姚宝华　李　志　程建勇　李　康

民法典适用的几个重大问题

最高人民法院审委会副部级专职委员、二级大法官
院民法典贯彻实施工作领导小组成员、办公室主任 刘贵祥

《中华人民共和国民法典》已于2021年1月1日生效实施。民法典作为新中国成立以来第一部以法典命名的法律，系统整合了新中国成立70多年来长期实践形成的民事法律规范，汲取了中华民族5000多年优秀法律文化，借鉴了人类法治文明建设有益成果，是一部固根本、稳预期、利长远的基础性法律；是一部体现我国社会主义性质、符合人民利益和愿望、顺应时代发展要求的民法典；是一部体现对生命健康、财产安全、交易便利、生活幸福、人格尊严等各方面权利平等保护的法典。

人民法院贯彻实施民法典，要在习近平新时代中国特色社会主义思想指导下，按照习近平总书记“切实实施民法典”的重要论述，全面、充分认识民法典颁布实施的重大意义，深刻认识和理解习近平总书记关于民法典中国特色、实践特色、时代特色的重要论述。从中国特色看，民法典传承中华民族优秀法治文化，充分体现社会主义本质特征，巩固和维护社会主义基本经济制度，保障人民民事权利，大力弘扬社会主义核心价值观，适应中国改革发展新形势，是一部承前启后、继往开来的划时代立法；从实践特色看，民法典坚持从我国国情出发，充分吸收中国共产党领导人民在我国革命、建设、改革各个历史时期进行经济建设、文化建设、政治建设、法治建设和社会治理的实践经验，是一部推进国家治理体系和治理能力现代化的国家重典；从时代特色看，民法典直面现代科技发展带来的经济社会变化，借鉴各国民事立法回应科技发展的最新成果，积极回应互联

网时代人民群众所期所盼，是一部充分体现新时代社会特征、数字科技发展进步，引领和保护我国经济社会健康发展的现代化法典。

本文以习近平总书记“切实实施民法典”的重要讲话精神为指导，就民法典的总体架构、民法典的规范性质及识别、民法典的溯及力、民法典与其他法律规范的关系、民法典中的担保制度谈一些认识体会。

一、民法典的总体架构

（一）从立法体例上看，民法典采取的是民商合一的立法模式

在大陆法系，民法典在立法体例上可以分为民商分立和民商合一。采取民商分立的国家主要有德国、法国和日本等，其特征是在民法典之外制定单独的商法典。这些国家民法典与商法典并存并非偶然，有其历史原因。采取民商合一立法模式的国家或地区主要是意大利、瑞士，另外还有我国台湾地区。民商合一被认为是现代民法典编纂的一种趋势。民商合一立法体例又可区分为完全民商合一和不完全民商合一。前者将商法的大部分内容纳入民法典之中，后者则是将商法的一部分内容纳入民法典，同时在民法典之外，还存在大量的商事特别法。我国在民法典之外未另行制定商法典，而是制定了大量的商事特别法，如公司法、证券法、破产法、保险法、海商法等。此外，我国知识产权立法已经形成相对独立的领域，没有纳入到民法典；劳动法已经社会化，成为社会法的组成部分，也没有纳入到民法典。因此，我国民法典应属于不完全的民商合一立法体例。全国人大常委会王晨副委员长在2020年5月22日所作的民法典草案说明中明确指出：“中国民事法律制度建设一直秉持‘民商合一’的传统，把许多商事法律规范纳入民法之中。编纂民法典，进一步完善我国民商事领域基本法律制度和行为规则，为各类民商事活动提供基本遵循，有利于充分调动民事主体的积极性和创造性、维护交易安全、维护市场秩序，有利于营造各种所有制主体依法平等使用资源要素、公开公平公正参与竞争、同等受到法律保护的市场环境，推动经济高质量发展。”

民商合一立法体例贯彻到我国民法典的方方面面，尤以总则编和合同

编的表现最为突出，例如，一是没有采取社团法人和财团法人的传统分类，而是将法人区分为营利法人、非营利法人以及特别法人；二是将大量商事合同作为典型合同纳入合同编，如保理合同、融资租赁合同、仓储合同、行纪合同等；三是将代理制度统一适用于民事代理和商事代理。尽管我国民法典采取的是民商合一，但应注意到，商事交易更加注重效率和交易安全，在法律适用上有其一定程度的特殊性。在此就几个相关的法律问题作如下探讨。

1. 关于商事法律中的外观主义

应特别注意，外观主义系民商法上的学理概括，并非现行法律规定的原则，现行法律只是规定了体现外观主义的具体规则。对此，最高人民法院2019年11月颁布的《全国法院民商事审判工作会议纪要》（以下简称《九民会纪要》）已经进行了阐释，主要涉及民法典第一百七十二条关于表见代理，第六十一条、第六十五条、第五百零四条关于法定代表人代表权以及第三百一十一条关于善意取得的规定。实践中，应当依据有关具体法律规则进行判断，类推适用也应以规则设定的情形、条件为基础。同时，关于外观主义还应注意：一是外观主义是为保护交易安全设置的例外规定，一般适用于因合理信赖权利外观或意思表示外观而进行的民商事交易行为，不应适用于强制执行及其他非交易行为。在认定实际权利人与名义权利人的关系上，应注重财产的实质归属，而不单纯地取决于公示外观。二是从民法典规定看，外观主义可以区分为意思表示外观与权利外观，前者涉及合同效力的判断，如表见代理、表见代表，后者涉及物权的变动判断，如善意取得。三是适用时应准确把握外观主义的适用边界，避免泛化或滥用。

2. 关于商事代理

在民商分立的立法体例下，往往区分民事代理与商事代理。从商法意义上而言，商事代理是指代理商在不受雇佣合同约束的前提下，以自己或委托人的名义，为委托人或买或卖或提供服务，并从中取得佣金的经营性活动，常见的如运输代理、销售代理、采购代理等。商事代理以营利为目的，以代理为职业，从事代理业务既可以自己的名义，也可以被代理人的名义。由此可见，商事代理虽与民事代理有所区别，但本质特征相同，故民法典关于民事代理的规定同样适用于商事代理。就商事代理中的非显名代理而言，可以援用民法典合同编第九百二十五条、第九百二十六条所规定的隐名代理或者间接代理处理因此发生的纠纷。

职务代理不同于商事代理，商事代理中的代理商一般是独立的商事主体，与被代理人不存在劳动关系或者雇佣关系。而职务代理中的代理人在法人或非法人组织中担任职务，一般与被代理人存在劳动关系或者雇佣关系，并依据其职权对外实施民事法律行为，后果由法人或非法人组织承担。关于职务代理的规定最早见于2017年颁布的民法总则，民法通则、合同法对职务代理都没有作出规定。民法通则第四十三条从企业法人责任的角度规定，企业法人对其法定代表人或其工作人员的经营活动，承担民事责任，似与职务代理有一定的关联，但严格讲并不属于对职务代理的明确规定，而且民法通则第四十三条的规定并未区分代表行为与代理行为。民法典第一百七十条保留了民法总则的规定，应注意以下几点：第一，民法典将职务代理规定在代理一章中的委托代理一节，从体例安排上看，似乎是有意将职务代理作为委托代理的一种特殊情况。对此，宜解释为职务代理属于委托代理的特别规定，应按照特别规定和一般规定的关系适用。只有关于职务代理的规定不能解决所要处理的法律问题时，才可以适用关于委托代理的一般规则。第二，职务代理中代理人只要在其职权范围内实施代理行为，无须法定代表人再次授权，即应视为被代理公司的行为。职务代理在实践中最典型的情况是建设工程项目经理行为，其在建设工程中的签字，一般都视为职务行为，对外由其所在的企业承担责任。其他如采购员代表公司采购、销售员代表公司销售等。第三，从民法典第一百七十二条的规定看，一般委托代理情况下的表见代理，以“相对人有理由相信行为人有代理权”为构成要件，也就是说，一般委托代理中的表见代理，不仅要求相对人不知道或不应当知道行为人没有代理权，还要求相对人有理由相信行为人有代理权。对于法人工作人员超越职权范围的后果，民法典第一百七十条第二款规定，“法人或者非法人组织对执行其工作任务的人员职权范围的限制，不得对抗善意相对人”。此规定是为了解决职务代理情况下的表见代理问题，但使用了“不得对抗善意相对人”的表述，在表述方式上与表见代表类似，可视为是委托代理情况下职务代理的特殊规定。这也就表明，如果相对人不知道且不应知道法人工作人员超出职权范围，此时法律后果则由法人承担。至于如何判断相对人是否知道或应当知道法人工作人员超出职权范围，则要结合交易习惯、交易类型或者规模、常理等综合判断。

3. 关于平等原则下倾斜保护问题

民法典在抽象人格基础上，形成民法上的平等原则，同时为实现实质平等作了一些特殊规定。这些规定侧重保护非商事主体利益，多是对弱势群体的保护，体现的是维护社会公平的价值取向。

例如，民法典第四百九十六条至第四百九十八条关于合同格式条款的规定，相较于合同法的规定，主要有两点变化：一是规定格式条款提供者未尽到提示、说明义务，对方可以主张这些与其有重大利害关系的条款不成为合同的内容。二是在“免除或减轻其责任、加重对方责任、限制对方主要权利”导致格式条款无效前加上限定词“不合理地”。这是对合同法第四十条规定的进一步完善，在认定格式条款无效时不再一刀切，而是综合考虑交易性质、双方风险负担等情况。

再如，民法典第八百零七条保留了合同法第二百八十六条关于建设工程价款优先权的规定，也体现了对弱势群体的保护。关于建设工程价款优先权的性质问题，一直存在争议，有观点认为是一种法定抵押权，还有观点认为是一种法定优先权。从民法典的规定来看，典型合同这一分编先规定加工承揽合同，接着规定了建设工程合同，并且在建设工程合同一章最后一条规定“本章没有规定的，适用承揽合同的有关规定”。由此，可以将建设工程合同视为特殊的加工承揽合同，故有人将工程款优先权解释为不动产留置权，这是法理上的一种解释路径，但从留置权只适用于动产而不适用于不动产的规定来看，理解为留置权似也有不妥。关于建设工程价款优先权的顺位，最高人民法院2002年6月出台的《关于建设工程价款优先受偿权问题的批复》规定，“人民法院在审理房地产纠纷案件和办理执行案件中，应当依照《中华人民共和国合同法》第二百八十六条的规定，认定建筑工程的承包人的优先受偿权优先于抵押权和其他债权”，“消费者交付购买商品房的全部或者大部分款项后，承包人就该商品房享有的优先受偿权不得对抗买受人”。据此批复，可以得出这样的结论：商品房消费者的权利优先于建设工程价款优先权，更优先于抵押权。民法典第四百零六条对物权法第一百九十一条进行了修改，在规定抵押物可以转让的同时，明确了抵押权的追及效力。这一立法变化是否将导致上述批复与民法典的规定不一致？对此，在司法解释清理时有必要进行充分论证，审慎定夺。实践证明，这一规定有效保障了弱势群体的生存权，实现了政治效果、社会效果和法律效果的统一，具正当性与合理性。值得注意的是，民法典第四百零四条关于动产抵押权对抗效力的限制性规定，亦即“以动产抵押的，不得对抗正常经营活动中已经支付合理价款并取得抵押财产的买受人”，显然没有区分是否办理动产抵押登记，即使已经办理抵押登记，抵押权人的权利也不能对抗符合条件的买受人，故有人主张在保护商品房消费者问题上类推适用或参照适用这一条款，笔者认为有一定道理。此外，关于是否可以约定排除建设工程优先受偿权问题，实践中颇具争议，多数意见认为法律规定建设工程优先受偿权的目的在于保护建筑工人等弱势群体，如果允许发包人与承包人约定排除建设工程优先受偿权的适用，则会使这一法律规定的目的落空，因此不应允许约定排除适用。最高人民法院《关于审理建设工程施工合同纠纷案件适用法律问题的解释（二）》第23条就采纳了这一意见。

再如，民法典第六百七十条关于砍头息的规定。民间借贷作为国家金融的补充，对缓解中小企业融资难题、优化市场资源配置发挥了积极作用，有其存在的合理性和必要性，需要保护，当然也需要规范。在民间借贷中，贷款人通常处于优势地位，有的贷款人为了确保收回利息，在提供贷款时预先扣除利息，借贷人的借贷金额实际上是扣除利息后的金额，这加重了借款人的负担。民法典第六百七十条明确规定，借款的利息不得预先在本金中扣除，利息预先在本金中扣除的，应当按照实际借款数额返还借款并计算利息，体现了向处于弱势地位的借款人倾斜的立法倾向。

值得注意的是，《九民会纪要》也十分注重对弱势群体倾斜性保护，规定人民法院应将金融消费者是否了解相关金融产品、投资活动的性质及风险，并在此基础上作出自主决定作为应当查明的案件基本事实。如果卖方机构未履行适当性义务，即未履行将适当的产品销售给适当的消费者的义务，应当承担相应的赔偿责任，以此保护金融消费者的合法权益。此外，同属卖方机构的发行人、销售者以及金融服务提供者承担的是连带责任，这符合民法典第一百六十七条关于违法代理责任的规定。

（二）从编纂思路上看，民法典是以民事权利为线索进行编纂的，因此是一部权利法

民法典总则编加上分则各编，共7编。总则编规定的是权利主体、权利变动、权利保护的一般规则；分则首先将民事权利区分为人身权利与财产权利，再将财产权利区分为物权和债权，债权又根据其发生原因区分为合同（准合同）和侵权，从而形成物权、合同、人格权、婚姻家庭、继承以及侵权责任各编。

1. 民法典在编纂思路上具有鲜明的中国特色

大陆法系国家的法典编纂，主要以法国民法典与德国民法典为代表，其中法国民法典受罗马法上“法学阶梯”的影响，采三编制，包括人法、物法以及取得财产的各种方式，共2281条；德国民法典则受罗马法上“学说汇纂（潘德克顿）”的影响，采五编制，在总则编之外，再设物权、债法、婚姻、继承各编，共2385条。比较而言，德国民法典的结构更加科学、严谨，但也存在晦涩难懂、重物轻人、债法过于庞杂等弊端。

我国民法典参考了大陆法系国家尤其是德国民法典的编纂思路，更重要的是充分总结了中国立法经验，立足中国国情民情，具有鲜明的中国特色：一是人格权独立成编，克服了德国民法典重物轻人的缺陷；二是将债法一分为二，即合同编和侵权责任编分立，旨在凸显二者在规则上的差异；三是不设债法总则，债法总则被纳入到合同编。在没有债法总则的情况下，要注意援引合同编通则的规定来处理非因合同产生的债权债务关系。比如，民法典第四百六十八条规定，非因合同产生的债权债务关系，适用有关该债权债务关系的法律规定；没有规定的，适用本编通则的有关规定，但是根据其性质不能适用的除外。

2. 民法典对权利的保护方法可以划分为两大类

值得注意的是，民法典注重对权利的保护，在民法典各编中对权利保护方法形成分工，例如在物权编规定的物权请求权，在人格权编规定的人格权请求权，在性质上属于原权利请求权。在合同编，则既规定了作为原权利请求权的给付请求权，也规定了作为救济性请求权的次给付请求权。侵权责任编规定的侵权损害赔偿请求权在性质上也是救济性请求权，其目的在于处理各种民事权益受到不法行为侵害的后果。

物权虽然是绝对权和支配权，但在权利人对标的物的支配圆满状态受到行为人的破坏后，权利人对行为人就会产生相应的请求权，其目的在于恢复权利人对标的物的支配圆满状态。物权请求权的具体内容是原物返还请求权、妨碍排除请求权和危险防止请求权。对应的民事责任承担方式，就是返还原物、排除妨碍和消除危险等。物权请求权不同于因物权受到侵害发生的侵权损害赔偿请求权。侵权损害赔偿主要解决因侵权行为发生的损失由谁承担，因此除法律另有规定外，侵权损害赔偿请求权通常以行为人有过错为要件，且一般要适用诉讼时效的规定，但物权请求权不同，它旨在恢复权利人对标的物的支配圆满状态，所以既不以行为人有过错为要件，一般也不适用诉讼时效的规定。

同理，人格权请求权也是如此，权利人请求行为人停止侵害、排除妨碍、消除危险、消除影响、恢复名誉等，都不应以行为人有过错为要件，也不适用诉讼时效的规定，但如果是要求行为人承担侵害人格权的赔偿责任，则原则上须以行为人有过错为要件，且应适用诉讼时效的规定。

（三）从立法技术上看，民法典采用的是总分式

不仅设总则编规定了整个法典的一般性规则，在分则各编中，也是先规定适用于该编的一般性规则，再规定具体规则或者特别规则。例如在合同编中，先规定通则，再规定各类典型合同和准合同，而在合同编的通则分编中，也是先有一般规定，再规定其他具体内容；物权编更是如此，不仅有通则分编的设置，而且各分编都有一般规定；人格权编、婚姻家庭编、继承编和侵权责任编虽然未设分编，但也是先以专章规定一般规定，再规定其他内容。这种提取公因式的立法技术可以有效地节约立法资源，并使得民法典的外部体系更加严谨、科学，但也加大了法律适用过程中"找法"的难度。例如，当我们在处理一个具体的合同纠纷案件时，可能无法在法典的某个特定地方查找到应当适用于该合同纠纷的全部规则，而必须在整个法典中去寻找可能适用的所有规则。

因此，在处理某一具体的合同纠纷案件时，先要到民法典合同编的典型合同分编中查找是否存在与该合同有关的特别规定。如果有，就要优先适用特别规定，只有在没有找到特别规定时，才能适用合同编通则部分的规定；也只有在合同编通则部分没有特别规定时，才能适用总则编关于法律行为与代理的一般规定。例如"融资租赁合同"一章就融资租赁合同无效的情形和后果作了特别规定，自应优先适用该规定，再适用合同编通则以及总则编的相关规定。当然，有时问题可能会更加复杂，例如所要处理的合同纠纷不是一个因典型合同引起的纠纷，而是无名合同引起的纠纷；再如所要处理的合同纠纷虽然是因典型合同引起的纠纷，但民法典并未将处理该合同纠纷的特别规则全部规定于该典型合同，而是要求适用与其有关的其他典型合同的规定。如民法典在"建设工程合同"一章中规定"本章没有规定的，适用承揽合同的有关规定"，这是因为，建设工程合同是一种特殊的承揽合同，民法典虽然将其作为典型合同予以规定，但也根据总分的思路，先规定承揽合同，再规定建设工程合同，且明确规定了二者在法律适用上的相互关系。至于因无名合同引起的纠纷，依民法通说，应优先适用与其最为类似的典型合同的特别规定。如果没有特别规定，再适用合同编通则部分的规定以及总则编关于法律行为和代理的一般规定。此外，无论是典型合同还是无名合同，根据民法典第六百四十六条的规定，在没有关于该合同的特别规定时，如果该合同是有偿合同，还应在适用合同编通则部分之前，优先适用民法典关于买卖合同的规定。

关于一般规定与特殊规定问题，还可以举一个例子。民法典第一百四十三条将意思表示真实规定为民事法律行为有效的条件之一，是否意味着意思表示不真实，民事法律行为就必然无效呢？显然，我们不能作此解释，因为根据民法典第一百四十六条至第一百五十一条的规定，意思表示不真实的情况较为复杂，相应的法律后果也不统一。如果是通谋虚伪意思表示，则民事法律行为无效，但其隐藏的行为并不必然无效，是否无效，取决于法律的规定；如果当事人的意思表示不真实是因为对方或者第三人实施欺诈、胁迫所致，则民事法律行为可撤销。可见，民法典第一百四十三条仅仅是从正面规定民事法律行为应当具备的有效要件，不能作为人民法院认定民事法律行为无效的依据。人民法院认定民事法律行为的效力，应以民法典第一百四十四条及其以下的条文作为裁判依据。可见，民法典的结构极为复杂，对“找法”提出了挑战，当然也增加了理解并适用民法典的难度。

二、民法典的规范性质及识别

之所以要讨论民法典的规范性质，是因为法官在判案时要找到具体的裁判规范，对当事人之间的合同效力、权利义务、民事责任作出判断。特别是司法实践中法官经常要对当事人实施的民事法律行为进行效力判断，而违反法律、行政法规的强制性规定是法律行为被认定无效最为重要的事由。因此，如何识别导致法律行为无效的法律、行政法规的强制性规定，对法官来说是一个难题。

（一）法律行为因违法而无效的历史演变

法律行为因违法而无效在我国经历过一个变化过程。1986 年通过的民法通则第五十八条仅仅规定违反法律的法律行为无效，但未对此处的“法律”进行界定，以致实践中大量存在从广义的角度理解法律的现象，不管民事法律行为违反的是哪一层级的法律，也不管是什么性质的规范，一概认定法律行为无效。

1999年的合同法第五十二条第（五）项严格限制了合同因违法无效的范围，明确规定只有违反法律、行政法规的强制性规定才能认定合同无效。最高人民法院《关于适用〈中华人民共和国合同法〉若干问题的解释（一）》（以下简称合同法解释一）第4条则据此进一步明确：合同法实施以后，人民法院确认合同无效，应当以全国人大及其常委会制定的法律和国务院制定的行政法规为依据，不得以地方性法规、行政规章为依据。最高人民法院《关于适用〈中华人民共和国合同法〉若干问题的解释（二）》第14条则进一步规定：合同法第五十二条第（五）项规定的"强制性规定"，是指效力性强制性规定。这一规定虽然仅仅提到了效力性强制性规定，但此后的最高人民法院《关于当前形势下审理民商事合同纠纷案件若干问题的指导意见》提出了"管理性强制性规定"的概念，指出违反管理性强制性规定的，人民法院应当根据具体情形认定合同效力。可见，从司法解释制定的背景看，要求人民法院在认定合同因违法而无效时，要严格区分所违反的法律、行政法规的强制性规定究竟是效力性强制性规定还是管理性强制性规定。

民法典第一百五十三条第一款规定："违反法律、行政法规的强制性规定的民事法律行为无效。但是，该强制性规定不导致该民事法律行为无效的除外。"这一条款没有提到效力性强制性规定，也没有提到管理性强制性规定，因而与司法解释的表述不同。但从这一规定来看，仍然要求人民法院或者仲裁机构在认定法律行为因违法而无效时，应严格区分不同情况，不能一概而论，体现出立法对司法实践一定程度的认可或接受。

当然，也要注意到，这一规定用了但书或除外的立法技术，应当解读为民事法律行为违反法律、行政法规的强制性规定一般应认定无效，认定有效为例外。对此存在不同意见，有的学者认为民事法律行为违反强制性规定的，效力一般不受影响，无效为例外，主张违反强制性规定无效的一方需要承担论证责任。此观点似与民法典第一百五十三条的规定不相契合。从第一百五十三条规定的逻辑看，民事法律行为违反法律、行政法规的强制性规定，应当认定无效。如果认定有效，则需要阐明该强制性规定不导致该民事法律行为无效的理由。因为第一百五十三条第一款但书部分的规定抽象而含糊，需要在具体案件中结合案件事实、相应法律规定加以论证，进而得出违反强制性规定但不导致无效的结论。由此看来，要正确适用第一百五十三条，首先要识别法律规范的性质，即法律规范是否属于强制性规定，再解决哪些是导致民事法律行为无效的强制性规定，哪些是虽影响民事法律行为效力，但并不导致民事法律行为绝对无效的强制性规定，以及哪些是不影响民事法律行为效力的强制性规定。

（二）任意性规范

民法典第一百五十三条第一款所说的强制性规定，应当包括公法规范和私法规范。一般而言，在公法规范中强制性规范占主导地位，但宣示性、倡导性、任意性规范也不乏其例。依效力性规定和管理性规定的分类方法，对民事法律行为违反公法规范中的强制性规定的情形进行分类，在实务中毫无疑问具有重要参考价值（尽管二者的准确区分有较大难度）。在私法规范中，以民法典为例，亦可按照任意性规范、倡导性规范、强制性规范分类，但对民法典的强制性规范有必要进一步研究，以便更为直观地掌握分类方法。在识别民法典的强制性规范时，首先要排除任意性规范等非强制性规范。

所谓任意性规范，是指当事人可以约定排除适用的法律规范。民法典规定的一个重要原则就是自愿原则，尊重当事人意思自治，因此，民法典也主要通过任意性规范进行调整。依据任意性规范所发挥的功能，任意性规范可以进一步区分为补充性任意规范和解释性任意规范。前者主要弥补当事人意思表示欠缺，在当事人对有关事项缺乏意思表示时，将法律规范作为一种替代性安排。后者是为消除当事人意思表示中不清楚、不明确的内容，或在当事人意思表示不明确时，通过法律规范阐明其意思及其法律效果。从规范表述形式上，任意性规范往往表述为当事人另有约定的除外或当事人没有约定或约定不明的应如何处理等。当然，有的任意性规范虽没有采用此种表述方式，但从内容上也可以识别出来。

任意性规范虽然不影响合同效力，但其是重要的裁判规范，对法官判案意义重大，应予高度重视。民法典中这样的条款可谓俯拾皆是，例如，民法典第二百八十三条规定，建筑物及其附属设施的费用分担及收益分配等事项，有约定的，按照约定。没有约定或约定不明的，按业主专有面积所占比例确定。类似的规定还包括民法典第三百零一条关于对共有财产重大事项的表决规则的规定，第三百零二条关于共有人对共有物管理费用分担的规定，第三百零三条关于共有物分割规则的规定，第三百八十九条关于担保范围的规定，等等。

民法典第六百九十二条关于保证期间的规定，债权人与保证人可以约定保证期间，没有约定或者约定不明的，保证期间为主债务履行期间届满之日起6个月。民法典修正了最高人民法院《关于适用〈中华人民共和国担保法〉若干问题的解释》第32条将不同情形下保证期间规定为6个月和2年的二分规定，对没有约定和约定不明情况下的保证期间统一规定为6个月。

这里需要特别指出的是，任意规范的补充功能、解释功能并非不加区分直接适用，而是要遵循一定的规则：当事人未就纠纷事项作出约定或约定不明的，首先要审查是否有补充性约定；如果无补充约定，要按照合同解释规则对合同内容作出解释；通过合同解释仍无法解决的，才可适用任意性规范。例如，当事人关于保证方式的约定，首先要按照合同解释方法探求当事人的真意，如果通过合同解释方法能够解释出其是连带保证，则不能以约定不明为由推定为一般保证。

（三）倡导性规范

立法机关为了提高人民群众的法律意识，防范法律风险的发生，在民事法律包括民法典中规定了大量宣示性、倡导性和警示性的规定。例如，既然民法典人格权编已就各种具体人格权和一般人格权作了明确规定，那么总则编中关于一般人格权（第一百零九条）和具体人格权（第一百一十条）的规定就只能理解为宣示性的规定。再如，民法典合同编第四百七十条关于合同一般条款以及在“典型合同”*分编中有关买卖合同、供电水热气合同、融资租赁合同、建设工程合同等有名合同一般包括的条款的规定，其目的显然是倡导当事人在订立合同时最好将合同的内容约定清楚、全面，从而防止将来发生纠纷。此类规定仅仅是立法机关倡导当事人如何行为的规范，不能作为人民法院裁判案件的依据——人民法院不能以当事人签订的合同不具备这些条款为由认定合同不成立或者无效。

更为复杂的是，民法典中还包含一些警示性的规定，此类规范与倡导性规范不同，其目的并非倡导当事人为一定的行为，而是提醒当事人注意不要为一定的行为，否则可能会承担不利的后果，但条文或者规定本身却并未给出具体的不利后果，而是要求人民法院通过适用其他规定来确定具体的法律后果，因此这种规定在规范性质上也属于行为规范而非裁判规范。由于警示性规定通常也会采用“不得”的表述，因此实践中常常有人将警示性规定误解为法律、行政法规的强制性规定，并据此作出裁判。

此外，实践中还存在难以区分倡导性规范和强制性规范的问题。例如，关于要式合同，民法典第一百三十五条规定，“民事法律行为可以采用书面形式、口头形式或者其他形式；法律、行政法规规定或者当事人约定采用特定形式的，应当采用特定形式”。根据民法典的规定，融资租赁合同、保理合同、建设工程合同、物业服务合同等都要求采用书面形式订立。一种观点认为，法律关于书面形式的规定属于倡导性的规定，主要是考虑到此类合同权利义务关系比较复杂，采取书面形式能够促进合同履行、预防产生并有效解决纠纷。笔者倾向于认为，法律关于书面形式的规定属于强制性规定，否则民法典也就无须于第四百九十条第二款规定：当事人虽未采用书面形式，一方已履行主要义务，对方也接受履行，视为合同成立。其实，法律之所以要求某类合同采用书面形式，不仅是为预防纠纷的发生，而是因为此类交易较为复杂、价值较高，对当事人权利义务关系影响也较为重大，如果放任法官依据其他证据即可认定当事人之间存在合同关系，可能会带来法官滥用裁量权的问题。

（四）强制性规范

强制性规定是指当事人不能以约定排除其适用的法律规范。经初步梳理，以民法典中的强制性规范对合同效力的影响程度进行分类，可以将民法典的强制性规范区分为三大类。

第一类，违反强制性规定导致合同绝对无效的情形。具体包括五种情况：其一，民法典直接规定无效的。例如，第一百九十七条关于当事人就诉讼时效期间、计算方法以及中止、中断事由的约定无效的规定，以及当事人对诉讼时效利益预先放弃无效的规定；第四百九十七条关于格式条款无效的规定；第五百零六条关于合同免责条款无效情形的规定；第六百八十二条关于主合同无效导致保证合同无效的规定；第七百三十七条关于当事人以虚构租赁物方式订立的融资租赁合同无效的规定；第八百五十条关于非法垄断技术或侵害他人技术成果的技术合同无效的规定等。其二，民法典禁止性规定的目的涉及公序良俗的。例如，第六百八十条关于禁止高利贷的规定；第七百九十一条第三款关于禁止承包人将工程分包给不具备资质条件单位以及禁止分包单位再分包的规定；第九百九十二条关于人格权不得放弃、转让或者继承的规定等。其三，民法典不允许当事人约定的期间、期限，当事人约定违反该规定的。例如，第一百五十二条关于撤销权除斥期间的规定、第一百八十八条关于三年诉讼时效期间的规定等。其四，民法典禁止特定主体从事的交易的。例如，第六百八十三条关于机关法人、以公益为目的的非营利法人及非法人组织不得为保证人的规定等。其五，民法典对某类财产禁止流转或限制流转的规定的。例如，第一千零七条关于禁止买卖人体细胞、人体组织、人体器官和遗体的规定；第三百九十九条关于禁止抵押财产的部分规定。

第二类，违反强制性规定可能影响合同效力，但需结合其他法律规定及法律事实作出判断的。具体包括三种情况：其一，民法典在作禁止性规定的同时，规定了某种法律效果的。例如，第四百一十条关于流押、第四百二十八条关于流质的规定。其二，赋权性强制规定。这类规范的违反并不必然导致绝对无效，而是赋予民事交易行为相对人或者第三人决定合同效力的权利，或者依据相对人或第三人是否具备法律规定的特定情形而决定合同效力。例如，民法典第一百七十一条关于无权代理的规定；第一百四十五条关于限制行为能力人的民事行为的规定；第五百零四条关于法定代表人超越代表权的规定；第五百三十八条关于债权人撤销权的规定；第一百四十七条至第一百四十九条等关于重大误解、欺诈、威胁、乘人之危情况下，相对人的撤销权的规定；等等。其三，要求当事人必须采用特定行为模式的强制性规定。这类强制性规定相当于为民事法律行为尤其是合同附加了特别生效条件，违反该强制性规定，合同未生效，又称未完全生效。例如：民法典第五百零二条关于需行政机关审批的合同未经审批不生效的规定。

第三类，违反强制性规定不影响合同效力的。具体包括三种情况：其一，民法典明确规定不导致无效的情形。例如，第七百零六条关于租赁合同未经登记备案不影响合同效力的规定；第七百二十六条、第七百二十八条、第七百三十四条关于侵犯房屋承租人优先购买权产生赔偿责任而不影响买卖合同效力的规定；以及第七百三十八条关于融资租赁合同的出租人未取得行政许可不影响融资租赁合同效力的规定，等等。其二，需要结合具体法律事实进行判断的情形。例如，民法典物权编第三百九十九条关于不得抵押财产的规定，其中除了规定“所有权、使用权不明或者有争议的财产”不得抵押外，还规定了“依法被查封、扣押、监管的财产”不得抵押。问题是，当事人能否以标的物被查封、扣押或者尚在海关监管期内为由请求认定抵押合同无效？显然不可一概而论。当事人发生纠纷时，标的物可能已经被解除查封，也可能已经退还给抵押人或者已经过了监管期限，当然，也可能已经被执行完毕或者被海关收缴。此时，就应结合具体法律事实再根据相关法律的规定对合同效力进行认定，而不能“一刀切”地认为合同因违反强制性规定而应被认定无效。其三，关于涉及合同履行的强制性规定。例如，民法典第五百九十七条关于出卖人未取得所有权致使合同不能履行的规定；第六百一十二条关于出卖人权利瑕疵担保义务的规定；第六百一十七条关于出卖人违反质量瑕疵担保义务的规定；第七百一十六条关于承租人经出租人同意而转租的规定；等等。这类情况主要是指，民法典的规定虽属强制性规定，但它是针对合同履行所制定的规范，违反该类规定将产生违约责任，而并不一定影响合同效力。值得注意的是，系统分析民法典的有关规定，我们可以发现，有时情况并不那么简单。就权利瑕疵担保而言，如果在签订合同时，出卖人隐瞒权利瑕疵，显然构成欺诈。依据民法典的规定，买受人可以在诉讼时作出选择：当买受人认为撤销权未过除斥期间，合同自始无效对其更有利时，其可以选择行使撤销权；当其认为让出卖人承担权利瑕疵担保责任对其更有利时，其可以选择解除合同，请求出卖人承担赔偿责任。当然其也可以选择履行合同，请求出卖人承担赔偿责任。关于出卖人权利瑕疵担保义务的规定主要是为合同履行问题量身定做的，但法院裁判时还需要结合当事人的诉求具体情况具体分析。

三、民法典的溯及力

（一）民法典对施行前的法律事实原则上无溯及力

民法典自2021年1月1日开始施行，这意味着在此之前人民法院不能援引民法典的规定作为裁判案件的依据。民法典施行后，人民法院虽然可以将民法典作为裁判的依据，但待决案件是否可以适用民法典，则取决于案件所涉及的法律事实发生在何时：如果法律事实发生在民法典施行后，自应适用民法典的规定；如果法律事实发生在民法典施行之前，原则上不能适用民法典的规定，只能适用当时的法律。就此而言，虽然民法典施行后，合同法、物权法、担保法等9部法律均被废止，但并不意味着这些法律在今后的司法实践中不再被援引。恰恰相反，在民法典施行后的相当一段时间内，因为待决案件的法律事实发生在民法典施行前，且民法典的相关规定对于待决案件的审理可能没有溯及力，所以可能还有大量案件仍然须要适用这些法律。

（二）民法典不溯及既往的例外情况

结合立法法第九十三条的规定及审判实践，对于民法典施行前发生的法律事实民法典可以例外适用的情况大体有以下四种：一是对民法典实施前发生的法律事实，适用民法典更有利于保护民事主体合法权益，更有利于维护社会和经济秩序，更有利于弘扬社会主义核心价值观的，应适用民法典的规定；二是民法典实施前的法律事实引起的民事纠纷，当时的法律、司法解释没有规定而民法典有规定的，可以适用民法典的规定，但是明显减损当事人合法权益、增加当事人法定义务或者背离当事人合理预期的除外；三是民法典实施前的法律事实持续至民法典实施后，该法律事实在民法典施行后引起的民事纠纷案件，一般适用民法典的规定；四是民法典实施前的法律事实引起的民事纠纷案件，当时的法律、司法解释虽然有规定但规定不够具体，而民法典有具体规定的，可以依据民法典解释当时的法律，或进行裁判说理。具体例举如下：

1. 关于合同效力规定的溯及适用问题

民法典实施前成立的合同，依据当时的法律应认定无效，而依据民法典的规定应认定有效的，例外地适用民法典的规定。合同法解释一第3条关于合同法溯及力问题，曾作出类似例外规定。一般而言，当事人签订合同，其共同意愿应当是希望合同发生法律效力，而不是希望合同无效。因此，在依据过去的法律认定合同无效，而依据民法典的规定应认定合同有效的情况下，例外地适用民法典的规定认定该合同有效，这也符合当事人的本来意愿。物权法第一百八十六条及第二百一十一条有禁止流押、流质的规定，在审判实务中一般据此认定流押、流质无效。而根据民法典第四百零一条、第四百二十八条的规定，当事人约定了流押、流质条款的，依法就抵押、质押财产优先受偿，也就是说，民法典认可流押、流质条款的担保效力，既包括担保的意思表示有效，也包括优先受偿权。根据上述民法典无溯及力的例外规则，如果是在民法典施行前签订的流押、流质条款所引起的纠纷，亦可适用民法典的规定。

2. 关于诉讼时效的溯及适用问题

在民法总则将一般诉讼时效改为三年后，最高人民法院已经发布了专门的司法解释来解决新旧法律的衔接问题。大致思路是：民法总则规定的三年诉讼时效应理解为更好地保护当事人合法权益的特别规定，因而应当赋予溯及力，但是，为了避免引起司法实践的混乱，又必须对该溯及力进行限制，因此，只有在民法总则实施（2017 年 10 月 1 日）前诉讼时效尚未届满的案件，才能适用三年诉讼时效的规定；如果在此之前诉讼时效已经届满，就不能再适用三年诉讼时效的规定。另外，司法解释还强调，民法总则施行后，民法通则关于一年短期诉讼时效的规定，不再适用。但问题是，还有一些商事特别法中有关于诉讼时效的规定，如果这些商事特别法规定的诉讼时效短于三年，究竟是适用特别法的规定，还是适用民法典的规定？笔者认为，应按照特别规定优于一般规定的法律适用规则，也就是，无论民事法律行为发生在民法典实施之前还是之后，均应适用特别规定。

保证方式约定不明问题。民法典对于保证合同约定不明时究竟是一般保证还是连带责任保证采取了不同于担保法的推定规则。根据民法典第六百八十六条第二款的规定，当事人在保证合同中对保证方式没有约定或者约定不明确的，按照一般保证承担保证责任。显然，该规定对保证人更有利，但对债权人不利，因此，不能认为这是更有利于保护当事人合法权益的特别规定，不能赋予该规定溯及既往的效力，否则，当事人的交易安全就会受到影响。

3. 关于旧法无规定而民法典有规定情况下的溯及适用问题

法律事实发生时的法律没有规定，但民法典有规定，人民法院可将民法典的规定适用于待决案件，以解决法律规则欠缺的问题。民法典的这一溯及力源于民商事审判本身的特殊性，即法官不得以法无明确规定为由拒绝裁判。例如民法总则通过前，我国法律没有规定胎儿为民事主体，仅在继承法中规定了特留份，但民法总则规定了胎儿在特殊情形下具有民事主体资格，因此在民法总则实施后，即使案件的法律事实发生在民法总则施行前，也可以适用民法总则的规定。这是因为，民事审判不同于刑事审判和行政审判之处在于，在制定法存在漏洞的情况下，人民法院要通过一定的法律解释方法（如类推适用）来填补制定法的漏洞，并据此对待决案件作出判决。既然如此，在新旧法律交替时期，如果新法对某一问题已经作出明确规定，而旧法对此没有规定，则人民法院自应将新法的规定用于填补旧法的漏洞，并据此作出判决。从这一意义上说，人民法院适用的虽然是旧法，新法只不过作为填补旧法的漏洞而被适用，但是如此一来，也就扩大了新法的适用范围，实际上赋予了新法一定的溯及力。此种情况比较明显的条款，例如民法典保理合同一章的规定；再如第五百六十五条关于合同解除时间的规定，第一千一百二十八条关于侄甥代位继承的规定，第一千一百七十六条关于自甘风险的规定，等等。

民法典关于可撤销的合同的规定，多是承继了民法通则、合同法的规定。但是，第三人欺诈、胁迫，使合同一方当事人违背真实意愿而签订的合同，民法通则、合同法均未规定为可撤销合同，而民法典作了规定，此种情况下可溯及适用民法典的相关规定。

应当注意的是，所谓旧法无规定，应作广义理解，即指法律事实发生时的法律、司法解释亦未规定，甚至没有形成统一的裁判规则、指导案例。如上述任何一项有规定，则不宜适用民法典的规定处理之前的法律事实。

4. 关于合同履行持续到民法典实施之后的溯及适用问题

合同法解释一第2条规定，合同成立于合同法实施之前，但合同约定的履行期限跨越合同法实施之日或者履行期限在合同法实施之后，因履行合同发生的纠纷，适用合同法第四章的有关规定。该条规定是否可以适用到民法典的溯及力问题上，存在一些争议。笔者认为，从更精准地适用民法典的角度，可以考虑采取新旧划断的方法进行处理，即对民法典实施之前因合同履行问题发生的纠纷适用合同法的规定；对民法典实施之后因合同履行问题发生的纠纷适用民法典的规定。

5. 关于既判力与溯及力的关系问题

即便民法典具有上述情形的溯及力，如果民法典施行之前人民法院对有关纠纷作出了终审判决，当事人申请再审或者人民法院依据审判监督程序对案件进行再审，不应适用民法典的规定。这就是一些学者所概括的既判力优于溯及力规则。

四、民法典与其他法律规范的关系

民法典第十一条规定："其他法律对民事关系有特别规定的，依照其规定。"这一条来源于民法总则第十一条，显然是采用了特别法优于一般法的法律适用规则处理可能存在的规范冲突问题，符合民法典作为民事基本法的体系定位。在民法典施行后，由于合同法、物权法、担保法等9部法律均将废止，故不会发生民法典与这9部法律的规范冲突问题，但民法典与未废止的商事特别法之间仍可能存在规范冲突，尤其是与公司法之间的规范冲突将不可避免。当然，这个问题在民法总则实施后，就已经遇到了。

由于我国的民事立法过程较为特殊，不少商事单行法是在没有民法典的背景下制定的，因此包含大量一般性的规定。以公司法为例，该法制定于1993年，当时虽有民法通则关于法人的一般规定，但这些规定显然过于简单，无法满足实践的需要。在此背景下，公司法包含了大量法人制度尤其是营利法人制度的一般规则。也就是说，公司法实际上担负着构建法人制度尤其是营利法人制度一般规则的使命。在民法总则的制定过程中，立法机关将公司法中的一些条文经提炼或者修改后规定到了民法总则，但并未同时修改公司法，从而删除该法与民法总则不一致的规定，这就造成法律适用上的困难：一方面，根据特别法优于一般法的法律适用规则，应适用公司法的规定；但另一方面，凡是民法总则与公司法及其司法解释规定不一致的地方，显然又是立法者有意要修改法律，如果一概适用公司法及其司法解释，则立法者的上述目的显然无法实现。正因如此，《九民会纪要》在坚持特别法优于一般法的前提下，规定了若干例外情形，以防止民法总则对公司法所作的修改被完全架空。现在民法总则已经编纂进民法典，关于民法典与公司法的关系问题，也应按照上述思路处理。但是，还是有一个问题值得研究，即关于有限责任公司清算义务人的规定。最高人民法院《关于适用〈中华人民共和国公司法〉若干问题的规定（二）》第18条第2款根据公司法关于有限责任公司清算组成员的规定，将有限责任公司的清算义务人规定为有限责任公司的股东。这一规定虽然解决了当时普遍存在的“清算难”问题，但也带来了一些问题，主要是不适当地扩大了股东尤其是对公司没有控制权的中小股东的清算责任。民法总则第七十条第二款一方面将法人的清算义务人界定为“法人的董事、理事等执行机构或者决策机构的成员”，另一方面又规定“法律、行政法规另有规定的，依照其规定”，导致司法实践面临法律适用上的困难：且不说该款第一句是否将有限公司股东排除在清算义务人之外存在较大争议，即使答案肯定，立法机关是否又通过该款第二句将有限责任公司清算义务人的确定依据指向公司法及其司法解释，也有不同的意见。民法总则通过并实施以来，实践中有一种较为流行的观点认为，民法总则第七十条第二款针对的是除公司以外的其他法人，公司的清算义务人仍应根据公司法及其司法解释确定。笔者对此持有如下疑问：虽然我国的法人种类繁多，但绝大多数为公司，尤其是营利法人主要采用的是公司形态，如果民法总则仅仅适用于除公司之外的其他法人，则民法总则作为一般法的意义究竟何在？可见，如何正确处理民法总则与公司法及其司法解释之间的关系仍然是一个亟待解决的问题。现在民法总则已被编纂进民法典，就涉及如何正确处理民法典与公司法的关系。尽管有些问题的解决有赖于未来公司法的修订，但在公司法修订之前，也有必要进行研究，看能否从解释论的角度拿出一个更好的解决方案。

民法典施行后，虽然民法典不会与合同法、物权法等发生规范冲突，但如果案件事实发生在民法典施行前，且民法典没有溯及力，则仍然应当适用法律事实发生时的法律。而如果法律事实发生在2017年10月1日之后，也就是民法总则实施之后，则会面临民法总则与合同法、民法通则等法律之间的规范冲突。对此，《九民会纪要》已经就民法总则与合同法、民法通则的关系及其适用问题进行了明确规定。总体思路是：民法总则与民法通则是新旧法的关系问题，不是一般法与特别法的关系，而是新法与旧法的关系，因此不能适用民法总则第十一条，而应适用新法优于旧法的规则；至于民法总则与合同法之间的关系，因合同法制定的背景与公司法类似，合同法也担负着构建法律行为一般规则的功能，因此不能简单地将民法总则与合同法之间的关系理解为一般法与特别法的关系，而应看具体的内容，即合同法总则部分的内容如果已经规定到了民法典总则编，不再保留在民法典合同编，则说明该内容属于一般规则，应采用新法优于旧法的法律适用规则来解决民法总则与合同法的规范冲突问题。但合同法分则部分的内容相对于民法总则而言，当然属于特别规定，自然应当优先适用，例如委托合同项下的隐名代理与间接代理。

五、民法典中的担保问题

（一）关于担保的从属性问题

担保合同是主合同的从合同，具有从属性和附随性。担保合同的从属性是人民法院判断担保法律关系中当事人权利义务及区别其他类似法律关系（如债务加入）的基本点。从属性无需当事人在合同中约定，因法律规定而当然成为合同的组成部分。

尽管民法典第三百八十八条、第六百八十二条是对担保从属性最为直接的规定，但一般认为，担保的从属性可以概括为以下四个方面：一是发生上的从属性，担保债务随着主债务而发生；二是消灭上的从属性，主债务无效担保债务无效；三是特定性上的从属性，担保债务的范围不能超过主债务的范围；四是抗辩权上的从属性，担保人享有主债务人的一切抗辩权。

1. 关于特定性上的从属性问题

担保责任范围应限于主债务，在主债务之外另行约定的担保人的其他责任，不应支持。例如，银行与担保人约定，担保人对包括违约责任在内的主债务承担担保责任；同时还约定，如果债务人到期不履行主债务，担保人不仅要承担主债务的担保责任，还要承担另外的违约责任。我们在审理该案时，对债权人关于担保人在担保责任范围以外承担另行约定的违约责任的请求不予支持，这也是从特定性上考量担保从属性的结果。

根据民法典第六百九十五条规定，合同内容的变更原则上须经保证人同意，如未经保证人书面同意，可能发生三种情况：一是减轻保证人责任的，担保人按照减轻后的债务承担责任；二是加重保证人责任的，保证人按照变更前的债务承担责任，对加重部分免责；三是变更主债务期限的，保证人按照原期限承担责任。根据民法典的规定，当债务人与债权人约定主债务期限延长的情况下，保证期限仍然从原主债务届满期限届满起算。但是，当债务人与债权人约定主债务的履行期限缩短的情况下，如果再按照原主债务期限届满起算保证期间，无疑将加重保证人的责任，在此情况下，我认为当事人可以援引民法典第六百九十五条的规定，将其视为加重保证人的责任，保证人可以按照变更后的主债务期限计算保证期间。

根据民法典第四百零七条规定，抵押权不得与债权分离而单独转让，债权转让的，担保该债权的抵押权应当一并转让。但是该条第二款的但书部分，意味着抵押权随债权一并转让条款是任意性规定，当事人通过约定可以排除其适用。如果当事人约定，只对特定债权人提供抵押担保，债权转让，抵押权不随之转让，人民法院不应以违反担保从属性规定为由认定该约定无效，从下述第六百九十六条规定也可类推出这一结论。民法典第六百九十六条规定："债权人转让全部或者部分债权，未通知保证人的，该转让对保证人不发生效力。保证人与债权人约定禁止债权转让，债权人未经保证人书面同意转让债权的，保证人对受让人不再承担保证责任。"该条涉及债权转让应通知保证人的问题，如果未通知保证人，会发生什么效果？第六百九十六条包含以下几层含义：一是债权转让需要通知保证人，如果不通知，对保证人不发生效力；二是所谓对保证人不发生效力，是指保证人向原债权人履行，构成债的履行，对新债权人产生拒绝履行抗辩权，但如果保证人未履行担保责任，新债权人在起诉时保证人以未通知为由提出不承担担保责任的，不应支持；三是如果债权人与保证人约定禁止转让，一旦债权人转让债权，保证人对受让人不再承担保证责任，但受让人解除债权转让合同或者原债权人通过回购重新取得债权后，应可以在保证期间内再次向保证人主张保证责任。

根据民法典第六百九十七条规定，主债务转让，必须经保证人同意，不经保证人同意，保证人免责。该条系任意性规定，当事人可以约定排除适用。

2. 关于抗辩权的从属性问题

民法典第七百零一条规定："保证人可以主张债务人对债权人的抗辩。债务人放弃抗辩的，保证人仍有权向债权人主张抗辩。"依该条规定，保证人享有主债务的一切抗辩权，包括主债务人的诉讼时效抗辩权和其他可能减轻、免除主债务人责任的抗辩权。如果债务人放弃抗辩权的，保证人仍可行使主债务人的抗辩权。例如，债权人在诉讼时效期间届满之后请求债务人履行债务的，如果债务人放弃了诉讼时效抗辩权，保证人依然享有诉讼时效抗辩权，可以拒绝承担主债务的担保责任。

根据民法典第一百九十七条规定，当事人预先放弃诉讼时效利益的无效，即主合同事先约定排除诉讼时效适用的无效。但是，如果诉讼时效期间届满后，主债务人放弃诉讼时效抗辩权，保证人也放弃的，应当认定有效。因为诉讼时效抗辩权毕竟是一项民事权利，应当允许当事人自行处分。

实践中存在一种现象，在债务过了诉讼时效后，债务人又在债权人的催款通知上签字盖章。根据最高人民法院法释〔1999〕7号批复的规定，此情况应视为债务人对原债务的重新确认，该债权债务关系应受法律保护。此外，根据《最高人民法院关于审理民事案件适用诉讼时效制度若干问题的规定》（法释〔2008〕11号）第22条，诉讼时效届满，当事人一方向对方作出同意履行义务的意思表示或者自愿履行后，又以诉讼时效期间届满为由进行抗辩的，人民法院不予支持。

值得注意的是：第一，无论是主债务人对原债务的重新确认，还是因主债务人的行为丧失诉讼时效抗辩权的，都不应影响保证人行使主债务人的诉讼时效抗辩权。债权人以债务人具有上述两种情况为由，主张保证人对已过诉讼时效的债务承担保证责任的，保证人提出诉讼时效抗辩的，人民法院应支持保证人的主张。

第二，与诉讼时效不同，如果债权人在保证期间内不行使权利，导致实体权利消灭的后果，而不仅仅是丧失胜诉权。此时，如果保证人在债权人的催款通知书上签字盖章，不能认定为对原保证债务的重新确认。对此，2004年最高人民法院的有关批复有明确规定。该批复同时规定，该催款通知书内容符合合同法和担保法有关担保成立的规定，并经保证人签字确认，能够认定成立新的保证合同的，人民法院应当认定保证人按照新的保证合同承担保证责任。该批复的目的在于，防止将保证人单纯在催款通知书上签字的行为认定为新的保证承诺。实践中判断是否构成一个新的保证关系，关键是要看保证人是否对已过保证期间的债务有重新提供保证的真实意思表示，特别是要考虑保证人是否知道或应当知道保证债务已过保证期间，相关文书的内容是否足以体现成立新的保证关系的意思表示。至于采取催款通知的形式，还是还款保证书的形式，并不那么重要。

3. 关于效力上的从属性问题

根据民法典第三百八十八条、第六百八十二条规定，无论是保证合同还是担保物权合同，均系主债权债务合同的从合同，主债权债务合同无效，作为从合同的担保合同亦无效。此规定是担保的从属性最典型最本质的体现。民法典的这一规定，相较于原担保法、物权法的规定，无实质性变化，不再赘述，但应注意以下几点：

（1）从民法典第三百八十八条的规定来看，除了保证、抵押合同、质押合同等传统的担保合同具有从属性外，其他具有担保功能的合同亦应具有从属性。比如保理合同中具有担保功能的条款、所有权保留买卖合同的所有权保留条款、融资租赁合同的出租人享有租赁物的所有权的条款等。问题是，这些合同被认定无效，具有担保功能的合同亦被认定无效后，但在其办理了登记的情况下，是否相应的对抗效力亦随之丧失？根据学界关于物权变动有因性的阐述，设立物权的合同无效，相应的物权变动亦随之无效。我认为，具有担保功能的担保物权效力亦不应例外。比如，买受人在买卖标的物上设立了抵押权，在所有权保留买卖合同无效的情况下，即便是办理了登记，亦不能对抗抵押权人。需要说明的的是，“其他具有担保功能的合同”是民法典的新规定，对此延伸出一系列的理论与实务问题，确有深入研究的必要，上述个人观点旨在引起大家在研究时的注意。

（2）原担保法第五条规定：“担保合同是主合同的从合同，主合同无效，担保合同无效。担保合同另有约定的，按照约定。”原物权法第一百七十二条规定，主债权债务合同无效，担保合同无效，但法律另有规定的除外。此次民法典第六百八十二条和三百八十八条延续了物权法的规定。从法律规定的前后变化看，担保合同效力方面的从属性是不允许当事人约定排除的。应当注意的是，此处所言之“法律”包括四个位阶的法律：第一位阶是全国人大及其常委会制定的法律；第二位阶是国务院制定的行政法规；第三位阶是地方法规；第四位阶是规章，包括部门规章和地方规章。中国人民银行规定各商业银行可以进行保函业务，这就是广义的法律规定，自然包括独立保函，即不论主合同是否有效，只要发生了独立保函中所设定的情形，都要承担其项下的责任。审判实务中在处理独立保函纠纷时，一是要看主体，独立保函的主体仅限于银行和非银行金融机构，其他主体出具的独立保函，对保函的独立性在效力上不予认定；二是看适用于何种交易，独立保函司法解释已经不再区分国际与国内交易，2019 年 11 月发布的《全国法院民商事审判工作会议纪要》第 54 条亦明确规定，国内法律关系和涉外法律关系都可以适用独立保函。

违反效力从属性的约定被认定无效后如何处理？银行或者非银行金融机构之外的当事人开立的独立保函，以及当事人有关排除担保效力上的从属性的约定，应当认定无效。但是，根据“无效法律行为的转换”原理，在否定其独立担保效力的同时，应当将其认定为从属性担保。此时，主合同有效，则担保合同有效，如果担保合同有担保人承担连带责任的意思表示或者担保人无条件承担担保责任的意思表示，债权人请求担保人与主债务人承担连带责任的，人民法院应予支持。当然，如果是非金融机构开立的保函符合对保函的认定标准，保函的独立性被认定无效后，债权人请求担保人承担连带责任保证的，人民法院也应予支持。此外，主合同无效，则该所谓的独立担保也随之无效，担保人无过错的，不承担责任；担保人有过错的，其承担民事责任的部分，不应超过债务人不能清偿部分的三分之一。

4. 关于合同解除情况下的担保责任问题

民法典第五百六十六条第三款规定：“主合同解除后，担保人对债务人应当承担的民事责任仍应当承担担保责任，但是担保合同另有约定的除外。”合同解除后，担保人并不因为合同的解除而免除担保责任。同时，该款系任意性规定，当事人可以约定排除适用。举例予以说明：

例如，关于主债务人的违约责任。甲公司与乙公司签订买卖合同，约定丙公司为乙公司按期交付货物承担保证责任。因乙公司不能按期交货而被法院判决解除合同，乙公司承担违约责任。此时，丙公司承担的是主债务的违约责任，即乙公司不能按期交货而返还货款和赔偿甲公司损失的责任。可见，合同解除与无效的后果不同，主债务无效情形下，担保人仅须依过错承担缔约过失责任。

又如，关于担保人自身的违约责任。甲公司向乙公司借款，丙公司以支票出质，待实现债权时，发现是空头支票。此时丙公司承担的是违约责任，要对支票项下的权利承担赔偿责任，当然以主债权范围为限，即以支票项下的款项为限。

再如，甲公司为乙公司借款签订抵押合同，但未配合办理抵押登记，导致抵押权不能设立。甲公司承担违反担保合同的违约责任，但不应超过抵押权有效设立时抵押人应承担的责任范围。

实践中还存在一种情况，即抵押财产因可归责于抵押人自身原因未办理登记，而此后抵押物又灭失或被征收的，债权人请求抵押权人在担保范围内承担责任的，是否应予支持？我认为应予支持。但是考虑在这种情况下，即便是办理了登记，抵押权人也只能行使抵押权物上代位权，基于合同违约责任一般不应超过履行利益的基本原理，抵押人承担的责任应以抵押人已经获得的保险金、赔偿金或补偿金等物上代位的范围为限。

（二）关于无效担保问题

1. 担保主体不合格导致担保合同无效

根据民法典第六百八十三条规定，机关法人、以公益为目的的非营利法人、非法人组织，不得为保证人。该条与担保法第九条的区别在于：担保法以列举的方式不区分情况规定学校、幼儿园、医院一律不得为保证。民法典第六百八十三条则将不得担保的主体限定为国家机关及以公益为目的的营利性法人和非法人组织。需要注意：第一，登记为营利法人的学校、幼儿园、医疗机构等不适用该条款规定；第二，机关法人提供担保无效；第三，以公益为目的的非营利性法人提供担保无效；第四，以公益为目的的非营利性的非法人组织担保无效，但是营利性的非法人组织提供的担保应属有效。

担保法第十条规定，法人分支机构、职能部门不得为担保，法人分支机构有法人书面授权的，可以在授权范围内担保。民法典第六百八十三条删除了分支机构不得担保的禁止性规定，是不是意味着法人分支机构提供的担保就有效呢？答案是否定的。因为按照民法典总则编的规定，当法人的分支机构产生民事责任时，首先以分支机构的财产承担责任（分支机构财产也属于法人独立财产的一部分），分支机构的责任最终由法人承担。分支机构虽然是民事诉讼主体，但分支机构签订合同的责任承担主体是法人。分支机构签订合同的效力问题，要考虑其是否构成民法典第一百七十条的职务代理及非职务代理情况下的表见代理。如果法人授权分支机构进行担保构成职务代理，或者债权人不知道且不应知道其未被授权担保而构成非职务代理上的表见代理，签订的合同一般应当认定有效，但在担保问题上，分支机构仅有代理权是不够的，还要考虑该授权是否经过公司法第十六条规定的表决程序。如果法人授权不符合公司法第十六条的规定，则分支机构签订的担保合同可能是无效的，也可能是有效的，这要看第三人是否为善意。总之，对分支机构担保效力的判断大致分两个层次：一是分支机构是否经授权。如未授权，构成无权代理，公司应承担分支机构无权代理的相应民事责任。二是如果分支机构担保经过授权，则应按公司对外担保的处理思路处理。应注意的是，金融机构的分支机构与一般法人分支机构提供担保有所区别：金融机构的分支机构在其营业执照记载的经营范围内开立保函或者经有权从事担保业务的上级机构授权开立保函，即使未履行公司法第十六条规定的决议程序的，也不影响担保的效力。此外，担保公司的分支机构对外提供担保也仅需担保公司的授权即可，无须担保公司按公司法的规定进行决议。

根据合伙企业法第三十一条规定，合伙企业的负责人或者合伙事务执行人未经全体合伙人一致同意以合伙企业的名义为他人提供担保的，要考量是否构成表见代理。如果构成表见代理，根据合伙企业法的规定，首先由合伙企业承担担保责任。如果合伙企业财产不足以承担责任，由其合伙人承担连带责任。可见，合伙人所承担的责任应当是补充性的连带责任。

村民委员会、居民委员会等基层群众自治组织原则上无担保主体资格，担保行为无效。但是，村民委员会代行集体经济组织职能，其对外担保经村民会议讨论决定或者经村民会议授权村民代表会议讨论决议定的，应认定担保有效。

2. 以不得用于担保的财产担保无效

民法典第三百九十五条、第四百四十条分别以列举的方式规定了可以抵押及可以出质的财产，同时也都规定了兜底性条款。但问题是两个条文的兜底性条款规定的趣旨不同：第三百九十五条第（七）项规定，法律、行政法规未禁止抵押的财产均可以抵押。该规定的兜底性条款是开放式的，即只要法律、行政法规不禁止的任何财产均可抵押。而第四百四十条第（七）项关于“法律、行政法规规定可以出质的其他财产权利”的规定是封闭式的兜底条款，意味着除了该条列举的可以出质的财产权利外，只有其他法律、行政法规规定可以出质的财产权利才能出质。这样，实践中对可以出质的财产权利需要找相应的法律、行政法规依据。无依据的，将导致出质无效的后果。

两个条款规定的差别，既有立法技术上的原因，也有一定的现实考量。就立法技术上而言，民法典第三百九十五条除了规定了可以抵押的财产外，还规定了不可抵押的财产，故第三百九十五条的兜底条款采开放式。而就权利质而言，在民法典中未反向规定不可出质的财产权利，故在兜底条款只能采封闭式。从现实考量，一方面随着经济社会发展和融资需求的扩大，在平衡风险和利益的前提下，可用于担保的财产范围也会变化。立法机关在确定某一权利是否可以抵押时，需要考虑权利是否具有可转让性，是否具备可行的公示方式，以及以这些权利作担保存在何种风险等因素。在第四百四十条前六项规定的不能涵盖所有可以出质的权利范围的情况下，民法典作了一个授权性规定，即根据现实需要以及权利质押的可行性、市场风险等因素变化，可由法律、行政法规规定其他权利是否可以出质。

民法典第三百九十九条以反向列举的方式，规定了不得抵押的财产，可区分为两类情况：一是以禁止流转、限制流转物担保及涉及违反公共利益的担保无效，包括该条规定的第一、二、三项中的土地所有权，宅基地、自留地、自留山等集体所有土地的使用权，学校、幼儿园、医疗机构等为公益目的成立的非营利法人的教育设施、医疗卫生设施和其他公益设施。二是可能不影响合同效力的情况，包括该条第四、五项中的所有权、使用权不明或者有争议的财产，依法被查封、扣押、监管的财产。

需要注意的是：第一，在上述不得抵押的财产中，宅基地的抵押是否能一律认定为无效？这是执行中经常涉及的问题。例如，作为债务人的宅基地使用权人能否通过将其宅基地拍卖或变卖给集体组织成员的方式清偿债务？这是实践中需要考量的问题。我认为，既然民法典第三百九十九条已经明确规定了宅基地不能作为抵押财产，我们就应当按照法律规定认定担保合同无效。

第二，对于以所有权、使用权不明或者有争议的财产抵押的，是否一律认定合同无效？显然不可。权属不明或有争议，其结果不外乎两种情形：其一，抵押人有权处分；其二，抵押人无权处分。在抵押人有权处分的场合，当然不影响合同的效力；即使是抵押人无权处分，参照民法典第五百九十七条关于出卖人无权处分所订立买卖合同应承担违约责任的规定，亦应认为无权处分不影响抵押合同的效力。

第三，关于被查封、扣押的财产，能否被抵押？如果被查封、扣押的财产被设定了抵押，应当认定抵押合同有效，只要该不动产办理了抵押登记，抵押权设立，但这时该抵押权不能对抗查封。实践中，司法部门在查封时往往存在是否超标的查封之争，而查封是否明显超标的，有时确实难以把握。如果允许被查封的不动产设定抵押，只是不得对抗查封，既达到了物尽其用的效果，也不影响查封的效果，同时又解决了超标的查封带来的负面影响，可谓是有利而无害。举一个例子：甲公司的一栋市场价值10亿元的楼因欠债2亿元被法院查封，显然是超标的查封，但该栋楼仅有一个房产证，登记部门无法办理分割查封。如果此种情况下允许债务人设定抵押，其他债权人作一个简单的利益衡量，就可以判断出查封标的物并不影响其抵押的实现，就可能会选择接受抵押。这样既不影响查封的效果，也解决了超标的查封情况下债务人融资问题。

3. 关于公司对外担保

在《九民会纪要》出台之前，无论是理论界还是实务界，对公司法第十六条规定是否影响担保合同效力极具争议，而争议的焦点在于，该规定是效力性强制性规定还是管理性强制性规定。主张是管理性强制性规定的，认为即使担保合同未经公司法第十六条规定的决议程序，担保合同依然有效，公司应承担担保责任。持这种观点的人还认为，公司法第十六条的规定是约束公司内部行为的，不应影响公司与相对人签订合同的效力。而认为公司法第十六条系效力性强制性规定的观点则认为，违反公司法第十六条的规定，担保合同必然无效。这两种观点对审判实务产生很大影响，以致于出现两种完全相反的裁判结果。应该说，这两种观点在思维上均陷入公司法第十六条规范性质之争不能自拔，而忽视了对法律的目的解释、体系解释。不可否认，公司法第十六条是约束公司内部行为的，但其是对公司法定代表人代表权的限制。在法律对公司法定代表人的代表权作出限制的情况下，法定代表人违反该规定，则构成越权代表。越权代表的法律后果是什么呢？这要看其他法律的相应规定。而上述两种观点之争脱离了正确的思维轨道，忽视了现行法律的有关规定。在民法典颁布之前，合同法第五十条就明确规定，法人的法定代表人超越权限订立的合同，除相对人知道或应当知道其超越权限的以外，该代表行为有效。《九民会纪要》按照体系解释的思路，明确了几点：第一，公司对外担保需要依公司法第十六条的规定的程序进行决议。第二，未进行决议程序的，法定代表人对外签订的担保合同构成越权代表。第三，越权代表情况下担保合同是否有效，取决于相对人是否善意，即相对人是否知道或应当知道法定代表人越权。相对人善意的，担保合同有效；相对人非善意的，担保合同无效。第四，对相对人善意的判断，以相对人对决议文件进行合理审查为标准，而不要求相对人进行全面实质性审查，亦即当出现法定代表人伪造决议文件等情况时，不影响相对人构成善意。第五，以担保为业的担保公司提供担保或金融机构开立保函，对全资子公司等提供担保，担保合同系公司三分之二对担保事项有表决权的股东签字同意的，可以不经公司表决。第六，在因法定代表人越权而被认定担保合同无效的情况下，公司承担缔约过失责任。

《九民会纪要》的上述处理思路在理论界和实务界形成广泛共识，解决了长期以来的纷争，统一了裁判尺度。民法典第六十一条、第五百零四条的规定，相较于合同法第五十条规定，没有发生实质性变化。因此，《九民会纪要》对此问题的基本处理思路仍然可以沿用，个别方面可作适当调整。有观点认为，民法典第五百零四条与合同法第五十条相比，发生了实质性变化。民法典第五百零四条用的是“订立的合同对法人或者非法人组织发生效力”的表述，而合同法第五十条用的是“该代表行为有效”的表述。依民法典第五百零四条表述作反对解释应该是，“在法定代表人越权且相对人非善意情况下，担保合同对公司不发生效力”，而对公司不发生效力，公司就不应承担任何责任。这涉及对民法典第五百零四条的理解问题，我们认为，订立担保合同对公司不发生效力，并不能得出公司不承担任何责任的结论。例如，公司是否应当承担缔约过失责任或其他过错责任？当然，我们需要征求立法部门意见，进一步准确把握，正确适用民法典第五百零四条的立法精神。

此外，关于上市公司对外担保问题，《九民会纪要》已充分考虑了上市公司作为公众公司区别于一般公司的情况，作了相应的规定。一方面，上市公司对外担保情况下，对相对人的善意标准要求更高一些。比如需审查是否进行决议的信息披露，如未审查披露的信息，仅审查法定代表人出具的一般决议文件，显然不能认定是善意的，而且在此情况下上市公司不承担任何责任。当然，《九民会纪要》在上市公司担保问题上也存在缺憾，比如，对上市公司的关联担保仅停留在公司法第十六条规定的为股东或实际控制人的担保上，是否进一步扩大上市公司关联担保范围，并结合公司法第一百二十四条的规定进行合法合规性审查，殊值研究。另外，上市公司的章程需要对外披露，章程对表决程序的规定，以及对担保额的限制是否亦应作为考虑担保合同效力的因素。

4. 抵押财产转让问题

物权法第一百九十一条规定，抵押期间，未经抵押权人同意不得转让抵押财产；而民法典第四百零六条规定，抵押期间，抵押人可以转让抵押财产。这意味着未经抵押权人同意，也可以转让抵押财产，但不影响抵押权的行使，即赋予抵押权追及效力。即使抵押财产已经转让，受让人取得了物权，但是该物权上由于负担着抵押权，抵押权人依然可以通过变卖或拍卖抵押财产实现其抵押权。

过去法律规定抵押财产不得转让时，未规定抵押权的追及效力。以房屋买卖合同为例，房地产开发商在对房屋进行预售时，很多情况下并未涤除银行对建设用地使用权的抵押权，或未对抵押权的实现另外作出商业安排。消费者在购房后甚至入住后，银行对建设用地使用权行使抵押权，由此产生纠纷。根据最高人民法院2002年的第16号批复，在涉及工程款优先权（合同法第二百八十六条）和消费者权利顺位时，商品房消费者的权利优先于工程款，自然也优先于抵押权，这主要考虑到消费者的生存权问题。但是，民法典第四百零六条对物权法第一百九十一条进行了修改，在明确抵押物可以转让的同时，明确了抵押权的追及效力。这一立法变化是否将导致上述批复与民法典的规定不一致？对此，在司法解释清理时有必要进行充分论证，审慎定夺。实践证明，16号批复的规定有效保障了弱势群体的生存权，实现了政治效果、社会效果和法律效果的统一，具正当性与合理性。值得注意的是，民法典第四百零四条关于动产抵押权对抗效力的限制性规定，亦即“以动产抵押的，不得对抗正常经营活动中已经支付合理价款并取得抵押财产的买受人”，该条并未区分动产抵押是否已经办理登记，即使办理了抵押登记，抵押权也不能对抗买受人，显然有利于消费者权益的保护，故有人主张在保护商品房消费者问题上类推适用或参照适用这一条款，我认为有一定道理。

本条款关于“当事人约定不得转让”“转让抵押财产应当及时通知抵押权人”等规定，违反的法律后果是什么？民法典对此没有作出明确规定，但结合民法典的有关规定，可以认为，当事人约定不得转让的，只能约束抵押合同的当事人，抵押人违反约定，造成抵押权人损失的，应承担赔偿责任。抵押权人依此约定，请求认定转让合同无效或者不发生物权转让效力的，不应支持。据了解，不动产登记机构拟开展对抵押物不得转让的登记工作，故如果对不得转让的约定进行了登记，抵押权人主张转让合同无效的不应支持，但主张转让不发生物权效力的，应予支持。

（三）关于定金问题

定金虽然被规定在合同编通则分编的违约责任部分，但民法典仍明确其是债权的担保（第五百八十六条第一款第1句）。定金的担保功能是通过定金罚则来实现的，即：给付定金的一方不履行债务或者履行债务不符合约定，致使不能实现合同目的的，无权请求返还定金；收受定金的一方不履行债务或者履行债务不符合约定，致使不能实现合同目的的，应当双倍返还定金。可见，与其他担保方式不同，定金具有双向担保的功能，即无论哪一方违约，都会面临定金罚则的适用。

当然，即使当事人不采用定金作为担保手段，违约方本来也应向守约方承担违约责任，包括赔偿守约方因此受到的损失。如果当事人采用定金作为担保手段，那么守约方是否能够在适用定金罚则的同时，请求违约方承担违约损害赔偿责任呢？尤其是，在当事人采用定金作为担保手段的同时，又约定了违约金，二者能否同时适用？对此，民法典的基本态度是：如果合同同时约定了定金和违约金，则守约方只能选择其一适用，而不能同时适用。这就意味着当事人一旦选择定金罚则，就不能再要求适用违约金；一旦选择违约金，也就不能再要求适用定金罚则。就此而言，定金显然被界定为一种违约责任的承担方式，因此，即使当事人没有约定违约金，守约方也不能在适用定金罚则之后，再主张由违约方赔偿自己的全部损失。问题是，如果当事人适用定金罚则后，仍有损失没有填补，怎么办？对此，民法典第五百八十八条第二款规定："定金不足以弥补一方违约造成的损失的，对方可以请求赔偿超过定金数额的损失。"言下之意是，如果定金数额超过实际损失，则守约方不退还多余部分；如果定金数额少于实际损失，则可主张不足部分。由此可见，在我国法上，定金的担保功能主要体现在当定金数额超过实际损失的场合，在定金数额低于实际损失的场合，定金的担保功能十分有限。也就是说，定金的担保功能主要通过惩罚性赔偿来实现的。也正是因为定金罚则体现了一定的惩罚性，各国民法都对定金数额予以限制，我国民法也不例外。根据民法典第五百八十六条第二款，定金的数额不得超过主合同标的额的百分之二十，超过部分不产生定金的效力。此外，为防止定金罚则被滥用，民法典还规定，定金合同属于要物合同，定金合同自实际交付定金时成立，实际交付的定金数额多于或者少于约定数额的，视为变更约定的定金数额。

值得注意的是，由于民法典将定金规定在违约责任部分，因此民法典上的定金主要是指违约定金。但在实践中，除了违约定金外，还有立约定金、成约定金、解约定金。所谓立约定金，是指当事人约定以交付定金作为将来订立合同的担保；所谓成约定金，是指当事人约定以交付定金作为主合同的成立或者生效要件；所谓解约定金，是指当事人约定交付定金的一方以丧失定金为代价解除合同或者收受定金的一方以双倍返还定金为代价解除合同。对于成约定金和解约定金，担保法司法解释有明确规定；对于立约定金，商品房买卖合同司法解释第4条有规定。考虑到这些司法解释的规定与民法典关于定金的规定并无冲突，且实践中也大量存在，因而在民法典施行后仍应有承认的必要。

（四）关于抵押的有关问题

抵押是在我国比较成熟，且在实践中被广泛应用的典型担保形式之一。民法通则、担保法、物权法以及民法典均予以规定，有关制度日益完善。抵押按抵押财产性质，区分为不动产抵押与动产抵押。民法典对担保法、物权法关于抵押的规定作了多处修改，并增加了一些新的规定，进一步完善了担保物权制度，为优化营商环境提供法治保障。

1. 关于房地一体抵押

我国立法向来采取“房随地走、地随房走，房地合一”的原则，这在担保法第三十六条、城市房地产管理法第三十二条均有明确规定。但在以往的司法实践中之所以出现较大争议，是因为存在房产与土地使用权分别设立抵押的情形，这种情形是否导致抵押无效？如果有效，仅设立房产抵押，效力是否及于土地使用权；仅设土地使用权抵押，效力是否及于房产？当时所形成的比较一致的观点是，抵押权旨在通过抵押物的交换价值实现债权，无论是房产与土地使用权分别抵押、单独抵押，还是一并抵押，只要是在实现抵押权时对房产、土地使用权一并拍卖、变卖，按各部分价款分配给各抵押权人即可，既不违反“房地合一”规定，又不影响抵押权的实现，故不应认定房地分别抵押或单独抵押无效。但是房产抵押效力不及于土地使用权，土地使用权抵押效力也不及于房产，各抵押权人分别行使抵押权，不考虑抵押权设立先后。物权法正是关注到了实践中的争议，在第一百八十二条第一款重述担保法第三十六条的规定后，在第二款明确规定：抵押人未将土地使用权与地上建筑物一并抵押的，未抵押的财产视为一并抵押。该规定明确了在抵押问题上，也坚持“房随地走，地随房走”。如果房地分别抵押，则相当于在一个物上设立了两个抵押权，如何行使抵押权？依据抵押权实现顺序的规定，登记在先的优于登记在后的。在处理思路与物权法施行之前实务中的做法明显有重大变化。民法典第三百九十七条几乎是完全沿用了物权法第一百八十二条的规定，因此在以后的司法实务中仍应按物权法发布后的处理思路处理。

但是，实践中又出现了新的问题：其一，当事人仅以建设用地使用权设定抵押，抵押权的效力是否及于抵押权设立之后还在建造的建筑物的续建部分及新增建筑物？回答应该是否定的。实践中许多半拉子工程需要新的融资才能继续建设，而新的投资人为了保障自己的权利，往往要求对建筑物设立抵押，如果原土地使用权抵押效力及于续建的建筑物，新的投资人只能作为第二顺位的抵押权人。投资人在权利难以保障的情况下，没有投资的动力，特别是在房地产企业破产重整过程中更是如此。没有新的投资，形成烂尾楼的局面，对原抵押权人也是无益的。因此，综合考虑现实情况，以建设用地抵押权效力仍不及于续建或新增加的建筑物为宜。

其二，当事人明确约定土地使用权抵押不包括其上建筑物，或明确约定建筑物抵押权不包括土地使用权的，是否可以？回答是肯定的。在实现抵押权时，对土地使用权与建筑物一并拍卖或变卖，既不影响抵押部分的价款分离，也不影响“房地一体”原则。并且，从民法典第三百九十七条的规定看，此条应属于补充性任意规范，应允许当事人以约定排除适用。

2. 关于违法建筑物抵押

民法典第三百九十九条所列举规定的不得抵押的财产，未包括违法建筑，但违法建筑被禁止流通，所有人不得转让违法建筑物。问题在于，违法建筑是一个比较宽泛的概念，是否属于违法建筑需要行政管理部门认定。另一方面，违反不同法律的建筑，处理结果不同。有的违法建筑是可以补办相应的合法手续的，亦即其违法性可以治愈。在这种情况下，原则上应对违法建筑物抵押持否定性司法评价，但又要区别情况，不能一概而论。原《担保法司法解释》第48条规定，以法定程序确认为违法、违章的建筑物抵押的，抵押无效。该规定充分注意到了违法建筑的复杂性，把违法建筑限定为“以法定程序确认”的情形。

但是，有关部门在诉讼过程中尚未依法定程序确认其违法，并不意味着以后不确认。如果在人民法院作出了生效判决认定抵押有效后，执行阶段被确认违法，将导致判决无法执行。即便是执行了，竞买人权利无法实现，也将产生无尽的纷争，这样的例子目前在实践中屡有发生，甚至引起较大舆情。因此，在诉讼中，人民法院一方面应当征询行政管理部门意见，对是否系违法建筑作为事实查明。另一方面，为保障判决的可执行性，应明确以违法建筑抵押的，抵押合同无效，但是在一审庭审终结前已经办理合法手续或经行政管理部门出具可以办理合法手续的意见的，应认定有效。

3. 关于抵押预告登记

预告登记制度是民法典物权编规定的一种特殊登记制度。根据民法典第二百二十一条（物权法第二十条）的规定，预告登记的目的是保障将来实现物权。问题是，怎么才能保障预告登记权利人将来实现物权呢？为此，民法典第二百二十一条规定："预告登记后，未经预告登记的权利人同意，处分该不动产的，不发生物权效力。"所谓"不发生物权效力"，根据物权法司法解释（一）第4条的规定，是指不发生当事人所追求的转移不动产所有权或者设定建设用地使用权、地役权、抵押权等物权变动的效力，并非当事人订立的买卖合同或者设定用益物权或者担保物权的合同也不发生效力。此外，依民法通说，仅指相对于预告登记权利人"不发生物权效力"，而非指对所有人"不发生物权效力"。

关于抵押权的预告登记，首先需要明确的是，民法典对于抵押物的转让规则有了新的变化：即使标的物已经设定抵押权，也不影响抵押物的转让，只不过抵押权人仍有权行使抵押权。此外，标的物在设定抵押权后，抵押人再次设定抵押权的情形在实践中也较为常见。举重以明轻，既然抵押权已经设定的情形下抵押人都可以在标的物上再次设定抵押权或者转让抵押物，债权人在已就抵押财产办理预告登记的情形下，自然也无法阻止抵押人再次转让抵押财产或者就抵押财产再次设定抵押权。在此情形下，预告登记究竟如何确保债权人将来取得抵押权呢？显然，此时只能赋予预告登记权利人一种顺位利益，即债权人一旦办理了抵押权的预告登记，则即使抵押人转让抵押物或者再次就抵押物设定抵押权，预告登记权利人在能够办理本登记的情形下，也应获得优先顺位。例如张三将房屋抵押给李四，因种种原因不能办理抵押登记，但李四已办理预告登记，如果张三再将房屋出卖给或者抵押给王五，且已经办理过户手续或者抵押登记，则李四在能够办理本登记的情况下，其权利应优先于王五。也就是说，在李四能够办理本登记的情形下，应按照预告登记的时间来确定权利的优先顺位，而不能按照本登记的时间来确定优先顺位。

值得注意的是，为了确保预告登记权利人将来实现物权，执行异议与复议司法解释第30条还规定，在预告登记有效期内，如果具备办理本登记的条件，预告登记权利人的权利具有排除强制执行的效力。同理，为确保预告登记权利人将来实现物权，在预告登记有效期内，预告登记权利人的权利也应具备抵御破产的效力。例如作为房屋出卖人的公司被宣告破产，而房屋买受人在此之前已经办理预告登记，则房屋买受人在具备本登记条件的情形下，可以行使破产法上的取回权。回到抵押权的预告登记上，由于抵押权本身虽然不能排除强制执行和抵御破产，但可以在强制执行和破产程序中优先受偿，因此，经预告登记的抵押权，虽然也不能排除强制执行或者抵御破产，但应具有优先受偿的效力，即：在预告登记有效期内，预告登记权利人也应有权在强制执行和破产程序中优先受偿，否则，就无法保障预告登记权利人将来实现物权。

需要说明的是，尽管抵押权的预告登记已使债权人的权利具有一定的物权效力，但这并不意味着债权人已现实的享有抵押权。这是因为，根据民法典第二百二十一条第二款的规定，预告登记后，债权消灭或者自能够进行不动产登记之日起90日内未申请登记的，预告登记失效，因此，债权人虽然已经办理预告登记，但一旦预告登记失效，就无法保障债权人将来取得物权。也正因为如此，在《最高人民法院公报》2014年第9期刊登的"中国光大银行股份有限公司上海青浦支行诉上海东鹤房地产有限公司、陈思绮保证合同纠纷案"中，上海二中院在终审判决中认为，"抵押权预告登记所登记的并非现实的抵押权，而是将来发生抵押权变动的请求权，该请求权具有排他效力。因此，作为系争房屋抵押权预告登记的权利人，在未办理房屋抵押权设立登记之前，其享有的是当抵押登记条件成就或约定期限届满对系争房屋办理抵押权登记的请求权，并可排他性地对抗他人针对系争房屋的处分，但并非对系争房屋享有现实抵押权，而是待房屋建成交付购房人后就该房屋设立抵押权的一种预先的排他性保全。如果房屋建成后的产权未登记至购房人名下，则抵押权设立登记无法完成，其不能对该预售商品房行使抵押权"。

上述判决是否意味着在办理抵押权本登记之前，即使债权人办理了抵押权的预告登记，也无法享有优先受偿的权利，而必须等到办理完本登记，才能享有优先受偿的权利呢？对此，我个人的意见是，预告登记是在当事人无法办理本登记的情况下采取的一种特殊措施，一旦能够办理本登记，则应理解为预告登记就可以产生本登记的法律效力，因此，经人民法院审查，只要预告登记没有失效，且债权人具备办理本登记的条件，就应认定债权人享有优先受偿的权利，而无需另行办理抵押权的本登记。

总之，抵押权预告登记的效力，大致可以分为三个层次：

第一层次，抵押权预告登记后，在办理本登记前，债权人能否请求行使抵押权？我的意见是：当事人订立抵押合同后仅办理预告登记，债权人主张行使抵押权的，人民法院不应予以支持，因为此时是否在预告登记的有效期内，是否具备本登记的条件，都需要经过诉讼程序进行审查。当然，如果经审查，已经具备办理抵押登记的条件，则抵押权应自预告登记之日即已设定，债权人自可行使抵押权。

第二层次，当事人办理抵押权的预告登记后，如果抵押财产被人民法院查封，是否影响当事人办理抵押权的本登记？我的意见是：不影响当事人办理抵押登记。再进一步说，在抵押人的其他债权人申请人民法院对抵押物强制执行时，人民法院应当审查，预告登记权利人是否已经具备办理本登记的条件，而无需当事人另行提起诉讼：已经具备抵押登记条件的，预告登记权利人主张抵押权自预告登记生效时设立并请求优先受偿的，人民法院应予支持；不具备办理抵押登记条件的，待条件成就后预告登记权利人主张自抵押登记条件成就时起取得抵押权的，人民法院应予支持。

第三层次，当事人在办理抵押权的预告登记后，抵押人被宣告破产，预告登记权利人能否主张优先受偿？我的意见是：在预告登记有效期内抵押人被人民法院宣告破产，无论抵押登记的条件是否具备，预告登记权利人主张就抵押物优先受偿的，人民法院都应予以支持，但应限于破产受理时抵押物的价值范围，且当事人在破产受理前1年内为未提供担保的债务办理抵押预告登记的除外。

4. 关于动产抵押

我国民法典在担保物权公示的法律效果上，采取了公示生效要件主义与公示对抗要件主义相结合的立法思路。只是前者为主，后者为辅。就抵押而言，对不动产采登记生效要件主义，不办理登记，抵押权不生效。对动产采登记对抗主义，抵押权合同有效成立，抵押权即设立，只是不办理动产抵押登记，不得对抗善意第三人。

所谓的不能对抗第三人，是指在同一动产上竞存的其他物权人，而不应包括抵押人的普通债权人。因为物权优于债权，如果动产抵押权不能对抗普通债权人，与普通债权无任何区别，不符合物权优于债权的一般原理。

第一，在未办理动产抵押登记的情况下，如果人民法院根据抵押权人的其他债权人的申请采取查封、扣押等措施的，动产抵押权人能否优先受偿？对此颇具争议。我本人的意见是，其不享有优先受偿权。如果抵押人的普通债权人未申请法院采取查封、扣押措施，可支持动产抵押权人的优先受偿请求。这样理解，与民法典极力消除"隐性担保"，保障交易安全的总体思路是一致的。

第二，动产抵押未办理抵押登记，抵押人将抵押的动产转让，并且买受人已取得占有的，在没有证据证明买受人知道或应当知道已经订立抵押合同的情况下，抵押权人请求行使抵押权，对动产优先受偿的，不应支持。因为该买受人是善意第三人，动产抵押不登记，不能对抗善意第三人。相反，如果有证据证明买受人知道或应当知道已经订立抵押合同的，买受人系恶意第三人，动产抵押权人可行使抵押权，优先受偿。

第三，动产抵押未办理登记，抵押人又将该动产抵押给他人，如果该抵押办理了登记，不论该抵押权人是否善意，未办理登记的动产抵押权人均不能对抗办理抵押登记的动产抵押权人。因为按民法典第四百一十四条规定，抵押权已经登记的先于未登记的受偿。

第四，动产抵押未办理登记的，在破产程序中，抵押权人主张优先受偿的，不应支持。

按照民法典第四百零三条的规定，办理了登记的动产抵押，能够对抗第三人。但是民法典第四百零四条、第四百一十六条规定了两个例外情况，应引起重视。

第一，民法典第四百零四条规定："以动产抵押的，不得对抗正常经营活动中已经支付合理价款并取得抵押财产的买受人。"该条是指，在出卖人正常生产经营范围内，动产抵押即使办理了登记，也不得对抗善意买受人。该条所规定的动产抵押既包括浮动抵押，也包括一般动产抵押，实际是给予买受人以查询登记的豁免权，即只要是出卖人在其正常经营范围内出卖产品，买受人无需查询买卖标的物是否抵押。比如出卖人将商场的所有动产全部进行浮动抵押并办理登记，到商场购买正常对外销售商品的买受人一旦取得商品，抵押权不对其发生对抗效力。人民法院在适用这一条款时应把握这一条款的适用范围及适用条件，防止滥用。结合实践经验，下列情形，办理了抵押登记的动产抵押权人可以对抗该条款所称的买受人：一是购买商品的数量明显超过一般买受人的；二是购买出卖方的生产设备的；三是买卖合同的签订系以担保出卖人或者第三人债务履行为目的的；四是买受人与出卖人存在直接或间接控制关系的；五是买受人应当查询抵押登记而未查询的其他情形。

第二，民法典第四百一十六条规定："动产抵押担保的主债权是抵押物的价款，标的物交付后十日内办理抵押登记的，该抵押权人优先于抵押物买受人的其他担保物权人受偿，但是留置权人除外。"该条是关于价金超级优先权的规定。其核心要义在于以动产价金为主债权的抵押权优先于在同一动产上设立的其他抵押权。如果说民法典第四百零四条是解决被设立抵押的动产在卖出情况下与买受人的权利顺位问题的，那么本条则是解决设立抵押的动产在买入情况下，其他动产抵押权人与出卖人动产抵押权的权利顺位问题，两个条款一个为卖出，一个为买入。按照民法典第四百一十四条的规定，抵押权登记在先的优先于登记在后的，但按照民法典第四百一十六条的规定，在以动产价金为主债权的情况下，在同一动产上设立的抵押权即便是登记在先，也不能对抗10日内办理了登记的以动产价金为主债权的抵押权。此种情况常见于动产浮动抵押。例如，甲公司为贷款向银行设立了浮动抵押，抵押范围包括该公司的原材料钢材、成品半成品、机器设备等，并办理了浮动抵押登记。后乙公司卖给甲公司10吨原材料的钢材，价款为500万元。双方约定分期付款，乙公司保留对10吨钢材的所有权，并在10日内办理了登记。就银行的动产浮动抵押范围而言，包括这10吨钢材，其先于乙公司登记。但根据民法典第四百一十六条规定，乙公司所有权保留能够对抗银行。该案中，如果乙公司对10吨钢材未约定所有权保留，而是约定了抵押，只要在10日内办理抵押登记，依民法典第四百一十六条规定，同样可以对抗银行的抵押权。之所以作出这样的规定，主要是为设立了动产浮动抵押的企业再融资创造条件，其他企业向作为买受方的企业卖出产品，在买受方不能即时付款的情况下，为保障价金回笼，往往对出卖物设定抵押或约定所有权保留，但如果不给于出卖方更优越的保护，将影响其交易信心，进而影响交易效率，影响正常的生产经营。在价金超级优先权制度下，出卖方无需查询买受方是否设立了其他抵押，只要在10日内办理抵押登记或所有权保留登记，即可保证资金回笼的安全。此外，价金超级优先权制度，也理顺了所有权保留制度与动产抵押制度之间的关系，保证了民法典不同担保制度之间的顺畅衔接。还值得注意的是，民法典第四百一十六条的规定，除了适用于所有权保留外，还可以适用融资租赁中出租人对租赁物享有所有权的情形。

（五）关于非典型担保问题

非典型担保是相对于典型担保而言的，典型担保是由法律明确规定的典型化的担保类型，在我国包括保证、定金、抵押权、质押权、留置权五类。民法典将定金规定在违约责任一章，似乎有淡化定金的担保功能，且不作为典型担保的立法倾向。非典型担保是指法律未明确规定，在交易中自发产生的担保形式，或法律虽有规定，但未典型化的担保形式。

民法典第三百八十八条除了规定抵押合同、质押合同外，还规定了“其他具有担保功能的合同”。结合民法典各分编规定，具有担保功能的合同包括：保理合同、融资租赁合同、所有权保留买卖合同等。因民法典虽将这些具有担保功能的合同规定在典型合同分编中，但由于这些合同不是以担保为主要的权利义务关系，故似可视为非典型担保合同。此外在实践中出现的让与担保等担保形式，更系非典型担保。

1. 让与担保

让与担保有广义和狭义之分。广义让与担保，包括买卖式担保和让与式担保。所谓买卖式担保，又称卖与担保、卖渡的担保等，是指以买卖方式移转标的物的所有权，而以价金名义通融金钱，并约定日后将该标的物买回的制度。狭义让与担保，仅指让与式担保，又称为信托让与担保，是指债务（或第三人）为担保债务清偿，将担保标的物之所有权移转给债权人，在债务清偿后，标的物之所有权回归于担保人；在债务届时未能得到清偿时，债权人有就担保物优先受偿的权利。其要点是：第一，在设定这一担保时，担保人需将标的物所有权暂时转让给债权人，债权人成为形式上的所有人；第二，为使担保人保持对担保标的物的使用效益，债权人往往与担保人签订标的物的借用或租赁合同，由担保人对担保标的物使用；第三，债务人履行债务后，债权人应返回标的物所有权；第四，在债务人未偿还债务时，债权人并不是当然地取得担保标的物所有权，而是进行清算。清算分为两种：一是归属清算型，对标的物进行评估，超出债务价值部分由债权人偿还给担保人，债权人取得所有权；二是处分清算型，由债权人将标的物予以变卖，将价款用于清偿债权，多余部分归属于担保人。在大陆法系许多国家，因法律对让与担保无明文规定，其有效性曾遭到学界的批评，被认为是虚伪表示、规避流质禁止之规定、违反物权法定原则，甚至被称为交易上的私生子。但如今，让与担保已经成为德国、日本等国的重要担保形式，并被司法判例所认可。日本学者我妻荣一语道破天机：作为私法领域中私生子的让与担保制度，在长期遭受白眼之后，终于获得判例法的承认而被认领。我国物权法草案曾规定有让与担保，最后两稿被删去，终未获物权法之认可。民法典虽未明确规定让与担保，但通过第四百零一条、第四百二十八条对流押、流质条款的修改，足以产生让与担保的制度效果。在我国司法实务中，不应简单地认定该担保形式无效，尤其不应依据有关流押或流质之禁止规定认定担保合同无效。即使合同未约定债务不能清偿时具体的清算办法，法院亦可基于民法典第四百零一条、第四百零二条的规定，认定债权人对相应标的物的优先受偿权。

实践中对民法典第四百零一条、第四百二十八条规定应把握以下要点：当事人在债务履行期限届满前约定，债务人不履行到期债务，标的物归债权人所有的，该约定应认定无效，但不影响担保的意思表示效力。这里要探究当事人的真意，一般来说，只要约定债务人到期偿还债务，债权人即返还标的物所有权；或者订立买卖合同等进行所有权形式转让，而且目的是担保债权的实现的，均可解释为当事人具有担保的意思表示，仅认定合同关于“不履行到期债务所有权归债权人”的约定无效，而认定关于具有担保功能的合同条款有效。

当然，在实践中需对某一交易是真实的财产转让，还是以转让形式担保债权进行判断。法院在审理案件时，应结合是否存在被担保的主债权债务关系，是否存在回购条款等因素综合判断，以探求当事人的真意。试举两个例子：

其一，甲公司欠乙公司1000万元，双方达成协议，约定：甲公司将其楼房产权过户给乙公司；甲公司在3年内偿还乙公司全部欠款，乙公司收到欠款后将房屋产权证及产权还给甲公司；如果甲公司不能按期偿还欠款，乙公司永远取得房屋产权。后甲公司没有依约偿还欠款却进入破产程序，其清算组提起诉讼请求乙公司返还房屋产权。对该案，一审法院认定为抵押，但因违反禁止流押之规定而无效，判决乙公司返回房屋产权。二审法院认定为让与担保，并认定双方约定合法有效。但同时认为，诉争的房屋价值超过欠款，如果因甲公司不能偿还欠款而使乙公司取得房屋所有权，有失公平。因此，判令乙公司返还甲公司产权，乙公司对该房产在甲公司破产程序中享有别除权。应该说，二审法院对双方的法律关系认定为让与担保是妥当的。

其二，信托投资公司以募集资金对外发放借款。这种业务通常是以受让房地产开发项目等特定资产，或者房地产开发公司的股权收益权，或者开发项目收益权等特定资产收益权的方式进行，核心条款是信托公司作为受让方向转让方支付收购价款，所收购的资产或资产收益权在绝大多数情况下不过户，期满后由转让方向信托公司回购，回购款为收购价款本金+固定比例的溢价款。在这种情况下，只要合同不存在其他无效事由，则应当由转让方履行合同约定的回购义务。

在上述交易中，为保证资金安全，当事人还会设计出由信托公司成为项目公司股东，监督资金使用的交易结构，在转让方履行回购义务后，信托公司退出项目公司。这种情况下，信托公司持有股权的真实意图，是为了担保债权实现，应当认定为成立让与担保法律关系。对此可以参考《九民会纪要》第七十一条、第八十九条的规定。

上述两个例子是对这一条文的进一步阐释。实践中，还存在一个问题，股东以其持有的目标公司股权转让至债权人名下的方式为债务履行提供担保，目标公司债权人以股东未履行出资义务，抽逃出资为由，请求作为名义股东的股权人与股东承担连带责任。对此情况，鉴于债权人受让股权合同安排系为担保债权的实现，不具有受让股权的真实意思表示，不宜支持债权人的请求。

2. 所有权保留

在分期付款买卖中，当事人约定在标的物交付买受人后由出卖人继续保留所有权的情况在实践中较为常见。出卖人保留所有权的目的，显然是为了担保价款债权的实现，因此所有权保留被认为是一种非典型担保物权。关于所有权保留买卖，合同法即已有明确规定，但由于合同法没有规定公示方式，因此第三人无法从外观上识别出卖人所保留的所有权，从而对第三人的交易安全构成了一定的威胁。民法典为消除此种隐形担保，明确规定出卖人保留的所有权非经登记，不得对抗善意第三人（第六百四十一条第二款)。不仅如此，在同一标的物上存在数个担保物权时，即使其中有出卖人保留的所有权，也应根据民法典第四百一十四条第二款的规定处理数个担保物权之间的清偿顺序。

值得注意的是，为了确保出卖人保留的所有权发挥其担保价款债权实现的功能，民法典第六百四十二条第一款不仅规定了出卖人可以取回标的物的几种情形，而且于该条第二款规定在发生出卖人可以取回标的物的情形下，出卖人可以与买受人协商取回标的物；协商不成的，可以参照适用担保物权的实现程序。对此，有一种意见认为，在当事人就出卖人取回标的物协商不成的情形下，出卖人只能请求参照担保物权的实现程序，申请人民法院拍卖、变卖标的物并就所得价款受偿。我认为，民法典第六百四十二条第二款规定的“可以”不能理解为“只能”，因此，在当事人不能协商取回标的物时，民法典实际上一方面允许当事人通过非讼程序的方式实现担保物权，另一方面也允许出卖人通过诉讼取回标的物。

问题在于，如果出卖人不通过非讼程序实现担保物权，而是径行通过诉讼请求取回标的物，是否存在损害买受人利益的可能？从实践的情况看，出卖人不能通过协商一致取回标的物，往往是因为买受人已经支付了大部分价款，且标的物的价值又超过买受人欠付的价款及其他费用，买受人担心出卖人取回标的物后自己无力依据民法典第六百四十三条进行回赎，而出卖人又不以合理价格转卖标的物并将超过欠付价款及其他费用的部分返还自己，将导致买受人的利益受到损害。为了避免上述情形的发生，笔者认为，如果出卖人不通过非讼程序请求人民法院拍卖、变卖标的物并以所得价款受偿，而是以诉讼的方式请求取回标的物，则应根据买受人是否提出抗辩或者反诉来审理案件：如果出卖人虽然有权取回标的物，但买受人反诉请求出卖人将标的物价值超过欠付价款及其他费用的部分予以返还，或者出卖人虽然有权取回标的物，但买受人抗辩标的物的价值大于欠付价款及其他费用，请求人民法院拍卖、变卖标的物，则人民法院对于买受人的主张应一并予以处理。

当然，无论是出卖人通过协商还是诉讼取回标的物，根据民法典第六百四十三条的规定，买受人一方面有权在合理期间回赎标的物，在放弃回赎权的情形下，也有权请求出卖人以合理价格转卖标的物并将超过买受人欠付价款及其他费用的部分予以返还。如果出卖人不以合理价格转卖标的物并将超过买受人欠付价款及其他费用的部分返还给买受人，买受人也仍然有权请求参照担保物权的实现程序，申请人民法院拍卖、变卖标的物。

3. 融资租赁

在融资租赁中，出租人对租赁物享有的所有权亦具有担保功能。与对待所有权保留一样，民法典为消除隐形担保，于第七百四十五条规定："出租人对租赁物享有的所有权，未经登记，不得对抗善意第三人。"此外，民法典第七百五十二条规定，如果承租人经催告后在合理期限内仍不支付租金，出租人既可选择请求支付全部租金，也可以选择解除合同，收回租赁物。值得注意的是，与民法典关于所有权保留的规定有所不同，民法典在这里不仅明确了收回租赁物的前提是解除合同，而且也没有规定如果当事人就租赁物的取回协商不一致，可以请求参照适用担保物权的实现程序。可见，民法典对于融资租赁出租人所享有的所有权，在其担保功能的实现上采取了不同于所有权保留的思路。据此，如果承租人欠付租金导致出租人有权解除合同并收回租赁物，如果双方无法就合同解除和租赁物的收回达成一致，出租人自可起诉到人民法院，请求解除合同并收回租赁物。

不过，如果当事人约定租赁期限届满租赁物归承租人所有，且承租人已经支付大部分租金，但是无力支付剩余租金，此时出租人享有的所有权就与出卖人保留的所有权极为类似，都可能涉及承租人的利益保护问题。也止因为如此，民法典第七百五十八条规定，出租人因此解除合同收回租赁物，收回的租赁物的价值超过承租人欠付的租金以及其他费用的，承租人可以请求相应返还。问题是，如果当事人就租赁物的价值发生争议，如何确定租赁物的价值？显然，由于融资租赁出租人的目的是解除合同收回租赁物，因此承租人不能主张参照适用担保物权的实现程序由人民法院通过拍卖、变卖来确定租赁物的价值，也不能在诉讼程序中请求人民法院对租赁物进行拍卖、变卖来确定租赁物的价值。关于租赁物的价值，我的意见是，融资租赁合同有约定的，按照其约定；融资租赁合同未约定或者约定不明的，可以根据约定的租赁物折旧以及合同到期后租赁物的残值来确定。如果根据前述方法仍难以确定，或者当事人认为依照前述方法确定的价值严重偏离租赁物实际价值的，可以请求人民法院委托有资质的机构评估。

4. 保理

依据民法典第七百六十一条的规定，保理合同是应收账款债权人将现有的或者将有的应收账款转让给保理人，保理人提供资金融通、应收账款管理或者催收、应收账款债务人付款担保等服务的合同。需要说明的是，该条所谓保理人提供的“应收账款债务人付款担保”服务，系指保理人就应收账款债务人的付款义务向债权人提供担保，它是保理服务的常见内容之一，但这并非是保理合同本身的担保功能。保理合同的担保功能仅仅存在于有追索权的保理中，其实质是应收账款债权人通过债权转让的方式将其对应收账款债务人享有的债权用于担保保理融资款本息的返还。

民法典第七百六十七条规定的无追索权保理仅仅是保理人为赚取应收账款与保理融资款之间的差价而受让应收账款，故只能向应收账款债务人主张权利。但是根据民法典第七百六十六条的规定，在有追索权的保理中，保理人可以向应收账款债权人主张返还保理融资款本息或者回购应收账款债权，也可以向应收账款债务人主张应收账款债权；保理人向应收账款债务人主张应收账款债权，在扣除保理融资款本息和相关费用后有剩余的，剩余部分应当返还给应收账款债权人。可见，在有追索权的保理中，应收账款虽然名义上已经转让给保理人，但其目的在于担保保理人对应收账款债权人所享有的保理融资款本息。就此而言，有追索权的保理与应收账款质押一样，其功能都是为了担保债权的实现。也正因如此，与同一应收账款可能发生多次质押或者多次转让一样，同一应收账款也可能发生多重保理。对此，民法典第七百六十八条规定：“应收账款债权人就同一应收账款订立多个保理合同，致使多个保理人主张权利的，已经登记的先于未登记的取得应收账款；均已经登记的，按照登记时间的先后顺序取得应收账款；均未登记的，由最先到达应收账款债务人的转让通知中载明的保理人取得应收账款；既未登记也未通知的，按照保理融资款或者服务报酬的比例取得应收账款。”尽管本条针对的是就同一应收账款订立多个保理合同的情形，但考虑到实践中也可能发生就同一应收账款同时存在保理、应收账款质押或者债权转让的情形，故上述规则应类推于就同一应收账款同时存在保理、应收账款质押或者债权让与的场合。

此外，需要说明的是，民法典第七百六十六条规定当事人约定有追索权保理的，保理人可以向应收账款债权人主张返还保理融资款本息或者回购应收账款债权，也可以向应收账款债务人主张应收账款债权。据此，保理人分别以应收账款债权人和债务人为被告提起诉讼，人民法院应予受理。问题是，如果保理人以应收账款债权人或者应收账款债务人一并提起诉讼，人民法院是否应予受理，存在争议。我认为，此时人民法院可以受理，但在判决时，应明确各自的责任范围。

目　　录

第七编 侵权责任

附　则

中国民法典的价值理念及其规范表达

郭　锋*

纵观法律发展史，每一部产生了历史影响的民法典都具有独特的价值理念、精神品质与时代特征。罗马私法形成的人人平等、公正至上法律观念，以及所创立的人法、物法、诉讼法体系，形成了超越时空与民族的永恒价值，直接影响和形成了欧洲大陆法系。19 世纪初的法国民法典，负载着自由、民主、平等的价值理想，所确立的所有权神圣不可侵犯、契约自由、过错责任原则，至今仍深刻影响着各国民事立法。德国民法典基于拟制人格法律观念所建立的法人制度，更是奠定了现代企业组织形式和有限责任的法律基石。当代欧洲私法学者们在编纂欧洲示范民法典草案时，高度重视构成民法典价值理念的私法原则，提出了自由、安全、正义、效率等“根本原则”。①

我国民法典是中国特色社会主义法治建设的标志性成果，是发展社会主义市场经济、全面推进依法治国、加快建设社会主义法治国家的宣言书，是贯彻以人民为中心发展思想、实现和维护人民权益的纲领性文献。习近平总书记精辟指出，民法典汲取了中华民族 5000 多年优秀法律文化，借鉴了人类法治文明建设有益成果，是一部体现我国社会主义性质、符合人民利益和愿望、顺应时代发展要求的民法典，是一部具有鲜明中国特色、

---

* 郭锋，最高人民法院研究室副主任，教授，法学博士。该文为 2019 年度国家社科基金重大研究专项“运用司法解释弘扬社会主义核心价值观研究”（批准号 19VHJ002）阶段性成果。

① 欧洲民法典研究组、欧盟现行私法研究组编著：《欧洲私法的原则、定义与示范规则：欧洲示范民法典草案》第 1 卷，法律出版社 2014 年版，第 10 页。

实践特色、时代特色的民法典。[①] 各界普遍认为，产生于中华民族伟大复兴关键时期的中国民法典，是21世纪初叶世界范围内的标志性立法。“标志”意味着继往开来、承前启后，具有独一无二、引领未来的品质特征。梁慧星教授在评价民法总则时曾说：“法律的素材源自一个民族的历史，源自一个民族自身内在的特质；脱离本民族历史的民法不可能是一部有生命力的法典。”[②] 笔者认为，中国的政治家、法学家和立法者以植根民族、开放包容、引领时代的精神伟力，在传承中华民族优秀法治文化、借鉴国外先进法治成果基础上，塑造了中国民法典独特的价值理念，并将这些价值理念通过民法典具体条文进行规范表达，从而实现对民事关系的价值指引和法律调整。概括起来，这些价值理念集中表现在四个方面：民法典的精神内核——社会主义核心价值观；民法典的人本观——人格权独立；民法典的自然观——绿色原则；民法典的物权观——所有权实质平等。可以说，这四大价值理念是中国特色社会主义民法典区别于大陆法系民法典、英美法系民事立法与判例的重要标志，是民法典中国特色、中国风格、中国气派的集中体现。

一、民法典的精神内核：社会主义核心价值观

在人类法治文明进程中，先后出现过三次民法编纂运动。第一次是6世纪的罗马法编纂，产生了《民法大全》[③]。第二次是19世纪欧洲大陆民法典编纂，产生了法国民法典、德国民法典、瑞士民法典等。第三次肇端于20世纪80年代，产生了1986年中国民法通则、1992年荷兰新民法典、

① 习近平：《充分认识颁布实施民法典重大意义 依法更好保障人民合法权益》，载《求实》2020年第12期。

② 梁慧星：《民法总则的时代意义》，载《海南人大》2017年第5期。

③ 查士丁尼皇帝（公元527～565年）为重建和振兴罗马帝国，成立了法典编纂委员会，进行法典编纂工作。公元528～534年，先后完成《查士丁尼法典》《查士丁尼法学总论》《查士丁尼学说汇纂》三部法律汇编。公元565年，法学家又汇集了公元535～565年查士丁尼皇帝在位时所颁布的敕令168条，称为《查士丁尼新律》。以上四部法律汇编，统称为《民法大全》（又称《国法大全》或查士丁尼法典），标志着罗马法发展到最发达、最完备阶段。参见［意］朱塞佩·格罗索：《罗马法史》第25章。中国政法大学出版社1994年版。

1994年俄罗斯民法典，1996年越南民法典等。据不完全统计，目前世界上至少有110多个国家或地区有民法典。即使是实行判例法的美国、加拿大，也有个别州制定了民法典，如加利福尼亚民法典、魁北克民法典。各国民法典均是该国商品经济、民主政治、私人产权、法律文化、哲学伦理高度发展的产物，除一些被殖民的国家通过继受照搬宗主国民法典外，大多数国家民法典都反映了该国的政治经济制度和传统文化特色、民族特征。以私有制、普选政治为共同基础的西方国家，其民法典更是贯穿着相同的资本主义核心价值，如维护资本主义私有制，坚持资本主义自由观、正义观、平等观，将人格、婚姻商品化等。

习近平总书记指出："人类社会发展的历史表明，对一个民族、一个国家来说，最持久、最深层的力量是全社会共同认可的核心价值观。"① 在我国，党的十八大文件将社会主义核心价值观凝练为24个字。② 核心价值观是开创和发展中国特色社会主义事业进程中形成的重大理论成果，是中华民族共同的精神财富，与中国特色社会主义发展要求相契合，与中华优秀传统文化和人类文明优秀成果相承接，凝聚了全社会的价值共识。在全面推进依法治国进程中，党和国家把社会主义核心价值观定性为中国特色社会主义法治的价值内核，提出了"入法入规""完善弘扬社会主义核心价值观的法律政策体系"等法治建设新任务。2018年3月全国人大通过的宪法修正案，将"国家倡导社会主义核心价值观"写入，从而实现社会主义核心价值观入宪，作为中国特色社会主义法治建设基本遵循。在此背景下，我国民法典第一条将"弘扬社会主义核心价值观"作为立法宗旨写入，不但开创了核心价值观进入私法的先河，树立了民法典编纂鲜明的价值导向，而且民法典各编将社会主义核心价值观作为精神内核，在基本原则、民事主体、法律行为、权利义务责任等具体制度中进行贯彻体现，使其具有规范意义和效力。正如中国首席大法官周强指出，民法典从基本原

---

① 2014年5月4日，习近平在同北京大学师生座谈会上的讲话。

② 社会主义核心价值观24字表述为："富强、民主、文明、和谐，自由、平等、公正、法治，爱国、敬业、诚信、友善。"

则到制度规范、具体规则，通篇都体现着社会主义核心价值观的要求。[①] 社会主义核心价值观作为民法典的精神内核，使民法典成为弘扬中华民族优秀传统文化、体现新时代中国特色社会主义主流价值的集大成者，是我国民法典区别于西方国家民法典的重要标志之一，对在全社会形成广泛的价值认同、文化认同，强化规则意识，维护公共秩序，促进人的全面发展，引领社会发展进步具有重要现实意义。

在民法典七编中，社会主义核心价值观的规范表达贯穿其中。下面分析诠释若干具体制度和典型条文。

（一）公序良俗原则

公序良俗概念起源于罗马法。按照罗马法学家的观点，所谓公序即国家的安全、人民的根本利益；所谓良俗是指人民的一般道德准则。传承了罗马法的法国民法典第6条规定："任何人均不得以特别约定违反涉及公共秩序和善良风俗的法律。"法国民法是把公序良俗作为对契约自由例外的限制。公共秩序是一种公共利益，善良风俗是指社会道德。违反公序良俗而无效的合同主要包括：违反性道德的合同、赌博合同、限制人身自由、违背家庭伦理道德等合同。德国民法典第138条确认了善良风俗概念，但并没有采纳公共秩序概念。在德国法中，善良风俗是对私法自治的一种限制。1901年德国最高法院判决，关于是否违反善良风俗，由法官"按照正当且公平的一切人的道义感"规则来判断。日本民法采纳了公序良俗，并重点运用该原则对法律行为进行调整。

我国在编纂民法典之前，法律并未明确采用公序良俗概念。比如，民法通则第七条规定，民事活动应当尊重社会公德，不得损害社会公共利益，扰乱社会经济秩序。合同法第七条要求当事人订立履行合同时，应当尊重社会公德，不得扰乱社会经济秩序，损害社会公共利益。民法典编纂第一阶段在民法总则中正式引入公序良俗概念。民法典在第八条、第十

---

① 周强：《以习近平新时代中国特色社会主义思想为指导 充分发挥审判职能作用 确保民法典正确贯彻实施》，载《求实》2020年第12期。

条、第一百四十三条、第一百五十三条、第九百七十九条、第一千零一十二条、第一千零一十五条、第一千零二十六条总计8个条款中规定了公序良俗。在我国民法语境下，公序良俗中的公共秩序，强调的是国家和社会层面的价值理念，善良风俗突出的则是民间的道德观念，[①] 是社会主义核心价值观在民法典中的规范表达。

公序良俗的核心价值是强调民事法律行为需要遵守社会公共道德，倡导优良社会风尚，抑制伤风败俗行为，建立和谐稳定社会秩序。公序良俗作为强行法的补充，具有配合各种具体的强行法规则对民事活动起到调控的作用。[②] 其司法意义是对于习惯的调控、判断法律行为的法律效力。[③] 公序良俗进入成文法形成条文规范后，就成为对民事法律行为进行效力判断的依据，并赋予法官自由裁量权，在遇有损害国家利益、社会公共利益和道德秩序的行为，而又缺乏相应的禁止性法律规定时，法官可以直接适用公序良俗原则判定该行为无效。

按照大陆法系传统民法典规定，各国法官以往大都将违反公序良俗的法律行为理解为绝对无效，认为该法律行为自成立之时起，当然、确定、全部无效。但是，如果不加区别地赋予任何人主张无效的权利，有可能不利于保护双方当事人利益、稳定民事法律关系。从国际上看，20世纪中期以来，不少国家法官改采相对无效说，且只赋予遭受不利益一方有主张无效的权利，在无效范围上也从全部无效改为部分无效，仅认定违反公序良俗的条款无效，其余条款继续有效。这样就赋予当事人和法院更多的协商、裁量空间，更好地协调当事人之间的利益关系。

在我国民事司法实践中，运用公序良俗原则几乎涉及各种民事纠纷，包括对民事法律行为、侵权行为的效力判断，民事权利的确权，不当得利等。在具体案件中，对违反公序良俗，涉及赠与或承诺的，判决协议或承诺内容无效；涉及侵害物权、人格权和人格利益的，判决加害人承担排除

---

① 李适时主编：《中华人民共和国民法总则释义》，法律出版社2017年版，第30页。
② 王利明：《论公序良俗原则与诚实信用原则的界分》，载《江汉论坛》2019年第3期。
③ 梁慧星等：《中国民法典草案建议稿附理由：总则编》，法律出版社2013年版，第21页。

妨碍、恢复原状、赔偿损失等责任。但需要检讨的是，一些法官将公序良俗理解为社会一般利益、一般道德，而没有严格遵循公序良俗的本意，不深究法理和规则，仅以相关社会关系中存在违背道德行为判决法律行为无效。[①] 例如，对涉及婚外同居关系的，简单以婚外同居违背公序良俗为由确定其他相关法律行为（如期间发生的财产关系）无效。必须认识到，公序良俗原则作为强行法的补充，只有在法律、行政法规没有明确规定时，才可以适用；在将习惯作为补充法源进行判案时，法官应当用公序良俗作为审查习惯的价值标准，克服经验性、个别性、零散性运用习惯状况；[②] 用公序良俗原则判定法律行为效力时，应当对当事人之间的法律关系进行全面审查，不得随意扩大法律行为无效或受影响的范围。

（二）保护英雄烈士人格权益

民法典第一百八十五条规定：侵害英雄烈士等的姓名、肖像、名誉、荣誉，损害社会公共利益的，应当承担民事责任。[③] 民法典编纂第一阶段起草民法总则时，全国人大常委会审议第三次审议稿根据部分委员建议增加此条规定。这条规定有着鲜明的时代特色和深刻的社会背景。近年来，社会上出现了以各种手段歪曲历史事实，侮辱、诽谤英雄人物和烈士的现象。有些人以“学术自由”“还原历史”“探究细节”等为名，通过网络、书刊等媒体歪曲历史特别是近现代历史，丑化、诋毁、贬损、质疑英雄烈士，造成恶劣社会影响，损害英雄烈士个人荣誉、名誉等人格权益，损害英雄人物及其历史事件所体现的全民族的共同记忆和共同情感，损害社会公共利益。为此，人民法院通过审理“狼牙山五壮士”名誉权系列案、董存瑞、黄继光英雄烈士名誉权纠纷公益诉讼案等案件，有效遏制互联网上抹黑革命英烈、否定党和人民军队光荣历史的违法现象。民法典通过加强

---

① 蔡唱：《公序良俗在我国的司法适用研究》，载《中国法学》2016 年第 6 期。

② 高其才：《民法典编纂与民事习惯》，载《交大法学》2017 年第 3 期。

③ 英雄与烈士在范围上有所区别：英雄不需要特别评定程序，烈士则需要经特别程序予以评定；烈士均为因公牺牲的人，英雄则未必牺牲。需要注意的是，本条的适用范围不限于英雄和烈士，本条中的“等”字宜作同类解释，即与英雄烈士具有同种性质、同类贡献、同类影响的人，亦在本条适用范围之内。

对英雄烈士人格权益的保护，维护民族精神，弘扬社会主义核心价值观。

我国以前有关法律对去世的英雄烈士人格利益的保护机制不完善。侵权责任法第二条将保护范围扩展至人身、财产权益，可以理解为包括了死者的人格利益。《最高人民法院关于确定民事侵权精神损害赔偿责任若干问题的解释》第3条规定，自然人死亡后，他人侵害死者人格利益致其近亲属遭受精神痛苦的，有权向人民法院起诉请求精神损害赔偿。这里的近亲属，根据《最高人民法院关于贯彻执行〈中华人民共和国民法通则〉若干问题的意见（试行）》第12条的规定，包括配偶、父母、子女、兄弟姐妹、祖父母、外祖父母、孙子女、外孙子女，即三代以内血亲。但是，对于去世的英雄烈士，如无前述近亲属的，则其人格利益难以得到保护。与侵害普通死者人格利益及其近亲属的情感利益不同，在侵害英雄烈士的侵权行为中，除了侵害英雄烈士的姓名、肖像、名誉、荣誉等人格利益和英雄烈士近亲属的情感利益外，还构成了对社会公共利益的损害。① 因此，有必要对其规定特别保护措施，这正是民法典该条规定的立法初衷。

在司法实践中，把握本条对英雄烈士等人物提供特别保护规定时，需要注意以下几点：其一，应限定在去世且无近亲属的英雄烈士等的范围内。② 理由是，如果英雄人物尚在世，则其人格权益受侵害时，可循普通民事主体维护荣誉、名誉等人格权益进行司法救济。当然并不绝对排斥判定侵权责任时对本条的援引适用。其二，如果英雄烈士尚有近亲属在世，则其近亲属可依法提起诉讼，在维护死者人格权益的同时，维护社会公共利益。其三，英雄烈士等的人格利益必须已经转化为社会公共利益。本条表述强调，侵害英雄烈士等的姓名、肖像、名誉、荣誉，导致损害了社会公共利益。这说明民法典特别保护的是英雄烈士个人利益已经转化而成的社会公共利益，该种利益已经超越一般民事主体单纯个人利益范畴。其

---

① 迟方旭：《民法总则第185条的核心要义是维护社会公共利益》，载《红旗文稿》2017年第11期。

② 沈德咏主编：《〈中华人民共和国民法总则〉条文理解与适用》（下），人民法院出版社2017年版，第1222页。

四，依据本条提起民事诉讼的主体，可参照民事诉讼法第五十五条规定，通过公益诉讼制度，由法律规定的机关或有关组织提起诉讼。

（三）维护和谐稳定婚姻家庭关系，保护被监护人合法权益

维护和谐稳定家庭关系，对人民安居乐业、传承家庭美德、建立和谐社会、促进社会经济发展具有重要意义。民法典通过完善相关制度，解决婚姻家庭、继承领域、监护关系中出现的新情况新问题。比如：设立“婚姻冷静期”制度（第一千零七十七条），通过为自愿离婚的当事人在登记离婚中设置适当的时间“门槛”，促进当事人冷静思考、妥善抉择，避免轻率离婚。传统私法主张行为人违反法律规定或公序良俗，情节严重的，或者丧失继承权，或者遗产分割时少分或不分遗产。① 而民法典设立“继承宽恕”制度（第一千一百二十五条），充分展现立法对遗嘱人自由意志的尊重，给予犯错继承人以改错机会。完善胎儿利益保护制度（第十六条、第一千一百五十五条），赋予丧偶儿媳、女婿继承遗产请求权（第一千一百二十九条），尊重善良风俗。明确侄子、外甥可以作为代位继承人（第一千一百二十八条），解决财富在家族中进行传承的问题，使遗产更大可能被家族血亲继承，符合中国传统家族观念。

为全面体现民法对未成年人、弱者的人文关怀和特殊保护，民法典将民法通则对监护的 4 条规定扩展到 14 条，系统完整地构建起以家庭监护为基础、社会监护为补充、国家监护为兜底的中国特色监护制度。一是完善未成年人监护制度，强化父母和其他监护人的责任意识，完善并落实不履行监护职责或严重侵害被监护未成年人权益的父母或其他监护人的资格撤销制度。二是取消民法通则中的“精神病人”概念，表述为“无民事行为能力或者限制民事行为能力的成年人”。“精神病人”概念带有歧视色彩，是对个人人格的不尊重。三是适应现代监护制度发展趋势，设定意定监护这一新的监护方式，允许有完全民事行为能力的成年人根据本人意愿

---

① 朱晓锋：《孝道理念与民法典编纂》，载《法律科学（西北政法大学学报）》2019 年第 1 期。

确定自己的监护人，以更多地尊重被监护人意愿和需求。四是在我国首次建立成年监护制度。充分借鉴美国、英国、德国、日本成年人监护立法，适应我国人口老龄化趋势，顾及现实生活中存在智力障碍者、植物人、酗酒赌博吸毒等不良行为并欠缺意思能力的特殊群体，民法典第二十一条将不能辨认自己行为的成年人规定为无民事行为能力人，第二十二条将不能完全辨认自己行为的成年人规定为限制民事行为能力人，并纳入被监护人范围，使得监护制度向任何需要被监护的社会成员覆盖。五是增加民政部门在监护中的有关职责。比如第二十七条、第二十八条、第三十一条、第三十二条、第三十四条、第三十六条，这些规定实际上是对民政部门长期以来会同有关机构在保护未成年人等合法权益方面做出有益探索的经验总结，其实质是强化民政部门代表国家履行对被监护人进行国家监护的兜底责任。

（四）规范人体基因、人体胚胎等医学科研活动和遗体捐献

民法典第一千零九条规定：从事与人体基因、人体胚胎等有关的医学和科研活动，应当遵守法律、行政法规和国家有关规定，不得危害人体健康，不得违背伦理道德，不得损害公共利益。目前，基因治疗、基因检测、胚胎干细胞及基因克隆器官等各种人体基因科技正迅速而广泛地得到应用。由于人体基因科技具有对人的出生至死亡各阶段的操控能力，一旦滥用，后果不堪设想，传统的伦理道德也面临巨大冲击。2018 年，我国基因领域发生基因编辑婴儿事件，[①] 该事件引起国内外广泛关注和热议，也引发了社会对伦理、道德、法律等各方面的思考。因此，如何防范科技滥用、促进科技利益最大化，同时用科技发展促进人类各项基本人权最大限度的实现，是各国生命伦理和法治建设的重大课题。人体胚胎，是指人的精子和未受精卵受精后所产生的胚胎，有潜力发展成为独立的生命个体，涉及到生命权问题。目前我国的人工生殖技术已经能够将体外培育的胚胎

① 主导者贺建奎在明知违反国家有关规定和医学伦理的情况下，将安全性、有效性未经严格验证的人类胚胎基因编辑技术用于辅助生殖医疗，将基因编辑过的胚胎通过辅助生殖技术移植入人体内，致使基因编辑婴儿出生。

进行冷冻，并在将来植入人体，发育成胎儿继而出生。民法典增加与人体基因和人体胚胎等有关的医学和科研活动的规定，确立了从事与人体基因、人体胚胎等有关的医学和科研活动的界限，就是“一个应当”“三个不得”，通过立法规制引导这些科研活动在科学、伦理的指引下健康有序发展。

民法典第一千零六条对完全民事行为能力人依法自主决定无偿捐献其人体细胞、人体组织、人体器官、遗体做了规定。器官移植在我国起步于20世纪60年代，近年来发展很快，通过器官移植挽救了数以万计病人的生命。目前，我国已成为世界第二大器官移植国。由于立法不配套，对器官捐赠的法律规范尚不健全，对捐赠者的权益保护并不充分，导致实践中产生了不少纠纷。在这种背景下，民法典在吸收2007年5月实施的《人体器官移植条例》相关内容基础上，对器官捐献做出专门规定。本条亮点是鼓励遗体捐献。由于遗体捐献关系到死者遗体的完整性，以及近亲属的精神利益，故要求必须取得捐献人书面同意。一是具有完全民事行为能力的自然人生前以书面形式或者有效的遗嘱形式作出同意捐献遗体的意思表示；二是生前未表示不同意捐献的，该自然人死亡后，其配偶、成年子女、父母可以共同决定捐献。共同决定捐献必须采取书面形式，且不得与死者生前明确表示的意思相反。另外，要求遗体捐献须为无偿捐献，不能通过捐献而获取经济利益，否则会导致事实上的买卖行为。

（五）鼓励自愿救助，保护人身权益，匡扶社会正气

民法典第一百八十四条规定：“因自愿实施紧急救助行为造成受助人损害的，救助人不承担民事责任。”原条文草案本来要求紧急救助行为人在有重大过失情况下造成损害需要承担民事责任的规定。但在审议中很多观点认为，这样规定不利于救助人积极实施救助行为，也不符合我国传统伦理道德。最终条文增加了“因自愿”，并删除了重大过失除外条款。这条规定鼓励没有法定义务或约定义务的公民，在情势急迫情况下对他人实施自愿救助，只要主观上是为了他人利益，就无需对救助过程中可能导致或加大的损害承担责任。此外，第六百六十条对具有救灾、扶贫、助残等公益、道德义务性质的赠与合同效力进行特殊规定。

为了解决职场、学校等单位频发的侵犯人身权益、具有伤风败俗性质的性骚扰现象，民法典第一千零一十条增加了禁止性骚扰的规定。这是我国法律首次将性骚扰界定为侵害人格权行为，明确性骚扰民事责任。本条除在第一款规定行为人承担民事责任外，还按照以人格权主义为主、兼采职场保护主义的立法模式，在第二款设定了机关、企业、学校等单位负有防止和制止利用职权、从属关系等实施性骚扰的义务。要求采取合理预防措施，受理投诉，调查处置。该条规定具有鲜明的价值宣示和行为规范功能，对妇女、未成年人等群体人身权益保护具有重要意义。

二、民法典的人本观：人格权独立

民法文化是人本文化，民法典是以人格自由为最高原则形成的私法制度，对人的关怀是民法典首要的和终极的价值取向。民法典所确立的民事主体制度，既是对人生存的确认，也是对享有权利资格的确认。[①] 从一定意义上说，民法的本质是人法。因为财产终归是由人来支配、为人的需求和利益服务的。罗马法中的人法规定，自然人的人格由自由权、市民权和家庭权三种权利构成。近代资本主义民法虽然也重视人，重视人的自由和价值，贯穿人本主义哲学伦理，但客观地说，对自然人身份关系的重视高于对自然人人格关系的重视。因此，在法国民法典、德国民法典、瑞士民法典、日本民法典等西方民法典中，我们可以发现发达的亲属法、继承法规则，但很难找到体系化的、独立的人格权制度，甚至一些重要的人格权也没有涉及。[②] 而且，无论是罗马法规定的“人格减等”，还是法国民法典规定的、直到20世纪70年代才废除的丈夫家长制，意大利19世纪民法典对非天主教徒和犹太人的限制，[③] 以及美国基于种族歧视对黑人、少数族裔法律权利的限制，事实上使自然人的人格处于不平等、不独立地位，民

---

① 钟瑞栋：《社会主义核心价值观融入民法典编纂论纲》，载《暨南学报（哲学社会科学版）》2019年6月，总第245期。

② ［德］迪特尔·梅迪库斯：《德国民法总论》，法律出版社2000年版，第1037页。

③ 徐国栋：《比较法视野中的民法典编纂（一）》，北京大学出版社2007年版，第38页。

法中的人格权体系独立更是无从实现。

我国制定民法通则时，人身权被置于财产权之后规定，且内涵规定太过简略。经过30多年社会经济的发展进步，人的自由、尊严、价值、荣誉等越来越受到重视、关注、保护。在民法学理论上，构建了由生命权、健康权、姓名权、自由权、身体权、隐私权等组成的自然人人格权制度。王利明教授指出，通过将人格权和侵权责任独立成编，有利于克服潘德克顿体系的“重物轻人”的体系缺陷。① 进一步说，人格权的现代发展，不仅仅是在法典中自成一体以满足形式理性的需要，更重要的是人格权从传统民事权利体系中分离出来形成独立的民事权利，并正在形成一套特有的权利确认、权利救济、权利保护体系。民法典总则在开篇之章“基本规定”第三条将包含人格权的人身权利放在财产权利之前；在总则第五章民事权利部分把人身权条款前置，并明确规定自然人的人身自由、人格尊严受法律保护；在第四编专设人格权编，对民事主体的生命权、身体权、健康权，姓名权和名称权，肖像权，名誉权和荣誉权、隐私权和个人信息，以及人身自由、人格尊严等进行体系化规定。

（一）人格权独立的意义

1. 将党的十九大报告提出的“保护人民人身权、财产权、人格权”重要论述和宪法规定在民法典中予以贯彻体现。人格权独立，符合执政党以人民为中心的发展理念，顺应了新时代人民群众对人格尊严、人格权保护的迫切需求，满足人民群众对美好生活的向往，鲜明体现了民法典的中国特色。我国宪法明确规定了“国家尊重和保障人权”的基本原则，为民法典规定人格权制度提供了宪法依据。人格权权利独立、体系单独成编，是我国民法典的重大制度创新，彰显了民法典的人民立场和人文关怀，是在私法领域落实宪法尊重和保障人权的重要体现。

2. 有利于构建人格权、物权、知识产权、债权等构成的完整的民事权利体系。人格权编系统总结和吸收了民法通则、侵权责任法、民法总则等

---

① 王利明：《民法的人文关怀》，载《中国社会科学》2011年第4期。

法律的立法经验，总结和吸收了人民法院的司法解释、司法政策、典型案例所反映的司法原则、裁判规则、价值导向，构建了完整的民事权利体系。"列举+兜底"条文表述体现了人格权保护的全面性、开放性、包容性。采用继受于德国法学理论和法院判例并得到我国学界认可的"一般人格权+具体人格权"立法主义，[①] 为最终建立起以人为中心的现代私法制度奠定了基础。

3. 有助于维护社会核心价值和民族精神。人格权独立是传承中华民族核心价值、彰显民族精神的重要依托，体现了对核心价值、民族精神的维护。近年来，出现了一些编造英雄人物"劣迹"、搞所谓"解谜"历史真相的谣传现象。杜撰者们不仅损害了这些英雄烈士亲属的人格权，而且还严重损害了民族精神，伤害了广大人民群众的感情，损害了国家利益、社会公共利益。人格权独立，奠定了我国人格权保护的法律体系，有助于依法制裁这些侵权人的违法行为。

4. 有利于促进人格权的司法保护。尽管有学者认为，以权利法思维制定的人格权编，既不能作为行为规范，也不能用作裁判规范。[②] 但自民法通则规定人身权以来，事实上人格权的法律规范、司法解释发挥了行为规范、裁判规范作用。随着人格权纠纷案件数量逐年攀升，特别是近十年来的迅速增长，人民法院审理了大量人格权纠纷案件。民法典人格权编用6章51条详细规定人格权的内容、权利边界、行使方式、保护规则，特别是完善了人格权请求权基础规范，能够为法官处理人格权纠纷案件提供更为明确的裁判依据，有利于更好地实现裁判规则和裁判尺度的统一。

（二）隐私权和个人信息的条款含义与适用规则

民法典人格权编第六章专门规定"隐私权和个人信息保护"。隐私权有2个条款（第一千零三十二条、第一千零三十三条），个人信息有6个条款（第一千零三十四条至第一千零三十九条）。这些规定丰富了民事权利体

---

① ［德］迪特尔·梅迪库斯：《德国民法总论》，法律出版社2000年11月版，第45页。

② 梁慧星：《民法典编纂中的重大争论——兼评全国人大常委会法工委两个民法典人格权编草案》，载《甘肃政法学院学报》2018年第3期。

系和人格权内涵，回应了网络时代的私权保护需求，具有网络时代的立法特征，为民事裁判提供了规范支持，在我国民事立法史上具有开创性意义。

从发展脉络来看，适应以线下交易为基本交易形态的传统工业社会情况，隐私权和个人信息一开始就具有内在联系。隐私权主要体现在名誉权中，个人信息权又主要体现为隐私权。狭义上的隐私权又称个人生活秘密权，是自然人为了维持正常生活和精神安宁，对其身份信息、财产状况、生活经历、个人资料等私人信息享有不愿公开或让他人知悉的权利。① 民法通则确立了保护人格尊严的法律原则，但尚没有明确隐私权概念。《最高人民法院关于贯彻执行〈中华人民共和国民法通则〉若干问题的意见（试行）》第140条首先提出隐私概念，但将其归入名誉权范畴。其后另外一个关于确定民事侵权精神损害赔偿责任的司法解释，开始将隐私权从名誉权中分离出来作为一项独立的人格权。民法典编纂进行了制度创新，继受司法解释做法，将隐私权从名誉权中分离出来，并与名誉权等其他具体人格权并列规定，将侵扰他人私人生活安宁、私密空间、私密活动、私密部位、私密信息等非法行为规定为侵犯隐私权行为。考虑到传统上个人信息属于隐私权一部分，具有不可分离性，民法典将个人信息与隐私权进行集中、交叉规定，并设置了一条竞合适用规则：个人信息中的私密信息，适用有关隐私权的规定；没有规定的，适用有关个人信息保护的规定（第一千零三十四条第二款）。

鉴于信息资源是人类社会信息活动中产生和积累的以信息为核心的具有使用价值和交换价值的物，已经成为新的民事权利客体，民法典专门确认个人信息的客体属性并予以保护。在立法技术上采取了总分结合模式：总则编第一百一十一条设置了一个总括性条款，规定自然人的个人信息受法律保护；在人格权编用6个条文分别规定个人信息定义、收集和处理个人信息的原则和要求、个人信息被收集者和收集者的权利义务等内容，将

① 广义上的隐私权包括通信秘密权与个人生活秘密权。通信秘密权是自然人对其信件、电报、电话内容所享有的保密权，未经其本人允许不得非法公开。我国《宪法》第四十条明文规定保护通信秘密权。

自然人的姓名、出生日期、身份证号码、生物识别信息、住址、电话号码、行踪信息等纳入个人信息保护范围。

理解与适用民法典关于隐私权和个人信息保护的规定，应当把握以下规则：首先，对隐私信息不得进行商业化使用。包括不得违反法律规定或出于商业目的，利用互联网技术，非法侵入私人空间，非法获取、处理私人信息，非法干扰私人生活安宁。对自然人通信秘密，要严格遵守《网络安全法》《邮政法》《计算机信息网络国际互联网安全保护管理办法》等法律中关于用户信息严格保密、通信自由和通信秘密保护制度。

其次，严格对特殊主体的个人信息保护制度。法律对特殊主体的保护规则，往往超越于一般隐私权范围，特别强调从公序良俗角度提供保护。比如，未成年人保护法规定，任何组织和个人不得披露未成年人的个人隐私；对未成年人的信件，任何组织和个人不得隐匿、毁弃。妇女权益保障法规定，禁止用宣扬隐私等方式损害妇女的名誉和人格。此外，还有对残疾人、老年人、英雄人物、犯罪青少年等有关个人信息的诸多法律规定。

最后，允许对个人非隐私信息进行合法、正当的商业化使用。在数字经济时代，个人信息逐渐具备独立性，部分内容具有公开性，而区别于传统隐私权。个人信息经过存储、搜寻、开发、机器学习和算法处理后，出现了商业化特征，在法律上具有财产属性，在经济上具有交易价值。因此，个人信息已经超越了传统人格权范畴，构成企业和客户之间经济交易关系的内容，成为互联网等企业通过二次开发、三次开发创造经济价值的重要数据资源。[①] 按照欧盟2016年《通用数据保护条例》所提出的，覆盖大多数利用个人信息进行大数据分析活动的画像概念，商业组织可以通过自动化方式，由数据、算法或机器学习反映出客户个人偏好、经济状况

① 世界经济论坛2014年将个人信息区分为自己提供的个人信息、被观察到的个人信息、推测的个人信息。这种分类是基于物联网的兴起，大部分数据是在机器与机器之间的自动化交易而被动收集，个人主动提供的数据比例下降。被观察到的个人信息很多是个人不知悉的，其所有权、处分权实际上转移给了最初收集信息的机构。而推测到的个人信息是由计算机分析、机器学习所创造出来的、脱离了个人控制的独立信息类型，这类信息实际上是商业组织基于其拥有知识产权的技术而生产出来的新型财产。

等，以收集处理用户个人数据并进行商业利用，特别是进行精准营销。但是，对个人非隐私信息的商业化使用，必须符合正当性目的，不得违背公序良俗。可以掌握两个标准，一是普通人标准。即在普通人看来，这些信息不能公开，一旦公开会造成不安全感；二是明示同意标准。即可以公开什么信息，以什么方式公开这些信息，公开信息是否要支付对价，应当取得当事人的明确授权同意。

三、民法典的自然观：绿色原则

文艺复兴晚期开始出现的“控制自然”观念与新兴的以追求财富为目的的资本主义精神一起构成工业文明时代的意识形态。资本主义在征服自然和统治自然观念驱使下，其法律制度纵容对物的无限开发与利用。所有权绝对、契约不受干预的自由虽然具有时代进步性，但实际上也是早期民法典漠视自然的反映。从理念上来说，传统民事法律制度注重保护主体的人身和财产权利，忽视主体的环境性权利；注重环境资源的经济价值，忽视生态价值。由于资本主义将人类利益看作是调节人与自然关系的根本尺度，造成人类对大自然无节制的征服、支配和掠夺，导致严重的环境污染和生态破坏。随着环境问题的恶化，人的生存环境已经面临污染和破坏的严重威胁时，对人的主体关怀必须扩大到人与自然的关系。①

汲取资本主义经济发展教训和对我国几十年来片面追求GDP导致生态环境急剧恶化的反思，党的十八届五中全会提出创新、协调、绿色、开放、共享“五大发展理念”。党的十九大报告强调，建设生态文明是中华民族永续发展的千年大计，必须树立和践行绿水青山就是金山银山的理念，坚持节约资源和保护环境的基本国策，像对待生命一样对待生态环境，实行最严格的生态环境保护制度。节能减排、保护环境已深入到国家和社会生活方方面面，对很多民事行为的评判都直接或间接地涉及到经济

① 刘长兴：《环境权保护的人格权法进路——兼论绿色原则在民法典人格权编的体现》，载《法学评论》2019年第3期。

发展与环境保护平衡问题，司法机关在探索建立环境修复、惩罚性赔偿、环境公益诉讼等方面也积累了一些经验。为此，民法典总则编创设了“绿色原则”，并在各分编予以系统贯彻，从而形成了“原则+规则”的完整规范体系。

民法典第九条规定，民事主体从事民事活动，应当有利于节约资源、保护生态环境。该条以可持续发展理念、绿色发展理念为指导，传承我国天地人和、人与自然和谐共生的优秀文化，确立绿色原则，构建生态时代人与自然和谐相处的新型关系，成为我国民法典一大亮点。回应了人民群众对清新空气、干净饮水、安全食品、优质环境的需求，对促进生态文明建设，形成绿色发展方式和生活方式，建设美丽中国，为人民创造良好生产生活环境，为全球生态安全作出贡献具有重大现实意义。据不完全统计，目前已有24个国家的宪法写入了可持续发展理念，一些国家在其宪法、环境保护基本法或司法判例中确认环境权或体现保护公民环境权的内容。德国、瑞士、荷兰民法典修订，越南新颁布民法典，都增加了有关环境保护的内容。“绿色原则”系统性写入中国民法典，开世界民事立法之先河，为世界生态文明建设贡献了“中国方案”。

绿色原则适应了可持续发展理念支配的“现代人类中心主义”的环境伦理观，为在民事活动中正确处理人与环境的关系提供了原则指引和制度框架，为利用私益或公益诉讼制度、民事责任制度依法制裁破坏生态环境的行为奠定了法律基础。未来还有可能以此为基础发展出环境人格权概念，克服传统民事权利体系未考虑环境污染而导致的相关权利缺失问题，将人的基本价值放在优先保护地位，将环境权特别是环境享有权纳入法律保护体系，避免司法裁量可能遇到的困难和争议。①

民法典对绿色原则的规范表达主要集中在三个方面。其一，将节约资源、保护生态作为物权规则。在物的归属方面，民法典新增了添附的规定

---

① 刘长兴：《环境权保护的人格权法进路——兼论绿色原则在民法典人格权编的体现》，载《法学评论》2019年第3期。

（第三百二十二条），明确了在没有约定、法律没有规定情况下，可以按照充分发挥物的效用等原则确定。这种所有权归属方式有利于节约资源、避免物的浪费。在物的利用方面，规定不动产权利人不得违反国家规定弃置固体废物，排放水污染物、噪声、光辐射等有害物质（第二百九十四条）；用益物权人行使权利应当遵守合理开发利用资源、保护生态环境的规定（第三百二十六条）；业主相关行为应当符合节约资源、保护生态环境的要求（第二百八十六条）等。其二，将绿色原则融入合同规范中。比如，在合同履行环节，规定对没有通用包装方式的标的物，采取足以保护标的物且有利于节约资源、保护生态环境的包装方式（第六百一十九条）；在合同终止环节，规定合同终止后当事人应当根据交易习惯履行旧物回收等义务（第五百五十八条）；在典型合同中，规定标的物有效使用年限届满后应予回收的，出卖人负有回收的义务（第六百二十五条）；用电人应当安全、节约和计划用电（第六百五十五条）等。其三，明确环境污染和生态破坏责任。民法典在侵权责任法环境污染责任基础上，新增规定了生态破坏责任，用7个条文系统规定了环境污染和生态破坏责任，这是绿色发展理念在民法典各编最直接、最集中的体现。为增强绿色原则的刚性约束、维护社会公共利益，民法典规定了违反国家规定故意污染环境、破坏生态的惩罚性赔偿制度，在责任形式上增加了生态环境损害的修复和赔偿规则，使这绿色原则具有巨大的强制性和威慑力。

民法典的上述规定，贯彻了十八届三中全会决定提出的“对造成生态环境损害的责任者严格实行赔偿制度”的要求，也是对中办、国办2017年12月发布的《生态环境损害赔偿制度改革方案》中有关改革成果的法律化巩固，更是吸收了两高推进环境损害赔偿公益诉讼试点制定的司法解释、各级法院积累的裁判规则。鉴于生态环境损害赔偿制度是一个崭新的制度，还需要在比较与借鉴的基础上，对标民法典规定进一步修改完善相关司法解释，解决实体与程序上的诸多疑难问题。①

① 陈爱武、姚震宇：《环境公益诉讼若干问题研究》，载《法律适用》2019年第1期。

四、民法典的物权观：所有权实质平等

所有权是其他物权的基础，所有权制度是民法物权制度的基石。千百年来，民事立法一直致力于实现民事主体的法律地位平等、财产所有权平等。但是，建立在私有制基础上的民法从来没有实现过实质意义上的平等。罗马法虽然建立了自由民在私法范围内形式上的平等，但由于没有授予奴隶法律人格，奴隶不但不能成为权利主体，反而被视为权利客体，成为奴隶主所有和支配的财产。

法国民法典确认了个人财产所有权原则，几乎三分之一的条文从不同角度保护私有制不可侵犯，维护大革命成果。① 确认了资产阶级和农民占有贵族和教会土地财产的合法性；否定封建特权，确立了资产阶级自由、平等原则。通过确立绝对的个人私有制，为工商业的自由发展提供了法治保证。但是，法国民法典的局限性在于，一是所有权的绝对性本身就妨碍了其他人正常的合法权益，形成新的不平等。如第五百五十二条规定土地所有权包含该地上空和地下的所有权，所有人得在地上从事其认为适当的种植或建筑等内容，就对相邻关系权益和社会公共利益构成侵害。二是在剥夺封建所有权和原始积累过程中赚取了巨额财富的大地主、大资本家，与在工业革命时期沦为赤贫的无产阶级，形成了新的财产所有权不平等。这种起点和过程的不平等，是与私有制相适应的民法典自身无法解决的。因此，从本质上说，法国民法典重在维护富人们在生产资料方面取得的胜利成果。

德国民法典所有权制度的弊端更为明显。其一，德国统治阶级由软弱的资产阶级与当权的容克贵族阶级组成，他们并不希望通过编纂民法典实现深刻的社会变革，也不希望用民法典改变私法方面的各种关系，只是想通过民法典统一各邦的法制，以加强帝国在政治上的统一。其二，德国民

① 例如第五百三十七条规定："私人得自由处分属于其所有的财产"；第五百四十四条规定："所有权是对于物有绝对无限制地使用、收益及处分的权利。"

法典在第三编物权法中保留了封建土地制度、封建财产制度的残余。比如直接保留了日耳曼封建法中的某些物权制度，允许州法中的某些物权继续有效。封建社会所盛行的先买和买回两种制度，都为德国民法典所保留。其三，德国民法典对所有权施加的诸多限制，虽然与法国民法典相比是一种与时俱进，但像第九百零五条、第九百零六条的规定，① 显然是保护日益发达的产业资本家和大企业家的利益，对小资产阶级、普通大众不利。而在20世纪30年代纳粹党执政时期，还以社会所有权思想为据无偿征收个人所有财产特别是土地。②

我国民法典秉持执政党以人民为中心理念，既借鉴了西方民法典形式平等原则的合理性因素，又更加注重实现民事主体实质上的平等，并遵循个人主义与社会主义、团体主义协调发展的现代物权思想进行制度设计。民法典第二条明确规定，民法调整平等主体的自然人、法人和非法人组织之间的人身关系和财产关系。第四条强调，民事主体在民事活动中的法律地位一律平等。在物权编的具体规范中，更是将平等作为物权法律制度的基础，物权当事人的法律地位，物权关系的设立、变更、终止，物权权利的行使与保护，无不贯穿着平等的精神内核和价值理念。所有权的实质观念，在以下方面通过有关条款进行了规范表达。

（一）将国有企业作为平等的市场主体

如所周知，新中国成立以来，受苏联经济模式影响，我国长期实行计划经济体制，由此培育和形成了国有经济、国有企业为核心和主导的经济模式。这种模式在经济不发达、不开放阶段，对集中资源发展经济、满足国计民生需要是非常必要的。但在改革开放以后，随着市场经济的发展壮大，各种所有制经济的成长，以及中国经济融入世界经济，国有企业一家独大、排斥私有经济成分的经济体制已经不合时宜。为此，改革开放40多年来，党和国家持续推进国有企业改革，国有企业事实上已经成为遵循

---

① 杜景林、卢谌：《德国民法典——全条文注释》（下册），中国政法大学出版社2015年版，第723页。

② 陈华彬：《物权法原理》，国家行政学院出版社1998年版，第210页。

市场规则、平等参与竞争的市场主体。国有经济目前主要分布在关系国家安全和国民经济命脉的重要行业和关键领域，在一般竞争性行业的国有经济只占较小份额。在这样的宏观背景下，民法典编纂时，在立法观念上将国有企业作为平等的市场主体，鼓励各种所有制经济公平竞争、共同发展。随着财产权平等保护原则的确立，国家所有权、集体所有权、私人所有权的法律地位的差异逐渐缩小，区别不同主体的所有权制度的规范意义逐渐丧失。①

（二）保障各种市场主体平等法律地位和发展权利

民法典按照党的十九届四中全会决定的最新表述规定，国家坚持和完善公有制为主体、多种所有制经济共同发展，按劳分配为主体、多种分配方式并存，社会主义市场经济体制等社会主义基本经济制度（第二百零六条第一款）。民法典既强调国家巩固和发展公有制经济，又申明鼓励、支持和引导非公有制经济的发展，保障一切市场主体的平等法律地位和发展权利（第二百零六条）。平等不仅是主体法律地位平等，还包括发展权利的平等。为此，民法典物权编通过进一步完善担保物权，给各类市场主体提供更加宽松的制度环境，为优化营商环境提供法治保障。比如，扩大担保合同范围，明确融资租赁、保理、所有权保留等非典型担保合同的担保功能，增加规定担保合同包括抵押合同、质押合同和其他具有担保功能的合同（第三百八十八条第一款）。删除有关担保物权具体登记机构的规定，为建立统一的动产抵押和权利质押登记制度留下空间。简化抵押合同和质押合同的一般条款（第四百条第二款、第四百二十七条第二款）。明确实现担保物权的统一受偿规则（第四百一十四条）。

（三）平等保护国家、集体、私人和其他权利人的物权

民法典为产权保护提供有力的制度支撑。改革开放以来，人民群众的财产性收入与日俱增，很多企业家、个体经营者积累了大量合法财产。无论是国家还是集体、企业还是个人，无不重视产权获得法律保护。最近几

① 柳经纬：《民法典编纂的历史印记》，载《河南财经政法大学学报》2019 年第 3 期。

年来，党中央采取了一系列保护产权特别是民营企业产权的措施，保护各种所有制经济产权和合法利益，坚持权利平等、机会平等、规则平等。在物权领域，安全是物权法中的首要价值和核心目标。[①] 民法典充分贯彻产权平等保护精神，对物权法律制度予以完善，明确规定国家、集体、私人的物权和其他权利人的物权受法律平等保护，任何组织或者个人不得侵犯。在司法实践中，恪守平等理念，就要不论国企民企、内资外资、大中小微企业，一视同仁、依法保护。此外，为鼓励经济发展，民法典第四百零一条适当放松了流押禁止的规定，第四百零六条明确了抵押物转让规则，第四百一十六条为非典型担保预留了空间。

（四）在财产流转领域，民法典保障各类市场主体平等行使契约自由和合同权利

合同制度是市场经济的基本法律制度。尊重契约自由，维护合同效力，是法治化营商环境的基本要求。民法典合同编强调合同自由原则，规定依法成立的合同，受法律保护，并对合同效力、合同履行、违约责任等做了全面系统规定，不少条款为新增制度。一是进一步创新和完善合同效力规则。第五百三十三条新增了情势变更原则、明晰了合同变更和解除规则；第六百八十条明确禁止高利贷、借款的利率不得违反国家有关规定，切实规范市场秩序。二是进一步鼓励交易。比如，限缩无效合同范围，规定因未办理批准合同未生效的，不影响合同中履行报批义务条款的效力（第五百零二条）；明确认可预约合同的效力，规定不履行预约合同约定的订立合同义务的，需承担违约责任（第四百九十五条）。三是新增规定保证合同、保理合同、合伙合同等典型合同。保证合同作为常用增信手段，对于交易的促成和顺利完成意义重大；保理合同旨在规范保理行业的交易秩序，助力缓解中小微企业融资难、融资贵等问题；合伙合同为合伙行为提供基本遵循，有利于规范投资、经营活动。四是修改完善赠与合同、融资租赁合同、建设工程合同、技术合同等典型合同，适应经济社会发展需要。

① 朱虎：《物权法自治性观念的变迁》，载《法学研究》2013年第1期。

第四编

人 格 权

概 述

《民法典》编纂的最大亮点之一，是将人格权独立成编（第四编），在本编列举了民事主体享有的生命权、身体权、健康权、姓名权、名称权、肖像权、名誉权、荣誉权、隐私权等一系列具体人格权，还兜底规定了自然人享有基于人身自由、人格尊严产生的其他人格权益，即一般人格权。本编是在《民法典》总则编民事权利部分将人格权作为新型权利类型与身份权、财产权和其他民事权益并列作出规定的基础上，独立进行体系化展开，构筑完备的人格权保护体系，与侵权责任编形成互补。

人格权独立成编，具有重要意义。一是将党的十九大报告指出的“保护人民人身权、财产权、人格权”重要论述在民法典中予以贯彻体现。民法文化是人本文化，《民法典》是以人格自由为最高原则而形成的私法制度，对人的关怀是《民法典》首要的和终极的价值取向。作为人格权领域的基础性法律规定，《民法典》人格权编是贯彻落实党中央关于人权保障的重要举措，是贯彻落实宪法关于“国家尊重和保障人权”及有关人格权规定及其精神的必然要求，特别是贯彻落实党的十九大和十九届二中全会明确提出关于“保护人民人身权、财产权、人格权”的要求。人格权独立成编，符合以人民为中心的发展理念，顺应了新时代人民群众对人格尊严、人格权保护的迫切需求，彰显了《民法典》的人民立场和人文关怀，满足人民群众对美好生活的向往。人格权独立成编，既是新中国人权发展成果的立法体现，也是民法发展世界趋势的立法回应，代表了民法发展的未来。

二是有利于弘扬社会主义核心价值观。社会主义核心价值观是民族精神的高度凝练，是中国特色社会主义法治的价值内核，是坚持中国特色社会主义法治发展道路的基本遵循。《民法典》第 1 条将弘扬社会主义核心价值观作为立法宗旨，体现了立法对民族精神的重视，是对习近平总书记所强调的用法律推动社会主义核心价值观建设的贯彻落实。人格权独立成编是传承彰显民族精神的重要依托，体现了对社会价值、民族精神的维护，有利于强化对人身自由、人格尊严的保护，更好地把社会主义核心价值观融入法治建设之中。

三是有利于构建由人格权、物权、知识产权、债权等构成的完整的民事权利体系。《民法典》将人格权作为重要民事权利与民事主体制度相区分，在民事权利中将人格权与身份权、财产权和其他民事权益并列作出规定，并在分编中具体展开规定。《民法典》总则编规定的身份权对应的是婚姻家庭编，物权对应的是物权编，债权对应的是合同编与侵权责任编，继承权对应的是继承编，知识产权有单独的知识产权单行法，股权等权利有《公司法》《证券法》等法律相对应。上述六种权利类型都有相应的一编或者单行法律来规定。人格权编放在《民法典》分则之中，就使总则对民事权利体系的规定与分则之间构成圆满、完整的逻辑结构，相互协调、衔接，不存在逻辑上的残缺和不足。①

四是有利于促进人格权的司法保护。自《民法通则》首次规定人身权以来，人格权纠纷的案件数量逐年攀升，特别是近十年来增长迅速。为强化对人格权的保护，最高人民法院颁行了有关司法解释，如《关于确定民事侵权精神损害赔偿责任若干问题的解释》（以下简称《精神损害赔偿解释》）、《关于审理人身损害赔偿案件适用法律若干问题的解释》（以下简称《人身损害赔偿解释》）等。人格权编所规定的人格权的内容、权利边界、行使方式、保护规则，充分吸收了司法解释行之有效的内容，完善了人格权请求权基础规范，为法官处理人格权纠纷案件提供更为明确的裁判依据，有利于保障裁判规则和裁判尺度的统一。

---

① 参见杨立新：《民法典人格权编草案逻辑结构的特点与问题》，载《东方法学》2019 年第 2 期。

人格权编系统总结和吸收了《民法通则》《侵权责任法》《民法总则》(以上三个法律文件及其他已被《民法典》明文废止的民事单行法现均已失效，下文不再赘述）等法律的立法经验，总结和吸收了人民法院的司法解释、司法政策、典型案例所反映的司法原则、裁判规则、价值导向，构建了完整的人格权民事权利体系。本编共6章，51条，包括：一般规定，生命权、身体权和健康权，姓名权和名称权，肖像权，名誉权和荣誉权，隐私权和个人信息保护。

第一章　一般规定

第九百八十九条　本编调整因人格权的享有和保护产生的民事关系。

【条文主旨】

本条是关于人格权编调整对象的规定。

【立法要点及理由】

一、人格权的概念和特征

人格权是由法律确认或赋予民事主体享有的具有人格属性、以人格利益为客体的人身权利。人格权包括一般人格权和具体人格权。一般人格权包括人格自由权、人格尊严权。具体人格权包括生命权、身体权、健康权、姓名权、名称权、肖像权、名誉权、荣誉权、隐私权等权利。

人格权具有以下法律特征：

1. 人格权是民事主体的基本权利

人格权是民事主体对其特定的人格利益享有的权利，关系到人格自由与尊严，是民事主体最基本、最重要的权利，是公民行使其他一切权利的前提和基础。人既具有自然属性，也具有社会属性，人的生存包括自然生存和社会生存。人格权是民事主体的固有权利，人格权的获得不是依一定的法律事实而是依人的出生，一旦自然人出生、法人成立，就依法享有人格权；人格权与民事主体共始终，自然人、法人只要具有法律上的人格，在社会上存在，就享有人格权，既不能因某种事实而丧失，也不能基于某种原因而被剥夺。

2. 人格权属于人身权

人身权是不直接体现财产内容的一种民事权利，包含人格权和身份权。人格权的客体是人格利益，保护的是人之所以为人的人格，而不是亲属之间的身份地位和利益。身份权是民事主体基于一定行为或相互关系所产生的民事权利，以身份利益为客体，主要包括配偶权、亲权、亲属权（监护权）、知识产权中的身份权（著作权、发明权、专利权、商标权等）。人格权以维护自然人、法人的法律人格为其基本功能。身份权的法律作用是维护以血缘关系等组成的亲属团体中人的特定地位及相互之间的权利义务关系，维护自然人对某种具有身份关系的支配关系。身份关系同民事主体的社会属性、社会身份和社会地位紧密联系在一起。人格权与身份互为依存，人格权不能脱离身份而存在，身份反映人格利益。

3. 一般人格权仅自然人所享有

一般人格权相对于具体人格权而言，为自然人所享有。法人、非法人组织不享有一般人格权。一般人格权是以人身自由和人格尊严为内容的权利，既对具体人格权有概括作用，又是一项独立的民事权利，是人身权中具有抽象意义和典型性的基本人格权。相对于具体人格权，一般人格权规定是法律上的"一般条款"，通常赋予法官较大的自由裁量空间。从法律适用规则看，如果有具体条款可适用，应当先适用具体条款，而不能直接引用"一般条款"。否则，有可能导致法官自由裁量空间过大，裁判规则不统一，缺少可预期性。《民法典》人格权编第1002条还特别规定了"生命尊严"这一具有丰富内涵的概念，可以此为基础进一步强化对人体基因、胚胎、胎儿、植物人等不同生命形态的保护。

二、近代西方民法典中的人格权

近代民法典以罗马法为参照，仍以财产法为中心构建。1804年《法国民法典》有174个条文规定了继承，194个条文规定了婚姻，20个条文规定了共有不动产的分界，然而却没有人格权的概念。《法国民法典》没有使用“人格”二字，人格被隐寓于民事权利中。第8条规定“所有法国人都享有民事权利”。关于《法国民法典》不规定人格，有两种解释：一是法国大革命提出的天赋人权，不仅包括公权也包括私权。《人权宣言》宣示，“在权利方面，人们生来是而且始终是自由平等的”，在公法上人们享受的是“自由、财产、安全和反抗压迫”的权利，在私法上要求生物上的人就是法律上的人，这种民事权利是不证自明的，是天赋而自然的权利。《法国民法典》不规定人格，是因为“人的法律地位由1789年法国《人权宣言》直接加以规定”，《法国民法典》第8条不过是前述规定在私权领域内必要的具体重申。二是当时以维护人格尊严思想为基础的人格权概念尚未产生，它直到康德的伦理主义哲学将人类尊严与法律人格概念结合之后才有可能出现。

《德国民法典》关于人格的规定体现在两个条款。一是该法典第12条规定，“权利人的姓名使用权为他人所争执或权利人的利益因他人不经授权使用同一姓名而受到侵害的，权利人可以请求该他人除去侵害。有继续受侵害之虞的，权利人可以提起不作为之诉”。这是关于姓名权这种具体人格权的规定。二是该法典第823条第1款规定，“因故意或者有过失地不法侵害他人生命、身体、健康、自由、所有权或者其他权利，负有向该他人赔偿因此而发生的损害的义务”。该规定是从侵权损害赔偿角度作出的。后来，德国法院创造了“一般人格权”。

1907年《瑞士民法典》对人格权作了规定，该法典从第27条起规定了部分人格权，包括身体完整权、名誉权、隐私权等。当代民法典普遍规定了人格权。比如，1991年《魁北克民法典》规定了某些特定的人格权，如身体完整的权利、名誉权与隐私权、对遗体的尊重、姓名权等。[①] 1994年修订后的《法国民法典》规定了尊严和身体完整权等人格权。2011年《罗马尼亚民法典》规定了生命权、健康权、身体和精神完整权、尊严权、

① 徐国栋主编：《魁北克民法典》，孙建江、郭站红等译，中国人民大学出版社2005年版，第2~7页。

肖像权等。在人格权的发展中，隐私权概念一直如影随形，逐渐独立出来。美国学者沃伦（Wallen）和布兰代斯（Brandeis）于1890年在其《论隐私权》一文中将隐私界定为一种“免受外界干扰的、独处的”权利。现代学者将隐私的内涵扩大到信息隐私、空间隐私以及自决隐私等领域。

三、我国人格权立法沿革

《宪法》第37条至第40条的规定，构成了以人身自由为基础，以人格尊严为核心，住宅权利、通信自由和通信秘密等相关权利为支撑的宪法规范，表明公民的人身自由、人格尊严、住宅不受侵犯，通信自由和通信秘密受法律保护。我国民事立法、其他法律与司法解释不断完善人格权保护制度。1986年通过的《民法通则》专章列举了生命健康权、姓名权、肖像权、名誉权等人身权利，其中第101条规定“公民、法人享有名誉权，公民的人格尊严受法律保护，禁止用侮辱、诽谤等方式损害公民、法人的名誉”，将人格尊严置于名誉权保护之中，首次在民事法律规范中对公民的“人格尊严”作出规定。《侵权责任法》第2条第2款规定：“本法所称民事权益，包括生命权、健康权、姓名权、名誉权、荣誉权、肖像权、隐私权、婚姻自主权……”随着我国人权事业的不断发展，相关法律对我国公民的政治、经济、文化、社会各项权利进行确认，提供保障。《未成年人保护法》《残疾人保障法》《国防法》《执业医师法》等多部法律对未成年人、残疾人、军人、执业医师等的人格尊严作出保护规定。2005年8月，第十届全国人大常委会第十七次会议通过关于修改《妇女权益保障法》的决定，首次在法律中使用了“人格权”的概念，其第42条规定：“妇女的名誉权、荣誉权、隐私权、肖像权等人格权受法律保护。禁止用侮辱、诽谤等方式损害妇女的人格尊严……”2014年，全国人民代表大会常务委员会发布了《关于〈中华人民共和国民法通则〉第九十九条第一款、〈中华人民共和国婚姻法〉第二十二条的解释》，规定了姓名权的行使规则、命名规则，这对我国《民法典》人格权编完善姓名权的规则提供了规范基础。

《网络安全法》第四章专门就网络信息安全作出了规定，其中大量规定了网络运营者保护个人信息的义务，这实际上也肯定了个人对其网络信息所享有的相关权利。2012 年，全国人大常委会发布了《关于加强网络信息保护的决定》，专门就网络信息服务者等主体保护个人信息的义务作出了规定，实际上也规定了个人对其个人信息所享有的信息安全等权利。

2001 年第四次编纂《民法典》时，全国人大常委会法工委单独起草了人格权编草案，并于 2002 年底交九届全国人大常委会第三十一次会议第一次审议。2017 年 3 月通过的《民法总则》有四个条文涉及人格权保护（第 109、110、111、185 条），并将人格权规定在各项民事权利之首，凸显了人格权保护的重要意义。同时，该法第 109 条确立了一般人格权，既为人格权的兜底保护提供了法律依据，也宣示了人格权保护的意义和价值。由于《民法总则》只是笼统地规定了民事主体所享有的各项人格权，而没有对各项权利的内容、效力、行使规则等作出细化规定，因此《民法典》专门设立人格权编加以规定。人格权独立成编之后，与侵权责任编相辅相成，相互配套，共同发挥充分保护人格权的作用。[①]

【适用指南】

人格权民事法律关系由主体、内容和客体三个要素构成。

1. 人格权主体

是指在人格权民事法律关系中享有权利和承担义务的自然人、法人和非法人组织。在人格权民事法律关系中，一方为权利主体，即人格权的权利人；另一方为义务主体，即人格权的义务人。权利主体是特定的单个主体，义务主体是不特定的任何人。

2. 人格权内容

是指人格权法律关系主体享有的民事权利和承担的民事义务。民事权

① 王利明：《加强人格权立法　保障人民美好生活》，载《四川大学学报（哲学社会科学版）》2018 年第 3 期。

利是指权利主体根据法律规定，依据自己的意愿，为实现自己的人格利益而为某种行为或不为某种行为的可能性。包括：权利人根据自己的利益为一定行为或不为一定行为；要求义务人不为一定行为；在自己的人格权利遭到侵害或义务人不履行义务时，请求人民法院予以保护。民事主体享有对其人格利益的支配和实现等权能，包括人格利益的享有权、维护权、保有权、在法律规定范围内的利用权、对人格利益的控制权、处置权等。人格权的实现权能是由其支配权能决定的，但无论是支配权能还是实现权能，都必须在法律规定和公序良俗的范围内进行。正是通过这些积极权能的行使，实现了其所享有的人格利益。民事义务是义务主体为了满足权利主体实现其人格利益，而不为一定行为的必要性。人格权法律关系中的义务是不作为的义务，权利主体权利的实现不需要义务主体的积极行为协助，只要义务人不为一定行为即可。义务人不为一定行为是一种法定义务，受国家强制力约束，违反该义务就要承担相应的民事责任。

3. 人格权客体

是指人格权民事法律关系中的权利、义务所共同指向的对象。人格权的客体为人格利益。人格利益分为一般人格利益和具体人格利益，前者指自然人的人身自由和人格尊严，后者包括生命、身体、健康、姓名、名誉、隐私、肖像等个别人格利益。人格利益是人的人身和行为自由、安全及精神自由等利益。对自然人人格利益的侵害，必然造成主体精神痛苦，损害主体精神利益。包括法定的有形利益和无形利益。法定有形利益，是物质性的人格利益，即身体、健康和生命，表现为实体的物质性的人格要素，构成人的物质性存在形式。人格利益中的法定无形利益，是指这些利益不能以其外在的实体形态而感知，不是以物、行为等方式表现出来，而是体现为与人格有密切联系、没有实体形态的利益，如人格利益中的身体、健康、生命的安全，精神活动的自由与完整，作为人的尊严、荣誉都属于无形利益。人格利益既包括生者所享有的各种人格利益，也包括死者、胎儿等特殊主体的人格利益，它们都体现了现代社会中法律对人本身的关怀和对人格尊严的尊重。

第九百九十条 人格权是民事主体享有的生命权、身体权、健康权、姓名权、名称权、肖像权、名誉权、荣誉权、隐私权等权利。

除前款规定的人格权外，自然人享有基于人身自由、人格尊严产生的其他人格权益。

【条文主旨】

本条是关于具体人格权和一般人格权的规定。

【立法要点及理由】

该条在结构上包括作为具体人格权一般规定的第 1 款和作为一般人格权规定的第 2 款。一方面，该条在人格权编内部可以被理解为人格权益的一般条款，具有统摄全编的功能；另一方面，在外部体系即《民法典》各编尤其与总则编的关系中，该条可被理解为对《民法典》第 109 条宣示的价值基础的外显，贯彻了《民法典》内在体系和外在体系融贯的应有之义。[①]

一、自然人的一般人格权

一般人格权是指自然人所享有的并且决定具体人格权的一般人格利益。一般人格权是自然人平等享有的基本权利，而无论其性别、年龄、种族、籍贯、身份、职业地位、文化程度。《民法典》总则编第 109 条、人格权编第 990 条第 2 款将自然人的一般人格权概括为人身自由、人格尊严。对于未被明确规定的具体人格权类型，第 990 条第 2 款统一使用“其他人格权益”，为基于人身自由、人格尊严产生的其他各项人格权益的确认与保护预留空间。一般人格权的法律特征表现在：（1）权利主体的普遍性。自然人是一般人格权的普遍主体。（2）权利客体的高度概括性。一般人格权的客体是一般人格利益，而不是具体人格利益。一般人格利益是高度概括和抽象

① 方新军：《内在体系外显与民法典体系融贯的实现》，载《中外法学》2017 年第 3 期。

的人格利益。(3) 权利内容的广泛性。一般人格权的内容不仅包括全部具体人格权，还包括具体人格权所不包含的内容，是具体人格权内容的集合。

人身自由是指自然人在法律规定的范围内享有人身不受侵犯和自主行为的自由。广义的人身自由包括自然人的人身自由不受侵犯、自然人的住宅不受侵犯、通信自由和通信秘密受法律保护、享有婚姻自主权利等；狭义的人身自由又称为身体自由，指自然人行动自由，人身自由不受非法限制，身体不受非法搜查，不受非法逮捕、拘禁。

人格尊严是自然人基于自己所处的社会环境、工作生活环境，以及基于地位、声望、名誉、声誉等各种因素而形成的人格价值以及得到社会、他人尊重的品性。人格尊严是具有伦理性、道德性品格的权利，是自然人自尊和获得他人尊重的统一，是对个人价值和外在形象主客观评价的结合。人格尊严是一种宣誓性、包容性权利，一些其他人格权均可属于该项权利。比如，名誉权、荣誉权、隐私权等，侵害这些权利的行为实质上就是侵害人格尊严。维护人格尊严是包括《民法典》在内的法律制度的重要目标。《民法典》全面保护人格权，就是让人民生活得更有尊严。[①]

二、自然人的具体人格权

本条第 1 款列举的具体人格权，包括自然人的人格权、法人和非法人组织的人格权。从自然人的角度，按照权利客体的不同和法律保护方法的不同，人格权可以被划分为物质性的人格权和精神性的人格权两类。物质性的人格权包括生命权、身体权、健康权，是对自然人的物质表现形式所体现的人格利益设定的权利；精神性的人格权包括姓名权、名称权、肖像权、名誉权、荣誉权、隐私权等权利。揭示人格权划分的不同原理和法律保护方法，对于指导司法实践、正确适用法律，具有重要价值和方法论意义。

（一）物质性的人格权

1. 生命权

《民法典》人格权编第 1002 条和第 1005 条规定了生命权。前者是对生

---

① 王利明：《论人格权独立成编的理由》，载《法学评论》2017 年第 6 期。

命权的宣示性、保护性规定；后者是关于生命及身体、健康遭受侵害时特定机构和人员法定救助义务的规定。将生命权作为独立的人格权加以确认，对于宣示生命是最高的法益、确立生命权优先于其他人格权的规则、强化对侵害生命权的救济、明确有关机构和个人的义务和责任、将对生命权的限制法定化等，具有重大意义。① 自然人享有生命权，有权维护自己的生命安全和生命尊严。因此，生命权的实质和价值，体现为"生命安全维护权"②。

2. 身体权

《民法典》第1003条将身体权定义为"自然人的身体完整和行动自由"的权利。采用"维护身体完整说"，而未直接揭示身体权包含"支配"权能，反映了身体权的消极防御权本质。《民法典》关于身体权的保护规则主要表现为：负有法定救助义务的组织或者个人的"施救"义务；任何组织和个人不得强迫、欺骗、利诱自然人捐献其人体细胞、人体器官或其他人体组织；禁止买卖人体组织；禁止违背他人意愿，以言语、行为等方式对他人实施性骚扰。

3. 健康权

《民法典》第1004条将健康权的核心定义为"自然人的身心健康"的权利，包括身体健康和心理健康。《民法典》第1008条关于临床试验的规定，体现了关于健康权的保护规则，其中关于"书面同意"的规定是维护身体健康的应有之义，确保新药实验等活动符合自愿原则，并尊重自然人的生命健康。

（二）精神性的人格权

1. 姓名权

《民法典》第1012条规定姓名权的享有主体是自然人。由于作家、艺术家、艺人、网友等使用笔名、艺名、网名、译名等取代真名的现象较为普遍，对于具有一定社会知名度，容易被他人使用足以造成公众混淆的，

---

① 参见王利明：《人格权法研究（第三版）》，中国人民大学出版社2018年版，第255～256页。

② 参见温世扬：《我国民法典草案的完善研究》，载《政治与法律》2019年第3期。

《民法典》规定和真名一样受到姓名权的保护（第1017条）。由于姓氏体现着血缘传承、伦理秩序和文化传统，《民法典》第1015条专门规定了姓氏选择权。自然人姓氏原则上应在父亲或母亲两者之间择其一。但在不违反公序良俗的情形下，可在父姓和母姓之外选取姓氏。自然人原则上随父姓或者母姓符合中华民族传统文化和伦理观念，符合绝大多数公民的意愿和实际做法。考虑到社会实际情况，有正当理由的也可以选取其他姓氏。少数民族自然人姓氏的选择，可遵从本民族的文化传统和风俗习惯。第1016条规定，自然人决定、变更自己的姓名，应当依法向有关机关办理登记手续。民事主体变更姓名的，变更前实施的民事法律行为对其具有法律约束力。第1014条规定，任何组织或者个人不得以“干涉、盗用、假冒”等方式侵害他人的姓名权。

2. 肖像权

《民法典》第1018条第2款将肖像权定义为“在一定载体上所反映的特定自然人可以被识别的外部形象”，揭示了肖像应具备的“外部形象”“载体反映”“可识别性”等基本要素。其中“外部形象”用语表明肖像所反映的不限于自然人的面部形象，这与多数学者的主张一致。[①] 关于肖像权，该条第1款揭示了其“支配权”的属性，即“依法制作、使用、公开或者许可他人使用自己的肖像”。第1021条规定：“当事人对肖像许可使用合同中关于肖像使用条款的理解有争议的，应当作出有利于肖像权人的解释。”此条意义在于通过适用“有利解释”规则对肖像权人实行优先保护。第1019条第2款规定：“未经肖像权人同意，肖像作品权利人不得以发表、复制、发行、出租、展览等方式使用或者公开肖像权人的肖像。”第1022条规定：“当事人对肖像许可使用期限没有约定或者约定不明确的，任何一方当事人可以随时解除肖像许可使用合同，但是应当在合理期限之前通知对方。当事人对肖像许可使用期限有明确约定，肖像权人有正

① 参见王泽鉴：《人格权法：法释义学、比较法、案例研究》，北京大学出版社2013年版，第139页；杨立新：《人身权法论（修订版）》，人民法院出版社2002年版，第398页。

当理由的，可以解除肖像许可使用合同，但是应当在合理期限之前通知对方。因解除合同造成对方损失的，除不可归责于肖像权人的事由外，应当赔偿损失。”

3. 名誉权和荣誉权

《民法典》第1024条第1款对名誉权的消极防御权能作了宣示与定义，即“任何组织或者个人不得以侮辱、诽谤等方式侵害他人的名誉权”。名誉是对民事主体的品德、声望、才能、信用等的社会评价。名誉为公众对民事主体的社会评价，缺乏可支配性与可交易性，并不直接产生财产利益。名誉权作为绝对权，对其造成负面影响的行为必须依法为权利人排除。侮辱是指以暴力或其他方式贬低他人人格、毁损他人名誉的行为，包括暴力行为、语言侮辱、文字侮辱和其他方式的侮辱。① 对名誉权的侵害意味着受害方的“社会评价”因侵权行为而降低，即名誉遭受贬损，造成名誉贬损的侵害行为主要包括“事实陈述”与“意见表达”②。

《民法典》在人格权编中将信用权规定于名誉权的内容之中。第1029条、第1030条分别规定：“民事主体可以依法查询自己的信用评价；发现信用评价不当的，有权提出异议并请求采取更正、删除等必要措施。信用评价人应当及时核查，经核查属实的，应当及时采取必要措施。”“民事主体与征信机构等信用信息处理者之间的关系，适用本编有关个人信息保护的规定和其他法律、行政法规的有关规定。”

荣誉权是指民事主体对其获得的荣誉及其利益所享有的保持、支配的具体人格权。获得荣誉的主体可支配即利用、凭借自己的荣誉，参与民事活动。对于荣誉的侵害，可区分为来自授予者和来自非授予者两种类型。授予者的侵害主要是第1031条第1款所称的非法剥夺；非荣誉授予者的侵害，包括否认荣誉取得的事实、剥夺荣誉享有者的荣誉称号、声称荣誉享

① 参见王利明：《人格权法研究》，中国人民大学出版社2018年版，第490~491页。

② 参见王泽鉴：《人格权法：法释义学、比较法、案例研究》，北京大学出版社2013年版，第156页。

有者不配获得相应的荣誉，声称荣誉享有者系采取不当手段获取荣誉称号等。[①] 根据该条第 2 款的规定，如果相关机关或组织授予荣誉称号，未记载或者记载错误的，民事主体可以请求记载或更正。

4. 隐私权

《民法典》第 1032 条第 1 款明确规定“自然人享有隐私权”，并设定了其他民事主体对权利人隐私权的消极义务。该条第 2 款用“私密”来限定空间、活动、信息，定义隐私的具体含义。第 1033 条采用“具体类型 + 兜底规定”的立法模式，详细规定了侵害隐私权的 6 种侵权行为，为司法适用提供了明确、统一的裁判标准。

在个人信息保护方面，民法典第 1034 ~ 1038 条分别规定了个人信息的定义、类型、确权、解释、收集、使用边界等；明确个人信息的收集、处理适用三原则，即合法、正当、必要原则（第 1035 条）；第 1036 条是合法利益豁免机制在立法上的落实，其第 3 项是兜底和转介条款，规定“为维护公共利益或者该自然人合法权益，合理实施的其他行为”，为其他法律进入民法领域个人信息权保护体系预留了窗口，保障了立法的灵活性；明确信息主体依据个人信息权可以行使的权能体系，为信息主体如何行使权利提供了明确的指导（第 1037 条）。[②]

三、法人、非法人组织的具体人格权

1. 名称权

名称权，是法人、非法人组织依法享有的决定、使用、变更、转让或者许可他人使用自己的名称，并排除他人非法干涉、盗用、假冒及不当使用的权利。《民法典》第 1013 条规定的名称权享有主体为法人、非法人组织。一般说来，人格权以不具有直接财产因素为特征，但名称权不同，具有明显的财产因素，特别是一些老字号、老商号、名牌企业，由于其效益好、信誉高，其名称必然带来较高利润。名称权还具有可转让性。民事主

① 参见叶金强：《〈民法总则〉民事权利章的得与失》，载《中外法学》2017 年第 3 期。

② 参见张红：《民法典之隐私权立法论》，载《社会科学家》2019 年第 1 期。

体在使用名称过程中，可以依法变更自己登记使用的名称，可以是部分变更，也可以是全部变更。变更名称必须进行变更登记，其程序与设定名称相同。名称一经变更登记后，原登记的名称视为撤销，不得继续使用。

2. 名誉权、荣誉权

法人和非法人组织作为法律上拟制的人，享有名誉权、荣誉权，即对其自身属性和价值所获得的社会评价享有保有和维护的人格权。

【适用指南】

关于人格权的商业化利用

人格权的商业化利用，也称为人格要素的商业化利用，是指人格权的某些权能可以由权利人许可他人使用，在人格权遭受他人非法利用的情形下，可以请求财产损害赔偿。在市场经济条件下，人格权商业化利用现象较为普遍，特别是名人的姓名、肖像等人格标志，具有较大的商业价值，可以对商品的销售起到巨大的推动作用。一些人格权同时包含精神利益与财产利益，一些人格权益可以成为商业利用的对象。《民法典》人格权编主要从如下几个方面规定人格权商业化利用规则：一是明确哪些人格权可以成为商业化利用的对象。在法律上，并非所有的人格权益均可以成为商业化利用的对象，出于保护个人人格尊严的需要，生命权、身体权、健康权等物质性人格权，不能成为商业化利用的对象；能够成为商业化利用对象的主要是姓名权、肖像权等标表型人格权（人格权编第三章、第四章）。二是明确人格权商业化利用的方式。人格权商业化利用不得颠覆人格权的人身专属性原则，因此，人格权商业化利用的方式应当限于许可使用，人格权中的人身利益不得转让。三是完善人格权许可使用规则。人格权不同于财产权，人格权的许可使用也不能完全适用《民法典》合同编的一般规则，要按照《民法典》人格权编第993条规定进一步完善人格权的许可使用规则。

【相关规定】

《中华人民共和国宪法》第 37 条、第 38 条，《中华人民共和国未成年人保护法》第 4 条，《中华人民共和国妇女权益保障法》第 42 条

第九百九十一条　民事主体的人格权受法律保护，任何组织或者个人不得侵害。

【条文主旨】

本条是对人格权法律保护的规定。

【立法要点及理由】

人格权主体享有禁止他人对自己的人格权进行非法干预或侵害的权利。作为一种对世权，人格权可以对抗任何不特定人的非法干预，当其受到非法干预或侵害时，人格权主体有权依法请求加害人承担停止侵害、排除妨碍、消除影响、恢复名誉、赔礼道歉、赔偿损失等民事责任。在侵害个人信息利益的情形下，权利人还有权采取积极的措施要求个人信息的更正、更新等。除权利人外的任何人都负有不得妨害权利人行使权利的义务。义务人因为违反义务而妨害权利人行使权利，权利人有权请求人民法院排除妨害，并要求义务人承担责任。

一、民事主体人格权受法律保护的必要性和意义

首先，尊重与保护人权成为国际社会的共识，是现代民法关注的重心。自第二次世界大战以来，人格权作为私法的重要制度，受到各国立法机关的重视，保护人格利益的法律、法院判例迅速增多。随着人格权保护范围不断扩大，具体人格权类型也不断增多。1900 年《德国民法典》仅

规定了姓名、身体、健康和自由等具体人格权，但随后几十年来，判例和学说逐渐承认了名誉权、肖像权、隐私权、尊重私人领域的权利和尊重个人感情的权利等。美国法中虽然没有独立的人格权制度，但法院逐步发展出了民法隐私权概念。从 1968 年到 1978 年，美国国会就制定了六部法律来保护个人的信息隐私。目前至少有 10 个州的宪法明确了对隐私权的保护。随着信息技术的发展，个人信息资料也逐渐纳入隐私的保护范围。在大陆法系国家，精神损害赔偿制度也获得承认并不断完善，尽管关于精神损害赔偿的名称在各国立法上规定不一，有的规定为抚慰金，有的规定为非财产损害赔偿。英美法系国家还发展出了惩罚性赔偿制度。①

其次，保护人格权是我国现实需要和立法经验的总结。我国 1982 年《宪法》第 38 条规定："中华人民共和国公民的人格尊严不受侵犯。禁止用任何方法对公民进行侮辱、诽谤和诬告陷害。"民法不仅要尊重个人的主体地位，而且要充分保护个人的人格尊严。为此，1986 年《民法通则》第 101 条规定："公民、法人享有名誉权，公民的人格尊严受法律保护，禁止用侮辱、诽谤等方式损害公民、法人的名誉。"《民法通则》第一次以专节的形式系统全面地规定了人格权。在人民群众物质生活得到极大改善、全面依法治国战略不断推进的背景下，《民法总则》总结我国人格权保护的实践，进一步宣示人格尊严受法律保护，于第 109 条规定保护人格尊严。《民法总则》正式确认了隐私权，确认了对个人信息的保护，规定了对英雄烈士等的人格利益保护，为《民法典》编纂专门规定人格权编奠定了基础。

最后，民事主体人格权受到损害后必须通过民事机制进行救济和保护。如果仅仅在《宪法》中对生命、健康、身体、自由、尊严等规定为公民基本权利，而不在《民法典》中将其规定为民事权利类型的人格权，民法对其受到的损害就无力救济。正因如此，《民法典》第 109 条规定："自然人的人身自由、人格尊严受法律保护。"通过这样的条文，把《宪法》

① 王利明：《民法的人文关怀》，载《中国社会科学》2011 年第 4 期。

规定的公民享有的人身自由和人格尊严这两种基本权利，转化为自然人享有的人格权，使公民的人身自由和人格尊严，既能够受到国家公法的保护，又能够受到民法的保护。将人格权规定为民事权利后，就与其他民事权利类型相并列，成为民法规定的民事权利的基本类型之一，受到侵权责任制度的保护。①

二、人格权保护的立法主义

（一）比较法上的人格权保护：适用侵权法规则

从比较法的立法经验来看，在18世纪至19世纪，由于人格权还没有成为一种独立的权利，其主要受到侵权法的保护。虽然一些大陆法系国家的民法典在侵权法中对生命、名誉、姓名等人格权作出了规定，但在保护方式上都采纳了消极保护模式，且是通过列举的方式明确侵权法所保护的权益范围。《德国民法典》仅在第12条从正面规定了姓名权，其他人格利益主要通过侵权规则进行保护，如该法典第823条第1款规定了对生命、身体、健康和自由等几种人格权益的保护。而且，《德国民法典》对侵害人格权益的财产损害赔偿责任作出了严格限制，即只有在严重侵害人格权益且没有其他救济方式时才能适用。《瑞士民法典》在第28条第1款规定："人格有受不法侵害之虞者，得请求法院采取措施，以防止发生任何侵害。"我国台湾地区"民法"第195条第1项规定，"不法侵害他人之身体、健康、名誉、自由、信用、隐私、贞操或不法侵害其他人格法益而情节重大者，被害人虽非财产上之损害，亦得请求赔偿相当之金额，其名誉被侵害者，并得请求恢复名誉之适当处分"，该条除列举具体类型外，亦规定"其他人格法益"，以适应社会变迁与人格权保护之需要。

（二）我国《民法典》将人格权编权利确认与侵权责任编归责条款相结合

《民法典》总则编第120条规定了侵权请求权，即"民事权益受到侵

---

① 杨立新：《民法分则设置人格权编的法理基础》，载《中国政法大学学报》2018年第4期（总第66期）。

害的，被侵权人有权请求侵权人承担侵权责任”。《民法典》人格权编第995条规定了人格权请求权，即“人格权受到侵害的，受害人有权依照本法和其他法律的规定请求行为人承担民事责任”，并明确停止侵害、排除妨碍、消除危险、恢复名誉、赔礼道歉的请求权不受诉讼时效限制。《民法典》侵权责任编调整因侵害民事权益产生的民事关系，包括侵害人格权。侵权责任编规定的主观归责原则（第1165条、第1166条）、连带责任（第1168～1171条），侵权责任编第二章“损害赔偿”的有关规定，特别是精神损害赔偿的条款（第1183条），均构成人格权保护的归责依据。《民法典》第179条规定的责任方式也适用于人格权保护。由于侵权法主要是救济法，侧重于对人格权进行消极保护，[①] 因此必须将人格权规则与侵权法规则进行有效衔接。

1. 关于侵害人格权的财产损失赔偿

《民法典》第1182条规定，侵害他人人身权益造成财产损失的，按照被侵权人因此受到的损失或者侵权人因此获得的利益赔偿；被侵权人因此受到的损失以及侵权人因此获得的利益难以确定，被侵权人和侵权人就赔偿数额协商不一致，向人民法院提起诉讼的，由人民法院根据实际情况确定赔偿数额。在我国既往的司法实践中，法院在审理人格权侵权案件时，由于对人格财产损害的认定和举证较为困难，一般是依照《民法通则》《民法总则》《侵权责任法》的规定，偏向于对人格精神利益的保护。《民法典》的该条规定为人格财产利益救济提供了有力依据。

2. 关于侵害人格权的精神损害赔偿

《民法典》第1183条规定，侵害自然人人身权益造成严重精神损害的，被侵权人有权请求精神损害赔偿。因故意或者重大过失侵害自然人具有人身意义的特定物造成严重精神损害的，被侵权人有权请求精神损害赔偿。第996条规定，因当事人一方的违约行为，损害对方人格权并造成严重精神损害，受损害方选择请求其承担违约责任的，不影响受损害方请求精神损害赔

① 王利明：《论人格权独立成编的理由》，载《法学评论》2017年第6期。

偿。早先的民法理论认为人格不能用经济价值来衡量，所以早期侵权法不认可精神损害赔偿。现在绝大多数国家都认可精神损害赔偿，我国自《民法通则》起即明文规定了精神损害赔偿。《民法典》人格权编第996条明文规定了人格权受损害方可请求精神损害赔偿。《民法典》侵权责任编第1183条第1款规定，侵害自然人人身权益造成严重精神损害的，被侵权人有权请求精神损害赔偿。由此可看出，精神损害赔偿责任仅适用于人身权益遭受侵害的情形，其中主要是人格权益。[①] 本条将精神损害赔偿的索赔主体限定为自然人，即法人和非法人组织不享有精神损害赔偿权。《精神损害赔偿解释》对人格权的司法保护和精神损害赔偿办法规定了详细的规则。

3. 申请行为禁止令保护

《民法典》第997条规定，民事主体有证据证明行为人正在实施或者即将实施侵害其人格权的违法行为，不及时制止将使其合法权益受到难以弥补的损害的，有权依法向人民法院申请采取责令行为人停止有关行为的措施。传统上，我国人格利益救济和保护手段较为单一，对已经或正在发生的人格侵权行为缺少有效的及时防御、制止机制。《民法典》此条规定赋予权利人以防御请求权，只要权利人有证据证明行为人可能对自身人格权产生侵害，就可以向法院申请排除妨害、消除危险的禁止令，从而避免人格利益受损。该种请求权意味着当权利人认为自身的人格权正在面临危险时，无须进入司法程序就可以提出诉前请求保护，既可以及时维护自身权益，还可以降低诉讼成本，提高司法效率。

【适用指南】

一、关于人格权保护与人格权行使受限制的关系

人格权利的行使，应当受权利人意志的支配。但是，为维护社会公共

---

① 参见王利明：《论人格权编与侵权责任编的区分与衔接》，载《比较法研究》2018年第2期。

利益，维护个人利益，维护社会安定，协调个人权利与社会利益的冲突、个人权利之间的冲突，增强人与人之间的和睦友善关系，权利主体行使人格权应当受到某些适当的限制。

一是出于公共利益限制。比如，为社会公共利益而使用肖像为合法使用，权利人不得主张肖像权遭受损害。自然人享有健康权，可以通过诊治而使疾病痊愈，也可以放弃治疗而使健康恶化，但当其患有麻风病等传染性疾病时，从公共利益考虑，则可以违背其不治疗的意愿而对其进行强制治疗。对于生命权，法律也禁止其自由放弃，因而原则上自杀是违法的。在人格权行使与公共利益发生冲突时，法院可以不当行为关涉重大社会利益，受害人必须忍受为由，驳回当事人要求停止侵害行为的诉讼请求。

二是公众人物权利限缩。公众人物、公务人员、与公益事业相关者与社会秩序、公共利益密切相关，须置于公众的监督之下，其人格利益在法律保护上应当适当克减，但超出必要范围的，应当承担侵权责任。公众人物是指自愿进入公众视野，有一定知名度，对社会意见的形成、社会议题的解决、社会成员的言行等有重大影响的人。媒体对公众人物的报道以不损害人格尊严为底线。公务人员是指依法履行公职、纳入国家行政编制、由国家财政负担工资福利的工作人员。媒体对公务人员的报道以与其职务相关的信息为限。与公益事业相关者是指在事关公共利益的企业或组织中担任重要职务的人。媒体对公益事业相关者的报道应严格以公共利益为限。

三是适当容忍义务的限制。对于其他权利人正当行使权利的行为不可避免造成的轻微损害，应当予以容忍。不超过容忍界限的妨害，不构成侵害人格权，不得主张损害赔偿。

四是新闻监督。《民法典》第1025条规定，行为人为公共利益实施新闻报道、舆论监督等行为，影响他人名誉的，不承担民事责任。但是，如果行为人评论、监督行为所依据的事实是捏造、歪曲的，可能构成对他人名誉的诽谤，应承担相应的侵害名誉权的民事责任。

二、人格权侵权损害赔偿责任的构成要件

1. 违法行为

侵害人格权益的违法行为，是行为人违反对他人人格权利的不可侵犯义务、违反保护他人人格利益的法律，以及故意违背善良风俗损害他人人格利益，而实施的作为或者不作为。

2. 损害事实

人格权损害赔偿责任中的损害事实，是一定的行为造成侵害民事主体的人格权益中的财产利益和非财产利益减少或者灭失的客观事实。损害事实由两个要素构成：一是人格权益被侵害，二是人格权益被侵害而造成财产利益或者非财产利益损害。侵害自然人的身体权、健康权、生命权时，其人格利益的损害首先是有形损害。一是表现为身体、健康损伤和生命的丧失，财产利益的损失表现为自然人为医治伤害、丧葬死者所支出的费用。二是表现为人体伤害、死亡造成的财产上的损失，如伤残误工工资损失、护理伤残误工损失，丧失劳动能力或死亡所造成其扶养的人的扶养费损失等。其次是人格利益的无形损害。侵害精神性人格权所造成的人格利益损害是无形的人格利益损害。人格利益的无形损害可能表现为三种形态：一是财产利益损失，包括人格权本身包含的财产利益损失和为恢复受到侵害前的人格而支出的必要费用；二是一般人格利益的损害，即人格评价的降低、隐私被泄露、自由被限制、肖像或名称被非法使用等；三是受害人的精神创伤和精神痛苦。

3. 因果关系

侵害人格权的违法行为造成人格权和人格利益的有形损害或者无形损害，行为和损害二者之间具有必然的逻辑关系，即因果关系，应当遵循因果关系规则：对于具有直接因果关系的违法行为与损害事实，适用直接因果关系规则；违法行为与损害事实之间因果关系较难判断的，采用相当因果关系规则。在此情况下，确定行为与结果之间有无因果关系，要依行为当时的一般社会经验和智识水平作为判断标准，即该行为有引起该损害结果的可能性，而在实际上该行为又确实引起了该损害结果。

4. 过错

过错是指行为人在实施侵权行为时的主观心理状态，分为故意和过失。在人格权侵权损害赔偿责任中，故意、过失均可构成。在特殊情况下，只有故意才能构成侵害某种人格权。侵害身体权、健康权、生命权的侵权责任构成，适用一般的过错标准，即有过错就应负责。在法律有特别规定的情形下，无过错亦应负责。侵害某些精神性人格权，以故意为构成要件，过失不构成侵权。侵害姓名权、名称权，须以故意为要件，非法干涉他人姓名权、名称权行使，非法使用他人姓名、名称均须故意所为，过失不构成侵权。在侵害精神性人格权中，凡属非法干涉权利者，均须以故意为构成要件。

【相关规定】

《最高人民法院关于确定民事侵权精神损害赔偿责任若干问题的解释》

第九百九十二条　人格权不得放弃、转让或者继承。

【条文主旨】

本条是对人格权不得放弃、转让、继承的限制规定。

【立法要点及理由】

一、人格权不得放弃

基于人格权的固有性和先在性，人格权不得放弃。人格权与权利主体的存在共始终，它不是依一定的法律行为，而是依自然人的出生、法人和非法人组织的成立而当然享有，因自然人的死亡、法人和非法人组织的终止而当然消灭，不发生所谓权利取得的问题。只要其他主体不施以侵害，人格权主体就自然享受到利益，不发生权利行使的问题。[①] 人格权的存在先于法律规定，此即人格权的“先在性”，即使法律并未规定人格权，也不影响民事主体享有人格权。民事主体享有人格权的目的，还在于维护其作为法律上的人所必须具有的资格，保障民事主体在人格上的独立。

二、人格权不得转让

人格权是民事主体对自身的权利，属于专属性的权利，故不得转让。除人格权外的民事权利，包括其他专属性权利，权利人都可以放弃，如继承权，虽不能转让，但可以放弃。唯有人格权，不仅不得转让、不得继承，也不得放弃。“没有做人的权利，也就没有进入社会的资格，让渡基本权无异于把人复归兽类。”[②] 人格权是主体固有的权利。所谓固有，实际上表明人格权为专属性权利，它是与个人的人格始终伴随而不可分离的权利。此种权利一般不能转让、抛弃，也不能继承。固有性是人格权与其他权利的重要区别。自然人一旦出生、法人一旦成立，他们就应该享有人格权。人格权是法律对个人进入社会的资格的确认。人格权并不需要有独立意志的个人实际享有，不论个人是否意识到有这些权利存在，人格权都是客观存在的。人格权也不需要主体实施一定的行为去实际取得，公民不论在其年龄、智力、社会地位等方面存在何种区别，不论是否实际参与各种法律关系，都应平等地享有人格权。人格权作为主体依法固有的权利，还表现在这些权利不能由主体转让、抛弃，不受他人的非法限制。

三、人格权不得继承

人格利益并不仅指人的身体的利益，还有人的人身和行为自由、安全以及精神自由等利益。尤其是名誉、肖像、隐私、自由等利益，都是行为与精神活动的自由和完整的利益，且以人的精神活动为核心而构成。财产

---

① 参见梁慧星：《民法典编纂中的重大争论——兼评全国人大法工委两个民法典人格权编草案》，载《甘肃政法学院学报》2018 年第 3 期。

② 徐显明：《公民权利义务通论》，群众出版社 1991 年版，第 133 页。

权可以与权利主体发生分离，但人格权不能。因此，人格权不发生继承问题。而其他专属性权利，虽不能转让，但可以发生继承，主体虽然消灭，但是权利并不消灭，如人寿保险的保险金请求权、人身损害赔偿请求权等。权利继承问题属于广义上的权利转让的一种类型。

【适用指南】

人格权受侵害所产生的债权允许转让、继承

经起诉确定金额的侵害人格权所产生的损害赔偿请求权，他人使用姓名、肖像合同所产生的报酬请求权，人民法院应当允许转让、继承。这些权利实际上不是人格权，而是人格权受到侵害或者许可使用后产生的债权。

第九百九十三条　民事主体可以将自己的姓名、名称、肖像等许可他人使用，但是依照法律规定或者根据其性质不得许可的除外。

【条文主旨】

本条是关于确定人格权许可使用规则的规定。

【立法要点及理由】

该条属于创设性规定，《民法总则》《民法通则》中均没有类似规定。许可使用无非是将人格权客体——某种人格要素，以约定的时间和方式容忍他人使用。[①] 人格利益的商品化，是现代社会的一个较为普遍的现象，民事主体的人格标识不仅可以自己专用，而且可以允许他人使用并获得报

---

① 王泽鉴：《人格权法——法释义学、比较法、案例研究》，三民书局2012年版，第136页。

酬。这种人格标识的商品化的权利，就是商品化权，即美国法上的公开权。由于民事主体尤其是著名人物的姓名、肖像等人格标识具有特殊的影响力和亲和力，因而使用这些人格利益要素就可以促成消费者对名人的影响力和亲和力而生的信赖，从而产生巨大的商业价值。人格利益商品化是一个必然的趋势。人格权不仅旨在保护人格上的精神利益，同时也保护人格上的财产利益，人格的财产性权益和精神性权益共同成为人格权的不可分割的组成部分。它们共同的价值基础在于人的人格自主和自我决定，即自我决定是否以及如何展现自己的人格特性、表现人格的精神性利益，自我决定如何将自己的人格特征运用于商业活动、表现人格的财产性利益。《民法典》的该条规定，适应了时代发展。

许可是不可转让权利得以由他人利用的一项重要制度，通过许可可以将人格权中的商业化利用权能分离出来，由他人予以使用，而人格权本身却并不转移。许可被认为是一种阻却侵权行为违法性的条件或放弃法律保护的表示，可以使得他人对其人格的商业利用行为获得正当性，从而免除侵权责任。在我国，现有人格商业化利用的对象主要为肖像、姓名、名称。人格标识之外的其他人格方面也都具有作为商业化利用对象的可能性，如人的隐私、基因信息、富有美感的身体形象等。要对人格商业化利用的所有对象界定是不可能的，它几乎涵盖了人的所有人格方面。因此，本条采用排除的方法予以确定，依照法律规定或者根据其性质不得许可的除外。这个但书条款是一个原则性规定，社会发展进步会产生许多新的前沿问题，为未来更好地规制人格权许可使用的情形预留制度通道。《广告法》第 21 条规定，农药、兽药、饲料和饲料添加剂广告不得含有下列内容：……（二）利用科研单位、学术机构、技术推广机构、行业协会或者专业人士、用户的名义或者形象作推荐、证明……《广告法》第 24 条规定，教育、培训广告不得含有下列内容：……（三）利用科研单位、学术机构、教育机构、行业协会、专业人士、受益者的名义或者形象作推荐、证明。这些都属于法律规定不得许可的情形。人身体的某些器官的形象，基于公序良俗原则，不宜对外进行商业化使用的，也应在禁止许可使用的范围之列。

许可使用可以保留解除权，约定在特定情形下许可人可以解除许可合同。此外也可以附条件和附期限，从而对于他人的商业化利用予以条件和期限上的限制。如果当事人在合同中并未约定解除权，除合同编所规定的法定解除权可类推适用外，当事人在具备重大正当事由的情况下，仍然可以解除许可合同。比如，许可基础已经不存在，人格发生深刻的转变；被许可人的商业化利用行为侵害了许可人的一般人格权等。需要注意的是，鉴于合同严守的原则，最终是否允许许可人解除许可合同，要综合考虑双方的情况，尤其是许可是否支付对价、商业性利用的具体用途、许可人人格转变的原因及程度、侵害一般人格权情节的轻重以及对方当事人的合理利益等因素予以确定。①

【适用指南】

一、财产损害与精神损害的聚合

侵害人格商业化利用权有时不仅造成财产损害，也会导致受害人严重的精神损害，产生财产损害与精神损害的聚合。比如，未经许可采用滑稽可笑的方法利用权利人的肖像，或者未经许可将一个人的形象用于性用品广告等，都在财产侵害之外导致了权利人人格形象的错误展现，严重侵害了其一般人格权中的精神性部分。在这些情况下，受害人除了财产损害赔偿之外，还可主张精神损害赔偿。《民法典》第996条也明确，因违约行为造成严重精神损害，违约方承担违约责任后不影响受损方请求精神损害赔偿。关于精神损害赔偿的计算方法，按照《精神损害赔偿解释》第5条的规定，侵害人过错程度、侵害行为具体情况、侵害后果、侵害人获利情况及其经济能力将作为判定精神损害赔偿数额的考量因素。

二、不构成侵犯姓名、名称、肖像等权利的例外情况

姓名、名称、肖像等权利作为个人权利，与社会公共利益可能发生冲

① 参见刘召成：《人格商业化利用权的教义学构造》，载《清华法学》2014年第3期。

突，法律有必要适度限制个人姓名、名称、肖像等权利，允许为了公共利益和社会利益的需要而使用他人姓名、名称、肖像等且无须征得他人同意。《民法典》第 1020 条具体规定了五种可以不经肖像权人同意合理使用的情形。《民法典》第 999 条规定，为公共利益实施新闻报道、舆论监督等行为的，可以合理使用民事主体的姓名、名称、肖像、个人信息等；使用不合理侵害民事主体人格权的，应当依法承担民事责任。在实务中，注意把握合理使用的界定问题。

【相关规定】

《中华人民共和国广告法》第 21 条、第 24 条

第九百九十四条　死者的姓名、肖像、名誉、荣誉、隐私、遗体等受到侵害的，其配偶、子女、父母有权依法请求行为人承担民事责任；死者没有配偶、子女且父母已经死亡的，其他近亲属有权依法请求行为人承担民事责任。

【条文主旨】

本条是关于死者人格利益保护的规定。

【立法要点及理由】

《民法通则》《民法总则》没有规定关于死者的人格利益的民法保护问题。一般认为，在我国民法上，对于死者人格利益的保护经历了三个发展阶段：第一个阶段为保护“死者名誉权”阶段。在该阶段，法院认为即便死者已经死亡，不是民事主体，也享有名誉权，当该权利受到侵害，死者的近亲属有权提起诉讼。第二阶段为保护“死者名誉”阶段。在该阶

段，法院不再认为死者享有名誉权，只是享有名誉，但仍应受到法律的保护。第三阶段为保护“死者人格利益”阶段。在司法实践经验和理论研究的基础上，《精神损害赔偿解释》第3条规定了死者人格利益保护问题。法院不仅对死者的名誉加以保护，而且将保护的范围扩及死者的姓名、隐私、肖像、荣誉等人格利益以及遗体、遗骨等。

死者的肖像、姓名、隐私、名誉、荣誉、尸体等利益应当予以保护，原因是死者的人格利益具有利用价值。这种价值首先表现为精神利益的价值，是人格权的基础，也是人格利益的基础。在死者的人格利益中，肖像利益、姓名利益、隐私利益、名誉利益、荣誉利益以及身体利益的客体，都有转化为财产利益的可能。死者人格利益商业化利用的基础就是死者人格利益具有财产利益转化的可能。没有这样的转化可能，任何商人都不会对死者的人格利益产生兴趣。这说明，死者人格利益隐藏着巨大的商业价值，在商品经济社会，对这种商业价值进行开发，可以创造巨大的商业利益。由此而言，对死者人格利益的民法保护，既是对死者人格利益中的精神利益的保护，也是对死者人格利益中的财产利益的保护。

对于死者人格利益中的财产利益，最主要的承受者是死者的近亲属。这种承受关系类似于继承关系，可以参照继承的规则处理死者人格利益中的财产利益的归属。即自然人因侵权行为致死，或者自然人死亡后其人格或者遗体遭受侵害，死者的配偶、父母和子女向人民法院起诉请求赔偿精神损害的，列其配偶、父母和子女为原告；没有配偶、父母和子女的，可以由其他近亲属提起诉讼，列其他近亲属为原告。之所以将请求权人限为死者近亲属，是为了防止滥用侵权责任，对人们的行为自由构成合理的限制。死者的近亲属是死者生前最亲近的人，由他们对死者的人格利益进行保护是最恰当的。同样，死者人格利益中的财产利益的商业化使用权利即公开权，也应当归属于死者的近亲属。死者近亲属可以对死者的人格利益进行支配，对其中的财产利益可以进行开发。

对于死者人格利益，应当保证国家利益和公众利益的优先使用。如果国家使用和公众使用与死者近亲属的利益发生冲突，应当首先满足国家和公众利益。他人对死者人格利益进行商业化利用，在死者近亲属存在的时候，应当征得死者近亲属的同意，采用合同的方式确定使用的方式、范围、期限等一系列问题，不得违背死者近亲属的意志，否则构成侵权行为。在死者没有近亲属的情况下，他人对死者人格利益的商业化利用，必须遵守社会公德和公序良俗，不得有损于死者的人格利益，不得对社会造成负面影响。

【适用指南】

死者肖像的使用是否需要经过近亲属同意

死者近亲属独占肖像使用价值的主张，并无现行法的依据。法律对肖像权的保护不同于死者肖像的保护。前者是绝对权，受到最严格的保护。只要没有经过权利人同意，且无法定免责事由，任何使用肖像之行为均构成侵害肖像权的侵权行为。但法律保护死者肖像的目的在于避免死者近亲属的人格尊严遭受侵害，该侵害并不必然来自未经许可的使用。对死者肖像的使用通常应征得死者近亲属同意，未经同意适用死者肖像，造成近亲属特定利益损害的，近亲属有权主张损害赔偿，但对死者肖像的合理使用，不构成侵权。比如，鲁迅之孙状告《鲁迅像传》作者在图书中使用鲁迅照片构成侵权一案，法院经审理认为，作者为北京鲁迅博物馆的研究馆员，利用博物馆的鲁迅藏品照片，通过对丰富历史材料的整合和以照片为佐证的学术研究方法，著成、出版《鲁迅像传》，属于对死者肖像的合理使用，不构成侵权。

【相关规定】

《最高人民法院关于确定民事侵权精神损害赔偿责任若干问题的解释》第 3 条

第九百九十五条 **人格权受到侵害的，受害人有权依照本法和其他法律的规定请求行为人承担民事责任。受害人的停止侵害、排除妨碍、消除危险、消除影响、恢复名誉、赔礼道歉请求权，不适用诉讼时效的规定。**

【条文主旨】

本条是关于侵害人格权的民事责任的规定。

【立法要点及理由】

一、人格权请求权及其作用

人格权请求权是指民事主体在其人格权的圆满状态受到妨害或者有妨害之虞时，得向加害人或者人民法院请求加害人为一定行为或者不为一定行为，以恢复人格权的圆满状态或者防止妨害的权利。① 人格权请求权基于人格权而产生，是作为绝对权的人格权本身具有的保护请求权。一方面，它基于人格权的实体权利，是在人格权遭受侵害之后的一种救济方式，如果人格权本身没有受到侵害，就不存在这一请求权；另一方面，人格权请求权的主要作用在于恢复人格权的圆满状态，而不仅仅在于填补权利人的实际损失。因为人格权具有这种特殊性，所以要恢复其圆满状态，需要采取“停止侵害、排除妨碍、消除危险、消除影响、恢复名誉、赔礼道歉”这类非财产性的救济方式。

二、侵害人格权的责任方式和内容

从历史沿革上看，在《民法通则》第六章中就有涉及侵害人格权的责任的规定。其中规定的民事责任方式包括停止侵害、恢复名誉、消除影响、赔礼道歉、赔偿损失。《侵权责任法》第 15 条、第 22 条也规定了损

---

① 杨立新、袁雪石：《论人格权请求权》，载《法学研究》2003 年第 6 期。

害赔偿等作为保护人格权的方式。《民法总则》第179条规定的民事责任方式中，停止侵害、赔偿损失、消除影响、恢复名誉、赔礼道歉等，都可以适用于人格权遭受侵害的情况。

本条列举的停止侵害、排除妨碍、消除危险、消除影响、恢复名誉、赔礼道歉几种方式，与总则编规定的民事责任的11种方式相衔接，同时也与侵权责任编相协调。① 侵权责任主司损害赔偿责任，损害赔偿是一种事后救济，而且对精神利益的侵害通过金钱的支付来弥补。人格权请求权主要包括的是停止侵害、排除妨碍、消除危险、消除影响、恢复名誉、赔礼道歉请求权，在救济精神损害方面有时比金钱赔偿更加有效。这也实现了人格权请求权范围与侵权请求权之间的关系和谐、顺畅。②

具体来看，第一，停止侵害，是指行为人实施的侵害他人人身权利、财产权利以及其他合法权益的行为持续进行，受害人有权请求行为人停止实施侵害行为。这种责任方式能及时制止侵害行为，防止损害后果持续扩大。第二，排除妨碍，是指行为人实施侵害人格权的行为，导致受害人无法行使或者不能完全行使自己的人格权的，受害人有权请求排除妨碍。第三，消除危险，是指行为人实施的行为对他人人格权造成威胁，受害人有权要求行为人采取有效措施消除形成的危险。第四，消除影响，是行为人因实施了侵害人格权的行为，给他人造成了不良影响，应在影响所及范围内消除相应的不良后果。第五，恢复名誉，是指行为人实施的行为侵害他人的名誉，受害人可以要求在影响所及的范围内将其名誉恢复到未受侵害时的状态。第六，赔礼道歉，是指行为人实施了侵害他人人格权的行为后，以一定方式向受害人承认错误、表示歉意，以求得受害人的谅解。

根据本条规定，人格权受到侵害的，受害人有权依照本法和其他法律

---

① 杨立新：《民法典人格权编草案逻辑结构的特点与问题》，载王利明主编：《人格权立法的中国思考》，中国人民大学出版社2020年版，第364页。

② 杨立新：《民法典人格权编草案逻辑结构的特点与问题》，载王利明主编：《人格权立法的中国思考》，中国人民大学出版社2020年版，第373页。

的规定请求行为人承担民事责任。所以，除人格权请求权保护外，也可以主张侵权损害赔偿请求权，包括财产损害赔偿和精神损害赔偿，以实现全面救济。从性质上看，侵权损害赔偿请求权是针对所有民事权益的救济方法，并不是基于绝对权的效力而产生的。

三、人格权请求权不受诉讼时效的限制

这一规定实际上也体现了人格权请求权的独特性，实现了人格权请求权与侵权请求权的区分，有利于对人格权的充分保护。主要理由为：一是人格权请求权为绝对权请求权，本身不应该受诉讼时效之限制。在人格权受到侵害的情况下，权利人可以随时提出请求，以恢复权利人对其人格权的圆满支配状态。例如侵害生命权或健康权的行为一直持续，权利人随时可以主张。二是与《民法典》总则编的规定相衔接。《民法典》第 196 条规定，下列请求权不适用诉讼时效的规定：（一）请求停止侵害、排除妨碍、消除危险……（四）依法不适用诉讼时效的其他请求权。停止侵害、排除妨害、消除危险，即说明行为人本身行为一直处于持续状态，无法确定诉讼时效的起算点，因此不适用诉讼时效。

【适用指南】

一、人格权请求权与侵权损害赔偿请求权的适用

《民法典》从私法意义上规定人格权的内容、人格权的行使、人格权的保护等基本制度，人格权编与侵权责任编中人格权的保护的内容实现了有机衔接，在人格权受到妨害、侵害的情况下，在人格权请求权之外，不排除侵权损害赔偿请求权的适用。但要区分人格权受到侵害和妨害的不同情况，分别或选择适用人格权请求权和侵权损害赔偿请求权。① 具体来说：

---

① 王利明：《论人格权请求权与侵权损害赔偿请求权的分离》，载《中国法学》2019 年第 1 期。

一是人格权遭受妨害而没有遭受实际损失、现实损害的情况下，人格权请求权的适用足以为权利人提供救济。例如，行为人准备在网上发布他人的隐私视频，发布之前被受害人知悉后要求立即停止。此时人格权受到一定的妨害，但因未散布，还未造成实际损害后果。侵权损害赔偿之债以填补受害人实际损害为主要目的，受害人证明存在实际的精神或者物质损害才能主张责任。[①] 若无现实损害则无法主张侵权损害赔偿请求权，以人格权请求权的停止侵害、排除妨害请求权等就可以获得救济。

二是人格权遭受实际损害而没有妨害，通过侵权损害赔偿请求权足以提供救济，无须再行主张人格权请求权。例如，在交通事故中造成他人受伤，即直接造成受害人身体权、健康权的实际损害，在此情况下通过侵权损害赔偿请求权即可对受害人进行救济、弥补损失，权利人无须提出人格权请求权，因为侵害实际发生、损害后果已然出现，此时受害人要求恢复其人格权的圆满状态已没有实际意义。

三是人格权既遭到妨害又受到侵害，产生了实际损害后果，处于并存状态，仅适用人格权请求权不能对实际损失进行救济，还可适用侵权损害赔偿请求权，即请求权的聚合。相对而言，侵权损害赔偿请求权旨在对受害人提供事后救济，而人格权请求权则侧重于对受害人的人格权提供事先预防，权利人既可以主张侵权损害赔偿请求权，又可以主张人格权请求权。例如，未经他人同意而在网上持续披露他人隐私或其他个人私密信息，这种行为已经构成侵害他人隐私权，使受害人遭受损害的，受害人可以主张侵权损害赔偿请求权；同时，因为披露的隐私信息持续通过网络散布，对人格权的妨害一直存在，所以其可以主张人格权请求权，要求停止侵害、消除影响、恢复名誉、赔礼道歉等。

二、人格权请求权与预防性侵权责任承担方式的适用

《民法典》侵权责任编的一般规定中，也规定了对危害他人人身安全的侵权行为科以“停止侵害”“排除妨碍”等预防性侵权责任承担方式。

① 王利明：《民法典人格权编草案的亮点及完善》，载《中国法律评论》2019年第1期。

第1167条规定“侵权行为危及他人人身、财产安全的，被侵权人有权请求侵权人承担停止侵害、排除妨碍、消除危险等侵权责任”。在人格权请求权与侵权请求权并存的情况下，如果责任承担方式相同，笔者认为，此处构成请求权的竞合，应当尊重当事人对请求权的选择适用，当事人可以主张人格权请求权，亦可以主张侵权损害赔偿请求权。选择侵权损害赔偿请求权时，应当举证证明行为人构成侵权，存在过错并产生了损害后果。

三、人格权请求权与侵权损害赔偿请求权的审查要点区分

第一，人格权请求权不适用诉讼时效的规定，而侵权损害赔偿请求权属于债权请求权，适用诉讼时效的规定。第二，侵权损害赔偿请求权的成立通常需以加害人主观上具有过错为要件，而人格权请求权以人格权的存在和人格权遭受妨害或者有被妨害的可能为要件。从这样的逻辑关系出发，人格权编只应该保留那些为人格权所独有的权利保护和救济规则，所以第995条点明和强调的是人格权请求权的内容。人格权请求权与侵权损害赔偿请求权的分工也因此得以明确：前者为人格权所独有，其功能主要在于预防，不要求必须具备过错、损害等要件。

第九百九十六条　因当事人一方的违约行为，损害对方人格权并造成严重精神损害，受损害方选择请求其承担违约责任的，不影响受损害方请求精神损害赔偿。

【条文主旨】

本条是关于因违约造成人格权损害产生的精神损害赔偿问题。

【立法要点及理由】

一、精神损害赔偿的发展

所谓精神损害，即精神痛苦，泛指人在心理上感到难过或不愉快而表现出的一种复杂的情感，包括悲伤、失望、压抑、焦虑、不安、恐惧、愤怒等。[①] 精神损害赔偿，是指自然人受到他人的不法侵害而导致精神痛苦，受害人因此可以就其精神痛苦要求金钱上的赔偿，以对受害人进行抚慰并制裁不法行为人。[②] 自 19 世纪末人格权制度产生以来，各国开始采用精神损害赔偿作为侵害人格权的一种救济方式。在德国法中，精神损害赔偿也被称为“抚慰金”，是非财产损害赔偿的一种类型，以货币化方式对受害人进行精神上的抚慰和补偿、对侵害人实施制裁，欧洲各国均普遍采纳精神损害赔偿制度。可以说，精神损害赔偿是直接针对人格权侵害采取的特殊救济方式。[③]

我国对精神损害赔偿的认识有一个逐渐深入的过程。在《民法通则》颁布以前，司法实践中基本将侵权损害赔偿仅限定在财产损害赔偿中，学界普遍认为，《民法通则》第 120 条中提到的赔偿应包含精神损害赔偿，最高人民法院在《最高人民法院关于贯彻执行〈中华人民共和国民法通则〉若干问题的意见》（以下简称《民通意见》，现已失效，下文不再提示）第 150 条中实际上也确认了精神损害赔偿的规定。《精神损害赔偿解释》确定了精神损害赔偿的范围、标准，在人格权、人格利益外，将精神损害赔偿的范围扩展至具有人身意义的特定物。《侵权责任法》从立法角度，进一步巩固和完善了精神损害赔偿制度。

长期以来，我国立法和审判实践一直将精神损害赔偿纳入侵权责任范畴，坚持违约行为不得请求适用精神损害赔偿责任。根据《合同法》第 122 条责任竞合的规定，只能选择适用违约责任或侵权责任，按照违约责任请求精神损害赔偿不能得到支持。这在广泛的法院审判实践中也得到印证，合同违约侵害他人利益时，违约责任中的损害赔偿责任不包括对当事人的精神损害赔偿责任。如果违约行为造成了对方当事人精神损害，则须

---

① 柳经纬：《违约精神损害赔偿立法问题探讨——以〈民法典各分编（草案）〉第七百七十九条为对象》，载《暨南学报》2019 年第 7 期。

② 王利明：《人格权法研究》，中国人民大学出版社 2018 年版，第 694 页。

③ 王利明主编：《人格权立法的中国思考》，中国人民大学出版社 2020 年版，第 602 页。

依照民事责任竞合的规则，提起侵权诉讼，方可得到精神损害赔偿的救济。①

二、合同领域不能排除精神损害赔偿的适用

传统观点认为，合同作为交易手段，只能是一种财产安排，其仅仅涉及财产利益。基于可预见性规则，违约只能发生财产损害，精神损害是缔约时所无法预见的，因此不应该获得赔偿。但将精神损害赔偿仅限定于侵权保护，这对于合同违约相对人的合法权益的保护不够充分有力。

近年来，一些国家的法律和实践正在逐渐突破这种传统立场。德国债法改革就将精神损害赔偿从侵权法扩展到合同法领域，《日本民法典》将违约精神损害赔偿纳入“财产以外的损害”。如前所述，精神损害赔偿是针对侵害人格权的一种救济方式，如果违约行为同样侵害债权人的人格权，给债权人的精神造成了严重损害，当然可以在违约之诉中主张精神损害赔偿。具体来看，一方面，并非所有的合同都是财产交易手段，某些合同的目的并不在于作出某种财产性安排，而是获取某些精神上的利益。例如，旅游度假合同、美容服务合同等。对这些合同的违反，违约方显然可以提前预见到可能给受害方造成精神痛苦。另一方面，某些违约行为在直接损害合同的财产利益的同时，可能附带地给受害人造成精神痛苦，如损害其尊严、造成其严重的行动不便或者不舒服或者侵害其身体的完整等。既然我们在《侵权责任法》中承认侵害了人格权造成财产损失的情况下受害人可以主张财产利益的赔偿，那么在侵害财产权造成人格利益损害的情况下，似乎也没有理由禁止受害人主张精神损害赔偿。② 有鉴于此，精神损害赔偿制度应当贯彻于合同法领域。③

---

① 杨立新：《民法典人格权编草案逻辑结构的特点与问题》，载王利明主编：《人格权立法的中国思考》，中国人民大学出版社 2020 年版，第 365 页。

② 石佳友：《守成与创新的务实结合》，载《比较法研究》2018 年第 2 期。

③ 崔建远：《民法总则应如何设计民事责任制度》，载《法学杂志》2016 年总第 37 期。

【适用指南】

一、违约精神损害赔偿的适用范围

合同作为财产交易安排，相关合同法的宗旨在于保障合同财产利益的实现，因违约而导致合同财产利益受损时，违约责任重点落脚在填补财产损失上。在违约中适用精神损害赔偿，必然是在合同经济利益之外存在着精神利益，否则无适用精神损害赔偿的必要。所以从这个层面来看，并非所有合同类型都存在适用精神损害赔偿的土壤，需要明确适用范围。结合长期实践和学理讨论，判断适用范围主要从合同目的、合同标的和合同履行利益三个方面考量。

一是合同目的本身就是精神享受。具体类型多体现为各类服务合同，如旅游服务、美容美发、观看表演、婚礼服务等合同，合同签订的目的就是确保通过服务获得精神上的满足和特殊需求，违约必然会导致合同目的无法实现或受到影响，给相对方带来精神损害。此时适用精神损害赔偿旨在维护合同的目的利益。

二是合同标的本身带有精神利益或人格意义。《精神损害赔偿解释》就将精神损害赔偿的范围扩展至具有人身意义的特定物，如遗物、纪念品、相片等。笔者认为，在《民法典》中讨论合同标的时，同样可以归纳为标的带有一定的精神利益或人格意义，标的物因违约行为发生毁损、灭失，不一定带来多大的财产损失，主要还是对当事人精神和情感影响造成的精神损失。带有这类合同标的的保管合同、租赁合同、加工承揽合同等，属于能够适用精神损害赔偿的范围。

三是合同的部分履行利益为精神利益。合同的主要目的并非精神享受，合同标的也不承载精神利益，但若合同履行能给当事人带来一定的精神利益，该类合同在履行过程中出现违约行为时，也应综合合同性质特点，考虑精神损害赔偿的适用。例如，医疗服务合同中，合同主要目的是通过疾病诊疗为患者提供医疗服务，治疗过程中因违约行为可能增加患者病痛进而引发精神损害。并且，随着医疗领域的不断发展，整形手术、正畸手术等医疗服务合同兼具功能性治疗和美观等目的，合同履行带有一定的精神利益，不能完全排除精神损害赔偿的适用。

二、造成精神损害必须达到严重的程度

实践中需注意，在合同违约中，或是因为财产损失，或是因为妨碍精神享受，当事人或多或少会因违约问题而产生一定程度的不适、不快，但是否都可以上升到精神损害甚至严重精神损害的程度，还要具体分析。《民法典》规定了违约精神损害赔偿，并不意味着因违约产生的各种程度上的精神损害全部纳入可赔偿范围之中，应将其中轻度的剔除，否则就会造成滥诉之后果。《侵权责任法》就对精神损害赔偿要求达到“严重”的程度，《民法典》仍延续这一限制要求。所以，若赔偿权利人想通过诉讼得到违约精神损害赔偿之救济，还需证明其遭受的精神痛苦是严重的，具体标准判断还需要我们通过对合同内容、违约人的履约行为以及债权人对其损失之证明等综合考察，从理性人之角度来加以判断。

三、精神损失也应符合可预见性原则

《民法典》合同编第584条确定了违约损害赔偿必须满足损失可预见性这一原则，其同样也应当作为违约责任损害赔偿范围的认定准则。正如前面分析，合同履行更多的是为保障财产利益的实现，违约后的金钱赔偿被视为理所当然，是双方在订立合同之时都能合理预见的。而合同履行中可能产生的精神利益在某些合同订立时无法预见，此时直接要求违约方承担精神损害赔偿并不合理，否则就不合理地加重了违约方的注意义务和交易成本，不利于鼓励合同订立和交易。

在违约理论上，可预见性原则的构成包含预见的主体、预见的时间、预见的内容和判断可预见性的标准。关于预见的内容，比较法上有类型说和程度说之分。[①] 笔者认为，在违约精神损害赔偿问题上，合同当事人一方订立合同之时可预见发生何种损害即可，不应要求损害程度的可预见。

① 崔建远：《合同法学》，法律出版社2015年版，第281页。

前面提到的以精神享受为合同目的的合同，应推定双方在缔约时有预见可能性，但对其他类型的合同需要考察双方在订立合同的时候，当事人是否明确告知相对方其中精神利益的存在，或是采用理性第三人通常理解，考察相对方是否对精神利益具有知晓的可能。如果确无明确途径获知合同上所附的当事人的精神利益，并且以理性第三人的通常理解不能知悉精神利益及可能造成精神损害，违约方无须承担精神损害赔偿责任。

第九百九十七条　民事主体有证据证明行为人正在实施或者即将实施侵害其人格权的违法行为，不及时制止将使其合法权益受到难以弥补的损害的，有权依法向人民法院申请采取责令行为人停止有关行为的措施。

【条文主旨】

本条是关于停止侵害人格权禁令制度的规定。

【立法要点及理由】

一、人格权保护禁令制度背景和功能

人格权的某些特性是财产权所无法相比的，这些特殊性造就其保护方法上的特殊性。因为人格利益与人的诸多伦理要素和伦理价值密切相关，损害赔偿的方式往往并不能对受害人进行完全救济，而且人格利益一旦遭受损害，有时无法通过事后补救进行完全的填补，所以不能等到人格权遭受侵害之后再请求赔偿，事前预防更为重要，这也是很多学者提出的人格权保护方式从消极防御逐渐向积极权能发展之趋势。[①] 目前，在互联网、大数据时代，信息网络传播具有即时性，网络的无边界和受众的无限性，

① 王利明：《人格权的属性——从消极防御到积极利用》，载《中外法学》2018 年第 4 期。

导致网络环境对信息的传播具有无限放大效应，对人格权的损害更加直接和不可逆，损害瞬间发生，难以恢复原状。网络环境下损害后果容易扩散，特别是精神性的人格权，在现代社会十分脆弱。所以人格权的保护更应当重视对损害后果的即时阻止甚至提前预防。禁令制度这种救济方式正是针对这种需求而产生的。

在诉讼过程中，如果遇到需要责令侵权行为人立即停止侵害的情况，人民法院可以根据当事人的申请或者依人民法院的职权，先行作出停止侵害的裁定。在审判实践中，人身保护令制度、《民事诉讼法》有关诉前和诉中行为保全制度不断适用并取得积极效果，在人格权领域也有了对禁令的尝试。例如，北京市海淀区人民法院在审理某公司诉某报社等名誉权案中，裁定发出人格权保护禁令。人格权保护禁令，是指民事主体面临正在实施或有侵害人格权之虞的行为，有权在诉前或诉中依法向人民法院申请采取责令停止有关行为的措施，以防止损害的实际发生或扩大。人格权请求权作为一种典型的绝对权请求权，在权利人对其人格利益之圆满支配状态受到不当影响时，权利人即可通过向法院申请禁令的方式，制止不法行为的发生或者持续，从而维护权利人对其人格利益的圆满支配。① 该项制度的实施将使人格权保护的时间提前，维度被扩大，保护范围也将从实际遭受侵害的状态扩张到有损害之虞的状态。相对于损害赔偿与恢复原状而言，是一种制止性的、防御性的救济手段。

从责任方式的行使上看，人格权保护禁令与停止侵害等人格权请求权责任方式的外观类似，都阻止侵害人格权的行为。但禁令可以是侵害人格权的行为正在进行，也可以是行为可能实施，而停止侵害则一般要求侵害行为已经发生、正在进行，造成损害，所以如欲事先阻止不法侵害行为，则无法适用停止侵害。可见，与停止侵害不同，在相关的侵害行为尚未实施时，如果民事主体有证据证明他人正在实施或者即将实施侵害其人格权益的行为，而不及时制止将会使其合法权益受到难以弥补的损害，可以依

---

① 姚辉：《当理想照进现实：从立法论迈向解释论》，载《清华法学》2020 年第 3 期。

法向人民法院申请采用禁令的方式，预防侵害行为的发生。

二、人格权禁令的行使要件

第一，行为人正在实施或者即将实施侵害人格权的行为。这是适用禁令的重要前提，必须存在侵害或者即将侵害人格权的紧迫情形。行为主要有以下两种：一是行为人正在实施侵害他人人格权的行为，如在网上发布他人隐私信息，如果不及时制止侵权行为，可能对受害人隐私权造成重大损害；二是行为人可能实施侵害他人人格权的行为，即有侵害人格权之虞，未来可能发生侵害人格权的危险，且发生的盖然性较高。例如，在有侵害他人人格权内容的新闻报道或图片视频等未刊发、传播之前，受害人为阻止刊发、散布而申请禁令，防止其人格权遭受侵害。

还需注意，在考量是否存在侵害可能性时，应当根据不同的人格权类型具体判断。按照王泽鉴教授的观点，对生命权、健康权而言，判断存在侵害之虞的标准应当从宽，而对侵害名誉、隐私等权利而言，需要与言论自由等法益的保护相平衡，认定时应当更加审慎。①

第二，不及时制止行为人的行为，将使得损害后果难以弥补。人格权禁令针对正在实施或即将实施的侵害人格权的行为，通常具有紧迫性，如果不立即采取禁令措施，可能会对受害人造成难以弥补的损害。首先，行为人的行为必须可能造成现实损害，如果相关行为没有或不可能造成损害后果，则不应颁发禁令。其次，这种损害应当具有紧迫性，如果不及时制止，可能造成难以弥补的损害。在起诉时、诉讼中，若仅通过正常的诉讼程序，可能会因为诉讼耗时等原因，最终导致损害后果迅速扩大或难以弥补。后果难以弥补，主要是因为人格利益的侵害通常具有不可逆性，特别是人格权遭受侵害时可能会造成严重的精神损害。一旦发生，仅凭金钱赔偿难以有效弥补，且难以恢复到权利人对人格权的圆满支配状态。即便可以事后弥补，但也不宜放任损害后果的扩大。

第三，确有证据证明行为人正在实施或者即将实施侵害行为。禁令为

① 王泽鉴：《人格权法》，北京大学出版社 2013 年版，第 390 页。

权利人向法院提出申请，其必须提供相关的证据证明已经具备适用人格权保护禁令的条件。通常来说，权利人必须证明侵害人格权的行为已经发生并将持续发生，而此种情形具有紧迫性。对于正在实施的侵害行为，受害人可以提供侵犯其人格权的一些初步证据，如隐私信息在网络公开传播的情况等。对即将实施侵害行为的，则应适当提高申请人的举证负担，以防止不当启动禁令导致滥用的情况。在证明标准上，笔者认为，应当采纳盖然性的证明标准，即只要当事人证明他人的行为可能造成损害或有损害之虞，就应当认定满足了相应的证明标准，可以启动禁令，而并不要求必须达到本案实体诉讼同等的证明标准。

三、人格权禁令的法律效力

1. 禁令生效问题

禁令发布具有即时的效力，在裁定作出之后随即应当遵照执行，停止有关行为。行为人违反禁令的具体要求和内容时，法院可以强制执行。行为人不服禁令而提出复议申请的，法院可以审查后维持或撤销禁令。

2. 禁令失效问题

禁令并非实体裁判结果，其效力应当是延续到判决的作出的，在裁判作出并生效后，人格权禁令失去效力。在终局判决生效之前，所禁止的行为是否构成侵犯人格权的行为、是否可以合法实施，还是未决的问题，只能通过生效裁判予以确定有关行为的性质。若申请人主张停止侵害而生效裁判驳回其请求，则禁令失效，还可能向被申请人承担因禁令产生的赔偿责任。此外，禁令制度的重要价值是基于侵害行为的紧迫性，通过禁止侵害行为防止造成更大的损害后果，在终局裁判之前保持禁令的效力，才能有效阻断和禁止侵害行为继续实施，确保禁令制度重要目的的实现。

【适用指南】

一、实施的侵害或者即将侵害人格权的行为是否必须构成侵权

笔者认为，对于正在实施的侵害人格权的行为，申请人可能能够证明

行为人具体行为构成侵权，但在即将实施侵害人格权行为的情况下，此时仅有侵害之虞，侵害行为没有发生，实际损失可能暂未出现，未来是否会产生损害后果以及造成多大范围的现实损害都是难以判断的，申请人可能难以对损害进行证明，所以无法主张行为人具体行为构成侵权。综合来看，不应当将构成侵权行为作为发布禁令的条件，要求申请人必须举证证明。当然，对将要实施的侵害行为，法院在审查时还是应当确认是否有证据证明行为人将要实施侵害行为，并有可能造成受害人不可弥补的损害。

二、遵循利益衡量原则

在发布禁令的时候，法院应采取审慎的态度，既要使受害人避免遭受难以弥补的损失，又不能因不当发布禁令而妨害正当的言论自由或行为自由，影响司法权威。所以在进行形式审查的同时，也要采取一定程度的初步实质审查，以便初步判断。总的来说，在司法审查中，需要对正在发生或者将要发生的行为的性质、所可能导致的损害后果，以及该行为与他人合法权益以及公共利益的关系等进行综合考量。

一是对受害人与侵权人之间的利益进行衡量。在禁令审查中，需要在作出禁令可能给被申请人带来的影响与不作出禁令可能给权利人带来的后果之间进行权衡，只有当不作出裁定给权利人（申请人）造成的损失明显大于作出裁定给侵权人（被申请人）带来的损失时，法院作出人格权保护禁令裁定才具有正当性。二是对个体利益与公共利益进行权衡。司法以禁令的方式在裁判定论前介入，本身具有一定的自由裁量空间，必须控制好尺度，特别是在涉及公共舆论事件、公众人物等公共利益时，公民言论自由、公众知情权等公共利益需要得到优先保护，企业商誉利益、法人名誉利益、自然人名誉利益等保护的强度要让位于公共利益。在名誉权侵权与公共传播及舆论监督之间进行利益衡量时，要做好证据审查，确保人格权保护禁令的正当性和必要性。

第九百九十八条　认定行为人承担侵害除生命权、身体权和健康权外的人格权的民事责任，应当考虑行为人和受害人的职业、影响范围、过错程度，以及行为的目的、方式、后果等因素。

【条文主旨】

本条是关于认定承担精神性人格权民事责任的利益衡量因素的规定。

【立法要点及理由】

人格权容易与其他权利发生冲突，这是其独特性之一。本条规定了在认定侵害人格权的民事责任时需要考虑的因素，特别是针对姓名权、肖像权、名誉权等人格权的特点，寻求人格权和其他权利冲突时的有效协调平衡，进行利益衡量。利益衡量也称为利益考量、利益平衡，是在各方利益发生冲突时，对社会公共利益、民事主体利益等多方面衡量。[①]司法实践中，法官需要根据个案的具体情况，全面分析裁量，进行利益衡量和取舍，决定优先保护何种利益，以寻求妥当平衡，实现社会公平正义。

1. 明确认定侵害人格权民事责任的参考因素

在人格权领域中，某一种人格权在行使时往往会涉及与其他权利的冲突，如肖像权与著作权、隐私权与言论自由、个人信息与数据流通共享等。该条明确列举了解决人格权纠纷需要参考的多种具体因素，实际上是为法官裁判人格权纠纷提供了具体的指引和参考。在认定侵害人格权的民事责任中，行为人与受害人的职业、影响范围、过错程度、行为目的、方式、后果等因素往往会影响责任承担的大小甚至责任的成立与否。

① 王利明：《人格权法研究》，中国人民大学出版社 2018 年版，第 197 页。

2. 综合解决公众人物的人格权保护问题

鉴于公众人物的身份与影响力，媒体和社会公众对他们的关注很多时候具有公共利益属性。应当看到，该条在认定侵害人格权的民事责任时，强调要考虑行为人和受害人的职业、影响范围等因素，有利于解决公众人物人格权保护和限制如何平衡的问题，许可法律对其人格权的保护范围和程度进行适当限制。

3. 适用范围上排除物质性人格权

物质性人格权是自然人对于其生命、身体、健康等物质性人格要素享有的不可转让的支配权。[①]《民法典》在《民法通则》第 98 条规定生命健康权的基础上，全面规定了生命权、身体权和健康权，构建了物质性人格权的权利体系。在自然人的具体人格权中，物质性人格权是与人身关系最为紧密的，按照学界观点，物质性人格权是不得克减的基本人权，不能在特殊情况下对权利进行减少、限制。[②] 所以在认定民事责任的考量因素时，法条直接排除了生命权、身体权和健康权等物质性人格权，体现对物质性人格权的特殊保护和人文关怀。

4. 各项考量因素分析

（1）行为人和受害人的职业。将职业作为考量要素，主要是看当事人是否属于公众人物、社会团体成员、国家工作人员等行使公权力的人物等。如受害人属于公众人物，则其名誉权、肖像权、隐私权、姓名权等精神性人格权本身相较一般自然人要受到一定的限制。例如，为满足公众的知情权和兴趣，可以允许媒体在新闻报道中正当利用其肖像，不构成对其肖像权的侵害。社会公众在网络上对公众人物进行评论和评价，即便言辞可能稍微犀利或激烈，在一定范围内也需要公众人物容忍，并不构成对其名誉权的侵害。又如，在国家机关工作人员的推选中，公众有权对候选人的有关信息、活动进行了解，对这些信息的披露不构成对隐私权的侵害。

---

① 张俊浩主编：《民法学原理》，中国政法大学出版社 1997 年版，第 135 页。
② 王利明：《人格权法研究》，中国人民大学出版社 2018 年版，第 40 页。

（2）影响范围。将影响范围作为考量因素，主要是看行为人作出的侵害行为在多大范围内造成了其隐私披露、名誉减损等影响与后果。例如，在微信群内对他人名誉进行毁谤，与在新浪微博等互联网平台上公开对他人名誉进行毁谤，其影响的范围肯定是不一样的。在有关消除影响、恢复名誉、赔礼道歉等民事责任的承担条款中，《民法典》第1000条第1款就明确规定，行为人因侵害人格权承担消除影响、恢复名誉、赔礼道歉等民事责任的，应当与行为的具体方式和造成的影响范围相当。

（3）过错程度。考察比较法，各国对过错程度大都进行了一些探索和规定。美国的沙利文诉《纽约时报》案中，法官提出以“实际恶意”作为判断标准，要求公众人物对社会关注承担更高的容忍度，仅在证实媒体存在实际的恶意等情况下，才判决媒体承担责任。[①] 德国法上也有规定，媒体的报道如果存在不实，会给受害人的名誉造成损害，但如果媒体对不实报道的发生是无辜的、不存在过失，就不承担责任。[②] 所以，在进行新闻报道和媒体舆论监督时，只要报道的内容基本符合实际，没有严重失实，且行为人主观上没有过失，没有侮辱诽谤、损害他人名誉的恶意，尽管可能产生名誉权的侵害，也不应当认定承担相应民事责任。若行为人主观上存在较大过失，则需要具体考察过失的程度，来综合判定应当承担多大范围内的责任。

（4）行为的目的、方式、后果等因素。在民事责任中，目的、方式、后果就是责任承担时的综合考量因素，对侵害人格权的责任认定和承担也有重要影响。出于维护公共利益和公共安全等目的，可能会在必要范围内对他人的隐私权、姓名权、个人信息等公开，如果行为人发表言论的目的在于保护社会公益、维护社会公德，应对这种言论表达自由、报道自由给予适度倾斜和保护。例如，在媒体报道中涉及对民事主体的报道和评论，如果所报道的内容具有重要的公共利益价值，目的是满足公众了解公共事件真相的需要，那么即便报道出现部分失实或某些稍微激烈的评论，对受

---

① 王利明：《人格权法研究》，中国人民大学出版社2018年版，第215页。
② 石佳友：《守成与创新的务实结合》，载《比较法研究》2018年第2期。

害人也不构成侵害。又如，在新冠肺炎疫情期间，公开和通报确诊病例的个人信息、行动轨迹，就是为了满足公众对信息的知情权，维护突发公共卫生事件下的社会安全，对确诊患者不构成侵害。正如《民法典》第1025条有关名誉权限制的规定，“行为人为公共利益实施新闻报道、舆论监督等行为，影响他人名誉的，不承担民事责任”；第1020条有关肖像权合理使用的规定，“合理实施下列行为的，可以不经肖像权人同意：（一）为个人学习、艺术欣赏、课堂教学或者科学研究，在必要范围内使用肖像权人已经公开的肖像；（二）为实施新闻报道，不可避免地制作、使用、公开肖像权人的肖像”，强调的都是行为目的。

如何具体实施侵害行为，对民事责任的认定也有重要影响。《民法典》第1036条关于处理个人信息免责事由的规定，就将“合理使用”的行为方式作为其中的免责事由，“合理处理该自然人自行公开的或者其他已经合法公开的信息”。在具体责任形式上，也有作为和不作为等具体表现，既可以通过积极行为的方式侵害受害人的人格权，也存在一些以不作为的方式侵害人格权的情况，需要具体分析。例如，受害人在遭受网络用户对其名誉权等的侵害后，通知其网络服务提供者采取措施，进行删除、屏蔽等。如果网络服务提供者在收到受害网络用户提供的侵权信息后，怠于删除屏蔽，也构成不作为的侵权，需承担相应责任。现实或可能的损害后果也是影响责任认定的重要因素，特别是侵害行为如果一直持续，尚未产生实际的损害后果，损害后果可能产生或难以判断是否会产生，此时对责任范围的认定和救济方式的选择也会有不同影响。

【适用指南】

1. 过错程度的判断

在判断行为人的过错程度时，需考虑行为人是否有合法的抗辩事由，如依法行使权利、依法行使职权、基于公共利益和公共安全的正当舆论监督、受害人同意等。

2. 基于公共利益和公共安全等行为目的的限制

即便以公共利益和公共安全为目的，对个人隐私、姓名、信息进行的公开、利用等也必须围绕行为目的、在合理的范围内进行。一方面，只能限定于公共目的必要范围，禁止对超出必要范围之外的隐私披露、信息收集和公开等行为；另一方面，对隐私、信息等的收集、处理应当遵循合法合理的手段、程序，具体情况和理由应当让权利人知情，任何情况下都不能以非法手段程序获取、处理、公开、利用。在公共目的实现之后，应当尽快对隐私、信息等进行删除或者匿名化的处理。

第九百九十九条　为公共利益实施新闻报道、舆论监督等行为的，可以合理使用民事主体的姓名、名称、肖像、个人信息等；使用不合理侵害民事主体人格权的，应当依法承担民事责任。

【条文主旨】

本条是关于新闻报道、舆论监督合理使用的规定。

【立法要点及理由】

民事主体享有人格权，但在具体的行使过程中也要为公共利益需要让渡一部分权利，即本条规定的为公共利益实施新闻报道、舆论监督等行为的，可以合理使用民事主体的姓名、名称、肖像、个人信息等民事权利和民事权益。除新闻报道、舆论监督行为外，还有哪些行为可以合理使用民事主体的姓名、名称、肖像、个人信息等，目前法条以“等”字兜底，还需在实践中进一步摸索。

新闻报道、舆论监督使用不合理可能侵害民事主体的人格权。根据人格权的不同种类，新闻报道、舆论监督侵害人格权表现出不同侵权形式。

1. 侵害名誉权

根据本法第 1025 条的规定，行为人为公共利益实施新闻报道、舆论监督，影响他人名誉的，不承担民事责任，但是有下列情形之一的除外：(1) 捏造、歪曲事实；(2) 对他人提供的严重失实内容未尽到合理核实义务；(3) 使用侮辱性言辞等贬损他人名誉。

2. 侵害肖像权

新闻媒体中侵犯公民肖像权的现象非常普遍，如未经本人同意，在新闻报道中使用他人与新闻内容无关的肖像，或是未经本人同意，在新闻媒介上使用他人肖像做广告，进行商业宣传，都可能造成侵害肖像权。本法第 1020 条规定："合理实施下列行为的，可以不经肖像权人同意：……（二）为实施新闻报道，不可避免地制作、使用、公开肖像权人的肖像……" 本条规定，为实施新闻报道，可以未经肖像权人许可使用肖像权人的肖像：一是使用、公开是必需的；二是制作、使用、公开的方式是合理的。

3. 侵害姓名权或名称权

本法第 1014 条规定，任何组织或者个人不得以干涉、盗用、假冒等方式侵害他人的姓名权或者名称权。未经公民同意在新闻报道或舆论监督中使用公民姓名的，是否构成对公民姓名权的侵害呢？这种使用是否属于本法所指的"盗用"情形呢？笔者认为，虽然本法没有明确规定，这里仍然涉及对"合理使用"的具体理解问题。如果新闻报道、舆论监督未经民事主体同意，但这种使用是在"合理"范畴内的，且是为公共利益的使用，不应认定为侵权。

4. 侵害隐私权

新闻报道侵犯隐私权一般包括两类：一是采访侵权，如非法侵入民宅，强行采访，使被采访者（有时甚至是受害者）精神惊恐，生活受到干扰；对非公众人物随机采访未事先取得被采访者的同意，强行摄影；采访遭拒绝，不断以电话等方式纠缠、干扰，等等。二是报道侵权。报道侵权往往表现为对私人事实的公开披露。报道本身没有捏造或诽谤性质的内容，也无恶意中伤的侮辱性文字，但是严重干扰了受害人的生活，损害了受害人的身心健康的，也构成侵害隐私权。

新闻报道、舆论监督侵害人格权的构成要件主要应包含以下要素：一是无论是新闻报道，还是舆论监督，侵权内容都已经以公开方式进行传播。对于新闻报道，要求已经公开发表；对于舆论监督，要求已经形成公开评论。二是新闻媒体、舆论监督的作者或者媒体自身在主观上存在过错。本条规定新闻报道、舆论监督合理使用民事主体的姓名、名称、肖像等，未合理使用，有故意造成的，也有过失造成的。三是新闻报道、舆论监督侵权行为给民事主体造成了损害事实。对于新闻报道、舆论监督侵权，一般是人格利益和精神损害。四是新闻报道、舆论监督侵权与损害事实存在因果关系。新闻报道、舆论监督侵权主要通过社会批评和心理压力作用于权利主体。

在本法规定之前，司法解释和司法实践中掌握的一般抗辩理由包括：

1. 真实性抗辩

在我国，新闻基本真实是司法解释确立的新闻侵权抗辩事由。《最高人民法院关于审理名誉权案件若干问题的解答》（现已失效，下略）第8条规定，文章反映的问题基本真实，没有侮辱他人人格的内容的，不应认定为侵害他人名誉权；文章反映的问题虽基本属实，但有侮辱他人人格的内容，使他人名誉受到损害的，应当认定为侵害了他人名誉权；文章的基本内容失实，使他人名誉受到损害的，应认定为侵害他人名誉权。《最高人民法院关于审理名誉权案件若干问题的解释》（现已失效，下略）第9条规定，新闻单位对生产者、经营者、销售者的产品质量或者服务质量进行批评、评论，内容基本属实，没有侮辱内容的，不应当认定为侵害其名誉权；主要内容失实，损害其名誉的，应当认定为侵害名誉权。

2. 公正评论

公正评论事由成立必须具备以下几个要件：一是评论的基础事实须为公开传播的事实，即已揭露的事实，而不能是由评论者自己凭空编造的事实，也不能是明显不真实的事实。二是评论须公正，评论的内容应当没有侮辱、诽谤等有损人格尊严的言辞。三是评论须出于社会和公共利益目的，没有侵权的故意。①

3. 特许权威消息

法律赋予媒体有限的特许权，如对国家机关依职权制作的公开的文书和实施的公开的职权行为所作的报道就可以免责。《最高人民法院关于审理名誉权案件若干问题的解释》第6条规定，新闻单位根据国家机关依职权制作的公开的文书和实施的公开的职权行为所作的报道，其报道客观准确的，不应当认定为侵害他人名誉权；其报道失实，或者前述文书和职权行为已公开纠正而拒绝更正报道，致使他人名誉受到损害的，应当认定为侵害他人名誉权。

【适用指南】

1. 关于合理使用的含义

“合理使用”可以说是对新闻报道、舆论报道抗辩事由的一般概括。但何为“合理使用”、何种情形可以作为“合理使用”的抗辩理由，本法并没有作出具体规定。

笔者认为，“合理使用”至少包含两层含义。一是展现在新闻报道、舆论监督中使用民事主体的姓名、名称、肖像、个人信息等内容是合理使用，也就是说应当是合理实施。例如，应当是公正客观的报道，不得有丑化、侮辱肖像权人的肖像行为。二是新闻报道、舆论监督，特别是新闻报道在获取方式上是合理的。例如，新闻报道不是采取窃听、强行拍摄等方式取得的。本法第1020条规定的可以不经肖像权人同意的合理实施行为，包括为实施新闻报道，不可避免地制作、使用、公开肖像权人的肖像。因此，在新闻报道中未经肖像权人同意制作、使用以及公开肖像权人的肖像的，不构成侵害肖像权。但需要注意的是：该肖像权人应当是在公开场合

① 杨立新：《论中国新闻侵权抗辩及体系与具体规则》，载《河南省政法管理干部学院学报》2008年第5期。

中进行活动。如果是在非公开场合，如在肖像权人家中实施新闻报道，由于具有一定的隐私性，拍摄、制作、使用其肖像仍需要经本人同意。

2. 关于为公共利益目的实施

本条和第1025条关于新闻报道、舆论监督侵害名誉权的规定在审议通过前增加了“为公共利益实施”的内容。公众利益目的，是新闻侵权抗辩的一个重要事由，能够全面对抗新闻侵权请求权，是完全抗辩。[①]“为公共利益实施”既是对新闻报道、舆论监督中言论自由的限制，也是新闻报道、舆论监督侵权的抗辩理由。也就是说，人民法院在审查民事主体对“公共利益”的抗辩时应当注意：一是合理使用他人的姓名、名称、肖像、个人信息是为“公共利益”之目的而实施的新闻报道、舆论监督行为。二是新闻报道、舆论监督在合理使用时没有有损于他人人格的语言和言辞，亦不得借公共利益目的之机而侮辱、诽谤他人。

第一千条　行为人因侵害人格权承担消除影响、恢复名誉、赔礼道歉等民事责任的，应当与行为的具体方式和造成的影响范围相当。

行为人拒不承担前款规定的民事责任的，人民法院可以采取在报刊、网络等媒体上发布公告或者公布生效裁判文书等方式执行，产生的费用由行为人负担。

【条文主旨】

本条是关于侵害人格权民事责任中关于消除影响、恢复名誉、赔礼道歉等非财产性民事责任适用的规定。

---

① 杨立新：《论中国新闻侵权抗辩及体系与具体规则》，载《河南省政法管理干部学院学报》2008年第5期。

【立法要点及理由】

消除影响是指行为人因其侵权行为侵害了民事主体的人格权，而应承担的在影响所及的范围内消除不良后果的一种责任方式。

恢复名誉是指行为人因其侵权行为侵害了民事主体的名誉，而应在影响所及的范围内将受害人的名誉恢复至未受侵害时的状态的一种责任方式。

赔礼道歉是指侵权行为人向受害人承认错误，表示歉意，以求得受害人的原谅。赔礼道歉的独特功能在于能直接地弥补受害人的精神损害，使得受害人瞬间或在最短的时间内精神得到抚慰。从立法的本意来说，设置赔礼道歉作为民事责任的承担方式就是为了对精神受到极度痛苦者进行救济。赔礼道歉的适用范围主要包括具体人格权、身份权、知识产权受侵害的情形，而不包括物权、债权和其他财产权受到侵害的情形。

对于非财产救济方式而言，侵权责任承担方式需要遵循适当性原则。就这一问题，本法第998条亦规定，认定行为人承担侵害除生命权、身体权和健康权外的人格权的民事责任，应当考虑行为人和受害人的职业、影响范围、过错程度，以及行为的目的、方式、后果等因素。本条借鉴了相关司法解释的经验，对其他人格权侵权责任中消除影响、恢复名誉以及赔礼道歉责任承担的范围进行规定。

实际上，关于消除影响、恢复名誉、赔礼道歉等方式的执行，在审判实践中常常遇到困难。关于赔礼道歉的强制执行问题，实践中主要有以下几种执行方式：第一，直接执行，是以“强力执行”为核心，通过该行为的实施以直接实现当事人受法律保护的私法权益。对于赔礼道歉而言，就是通过执行机关的强制执行行为，强制侵害人本人进行口头或书面道歉，以履行法院判决，保护受害人之权益的执行方式。第二，间接执行，是指通过使侵害人负担一定的不利法律后果，以迫使其履行义务的执行方式。对于赔礼道歉而言，就是如果侵害人拒不履行法院判决，法院可以通过罚款、拘留甚至刑罚的手段迫使侵害人赔礼道歉。第三，替代执行，是指由第三人代为履行义务，而所支付之费用则由侵害人承担的执行方式。具体就是在侵害人拒不履行法院判决时，由法院公布判决书内容，或刊登谢罪广告的执行方式等，至于公布或刊登所支付的相关费用，则由侵害人承担。[①]

【适用指南】

我国法律对于人格权侵害的救济，采取的是通过多种责任形式对受害人予以补救的方式。本法第 179 条规定，承担侵权责任的方式主要有：（1）停止侵害；（2）排除妨碍；（3）消除危险；（4）返还财产；（5）恢复原状；（6）修理、重作、更换；（7）继续履行；（8）赔偿损失；（9）支付违约金；（10）消除影响、恢复名誉；（11）赔礼道歉。本条规定的承担民事责任的方式，可以单独适用，也可以合并适用。本法第 995 条亦规定，人格权受到损害的，受害人有权依照本法和其他法律的规定请求行为人承担民事责任。根据第 179 条规定，民事责任承担方式多达 11 种。就这 11 种救济方式而言，停止侵害、排除妨碍、消除危险、赔偿损失、消除影响、恢复名誉和赔礼道歉都可以是侵害人格权的救济方式。在实际运用中，为强化对受害人的保护，受害人享有选择权。对于上述责任承担方式而言，当事人既可以请求恢复名誉、赔礼道歉，又可以请求赔偿损失，而且可以同时将这几种责任结合起来共同请求。赔偿损失、恢复原状、返还财产、支付违约金等，属于财产性责任方式。停止侵害、排除妨碍、消除危险、消除影响、恢复名誉、赔礼道歉属于非财产性责任方式。本条即对部分非财产性责任方式的适用规则及执行方式等问题的规定。这种多元、多方面的救济方式的综合运用，实际是针对受害人遭受的不同形式的损害实施更好的救济。

赔礼道歉可运用于以下两种情形：一是当侵权行为致受害人本身遭受

---

① 葛云松：《民法上的赔礼道歉责任及其强制执行》，载《法学研究》2011 年第 2 期。

精神损害时，可判决侵权人直接向受害人赔礼道歉，以抚慰受害人，消除精神损害造成的生理上和心理上的影响；二是当侵权行为在社会上给受害人造成人格权的负面影响时，需要公开赔礼道歉来消除造成的社会影响，同时也需要抚慰受害人，保护其人格权。赔礼道歉的主要目的在于消除侵权人给受害人在社会评价和声誉上造成的不良影响，所以赔礼道歉的范围和侵权行为的影响范围应当是一致的。

【相关规定】

《中华人民共和国民法典》第 179 条、第 995 条

第一千零一条　对自然人因婚姻家庭关系等产生的身份权利的保护，适用本法第一编、第五编和其他法律的相关规定；没有规定的，可以根据其性质参照适用本编人格权保护的有关规定。

【条文主旨】

本条是关于婚姻家庭关系中身份权利保护适用人格权保护的规定。

【立法要点及理由】

一、立法理由

本条规定，对自然人因婚姻家庭关系等产生的身份权利的保护，适用本法第一编、第五编和其他法律的相关规定。没有规定的，可以根据其性质参照人格权保护的有关规定。对于因婚姻家庭关系产生的身份权利保护，主要还是适用第一编（总则编）、第五编（婚姻家庭编）以及《老年人权益保障法》《未成年人保护法》《妇女权益保障法》等法律规定。对于上述法律也没有规定的，考虑到身份权与人格权具有一定相似性以及它们之

间的紧密联系，立法规定根据身份权的性质参照人格权保护的规定处理。

规定根据身份权的性质参照人格权保护规定处理的理由在于：(1) 人格权与身份权都是专属权。人格权和身份权都是与权利主体的人身密切联系在一起的。它们的客体都表现为与权利人的人身不可分离的利益。(2) 身份权根植于人格权。早期的"身份权"源于家族的、宗法的、身份关系的约束，公民不享有独立的人格权。近代的身份权虽然削弱了封建族长制，但是夫对妻仍然有绝对的控制权和支配权。现代的身份权是一种私权，是建立于人格独立的基础上的，是从身份到契约又到身份演化而来的一种身份权。如果没有人格平等、人格独立、人格尊严的重视，身份权则仍然集中于夫权、父权，没有现代意义上的配偶权。(3) 身份权在某种意义上来讲是派生的人格权。身份权的客体是身份利益，而身份利益是派生的人格利益。因此，身份权是派生的人格权。(4) 身份权在某种意义上来讲是人格权的限制或者扩张。身份权的客体是身份利益，为了实现自己的身份利益可能对义务人的人格权造成一种限制。

二、身份权的内容及法律保护

我国学者一般将身份权分为夫妻之间的配偶权、父母与未成年子女之间的亲权以及其他亲属之间的亲属权。

1. 关于配偶权的法律保护

我国虽未明确规定配偶权，但对夫妻关系的具体内容进行了规定：一是忠实义务。《民法典》第 1043 条第 2 款规定了夫妻互负忠实义务。夫妻一方违反忠实义务与他人同居的，另一方在离婚时可以请求损害赔偿。二是扶养义务。《民法典》第 1059 条规定了夫妻之间互负扶养义务。根据规定，需要扶养的一方，在另一方不履行扶养义务时，有要求其给付扶养费的权利。三是日常家事代理。《民法典》第 1060 条第 1 款规定，夫妻一方因家庭日常生活需要而实施的民事法律行为，对夫妻双方发生效力，但是夫妻一方与相对人另有约定的除外。除此之外，对于配偶权中的其他权利义务关系，《民法典》亦作了规定，如夫妻姓名权（《民法典》第 1056 条）、同居权（《民法典》第 1042 条第 2 款）、平等就业权（《民法典》第

1057 条）。

2. 关于亲权的法律保护

亲权是父母对未成年子女的身心抚育、监护的权利。亲权一般分为对子女的身上照护权和财产照护权。身上照护权包括居所指定权、惩戒权、子女交还请求权、身份行为及身上事项的同意权与代理权、抚养义务、赔偿义务；财产照护权包括财产管理权、财产行为法定代理权、使用及收益权、处分权。《民法典》以及《未成年人保护法》《义务教育法》等法律对亲权中的身上照护权和财产照护权都有规定。

3. 关于亲属权的法律保护

亲属权是指除配偶关系、亲子关系外，基于其他亲属关系而产生的身份权利，如祖父母、孙子女、兄弟姐妹等亲属之间的身份权统称为亲属权。亲属权的保护规定主要体现在《民法典》第一编、第五编和《老年人权益保障法》中抚养或赡养义务等其他亲属成员之间的权利义务关系内容。

三、身份权参照人格权保护规定

对基于抚养、赡养和扶养发生的身份权请求权，总则编、婚姻家庭编以及其他相关法律作了规定。笔者认为，本条还规定“没有规定的，可以根据其性质参照适用本编人格权保护的有关规定”，可以说是对身份权保护请求权预留了一定解释空间。

【适用指南】

1. 身份权请求权保护不适用诉讼时效

身份权是人格利益的延伸，其主要保护的还是身份利益。身份权请求权是基于身份权的绝对性和对身份利益的支配力而产生的保护性请求权。根据《民法典》第 196 条第 1 项“请求停止侵害、排除妨碍、消除危险”、第 3 项“请求支付抚养费、赡养费或者扶养费”以及第 995 条“受害人的停止侵害、排除妨碍、消除危险、消除影响、恢复名誉、赔礼道歉请求权，不适用诉讼时效”的规定，对于符合上述规定的身份权请求权诉讼，不适用诉讼时效。

2. 注意本条法律适用顺序问题

本条规定："对自然人因婚姻家庭关系等产生的身份权利的保护，适用本法第一编、第五编和其他法律的相关规定；没有规定的，可以根据其性质参照适用本编人格权保护的有关规定。"对于身份权的保护而言，应当先适用《民法典》总则编、婚姻家庭编和其他法律中有关身份权保护的规定。当前述法律没有规定时，才适用人格权保护的有关规定。

【相关规定】

《中华人民共和国民法典》第196条、第995条，《中华人民共和国老年人权益保障法》，《中华人民共和国未成年人保护法》，《中华人民共和国义务教育法》

第二章　生命权、身体权和健康权

第一千零二条　自然人享有生命权。自然人的生命安全和生命尊严受法律保护。任何组织或者个人不得侵害他人的生命权。

【条文主旨】

本条是关于生命权受法律保护的规定。

【立法要点及理由】

党的十九大明确指出，要保护公民的人身权、财产权和人格权。立法机关认为，现行民事立法中的有些规范已经滞后，难以适应人民日益增长的美好生活需要。编纂《民法典》，健全和充实民事权利种类，形成更加完备的民事权利体系，完善权利保护和救济规则，形成规范有效的权利保护机制，对于更好地维护人民权益，不断增加人民群众获得感、幸福感和安全感，促进人的全面发展，具有十分重要的意义。[①]《民法总则》第109条规定，自然人的人身自由、人格尊严受法律保护。为贯彻落实党的十九大精神，《民法典》强化了对人格权的保护，在第四编人格权编重申对人身自由和人格尊严的保护，强调保护民事主体基于人身自由、人格尊严而享有的一切人格权益。《民法典》第990条第1款采用“列举＋概括”的

---

① 参见王晨：《关于〈中华人民共和国民法典〉（草案）的说明》，2020年5月22日于第十三届全国人民代表大会第三次会议。

方式列举了9种具体的人格权。《民法通则》第98条规定："公民享有生命健康权。"《民法典》在人格权编第二章专章规定了生命权、身体权和健康权的具体内容，并对实践中社会比较关注的有关问题作了有针对性的规定，如器官捐献的基本规则，与人体有关的基因、胚胎等相关医学和科研活动，预防和制止性骚扰等。

生命权具有至高无上性，在人格权甚至在整个民事权利体系中具有最高地位。当生命权与其他权利发生冲突时，法律应当优先保护生命权。因为对生命的保护不仅意味着对自然人生命权的保护，而且意味着对最基本的社会秩序的保护，所以本条不仅单独列明了"生命权"，而且明确保护的两个方面体现在"自然人的生命安全和生命尊严"受法律保护。安乐死一直是国内外法学界的一个富有争议的问题。安乐死涉及医学、伦理道德、法律等多方面的问题。[①] 安乐死在民法的角度主要关涉自然人对其生命权的行使问题，立法过程中曾有观点建议增加生命不可放弃原则的规定，其实质问题是个人对其生命权是否有支配权，是否可以处分自己的生命。《民法典》第992条规定："人格权不得放弃、转让或者继承。"笔者认为，其中也包含生命权不可放弃的原则。

【适用指南】

1. 注意协调本条与人格权编的人格权请求权、侵权责任编的关系

在人格权遭受侵害或有遭受侵害之虞时，如果单独援引人格权编的规范能够解决问题，达成保护权利人的目的，就不需要同时引用侵权责任编的相关条款。[②] 就本条规定的"自然人的生命安全和生命尊严受法律保护"，并未规定侵害自然人的生命权的相应法律后果。因此，本条系不完全规范，原告提出多个诉讼请求的，具体适用时应当尊重当事人对请求权

① 参见杨立新：《人身权论》，人民法院出版社2002年版，第406页。

② 参见王利明：《民法典编纂中的若干争论问题》，载《上海政法学院学报》2020年第4期。

的选择进行请求权检索，如依据《民法典》第995条，主张“停止侵害、排除妨碍、消除危险、消除影响、恢复名誉、赔礼道歉”的，应予支持；如主张精神损害赔偿和财产损害赔偿，应当依据侵权责任编的相关规定予以体系解释和适用。

2. 注重生命权与权利人主体资格的密切联系

生命权是自然人与生俱来的，始终伴随着自然人的一生，此种权利不能抛弃、转让和继承，专属于权利人享有，生命权不得与民事主体脱离，不能成为商业交易的对象。自然人之间的生命权是平等的，不能损害某一个人的生命，去保护另外一个人的生命。

3. 要保护生命权既不受任意剥夺，也不受非法限制

由于生命是自然人最为重要的人格利益，是其他权利的前提和基础，对其剥夺和非法限制将直接威胁到自然人生命的存续和其他民事权利的享有，因此相关组织和个人有法定的救助义务。同时，也要对“生命尊严”予以尊重和保护，它包含了自然人对其生命质量的追求和自由处分，有权决定自我的生存方式，如病人拒绝接受任何无意义的治疗，行使处分生命利益的自主行为等。

4. 要明确生命权是绝对权

生命权为权利人享有，权利人以外的所有人都负有不得侵害的法定义务。在权利受到侵害之时，权利人可以行使请求权消除不利影响和损害后果，生命权主要是消极防御性的权利。①

第一千零三条　自然人享有身体权。自然人的身体完整和行动自由受法律保护。任何组织或者个人不得侵害他人的身体权。

① 参见姚辉、邱鹏：《论侵害生命权之损害赔偿》，载《中国人民大学学报》2006年第4期。

【条文主旨】

本条是关于身体权受法律保护的规定。

【立法要点及理由】

《民法通则》确认了公民享有生命健康权，但并没有明确规定身体权；《侵权责任法》第 2 条所列举的民事权利中也没有身体权。司法实践中，部分案例依照相关司法解释的规定已将身体权作为一项独立民事权利予以确认和保护。《民法总则》第 110 条在民事主体人格权的规定中，明确将身体权与生命权、健康权、姓名权、肖像权、名誉权、荣誉权、隐私权、婚姻自主权等并列。本条在《民法总则》第 110 条规定的基础上，进一步明确身体权包括自然人的“身体完整”和“行动自由”两个方面。身体权是指自然人维护其身体组织器官的完整性并支配其肢体、器官和其他组织的权利。[①]“身体完整”，是自然人的身体权作为一种物质性的人格权所需要法律保护的人格利益。随着现代社会的发展，尤其是生物科学技术的进步，人体细胞、组织捐献，器官移植，医学生物实验，基因编辑以及代孕等行为不断涌现，对强化身体权立法保护的呼声日益高涨。加之实践中也不乏私设公堂讨债、通过限制自然人行动自由来保护财产权的违法事件等，重视对自然人的行动自由的保护业已成为社会迫切的需要。

同时，立法机关认为，《民法总则》第 2 条虽然将人身关系列在财产关系之前，但有关人身权的保护要优于财产权的基本规则，在《民法总则》中没有体现，而这一规则恰恰是民事权利保护上的基本规则。这在《民法典》其他各分编中都无法写入，将人格权独立成编，放在人格权编中对人身权的相关内容予以规定较为合适。

---

① 参见杨立新：《人身权论》，人民法院出版社 2002 年版，第 398 页。

【适用指南】

1. 关于如何确定自然人享有的身体权的内涵和外延

在讨论人格权有无必要独立成编时，曾论及如何准确界定具体人格权的内涵和外延。人格权有什么具体权利类型，这些权利的内涵和外延如何写清楚，能否通过侵权责任法予以解决是人格权应否独立成编需要考量的因素。从权利保护角度作出规定，恰恰是人格权法要完成的任务，例如本条规定了人格权中的“身体权”，把它是什么具体界定出来，就包括本条所列举的“身体完整权”和“行动自由权”。《民法总则》第109条对“人身自由”的内涵和外延规定得并不明确、具体，有必要通过人格权编予以细化，彰显其重要性。人格权编本章中的“行动自由”相较于《民法总则》规定的“人身自由”更为清晰、具体。

2. 关于自然人对其身体完整权的支配

权利人有权对其身体的构成部分加以处分，但不得违反法律和公序良俗。身体作为生命权和健康权的载体，是自然人享有生命和健康人格利益的前提和基础。如果允许个体滥用身体权，如出售自己的身体器官、有偿代孕、提供编辑的基因等，将造成现代社会的基本伦理价值受到损害，违反了法律和公序良俗，应当予以禁止。

3. 有必要强化对自然人活动自由的保护

身体活动的自由与身体本身的完整不同，但又存在内在的联系。依据本条规定，身体活动自由是独立的人格权客体。对个人身体活动自由的侵害并不局限于剥夺个人的活动自由，还包括对个人行为及活动自由的任何不当行为。

4. 关于患者知情同意权的人格权属性

所谓患者知情权，是指患者在诊疗过程中所享有的知悉其疾病病情、医疗机构即将对其采取的相关医疗措施及其后果的权利。在临床上具备独立判断能力的患者或者在其丧失独立判断能力时由其近亲属代为行使的、对医疗人员制订的诊疗计划是否同意的权利被称为患者同意权。患者知情同意权是患者对于可能造成自身损害的医疗行为的自主决定权，属于人格权的范畴，与自然人享有的身体权密切相关。为了保障患者的知情同意权，医务人员在诊疗活动中应当向患者说明病情和医疗措施。需要实施手术、特殊检查、特殊治疗的，医务人员应当及时向患者说明医疗风险、替代医疗方案等情况，并取得其书面同意；不宜向患者说明的，应当向患者的近亲属说明，并取得其书面同意。医务人员未尽到前述义务，未经患者同意对其进行治疗的，侵害了患者的知情同意权，如果患者以医疗机构侵害患者身体权为由主张医疗机构侵权，即便并未导致患者健康受到损害，人民法院也应当依据本条予以支持。

第一千零四条　自然人享有健康权。自然人的身心健康受法律保护。任何组织或者个人不得侵害他人的健康权。

【条文主旨】

本条是关于健康权法律保护的规定。

【立法要点及理由】

《民法通则》第98条规定："公民享有生命健康权。"本条将"健康权"单列出来以突出其独立性和重要性，健康权成为一项独立的人格权。健康权是指自然人以其身体的生理机能的完整性和保持持续、稳定、良好的心理状态为内容的权利。[①] 健康权作为物质性人格权，同样也归属于自然人，法人和其他组织无法成为健康权的权利主体。健康权以健康作为权利客体，健康的自然人应当具备保持身体、精神以及社会适应能力完好的状态。法律意义上的健康是自然人自出生之时起即享有的人格利益，通常

① 参见王利明主编：《人格权法新论》，吉林人民出版社1994年版，第288页。

分为身体健康和心理健康两个方面，它并不完全等同于医学上对健康的定义和界定标准，只有那些在其受到侵害时能够得到民事法律规范救济的健康才是《民法典》所保护的健康权的客体，而过于轻微的侵害健康行为可能因为尚未造成相应的损害后果而无法得到民法救济。

【适用指南】

1. 关于处理好健康权与生命权之间关系的问题

健康权与生命权、身体权密切相关，侵害了健康权在某些情形下有可能导致受害人失去生命，侵害健康权的行为与侵害生命权的行为在一定情形下会发生转化。两者之间的不同之处在于，侵害健康权尚可通过医治、疗养等途径使自然人的健康得到恢复，而生命权受到侵害会直接导致受害人的生命结束，生命权具有不可恢复性。在健康权受损的情形下，受害人是损害赔偿的权利人；在生命权受到侵害的情形下，直接受害人已经无法请求法律救济，只能由其近亲属等间接受害人作为赔偿权利人向侵害人主张损害赔偿。

2. 关于处理好健康权与身体权之间关系的问题

健康权与身体权同属于物质性人格权，侵害身体权会导致自然人的健康权受到损害。因此，也有观点认为应当将健康权归入身体权的范畴。但是，我国《民法典》将健康权和身体权区分，两者之间主要存在以下不同：一是权利客体不同。健康权的客体是健康利益，如前所述，它是自然人的身体和心理的各个器官良好运行，并具有较好的社会适应能力的完好的状态。身体权的客体即身体器官和组织构造本身的完整性和身体器官的安全，体现了自然人身体组织和机构的完整性。[①] 二是损害后果不同。身体伤害指的是人的外在表现形态的破坏，典型的就是伤口。而健康损害则是指导致了身体内部机能的障碍或精神上的损害。

---

① 参见杨立新：《论公民的身体权及其民法保护》，载《法律科学》1994 年第 6 期。

第一千零五条　自然人的生命权、身体权、健康权受到侵害或者处于其他危难情形的，负有法定救助义务的组织或者个人应当及时施救。

【条文主旨】

本条是关于他人对自然人的生命权、身体权、健康权负有法定救助义务的规定。

【立法要点及理由】

《民法典》将人格权独立成编，不仅有利于弘扬社会主义核心价值观，划定具体人格权益的边界，也有利于确立人格权保护的裁判规范和行为规范，确立人格权保护的请求权基础，实现对人格权益的类型化保护。生命权、身体权和健康权，从自然人个体的角度来说是绝对权，免受一切不法侵害，具有强烈的排他性，他人负有不得侵害的消极的法定义务。《民法典》第1002条、第1003条、第1004条从正面对自然人的生命权、身体权、健康权的法律保护作出规定。同时，本条对相关主体负有的自然人生命权、身体权、健康权救助义务进行了明确。根据本条，负有法定救助义务的组织和个人还应当积极履行法定义务，使权利人在其生命权、身体权、健康权受到侵害或者处于其他危难情形时得到救助。例如，企业应当通过改善工作环境等方式保护劳动者的生命权、身体权、健康权。在发生有损劳动者健康权的危险情形下，权利人可以主张停止侵害、排除妨碍、消除危险。权利人因此遭受实际损害的，还可以主张损害赔偿。保护好自然人的生命权、身体权、健康权等私权，也有利于为规范公权力的行使提供标准，公权力不仅不能以损害公民的民事权利为代价，而且应当履行积极施救的法定义务。

【适用指南】

1. 适用本条，在明确自然人生命权、身体权、健康权的绝对权属性，他人不得消极地侵害前述权利之外，还应当确立在特殊情形下，有关组织或个人负有积极施救的法定作为义务，对生命权、身体权、健康权进行全面保护，从而提高国家治理体系和治理水平的现代化，用法治的手段来管理社会。

2. 适用本条，要注意对本条所确立的不作为侵权损害赔偿与允许他人侵害其身体权、健康权的合同免责条款无效的损害赔偿进行区分。例如，有的合同格式条款载有排除侵害他人健康权承担相应损害赔偿责任的内容。对此，《民法典》合同编第 506 条第 1 项明确规定，造成对方人身损害的免责条款无效，否定了该条款的效力，合同相对方仍应当对其造成的受害方损害承担赔偿责任。而本条规定的是特定主体对他人生命权、身体权、健康权的作为的法定义务，不履行该积极义务的，应当承担相应的侵权责任。

【相关规定】

《中华人民共和国民法典》第 506 条、第 1002～1004 条

第一千零六条　完全民事行为能力人有权依法自主决定无偿捐献其人体细胞、人体组织、人体器官、遗体。任何组织或者个人不得强迫、欺骗、利诱其捐献。

完全民事行为能力人依据前款规定同意捐献的，应当采用书面形式，也可以订立遗嘱。

自然人生前未表示不同意捐献的，该自然人死亡后，其配偶、成年子女、父母可以共同决定捐献，决定捐献应当采用书面形式。

【条文主旨】

本条是关于人体细胞、人体组织、人体器官、遗体捐献法律保护的规定。

【立法要点及理由】

自 1954 年美国首次成功施行肾移植手术以来，人体器官移植已成为拯救生命的重要医疗技术手段之一。人体器官移植在给人类带来巨大福祉的同时，也引发了一系列法律和伦理问题。为保障和促进人体器官移植工作的顺利开展，许多国家和地区普遍认识到运用法律手段对其进行规制之必要性，并付之于立法实践，多个国家和地区通过了关于人体器官移植的法律法规。[①] 到目前为止，我国成为世界第二的器官移植大国，相关器官捐赠的法律法规不健全，对捐赠者的权益保护不充分，引发了不少纠纷。本条第 1 款确定了我国《民法典》在人体细胞、人体组织、人体器官、遗体捐献上坚持自愿、无偿原则。捐献的范围不限于《人体器官移植条例》第 2 条第 1 款规定的“人体器官”，还包括人体细胞、人体组织、遗体，而《人体器官移植条例》第 2 条规定其调整的范围不包括人体细胞和角膜、骨髓等人体组织移植，《民法典》为相关捐献权利人提供了全面的法律保护。

就我国器官捐献现状来看，基本上都是自愿捐献，其中部分是遗体捐献，也有部分是亲属之间的器官捐献。人体器官来源严重匮乏，且质量没有保证，极大地制约了我国人体器官移植临床救治工作和移植技术的发展，许多危重病人因不能及时得到器官移植而死亡，因此急需解决人体器

① 参加张海燕：《人体器官移植立法问题研究——兼论我国〈人体器官移植条例〉的完善》，载《东岳论丛》2008 年第 6 期。

官移植供体的来源问题。考虑到我国器官移植缺口很大，立法机关认为，为了弘扬社会主义核心价值观，应鼓励器官捐献的善行。本条第 3 款为此作出规定，自然人生前未表示不同意捐献的，该自然人死亡后，其配偶、成年子女、父母可以共同决定捐献。

【适用指南】

1. 适用本条，要明确器官捐献权利人的范围

活体器官捐献应当由权利人自愿作出是否捐献的决定。遗体器官捐献应当根据死者生前的捐献意愿进行，死者生前未明确表示拒绝捐献器官的，应当根据其近亲属的捐献意愿进行。而有权表示捐献死者器官意愿的近亲属如下：配偶、成年子女、父母。自主决定捐赠的主体必须是完全民事行为能力人，这主要是考虑到未成年人不具有完全民事行为能力，允许未成年人自主决定捐献器官，有可能发生未成年人作出不利于其健康成长决定的情形。《人体器官移植条例》第 9 条明确，任何组织或者个人不得摘取未满 18 周岁公民的活体器官用于移植。

2. 适用本条，要保障捐献者的知情同意权，不得违背其真实意思表示

本条第 2 款明确自然人捐献其本人的器官要求采用书面形式或者订立遗嘱，从立法上保障了捐献者的知情同意权，避免和杜绝违背捐献者真实意思表示，进而对权利人的身体完整权、健康权造成损害的买卖器官违法行为。捐献者有权自主决定是否捐赠，有权了解关于手术的一切情况。对于活体器官供体，医院和医师应当告知捐献者关于器官摘取所涉及的手术性质、对身体健康的影响和可能的风险等信息，捐献者本人应当对上述信息有清晰的认识，在自主、没有任何不当干涉和影响的情况下明示地作出同意捐赠的意思表示。知情同意还意味着：其一，若无明示的意思表示，任何人不得代为意思表示，不得适用推定同意；其二，为了充分尊重捐献者的意愿，在司法实践中要注意，捐献者在实际作出捐献行为之前，应当

允许捐献者反悔，撤销其捐献的意思表示。[①] 受赠者或第三人不得请求强制执行。如果捐献者因受强迫、欺骗、利诱作出违背其真实意思表示的捐献承诺，其有权主张该捐献同意无效。

3. 对于遗体器官的捐献，应当根据死者生前的捐献意愿进行

也就是说，死者生前也应当具有意思表示能力。死者生前未明确表示捐献，也未明确表示拒绝捐献的，应当根据其相关近亲属的捐献意愿进行。换言之，公民生前表示不同意捐献其人体器官的，任何组织或者个人不得捐献、摘取该公民的人体器官。公民生前未表示不同意捐献其人体器官的，该公民死亡后，其配偶、成年子女、父母可以以书面形式共同表示同意捐献该公民人体器官的意愿。

【相关规定】

《人体器官移植条例》第 2 条、第 7 ~ 10 条

第一千零七条　禁止以任何形式买卖人体细胞、人体组织、人体器官、遗体。

违反前款规定的买卖行为无效。

【条文主旨】

本条是关于禁止买卖人体细胞、人体组织、人体器官、遗体的规定。

【立法要点及理由】

生物医学技术在当代的发展与普遍应用，使得人工辅助生殖、器官

① 参见韩大元、于文豪：《论人体器官移植中的自我决定权与国家义务》，载《法学评论》2011 年第 3 期。

移植等成为可能，增进了人类的福祉。随着对器官移植需求的不断增长，供体器官短缺已经成为世界性的问题。与此同时，人体器官的供需矛盾导致国际器官黑市交易的增长，带来了人体器官买卖、代孕黑市、基因编辑婴儿等严峻挑战。为了遏制器官交易的犯罪行为，世界上绝大多数国家和地区在法律上明文禁止任何形式的人体器官和人体组织的交易。[①] 器官买卖和变相买卖不仅违反公序良俗，而且可能引发道德危机，危害社会秩序。

人格权编对民事权利体系的发展作出了重要贡献。《民法典》设立人格权编的主要动因之一就是要有效应对科技革命对人的尊严所形成的各种挑战。正是基于这一点，可以说，我国《民法典》的人格权编具有极为鲜明的现代气息和时代特色。近年来，我国也出现了变相买卖人体细胞、人体组织、人体器官和遗体，进行非法器官移植的现象。本条第 1 款确立了禁止器官交易原则，明确规定禁止以任何形式买卖人体细胞、人体组织、人体器官、遗体。本条第 2 款还专门规定："违反前款规定的买卖行为无效。"据此，该规定成为否定相关器官等买卖合同效力的强制性规定之一，人民法院在审判中可依照该条确认人体细胞、人体组织、人体器官、遗体买卖合同无效。

【适用指南】

1. 应明确人体器官、人体组织本身不是单纯的财产，作为人格权的载体，它们体现了人格利益和人格尊严

自然人身体的各个器官、组织都是其身体的组成部分，在人体的器官或组织未与人体分离时，属于身体权的客体。允许人体器官、人体组织买卖，实际上是将人格利益作为商品进行交易，容易引发道德风险，不仅对

① 参见申卫星、王琦：《论人体器官捐献与移植的立法原则》，载《比较法研究》2005 年第 4 期。

权利人的身体权造成侵害，还容易诱发对权利人生命权、健康权的损害，甚至构成犯罪。[①] 因此，受赠者以任何有偿方式获取人体器官、人体组织、人体细胞和遗体都是不受法律保护的。

2. 关于本条客体保护的范围

我国法律严格禁止全部或者部分器官买卖，从事任何买卖器官的行为都是非法的。首先，是指人体器官，如人体中具有特定功能的心脏、肺脏、肝脏、肾脏或者胰腺等器官；其次，是指人体组织，如角膜、骨髓等；再次，是指人体细胞，如血液及其制品、精子、卵子等；最后，是指遗体的人体器官、人体组织等。

3. 应当加强对未成年人的保护力度

1998 年 5 月 18 日，世界健康大会（World Health Assembly）决议对人体器官移植的原则进行了总体指导。该会议后来的 WHA42. 5 号决议指出："再也不能对人类的不幸进行剥削了，特别是对儿童和其他弱势群体，为器官移植而进行的器官买卖违背了人类基本的伦理规则，对此的认识要进一步深入。"充分保护无行为能力人、限制行为能力人的利益。《民法典》第 1006 条规定排除了无行为能力人、限制行为能力人作为活体捐献适格主体的适用。《人体器官移植条例》第 9 条明确规定，"任何组织或者个人不得摘取未满 18 周岁公民的活体器官用于移植"，故即使无行为能力人、限制行为能力人作出无偿捐献同意的意思表示也应当确认无效，以此充分保障未成年人及其他无行为能力人、限制行为能力人的合法权益。

【相关规定】

《中华人民共和国刑法》第 234 条之一，《人体器官移植条例》第 9 条

---

① 《刑法》第 234 条之一第 1 款规定："组织他人出卖人体器官的，处五年以下有期徒刑，并处罚金；情节严重的，处五年以上有期徒刑，并处罚金或者没收财产。"

第一千零八条　为研制新药、医疗器械或者发展新的预防和治疗方法，需要进行临床试验的，应当依法经相关主管部门批准并经伦理委员会审查同意，向受试者或者受试者的监护人告知试验目的、用途和可能产生的风险等详细情况，并经其书面同意。

进行临床试验的，不得向受试者收取试验费用。

【条文主旨】

本条是关于为研制新药、医疗器械或者发展新的预防和治疗方法等参加临床试验活动的受试者进行法律保护的规定。

【立法要点及理由】

医学人体试验，即以人体为研究对象的生物医学试验，指在生物学、医学领域内，以自然人作为试验的对象，以验证科学推理或者假定为方法，进行新药物、新医疗设备、新治疗方法的试验研究行为。[①] 现代医疗离不开医学人体试验，医学人体试验在医学发展过程中发挥着重要作用。然而，由于自身存在的巨大风险，医学人体试验既可能促进医学的发展，也可能给受试者带来生命健康损害，甚至危及生命。例如，在非指定的临床试验医院进行临床试验，未事先将正在临床试验阶段的新药真实情况以及服用该药可能会产生的副作用告知患者，人体试验与常规医疗无论在内容还是告知、说明的程度和标准方面都有着重大不同，致使患者在信息不对称的情形下无法充分行使选择权，侵害了受试者的知情权。

本条第1款规定了医学人体临床试验应当符合下列条件：第一，试验目的为研制新药、医疗器械或者发展新的预防和治疗方法。第二，试验人

---

① 参见满洪杰：《论医学人体试验中的侵权责任——以比较法为视角》，载《法学论坛》第2012年第5期。

必须履行报经相关主管部门批准的手续。第三，该试验应当经伦理委员会事先审查同意。人体试验伦理审查是指伦理审查委员会依据相关的规定，对人体试验的设计、实施及其结果所进行的伦理审核、评判、批准、指导、监控等活动。第四，试验者应尽到相关的说明义务，向受试者或者受试者的监护人告知试验目的为研制新药、医疗器械或者发展新的预防和治疗方法，该试验成果的主要用途和在试验过程中可能产生的风险等详细情况。第五，经受试者书面表示知情同意。第六，试验人不得向受试者收取试验费用。

【适用指南】

1. 适用本条，应当审理查明被诉医学人体试验活动是否经过相关主管部门批准

本条第 1 款规定为开展医学人体试验设定了行政许可程序，只有受试者个人同意，未经行政许可的医学人体试验行为仍然属于违法行为。这是由于医学实验涉及对个体生命权、身体权、健康权的处分，对自然人的人格利益影响较大，有的甚至涉及不特定群体的人格利益保护问题，有必要依法经过相关主管部门对其进行审查，决定是否批准。

2. 适用本条，应当审理查明试验者是否履行了告知、说明义务，并征得受试者同意

知情同意权问题的核心是试验者的告知和说明义务。人体医学实验本身包含较大的风险，有的是在试验之初能够预知、预判，确定发生的，有的是在试验过程中可能发生也可能不发生的，还有的是试验者在试验之前无从知晓、难以预见的。试验者是否履行了说明、告知义务，应以受试者能够理解的告知和说明内容作为判断标准。只有受试者在真正充分了解试验信息的基础上，作出的自主决定才能视为试验者履行了告知、说明义务。对完全无行为能力的受试者，如果伦理委员会原则上同意、研究者认为受试者参加试验符合其本身利益，则这些病人也可以参与试验，但应当

具备其法定监护人书面同意的形式要件。

3. 适用本条，要正确区分人体试验侵权责任案件与医疗损害责任案件

人体试验的目的是增进对生物医学的知识，而医疗行为的目的是治疗具体疾病，在本质上是不同的。虽然人体试验所验证的对象是生物医学的推论和假定，试验者也往往是医疗人员，但绝不能因此将其混淆。在人体试验中，受试者所承担的健康风险要远大于常规医疗中的患者，因此试验者所负有的告知和说明义务的标准较常规医疗高得多。

【相关规定】

《中华人民共和国民法典》第1219条

第一千零九条　从事与人体基因、人体胚胎等有关的医学和科研活动，应当遵守法律、行政法规和国家有关规定，不得危害人体健康，不得违背伦理道德，不得损害公共利益。

【条文主旨】

本条是对从事人体基因、人体胚胎等医学和科研活动进行规范的规定。

【立法要点及理由】

人格权编特别规定了“人格尊严”这一具有丰富内涵的重要范畴，通过这一范畴进一步强化对人体基因、胚胎、胎儿、植物人等不同生命形态的保护。《民法典》第990条第2款规定：“除前款规定的人格权外，自然人享有基于人身自由、人格尊严产生的其他人格权益。”实践中，部分科研机构和个人进行基因编辑，并因非法实施以生殖为目的的人类胚胎基因

编辑和生殖医疗活动而构成非法行医罪，被依法追究刑事责任。[①] 基因编辑涉及公序良俗，也对自然人的基因隐私权造成侵害。[②] 国际法层面通过医疗伦理相关公约进行规制；国内法层面则从科技和医疗两个方面对基因编辑技术运用作出规制。在基因编辑法律规制体系中，存在规范层级效力低、违法责任较轻、其他部门法没有协调跟进的问题，亟需加快更高层级的生命科学立法，在更高位阶的立法中规定基因相关权利。《民法典》对此作出专门规定，明确从事人体基因、人体胚胎等有关的医学和科研活动相关的民事法律行为应当遵守法律，不得违背伦理道德，不得损害公共利益。

人体胚胎有潜力发展成为独立的生命个体，人体胚胎的保护与生命权密切相关。近年来，随着人工试管婴儿技术的发展，有关胚胎的纠纷也开始出现，如“无锡冷冻胚胎案”[③]。在比较法上，胎儿的保护可以扩大到胚胎的保护。例如，《奥地利普通民法典》第 22 条规定：“胎儿自受孕时受法律保护，涉及非属第三人的个人权利时视作既已出生，但就以活体出生为取得条件的权利，死产儿视作从未受孕。”

【适用指南】

适用本条，应当将人体胚胎界定为人格物，对其给予不同于一般物的特殊保护。[④] 人体胚胎不仅是权利客体，而且涉及生命权、身体权的保护。侵害人体胚胎不仅仅是财产损害赔偿的问题，还可能产生精神损害赔偿责任，应当以尊重和保护人格尊严的方式对待，不能随意毁弃，对人体赔偿不能做商业化利用。[⑤]

---

① 参见《“基因编辑婴儿”案一审宣判贺某奎等三被告人被追究刑事责任》，载新华网，http：//www.xinhuanet.com/legal/2019-12/30/c_1125403802.htm，最后访问日期：2019 年 12 月 30 日。

② 参见秦天宝：《论我国基因隐私权保护的立法模式选择》，载《政法论丛》2013 年第 6 期。

③ 江苏省无锡市中级人民法院（2014）锡民终字第 01235 号民事判决书。

④ 参见冷传莉：《论人格物的界定与动态发展》，载《法学论坛》2010 年第 2 期。

⑤ 参见王利明：《人格权重大疑难问题研究》，法律出版社 2019 年版，第 402 页。

第一千零一十条　违背他人意愿，以言语、文字、图像、肢体行为等方式对他人实施性骚扰的，受害人有权依法请求行为人承担民事责任。

机关、企业、学校等单位应当采取合理的预防、受理投诉、调查处置等措施，防止和制止利用职权、从属关系等实施性骚扰。

【条文主旨】

本条是关于禁止性骚扰、对性骚扰的预防义务的规定。

【立法要点及理由】

本条第1款对性骚扰作出了定义。所谓性骚扰，是指违背他人意愿，以言语、文字、图像、肢体行为等方式对他人实施的具有性表示的行为。性骚扰本质上是一种侵害人格权的行为。性骚扰行为可能同时侵害受害人的各种人格利益，它是多种行为的集合，可能侵犯受害人的身体权、健康权、人身自由权、人格尊严等。[①] 性骚扰行为采用文字、图像、语言等方式还可能影响他人的私人生活安宁，构成对他人隐私权的侵害。

本条第2款单独规定了机关、企业、学校等单位预防性骚扰的法定义务。从民法的角度来讲，它规制的重点是自然人之间的特殊关系，包括冲突关系或者支配关系。因此，严格落实《民法典》的规定，建立健全相关制度，要采取合理的预防、受理投诉、调查处置等措施，来防止和制止利用职权、从属关系实施本条规定的违法行为。立法过程中，有观点认为没有必要将学校纳入预防和制止的主体范围，立法机关考虑到在学校中也需要防止利用学术、教学等优势地位实施性骚扰，故而未删去关于学校法定义务的规定。

---

① 参见王成：《性骚扰行为的司法及私法规制论纲》，载《政治与法律》2007年第4期。

【适用指南】

如何理解性骚扰的构成要件，是近几年引起热议的比较突出的问题。依据本条第 1 款规定，性骚扰，是指以身体、语言、动作、文字或图像等方式，违背他人意愿而对他人实施的、具有性表示的行为。构成性骚扰应当具备如下要件：首先，必须实施了以言语、文字、图像、肢体行为等与性有关的骚扰行为，如向他人发送具有性内容或性暗示的文字、语音或视频资料。其次，必须指向特定人。此处所说的“对他人实施”，本意是针对他人实施。否则，无法判断受害人。最后，违背了受害人的意愿，所谓“违背了受害人的意愿”是指性骚扰行为不符合受害人的利益，受害人主观上并不接受，甚至明确拒绝。有的国家立法要求受害人必须明确表示反对行为人的性骚扰行为。例如，以色列《性骚扰防治法》规定，被骚扰者有义务向行为人表明反对的态度。我国《民法典》并没有作出这样的规定，因为性骚扰的侵权人与受害人之间往往存在工作隶属关系以及其他从属关系，行为多发生在较为隐蔽的场合，所以证明加害行为的存在是很多性骚扰案件的焦点问题，受害人要证明其曾明确表示反对十分困难。在审判实践中，对于受害人迫于压力而“自愿”的行为应当被认定为违背其意愿的行为。对于未成年人的意愿认定，应当区别于成年人。

第一千零一十一条 **以非法拘禁等方式剥夺、限制他人的行动自由，或者非法搜查他人身体的，受害人有权依法请求行为人承担民事责任。**

【条文主旨】

本条是关于自然人行动自由的法律保护规定。

【立法要点及理由】

一个民事主体享有方方面面的权利，人格尊严是最重要、最基本的权利，其中就包括人身自由。人身自由是指自然人的人身免受非法限制、强制、拘禁、拘束、干涉或妨碍等限制的权利，是自然人依法对其人身自由的利益所享有的排除他人侵害的民事权利，其以一定的行动自由为客体。《民法总则》第109条将人身自由确认为一般人格权的保护范围。司法实践中也有部分涉及非法拘禁、非法限制他人人身自由、对他人非法强制采取医疗措施、为实现债权而非法限制债务人的行动自由的案例。正是在总结司法实践经验的基础上，《民法典》作出本条规定来对自然人的行动自由进行保护。

在实践中，讨债公司非法拘禁债务人，或者为了强制顾客购物而限制债务人的行动自由，侵害了自然人的行动自由。在有的消费场所，因怀疑他人盗窃而采取非法搜查其身体的方式同样也是侵权行为，侵害了他人的身体权。因此，本条将以非法拘禁等方式剥夺、限制他人的行动自由，以及非法搜查他人身体、限制他人的行动自由，侵害他人身体权的情形予以列举，明确规定了受害人享有要求行为人承担侵权责任的司法救济请求权。

【适用指南】

正确理解和适用本条保护的自然人的“行动自由”，要着重把握它属于民事法律规范调整的范围。它和政治权利不同，如刑法上的剥夺政治权利终身。《宪法》第37条第3款规定：“禁止非法拘禁和以其他方法非法剥夺或者限制公民的人身自由，禁止非法搜查公民的身体。”这是在宪法层级上将公民的人身自由作为一项基本权利进行明确规定。其立法目的在于防止公权力未经正当程序剥夺或者限制公民的人身自由，与本条的适用范围不同。广义的人身自由包括思想自由、创作自由、行动自由、居住自由、职业自由、遗嘱自由、经营自由等。[①]《民法典》人格权编规定的人身自由在本条中并非采取广义的人身自由的概念，而是仅指人身不受非法拘禁、非法限制，身体不受非法搜查的权利。当个人的人身自由受到侵害时，权利人有权请求司法救济，排除妨碍。

在侵害自然人行动自由的情形下，如果侵害行为处于持续状态，受害人有权请求停止侵害、排除妨碍等。侵害行为造成权利人损害的，赔偿义务人应当承担损害赔偿责任。该损害赔偿包括财产损害赔偿和精神损害赔偿。

---

① 参见徐国栋主编：《绿色民法典草案》，社会科学文献出版社 2004 年版，第 87 页。

第三章　姓名权和名称权

第一千零一十二条　自然人享有姓名权，有权依法决定、使用、变更或者许可他人使用自己的姓名，但是不得违背公序良俗。

【条文主旨】

本条是关于自然人姓名权的规定。

【立法要点及理由】

本条规定了自然人姓名权的基本内涵，即有权依法决定、使用、变更或者许可他人使用自己姓名的权利。姓名是人与人区别的外在表征。"人的姓名就在于使人们在一般交往包括法律交往中相互识别。"① 因此，姓名权是一种表征权，也与人格利益的自洽密切相关。相较于"姓名权"在《民法通则》中的规定，本条有以下修订：一是将权利主体由"公民"改为"自然人"，纯化其私法属性；二是将"依照规定"改为"依法"，确立了人格权法律保护的基础地位、不得由行政规章等对权利进行限缩；三是删除了侵害姓名权的相关行为列举，在本法以第1014条专门规定；四是完善了权利权能，规定了"变更、许可他人使用"的权能；五是概括性规定了权利行使的限制为"不得违背公序良俗"。

① ［德］拉伦茨：《德国民法通论》，王晓晔等译，法律出版社2004年版，第159页。

一、关于姓名权的沿革

自“姓名”产生，将姓名以“权利”的形式加以保护，历经了较长时间的发展。公元前200年至公元200年的《摩奴法典》已出现保护姓名的规范，该法典第8章第271条规定：“如果一个人在称呼别人名字和姓的时候出言不逊，他就应该被烧红的十指铁钉刺进嘴里。”[①] 但是，随后在古罗马法和日耳曼法中，不复有关于姓名保护的相关规定。至17世纪初，一些国家在公法领域开始出现有关姓名的规定。例如，姓名不得任意更改、更改须得官府许可以及盗用他人姓名应受处罚等原则。如此规定，多是为了保证姓名与人口的唯一对应性和相对稳定性，便于进行行政管理。在私法领域，尚未承认姓名权为一种权利。19世纪初，普鲁士、奥地利等国家的民法，开始出现与姓名取得方法有关的规定，[②] 但仍未正式承认姓名权。[③] 1804年的《法国民法典》作为一部民法权利规定较为完备的法典，也缺乏对姓名权的一般规定。

19世纪末，在姓名权是否存在这一问题上，德国民法学者观点各异、讨论热烈。虽然《德国民法典》第12条对姓名权作出了规定，[④] 但是并没有对侵害姓名权应负的赔偿责任作出规定。因此，当侵权人侵害他人姓名权，使他人遭受了财产或者非财产损害时，《德国民法典》第12条无法为他人提供保护。为了使姓名权人在其姓名权遭受损害时可以对侵权人主张损害赔偿，德国司法判例在20世纪50年代之后拓展《德国民法典》第823（1）条的适用范围，认为姓名权属于《德国民法典》第823条（1）条规定的“其他权利”，当侵权人侵害他人姓名权时，德国法官会通过所谓的一般人格权理论来责令侵权人对他人承担侵权责任。此外，《德国

① 《剑桥政治思想史原著系列》（影印本），中国政法大学出版社2003年版。

② 例如，规定嫡出子冠夫姓、私生子冠母姓、弃儿由官吏命名等。

③ 王利明：《人格权法研究》，中国人民大学出版社2012年版，第415～416页。

④ 《德国民法典》第12条规定：“如有使用姓名权人的权利经他人提出异议，或被他人不正当使用同一姓名以致利益被侵害时，权利人得请求该他人除去其侵害。如有继续侵害的危险时，权利人得提起禁止继续使用的诉讼。”

民法典》对姓名的取得等方面作出了较为具体的规定。[①] 1907 年制定的《瑞士民法典》中关于姓名权的诸多规定，也明显受到了《德国民法典》的影响。[②]

在法国，法官通过对 1804 年的《法国民法典》进行扩张解释，创立保护姓名权的判例，来弥补立法的不足。19 世纪的司法判例认为，自然人的姓名权是一种独立的人格权，侵权人擅自侵占、使用他人姓名时，构成姓名侵权行为，应当对受害人承担侵权责任。[③] 在当今法国，姓名权无论是被看作一种财产权还是人格权，均受法国侵权法的保护，当侵权人侵害他人作为财产权或人格权的姓名时，如果符合侵权法的要件，法律会责令侵权人对他人遭受的财产损害或者非财产损害承担侵权责任。此时，侵权人对他人承担侵权责任的法律依据是《法国民法典》第 1382 条，以侵权人侵害他人姓名权的行为构成过错并造成损害作为条件。除通过侵权损害赔偿责任对他人的姓名权提供保护外，法国民法还通过姓名侵权损害赔偿责任制度对他人的姓名权提供保护，同时通过姓名侵占诉讼制度和姓名矫正制度来保护他人的姓名权，防止他人的姓名被侵权人非法使用。

奥地利、意大利、土耳其、葡萄牙等大陆法系的国家或地区，也都对

---

① 《德国民法典》第 1577 条规定："妻应从夫姓，夫妻离婚后，妻可以保留夫姓"；"离婚后妻可以回复其姓，姓的回复以意思表示向主管机关为之，其意思表示应用公证的方式。"第 1616 条规定："子女从父姓。无效婚姻所生之子女，若其父母为善意（不知婚姻无效），并不是因为方式不具备或未经登记而无效者，根据第 1699 条规定，视同婚生子女，亦从其父姓。"

② 《瑞士民法典》为包括姓名权在内的人格权独设一编，明确了包括姓名在内的人格的一般规定和人格的保护规范，标志着现代人格权立法已经进入完善阶段。该法第 29 条规定："当就姓名的使用权发生争议时，可诉请确定此项权利，因他人冒用姓名而受到损害的人，可诉请禁止冒用；如冒用有过失的，并可诉请损害赔偿；如就侵害的种类侵害人应当给付一定数额的抚慰金时，亦可提出此诉请。"同时，具体规定了因结婚、出生、收养等而取得姓名以及姓名的变更问题，如第 30 条规定："如确实存在重要原因时，住所所在地的州政府可允许其更改姓名"，"因他人更改姓名而使自己受损害的人，可在知悉此事之日起的一年内，诉请法庭禁止他人更名。"

③ 例如，当时法国的法院判决一定姓名之主体，得禁止他人使用同一之姓名，其判例认姓氏为家族之所有权，故姓氏之冒用人，视为一种所有权侵害人。参见李林启：《论姓名权法律保护的历史发展》，载《法制与经济》2009 年总第 206 期。

姓名权保护作出了相关规定。[1] 在我国，姓名权制度也经历了一个演化过程。从封建社会不承认姓名权开始，到民国时期制定《姓名使用限制条例》，在名义上建立姓名权制度，再到改革开放后《民法通则》《婚姻法》《收养法》等法律的制定以及《侵权责任法》的出台，姓名权的保护逐渐有了一个完整的体系。[2]

各国法律保护自然人姓名权的原因主要有三：

第一，姓名是自然人相互区分的标示，是自然人获得个体化和个性化的重要手段。在任何国家，姓名都是一个人区别另一个人的标志，是将大千世界中芸芸众生予以区别的最重要手段。因为姓名是自然人身份的重要组成部分，它与自然人的性别、年龄、出生等民事身份和住所一起，共同构成自然人个体化、个性化的最重要因素，是用来确定和指明特定自然人的手段，所以姓名应该是自然人格的构成要素，每个自然人均有权要求将自己与其他人区别开来。

第二，姓名是自然人法律人格的重要组成部分，它与自然人的名誉、隐私、肖像等一起，共同构成自然人的法律人格。在诉讼中，原告的姓名不仅是一个姓名，它实际是一种位置、身份、状况，一种关系和能力。原告的姓名也许意义不大，但是原告的姓名所表明的身份、关系可能意义众多，不仅对当事人是如此，而且对世界也是如此。

第三，除了作为区分一个人和另一个人的标志之外，姓名还具有一定的经济价值，此种经济价值体现在两个方面：一方面，姓名权人将其在民法中的姓名用于商业领域，使其民法领域的姓名成为商业领域的名称，此时，商人的商事姓名标除了受民法规则调整之外，还受有关商法规范的调

---

① 1916 年 3 月 19 日，奥地利以敕令承认性质上为私权的姓名权并加以保护。《意大利民法典》第 7 条规定："法律赋予每个人使用自己姓名的权利。在他人不恰当使用姓名给当事人造成损害的情况下，可以通过法律途径请求停止侵害。请求停止侵害的诉讼不影响当事人请求赔偿的权利。"此外，《土耳其民法典》第 25 条、《葡萄牙民法典》第 72、74 条、我国台湾地区"民法"第 19 条都对姓名权的法律保护作出了明文规定。

② 应该说，中国的姓名史起源于母系氏族的对偶婚制度，在对偶婚制度下，母系氏族公社的姓，从母不从父。因此，中国先民的姓，多从"女"偏旁，如姬、姜、姒等。参见何晓明：《中国姓名史》，武汉大学出版社 2012 年版。

整。另一方面，姓名权人虽然没有将其民法上的姓名用于商业领域，但由于姓名权人是某个领域的杰出人物或公众人物，他们凭借自己的姓名著称于众，可以与其他人订立协议，允许其他人在其有关服务或商品广告中使用自己的姓名，并因此获得报酬。在这两种意义上讲，自然人的姓名本身已经具有了经济上的价值，能够为姓名权人带来经济利益。

在我国，最早关于姓名权的规定见于1980年《婚姻法》第10条规定："夫妻双方都有各用自己姓名的权利。"第16条规定："子女可以随父姓，也可以随母姓。"1986年《民法通则》第99条规定："公民享有姓名权，有权决定、使用和依照规定改变自己的姓名，禁止他人干涉、盗用、假冒……"《广告法》第33条规定："广告主或者广告经营者在广告中使用他人名义或者形象的，应当事先取得其书面同意……"《侵权责任法》第2条规定："……本法所称民事权益，包括生命权、健康权、姓名权……"《民法典》人格权编第一次明确了姓名权的概念和内涵。

二、姓名权的具体内容

1. 姓名决定权

指自然人决定其姓名的权利。自然人不仅有权决定随父姓、随母姓或采用其他姓，还可以自由选择自己的名字，决定是否使用别名、艺名、笔名等其他名字。当然，自然人对其姓名的决定权以其具有意思能力为前提。因此，对于无行为能力人或限制行为能力人而言，如未成年子女，其姓名实际由其监护人行使或在征得监护人同意的情况下由自己行使。在有多个监护人的情况下，可能需引入协调机制处理姓名选择上的冲突。各国立法中，主要有两种做法：一是由民事登记官或法官以公序良俗和子女利益最大化的原则为指导确定姓名；① 二是父方行使主要的

① 例如，《魁北克民法典》第51条规定："子女的姓和名是经由其母亲或父亲选择的"，第52条规定："在双方未就子女姓的选择达成一致时，由民事登记官享有最终决定权。"澳门特别行政区《澳门民法典》第1730条规定："父母有权为未成年子女选择姓名，双方未就子女之姓名达成协议时，法官须作出符合子女利益的裁判"。

决定权。①

2. 姓名改动权

又称姓名变更权，指自然人依法改变自己姓名的权利。姓名变更权是姓名决定权的自然延伸，但应该注意的是，自然人更名前已用其原有名字参与了一系列社会活动，可能影响到他人利益或社会公共利益，因此变更姓名需要受一定的行政管理限制，即自然人需要到相关主管部门进行变更登记。② 但别名、笔名和艺名等非正式登记在册的姓名的变更，不受上述限制。

3. 姓名使用权

指自然人依法使用自己姓名的权利。该项权利有两方面内容：一是积极权能，二是消极权能。例如，在自己的作品上标示姓名，属于积极权能；不署名则属于消极权能。在特定的情况下，如办理签证等，自然人必须使用其正式的、在户籍管理机关登记或其与身份证件姓名一致的名字，此时，使用自己姓名既有权利属性，也有义务属性。

4. 姓名保有权

首先，自然人有权保持自己的姓名，非经自己同意不得被强迫放弃或更改姓名。③ 在日本“关口案”中，原告即认为，结婚后必须改姓夫姓侵犯了其姓名的保有权。④ 山东菏泽地区 200 多名村民因姓氏生僻而被迫集体改姓，也是侵犯姓名保有权的典型案例。⑤ 其次，姓名保有权还指当就

---

① 《埃塞尔比亚民法典》第 34 条规定：“（1）孩子的名字由其父亲确定，如果父亲已故去，由父亲的家庭确定。（2）孩子额外的名字由其母亲确定，如果母亲已故去，由母亲的家庭确定。（3）如果不知孩子的父亲是谁，或孩子的父亲方面没有亲属，孩子的母亲可以给其确定两个名字，如果母亲故去，由其母亲的家庭来确定名字。”

② 我国《户口登记条例》第 18 条即规定，未满 18 周岁的人需要变更姓名时，由其本人或父母、收养人向户口登记机关申请变更登记；18 周岁以上的人需要变更姓名时，由本人向户口登记机关申请变更登记。

③ 李永军：《论姓名权的性质与法律保护》，载《比较法研究》2012 年第 1 期。

④ ［德］拉伦茨：《德国民法通论》，王晓晔等译，法律出版社 2004 年版，第 9 页、第 125 页。

⑤ 刘远征：《论作为自己决定权的姓名权》，载《河南省政法管理干部学院学报》2011 年第 2 期。

姓名权发生纠纷时，姓名登记在先人有权要求司法机关确认自己的姓名权。①

5. 请求他人正确称呼自己姓名的权利

一方面，该项权利指自然人有权请求其他人在社会交往中正确地称呼自己。在我国等发音规则中有一字多音多义的国家，此项权利显得尤其重要。另一方面，在变更姓名后，姓名权人有权要求其他人用变更后的名字称呼自己。

6. 许可他人使用姓名的权利

这是《民法典》对姓名权能较之以往的新增规定。此前《民法通则》第 99 条第 1 款规定姓名权时，仅列明“有权决定、使用和依照规定改变自己的姓名”，并无许可使用的内容。此项规定，是对姓名利益与主体适当分离的现象在立法上的肯认。实践中，姓名利益的商品化运用、商事交易中广泛存在的代理行为，都需要从立法上对“许可使用”加以规定。

【适用指南】

一、关于姓名权行使的限制

任何权利都有义务与其相对，姓名权也不例外，本条规定了姓名权行使的一般限制即“不得违背公序良俗”。具体来说，对于姓名权的限制主要体现在如下方面：

1. 任何人在从事重要法律行为时，负有使用其在户籍上登记的正式姓名的义务

例如，取得、转移或放弃某项权利，或在具有分离意义的证书、合同上签字时，必须使用经登记的姓名或与其身份证件上一致的姓名，避免权利义务关系不明确。

① 《德国民法典》第 12 条“有权使用某一姓名的人，因他人争夺该姓名的使用，或者无权使用该姓名的人使用该姓名，从而使其利益受到损害时，权利人得请求排除此侵害，有继续受侵害之虞时，权利人得提出停止侵害之诉”之规定即有此含义。

2. 自然人不得基于不正当目的而取得与他人相同的名字，不得故意造成姓名权的冲突

目前看来，尚无国家或地区禁止自然人使用与他人姓名相同的姓名，重名的现象并不少见。在数人合法取得同一姓名的情况下，合法使用属于正常现象，但出于不正当目的的，如以使交易对方混淆的目的使用重名，即构成了对他人姓名权的侵害。此外，实践中出现故意将自己的宠物命名为他人姓名以侮辱他人的现象，也构成对他人姓名权的侵害。

3. 不得滥用姓名权

随意更改姓名易造成权利义务关系混乱，以违背公共道德和善良风俗的方式允许他人使用自己的姓名，甚至非法转让的姓名等，都可以构成滥用姓名权，如为了重婚、偷税等恶意目的更改姓名。

4. 姓名的构成需要符合法律及相关行政法规

司法实践中，关于姓名构成的禁止性要件一直均存有争议。关于姓名权保护的第一案，为发生于2006年的“赵C案”①，也被称为“全国首例公民捍卫姓名权第一案”。其基本争点在于是否允许在姓名中使用非汉字。后该案以和解结案，但其中的关于行政权力是否可以限制公民的姓名权的争论却一直未停息，此后的齐某苓诉陈某琪等案件，也成为当年具有影响性的诉讼案件。可以说，相对于其他权利，由于姓名权与登记制度相涉，其中的民法与行政法（如赵C的姓名权能否被行政权力限制）、民法与宪法交织（如齐某苓案中其被侵犯的是姓名权还是受教育权）的问题日益复杂。目前，按照《居民身份证法》第4条规定，居民身份证使用规范汉字和符合国家标准的数字符号填写。民族自治地方的自治机关根据本地区的实际情况，对居民身份证用汉字登记的内容，可以决定同时使用实行区域自治的民族的文字或者选用一种当地通用的文字。因此，自然人在决定选取姓名时，目前应当符合这一规定。

① 江西省鹰潭市中级人民法院（2008）鹰行终字第5号行政裁定书。

二、关于姓名权和相关权利的聚合或竞合

姓名权的保护并非一种“纸面上的静态保护”。因为姓名权并不具有唯一性，所以在实际生活中，单纯关于姓名权侵权的争议并不多见，或为滥用姓名、盗用姓名或者是对姓名进行有损人格的使用，或以假冒署名、擅自使用署名等侵害著作人格权、不正当竞争的形式出现。而侵权的过程中常常伴随着侵犯多重权利客体，体现出来的民事诉讼形态也多种多样。在具体保护上，由于姓名权具有人身属性，应优先于财产性权利的保护。在具体的法律适用上，可以参照本法侵权责任编、《反不正当竞争法》、《最高人民法院关于审理不正当竞争民事案件应用法律若干问题的解释》及《最高人民法院关于审理商标授权确权行政案件若干问题的规定》等进行处理。

第一千零一十三条　法人、非法人组织享有名称权，有权依法决定、使用、变更、转让或者许可他人使用自己的名称。

【条文主旨】

本条是关于法人、非法人组织享有名称权的规定。

【立法要点及理由】

名称权是法人及其他非法人组织对其用以确定和代表自身并区别于他人的符号和标记所享有的权利。[①] 此前《民法通则》第 99 条第 2 款规定：“法人、个体工商户、个人合伙享有名称权。企业法人、个体工商户、个人合伙有权使用、依法转让自己的名称。”本法扩大了名称权的权利主体范围，即“法人和非法人组织”，同时明确了名称决定权的权能，增加了“变更”“许可他人使用”的权能。本法总则编第 110 条规定：“……法

① 王利明：《人格权法研究》，中国人民大学出版社 2012 年版，第 385 页。

人、非法人组织享有名称权、名誉权和荣誉权。”与姓名一样，名称是法人、非法人组织从事民事活动的前提和基础，是该主体特定人格的彰显，是区别于其他主体的重要标志。

1. 名称是否需要登记

法人或者其他组织的设定名称，有两种方式：其一为自由设立，法律完全不加以限制；其二为限制注意，规定商号、法人的名称应当表明其经营种类、组织形式，非登记不发生效力。在此前的学者建议稿中，均或多或少规定了名称登记的要求。本法对此并没有进行统一规定，盖源于法人和其他组织的多样性，其成立和活动都具有各自特性，应从立法上予以尊重，故民法典总则编对于法人、非法人组织的成立要件进行了区别处理，这决定了名称权的取得依据。目前，按照《民法典》总则编关于法人的规定，不同的法人名称是否需要登记有如下情形：

（1）营利法人。《民法典》总则编第76条规定，以取得利润并分配给股东等出资人为目的成立的法人，为营利法人。具体包括有限责任公司、股份有限公司和其他企业法人等。第77条规定：“营利法人经依法登记成立。”《企业名称登记管理规定》第6条第1款规定，企业只准使用一个名称，在登记主管机关辖区内不得与已登记注册的同行业企业名称相同或者近似。《企业名称登记管理规定》第20条规定，企业的印章、银行账户、牌匾、信笺所使用的名称应当与登记注册的企业名称相同。从事商业、公共饮食、服务等行业的企业名称牌匾可适当简化，但应当报登记主管机关备案。

值得注意的是，对于未登记注册的商号、字号是否受法律保护，《保护工业产权巴黎公约》第8条规定：“厂商名称应在本联盟一切国家内受到保护，没有申请或注册的义务，也不论其是否为商标的一部分。”《班吉协定》附件5规定商号权的获得有两种渠道：一是首先使用某个商号；二是首先就某个商号获得注册。《发展中国家商标、商号和不正当竞争行为示范法》第48条规定：“（一）尽管任何法律或规章规定了任何登记商号的义务，这种商号即使在登记前或者未登记，仍然受到保护，而可以对抗第三者的非法行为……”

(2) 非营利法人。本法第 87 条第 2 款规定，非营利法人包括事业单位、社会团体、基金会、社会服务机构等。其中，依据法律规定的不同，事业单位、社会团队等，可区分为需要登记取得资格和成立取得资格。对于成立取得资格的，在成立时即对自己的名称拥有名称权。

(3) 特别法人。本法第 96 条规定，特别法人包括机关法人、农村集体经济组织法人、城镇农村的合作经济组织法人、基层群众性自治组织法人。其中，多数特别法人的设立由宪法和法律规定，无须核准登记等，冒用或非法使用该名称，尤其是机关法人的名称，有可能构成诈骗等刑事犯罪。

此外，名称取得需要登记的还有个体工商户。本法第 54 条规定，自然人从事工商业经营，经依法登记，为个体工商户。个体工商户可以起字号。《最高人民法院关于适用〈中华人民共和国民事诉讼法〉的解释》第 59 条第 1 款规定，在诉讼中，个体工商户以营业执照上登记的经营者为当事人。有字号的，以营业执照上登记的字号为当事人，但应同时注明该字号经营者的基本信息。第 60 条规定，在诉讼中，未依法登记领取营业执照的个人合伙的全体合伙人为共同诉讼人。个人合伙有依法核准登记的字号的，应在法律文书中注明登记的字号。可见，字号可以等同于个体户、个人合伙的名称。

2. 名称权的基本构成

《企业名称登记管理规定》第 7 条规定："企业名称应当由以下部分依次组成：字号（或者商号，下同）、行业或者经营特点、组织形式。企业名称应当冠以企业所在地省（包括自治区、直辖市、下同）或者市（包括州，下同）或者县（包括市辖区，下同）行政区划名称。经国家工商行政管理局核准，下列企业的企业名称可以不冠以企业所在地行政区划名称：(一) 本规定第十三条所列企业；(二) 历史悠久、字号驰名的企业；(三) 外商投资企业。"该条规定将商号等同于字号，而字号只是企业名称的一个重要的组成部分。法人的名称权当中的名称，除法人的名称外，还包括分支机构的名称、法人所开办的营业单位（即分支机构）的名称。

3. 名称权转让的问题

名称权的可转让性是名称权与姓名权的重要区别。名称权的转让，即指将名称权人所享有的权利全部转让给名称权的受让人，受让之后，原名称权人丧失名称权。企业名称是企业极为重要的无形资产，具有标识价值、广告价值和商誉价值。关于名称权的转让，有绝对转让和相对转让两种方式，前者要求名称和营业一并转让且名称权独占，后者则允许名称和营业分离且可分别由转让人和受让人一方享有。目前，我国采取的是绝对转让主义。《企业名称登记管理规定》第23条规定："企业名称可以随企业或者企业的一部分一并转让。企业名称只能转让给一户企业。企业名称的转让方与受让方应当签订书面合同或者协议，报原登记主管机关核准。企业名称转让后，转让方不得继续使用已转让的企业名称。"

4. 名称许可使用的问题

也称为商号的借贷、名称的出租、名称权的部分转让。实践中，较为典型的即以名称许可使用为基础的特殊交易方式。在民法典专家建议稿中，学者指出，"承诺使用人使用自己名称的名称权人，对于误认使用人为名称权人而为交易者，就交易产生的债务，名称权人与名称使用人员连带清偿"①。

【适用指南】

侵犯企业名称的保护

需要注意的是，对于企业名称的保护不仅限于民法上的保护。使用他人的企业名称或者姓名，也属于不正当竞争中的冒用行为。例如，企业名称或者姓名，在德国法上，除受《德国民法典》第12条姓名权的保护外，还受到《德国商标法》的保护。我国《反不正当竞争法》第6条第2项规定，擅自使用他人有一定影响的企业名称（包括简称、字号等）、社会组

① 参见王利明：《中国民法典学者建议稿及立法理由 人格权编·婚姻家庭编·继承编》，法律出版社2005年版，第99页。

织名称（包括简称等）、姓名（包括笔名、艺名、译名等），引人误认为是他人商品或者与他人存在特定联系的行为属于该法禁止的混淆行为。此处的企业名称，包括字号[①]（或称“商号”）或者某个营业单位的名称。《最高人民法院关于审理不正当竞争民事案件应用法律若干问题的解释》第6条第1款规定，企业登记主管机关依法登记注册的企业名称，以及在中国境内进行商业使用的外国（地区）企业名称，应当认定为反不正当竞争法第5条第3项（2019年修改后，对应的是第6条第2项）规定的“企业名称”。企业名称并不需要注册，只要使用了即可受到保护。此处的“使用”，与商标法上商标的使用类似，第三人经权利人同意而使用的，也属于这里的“使用”。此外，企业名称或者姓名，必须具有显著性才能得到《反不正当竞争法》的保护。[②]

第一千零一十四条　任何组织或者个人不得以干涉、盗用、假冒等方式侵害他人的姓名权或者名称权。

【条文主旨】

本条是关于不得侵害姓名权或者名称权的规定。

【立法要点及理由】

姓名权和名称权是民事主体享有的重要人格权。侵害该人格权的行为，如符合侵权行为的构成要件，则行为人需要承担民事侵权责任。

---

① 参见福建省泉州市中级人民法院（2008）泉民初字第393号民事判决书，该判决认为：“……字号是企业名称的核心要素，是一个企业区别于其他企业的主要标志。而在产品和包装上突出使用字号，实际上是将作为企业名称的一部分的字号作为商品标识使用，以区分商品或服务的来源。”

② 相关案例参见李友根：《论企业名称的竞争法保护——最高人民法院第29号指导案例研究》，载《中国法学》2015年第4期。

侵害姓名权、名称权的方式主要有：

1. 干涉

即限制、阻挠、干预权利主体自主决定、使用、变更、许可他人使用姓名或名称。实践中，较为常见的情形为父母对未成年子女姓名决定权的干涉。例如，父母一方亡故另一方再婚，父母要求子女变更姓名，并未征求未成年子女意见的。《公安部关于父母一方亡故另一方再婚未成年子女姓名变更有关问题处理意见的通知》中规定："一、以本人的劳动收入为主要生活来源的十六周岁以上未满十八周岁的未成年人，自主决定本人姓名的变更；其父亲和继母，或者母亲和继父要求变更其姓名的，必须征得其本人同意。二、十周岁以上的未成年人的父亲和继母，或者母亲和继父经协商同意，要求变更该未成年人姓名的，应当征得其本人的同意。三、不满十周岁的未成年人姓名的变更，由其父亲和继母，或者母亲和继父协商一致后决定。"需要说明的是，该通知的依据之一为《民法通则》第12条。根据本法，限制民事行为能力人的年龄已下调至8周岁，故在本法贯彻实施后，该条第2款、第3款在实践中应修改为"不满八周岁"。上述规定源于限制行为能力人已经具备辨识能力和判断能力，对姓名也有了一定的感情利益，故在变更姓名时，应当尊重本人意志，征得本人同意。

实践中，还存在不当干涉他人使用与自己相同的姓名的行为。"只要自然人不是出于某种不正当目的而取与他人相同的姓名，故意造成姓名权冲突，则任何人无权干涉自然人取何姓名。"① 这是姓名权人权利行使的容忍义务。

2. 假冒

假冒即冒名顶替，是指擅自冒充他人的姓名实施某种行为。其实质是造成姓名与人本身的同一性的混淆。② 实践中，常表现为未经他人同意或授权，擅自以他人名义实施某种行为，如冒用某知名人士的姓名从事活动，或利用自己与被冒充的人的某些相似性而冒充他人进行活动。现实

① 王利明：《人格权法研究》，法律出版社2005年版，第379页。

② 王泽鉴：《人格权法》，北京大学出版社2013年版，第120页。

中，盗用他人姓名，不仅会侵害被盗用人的姓名权，也常伴随一系列的其他精神性、财产性损失。

此外，值得讨论的是以他人姓名实施法律行为的问题，即行为人不是说“我在为甲实施法律行为”，而是说“我就是甲”。这里应当分为两种情形：如果行为人是在为自己实施法律行为，而相对人也认识到这一点的，则冒名的事实不予考虑，法律行为在当事人之间产生效力，这被称为“使用虚假姓名”；但是，假如对何人实施法律行为，对相对人来讲具有重要性的话，通说认为应当适用代理的规定，这被称为“冒用他人姓名”。在主观要件上，假冒的主观上是故意。

干涉、假冒侵害法人或非法人组织所享有的名称权的认定与干涉、假冒侵害他人的姓名权相同。盗用、假冒他人企业名称的行为是指未经他人同意盗用或擅自使用他人企业名称的行为。但在其他侵害姓名权或名称权的方式上而有所不同。

3. 其他常见情形

一是非经许可对自然人姓名进行商业应用。《最高人民法院关于审理商标授权确权行政案件若干问题的规定》对姓名权的侵害作了规定。其中第20条第1款规定，当事人主张诉争商标损害其姓名权，如果相关公众认为该商标标志指代了该自然人，容易认为标记有该商标的商品系经过该自然人许可或者与该自然人存在特定联系的，人民法院应当认定该商标损害了该自然人的姓名权。《反不正当竞争法》及其司法解释对擅自使用他人的姓名或企业名称的行为作了规定。其中，具有一定的市场知名度、为相关公众所知悉的自然人的笔名、艺名等，可以认定为《反不正当竞争法》规定的“姓名”。

二是仿冒他人企业名称的行为，使用与他人企业名称相近似的企业名称的行为。即两个同行业企业的名称、商号在字音、字形及字词义等方面非常接近或完全相同，容易使公众造成混淆，仿冒者的意图在于引起公众对商品的生产者或服务的提供者产生误解，利用被仿冒者的商誉，推销自己的产品。

【适用指南】

关于姓名权受损的精神赔偿问题

以金钱方式赔偿非财产损害，其功能主要有补偿和抚慰，这种赔偿是否具有惩罚性，是存在争论的。在德国法上，为了避免造成“一行为二重刑罚”从而导致违宪，判例和学说都坚决否认这种赔偿的惩罚性。非财产损害的范围常常很广，因此以金钱方式赔偿非财产损害应当进行限制。目前，大陆法系各国的基本立场是，仅在法律有规定的一些情形中，允许以金钱方式赔偿非财产损害。本法第1183条规定：“侵害自然人人身权益造成严重精神损害的，被侵权人有权请求精神损害赔偿。因故意或者重大过失侵害自然人具有人身意义的特定物造成严重精神损害的，被侵权人有权请求精神损害赔偿。”此外，法人人格权受到侵害，不得请求以金钱方式赔偿非财产损害。确定金钱赔偿的时候，应当考虑：(1) 侵权人过错程度，但负无过错责任时，侵权人无过错的除外；(2) 侵权的手段、场合、行为方式等具体情节；(3) 侵权行为所造成的后果；(4) 侵权人的获利情况；(5) 侵权人承担责任的经济能力；(6) 受诉法院所在地平均生活水平。

以金钱方式赔偿非财产损害，《德国民法典》第847条第1款曾规定该请求权具有行使上的专属性，即尚未提起诉讼或者未以合同承认的，不得让与或者继承。我国台湾地区“民法”第195条第2款也采纳了相同规定，其理由是“被害人受有非财产上之损害时，其所忍受之痛苦，随其死亡而俱逝，被害人常由其未觉受有损害或因个人事故不行使赔偿请求权时，如仍许继承人主张之，有违事理”。随着金钱方式赔偿非财产损害的范围不断扩大，认为其有“行使上的专属性”的观点已经不合时宜，因此后来德国法上删除了此规定。

第一千零一十五条　自然人应当随父姓或者母姓，但是有下列情形之一的，可以在父姓和母姓之外选取姓氏：

（一）选取其他直系长辈血亲的姓氏；

（二）因由法定扶养人以外的人扶养而选取扶养人姓氏；

（三）有不违背公序良俗的其他正当理由。

少数民族自然人的姓氏可以遵从本民族的文化传统和风俗习惯。

【条文主旨】

本条是关于自然人姓氏的取得制度和选择权利的规定。

【立法要点及理由】

对自然人姓氏取得制度和选择权利的规定，《民法典》主要吸收了《全国人民代表大会常务委员会关于〈中华人民共和国民法通则〉第九十九条第一款、〈中华人民共和国婚姻法〉第二十二条的解释》中的相关内容。[①] 对

---

① 2014年11月1日第十二届全国人民代表大会常务委员会第十一次会议通过的《全国人民代表大会常务委员会关于〈中华人民共和国民法通则〉第九十九条第一款、〈中华人民共和国婚姻法〉第二十二条的解释》指出："最高人民法院向全国人民代表大会常务委员会提出，为使人民法院正确理解和适用法律，请求对民法通则第九十九条第一款'公民享有姓名权，有权决定、使用和依照规定改变自己的姓名'和婚姻法第二十二条'子女可以随父姓，可以随母姓'的规定作法律解释，明确公民在父姓和母姓之外选取姓氏如何适用法律。全国人民代表大会常务委员会讨论了上述规定的含义，认为：公民依法享有姓名权。公民行使姓名权属于民事活动，既应当依照民法通则第九十九条第一款和婚姻法第二十二条的规定，还应当遵守民法通则第七条的规定，即应当尊重社会公德，不得损害社会公共利益。在中华传统文化中，'姓名'中的'姓'，即姓氏，体现着血缘传承、伦理秩序和文化传统，公民选取姓氏涉及公序良俗。公民原则上随父姓或者母姓符合中华传统文化和伦理观念，符合绝大多数公民的意愿和实际做法。同时，考虑到社会实际情况，公民有正当理由的也可以选取其他姓氏。基于此，对民法通则第九十九条第一款、婚姻法第二十二条解释如下：公民依法享有姓名权。公民行使姓名权，还应当尊重社会公德，不得损害社会公共利益。公民原则上应当随父姓或者母姓。有下列情形之一的，可以在父姓和母姓之外选取姓氏：（一）选取其他直系长辈血亲的姓氏；（二）因由法定扶养人以外的人扶养而选取扶养人姓氏；（三）有不违反公序良俗的其他正当理由。少数民族公民的姓氏可以从本民族的文化传统和风俗习惯。"

本条的理解，可以从以下两个方面加以把握：

1. 关于自然人姓氏取得制度

所谓自然人姓氏取得制度，是指规定自然人使用的姓氏自出生时起应当如何获得的法律制度。从国际法①上看，自然人姓氏在具备选择能力之前必须确定下来。因此，自然人姓氏实际上是由他人依法或习惯提供的。从这一角度来看，自然人姓氏取得制度也可称为自然人姓氏给予制度，该制度是亲子效力制度的重要组成部分。我国的婚姻家庭相关立法对此作了比较明确的规定。根据本条第1款的规定，原则上自然人的姓氏应当在父亲或母亲两者之间选择其一，这主要沿袭了《婚姻法》第22条有关姓氏的规定，即“子女可以随父姓，可以随母姓”，这也符合我国社会上对姓氏取得的传统认识。当然，此处的父亲、母亲，既包括有血亲关系的生父、生母，也包括继父、继母、养父、养母。

2. 关于自然人姓氏的选择权利

所谓自然人姓氏的选择权利，从广义上理解，既包括自然人选择父姓和母姓的通常做法，又包括自然人在法律允许的情形下在父姓和母姓之外选择姓氏的权利；从狭义上理解，主要指自然人在父姓和母姓之外选择其他姓氏的权利，但是以不违背法律的强制性规定和公序良俗为限。笔者认为，此处自然人姓氏的选择权利，主要限于自然人在父姓和母姓之外选择其他姓氏的权利，根据本条的规定，包括选取其他直系长辈血亲的姓氏、因由法定扶养人以外的人扶养而选取扶养人姓氏、有不违背公序良俗的其他正当理由三种情形。

（1）选取其他直系长辈血亲的姓氏。自然人选择其他直系长辈血亲姓氏，在家族、世代延续的立场上具有一定的可接受性，大量发生的变更姓氏情况和地方性户籍管理规范中也体现了返祖性的广泛需求。目前，我国的家庭基本上在向“4－2－1”模式，即爷爷、奶奶、外公、外婆四人，

---

① 1990年9月2日生效的《儿童权利公约》第7条第1款规定，儿童出生后应立即登记，并有自出生起获得姓名的权利。自1992年4月1日起，该公约正式对我国生效。

父母两人，独生子女一人的模式过渡，每个家庭只有一个子女、孙子女。在确定子女、孙子女姓氏的时候，除了选取父姓、母姓之外，还可能选取奶奶或外婆等其他直系长辈血亲的姓氏，这些姓氏选择的实际需求，也是立法需要予以回应的。为此，本条明确列举了自然人可以在父姓、母姓之外，选取其他直系长辈血亲的姓氏。

（2）因由法定扶养人以外的人扶养而选取扶养人姓氏。法定扶养人以外的人对自然人进行扶养，具有正当性理由，如延续家族等，受扶养的自然人可以有姓氏上的改变，这也体现了在维护被扶养人利益的基础上，对非法定扶养人付出的认可，但最重要的还是尊重扶养人与被扶养人的共同意思。

（3）有不违背公序良俗的其他正当理由。本条规定实际上是对自然人姓氏选择权利的兜底性条款，这样规定具有一定的合理性和可行性，因为只要不违背公序良俗，就没必要对姓氏的选择权利作出过于严苛的限制，这也是自然人意思自治的应有之义。如果公民更改姓氏存在影射侮辱他人、提倡封建迷信、粗鄙污秽、敌视社会等违背社会公德和优良传统的意思和形式表现，含有违背公序良俗的内容，登记机关应当不予准许。

此外，关于少数民族自然人姓氏的选择，本条第 2 款明确规定，“少数民族自然人的姓氏可以遵从本民族的文化传统和风俗习惯”。我国少数民族众多且每个少数民族都有本民族特殊的文化传统和风俗习惯，为此，少数民族的命名习惯也会因民族的不同而有很大差异。对于少数民族公民姓氏的选择，应当允许其根据本民族的文化传统和风俗习惯决定。

【适用指南】

1. 对“因由法定扶养人以外的人扶养而选取扶养人姓氏”中“扶养”的理解

从最高人民法院向全国人民代表大会常务委员会提请立法解释的目的分析，其意在从立法上“明确公民在父姓和母姓之外选取姓氏如何适用法律”，结合司法实践情况来看，其具体应指两种情形：一是继子女可否随继父姓的问题；二是完全民事行为能力人可否变更自己姓氏为父、母姓氏以外的第三人姓氏问题。

2. 自然人姓氏的决定权是否以父母达成合意为条件

笔者认为，自然人的姓氏原则上应当由父母双方协商一致决定，这也更加符合自然人姓氏取得制度中关于自然人姓氏原则上由父母决定的特征，但当父母双方未能协商一致时，可以将父母姓氏共同作为子女姓氏；父母已经离婚或者不具有婚姻关系的，与未成年子女共同生活并实际履行抚养义务的父或母，有权单方决定子女的姓氏。对于上述问题的理解，还有待于结合司法实践中的具体案件事实，使《民法典》在适用中得到进一步明确。

第一千零一十六条　自然人决定、变更姓名，或者法人、非法人组织决定、变更、转让名称的，应当依法向有关机关办理登记手续，但是法律另有规定的除外。

民事主体变更姓名、名称的，变更前实施的民事法律行为对其具有法律约束力。

【条文主旨】

本条是关于自然人决定、变更姓名以及法人、非法人组织决定、变更、转让名称相关手续及效力的规定。

【立法要点及理由】

本条涉及自然人决定、变更姓名，以及法人、非法人组织决定、变更、转让名称的相关规则。其中，姓名、名称的变更以及名称的转让是姓名、名称决定权的延伸。一般而言，变更姓名、名称以及转让名称是权属所有人自主决定的一种表现，但姓名、名称本身又涉及国家管理等公法上的利益，此种利益也适用于公法上的义务。为此，自然人有权决定、变更其姓名，法人、非法人组织也有权决定、变更以及转让其名称。姓名、名称的决定、变更以及名称的转让，只要不违反法律的强制性规定和公序良俗都应当被允许。但是，考虑到姓名、名称的决定、变更以及名称的转让会影响民事主体的权利义务关系，为了保护权利义务关系的稳定性和延续性，决定、变更姓名、名称以及转让名称等都需要遵守一定的程序。关于本条规定的理解，可以从以下两个方面加以把握：

姓名是人个体化的标志和象征，姓名权是一种典型的人格权。姓名权作为人格权的一种，因其在属性上属于外在于人的权利，在各项人格权中一直备受关注。姓名决定权、姓名使用权、姓名变更权共同构成姓名权的重要内容。其中，姓名变更权是指自然人依照法律规定改变自己的姓名应当受到法律保护的权利，是自然人姓名决定权的自然延伸。在《民法典》颁布以前，我国关于姓名决定、变更登记的相关法律法规主要是《户口登记条例》。其第 18 条规定："公民变更姓名，依照下列规定办理：（一）未满十八周岁的人需要变更姓名的时候，由本人或者父母、收养人向户口登记机关申请变更登记；（二）十八周岁以上的人需要变更姓名的时候，由本人向户口登记机关申请变更登记。"

关于对法人和非法人组织决定、变更以及转让名称的相关法律法规依据主要是《企业名称登记管理规定》。第一，法人和非法人组织在决定名称后，需要履行的相关登记手续。依据前述规定第 3 条的规定，企业名称在企业申请登记时，由企业名称的登记主管机关核定。企业名称经核准登记注册后方可使用，在规定的范围内享有专用权。依据第 4 条第 1 款的规定，企业名称的登记主管机关是国家工商行政管理局和地方各级工商行政管理局。登记主管机关核准或者驳回企业名称登记申请，监督管理企业名称的使用，保护企业名称专用权。第二，关于法人和非法人组织名称变更和转让的规定，主要依据是前述规定第 22、23 条。依据第 22 条的规定，企业名称经核准登记注册后，无特殊原因在 1 年内不得申请变更。依据第 23 条的规定，企业名称可以随企业或者企业的一部分一并转让。企业名称只能转让给一户企业。企业名称的转让方与受让方应当签订书面合同或者协议，报原登记主管机关核准。企业名称转让后，转让方不得继续使用已转让的企业名称。

【适用指南】

1. 关于姓名、名称变更以及名称转让的效力问题

对于民事主体变更姓名、名称的效力问题，实践中较少出现分歧；相应地，对法人、非法人组织名称转让的效力规定，是实践中引发争议较多的内容。因为对于民事主体变更姓名、名称来说，尽管上述民事主体的姓名、名称因申请及登记发生了改变，但是对于该民事主体而言，对姓名、名称的变更仍然发生在同一个民事主体上，不存在其他民事主体的介入，为此在民事主体姓名、名称变更前后，民事法律行为的效力应当连续认定，实践中较少存在争议。《民法典》第1016条第2款也予以了明确，规定"民事主体变更姓名、名称的，变更前实施的民事法律行为对其具有法律约束力"。

2. 关于名称转让效力的规定

实践中的主要依据是《企业名称登记管理规定》第23条。笔者认为，在企业名称发生转让时，对于转让方而言，其可以请求受让方支付转让费，并丧失公司名称专用权，同时转让方还应当负有监督以及竞业禁止的义务。在企业名称连同经营业务一并转让的情况下，如果允许转让方继续从事与所转让的业务同种类的内容，受让方就失去了购买名称的实际价值。为此，转让方转让名称后，就应当承担竞业禁止义务，但是如果无限制地禁止转让方的经营活动也会损害转让方的经营自由。因此，一方面，对转让方的竞业禁止义务进行合理的限制是有必要的；另一方面，也应当将转让所负的竞业禁止义务限定在一定的时间、地域之内。[①] 对于受让方

① 《日本商法典》第25条规定，转让营业时、当事人如无另外意思表示，则转让人在20年之内，不得于同一市镇村内或相邻市镇村内经营同一营业。转让人有不经营同一营业的特约时，该特约只有在同一府县内及相邻府县内，在不超过30年的范围内有效。转让人不得违反前两款的规定，以不正当竞争的目的经营同一营业。

而言，受让方应当按照合同约定支付转让费用，并取得企业名称专用权。此外，受让方还应当维护企业名称原有的信誉。

3. 法人、非法人组织转让名称中的时限问题

受让方取得企业名称的目的实质是保持经营业务的完整性，包括企业名称上所负载的商誉信息。为此，名称转让制度必然意味着在一定程度上对受让方此种利用动机的保护。但与此同时，基于公平交易、债权人利益保护等目的，企业名称的转让还需要遵循一定程序。实践中，一般企业名称转让是经由两轮名称变更来实现，即先由转让方申请名称变更，经核准后，受让企业再申请名称变更为出让企业的原名称。根据《企业名称登记管理实施办法》第 31 条①的规定，企业名称与其他企业变更名称未满 1 年的原名称相同，或者与注销登记未满 3 年的企业名称相同的，不予核准。因为在法人、非法人组织转让名称时，也可能伴随营业商号、字号等无形资产和经营业务的整体转让。

4. 法人、非法人组织转让名称中的第三人权益保护问题

名称转让间隔期和公告制度的确立，主要目的是保护可能与名称受让方进行交易的市场主体而非出让方的债权人。有的名称转让人可能确实存在恶意逃避债务的动机，因此如果企业名称的转让本身不是出于投资、经营等正当目的，而是出于恶意逃避债务等非法目的，对于这种恶意转让名称的行为就应当明确予以规制。为此，《民法典》第 1016 条第 2 款明确规定，“民事主体变更姓名、名称的，变更前实施的民事法律行为对其具有法律约束力”。

---

① 《企业名称登记管理实施办法》第 31 条规定：“企业名称有下列情形之一的，不予核准：(一) 与同一工商行政管理机关核准或者登记注册的同行业企业名称字号相同，有投资关系的除外；(二) 与同一工商行政管理机关核准或者登记注册符合本办法第十八条的企业名称字号相同，有投资关系的除外；(三) 与其他企业变更名称未满 1 年的原名称相同；(四) 与注销登记或者被吊销营业执照未满 3 年的企业名称相同；(五) 其他违反法律、行政法规的。”

第一千零一十七条　具有一定社会知名度，被他人使用足以造成公众混淆的笔名、艺名、网名、译名、字号、姓名和名称的简称等，参照适用姓名权和名称权保护的有关规定。

【条文主旨】

本条是关于具有一定社会知名度的笔名、艺名、网名、译名、字号、姓名和名称的简称等受到法律保护的规定。

【立法要点及理由】

一般而言，姓名权仅指公民在公安户籍登记机关登记的姓名，名称权仅指法人、非法人组织在工商行政管理部门登记的企业名称。但是，《民法典》第1017条规定，具有一定社会知名度的笔名、艺名、网名、译名、字号、姓名和名称的简称等用来指代某一特定自然人、法人或非法人组织的符号，具有与姓名权、名称权一样的法律地位，可以参照适用姓名权和名称权保护的有关规定，即在法律适用和保护上，给予了这些姓名、名称的衍生概念同等的保护权。随着市场经济的发展，具有一定知名度的笔名、艺名、网名、译名、字号、姓名和名称的简称等，也会与自然人的姓名、法人与非法人组织的名称一样，具有人身和财产的双重价值，并往往享有一定声誉。为此，保护具有一定知名度的笔名、艺名、网名、译名、字号、姓名和名称的简称等变得越来越重要。对于本条的理解，可以从以下三个方面加以把握：

1. 对姓名、名称的衍生概念予以保护的客体范围

根据《民法典》第1017条的规定，姓名的衍生概念如具有一定知名度的笔名、艺名、网名、译名、姓名的简称，名称的衍生概念如字号、名称的简称等都被纳入与姓名权、名称权同等保护的客体范围。《民法通则》

中并没有关于姓名内涵及外延的明确界定，对姓名的界定散见于司法解释和商标法的审理标准和指南中，且通常是采用列举的方式。《最高人民法院关于审理不正当竞争民事案件应用法律若干问题的解释》第 6 条第 2 款规定："在商品经营中使用的自然人的姓名，应当认定为反不正当竞争法第五条第（三）项规定的'姓名'。具有一定的市场知名度、为相关公众所知悉的自然人的笔名、艺名等，可以认定为反不正当竞争法第五条第（三）项规定的'姓名'。"这里实际区分了自然人的真实姓名以及笔名、艺名，且分别使用了"应当"和"可以"的表述，这就意味着不是所有的笔名、艺名等特定名称都当然地可以作为姓名加以认定。另外，关于具有一定知名度的姓名权、名称权保护的客体范围，《民法典》的全国人大审议稿与此前公布的草案有所区别，增加了"译名"①。这主要源自司法实践的发展，最高人民法院在乔丹商标案再审判决中以姓名权的方式保护了美国公民乔丹的相关权益，外国公众人物译名的商业价值得到了承认。总之，判断一个符号是否属于受姓名权、名称权保护的客体，主要判断标准不是该符号具体的表现形式，而在于它们能否与某一特定的人或企业建立起对应的联系。

2. 对"具有一定社会知名度"的理解

具有一定知名度的姓名权、名称权保护的客体范围确定后，对"具有一定知名度"进行评价和判断则是适用本条最关键的环节之一，是难度最大的环节，也是司法实践中统一审判标准的核心问题。笔者认为，对知名度的判断，需要关注两个标准：一是知名度的广度，即公众知悉的比例；二是知名度的深度，即公众知悉的程度。关于知名度的广度，即公众知悉

① 也有观点认为，语言文化背景的不同这一因素增加了识别外国公众人物、准确地确认其在中国姓名权主体的难度，其影响在于在中文表达方式中，往往会对外国人物的姓名进行中文翻译，使其符合中文的表达方式。正是翻译这一客观条件的限制直接导致司法更加容易识别与判断一方是否对公众人物的姓名权形成了侵犯。而外国公众人物主张中国企业商标中汉字部分对其侵权就值得考量了，姓名应当是本名或本人使用的其他能与其产生唯一对应联系的符号，因此对外国人名的中文翻译以及中文表达能否成为外国公众人物利用的主张自身姓名权的工具是值得进一步探索与思考的。

比例的标准，国内外司法实践中都有涉及。德国法院将通过消费者调查问卷的结果产生的消费者知悉比例作为驰名判断的标准，通常将30%作为达到驰名的百分比的下限，最低为20%。在我国司法实践中，更倾向于对知名度采取非数字化的判定标准。通过相关裁判文书内容来看，司法实践中，一般将知名度评价结果分为：一定的知名度、较高的知名度和极高的知名度三个等级。根据《民法典》第1017条的规定，只要是具有一定社会知名度，被他人使用足以造成公众混淆的笔名、艺名、网名、译名、字号、姓名和名称的简称等都可以受到姓名权和名称权的保护。这种规定既未像德国法院一样采取无法完全证明科学性的调查问卷获取的百分比的量化分析法，也未采取打分制的量化分析法，而是结合各方证据材料，综合判定是否具有一定社会知名度。当然，鉴于中国国土面积较大，还应当根据知名度产生的区域不同及案件的性质对笔名、艺名、网名、译名、字号、姓名和名称的简称等的知名度进行综合认定。

3. 对“被他人使用足以造成公众混淆”的理解

对于姓名权保护的法律依据，可参考2019年新修订的《反不正当竞争法》第6条的规定进行理解，即“经营者不得实施下列混淆行为，引人误认为是他人商品或者与他人存在特定联系：（一）擅自使用与他人有一定影响的商品名称、包装、装潢等相同或者近似的标识；（二）擅自使用他人有一定影响的企业名称（包括简称、字号等）、社会组织名称（包括简称等）、姓名（包括笔名、艺名、译名等）；（三）擅自使用他人有一定影响的域名主体部分、网站名称、网页等；（四）其他足以引人误认为是他人商品或者与他人存在特定联系的混淆行为”。此处的“引人误认为是他人商品或者与他人存在特定联系”指向的就是关联混淆，即侵权行为致使相关消费者对商品来源产生混淆误认。而关联度是被抢注的商标与公众人物所处的时间、地域、行业等产生的联系，联系越多，关联度越高，构成抢注的可能性也就越大。关联混淆则是因侵权行为致使相关消费者产生了误认误购，如误认为商标使用人与公众人物之间存在代言、许可等特定联系。[①] 为此，关联度的大小是认定公众人物姓名、商标是否构成抢注的一项重要因素。

【适用指南】

1. 如何认定侵犯具有一定社会知名度的笔名、艺名、网名、译名、字号、姓名和名称的简称等相关权利，是司法实践应注意的重点问题

在乔丹商标案[②]中，最高人民法院指出依据《商标法》主张姓名权保护时，应当满足的必要条件包括：一是该特定名称应当具有一定知名度、为相关公众所知悉，并用于指代该自然人；二是该特定名称应当与该自然人之间已建立稳定的对应关系。在乔丹商标案判决作出后，《最高人民法院关于审理商标授权确权行政案件若干问题的规定》第 20 条对此进行了确认性规定。根据该条第 1 款的规定，当事人主张诉争商标损害其姓名权，如果相关公众认为该商标标志指代了该自然人，容易认为标记有该商标的商品系经过该自然人许可或者与该自然人存在特定联系的，人民法院应当认定该商标损害了该自然人的姓名权；第 2 款进一步作出补充，当事人以其笔名、艺名、译名等特定名称主张姓名权，该特定名称具有一定的知名度，与该自然人建立了稳定的对应关系，相关公众以其指代该自然人的，人民法院予以支持。根据《民法典》第 1017 条的规定，笔者认为，侵犯具有一定社会知名度的笔名、艺名、网名、译名、字号、姓名和名称的简称等的认定，应当至少满足以下两个条件：一是笔名、艺名、网名、译名、字号、姓名和名称的简称等具有一定社会知名度，属于法律保护的

---

① 《北京市高级人民法院关于商标法授权的审理指南》中有关姓名权的第 17 条规定："能够与特定的自然人建立起对应关系的主体识别符号视为该自然人的姓名。"可见，其认识到了姓名与主体识别符号在某种程度上的相似性与对应关系。这有利于简化问题，符合实践中商标审判工作开展的需要。但正是姓名的符号属性导致人们容易忽视真实姓名与译名等特定名称之间的关系，因此首先要确定特定符号是否符合"姓名"的构成及要求，对这种主体识别符合的理解不能超出民法划定的范围，否则也会影响到对姓名权的内容、性质、保护范围等诸多问题的认定。

② 孔祥俊：《姓名权与姓名的商品化权益及其保护——兼评"乔丹商标案"和相关司法解释》，载《法学》2018 年第 3 期。

范围；二是他人使用笔名、艺名、网名、译名、字号、姓名和名称的简称等足以造成公众混淆。

2. 关于知名度的认定标准

知名度的大小会影响姓名所负载的经济利益的大小，而知名度的取得与民事主体在某一领域的成就密切相关。由于对知名度大小的认定与相关公众的范围存在紧密联系，为此对知名度大小的认定与相关公众范围的划定休戚相关。知名度的判断亦必因个体的认知不同而存在差异，为此，法官在行使自由裁量权时很难就知名度作出统一的判断。有鉴于此，为了实现就该问题的统一裁判，实现该类案件法律适用及裁判标准的统一，知名度可以通过举证的方式进行证明。民事主体的知名度增强了其姓名等文字符号的识别能力，从而成为建立特定联系并形成稳定对应关系的重要因素。为此，在如乔丹商标案一类涉及外国名人的案件中，外文姓名中的外文并非关键，对外国名人及其译名等文字符号的认知才是案件争议的焦点。知名度能够增强相关公众对于特定符号的认知，同时知名度也会对商品的保护范围产生一定影响。此外，时间性与地域性也是知名度不能忽视的重要因素，一些外国政要名人的译名如果被注册，就无须考虑地域性。因为此类公共人物的姓名权背后蕴含的是公共利益，不可以任由注册。而一些娱乐明星的姓名权，如果经过商业化运作，和特定的经营主体相联系，便可能存在地域性考虑。另外，随着时间的推移，体育明星的知名度可能会下降，如迈克尔·乔丹在退役后的相关报道已经很少，为此，对明星知名度的判断还需限定在相关行为实际发生的时间范围内。① 总之，应当审慎地对知名度进行认定，乔丹商标案中篮球明星乔丹的知名度并不当然延伸到所有的服饰等领域。

3. 关于造成公众混淆的判断标准

对于诉争商标而言，如果经过了长期使用，产生了很高的知名度和显

① 参见丁相顺：《姓名权与商标权法律关系的符号学分析》，载《上海政法学院学报》2018 年第 4 期。

著性，引证商标和诉争商标存在对应关系等，即可以初步判断引证商标和诉争商标两者产生混淆的可能。“对应关系”也应当有相对确定的含义，并在判决中说明是字面含义、发音的对应，还是消费者心理的联想。相关公众受制于其语言习惯，在面对姓名这一符号语言商标时必然都会影响对这些问题的判断。在侵权认定方法中，不仅要求商标符号能够在相关公众中指向特定的人，形成了一种较为稳定的对应关系，还要求造成混淆或者有混淆的可能性。传统姓名权对于姓名的保护范围更宽，仅要求有联系，不要求混淆，而从《民法典》第1017条的规定来看，对笔名、艺名、网名、译名、字号、姓名和名称的简称等的保护应更加严格，必须综合考虑造成公众混淆的情况。对于非法使用笔名、艺名、网名、译名、字号、姓名和名称的简称等行为认定侵权的标准，核心依据就是这种使用是否造成公众对符号的误认，即对符号背后所代表的商品和服务来源的混淆与误认。在对混淆加以认定时需要综合考虑多方因素，且侵权要素中的知名度、造成公众混淆的判断不存在客观确定的标准，更依赖于法官个案的主观判断，当然这种主观判断的一致性也是确保司法裁判标准统一以及“类案同判”的重要前提。

第四章 肖像权

第一千零一十八条 自然人享有肖像权，有权依法制作、使用、公开或者许可他人使用自己的肖像。

肖像是通过影像、雕塑、绘画等方式在一定载体上所反映的特定自然人可以被识别的外部形象。

【条文主旨】

本条是关于肖像权概念的规定。

【立法要点及理由】

第一，关于“肖像”的理解。肖像是个人外部形象和特征的再现，不仅仅指五官、面部，还包括身形、体态等可被辨识的表征。肖像必须具有两个条件：（1）该图形与自然人的外表相似，足以使人在二者之间建立联系，因此模糊处理的图形不是肖像；（2）自然人的外表为该图形的主要内容，人的外表作为风景照片或者其他公共场合的照片中的陪衬，不是肖像；众多人的外表构成的图形，也不是肖像。现代社会的新闻报道、大众娱乐、商业广告、公共管控，几乎都与肖像利用密切相关，肖像也从画像、相片向影视、雕塑、绘画等传统载体发展，延伸至诸如微信表情包、参照个人形象制作的“手办”、个人形象漫画等。本法条采取了概括列举的方式，就是为技术进步和传播方式更新带动肖像形式创新预留了空间。

第二，关于“肖像权”的演进。[①] 肖像与人的尊严关系密切，也是重要的人格利益。肖像权是自然人享有的权利，属于具体人格权范畴，同时，肖像权也有财产性质。人格权是绝对权、对世权、支配权。“肖像权”的演进历经了几个阶段：一是肖像作为主体的内在属性，即“人之为人”不可或缺的要素，而非可以独立、可被支配的权利客体，在这一时期，并不存在独立的肖像权甚至人格权，这在德、法两国民法典上得以集中体现；二是将肖像利益作为所有权进行保护，其体现于法国民法之上；三是作为隐私权客体，这在法、日两国早期的裁判中体现得较为明显；四是作为著作权保护的对象，体现在《德国艺术品著作权法》中；五是作为单独权利进行保护，如德国基本法创设的“一般人格权”，又如我国《民法通则》第100条规定：“公民享有肖像权，未经本人同意，不得以营利为目的使用公民的肖像。”第120条第1款规定：“公民的姓名权、肖像权、名誉权、荣誉权受到侵害的，有权要求停止侵害，恢复名誉，消除影响，赔礼道歉，并可以要求赔偿损失。”《民法典》总则编第110条规定：“自然人享有生命权、身体权、健康权、姓名权、肖像权、名誉权、荣誉权、隐私权、婚姻自主权等权利……”《民法典》人格权编第990条规定：“人格权是民事主体享有的生命权、身体权、健康权、姓名权、名称权、肖像权、名誉权、荣誉权、隐私权等权利。除前款规定的人格权外，自然人享有基于人身自由、人格尊严产生的其他人格权益。”在《民法典》起草过程中，也有学者建议用“商品化权”[②] 进行规定，将姓名权和肖像权纯化为标识权，将对姓名和肖像的商业化运用统称为商品化权，以区分伦理意义的人格利益和商业利用性质的人格利益。[③] 由上可见，“肖像权”概念的演进，体现的是社会观念及交互、传播方式演进下人格利益的不断涌

---

① 参见王泽鉴：《人格权法：法释义学、比较法、案例研究》，三民书局2012年版，第156～161页。

② 谢晓尧：《商品化权——人格符号的利益扩张与衡平》，载《法商研究》2005年第3期。

③ 参见王泽鉴：《人格权法：法释义学、比较法、案例研究》，三民书局2012年版，第167页。

出，其概念的外延也必将继续随着社会发展不断丰富。

第三，关于“肖像权”的权利主体。肖像权只能由自然人享有，属于自然人固有、专属权利，法人、其他组织等民事主体不享有该权利。《民法通则》第110条规定：“公民享有肖像权，未经本人同意，不得以营利为目的使用公民的肖像。”从《民法总则》开始，立法将公法领域的概念“公民”替换为“自然人”，更加符合私法关于民事主体的表述。《民法典》总则编第110条明确规定了主体为自然人。

第四，关于肖像权权能。肖像权权能的主要内容是：（1）制作肖像，即将肖像以绘画、雕塑、相片等形式予以再现。（2）使用肖像，即将肖像进行展示、商业化利用等。“自然人的姓名、肖像等标表性人格权，具有在特定条件下与主体人格相分离，从而具有商业化利用的可能性。”① 商业化利用包括成为注册商标、制作广告、成为特定商品出售等。（3）公开肖像，即决定肖像在何种范围、以何种方式、向哪些对象展示的权利。未经许可将自然人的形象在电视、网络等大众传播媒介上公开，若非出于合理目的，即可能构成侵权。（4）许可他人使用，可以使权利人的人格因素实现更大范围的财产价值析出。使用、传播与公开肖像常常密不可分，该权利为权利人专有，并可许可他人行使；对于无行为能力人和限制行为能力人，许可他人制作和使用肖像的权利由法定代理人代为行使。此外，允许他人制作肖像并获得报酬的，可推定同意将该肖像复制、传播和公开。

【适用指南】

第一，肖像应该具有可识别性。首先，肖像虽然以人的面部特征为主要内容，但不应局限于面部，只要足以使一般公众识别出确为特定自然人的个人特征，均应包括在内。其次，肖像应当具有可辨识性，即所呈现的

① 王利明：《人格权法研究》，法律出版社2005年版，第156页。

形象能够被一般人认定为特定人的形象。如果呈现的内容无法使公众辨认出为特定人，则该载体不能视为肖像。此前，我国在先判决[①]曾对此有所论述："一般人不能直观清晰辨认载体所表现的内容就是该自然人，则这一载体也不能称为该自然人的肖像"及"自然人面部局部器官照片，不能体现该自然人的外貌视觉形象，本身不构成肖像"。实践中，判定"可辨识"，应当以一般公众认知为标准，并结合载体形式、展现的特征、展现的场合时间等相关背景综合考量。最后，创作"虚拟形象"（包括美术形象、游戏形象、表演形象等）在特定情况下构成对特定人肖像权的侵害。当该虚拟形象能够充分体现出特定人的体貌特征，一般公众通过该形象能够直接与该特定人建立一一对应的关系时，可以视为该特定人对该形象具有肖像权。如若以漫画等方式扭曲、滥用个人形象，属于对"个人自律性"[②]的侵犯，同时，当"虚拟形象"遭扭曲、滥用时，著作权人得依《著作权法》请求救济。需要说明的是，"虚拟形象"作品可能存在肖像权和著作权聚合的情况，不同的权利人都可依法行权。

第二，关于肖像权的主体。群体是否享有肖像权呢？在域外法律体系中，有以"形象权"加以规定的，即对于法人、非法人组织或者特定群体的外在形象予以保护。"形象权"是一种"社群性"权利，目前我国立法并未采纳。集体肖像主要有两种形式：（1）为了特定主题、由于特定事件形成的群像。对于该类群像，需要结合场合、用途进行考量。在较为私密、非正式的场合形成群像，除合理使用外，群像中任意个人使用该群像，都应当经其他人同意许可。而在经由相对公开场合形成的群像，如毕业集体照、会议合影等，可视为个人向群体让渡了部分肖像利益，故群像中的个人、相关组织者可以不经每个个人的许可对群像进行使用，但是，除此之外的第三人如需使用，仍应取得群像中每个个人、著作权人的许可

① 参见叶某诉某医院、某出版社广告公司肖像权纠纷案，载《最高人民法院公报》2003年第6期。

② 参见［日］五十岚清、铃木贤：《人格权法》，葛敏译，北京大学出版社2009年版，第132～133页。

方可使用。(2) 具有群体标识的群像，应看该群体成员是否授权该群体进行排他性使用。有授权的从授权（包括范围、方式等），无授权而被使用的，若群像中的个体已经达到可轻易辨认的程度，即为侵权。

第三，死者是否具有肖像权。肖像权是专属权利，当自然人死亡后，权利能力不复存在，权利也不复存在。但对于值得保护的肖像利益，在权利能力消失后应当继续存在，因为对死者人格的侵害也意味着对死者家庭、近亲属的蔑视，死者的近亲属可以请求停止侵害。[①] 我国的相关规定也认为近亲属享有因死者人格受侵害而产生的各种请求权。[②] 《民法典》人格权编第 994 条也进行了确定，该条已予详述。

第四，关于“许可他人使用”。许可可以单方为之、也可以在约定中作出。一般认为，对人格权的自愿限制，是准法律行为[③]，行为人亲自实施该行为时，只需具有意思能力即可，即能够理解行为的性质及其法律效果。[④] 无行为能力人和限制行为能力人的同意，可以由法定代理人代理，但本人具有意思能力，对法定代理人的同意表示反对的，同意不生效力。[⑤] 许可作出后，权利人应受到约束，许可的范围受目的性限制。“因情势变更，其肖像的使用将构成对人格权的侵害或严重违反肖像权人的信念时，应许肖像权人撤回允诺。”[⑥] 许可可以任何方法作出，只要该方法能表现出权利人、法定代理人审慎、自愿及明知的意思表示即可。需要说明的是，一切民事活动都不得有悖于公共秩序和善良风俗，对于肖像权的许可，也不应当无序、低俗、非正当化，如若违反公共秩序原则或者侵犯善良风

---

① 死者人格利益一般被认为是“准人格权”，相关的教义学解释，有“死者人格保护说”“死者家属人格保护说”“无权利主体说”“一般法律义务说”“死者法益保护说”等，详见刘召成：《准人格研究》，法律出版社 2012 年版，第 210～218 页。鉴于本书的实务属性，此处不予详述。

② 2018 年《英雄烈士保护法》第 22 条；2020 年《精神损害赔偿解释》第 3 条、《最高人民法院关于适用〈中华人民共和国民事诉讼法〉的解释》第 69 条。

③ 史尚宽：《民法总论》，中国政法大学出版社 2000 年版，第 294 页。

④ 王泽鉴：《侵权行为法》，中国政法大学出版社 2001 年版，第 241 页。

⑤ 参见我国澳门特别行政区民法典第 69 条第 3 款。

⑥ 参见王泽鉴：《人格权法：法释义学、比较法、案例研究》，三民书局 2012 年版，第 166 页。本法第 1022 条第 2 款的“正当理由”即包含此类情形。

俗，均属无效，裁判时可以依据社会正义一般观念进行判断。此外，关于许可的内容和范围，原则上应由被许可人负举证责任。

第一千零一十九条 任何组织或者个人不得以丑化、污损，或者利用信息技术手段伪造等方式侵害他人的肖像权。未经肖像权人同意，不得制作、使用、公开肖像权人的肖像，但是法律另有规定的除外。

未经肖像权人同意，肖像作品权利人不得以发表、复制、发行、出租、展览等方式使用或者公开肖像权人的肖像。

【条文主旨】

本条是关于肖像权消极权能的规定。

【立法要点及理由】

本条规定了禁止他人对肖像的贬损性使用、禁止他人在非许可时对肖像进行复制以及对肖像作品权利人的限制。值得肯定的是，本条对人工智能、大数据发展下信息技术手段的各种新型侵权行为的认定予以了回应。同时，从立法上改变了《民法通则》第100条“以营利为目的”才可构成侵权的要求，而以肖像权人是否同意作为判定侵权的主要依据，体现了对人格自治的充分尊重，也回应了多年以来司法实践的呼声。

【适用指南】

第一，关于禁止他人对肖像的贬损性使用。本条列举了三种方式：(1) 丑化肖像，即在绘画、摄影等制作肖像时将原本美的形象变丑，美丑对比以社会一般公众认知为准即可。(2) 污损肖像，即对肖像载体进行玷污毁损，如若构成侵权，则污损应该达到导致人格尊严受损的程度，一般的“蒙尘落灰”不可视为污损。（3）利用信息技术伪造，如时下流行的AI换脸[①]等，即是典型的“伪造”行为。需要说明的是，贬损性使用不局限于上述三种方式。同时，维护人格尊严既属于人格伦理性的基本需求，又是维持社会公序良俗的基本要求，对人格尊严等人格利益不得放弃。因此，丑化、污损等贬损人格尊严的行为，一般不因权利人同意而免责。此外，对于利用信息技术进行虚拟制作的行为，还需进行标注，以示与真实情况的区别。根据2019年《网络音视频信息服务管理规定》第11条第1款“网络音视频信息服务提供者和网络音视频信息服务使用者利用基于深度学习、虚拟现实等的新技术新应用制作、发布、传播非真实音视频信息的，应当以显著方式予以标识”之规定，对于通过信息技术生成的非真实视频，应当予以标注。

第二，关于禁止他人在非许可时对肖像进行复制。本条列举了如下方式：制作、使用及公开。此系传统的以“复制”为核心的侵权样态。需要说明的是，利用信息技术对肖像进行“模拟再现”，是否侵害了肖像权？例如，对于新闻报道中已经打了马赛克、水印的肖像，运用技术手段对面部进行再现等。若肖像权人的肖像初次公开以“打码”“加水印”出现，则此系权利人对于肖像公开方式、肖像利益处分的安排，如若使该模糊处理清晰化，实质上违背了肖像权人对于人格利益的处分，应该视为侵权。本法规定了“除外”情形，即《民法典》人格权编第1020条规定的对肖像权合理使用的情形。

第三，关于对肖像作品权利人的限制。（1）肖像权作品的范畴。根据肖像的特点，参照《著作权法》第3条的规定，可成为肖像权作品的有：美术、建筑作品；摄影作品；视听作品。同时，鉴于对于声音利益的保护参照肖像权的规定，故还可能包括音乐、戏剧、曲艺作品。（2）肖像权作

① 即通过人工智能算法和机器学习进行模型训练，再将该模型训练成果运用于对象视频中，将待更换的肖像与视频中对象人脸进行自动匹配，可以达到“以假乱真”的效果。

品权利人。肖像权作品权利人为作者或其继受人。《著作权法》第 11 条规定："著作权属于作者，本法另有规定的除外。创作作品的自然人是作者。由法人或者非法人组织主持，代表法人或者非法人组织意志创作，并由法人或者非法人组织承担责任的作品，法人或者非法人组织视为作者。"（3）侵权形式。作品权利人未经肖像权人允许，不得就该作品进行使用或公开，包括但不限于发表、复制、发行、出租、展览等方式。但是，作者享有的人身性权利如《著作权法》第 10 条规定的"署名权""修改权""保护作品完整权"的行使，无须经肖像权人同意。此外，知识产权人在行权时不得侵犯肖像权等在先权利，在《商标法》《专利法》中已经以不得侵犯在先权利的方式予以规定。例如，《最高人民法院关于审理专利纠纷案件适用法律问题的若干规定》第 12 条规定，"专利法第二十三条第三款所称的合法权利，包括就作品、商标、地理标志、姓名、企业名称、肖像，以及有一定影响的商品名称、包装、装潢等享有的合法权利或者权益"，明确了人格权（企业名称权、肖像权等）对于知识产权权利人行权的限制，体现了人格权保护的优先性。肖像作品权利人行权也理应接受此负担。

第一千零二十条　合理实施下列行为的，可以不经肖像权人同意：

（一）为个人学习、艺术欣赏、课堂教学或者科学研究，在必要范围内使用肖像权人已经公开的肖像；

（二）为实施新闻报道，不可避免地制作、使用、公开肖像权人的肖像；

（三）为依法履行职责，国家机关在必要范围内制作、使用、公开肖像权人的肖像；

（四）为展示特定公共环境，不可避免地制作、使用、公开肖像权人的肖像；

（五）为维护公共利益或者肖像权人合法权益，制作、使用、公开肖像权人的肖像的其他行为。

【条文主旨】

本条是关于肖像权“合理使用”[①] 的规定。

【立法要点及理由】

本条属于肖像权的“合理使用”。“合理使用”制度旨在平衡肖像权人与社会公众利益。该条规定与《著作权法》第24条、《信息网络传播权保护条例》第6条、第10条的规定有相似之处，即出于科学研究、新闻报道等公共利益等需要非商业性使用肖像权时，肖像权人有适当容忍的义务。在理解适用时，可参照《著作权法》相关条文和在先典型案例。

【适用指南】

第一，关于“合理使用”的基本判定原则。“合理使用”主要与侵权行为相区别。二者均不以权利人的许可为前提，二者的区别主要在于目的、行为结果的不同。在目的上，应考量是否出于公共利益、大众福祉等，同时，若该使用是出于营利的目的，必然排除在“合理使用”范围之外。反之则未必成立，即便出于“非营利”的目的，也依然可能构成侵权。在行为结果上，如若该行为客观上造成了肖像权人利益（人格利益、财产利益或兼而有之）的减损，则不可认定为“合理使用”。

第二，关于本条第1项规定的理解。该项主要列明了非出于商业使用、供个人学习或者科研等社会公益目的的使用。需要指出的是，“合理使用”不得侵害肖像权人的公开权，应以“已经公开”为必要要件。同

① 关于“合理使用”的性质，有“权利限制说”“使用者权利说”“侵权阻却说”，因本书的实务性质，在此不予展开介绍。

时，“合理使用”应该具有“必要范围”，应当避免向不特定公众公开、在不特定场合使用，超过上述必要范围必然使权利人丧失对肖像权的支配。以时下流行的短视频、vlog 等为例，拍摄人将自认为有趣、有意义的事件、场景，制作成少则几十秒、多则几分钟的视频，融合语音、文字等发布于网络平台上，除作特别限定外，其所公布的对象是不特定的、难于预知的。如若其中有未经允许拍摄了的肖像权人肖像，已然属于超出“必要范围”。同时，拍摄人的目的，也超出了“个人学习、欣赏”的范畴，无法认定为“合理使用”。

第三，关于本条第 2 项及第 4 项的理解。首先，我国《著作权法实施条例》第 5 条规定：“著作权法和本条例中下列用语的含义：（一）时事新闻，是指通过报纸、期刊、广播电台、电视台等媒体报道的单纯事实消息……”新闻报道以真实、及时、重大为主要特点，以事实概述、事件精选、场景重现为主要方法。新闻报道是纯事实报道，既要遵循事实本来面目，也应采取客观陈述的展现方式。同样，展示公共环境属于“基于人群共处相互容忍的必要及社会知之利益”①，个人一般属于风景的一部分或点缀。上述二者，一般不会造成人格利益的减损，否则新闻自由则难于实现，进而影响公共利益。其次，在个案中，应注意对“不可避免”的认定，即如若除却该部分，新闻报道将不完整、不明晰、不真实、不客观，公共环境将难于构成完整形象，因此使用特定人肖像具有必要性、难于替代性。同时，也应考量人格利益与新闻自由、公共利益的相对平衡，如若二者显失衡平，则仍存在侵权的可能。具体参考标准为：（1）报道行为与公共利益相关；（2）报道行为出于公益的目的；（3）报道行为的手段方法相当。最后，应注意对特殊人群的保护，如我国《未成年人保护法》第 49 条规定，新闻媒体应当加强未成年人保护方面的宣传，对侵犯未成年人合法权益的行为进行舆论监督。新闻媒体采访报道涉及未成年人事件应当客观、审慎和适度，不得侵犯未成年人的名誉、隐私和其他合法权益。需

---

① 王泽鉴：《侵权行为法》，中国政法大学出版社 2001 年版，第 138 页。

要说明的是，如参与游行集会、仪式或其他重大社会事件的照片，且并未特别突出个人肖像的，可以参照新闻报道“合理使用”的标准予以免责。

第四，关于本条第3项及第5项的理解。首先，为依法履职，国家机关在“必要范围”内制作、使用、公开肖像权人肖像，体现了国家和社会公共利益，具有优先性，如侦查机关在通缉相关犯罪嫌疑人时使用该人肖像等。需要说明的是，“国家机关执行公务时使用他人肖像必须是仅涉及公民本人，否则需要予以相应说明或加以技术手段保护其他人”①。其次，在“为维护公共利益”制作他人肖像时，应遵循比例原则，行为时兼顾目标实现和相对人权益保护，如若确可能对肖像权人权益造成不利影响时，应使该影响限缩于在尽可能小的范围和限度内，保持二者比例适度。比如，出于公共安全考量在银行、大型商场、公共道路设置摄像头，是否侵犯了当事人的肖像权，应结合目的正当性、设置及使用的必要性、设置状况的妥当性、摄像机的有效性、使用方法的相当性②予以衡酌。《大同市公共安全视频图像信息系统管理办法》第5条规定：“……建设、使用公共安全视频图像信息系统，不得侵犯公民个人隐私权、肖像权和其他合法权益；对涉及公民个人隐私的视频图像信息，应当采取保密措施。”此外，在公众场合出于公共安全或者履行特定法定职能所摄取的肖像，在没有需要时（合理期限内）应予销毁，如我国台湾地区“警察行使职权法”第10条规定：“警察对经常发生或可能发生犯罪案件之公共场所或公众得出入之场所，为维护治安之必要，得协调相关机关（构），或以现有之摄影或其他科技工具搜集资料。以前款规定搜集之资料，除因调查犯罪嫌疑或其他违法行为，有保存之必要外，至迟应于资料完成起一年内销毁之。”

第四，关于公众人物肖像的“合理使用”。公众人物分为两类：一类是具有政治性的公众人物，主要指担任政治职能的国家机关工作人员，如国家元首、政府首脑等；另一类是社会性公众人物，主要指在文艺界、体

---

① 张红：《民法典之肖像立法论》，载《学术研究》2019年第9期。

② 参见［日］五十岚清、铃木贤：《人格权法》，葛敏译，北京大学出版社2009年版，第137页。

育界、金融界、学术界等具有明显辨识度和广泛影响力的“明星人物”①。一般认为，相较于普通人，公众人物由于具有一定知名度而较一般人具有更大的社会影响力，可以出于公共利益的需要有限度地克减其部分权利利益、容忍一般公众正当舆论监督可能造成的轻微损害。本法对此并未进行特别规定，但是，应认可公众人物与一般人的现实差别，在衡酌公众人物肖像权和公共利益以判定某行为是否是“合理使用”时，可适当减轻使用人的注意义务，如在新闻报道领域，除非“恶意或摒弃真实”②，媒体人不承担责任，不再严格以“不可避免”为限，又如对于恶搞、调侃明星等公众人物，若为一般公众所接受，公众人物也应适度包容。

第一千零二十一条　当事人对肖像许可使用合同中关于肖像使用条款的理解有争议的，应当作出有利于肖像权人的解释。

【条文主旨】

本条是关于肖像许可使用合同解释方法的规定。

【立法要点及理由】

根据本条的规定，对肖像许可使用合同条款有争议的，作有利于肖像权人的解释。通过与他人签订肖像许可使用合同的方式将肖像许可给他人进行商业利用，是肖像权人积极利用其具体人格要素的方式之一，体现了肖像权的积极权能。既然是合同，就难免存在当事人约定不清楚、词不达意等情形，因而需要进行合同解释。尤其是在审判实务中，当事人对合同条款存在争议时，法官对此作出恰当的解释是正确处理案件的前提。本条

① 王利明：《人格权法研究》，法律出版社2005年版，第242页。

② 参见我国台湾地区“最高法院”93年台上字第706号“判决书”。

从人格权法的法理出发，结合肖像许可使用合同的特点，规定了肖像许可使用合同特殊的解释方法，即有利于肖像权人的解释方法。

《民法典》充分考虑到了肖像许可使用合同本身的特点。肖像许可使用合同是肖像权人通过合同的方式将其肖像在一定期限和范围内许可给被许可人进行商业利用，如做各种广告、作为形象代言人等，从而实现肖像中的财产价值。随着市场经济和大众消费社会的高度发展，包括肖像权在内的部分人格权的人格要素越来越具有经济利用的价值，成为商品促销的重要手段以及众多厂商的商业名片，在广告、展览、传媒、网络、商品包装等各种商业场合的使用层出不穷，尤其是名人的肖像。对肖像权人而言，这种经济利用也能够为其带来可观的经济收益。但是，肖像权首先是一种具体人格权，肖像首先是一种具体人格要素，其主要体现的还是肖像权人的人格利益，涉及肖像权人的人格尊严、人格自由，具有至高无上的价值，不可放弃、不可剥夺。上述商业利用现象只不过是肖像权在商业社会中积极利用权能的扩张，其核心利益仍然是人格利益，权利性质仍然主要是一项人格权，而非纯粹的财产权。所以，在肖像权商业化利用的过程中，不能脱离人格权的基本定位，不能完全适用合同法中的财产权交易规则，仍然需要注重对人格利益的保护。这就需要在肖像权许可使用合同中设计出有利于对肖像权人人格利益保护的规则。而本条就是在合同解释方面作出的有利于肖像权人人格利益保护的合同解释规则。所以，该特殊的合同解释方法就是为了避免在合同解释中出现对肖像权人人格利益的侵害的情形，侧重于维护肖像权人的人格尊严、人格自由。

【适用指南】

肖像许可使用合同通常具有合同应当具备的常见条款，如当事人、标的、价款、期限、履行方式、争议解决、违约责任等。哪些条款产生争议需要解释，才能适用本条规定的有利于肖像权人的解释方法，是需要在实践中加以注意的一个问题。根据条文，只有当事人在对“肖像使用条款”

的理解有争议时，才能适用本条规定。因此，在审判实务中需要注意分析当事人产生争议并需要解释的条款是否属于“肖像使用条款”，从而决定是否能够适用本条规定。在双方争议的条款是管辖权约定、违约责任、价款支付等与“肖像使用”没有关系的条款时，不应当适用本条的解释方法。

第一千零二十二条 **当事人对肖像许可使用期限没有约定或者约定不明确的，任何一方当事人可以随时解除肖像许可使用合同，但是应当在合理期限之前通知对方。**

当事人对肖像许可使用期限有明确约定，肖像权人有正当理由的，可以解除肖像许可使用合同，但是应当在合理期限之前通知对方。因解除合同造成对方损失的，除不可归责于肖像权人的事由外，应当赔偿损失。

【条文主旨】

本条是关于肖像许可使用合同解除的规定。

【立法要点及理由】

本条基于肖像许可使用合同的特点，以合同是否约定有许可使用期限为标准，规定了两种不同的合同解除规则。

根据本条第1款“当事人对肖像许可使用期限没有约定或者约定不明确的，任何一方当事人可以随时解除肖像许可使用合同，但是应当在合理期限之前通知对方”的规定，在当事人未对肖像许可使用期限作出约定或者约定不明确的情况下，当事人双方均有权随时解除合同。该种解除不附有任何条件，不基于任何理由，也不存在当事人是否违约、是否承担违约责任的问题，而且无解除权行使时间限制，故可以被称为任意解除。合同编第563条第2款规定了不定期的持续性合同的解除，即以持续履行的债务为内容的不定期合同，当事人在合理期限之前通知对方后可以解除。本条规定与该不定期的持续性合同的解除规则是一致的，目的是允许当事人可以根据其意愿尽早结束债权债务关系，从不定期之债的法锁中解放出来，恢复正常的生活与法律秩序。除此之外，本条规定也有利于肖像权人维护自己的人格利益。当肖像权人认为合同的继续履行对其人格利益有损害或不符合其人格发展利益，或者终止某特定合同的履行更能有利于其人格发展、人格自由时，可以基于其意愿，根据本条规定任意解除合同，而不需承担任何违约责任，当然前提是合同未约定肖像许可使用期限或者是约定不明确。从这一点来讲，本条规定也可以说是本法第563条第2款规定的不定期的持续性合同解除规则在肖像许可使用合同中的具体化，且符合肖像许可使用合同中对肖像权人人格利益保护的特点。

适用本条规定主张解除合同的关键是对肖像权人“正当理由”的理解。但何为这里的“正当理由”，本条并未就此进一步作出细化规定。前已述及，该处的“正当理由”不应当包括本法第563条规定的合同解除法定事由。至于具体哪些情形属于这里的“正当理由”，需要结合该条的立法目的加以判断，该条旨在给予肖像权人更多的解除合同的权利，目的是在肖像权商业化利用过程中加强对肖像权人人格利益的保护，即当肖像许可使用合同的继续履行会损害到肖像权人的人格尊严、妨碍到肖像权人人格自由发展的时候，应当赋予肖像权人终止合同关系、收回肖像使用许可的权利，所以该处的“正当理由”应当与肖像权人人格利益的保护有关，只要肖像权人能够举证证明或充分说明合同的继续履行会损害到其人格利益，影响到其人格尊严、人格自由，经人民法院审查可以采信，即属于这里的“正当理由”。当然，这里的“正当理由”有可能是肖像权人自身的原因，也有可能是被许可人的原因，还有可能是与双方均无关的原因，但都须与对肖像权人人格利益的保护有关。例如，体育明星在退役之前许可他人在体育商品上使用其肖像，但在其退役之后已经转型为娱乐明星，此时继续在体育商品上使用其肖像可能会与其转型之后的形象定位不一致，影响到其在娱乐圈的发展，在合同到期之前，其就此主张解除肖像许可使用合同的，应当属于这里的“正当理由”。再如，某国内影视明星代言某国外奢侈品品牌，在合同履行过程中，该国外公司作出了有损中国国家利益和民族感情的行为，如果该影视明星继续履行合同，显然会对其人格尊严和人格发展造成严重损害，也会严重影响其事业发展，该影视明星要求解除合同即属于具有“正当理由”。在法律、司法解释未对此“正当理由”进一步细化规定之前，法官在处理个案时对“正当理由”的认定有一定的自由裁量权，但需要紧扣该条的立法目的进行充分说理论证。同时，在审判实务中亦需要注意积累相关案例，尽可能通过案例指导或类型化的方式对此处的“正当理由”进一步细化。

【适用指南】

本条第 1 款和第 2 款规定的合同解除是两种不同的情况：第 1 款规定的是任意解除，第 2 款规定的是法定解除。在适用第 1 款时，不需要有任何条件；但在适用第 2 款时，需要肖像权人有“正当理由”，并且肖像权人需要对此进行举证或者充分说明，而不是如第 1 款那样只提出解除合同的主张即可。法官需要结合个案情况，立足于立法目的，对肖像权人主张的理由是否正当进行充分的说理论证。因此，在审判实务中，应当注意避免将两款混淆，不得放松对第 2 款中法定解除事由的审查，使第 2 款的法定解除沦为任意解除。

无论是本条第 1 款的任意解除还是第 2 款的法定解除，在程序上都要求通知对方，而且在解除生效前给对方留有合理的期限，即“在合理期限之前通知对方”。从权利分类上讲，解除权是形成权，通过权利的行使可以导致法律关系的变更、消灭，因此行使该种权利应当让对方明确知晓，故以通知的方式行使为必要。合同编第 565 条关于合同的解除程序对此也作出了规定。此外，给对方留有合理的期限，是诚实信用原则的体现，当然，如就期限长短是否合理发生争议，则由法官根据案件具体情况作出自由裁量。

第一千零二十三条 对姓名等的许可使用，参照适用肖像许可使用的有关规定。

对自然人声音的保护，参照适用肖像权保护的有关规定。

【条文主旨】

本条是关于人格权商业利用及对自然人声音保护的准用规定。

【立法要点及理由】

本条第 1 款“对姓名等的许可使用，参照适用肖像许可使用的有关规定”，从准用肖像许可使用规则的角度对商业化利用的人格权范围以及交易方式作出了规定。可以商业化利用的人格权范围是“姓名等”，但除姓名权外，还有哪些人格权？自然人人格权包括生命权、身体权、健康权、姓名权、肖像权等。从解释角度看，本条是准用条款，而准用是立法上为避免法律条文的繁冗而采用的一种立法技术。根据该种立法技术，被参照适用的规定与拟规整的事项在法律事实上类似，可以作相同法律评价，故而可以参引被参照适用的规定。因此，对于此条规定的可以被商业化利用的人格利益，应当与肖像权在法律事实上类似，在法律评价上相同，而肖像权是典型的标表性人格权，故只要属于标表性的人格权原则上都应当属于本条规定的可商业化利用的对象。根据文意，这些人格权可被商业利用的交易方式是许可使用而不包括转让，目的是防止人格利益与主体永久脱离，造成对人格尊严和自由的侵害。关于肖像许可使用的有关规定，自然主要是第 1021 条、第 1022 条规定。

本条第 2 款规定“对自然人声音的保护，参照适用肖像权保护的有关规定”，自然人的声音具有独特性、唯一性、稳定性特点，几乎每个人的声音都是不一样的，因此声音与肖像一样都可以成为标表自然人的人格标志，可以对外展示个人行为和身份，具有一定的人格属性。声音与肖像同属于标表性的人格权，实践中两者也经常同时被使用，如在广告中使用他人肖像的同时还往往配上其声音，故有关肖像权保护的规定基本上都可以适用于对声音的保护。第 1018 条有关肖像权权能的规定、第 1019 条有关禁止侵害肖像权行为的规定、第 1020 条有关肖像权合理使用的规定、第 1021 条和第 1022 条有关肖像权商业利用的规定，对自然人的声音均可参照适用。具体而言，其保护的内容是自然人的声音本身，即纯粹的声音，既非声音的载体，也非声音中的具体内容。具体权能体现为录制声音、使用声音、公开或许可他人使用声音的权利，自然人有权制止他人未经许可的声音使用行为，在符合第 1020 条的情况下，行为人对声音的使用可以构成合理使用，不构成对自然人声音相关权益的侵犯。自然人可以许可他人在商业活动中使用其声音，并据此获取一定的利益。在声音许可使用合同的解释、解除等方面，也与肖像权许可合同遵循同样的规则。

【适用指南】

司法实践中，适用本条时需要注意，能够参照适用肖像许可使用有关规定的，除了姓名权之外，还有其他人格权，不能忽略“等”字所包含的内容。但至于除了姓名权之外，还有哪些人格权能够参照适用，则应当在具体个案中，结合人格商业化利用的法理，立足本条立法目的，从解释论上详加论证和说理，既不能缩小适用范围，也不能扩大至性质上不能商业利用的人格权，防止人格权的过度商业化利用，损害到人格尊严和人格自由。

第五章　名誉权和荣誉权

第一千零二十四条　民事主体享有名誉权。任何组织或者个人不得以侮辱、诽谤等方式侵害他人的名誉权。

名誉是对民事主体的品德、声望、才能、信用等的社会评价。

【条文主旨】

本条第 1 款是关于民事主体享有名誉权的一般规定，第 2 款是对名誉概念的规定。

【立法要点及理由】

一、关于名誉权的主体范围

名誉是名誉权的客体。名誉是一种人格利益，是具有时代特征的，针对特定主体的综合表现作出的，良好的、客观的社会评价。[①] 本法列举了构成名誉的社会评价的常见对象，包括品德、声望和信用。同时，本法在“信用”后面增加“等”字，也即不限于以上社会评价对象要素，说明涉及对民事主体的社会评价类似要素可构成民事主体的名誉。品德指道德品质，是民事主体行动所根据的内在原则。声望指受众人仰慕的名声，反映社会对民事主体的认可程度。信用指民事主体一般经济能力的社会评价。在民事主体一般经济能力中，民事主体的偿债能力应特别关注。信用包括

① 王利明：《人格权法研究》，中国人民大学出版社 2018 年版，第 467 ~ 468 页。

对民事主体客观经济能力和主观偿债意愿的社会评价。

名誉权是指民事主体对自身名誉享有不受他人侵害的权利。自然人的名誉权是指由其活动产生的社会评价而享有的不受他人侵害的权利。法人及非法人组织的名誉权是指法人对其全部活动所产生的社会评价而享有的不可侵犯的权利。法人的商誉权是法人名誉权。自然人的名誉权与法人、非法人组织的名誉权存在一定区别。区别主要表现在：第一，名誉的内容不同。对自然人的名誉主要围绕其个人素质，如品德、才能等因素，是人格尊严的体现。通常而言，品德和才能是属于自然人的社会评价。法人和非法人组织的社会评价主要围绕其信用、生产经营能力和经营状况等因素，与财产性利益联系更密切。第二，名誉权受侵害的方式不同。侮辱只能对自然人名誉造成侵害。法人和非法人组织的名誉权通常因商业信誉、商品声誉受损而受损，自然人的名誉一般不包括这些商业性内容。侵害法人名誉权的行为同时可能构成《反不正当竞争法》规定的不正当竞争行为。第三，损害后果不同。自然人可能因名誉受损而遭受精神损害，法人和非法人组织没有精神损害。法人和非法人组织在名誉上的损害主要表现为财产损失。但法人和非法人组织的名誉权不能界定为财产权。①

二、侵害名誉权的违法行为的认定

1. 行为人实施了侮辱、诽谤等毁损名誉的行为

本法以概括列举的方式指明侮辱和诽谤是侵害民事主体名誉权的基本方式。侮辱是指故意以暴力或其他方式贬损他人人格，毁损他人名誉。诽谤通常指捏造虚假事实丑化他人人格，损害他人名誉。诽谤可按表现载体分为口头诽谤和文字诽谤，按损害名誉方式分为直接诽谤和间接诽谤。对侮辱、诽谤行为成立的认定应以合理第三人的标准判断，同时整体性地参考表达内容的背景、时代性等因素。除侮辱和诽谤外，还存在其他侵犯名誉权行为的方式。包括：（1）新闻报道、舆论监督侵犯名誉权。本法第999 条、第 1025 条、第 1026 条和第 1028 条也对新闻报道失实侵犯名誉权

① 王利明：《人格权法研究》，中国人民大学出版社 2018 年版，第 473～475 页。

的行为作了特别规定。（2）作品使用素材不当。创作文学、艺术作品时使用素材不当可能对素材中涉及的民事主体名誉造成损害。[①] 本法第1027条对此种情形作了专门规定。（3）信用评价保护。本法第1029条还将信用纳入名誉权中进行保护。该条规定，民事主体可以依法查询自己的信用评价；发现信用评价不当的，有权提出异议并请求采取更正、删除等必要措施。信用评价人应当及时核查，经核查属实的，应当及时采取必要措施。

2. 侵害名誉的行为必须有特定指向

本法第1027条第1款规定，行为人发表的文学、艺术作品以真人真事或者特定人为描述对象，含有侮辱、诽谤内容，侵害他人名誉权的，受害人有权依法请求承担民事责任。本条规定虽是文学、艺术作品中侵害名誉权的行为，但条文中"以真人真事""特定人"的内容亦是对本章名誉权受损的认定标准之一的概括。只有行为人的行为指向特定对象时，才可能构成对他人名誉权的侵害，如果行为未指向特定的对象，仅泛指包括原告在内的一般人或某方面的人，不能具体认定指向谁，则不能认定侵害对方的名誉权。[②] 但该侵害人不一定是指名道姓地侵害特定人的名誉权，如果侵害人没有指名道姓，但其行为使社会一般人能够明确侵害的是特定人的，依然能够认定指向明确。例如，描述某人的相貌特征、语言特征、行为特征以及生活工作环境等，足以使他人认定侵害人的，则行为就具有特定指向性。

3. 侵害名誉权的行为需为第三人所知悉

名誉既然是社会评价，对名誉权的侵害就必须是行为人所实施的侵害名誉行为影响了受害人的社会评价，应当以社会公众对受害人的评价降低为标准。有学者认为，只要行为人所实施的侮辱、诽谤行为为第三人所知悉，就可以认定导致了受害人社会评价的降低。[③] 至于第三人是否一定要有在场的必要，则并未严格要求。当然，如果第三人知悉，但不知所言也无具体指向的，也不能确定为是第三人知悉。

---

① 杨立新：《人格权法》，法律出版社2015年版，第226页。

② 王利明：《人格权重大疑难问题研究》，法律出版社2019年版，第558页。

③ 王利明：《人格权重大疑难问题研究》，法律出版社2019年版，第560页。

当然，除此之外，名誉权损害的认定还应当符合侵权行为的其他认定规则。

【适用指南】

1. 名誉权保护的对象不应包括名誉感

名誉感是个体主观对自己的价值评价。理由在于：第一，法律保护名誉权的目的在于维护受害人的社会评价不被侵害，保护受害人的社会交往能正常进行，而名誉感不属于外部社会评价，属于受害人主观的内部评价。第二，保护名誉感会使名誉权保护的对象过于宽泛，可能导致侵犯名誉权案件的数量激增，不利于维护社会安定。第三，自然人内在的名誉感受个人特质影响大，受主客观因素影响大，不像外部社会评价一样可以用合理第三人的视角进行判断，由法律进行保护难度过大，难以体现法律的公正性。第四，法人和非法人组织等组织体不像自然人一样有自身感受，没有名誉感，无须保护。[①] 当然，也有观点认为，对于本法第 109 条规定的自然人的人格尊严受法律保护以及本法第 990 条第 2 款规定的自然人享有的基于人格尊严产生的人格权益，也不能完全割裂名誉感与人格尊严的关联。在自然人名誉感所受伤害危及人格尊严时，法律仍可以对受害人的人格尊严加以保护。

2. 侵犯名誉权与其他人格权竞合行为

常见的有侵犯姓名权与侵犯名誉权的竞合，侵犯肖像权与侵犯名誉权的竞合。前者如行为人冒用他人姓名从事违法和违反社会公德的活动，行为人侵犯他人姓名权的行为同时侵犯公民名誉权。后者如侵权人将两名考古学家的照片当作盗墓者的照片发表在报刊上，并加以文字说明。受害人在未作出选择而要求加害人同时承担侵犯名誉权和其他权利的责任时，人民法院应确定一种对受害人最有利的请求权，据此追究加害人责任，而不

① 王利明：《人格权法研究》，中国人民大学出版社 2018 年版，第 469 ~ 472 页。

能让受害人获得双倍赔偿或加害人承担双重责任。[①]

3. 民法上的侮辱行为与刑法中侮辱罪的侮辱行为的区别

首先，两者认定标准不同。刑法中侮辱罪的行为要求公然进行。对民法的侮辱行为而言，不要求公然进行，只要行为人的侮辱行为让第三人得知，就可以认定为侮辱行为成立的基础。其次，两者损害后果的危害程度不同。侮辱行为在造成情节严重的后果时构成犯罪。情节严重包括造成受害人精神失常、自杀，造成恶劣社会影响。民法上侮辱行为的损害后果要求结合具体案情可判断受害人社会评价降低。最后，对两者的惩罚不同。刑法用刑罚对侮辱行为人进行惩罚。民法则注重弥补受害人的损失，兼顾对侮辱行为人的惩罚和教育。[②]

【相关规定】

《中华人民共和国民法典》第 999 条、第 1025 条、第 1026 条、第 1028 条、第 1029 条

第一千零二十五条　行为人为公共利益实施新闻报道、舆论监督等行为，影响他人名誉的，不承担民事责任，但是有下列情形之一的除外：

（一）捏造、歪曲事实；

（二）对他人提供的严重失实内容未尽到合理核实义务；

（三）使用侮辱性言辞等贬损他人名誉。

【条文主旨】

本条是关于新闻报道、舆论监督侵害名誉权的规定。

① 王利明：《人格权法研究》，中国人民大学出版社 2018 年版，第 500 页。

② 王利明：《人格权法研究》，中国人民大学出版社 2018 年版，第 490 ~ 492 页。

【立法要点及理由】

一、关于责任主体

在新闻报道中，责任主体主要包括：第一，媒体本身，如网络经营者、网络服务提供者、报社、出版社等；第二，媒体从业人员，包括记者、编辑、特约撰稿人、网络写手等；第三，新闻信息提供者；第四，其他利用媒体实施侵权行为的自然人。在媒介工具仅限于报刊、广播、电视的传统媒体时代，舆论监督的主体一般为新闻媒体。但是，随着媒介技术的迅猛发展，网站论坛、博客、播客、微信等新媒体形式已逐渐成为聚合民众意见、呈现公众情绪和各种思想观点激烈碰撞的主要平台和主要渠道，公民个人已成为舆论监督的重要主体力量。言论自由行为侵犯名誉权的案件通常是共同侵权案件。在网络时代，新式媒体的出现也模糊了传统媒体与公众的界限，需要加以甄别。

二、关于“等行为”

本条以概括列举的方式规定“等行为”，为其他言论自由行为留下空间。此处的“等行为”应当与本编一般规定中第999条的“等行为”外延一致。

三、关于“影响”他人名誉

影响有好有坏，但在本条中，影响他人名誉指造成民事主体名誉的损害。如何理解“影响”和适当容忍义务的关系？司法实务中，对于判断行为人是否构成侵权，一般从双方当事人的言论及其背景、是否超出必要限度、言论所针对的对象、因果关系以及损害后果等方面进行综合判断。

四、如何解释“他人”

本法规定，自然人、法人和非法人组织都享有名誉权，都可能遭受名誉权侵害。同时，也应承认名誉权受保护的程度和适用的规则因权利人身份的不同而有差别。实务界和学界通常对公众人物、政府机构、法人（营利法人）的名誉权案件加以特殊处理。

1. 公众人物

由于公众人物所从事的活动往往涉及公共利益或者受到广泛关注，社会大众对他们从事的活动享有知情权和表达的自由，新闻媒体也有权进行舆论监督，公众人物必须忍受这些表达和监督。即便公众的评论出现了令人不快、尖锐犀利的用语，但只要发言人主观上并非出于恶意而攻击、谩骂，表达内容未明显偏离事实，公众人物应当予以接纳和容忍。对公众人物的人格权利限制并非没有限度，社会评论的容忍义务应当以人格尊严为限。

2. 政府机构

新闻单位对国家机关的职权行为所作报道应坚持客观准确，拥有有限特许权，即新闻机关根据国家机关公开的文件和其他职权行为，进行客观（公正）而准确的报道，应免于承担侵权责任。

3. 法人

对法人名誉权的争议主要在于两个方面：如何认定法人名誉权受到侵害，如何认定法人名誉权侵害抗辩理由成立。法人名誉权是否受到损害，应当以法人的商品声誉、商业信誉、社会评价是否受到贬损作为判断依据，而非被侵权人的主观感受。如能够证明存在损害法人商业信誉和商品声誉的行为，并且该侵权行为为第三人所知悉，就可以推定法人名誉权受损害的客观事实存在。侵权人主张法人名誉权损害事实不存在的，应当承担举证责任。

五、新闻报道、舆论监督侵害名誉权的情形

1. 捏造、歪曲事实

真实是新闻的生命、媒体公信力的基础，也是新闻工作者的基本准则。捏造、歪曲事实是诽谤的基本形式之一，属于本法第1024条第1款规定的侵害名誉权的基本行为。在新闻报道、舆论监督等行为中捏造、歪曲事实，使虚假的信息得到传播，误导公众，显然不具有正当性。

2. 对他人提供的严重失实内容未尽到合理核实义务

若行为人对他人提供的严重失实内容未尽到合理核实义务，则构成不作为侵权。在新闻报道、舆论监督等行为中，行为人需要利用他人提供的事实信息进行报道。这是媒体侵权的典型情况。在新闻报道中，他人提供的事实通常是新闻源问题。提供不实新闻材料者，也可能与新闻发布者构成共同侵权。

3. 使用侮辱性言辞等贬损他人名誉

司法实务中，由法官运用自由裁量权，从一般社会理性人角度出发，依一般社会经验判断言辞是否具有侮辱性。一般推定侮辱性言辞会造成他人名誉的损害，即对因果关系作推定。

【适用指南】

1. 司法实践中应注意与事实轻度偏离和捏造、歪曲事实的区分

鉴于新闻的时效性、公众知情权要求的急迫性和新闻从业者有限的能力，舆论监督中的事实可能与真实情况有一定偏差。一定程度的偏差是应被允许的。严重失实才是值得法律评价的侵权行为。基于捏造、歪曲的事实作出的评论侵犯他人名誉权，是否要承担民事责任？此时要看行为人有没有履行合理核实义务。若行为人履行了合理核实义务，且评论中没有针对特定人的侮辱性言辞，则不需承担民事责任。

2. 公共利益通常是新闻报道、舆论监督侵权的抗辩事由

公众利益目的，是新闻侵权抗辩的一个重要事由，能够全面对抗新闻侵权请求权，是完全抗辩。特别是在批评性的新闻报道中，公共利益目的完全可以对抗新闻侵权请求权，免除新闻媒体的侵权责任。[①] 本条规定“为公共利益实施新闻报道、舆论监督等行为”，实践中应当注意对公共利益目的理解，即新闻报道、舆论监督须以公共利益为行为的出发点和目的。这里的“为公共利益实施”要求新闻报道、舆论监督活动本身是为公共利益而实施的，同时可以作为新闻报道、舆论监督侵权的抗辩事由。

---

① 杨立新：《论中国新闻侵权抗辩及体系与具体规则》，载《河南省政法管理干部学院学报》2008 年第 5 期。

第一千零二十六条 认定行为人是否尽到前条第二项规定的合理核实义务，应当考虑下列因素：

（一）内容来源的可信度；

（二）对明显可能引发争议的内容是否进行了必要的调查；

（三）内容的时限性；

（四）内容与公序良俗的关联性；

（五）受害人名誉受贬损的可能性；

（六）核实能力和核实成本。

【条文主旨】

本条是对新闻报道、舆论监督主体合理核实义务的规定。

【立法要点及理由】

实施新闻报道、舆论监督主体的核实义务来自民法上的谨慎人注意义务。所谓谨慎人注意义务是按照法律、法规等规范所确立的注意义务和一个合理的、谨慎的人所应当具有的注意义务，来确定行为人应当达到的行为标准，并且兼顾不同群体、不同年龄、不同职业等人群的特点。[①] 按照“谨慎人”的标准，新闻媒体对不同渠道的消息来源，应当按照其权威性和可靠性程度的高低决定直接引用、进一步审查还是避免使用。[②] 我国很早就有新闻媒体的核实义务的规定。《最高人民法院关于侵害名誉权案件有关报刊社应否列为被告和如何适用管辖问题的批复》（已失效）就规定，报刊社对要发表的稿件，应负责审查核实。发表后侵害了公民的名誉权，

① 王利明：《侵权责任法研究（上卷）》，中国人民大学出版社 2010 年版，第 347 页。

② 亓培冰、李丹：《新闻报道使用匿名消息来源是否侵权的认定》，载《人民司法》2016 第 29 期。

作者和报刊社都有责任，可将报刊社与作者列为共同被告。另外，一些规范性文件也对新闻媒体的核实义务作出了规定。例如，2005 年中共中央办公厅《关于进一步加强和改进舆论监督工作的意见》规定，对报道的内容，必须进行认真核实，做到真实、准确、可靠，不得编发互联网上的信息，不得刊播未经核实的来稿。2009 年《新闻出版总署关于采取切实措施制止虚假报道的通知》第 1 条规定："……要认真核实报道的基本事实，确保报道的新闻要素准确无误，不得编发未经核实的信息，不得刊载未经核实的来稿……"合理核实义务的目的是保障信息的真实性。新闻报道、舆论监督行为都需以真实性为基础进行表达，否则会造成充斥谎言的恶劣社会环境，并侵犯他人合法权益。尤其是对新闻报道而言，真实性是新闻的生命，合理核实义务是对新闻真实性的保障。履行了合理核实义务的媒体机构，即可推定其报道的内容达到了受法律保护的真实程度。

认定合理核实义务的具体标准如下：

1. 内容来源的可信度

内容来源可信度的认定可参考新闻出版总署 2011 年颁布的《关于严防虚假新闻报道的若干规定》。该规定第 1 条规定，新闻记者编发新闻报道必须坚持实事求是，严禁依据道听途说编写新闻；新闻记者报道新闻事实必须坚持实地采访，采用权威渠道信息，不得依据未经核实的社会传闻等非第一手材料编发新闻。该规定第 2 条规定，新闻机构要规范使用信息来源，无论是自采的还是转发的新闻报道，都必须注明新闻消息来源，真实反映获取新闻的方式。除危害国家安全、保密等特殊原因外，新闻报道须标明采访记者和采访对象的姓名、职务和单位名称，不得使用权威人士、有关人士、消息人士等概念模糊新闻消息来源；新闻机构要严格使用社会自由来稿和互联网信息制度，不得直接使用未经核实的网络信息和手机信息，不得直接采用未经核实的社会自由来稿。对于通过电话、邮件、微博客、博客等传播渠道获得的信息，如有新闻价值，新闻机构在刊播前必须派出自己的编辑记者逐一核实无误后方可使用；转载、转播新闻报道必须事先核实，确保新闻事实来源可靠、准确无误后方可转载、转播，并注明准确的首发媒体。

2. 对明显可能引发争议的内容是否进行了必要的调查

某些内容容易引起社会争议，占用社会舆论空间，宜在真实性得到更高程度的确认后进行报道。媒体报道此类内容应负担更重的合理核实义务。一是要判断哪些内容明显可能引发争议，二是要对相关内容做必要的调查。例如，根据前述规定，民意调查结果属于可能引发争议的内容。新闻机构对民意调查结果的刊播要更加谨慎。对于"明显可能引发争议的内容"，应由法官根据案件发生的具体情境认定，如热点民生事件。"必要的调查"应结合行为人的能力进行判断。

3. 内容的时限性

维护社会公益目的对内容时限性要求越强，媒体能够用于调查取证的时间就越少，相应地，合理核实义务的标准应该降低，以便充分保护民众的知情权。例如，对重大自然灾害、恐怖袭击等重大突发事件，在保持谨慎的条件下，合理核实义务可适当降低。对于发生在过去的事实，行为人有充分的时间进行调查，且公众对事件真相的期待更高，此时的合理核实义务应要求较高。

4. 内容与公序良俗的关联性

本法第 8 条要求民事主体从事民事活动不得违背公序良俗。公序良俗包括公共秩序（社会公共秩序和生活秩序）和善良风俗（社会公共道德，由全体社会成员所普遍认可、遵循的道德准则）。新闻报道、舆论监督等行为承担着维护、塑造公序良俗的功能。且第 1025 条规定"行为人为公共利益实施新闻报道、舆论监督"，这也说明与公序良俗联系密切的事实往往与公共利益也联系密切。相关事实因与公共利益相关，是故媒体可在尽合理核实义务后发布。一般而言，与公序良俗联系越密切的事实，对行为人合理核实义务的要求也越高。同时，合理核实义务的标准也不应阻碍信息的正常流通，与公共利益联系密切的事实也需要尽快进入公众视野，为了新闻的时效性，此时合理核实义务标准可相应减低。即使发布的信息事后被证伪，履行了合理核实义务的媒体也可以不负责任。

5. 受害人名誉受贬损的可能性

若事实本身以及基于该事实的评论使得受害人名誉受贬损可能性越大，则合理核实义务的标准应越高。新闻报道、舆论监督的行为人应当预见到某些信息可能导致他人名誉受损，因而负有更高的核实义务。

6. 核实能力和核实成本

合理核实义务应与核实能力相适应，让新闻报道、舆论监督得以顺利进行。不应让媒体承担过高的核实成本，否则会阻碍信息的流通，损害公众的知情权，让全社会无法获得有效的舆论监督。因此，核实成本较高，核实义务应相应降低。

【适用指南】

本条规定了六项“尽到合理核实”的认定标准，而实际上，合理核实义务不局限于本条所指第 1025 条第 2 项“对他人提供的严重失实内容未尽到合理核实义务”中对于有消息来源的新闻报道、舆论监督主体的审查核实义务。根据各国的新闻职业道德准则及新闻实践经验，新闻媒体的核实义务还包括以下几个方面内容：（1）多源核实。包括向被批评报道当事人核实。多源核实就是要尽可能地通过全方面的信息核实来达到最大程度的确信真实。（2）不歪曲改变事实，不改动和摆拍新闻图片或视频。（3）语言、文字、图片等书面核对准确。①

关于举证责任问题，笔者认为，新闻报道、舆论监督的内容来自其他消息来源的，需要对两个问题进行认定：一是是否尽到合理核实义务；二是报道内容是否真实。对于是否尽到合理核实义务的举证责任，《民法典》在几次审议稿中都有“行为人应当就其尽到合理审查义务承担举证责任”的规定，但最后审议时，该款没有出现。对于新闻报道、舆论监督侵权，就本章关于名誉权侵权举证责任和侵权责任法上的举证责任而言，都没有

① 张鸿霞：《浅析新闻侵犯名誉权案件中媒体的核实义务》，载《中国广播》2015 年第 6 期。

将新闻报道、舆论监督侵权作为特殊归责原则进行规定。鉴于该问题实践中比较复杂，争议比较大，最终没有规定。

【相关规定】

《中华人民共和国民法典》第 1025 条，《新闻出版总署关于严防虚假新闻报道的若干规定》第 1 条、第 2 条

第一千零二十七条　行为人发表的文学、艺术作品以真人真事或者特定人为描述对象，含有侮辱、诽谤内容，侵害他人名誉权的，受害人有权依法请求该行为人承担民事责任。

行为人发表的文学、艺术作品不以特定人为描述对象，仅其中的情节与该特定人的情况相似的，不承担民事责任。

【条文主旨】

本条是关于文学艺术作品侵犯名誉权的规定。

【立法要点及理由】

一、关于文学、艺术作品

文学、艺术作品通常指一切文学和艺术领域中具有独创性的智力成果。《著作权法》第 3 条规定受著作权法保护的作品包括文字作品，口述作品，音乐、戏剧、曲艺、舞蹈、杂技艺术作品等。《著作权法实施条例》第 2 条规定："著作权法所称作品，是指文学、艺术和科学领域内具有独创性并能以某种有形形式复制的智力成果。"《伯尔尼保护文学和艺术作品公约》第 2 条第 1 款规定："'文学和艺术作品'一词包括文学、科学和艺术领域内的一切成果，不论其表现形式或方式如何……"《最高人民法院

关于审理名誉权案件若干问题的解答》第9条对因文学作品引起的名誉权纠纷作了专门规定："撰写、发表文学作品，不是以生活中特定的人为描写对象，仅是作品的情节与生活中某人的情况相似，不应认定为侵害他人名誉权。描写真人真事的文学作品，对特定人进行侮辱、诽谤或者披露隐私损害其名誉的；或者虽未写明真实姓名和住址，但事实是以特定人或者特定人的特定事实为描写对象，文中有侮辱、诽谤或者披露隐私的内容，致其名誉受到损害的，应认定为侵害他人名誉权……"本条基本采纳司法解释中的规定，并将其中的"文学作品"扩大为"文学、艺术作品"，将侵权行为从"有侮辱、诽谤或披露隐私的内容"限缩为"含有侮辱、诽谤内容"。该司法解释现已被废止。

二、文学艺术作品侵犯名誉权的认定

文学艺术作品侵犯名誉权要满足名誉权侵权的一般构成要件，即行为违法、损害后果、因果关系和过错。其中，最难判断的是行为违法和过错。

依本条规定，文学艺术作品侵犯名誉权行为的违法性体现在文学艺术作品塑造的人物形象以真人真事或者特定人为描述对象，并有侮辱、诽谤的内容。有观点认为，文学艺术作品内容的违法性体现在作者创作作品时以损害他人名誉为目的。[①] 这一观点关注侵权人的过错，但有以主观目的归责之嫌。

1. 判断文学艺术作品人物排他性的方法[②]

判断文学艺术作品是否指向特定人即判断文学艺术作品排他性的问题。以文学作品为例，对于非以真人真事为描写对象的作品，判断人物排他性要有一定的方法：

(1) 用了现实人物的真实姓名，或者对真实姓名作了一些艺术上的处理，但仍以该人物的真实经历来描写的。这种文学作品多数是以历史的真

---

① 张红：《文学作品中的名誉权侵权责任》，载《中南民族大学学报（人文社会科学版）》2012年第6期。

② 张瑞：《小说侵害名誉权的界定》，载《中国审判》2010年第8期。

实事件作为文学作品的主体事件或主要线索，使用真实人物进行创作，只是在创作过程中以虚构的情节、细节造成了真实人物的名誉损害，过失地侵害了他人的名誉权。对此，应当认定文学作品中的人物具有排他性，确与现实中的原告具有一致性。

（2）不用真实姓名，地点也是虚构的文学作品，确定文学作品中的人物确指原告，必须具备三个条件：一是文学作品人物与现实人物的基本特征必须相同。基本特征，就是能够将一人与他人区别开来的主要标志，如职业、经历、外貌等特征。二是文学作品人物与现实人物所处的特定环境必须相同，即生活、工作环境以及人物之间的关系应当相一致。三是熟悉现实人物的人读后公认文学作品人物是指现实人物。

（3）在历史文学作品中影射现实人物，确定其排他性，在采用以上条件进行分析时，必须紧密结合作者的侵权故意来认定。作者没有侵权的故意，只有过失，不能认定其侵害名誉权。对此，在司法实践中，必须慎重对待。

（4）使用素材不当。作者采用数人的经历、事件创作成一个人物，但其中某一个人的特定事件足以与其他人区别开来，并且进行侮辱、诽谤的，也应认定文学作品的人物具有排他性。

2. 含有侮辱、诽谤内容

在文学、艺术作品中侮辱，是指作品运用自身表现手法谴责特定人物的某种缺陷和对特定人物使用一般性的侮辱性言辞。它包括对某种缺陷的暴露、谴责以及一般性的侮辱语言。在文学、艺术作品中诽谤，指的是作品在描写和叙述中虚假地把某些事实归罪于特定人物的詈骂。这就是编造足以丑化人格的事实对他人进行人格攻击。

3. 行为人过错

作者的主观恶意主要是指作者创作文学作品并非简单地用以抒情言志、针砭时弊，而是另有所图，即有侮辱诽谤或揭露他人隐私的过错。[①]

---

① 张红：《文学作品中的名誉权侵权责任》，载《中南民族大学学报（人文社会科学版）》2012 年版第 6 期。

过错可以是故意，也可以是过失。故意是指行为人明知作品含有侮辱、诽谤等非法损害特定人名誉的内容而仍然为之。过失是指行为人因过于自信或疏忽大意，在作品中对特定人进行了侮辱和诽谤。文学、艺术作品过失侵权通常是因行为人对作品素材处理不当引发的，因而对过失作品侵权的处理应结合损害事实进行分析。在确定被告的行为是否指向特定人时，应当考虑到行为人是否具有恶意。[①] 恶意指行为人损害他人名誉的故意。

4. 作品需公开发表

文学作品的公开发表也是认定构成侵权与否的重要标志。如果作者只是创作了文学作品，但没有对外公开发表，不为他人所知悉，就不构成对他人名誉权的侵害。文学作品侵害他人名誉权应向不特定第三人公开。他人未经作者同意擅自将其创作的文学作品公开传播，造成侵害他人名誉权的，应当由行为人承担侵权责任。

三、免责事由

本条第2款规定了文学艺术作品侵权的免责事由。文学艺术作品没有以特定人为描述对象，仅作品中部分情节与特定人的情况相似的，不能认定作品对特定人构成侵权。

一般而言，当作品没有描述特定人时，特定人的名誉自然不可能受作品的影响。但“艺术源于生活而高于生活”，行为人基于现实生活创作出的情节可能与现实生活中特定人的经历相似。此时，行为人没有损害相关人名誉的恶意，主观上不存在过错，不应承担侵权责任。

【适用指南】

1. 关于文艺创作中的真实性要求

以历史人物为原型进行文艺创作应如何把握真实性要求以及法院在审理案件中应如何审查判断，是近年来影视剧作品侵权案件中比较重要的问

① 王利明：《人格权法研究》，中国人民大学出版社2018年版，第502页。

题。对于历史人物的艺术塑造应允许在一定范围内进行虚构与夸张。要求艺术化了的历史人物等同于历史真实人物并不客观。同时，历史公众人物名誉的保护范围并不同于普通人，而应受到一定的限制。历史人物的后代对此应持有一定的容忍态度，不应以自己对已被艺术化了的历史人物的内心感受作为衡量历史人物本人的名誉是否受到了侵害的标准。人民法院应当分清故事片的真实性和史实的真实性。故事片的真实性，是艺术的真实，追求的是表现的巧妙、故事的可信性，用史实去评判艺术的真实，无疑违背艺术创作自身的规律。[①] 法官应当谨慎判断，避免干涉文艺创作的自由。

2. 关于文学艺术作品中侵害名誉权的特定性要求

侵害名誉的行为必须指向特定人。对于一般人而言，对他人名誉的贬损行为无法确定指向的具体对象，只是泛泛而谈，是无法认定侵害名誉权行为的。但实践中，当事人认为行为人虽未指名道姓，但却含沙射影地指向了当事人，是否构成侵害他人名誉权？艺术创作中的人物不是生活中某一特定人物的简单再现，而是经过了作者的加工和处理。在艺术作品中含沙射影，同时又用侮辱性、诽谤性的方式进行创作，让人联想到现实中的人物的，有观点认为，只要文学作品没有使用真实姓名的，就不会对特定人构成侵害名誉权；也有观点认为，第三人能够通过作品中就人物的语言、行为、事迹、个人信息等多方面的描述，判断指向现实生活中的特定人的，即便艺术、文学作品中没有指名道姓，仍应当认定指向特定人，同时符合构成侵害名誉权其他条件的，应当认定构成侵害名誉权。

第一千零二十八条　民事主体有证据证明报刊、网络等媒体报道的内容失实，侵害其名誉权的，有权请求该媒体及时采取更正或者删除等必要措施。

---

① 亓培冰：《以民间历史人物为原型的文艺创作自由与名誉权法益之保护》，载《人民司法》2008 年第 6 期。

【条文主旨】

本条是民事主体对媒体报道失实更正权的规定。

【立法要点及理由】

失实报道侵犯他人名誉权的，受害人有权请求采取必要措施。这里所言的必要措施包括更正和删除。“失实报道”是指那些“事实”不真实并侵犯他人名誉的报道；而主要事实准确，仅仅存在个别用词不当的，不应认为是失实报道。

“失实报道”作为法律概念虽然没有规定在《民法通则》中，但最高人民法院在过去的司法解释中早已提及。最高人民法院发布的《关于审理名誉权案件若干问题的解答》在第8条中提及“因撰写、发表批评文章引起的名誉权纠纷”，并将文章报道按“问题基本真实”和“基本内容失实”加以区分。1998年，最高人民法院又颁布了《关于审理名誉权案件若干问题的解释》，其中第6条在阐述“新闻单位报道国家机关的公开的文书和职权行为引起的名誉权纠纷”时，也将报道区分为“客观准确”与“失实”，并作出不同的侵权认定。第9条还明确“新闻单位对生产者、经营者、销售者的产品质量或者服务质量进行批评、评论，内容基本属实，没有侮辱内容的，不应当认定为侵害其名誉权；主要内容失实，损害其名誉的，应当认定为侵害名誉权”。报道失实的侵权也不仅仅被圈定在新闻单位媒体，报道主体已经扩大到新闻业以外的单位和自媒体主体。网络媒体的评价性报道失实给被报道人带来商誉贬损的，受害人亦享有请求更正权、删除权。

【适用指南】

1. 受害人请求媒体更正或者删除报道的条件

一是媒体报道的内容失实；二是失实报道侵害其名誉权；三是受害人

已经请求媒体更正或者删除报道但媒体未及时采取措施。满足以上三个条件，受害人可以请求法院责令媒体限期履行。

2. 内容失实的认定

内容失实可以分为两种类型，即主要事实要素失实和细节事实要素失实。“主要事实”或者“主要内容”是对报道材料起着主要的、根本的、决定性作用的要素，构成了报道材料的基本事实、具体行为等方面的内容。“细节事实要素”可解释为非主要事实或者不占据主导的要素。报道媒体常以仅细节失真而主要事实真实作为报道属实的抗辩理由。笔者认为，判断报道内容是否失实，并非考察内容是主体抑或细节，而是失实要素与社会评价所产生的实质关联。虚假的细节表述，也可能促成错误的评价，致使相对人名誉受损。

第一千零二十九条　民事主体可以依法查询自己的信用评价；发现信用评价不当的，有权提出异议并请求采取更正、删除等必要措施。信用评价人应当及时核查，经核查属实的，应当及时采取必要措施。

【条文主旨】

本条是对信用评价不当的救济措施的规定。

【立法要点及理由】

一、信用和信用保护

信用是指诚信、信赖以及信任。中国人民银行征信中心对信用的定义是“信用：指在交易的一方承诺未来偿还的前提下，另一方为其提供商品或服务的行为，是随着商品流转与货币流转相分离，商品运动与货币运动产生时空分离而产生的。信用既是社会经济主体的一种理性行为，也是一种能力体现”[①]。王利明教授认为，信用是对民事主体的经济能力包括经济状况、生产能力、产品质量、债务履行能力等方面的评价。[②]

英美等普通法传统国家或地区则是通过颁布单行法律对信用权进行保护。英国、美国没有明确的信用权概念，它们通过对信用信息征信过程中隐私权的保护，来保护权利主体的“信用权”。一般认为，国内首先对信用权规范的是1993年的《反不正当竞争法》。该法第14条规定：“经营者不得捏造、散布虚伪事实，损害竞争对手的商业信誉、商品声誉。”

在我国《民法典》起草过程中，很多学者呼吁要效仿大陆法系的很多国家，在《民法典》中专门规定信用权对信用进行保护。我国最终选择将信用纳入名誉权进行一体保护。一是在我国《民法通则》《民法总则》《侵权责任法》已经明确将名誉法益纳入保护范围的情况下，似已没有必要再创设一项信用法益或信用权。二是在我国司法实践中也一般将信用权归于名誉权。

二、信用评价

信用评价是由专业机构，根据“客观、公正、科学”原则，以相关指标体系及评估方法为考量基础对各类市场的参与者经济承诺的能力及可信任程度进行综合评价的活动。我国采用政府主导与市场结合的信用评价体系。

本条所指“信用评价人”一般为依法设立，主要经营信用评价业务的机构。国务院2013年颁布的《征信业管理条例》第5条规定：“本条例所称征信机构，是指依法设立，主要经营征信业务的机构。”目前最主要的信用评价机构为人民银行征信中心。《征信业管理条例》将央行的征信系统定位为国家的“金融信用信息基础数据库”。市场化的信用评价机构目前仍在发展之中。2015年1月中国人民银行印发《关于做好个人征信业务

---

① 中国人民银行征信中心：《征信的基本知识中对信用的解释》，来源网址：http：//www. pbccrc. org. cn/zxzx/zxzs/201401/a01d28731de24b1192402cd7889e11a3. shtml，最后访问日期：2020年5月4日。

② 王利明：《试论人格权的新发展》，载《法商研究》2006年第5期。

准备工作的通知》，授权芝麻信用、腾讯征信等8家机构开始个人征信业务准备工作，后该8家机构共同发起组建了百行征信，为我国目前唯一一家获准进行个人征信业务的市场化公司。

三、信用评价不当

信用评价以信用方程式予以表达并揭示出信用与主体的品格、能力、资本有关，即良好的信用=品格+能力+资本；欺诈的信用=能力-品格-资本。[①] 本条规定的“信用评价”的具体方式，仍有待相关法律法规进一步完善细化。信用评价不当有两种可能：一种是信用评价依据的基础信息有误，导致信用评价不当；另外一种是信用评价依据的基础信息是真实的，但评价机构的算法模型有错误导致信用评价不当。“发现信用评价不当”仅指基础信息有误，是否还包括不同算法模型导致的评价结果差异？《征信业管理条例》第25条第1款规定，信息主体认为征信机构采集、保存、提供的信息存在错误、遗漏的，有权向征信机构或者信息提供者提出异议，要求更正。可见《征信业管理条例》主要体现在信用信息错误的纠正上。《个人信用信息基础数据库管理暂行办法》第16条第1款规定，个人认为本人信用报告中的信用信息存在错误时，可以通过所在地中国人民银行征信管理部门或者直接向征信服务中心提出书面异议申请。针对信息处理过程中存在的错误，前述暂行办法第17条第2款规定，征信服务中心发现异议信息是由于个人信用数据库信息处理过程造成的，应当立即进行更正，并检查个人信用数据库处理程序和操作规程存在的问题。商业银行报送的信息有误的，根据前述暂行办法第19条规定，商业银行应当在接到核查通知的10个工作日内向征信服务中心作出核查情况的书面答复。对于异议信息确实有误的，商业银行应当向征信服务中心报送更正信息。前述暂行办法对因商业银行报送的信息有误和因数据库处理导致的信息有误都规定了相应更正程序，司法实践中可以借鉴。

---

① 刘乐平主编：《信用评级原理》，中国金融出版社2012年版，第72、73、151页。

为了维护权利人的权利，本条赋予了权利人对信用评价的异议权、更正权和删除权，并赋予了评价机构核查更正的义务。异议权，即民事主体发现信用评价不当的，有提出异议的权利。更正权、删除权，即针对不当的信用评价，权利人有权要求对这些评价进行更正、删除。

【适用指南】

虽然《民法典》第1024条第2款已将“信用”纳入名誉权进行保护，但在审判实践中，就相关的侵权行为损害事实、因果关系与主观过错等基本的司法问题，法律都没有明确规定。原则性地规定信用评价不当的民事责任具体问题，主要考虑：一是我国信用市场还处于发展的初级阶段，覆盖全社会的征信系统尚未完全形成，尚未建立完善的社会信用体系，原则性的规定更有利于鼓励征信行业的培育和发展。二是实践中信用评价不当的司法案例很少见。但对于信用评估、信用信息的民事责任处理原则，《民法典》第1030条进行了指引性规定。该条规定：“民事主体与征信机构等信用信息处理者之间的关系，适用本编有关个人信息保护的规定和其他法律、行政法规的有关规定。”信用评价更多地体现的是对民事主体的评价，但对民事主体与征信机构、信用信息处理者之间的关系，更宜适用个人信息保护规定。同时，国务院发布的《征信业管理条例》、中国人民银行发布的《征信机构管理办法》等行政法规、部门规章有规定的，也应当适用。

【相关规定】

《征信业管理条例》第5条、第25条，《中华人民共和国民法典》第1030条

第一千零三十条　民事主体与征信机构等信用信息处理者之间的关系，适用本编有关个人信息保护的规定和其他法律、行政法规的有关规定。

【条文主旨】

本条是关于信用信息法律保护的规定。

【立法要点及理由】

信用评价是对他人经济上偿付能力和偿付意愿的评价。信用信息是指与他人信用相关的客观信息。信用权所要保护的对象是民事主体的信用评价，而民事主体的信用信息是个人信息权所要保护的对象之一。《民法典》第1029条和第1030条就信用问题作出了规定，对信用评价和信用信息进行区分，将信用评价纳入名誉权保护之中，将信用信息纳入个人信息保护的范畴。因此，本条规定："民事主体与征信机构等信用信息处理者之间的关系，适用本编有关个人信息保护的规定和其他法律、行政法规的有关规定。"

关于信用信息的保护对象，本条规定沿用名誉权享有主体的一贯表述——"民事主体"，应当包括自然人、法人和非法人组织。但对于法人和非法人组织的"信用信息"，也就是企业信用信息，实践中能否成为本条规定的保护对象，以及如何实现企业信用信息的民法保护，仍然存在实践中需要对接的条款。法人和非法人组织对信用信息的享有权、知情同意权、查询权、利用权、更正删除权等，不能和自然人一样，完全按照本法第六章个人信息保护的相关规定进行适用。信用信息，特别是企业信用信息，也是政府管理机制重要内容，法人、非法人组织的信用信息是政府机构信息资源管理以及数据库建设的主要对象。因此，本条规定，不仅适用个人信息保护的规定，还要适用其他法律、行政法规的有关规定。

本编有关个人信息保护的规定，主要包含以下内容：

1. 关于采集信用信息是否以被征信人的同意为前提

在美国和英国，收集现有借款人或潜在借款人信息，无须本人的书面认可。

2. 关于保护个人信用信息的准确性

本编第 1037 条赋予了信息权利人知情权、异议权和要求更改权。该条规定：“自然人可以依法向信息处理者查阅或者复制其个人信息；发现信息有错误的，有权提出异议并请求及时采取更正等必要措施。自然人发现信息处理者违反法律、行政法规的规定或者双方的约定处理其个人信息的，有权请求信息处理者及时删除。”知情权是指权利人在一定的前提下查询本人信用信息的权利。异议权是指权利人对自己信用信息中不真实的信息，有提出不同意见的权利。更改权是指权利人对自己信用信息中不真实的部分，有要求修改的权利。

3. 关于个人信用信息安全的保护

本编第 1038 条规定：“信息处理者不得泄露或者篡改其收集、存储的个人信息；未经自然人同意，不得向他人非法提供其个人信息，但是经过加工无法识别特定个人且不能复原的除外。信息处理者应当采取技术措施和其他必要措施，确保其收集、存储的个人信息安全，防止信息泄露、篡改、丢失；发生或者可能发生个人信息泄露、篡改、丢失的，应当及时采取补救措施，按照规定告知自然人并向有关主管部门报告。”第 1039 条规定：“国家机关、承担行政职能的法定机构及其工作人员对于履行职责过程中知悉的自然人的隐私和个人信息，应当予以保密，不得泄露或者向他人非法提供。”安全管理对权利人权益保障至关重要，无论是信息提供者还是征信机构等信用信息的收集者、控制者，对信息的采集、存储和报送都要采取严密的保护措施，防止个人信息被窃取、篡改、毁损、灭失或泄露。

【适用指南】

在本法规定信用权益保护之前，由于我国法律对个人信用信息并没有明确作为一项独立的民事权利给予特殊保护，因此在司法实践中，对于个人信用信息民事权益的保护主要通过名誉权、姓名权或者合同给予救济。法院在处理侵害信用利益有关纠纷时大致有以下 3 种模式可供选择：

一是名誉权保护模式。此种方案下法院的裁判亦存在分歧：一种观点认为，侵害信用即是侵害名誉，对二者不予区分。理由在于，中国人民银行的征信系统相对封闭，只有特定主体因法定事由才能对该系统内的有关记录进行查询，且这些记录并未在不特定对象中进行传播，也并未造成受害人的社会评价降低的不利后果，故不能认定构成名誉权侵权。① 基于同样的案情，另外一种观点认为，征信系统的封闭性为相对封闭性，在银行信用市场上，信用评级公开且为交易时不特定的第三方所知，而信用利益有其独立价值，因此加害人的行为构成侵权，故须通过名誉权对其进行保护。

二是姓名权保护模式。这类保护一般发生于“冒名骗贷型”的案例中。此类案件通常存在的问题是：法院一般能支持原告的诉讼请求，然而在是否应承担损害赔偿责任这一问题上裁判者之间存在分歧。有的法院判决被告消除不良信用记录，向原告赔礼道歉，但驳回了原告损害赔偿之请求；也有的法院判决被告赔偿原告的经济损失和精神损失。另外一个问题就是商业银行是否因疏于审查作为共同侵权人与冒名骗贷人一起共同承担责任，各地法院的认定也有差别。

三是一般人格权保护模式。法院以一般人格权为信用利益纠纷裁判依

① 参见四川省乐山市中级人民法院（2016）川 11 民终字第 727 号民事判决书；山东省肥城市人民法院（2017）鲁 1983 民初 2560 号民事判决书等。

据的基本思路是，信用利益属于与名誉权有别的人格利益，且在我国原有的民事权利体系中无此规定，故须通过权利保护的兜底性条款进行保护。[①]

【相关规定】

《中华人民共和国民法典》第 1029 条、第 1036 条、第 1038 条

第一千零三十一条　民事主体享有荣誉权。任何组织或者个人不得非法剥夺他人的荣誉称号，不得诋毁、贬损他人的荣誉。

获得的荣誉称号应当记载而没有记载的，民事主体可以请求记载；获得的荣誉称号记载错误的，民事主体可以请求更正。

【条文主旨】

本条是关于民事主体享有荣誉权及民事主体有权请求记载和更正荣誉称号的规定。

【立法要点及理由】

荣誉权是民事主体享有的荣誉称号的权利，自然人、法人、非法人组织有权依法获得并享有荣誉称号，这种荣誉称号受到法律保护。《民法典》将荣誉权作为一种独立的人格权[②]与名誉权并列规定，与《民法通则》第

---

① 刘欢：《法教义学视角下信用利益之损害赔偿责任研究》，载《南华大学学报（社会科学版）》2019 年第 2 期。

② 关于荣誉权是否为一种独立的民事权利，我国学界存在较大认识分歧，有人格权说、身份权说、非独立权利说等不同见解。人格权说认为，荣誉权与人的尊严密切相关，属于尊严型精神人格权。身份权说认为，荣誉不是社会给予每个自然人或法人的评价，而是授予成绩卓著、有特殊贡献的自然人或法人的，因而不是人格权而是身份权。非独立权利说认为，荣誉权不应成为一种独立的人格权，对其法律保护借助名誉权就能实现，对域外法比较研究的结果显示，大多数国家或者地区的民法典均不将荣誉权列为独立于名誉权的民事权利。

102 条、《民法总则》第 110 条第 1 款一脉相承。理解本条应当主要从以下方面加以把握：

1. 荣誉权的基本含义

《民法典》将荣誉权放在人格权编，显然认可其人格权的属性，同时，人格权也具有身份权的相关特征。为此，从性质上看，荣誉权应当属于人身权中的人格权。其具有如下特征：一是它具有严格的人身属性，与权利主体不可分离。它不可转让，也不受非法剥夺；二是它没有财产的内容，即该权利并非财产权本身，但它却可能是公民或法人获取财富和从事民事活动的前提基础，因而成为民法的保护对象；三是它具有绝对权的特点，其他不特定的任何人均负有不妨碍和不侵犯的义务，权利主体凭自己的行为就可以享有和实现自己的权利，而无须借助他人的积极协助；四是它具有平等性的特点，任何人都可以获得荣誉称号并受到法律的保护。[①] 总之，荣誉权属于人格权的一种类型，具有人格权的一般特征，但在内容上又与其他类型的人格权有显著的区别。

2. 荣誉权和名誉权的区别

荣誉权和名誉权同属于人格权，《民法典》以专章的形式对荣誉权和名誉权予以规定，这源自两者的诸多相似之处。名誉或荣誉有着相近的法律内涵，通常都是指民事主体获得的他人评价。不同之处仅在于前者是指一般民事主体获得的社会评价，后者是指特定民事主体因特定行为被特定组织授予的积极的正式评价。正是基于荣誉和名誉的上述不同，《民法典》才将荣誉权作为区别于名誉权的、独立的民事权利规定在人格权编中。事实上，从立法的角度看，《民法通则》《侵权责任法》《妇女权益保障法》《国家赔偿法》等多部法律均对荣誉权作出了规定，直接或间接肯定了荣誉权作为独立人格权的属性。例如，2009 年通过的《侵权责任法》第 2 条第 2 款规定："本法所称民事权益，包括生命权、健康权、姓名权、名誉权、荣誉权、肖像权、隐私权、婚姻自主权、监护权、

---

① 司马静：《论荣誉权》，载《现代法学》1992 年第 2 期。

所有权、用益物权、担保物权、著作权、专利权、商标专用权、发现权、股权、继承权等人身、财产权益。”该规定虽未直接明确荣誉权的性质，但因荣誉权被规定于名誉权与肖像权两项人格权之间，显然也是沿袭了《民法通则》的立法理念，将荣誉权界定为区别于名誉权的、独立的人格权。

3.《民法典》对荣誉权侵权形态的规定

根据《民法典》第1031条第1款和第2款规定的内容，荣誉权的内容主要包括以下两个方面：一是实体方面，权利人享有保持自己的荣誉称号不受非法剥夺以及保持自己的荣誉不受诋毁和贬损的权利；二是程序方面，权利人对于自己的荣誉享有要求记载以及在记载错误时要求更正的权利。相较于《民法通则》第102条、第120条的内容，权利人得以要求记载和更正荣誉称号的权利，属于本次《民法典》明确赋予荣誉权的权利内容。当然，由于荣誉颁发主体和荣誉内容多种多样，如广为人知的事迹与竞赛证书等形态，实践中针对荣誉权的侵权形态表现远较上述荣誉权规范内容更为复杂。不仅如此，荣誉权内容本身存在的逻辑上的不完整也增加了荣誉权纠纷的处理难度，如上述规范设计仅规定了消极的不受非法剥夺、不受诋毁和贬损的权利，但并未规定积极的获得荣誉的权利；仅规定了精神利益的侵害，却并未规定与此精神利益紧密联系的经济利益的保护，而实际上这些规范中所未包含的内容在司法实践中均有体现。通过对司法实践中有关荣誉权纠纷的考察，涉及荣誉权纠纷的侵权形态大致可分为以下四个方面的类型：一是侵犯荣誉权取得的行为；二是非法剥夺他人荣誉的行为；三是严重诋毁、贬损他人所获得荣誉，以及严重侵害荣誉精神利益的行为等；四是侵犯荣誉称号记载与更正权。《民法典》第1031条第2款规定，“获得的荣誉称号应当记载而没有记载的，民事主体可以请求记载；获得的荣誉称号记载错误的，民事主体可以请求更正”。从字面意思就很好理解本条款的内容：如果民事主体的荣誉称号应当被记载在册而没有记载的，民事主体有权要求相关机关或组织对其获得的荣誉称号进行记载；如果民事主体发现自己的荣誉称号被记载的信息出现错误的，民事主体也有权要求相关机关或组织进行更正。[①]

【适用指南】

荣誉权是自然人、法人和非法人组织，依法享有的参与荣誉授予，获得、接受和保持其享有的荣誉称号，并不受他人非法侵害和剥夺的权利。随着社会主义法治建设的不断发展，广大人民群众的法律意识普遍提高，民事主体对合法权益的保护更加重视。从司法实践来看，荣誉权被侵犯而提起诉讼的案件已经不在少数，而《民法通则》第102条对荣誉权规定得相对简单，导致民事主体荣誉权在受到侵害时，难以依法得到充分、全面的救济。为此，对荣誉权的保护还有待于《民法典》实施后通过法律适用及制定司法解释等方式进一步完善。

关于对民事主体荣誉权被侵害后的救济方式，可以结合上文关于《民法典》对荣誉权侵权形态的相关内容进一步阐释。第一，对民事主体应当获得荣誉称号而遭受侵权没有获得的，或已经获得荣誉称号而被非法剥夺的，一经人民法院判决纠正，就应当认为被侵权方享有该荣誉称号。第二，如前文所述，由于荣誉权与名誉权密切相关，对荣誉权的侵害将会直接导致民事主体名誉的毁损。为此，根据本法第995条的规定，民事主体还可以请求恢复名誉。第三，对民事主体物质损害的赔偿，应当判令侵权方支付或退还。民事主体获得荣誉称号应得的奖金以及其他相关物质损失，如因提起诉讼造成权利人经济损失的，也应当包括在内。第四，对民事主体精神损害的救济也是一个十分重要的方面，除要求侵权人对权利人恢复名誉、消除影响、赔礼道歉外，还可以要求侵权人承担精神损害赔偿。这种精神损害赔偿是对受害方精神上受到的痛苦、损害，以物质赔偿的形式给予心理上的抚慰，是对侵权方不道德行为的谴责和对受害方的有

---

① 该类案件较为罕见，从裁判文书网检索情况看，仅发现一例典型案件。此类侵权行为的重点往往与登记错误的后果相关，进而产生纠纷。参见姚辉、叶翔：《荣誉权的前世今生及其未来——兼评民法典各分编（草案）中的相关规定》，载《浙江社会科学》2020年第3期。

力支持。人民法院应当根据侵权人的过错程度，侵权手段、场合、行为方式等具体情节，如侵权造成的损害后果、侵权人的获利情况、侵权人承担责任的经济能力、受理法院所在地平均生活水平等因素，确定精神损害赔偿数额。值得注意的是，能够请求精神损害赔偿救济的民事主体仅限于自然人，侵害法人、非法人组织荣誉权不存在精神损害赔偿的救济方式。

第六章 隐私权和个人信息保护

第一千零三十二条 自然人享有隐私权。任何组织或者个人不得以刺探、侵扰、泄露、公开等方式侵害他人的隐私权。

隐私是自然人的私人生活安宁和不愿为他人知晓的私密空间、私密活动、私密信息。

【条文主旨】

本条第1款规定了自然人享有隐私权，任何组织或者个人不得侵害他人隐私权。第2款则规定了隐私权的保护客体——隐私的基本内涵。

【立法要点及理由】

一、条文修订过程

本条在人格权编三审稿的基础上，进一步明确了隐私的定义。前两次审议稿将隐私定义为“具有私密性的私人空间、私人活动和私人信息”；本条将隐私定义为“不愿为他人知晓的私密空间、私密活动和私密信息等”，进一步界定了“私密”的要求，同时将“私人生活安宁”纳入“隐私”的范畴。

二、隐私权在我国的历史

我国民事立法对隐私权的保护经历了从无到有、从有到不断加强的过程。1982年《民事诉讼法（试行)》及后来的很多法律都提到了对隐私的保护。1986 年的《民法通则》对隐私保护没有任何涉及。1988 年《民通意见》第 140 条首次提及了“隐私”，这一法律概念的提出，为我国隐私权保护法律制度的创设和发展提供了相应的基础。该条规定，以书面、口头等形式宣扬他人的隐私，损害他人名誉，造成一定影响的，应认定为侵害公民名誉权的行为，类推适用名誉权保护的法律规定。此后的司法解释将侵犯隐私作为侵犯名誉权来对待，如 1993 年《最高人民法院关于审理名誉权案件的若干问题的解答》第 7 条、第 9 条。2001 年《精神损害赔偿解释》则进一步将隐私权保护规定为隐私利益的保护，对隐私权的司法保护有了新的进展。《侵权责任法》第 2 条第一次在民事基本法中采用了隐私权的概念，明确将隐私权和名誉权相脱离，这不仅从民事基本法的角度承认了隐私权是一项基本民事权利，而且将隐私权纳入侵权法的保护范围。这一规定不仅弥补了《民法通则》的不足，也进一步完善了我国的人格权体系。2017 年开始实施的《民法总则》第 110 条也明确了隐私权是自然人享有的民事权利。

《民法典》将人格权单独设为一编，并将隐私权和个人信息单独作为一章进行规定，一方面明确了隐私权是一项具体人格权，另一方面也回应了隐私权应当规定在侵权责任编还是人格权编的问题。

隐私权所保护的客体范围包括：私人生活安宁、私密空间、私密活动、私密信息。

1. 私人生活安宁

私人生活安宁是指自然人的生活安定和宁静的权利，自然人有权排斥他人对其正常生活的骚扰。人既具有自然性，又具有社会性，人在社会中生活，既需要与他人交往，同时也需要独处，保持私生活的安宁。所以，隐私权也常常被认为是独处的权利，即个人为了自由发展其人格所必需的安宁与平静的权利。例如，非法跟踪、窥探、在他人的信箱中塞满各种垃圾邮件、电话骚扰等，都构成对私人生活安宁的侵害。

2. 私密空间

私密空间是指凡是私人支配的空间场所，无论是有形的，还是虚拟的，都属于个人隐私的范畴。在传统的法律中，住宅是个人的“城堡”，是个人所享有的隐私的重要组成部分。在现代社会，私人住宅无论是个人自有的房屋，还是通过租用、借用等方式占有的房屋，都属于个人支配的财产范围，对该财产的空间支配，形成个人的隐私，侵入他人的住宅，就侵害了他人支配的空间，从而侵害了他人的隐私。

3. 私密活动

私密活动是一切个人的、与公共利益无关的活动，其性质也被称为“自治型隐私权”。私人活动包括日常生活、社会交往、性生活，等等。[①] 若权利人不愿让个人活动为他人所知晓，他人不应拍摄、录制、公开、窥视、窃听他人的私人活动。私人活动的隐私与私人空间的隐私也存在着密切的联系。例如，在他人卧室或者厕所安装摄像头的行为即属于非法侵入他人空间，所拍摄的内容也侵害了他人私人活动所包含的隐私。

4. 私密信息

私密信息包含的范围非常广泛，任何私人不愿意公开的信息都可构成私人的秘密信息。只要这种隐匿不违反法律和社会公共道德，都构成受法律保护的隐私。

王利明教授认为，在现代民法中，隐私权的客体具有如下几个重要的特征：一是广泛性。凡是与权利人的私生活相关的，权利人不愿对社会公共领域公开的，这种免于受到外界干扰的利益都应当受到隐私权的保护。二是复杂性和多元性。隐私权的客体是许多具体利益类型的集合。例如，隐私权客体的范围包括私密信息、私人生活安宁、私密住宅和私密活动不受侵扰，以及个人资料保护和网络隐私权的问题。三是变动性。隐私权的客体不能局限于一个固定的、封闭的利益范围，随着社会发展和科技进步，隐私权的客体范围将不断扩张和变化。例如，在过去，个人资料的保护并不突出，现在则是隐私权的重要内容，此外，生命信息等也将成为隐私权的重要组成部分。四是合理期待性。隐私权的客体本身所包含的范

---

① 王毅纯：《论隐私权保护范围的界定》，载《苏州大学学报（法学版）》2016 年第 2 期。

围，应根据社会一般人所期待的观念来确定。关于私密空间，“其既包括精神层面，也包括物理层面。但是，原则上应当按照社会习惯或风俗和惯例加以确定”。所以，对侵害隐私权的判断，也应根据一个合理人的标准进行判断。①

【适用指南】

本条第1款规定：“自然人享有隐私权。任何组织或者个人不得以刺探、侵扰、泄露、公开等方式侵害他人的隐私权。”该款强调了隐私权的两种性质。其一，主体的特定性。隐私权只能由自然人享有，而不能由法人及其他组织享有。隐私源于自然人的精神活动，保护隐私是为了体现对个人的尊重以及对人格尊严的维护。而法人的商业秘密和经营秘密属于财产利益，不属于人格权的范畴。其二，隐私权具有对世性。隐私权属于绝对权，除权利人外的一切主体都负有不得侵害权利人隐私权的义务，任何人不得通过刺探、侵扰、泄露、公开等方式侵扰他人隐私。若发生侵害隐私权的行为，权利人可以向法院请求行为人承担相应的侵权责任。比如，就私密活动而言，任何人不得非法干涉、监视、跟踪、骚扰。监听、监视私人活动，擅自干涉私人从事某种活动或不从事某种活动，监视私人与他人的交往，监视、窃听他人的性生活，进行私人跟踪等，都构成对隐私权的侵害。就私人空间而言，卧室、居室、抽屉、手包，尤其是女士的手包，为绝对隐私。侵入这些私人空间，构成对具体空间的侵害。

对隐私权的保护，需要与相应的侵权责任承担方式相衔接，实施了本条第1款规定的刺探、侵扰、泄露等行为侵害他人隐私，侵害自然人个人或家庭生活安宁的，在责任方式上表现为停止侵害、赔礼道歉、赔偿损失。

隐私权的行使或者保护受到一定的限制。对隐私权进行限制是维护国

---

① 王利明：《人格权法研究》，中国人民大学出版社2004年版，第589页。

家安全和国家利益的需要。国家机关为了预防和调查犯罪，可以依法采取监听、监视等手段，对公民的隐私权予以限制。此外，为维护公共利益，需要对个人的隐私权进行限制。例如，为了做好选举工作，需要对被选举人的个人情况进行披露；为了加强对官员的监督和对腐败的预防，要求官员主动申报个人财产状况。但上述情况并不意味着一切公众人物的隐私都不受到保护，当公众人物的私人生活与公共利益相关之时，才能在未经同意的情况下进行披露。同时，为了防止对公民的隐私权进行过度限制，必须强调对公民隐私权的限制由法律明确规定，不论是“政府机构行使职权”“紧急状态下的限制”，还是“为了他人利益的限制”，都要遵循法律的有关规定以及比例原则。换言之，对个人隐私权的限制必须遵循法律依据，并与实际的社会需要相吻合、程度相当。[①]

第一千零三十三条 **除法律另有规定或者权利人明确同意外，任何组织或者个人不得实施下列行为：**

（一）以电话、短信、即时通讯工具、电子邮件、传单等方式侵扰他人的私人生活安宁；

（二）进入、拍摄、窥视他人的住宅、宾馆房间等私密空间；

（三）拍摄、窥视、窃听、公开他人的私密活动；

（四）拍摄、窥视他人身体的私密部位；

（五）处理他人的私密信息；

（六）以其他方式侵害他人的隐私权。

【条文主旨】

本条规定了侵害隐私权的主要行为类型。

---

① 王利明：《人格权法研究》，中国人民大学出版社 2004 年版，第 606 页。

【立法要点及理由】

本条相比于起草过程中三次审议稿的主要变化在于：第一，使各项具体的侵害隐私权行为顺序与第 1032 条基本保持一致，按照私人生活安宁、私密空间、私密活动、私密信息的顺序排列。第二，将原一、二次审议稿中的“获取、删除、公开、买卖他人的私人信息”统一改为“处理他人的私密信息”，与后文关于个人信息的“处理”术语保持一致。第三，将三审稿中的第 2 款“个人信息的处理包括个人信息的使用、加工、传输、提供、公开等”删去。

本条规定的侵害隐私的具体情形可作以下理解：

1. 侵害私人生活安宁

本条第 1 项规定了对私人生活安宁的侵扰行为，明确规定不得以电话、短信、即时通讯工具、电子邮件、传单等方式侵扰他人的私人生活安宁。具体而言，私人生活安宁主要包括日常生活安宁。这就是说，个人对自己的正常生活具有不受他人打扰的权利。非法跟踪、盯梢、尾随等，会使他人处于一种时时被监控的状态，严重侵害他人的正常生活安宁和自由。

2. 侵扰私密空间

本条第 2 项规定了对私密空间的侵权行为。除法律、行政法规另有规定或者经该他人同意的，任何人不得进入、窥视、拍摄他人的住宅、宾馆房间等私密空间。

3. 侵害私密活动

本条第 3 项规定不得“拍摄、窥视、窃听、公开他人的私密活动”，这在内容上与第 2 项乃至第 1 项可能存在交叉。若权利人不愿让个人活动为他人所知晓，他人不应通过违法手段记录、传播、公开权利人的私人活动，该私人活动包括其活动事项、行踪轨迹等，否则就构成了对权利人隐私权的侵犯。

4. 侵害身体隐私

本条第 4 项规定了不得拍摄、窥视他人身体的私密部位，即对身体隐私的保护。通常而言，身体隐私是指不愿向他人公开的身体部位，尤其是性器官、有残疾的部位等。身体隐私的保护并不是要求身体的每一个部位都是不能公开的，如手模等从事特定职业的人员可以在经过个人同意的情况下公开身体的特定部位。但是，即使人体模特允许他人临摹其身体，也并不意味着就允许向公众暴露其身体隐私。

5. 处理他人的私密信息

本条第 5 项规定了不得处理他人的私密信息。他人的私密信息是指任何人都不愿意为他人知晓的信息，只要该种隐匿不违反法律和社会公德，都应当受到法律的保护。

关于非法利用隐私信息的情形。此类侵权行为是未经隐私权人同意而利用其个人信息资料的行为，特征是将他人的资讯、情报为自己所利用，用于营利或非营利目的。这既包括未经本人同意而利用的行为，也包括虽经本人同意，但利用人超出约定的范围而利用。非法利用他人隐私，无论是否以营利为目的，均构成侵权行为。

6. 以其他方式侵害他人隐私权

从顺应时代发展需要的角度来讲，设置本条第 6 项这一兜底条款十分重要，为其他侵害隐私权的行为承担民事责任提供了法律依据。

【适用指南】

侵害隐私权的侵权责任适用过错责任原则，在责任构成上必须具备侵权责任构成的一般要件，即须具备违法行为、损害事实、因果关系和主观过错要件。

在这里还要强调的是，死者的隐私法益也应依法予以保护。死亡人的隐私，非因公共利益的需要，任何人不得进行非法公布或非法利用。

至于侵权人的抗辩事由，依据本条规定，在权利人明确同意的情况下，实施本条规定的六项行为不构成侵权。准确理解这里的“明确同意”，需要注意：其一，此同意的意思表示具体、明确，没有歧义；其二，此同意的意思表示也应是真实自愿的，不存在欺诈、胁迫、乘人之危的情形。

第一千零三十四条 自然人的个人信息受法律保护。

个人信息是以电子或者其他方式记录的能够单独或者与其他信息结合识别特定自然人的各种信息，包括自然人的姓名、出生日期、身份证件号码、生物识别信息、住址、电话号码、电子邮箱、健康信息、行踪信息等。

个人信息中的私密信息，适用有关隐私权的规定；没有规定的，适用有关个人信息保护的规定。

【条文主旨】

本条规定个人信息是一项自然人受到法律保护的民事权益，并以可识别性作为个人信息的主要特征。同时，本条第 3 款也明确私密信息同时属于个人信息与隐私，受到二者的同时保护。

【立法要点及理由】

本条的第二款相比于一、二、三审稿，将电子邮箱和行踪信息列入个人信息范畴，本条还增设第 3 款规定私密信息同时属于隐私和个人信息范畴，同时受隐私权和个人信息相关规定保护。在此后的修改中，又将第 3 款原来的“个人信息中的私密信息，同时适用隐私权保护的有关规定”修改为“个人信息中的私密信息，适用有关隐私权的规定；没有规定的，适用有关个人信息保护的规定”。

我国个人信息的法律保护经历了从以公法保护为主到日益重视私法保护的发展历程。2005 年，第十届全国人大常委会第十四次会议通过的《刑法修正案（五）》中增设的“窃取、收买、非法提供信用卡信息罪”（第177条之一第2款）是我国法律上第一个关于侵害公民个人信息犯罪的法律规定。2009年，第十一届全国人大常委会第七次会议审议通过的《刑法修正案（七）》在《刑法》中新增第253条之一，首次将窃取或以其他方式非法获取公民个人信息、出售或非法提供公民个人信息的行为情节严重的规定为犯罪行为，从而纳入刑事打击的范围。近年来侵犯公民个人信息犯罪仍处于高发态势，而且与电信网络诈骗、敲诈勒索、绑架等犯罪呈合流态势，为加大对公民个人信息的保护力度，最高人民法院会同最高人民检察院，于2017年5月发布《关于办理侵犯公民个人信息刑事案件适用法律若干问题的解释》。该司法解释根据法律规定和立法精神，对侵犯公民个人信息犯罪的定罪量刑标准和有关法律适用问题作了全面、系统的规定。与加大刑事打击力度同步，2017年6月1日起施行的《网络安全法》于第四章“网络信息安全”中对个人信息的收集、存储、保管和使用进行了更全面的规范。就有关侵害个人信息的责任承担问题，虽然该法主要还是规定了网络运营者违反各种保护个人信息的法定义务的行政法律责任（如罚款、暂停相关业务、停业整顿、关闭网站、吊销相关业务许可证或者吊销营业执照等），但其也从私法的角度对个人信息保护作了一些规定，其第74条第1款规定：“违反本法规定，给他人造成损害的，依法承担民事责任。”

2017年10月1日起施行的《民法总则》第111条规定：“自然人的个人信息受法律保护。任何组织和个人需要获取他人个人信息的，应当依法取得并确保信息安全，不得非法收集、使用、加工、传输他人个人信息，不得非法买卖、提供或者公开他人个人信息。”此外，该法第127条还规定：“法律对数据、网络虚拟财产的保护有规定的，依照其规定。”尽管学界就《民法总则》第111条是否规定了自然人个人信息权仍存在争议，但该条毕竟“从民事基本法的高度赋予了自然人个人信息保护的权利（权益），为个人信息保护在民法分则进一步细化规定提供了基础”，具有十分重要的意义。《民法典》人格权编在第六章“隐私权与个人信息保护”

中，使用6个条文（第1034条至第1039条）对个人信息的收集、使用、删除、更正和保护等问题作出了较为详细的规定。民法典人格权编对个人信息保护的规定，充分说明了立法机关对个人信息民法保护的高度重视，当然，这也是新时代经济社会发展的客观需要在立法上的反映。

关于个人信息的界定，《网络安全法》第76条第5项规定，个人信息，是指以电子或者其他方式记录的能够单独或者与其他信息结合识别自然人个人身份的各种信息，包括但不限于自然人的姓名、出生日期、身份证件号码、个人生物识别信息、住址、电话号码等。个人信息是指与特定个人相关联的、反映个体特征的具有可识别性的符号系统，包括个人身份、工作、家庭、财产、健康等各方面的信息。另外，我国还有涉及个人信息的各类法律法规、规章文件100余件。在制定主体上，除全国人大常委会外，还包括国务院各部委、地方政府、行业协会、科研机构等，涵盖的行业范围遍布互联网、电信、征信、证券、银行、保险、医疗等各领域。[①]《最高人民法院、最高人民检察院关于办理侵犯公民个人信息刑事案件适用法律若干问题的解释》第1条则规定，公民个人信息，是指以电子或者其他方式记录的能够单独或者与其他信息结合识别特定自然人身份或者反映特定自然人活动情况的各种信息，包括姓名、身份证件号码、通信通讯联系方式、住址、账号密码、财产状况、行踪轨迹等。这一规定中最重要的是明确将行踪轨迹列入个人信息的范围。

本条第1款延续《民法总则》第111条，宣示了个人信息受到法律保护这一基本理念，并且限定保护主体为自然人。第2款采用抽象定义和列举的方式明确个人信息的概念。个人信息是以电子或者其他方式记录的能够单独或者与其他信息结合识别特定自然人的各种信息，包括自然人的姓名、出生日期、身份证件号码、生物识别信息、住址、电话号码、电子邮箱、行踪信息等。

---

① 参见齐爱民、张哲：《识别与再识别：个人信息的概念界定与立法选择》，载《重庆大学学报（社会科学版）》2018年第2期。

在此需要注意的是，在《民法总则》明确个人信息并非法定权利的情况下，《民法典》人格权编对这一态度作了延续。有观点指出，如果个人信息为权利，则权利人对个人信息享有支配权，但是个人信息的多重利用关系使之并不具备完全的支配性。个人信息排他性是指向个人的，但不必然由个人创设、占有或知悉。将个人信息作为利益调整则具有更强的灵活性。个人信息呈现为法定利益，利益主体可以出现在不同阶段，信息主体具有多元性，保护也不限于排他性的方式，这种思路更有利于个人信息的不断发展。①

【适用指南】

关于本条的适用，要注意个人信息与隐私权的关系问题。

本条第 3 款旨在协调个人信息与隐私权之间的关系。个人信息与隐私权有着诸多关联。结合上一条的规定，隐私权是指自然人享有的对其个人的、与社会公共利益无关的个人信息、私人活动和私有领域进行支配的一种人格权。② 有学者认为，隐私的概念更大，可将隐私作为个人信息的上位概念，如认为隐私一般包括个人信息、个人生活以及个人私事，③ 或由个人数据、个人活动和个人空间组成，④ 而信息自主权（信息隐私）使个人得自主决定是否、何时、以何种方法公开关于自己的数据，而成为隐私权的保护范围。⑤ 也有观点认为，个人信息能够囊括隐私信息，即个人隐秘的敏感信息。而当这些信息与其他单独不具有识别性的信息配合，从而使得集合性的信息具有可识别性时，也应当受到信息权的保护。⑥ 笔者认

① 阳雪雅：《论个人信息的界定、分类及流通体系——兼评〈民法总则〉第 111 条》，载《东方法学》2019 年第 4 期。

② 马俊驹：《人格和人格权理论讲稿》，法律出版社 2009 年版，第 260 页。

③ 王利明、杨立新：《人格权与隐私侵权》，中国方正出版社 2000 年版，第 455 页。

④ 梅绍组：《个人信息保护的基础性问题研究》，载《民商法学》2005 年第 8 期。

⑤ 王泽鉴：《人格权的具体化及其保护范围 · 隐私权篇（下）》，载《比较法研究》2009 年第 2 期。

⑥ 王丽莎：《信息权的独立人格权地位及内容》，载《国家检察官学院学报》2016 年第 3 期。

为，个人信息与隐私权最大的交叉点就在于有些个人信息属于私密信息，构成了隐私权的保护客体。

实践中，侵害个人信息特别是侵害敏感信息的情形，容易和侵害隐私权存在交叉。本条第 3 款指出对私密信息适用隐私权的保护方法。这应该主要是从侵权责任承担的角度对私密信息被侵害后的救济作出的规定。适用隐私权保护的规则，也就相应地体现在适用过错责任原则承担侵权责任的规则上。此外，如果对相关个人信息的侵害同时导致受害人名誉权受损的，也应允许受害人主张侵害名誉权的民事责任。

第一千零三十五条　处理个人信息的，应当遵循合法、正当、必要原则，不得过度处理，并符合下列条件：

（一）征得该自然人或者其监护人同意，但是法律、行政法规另有规定的除外；

（二）公开处理信息的规则；

（三）明示处理信息的目的、方式和范围；

（四）不违反法律、行政法规的规定和双方的约定。

个人信息的处理包括个人信息的收集、存储、使用、加工、传输、提供、公开等。

【条文主旨】

本条第 1 款规定了处理个人信息的原则，即合法、正当和必要，并列明了处理个人信息所应遵循的具体规范。第 2 款则规定了个人信息处理的含义与范围。

【立法要点及理由】

和二审稿的规定相比，三审稿将第 1 款中的“收集、使用”修改为

“收集、处理”，此后本条又将“收集”删除，统一将此包括在“处理”当中。在三审稿时增设第2款，明确“处理”的含义。“处理”相比“使用”，内涵更为丰富，这就使得本条以下的条款适用范围更为广泛，对个人信息的保护更为充分。此外，本条第1款较三审稿还增加了“不得过度处理”，进一步阐释了个人信息处理的必要性原则。

本条是个人信息保护的中心条款，明确了个人信息处理的规则。本条第2款规定了个人信息处理的范围，包括个人信息的收集、使用、加工、传输、提供、公开等。也就是有关这些个人信息处理的具体情形，都要适用本条第1款规定的个人信息处理规则。这其中最为重要的就是个人信息处理三原则，即合法性、正当性和必要性。

其一，关于合法性原则。这一原则表明所有对个人信息的收集和处理的活动都要符合我国的法律规范，这里的法律规范不仅是指民法中的相关内容，还包括其他法律文件对个人信息保护有所涉及的内容，如《电子商务法》《网络安全法》以及最高人民法院的相关司法解释等。合法原则的核心要求是个人信息的处理应当具有法律依据，并且符合所有的法律要求。[①] 有学者认为，合法原则应当包括目的合法、程序合法，还包括信息收集主体合法、内容合法、形式合法、依据合法、使用合法以及符合信息主权原则等。[②] 这一观点较有道理，值得借鉴。

其二，关于正当性原则。正当性原则包括业务正当性，指个人信息的收集、使用应当是其开展业务所需要的，不得超出其业务能力范围开展信息收集活动；还包括目的正当性，一般而言，私法主体收集、使用目的是否正当，法律不过多干涉，只要该目的属于社会的惯例且人们认为合理即可。[③]

---

① 程啸、阮神裕：《论侵害个人信息权益的民事责任》，载《人民司法》2020年第4期。

② 杨晓娇：《实名制环境下个人信息保护的基本原则重构》，载《科技与法律》2014年第6期。

③ 梁泽宇：《个人信息保护中目的限制原则的解释与适用》，载《比较法研究》2018年第5期。

其三，关于必要性原则。必要性原则是指在从事某一特定活动时可以处理，也可以不处理个人信息时，要尽量不处理，在必须使用并征得权利人许可时，要尽量少地进行处理。这应是必要性原则在个人信息处理方面的体现。必要性原则也被称为最小化原则或最少够用原则。也有学者将其细分为个人信息收集数量最小化原则、个人信息收集和利用的有限原则。①

【适用指南】

本条第 1 款对个人信息的处理提出了具体要求。

第 1 项将自然人的知情同意视为信息处理的合法性前提，这充分体现了当事人自己的意思在信息收集和使用中的重要地位，保障了当事人对自身个人信息的控制。对个人信息的收集和利用，必须经过本人充分知情前提下的同意，此即个人信息保护下的知情同意原则。从另一个角度讲，知情同意就构成了他人处理自然人个人信息的合法理由或者免责理由。如果权利人同意他人，如网络服务提供者或者网络用户公开自己的个人信息，后者自然应予免责。在此应当注意的是，这里的“同意”，应当以信息处理者履行相应的告知义务为前提，而且告知的内容应当明确具体。另外，本项规延续了二审稿与三审稿的规定，对无民事行为能力人和限制民事行为能力人的个人信息处理要求取得监护人的同意。对个人信息处理的同意，可以被视为对自身个人信息权益的支配，属于民事法律行为，应遵循总则编第 19 条至第 22 条对于无民事行为能力人、限制行为能力人实施民事法律行为的相关规定。要注意本项内容的适用不仅保护了未成年人，同时也保护了不能辨认或者不能完全辨认自己行为的成年人。

第 2 项和第 3 项规定了自然人有效同意的前提条件，即必须向该自然人充分履行告知义务，让其充分知悉收集和使用的规则、目的、方式和范

---

① 杨晓娇：《实名制环境下个人信息保护的基本原则重构》，载《科技与法律》2014 年第 6 期。

围，了解个人信息收集和使用的后果和可能的影响，以保证自然人的意思判断是真实、自由且合理。

第 4 项明确规定了当事人的约定对于个人信息处理的限制作用，即处理个人信息必须不违反当事人的约定，当然这一约定必须以合法有效为前提条件。此外，本项规定也具有兜底条款的性质，为将来法律和行政法规规定其他禁止性行为提供了空间。

第一千零三十六条 处理个人信息，有下列情形之一的，行为人不承担民事责任：

（一）在该自然人或者其监护人同意的范围内合理实施的行为；

（二）合理处理该自然人自行公开的或者其他已经合法公开的信息，但是该自然人明确拒绝或者处理该信息侵害其重大利益的除外；

（三）为维护公共利益或者该自然人合法权益，合理实施的其他行为。

【条文主旨】

本条规定了处理自然人个人信息的免责事由。

【立法要点及理由】

本条第 1 项相比于一、二审稿，增加了“监护人”作为同意个人信息收集、处理的主体。本条及二、三审稿将一审稿中的共 5 项免责事由删改为 3 项，首先去除了兜底条款，减少了对个人信息权益的不当限制；其次将“为学术研究、课堂教学或者统计目的在合理范围内实施的行为”以及“为维护公序良俗而实施的必要行为”删去，增设“为维护公共利益或者改自然人合法权益，合理实施的其他行为”；最后在第 1 项、第 2 项中增加了“合理”实施和“合理处理”的要求。

本条从免责事由角度对个人信息侵权责任作了规定，从逻辑体系上讲，对本条的适用首先要厘清个人信息侵权责任的构成。

目前，学界对个人信息侵权行为多主张过错推定原则，即在法律对个人信息保护有特别规定的情况下，基于损害事实的客观存在，推定信息处理者行为存在过错并由其对自身没有过错承担举证责任。适用过错推定原则的主要理由在于，网络环境的技术性较强，让信息主体举证信息控制者在信息收集、加工、存储、利用过程中存在过错，难度较大。[①] 另有观点认为，侵害个人信息的侵权责任应当适用过错责任原则。其主要理由在于，任何侵权责任类型适用过错推定责任或无过错责任，必须以法律有明确规定为前提，但是个人信息保护领域尚无此类特别规定。而且侵害个人信息侵权行为的基本性质是侵害隐私权，属于一般侵权行为，因此必然适用过错责任原则。[②] 上述观点都有相应道理，在目前法律和司法解释对此并未作出明确规定的情况下，有必要在实践中进一步总结经验、提炼相关规则。当前实务中比较可行的做法就是根据双方对证据的掌握情况和举证能力，对双方当事人都分配相应的举证责任，对此作一相对平衡的规则处理。不可否认，信息控制者一方应负有更重的举证责任。

【适用指南】

关于侵害个人信息侵权责任构成，通常也包括四要件，即违法行为、损害后果、因果关系和主观过错。在此要注意的是，这里的过错要件要采取客观化标准，对相应注意义务的违反，就应当认定为有过错。从某种意义上讲，此主观过错要件与侵权行为要件在个人信息侵权责任构成上，更加呈现趋同或者合一的特点。

在理论和实务中，侵害个人信息的损害事实如何认定是一个难点问

---

① 参见尹志强：《网络环境下侵害个人信息的民法救济》，载《法律适用》2013 年第 8 期。

② 参见杨立新：《侵害公民个人电子信息的侵权行为及其责任》，载《法律科学（西北政法大学学报）》2013 年第 3 期。

题。有观点认为，“构成侵犯公民个人电子信息侵权责任的损害后果，是自然人的电子信息被非法处分，主要表现是被非法搜集或者被非法使用，造成隐私权的损害。如违法发送垃圾信息的侵权行为造成的损害后果，是被侵权人生活安宁的损害。侵害公民个人电子信息的损害事实标准是，公民个人电子信息被侵害达到一定程度”①。笔者认为，就损害赔偿而言，当然要围绕财产损害和精神损害两个方面进行，而这两个方面都要以符合各自的构成要件为限定条件。特别是就财产损害而言，必须受到因果关系条件的限定，对此应以相当因果关系的标准进行判断，不可随意扩大财产损害的赔偿范围，否则也容易引起滥诉。至于精神损害赔偿，《最高人民法院关于审理利用信息网络侵害人身权益民事纠纷案件适用法律若干问题的规定》第 11 条规定：“网络用户或者网络服务提供者侵害他人人身权益，造成财产损失或者严重精神损害，被侵权人依据民法典第一千一百八十二条和第一千一百八十三条的规定，请求其承担赔偿责任的，人民法院应予支持。”因此，在个人信息侵权案件中，原告无法证明自己遭受了严重精神损害的，不得请求侵权人承担精神损害赔偿责任。

有观点主张，应当在个人信息侵权案件中，降低证明标准，以便对受害人提供充分的救济，缓和证明标准，由“高度可能性”降低为“较大可能性”，证明被告泄露信息存在较大可能性即可。② 这一观点较有道理，值得参考。在个人信息保护案件中，缓和“相当性”的证明负担，意味着从宽理解“若有该行为，通常是否会产生该损害”，只要原告证明侵权行为与侵害结果存在引起和被引起的条件关系，即应认定存在因果关系。③ 同时，在证明标准上，在当前法律司法解释规定框架下，有必要用足、用好《最高人民法院关于适用〈中华人民共和国民事诉讼法〉的解释》关于民

① 杨立新：《侵害公民个人电子信息的侵权行为及其责任》，载《法律科学（西北政法大学学报)》2013 年第 1 期。

② 参见杨立新：《侵害公民个人电子信息的侵权行为及其责任》，载《法律科学（西北政法大学学报)》2013 年第 3 期。

③ 丁宇翔：《个人信息民事司法保护的若干难点及破解路径》，载《中国审判》2019 年第 19 期。

事诉讼证明标准的规定。其第 108 条第 1 款确立了盖然性证明标准，即“确信待证事实的存在具有高度可能性”。在现代信息技术发达的背景下，侵害个人信息的主体、侵权行为样态、因果关系等都存在难以认定的问题，这时更有必要强调适用有关民事诉讼证据认定标准的基本规则，即高度盖然性规则，同时也有必要强调日常生活经验法则的运用。

关于个人信息民事责任的免责事由，根据本条的规定，主要有如下几种：

第一，权利人的同意。权利人的同意是信息收集、利用的核心合法依据，若权利人属于无民事行为能力人或限制民事行为能力人，在得到其监护人同意的情况下也可以收集、利用权利人的个人信息。

第二，合法公开的信息。已经合法公开的信息通常为权利人自行向社会公众公开，已经经过权利人对个人信息利益的权衡，或是由于涉及公共利益而为特定机构或组织公开，如通过合法的新闻报道、政府信息公开等渠道产生的个人信息。

第三，为了维护公共利益或者该自然人的合法权益。此处的公共利益主要包括国家公权力机关为了制定国家经济、社会政策的需要或者为了国家安全、公共安全、公共卫生等处理的相关个人信息。

第一千零三十七条　**自然人可以依法向信息处理者查阅或者复制其个人信息；发现信息有错误的，有权提出异议并请求及时采取更正等必要措施。**

自然人发现信息处理者违反法律、行政法规的规定或者双方的约定处理其个人信息的，有权请求信息处理者及时删除。

【条文主旨】

本条规定了个人对个人信息的查阅、抄录和复制权以及更正、删除权。

【立法要点及理由】

人格权编三审稿将原来的“持有者”改为“控制者”。笔者认为，这一修改能有效地保护信息主体的合法权益，因为控制者是实际支配和管制个人信息的一方，该修改让信息主体可以直接请求个人信息的实际控制人，而非仅仅是持有人。在最后的文本中，“控制者”修改为“处理者”，这在行文上与本章其他条文保持一致，同时将“抄录”的事项删除。

【适用指南】

查阅个人信息在整个个人信息保护权利体系中具有重要地位，不仅因为它是公开透明原则的要求，更是因为当事人只有在广泛掌握这些信息的前提下，才可以知晓具体的个人信息收集和使用的状况，才能够判断信息处理活动是否符合本人的意愿以及后续的处理活动是否仍然符合本人的预期，也才可以判断是否有必要对相关信息进行复制以及是否有必要进行更正、删除。①

本条第 1 款后半句规定了更正个人信息的情形。个人参与社会生活，需要通过对个人信息的使用和公开，塑造和维护自己的社会形象，并以此为基础进行相应的社会交往。

本条第 2 款规定了自然人主张删除其个人信息的条件，在当事人了解信息收集和使用的基本状况之后，就可以判断信息处理活动是否符合法律规定以及是否符合双方的约定。自然人发现信息控制者违反法律、行政法规的规定或者双方的约定处理其个人信息的，有权请求信息控制者及时删除。

个人信息的删除问题与学理和舆论上讨论的“被遗忘权”密切相关。2014 年欧盟法院在冈萨雷斯与谷歌一案中的判决初步指出了被遗忘权的内

---

① 谢远扬：《〈民法典人格权编（草案）〉中“个人信息自决”的规范建构及其反思》，载《现代法学》2019 年第 6 期。

涵。它是指数据主体的个人可识别信息，如该信息有着不适当（inadequate）、无关系（irrelevant）或过时多余（excessive）等情况的，当事人可以请求搜索引擎运营商删除网页列表中相关的信息链接。具体而言，欧盟法院认为，过往收集的可识别个人信息内容虽然是正确的，但是依据其信息“再被收集与处理的目的来看已经不必要”或“因为时间因素冲淡了该必要性”，当事人可以向搜索引擎运营商主张被遗忘权。[①] 2016 年 4 月，欧洲议会通过《一般数据保护条例》（*General Data Protection Regulation*），在其中的第 17 条规定“擦除权（被遗忘权）”，明确以立法形式规定了被遗忘权。[②] 通常而言，被遗忘权是指信息主体对已发布在网上的有关自身不恰当、过时、继续保留会导致其社会评价降低的信息，要求信息控制者予以删除的权利。个人信息权是一种“积极性”的人格权，强调对个人信息的支配、利用、决定和保护。该个人信息权下的重要权能，还包含信息主体有权决定删除个人信息。[③]

关于被遗忘权和主张删除个人信息的关系问题，笔者认为，本条第 2 款规定的在信息处理者违反法定或者约定义务处理信息的情况下，信息主体有请求删除该信息的权利与“被遗忘权”存在很大程度的重合或者交叉。毫无疑问，本款规定对保护“被遗忘权”具有重要意义。但在具体法律适用上，二者的适用条件并不相同。就信息主体请求及时删除这一权利的保护，要严格按照本款规定来适用，符合本款规定的，依法予以适用。既要充分保护当事人的个人信息，也要避免此规则的滥用，影响信息的流通和数据的运用。

第一千零三十八条　**信息处理者不得泄露或者篡改其收集、存储的个人信息；未经自然人同意，不得向他人非法提供其个人信息，**

---

① 范姜真媺：《网路时代个人资料保护之强化——被遗忘权利之主张》，载《兴大法学》2016 年第 19 期。

② 万方：《终将被遗忘的权利——我国引入被遗忘权的思考》，载《法学评论》2016 年第 6 期。

③ 杨立新、韩煦：《被遗忘权的中国本土化及法律适用》，载《法律适用》2015 年第 2 期。

但是经过加工无法识别特定个人且不能复原的除外。

信息处理者应当采取技术措施和其他必要措施，确保其收集、存储的个人信息安全，防止信息泄露、篡改、丢失；发生或者可能发生个人信息泄露、篡改、丢失的，应当及时采取补救措施，按照规定告知自然人并向有关主管部门报告。

【条文主旨】

本条第1款规定信息处理者不得违法泄露、篡改个人信息，未经其同意不得违法提供。第2款规定了信息处理者负有保障个人信息安全的义务。

【立法要点及理由】

本条相比于一、二、三审稿，将第2款中的“防止信息泄露、毁损、丢失”改为“防止信息泄露、篡改、丢失”。

《全国人民代表大会常务委员会关于加强网络信息保护的决定》第3条规定：“网络服务提供者和其他企业事业单位及其工作人员对在业务活动中收集的公民个人电子信息必须严格保密，不得泄露、篡改、毁损，不得出售或者非法向他人提供。”《网络安全法》第42条第1款规定：“网络运营者不得泄露、篡改、毁损其收集的个人信息；未经被收集者同意，不得向他人提供个人信息。但是，经过处理无法识别特定个人且不能复原的除外。”本条即在上述规定基础上对信息处理者的信息保护义务作的规定。本条第1款前半句中的“泄露、篡改”等行为，广义上也属于对个人信息进行处理或者使用的形式。但从法律规定来看，上述行为由于没有经过个人同意，因此没有合法性基础。

第1款后半句的内容是禁止未经权利人同意而非法提供个人信息的行为。“提供”既包括向不特定主体的公开，也包括向特定人提供数据。

所谓匿名化义务（或称去身份化），是指信息控制者在收集个人信息后，应当对个人信息进行相应的技术处理，使得该信息不再明确指向特定人。

本条第 2 款规定信息处理者应当保障信息安全的义务。该条款延续了《全国人民代表大会常务委员会关于加强网络信息保护的决定》第 4 条和《网络安全法》第 42 条第 2 款的规定，要求信息处理者应当采取技术措施和其他必要措施，确保其收集、存储的个人信息安全，防止信息泄露、毁损、丢失。对确保信息安全义务的违反行为，与上述违反知情同意原则的行为有所不同。后者侧重于信息处理者有意在未经信息主体同意的情况下实施的信息收集与处理行为，本款则是第三人利用计算机病毒或者其他手段攻击信息控制者的计算机信息系统，由于信息处理者采取的确保网络信息安全的技术手段不符合相关标准，而造成的信息泄露、毁损或者丢失的现象。

【适用指南】

对于信息处理者所应当履行的确保信息安全的义务究竟应当达到何种程度，目前一些部门规章、规范性文件和国家标准对个人信息安全的技术标准进行了较为详细的规定，如《信息安全技术　个人信息安全规范》对个人信息控制者如何处置个人信息安全事件，以及个人信息控制者组织内部的个人信息安全管理要求提供了详细的规定。如果信息处理者没有履行这些规章、规范性文件以及国家标准所要求的技术标准，造成了个人信息泄露、毁损、丢失的情形，也属于侵害个人信息的行为。

第一千零三十九条　国家机关、承担行政职能的法定机构及其工作人员对于履行职责过程中知悉的自然人的隐私和个人信息，应当予以保密，不得泄露或者向他人非法提供。

【条文主旨】

本条规定了国家机关及其工作人员的个人信息保密义务。

【立法要点及理由】

《全国人民代表大会常务委员会关于加强网络信息保护的决定》第 10 条第 2 款规定："国家机关及其工作人员对在履行职责中知悉的公民个人电子信息应当予以保密，不得泄露、篡改、毁损，不得出售或者非法向他人提供。"《网络安全法》第 44 条规定："任何个人和组织不得窃取或者以其他非法方式获取个人信息，不得非法出售或者非法向他人提供个人信息。"第 45 条规定："依法负有网络安全监督管理职责的部门及其工作人员，必须对在履行职责中知悉的个人信息、隐私和商业秘密严格保密，不得泄露、出售或者非法向他人提供。"一些特别法也会进行规定，如《监察法》第 18 条第 2 款就规定了监察机关及工作人员的保密义务。违反相关义务，侵犯公民、法人和其他组织的合法权益造成损害的，依照该法第 67 条应当适用国家赔偿的规定。本条延续上述规定，将国家机关及其工作人员的隐私与个人信息保密义务在《民法典》中予以明确。本条在总结以往经验结合实际情况的基础上，自二审稿开始，对国家机关及其工作人员的个人信息保密义务进行了规定，此后条文都予以了保留。

【适用指南】

审判实践中，对本条的适用需要注意的是国家机关及其工作人员违反本条规定义务是否需要承担民事侵权责任的问题。笔者认为，对此有必要区分不同情形：其一，国家机关及其工作人员在履职过程中侵害他人个人信息的，国家机关履职行为系行使国家公权力，这时双方已经不是平等主体之间的法律关系，造成的对个人信息的侵害系因国家机关及其工作人员履行职务所致，应适用国家赔偿责任。其二，国家机关作为民事主体从事民事活动侵害个人信息的，应属于民事侵权行为，承担民事赔偿责任。

第七编

侵权责任

第一章　一般规定

第一千一百六十四条　本编调整因侵害民事权益产生的民事关系。

【条文主旨】

本条是关于侵权责任编调整范围的规定。

【立法要点及理由】

自《民法通则》开始，我国立法就把侵权行为从债权中“独立”出来，专章规定“民事责任”，取得了积极效果。在理论和实践不断丰富发展的基础上，2009 年《侵权责任法》的出台，更加明确了《侵权责任法》的相对独立地位。正是在此基础之上，在《民法典》编纂过程中，直接采用了侵权责任独立成编的思路。应该说，这有利于侵权责任法律制度功能的发挥，有利于彰显权利保护的重要性，有利于为人民群众提供明确的法律指引，这一成功的立法范式也将为其他国家编纂民法典提供有益参考。

关于侵权责任编的功能定位，理论上有不同观点，概括起来主要有：单一功能说，即仅具补偿功能而不具有制裁功能；双重功能说，即具有损害补偿和预防损害的功能；多重功能说，即具有补偿功能、惩罚功能和预防功能。上述观点都有一定道理，《侵权责任法》在第 1 条明确规定了“保护民事主体的合法权益，明确侵权责任，预防并制裁侵权行为，促进社会和谐稳定”，此即采了多重功能说的观点，目前实务上对此也普遍接受。概言之，侵权责任编的基本功能主要包括：

其一，补偿功能。即在侵权人实施侵权行为并给受害人造成实际损害后，应承担损害赔偿责任，以填补受害人因侵权行为所受到的损害，恢复其受损害之前的状态。

其二，预防功能。预防侵权行为，主要是侵权责任编通过规定侵权人所应负的侵权责任，有效地教育不法行为人，引导人们正确行为，预防和遏制各种损害发生，从而保持社会秩序的稳定和社会生活的和谐。

其三，制裁功能。民事责任的承担具有强行法属性，义务的不履行意味着责任的承担，从这个角度言之，侵权责任法律制度当然具有制裁功能。尤为重要的是，侵权责任编中的知识产权侵权、环境侵权和产品责任侵权都明确规定了惩罚性赔偿制度，这一加倍承担民事责任的方式，更是鲜明体现了侵权责任法律制度的制裁功能。

《侵权责任法》第2条规定：“侵害民事权益，应当依照本法承担侵权责任。本法所称民事权益，包括生命权、健康权、姓名权、名誉权、荣誉权、肖像权、隐私权、婚姻自主权、监护权、所有权、用益物权、担保物权、著作权、专利权、商标专用权、发现权、股权、继承权等人身、财产权益。”侵权责任编基于《民法典》编纂整体体系的考虑删除了《侵权责任法》上述关于民事权利的列举规定，仅规定了“本编调整因侵害民事权益产生的民事关系”。有关民事权利的部分在总则编中已有专章规定，在此并未列举，同时有关“人身、财产权益”的表述也可为本条中的“民事权益”所涵盖。

【适用指南】

一、绝对权的保护属于本编的调整范围

依据权利效力之不同，民事权利可以分为绝对权和相对权。绝对权具有对世效力，即权利人之外的不特定人都负有不得妨碍该权利的义务。相

对权则为对人权，仅对特定人发生效力。简言之，《民法典》第 110 条规定的自然人享有的生命权、身体权、健康权、姓名权、肖像权、名誉权、荣誉权、隐私权、婚姻自主权等权利，法人、非法人组织享有的名称权、名誉权、荣誉权等权利都属于侵权责任编所保护权利的范围。有关财产性权利，如所有权、用益物权、担保物权、知识产权（包括但不限于著作权、专利权、商标专用权）、股权等都属于上述绝对权的范畴。此外，《侵权责任法》第 2 条列举的有关监护权、继承权等在本法总则编、继承编及有关特别法中都有规定，从本条规定的本意出发，也应属于侵权责任编的保护对象。只是在如何保护的问题上，要依法适用相应的构成要件，明确相应的举证责任。尤其是准确认定行为人有无过错的问题，而这必然又与行为人是否知晓该权利的存在以及对其行为后果有无预期有直接关系，即该权利有无适当的公示方法将是判断该侵权责任是否成立的重要因素。

二、民事利益的保护

民事利益是指民事主体享有，能够给自己带来一定便利，尚未被法律认可为民事权利的私法上的利益。除成为民事权利客体、明确受法律保护的民事利益外，民事利益可以分为：其一，法律规定应当予以保护但未上升为民事权利的民事利益，即通常说的法益；其二，不受法律保护的民事利益。笔者认为，侵权责任编以民事权益统领民事权利与民事利益，对二者并未明确区分，而是均列入保护范围，但由于民事利益的特殊性，并不能不加区分地一概予以保护。首先，凡是法律已经明文规定应当保护的合法利益，是侵权法保护的范围，例如死者的人格利益；其次，故意违反善良风俗致人利益损害的行为，是侵权法调整的范围；最后，利益应当达到重大程度，轻微的民事利益不应当作为侵权法保护的范围，以更好地对民事主体的行为自由予以保障。[①] 在此需要注意的是，判断侵权人侵犯该民事利益时的主观状态对于民事利益的保护也很重要，如果侵权人主观的状态是故意，那么被侵犯的民事利益通常可以通过本法侵权责任编予以保护。

---

① 杨立新：《侵权法论》，人民法院出版社 2013 年版，第 40 页。

第一千一百六十五条 行为人因过错侵害他人民事权益造成损害的，应当承担侵权责任。

依照法律规定推定行为人有过错，其不能证明自己没有过错的，应当承担侵权责任。

【条文主旨】

本条是关于过错责任和过错推定责任的规定。

【立法要点及理由】

一、关于过错责任原则

理论界对于侵权责任的归责原则体系存有不同认识，但一般都认为，《侵权责任法》第6条第1款规定的“行为人因过错侵害他人民事权益，应当承担侵权责任”是关于过错责任的一般规定，即过错责任原则的一般条款；该条第2款规定的“根据法律规定推定行为人有过错，行为人不能证明自己没有过错的，应当承担侵权责任”则是过错推定责任的一般条款。本条沿用了上述规定，明确规定了过错责任原则和过错推定责任原则的一般条款。

一般认为，过错责任原则，是以过错作为价值判断标准，判断行为人对其造成的损害应否承担侵权责任的归责原则。在一般侵权行为引起的损害赔偿案件中，应当由主观上有过错的一方承担赔偿责任。主观上的过错是损害赔偿责任构成的必备要件之一，缺少这一要件，即使侵权人的行为造成了损害事实，并且侵权人的行为与损害结果之间有因果关系，也不承担赔偿责任。

一般而言，依据本条第1款的规定，按照过错责任原则，侵权责任的成立，必须具备违法行为、损害事实、因果关系和主观过错四个要件，四者缺一即不能构成侵权责任。

现在理论界对于过错系主观过错还是客观过错存有不同认识。主观过错说认为，过错是违法行为人对自己的行为及其后果所具有的主观心理状态。[①] 客观过错说认为，我国对过错的判断标准应当客观化，即应摈弃现行的主观过错说，认为客观过错指行为人未尽到一般人所能尽到的注意义务，也即违背了社会秩序要求的注意。[②] 综合过错说认为，过错首先是行为人进行某种行为时的心理状态，即使是法人，也具有这种法律上的心理状态。过错虽然是一种心理状态，但是它必然通过行为人的具体行为体现出来，判定一个人有无故意或者过失，总是和一定的行为联系起来的，并以行为为其前提和条件。没有行为，不管人们具备什么样的心理状态，也谈不上过错。这种过错，实际上是对行为人在进行这种行为时所具有的心理状态以及行为的本身的社会评价和价值评价。[③] 应当看到，在判断侵权责任的构成上，由于过错体现在行为之中，就应当从行为中检验、判断行为人是否有过错，即对于过错的认定，往往都需要采取客观标准，这是现代民法理论和实务发展的趋势。

无论是采主观过错说的学者还是采客观过错说的学者都赞成检验过错标准的客观化。检验过错用客观标准，是指判断过错时，采用客观的标准来衡量，违反客观标准，则应当认定为有过错。特别是，过失的归责基础就在于行为人对于损害的发生原有预见的可能，只是因为自身原因而违反了该注意义务，没有预见，所以判断过失的重心在于行为人对于损害的发生是否能够预见，学说上称为“预见可能性说”。判断此种预见可能性是否存在，应当考虑特定行为人的年龄、性别、健康、能力等主观因素以及其当时所处的环境、时间以及行为的类型等因素。[④]

二、关于过错推定责任原则

过错推定原则是指在法律有特别规定的场合，从损害事实的本身推定

---

① ［苏］B·格里巴诺夫等主编：《苏联民法》（下册），法律出版社 1986 年版，第 398 页。

② 孔祥俊等：《侵权责任要件研究》，载《政法论坛》1993 年第 2 期。

③ 王利明主编：《人格权法新论》，吉林人民出版社 1994 年版，第 96、97 页。

④ 最高人民法院侵权责任法研究小组编著：《中华人民共和国侵权责任法条文理解与适用》，人民法院出版社 2010 年版，第 50 页。

加害人有过错，并据此确定造成他人损害的行为人赔偿责任的归责原则。过错推定是在工业革命时代，受害人特别是大量平民遭受侵害的事故频繁出现，由于证明行为人主观过错难度很大，受害人往往无法得到救济的情况下，在程序法上产生的一项补救措施，即在法律有特别规定的场合，从损害事实的本身推定加害人有过错，行为人要对其没有过错承担举证责任，如不能完成举证责任，则行为人要承担侵权责任。[①] 举证责任倒置是过错推定的重要特征。在适用过错推定责任原则的侵权责任纠纷中，受害人在诉讼中，应当举证证明损害事实、违法行为和因果关系三个要件，如果加害人不能证明对于损害的发生自己没有过错，就从损害事实的本身推定被告在致人损害的行为中有过错，并就此承担赔偿责任。[②] 过错推定原则从本质上说也是过错责任原则，其价值判断标准和责任构成要件也都与一般的过错责任原则的要求是一致的。所以，在适用过错推定原则确定侵权损害赔偿时，其侵权损害赔偿的构成与适用过错责任原则没有根本的变化，仍然要具备过错、违法行为、因果关系、损害事实这四个要件，只是在过错的认定上采取推定行为人有过错而由其证明自己没有过错以免责的做法。

【适用指南】

关于举证证明责任分配规则，《最高人民法院关于适用〈中华人民共和国民事诉讼法〉的解释》第90条第1款规定："当事人对自己提出的诉讼请求所依据的事实或者反驳对方诉讼请求所依据的事实，应当提供证据加以证明，但法律另有规定的除外。"第2款规定："在作出判决前，当事人未能提供证据或者证据不足以证明其事实主张的，由负有举证证明责任的当事人承担不利的后果。"在审判实践中，当事人的诉讼请求在多数情况下表现为一定的实体权利主张，要求对该诉讼请求所依据的事实负责举

---

① 最高人民法院侵权责任法研究小组编著：《中华人民共和国侵权责任法条文理解与适用》，人民法院出版社2010年版，第49页。

② 杨立新：《侵权法论（第五版）》，人民法院出版社2013年版，第182页。

证，也就是要求对产生该权利的要件事实负证明责任；而反驳诉讼请求往往表现为主张对方的实体权利因妨碍因素而未发生，或主张对方的权利已经消灭，因而要求对反驳诉讼请求所依据的事实负责举证，也就是要求对妨碍权利和消灭权利的要件事实负证明责任。[①] 对于上述第 2 款的内容，一般而言，人民法院的民事裁判应当以证据支持的事实为根据，依据实体法律规范确定民事责任的承担。证据对事实的证明存在三种情况：一是证明事实为真实，二是证明事实为虚假，三是事实真伪不明。前两种情况，不论事实被证明为真或者为假，人民法院均可以依据实体法规范作出裁判。[②] 但是在审判实践中，会出现待证案件事实既不能证明其真，也不能证明其假的情况，即真伪不明的状态，这时本着“法官不能拒绝裁判”的一般要求，法院需要采用一定的规则予以处理。依据该条第 2 款的规定，这时人民法院只能根据举证责任的规则进行裁判，由承担举证责任的当事人承担相应的不利后果。

在过错侵权责任下，责任构成要件有四个：一是侵权人实施了侵权行为，二是侵权人实施侵权行为有过错，三是受害人受有损害，四是侵权行为与损害之间有因果关系。这四个方面的构成要件事实均须原告方承担举证责任。在过错推定侵权责任下，责任构成要件与过错侵权责任相同，但侵权行为人无过错是责任抗辩事由，如其不能证明自己没有过错，则直接认定过错存在，责任可以成立。在此应当注意的是，过错推定责任仅是对过错的推定，并未包括对因果关系的推定。

第一千一百六十六条　行为人造成他人民事权益损害，不论行为人有无过错，法律规定应当承担侵权责任的，依照其规定。

---

① 江伟主编：《民事诉讼法（第三版）》，中国人民大学出版社 2007 年版，第 246 页。

② 宋春雨：《〈关于民事诉讼证据的若干规定〉的理解与适用》，载《人民司法》2002 年第 2 期。

【条文主旨】

本条是关于无过错责任原则的规定。

【立法要点及理由】

无过错责任是指行为人的行为、其管理的人或者物损害了他人的民事权益，具备了法律规定的要件，不论行为人是否有过错，都要承担侵权责任的归责原则。

在工业社会初期，对于工业事故责任实行的是过错责任原则。在工业事故造成的损害面前，受害人必须证明事故的责任者即工厂主在主观上有过错后才能获得赔偿。工业事故中为数众多的受害人因无法证明工厂主的过错而无法得到侵权法的保护。当时的侵权法拘泥于过错责任原则的后果是在事实上剥夺了工人的一切保护，不仅受害人无法证明工厂主造成工业事故的“过错”，工厂主也会利用过错责任原则，借口“无过失”而拒绝赔偿受害人的损失，使工厂主几乎不可能败诉。为了更好地保护为数众多的受害人，侵权法一方面坚持实行过错责任原则，另一方面例外地就特殊损害事故承认无过错责任，在立法上出现了无过错责任的规定，即在特定的情况下，即使致人损害的一方没有过错也应承担赔偿责任。可见，无过错责任产生的背景其实就是为了救济工业事故的大规模侵权造成的损害。①无过错责任原则的设立宗旨在于“对不幸损害之合理分配”，即保障受害人得到及时有效的补偿，以实现公平。基于上述设立宗旨，无过错责任制度通常与保险制度联系在一起，目的是使无辜损害由国家和社会合理分担，体恤受害人的利益，具有一定的社会福利色彩的性质。② 适用无过错

① 杨立新：《侵权法论》，人民法院出版社 2013 年版，第 414 页。

② 最高人民法院侵权责任法研究小组编著：《中华人民共和国侵权责任法条文理解与适用》，人民法院出版社 2010 年版，第 51、52 页。

责任原则的目的，在于使被侵权人的损害赔偿请求权更容易实现。

我国1986年颁布的《民法通则》即确立了无过错责任原则，其第106条第3款规定："没有过错，但法律规定应当承担民事责任的，应当承担民事责任。"同时，《民法通则》第123条规定，从事高空、高压、易燃、易爆、剧毒、放射性、高速运输工具等对周围环境有高度危险的作业造成他人损害的，应当承担民事责任，如果能证明损害是由受害人故意造成的，不承担民事责任。这是高度危险作业适用无过错责任原则的一般规则。明文规定无过错责任，是现代社会发展的需要，也适应了侵权责任法发展的潮流，具有重大实践意义和理论意义。现代社会就是一个"风险社会"，为增强行为人的责任意识，同时使受害人能够得到及时有效的赔偿，我国现阶段更应该突出和强调无过错责任原则，扩大无过错责任原则的适用范围。[①] 有鉴于此，本条沿用了《侵权责任法》第7条，仅将"行为人损害他人民事权益"修改为"行为人造成他人民事权益损害"，以在行文表述上更加严谨。

【适用指南】

根据本条规定，无过错责任原则的适用必须以法律有具体规定为前提，即只有法律明文规定的侵权行为类型方可适用无过错责任原则。依据侵权责任编的有关规定，主要有以下类型：

1. 产品责任

侵权责任编第四章规定，缺陷产品致人损害的侵权责任适用无过错责任原则。这里应当包括产品生产者、销售者对于被侵权人承担责任的情形，但不包括销售者及产品运输者、仓储者等第三人承担内部责任，即被追偿时的责任，在这种情况下实行过错责任原则。在此需要注意的是，作为产品责任的一种具体样态，医疗产品责任当然也要适用无过错责任原则。

---

① 王胜明主编：《中华人民共和国侵权责任法释义》，法律出版社2010年版，第47页。

2. 环境污染和生态破坏责任

侵权责任编第七章规定的环境污染和生态破坏责任，适用无过错责任原则。

3. 高度危险责任

侵权责任编第八章规定的从事高度危险作业包括高度危险活动和高度危险物，造成他人损害的侵权责任，适用无过错责任原则。此为国际通例，其实无过错责任原则本来就起源于高度危险活动责任，如德国就将无过错责任称为危险责任。

4. 饲养动物损害责任

侵权责任编第九章规定的饲养动物损害责任，适用无过错责任原则。在此要注意，这既包括一般的饲养动物致害的情形，也包括禁止饲养的烈性犬等危险动物致害的情形，但是不包括动物园动物致害的情形，依据第1250条的规定，应适用过错推定原则。

对于适用无过错责任原则的侵权行为类型，其责任构成要件有三：一是违法行为；二是损害事实；三是违法行为与损害事实具有因果关系。即适用无过错责任原则时，无须以行为人主观过错为要件，只要具备以上三个要件，就应当承担侵权责任。

从举证责任的角度看，无过错责任原则对于被侵权人的保护要比过错推定原则更为有利。适用过错推定原则的情况下，被侵权人可以不必举证证明侵权人的主观过错，而是在已经证明的损害事实中，推定侵权人的过错。这样，被侵权人就免除了证明侵权人过错的举证责任，转而由侵权人承担举证责任证明自己无过错，对被侵权人的保护因此而比实行过错责任原则更优。在适用无过错责任原则的情况下，被侵权人更不用证实侵权人的过错，这又比过错推定原则更优。

此外，在无过错责任原则的适用中，要注意与过错责任的竞合适用问题。在无过错责任侵权行为的法律适用中，在符合过错责任的构成要件的前提下，当事人可以选择适用过错责任原则。从客观上讲，在实行无过错责任原则的时候，并不是所有的侵权人都没有过错。从我国审判实践看，适用无过错责任原则的大多数案件中，行为人基本上都是有过错的。适用无过错责任原则，旨在强调主观过错不是责任构成要件，侵权人无论有无过错，都应当承担赔偿责任。如果侵权人在主观上没有过错，虽然法律规定应当承担侵权责任，但其仅应当依法承担限额内的赔偿责任。过错责任则更加强调对行为人主观过错的责备或者谴责，如果侵权人在主观上有过错，可要求其承担与过错相应的赔偿责任，即赔偿全部损失。这时适用过错责任，更有利于体现对此行为的否定性评价，对于预防此类行为的发生更有积极意义。因此，法律规定行为人应当承担无过错责任的，行为人即使无过错也应当承担侵权责任。但受害人如果能够证明行为人有过错的，可以依据本编第 1165 条规定主张侵权人承担侵权责任。

第一千一百六十七条　侵权行为危及他人人身、财产安全的，被侵权人有权请求侵权人承担停止侵害、排除妨碍、消除危险等侵权责任。

【条文主旨】

本条是关于预防损害发生的民事责任承担方式的规定。

【立法要点及理由】

预防型民事责任是指权利相对人违反其义务，对权利人的权利已经造成损害而且还在继续侵害时，或者虽然没有造成现实损害但是存在造成侵害的危险时承担的一种民事责任。预防型民事责任在对某些权利和利益的保护方面，尤其是对绝对权的保护，有着补偿性民事责任形式所无法比拟的优点和长处。因为损害赔偿仅仅是在损害发生后的一种亡羊补牢的做法，而停止侵害则是防患于未然的做法，防患于未然胜于亡羊补牢。[①] 王泽鉴先生即非常明确地指出“损害的预防胜于损害补偿”[②]。现代侵权法不仅注重损害的填补和救济，更应该在具体的侵权责任制度设计时注重损害预防功能的实现。而损害预防功能的实现，不仅要依靠侵权责任的惩戒性措施的警示威慑作用来实现，更要依赖诸如消除危险、停止侵害等积极的或具有事先性的救济措施来实现。[③] 本条沿用了《侵权责任法》第21条的规定。依据该条规定，侵权行为危及他人人身、财产安全的，被侵权人可以请求侵权人承担停止侵害、排除妨碍、消除危险等侵权责任。本条仅是在文字上将“可以请求”修改为“有权请求”。本条有关“等”的表述即为不完全列举，为此类侵权责任承担方式预留开放性空间。随着经济科技的进步，现代社会同样充斥着风险，环境污染、责任事故、产品致害等造成的损害越来越触目惊心，发挥侵权法的预防功能就显得愈加重要。比如，在产品责任的具体制度设计上体现侵权法预防功能的要求，确立跟踪观察义务，通过对售出产品的跟踪观察、记录、及时警示以及召回可以在很大程度上避免因为产品存在制造缺陷、设计缺陷或警示缺陷以及发展风险所可能招致的实际损失的发生，能够起到防患于未然的作用。

【适用指南】

根据本条规定，此类侵权责任承担方式主要有：

其一，停止侵害，是指行为人实施的违法行为仍在继续，应当承担立即停止侵害行为的侵权责任承担方式。对于任何正在实施违法行为的不法行为人都可以适用这种侵权责任承担方式，立即停止其侵害行为。停止侵害责任方式的主要作用是：能够及时制止侵害行为，防止扩大侵害后果。

---

① 丁海竣：《预防性民事责任》，载《政法论坛》2005年第4期。

② 王泽鉴：《侵权行为法》（一），作者自版1998年版，第10页。

③ 王利明、杨立新编著：《侵权行为法》，法律出版社1996年版，第100、101页。

这种侵权责任承担方式以侵权行为或者其他违法行为正在进行或仍在延续为适用条件，对尚未发生的或业已终止的侵权行为则不得适用。责令停止侵害，实际上是要求侵害人不实施某种侵害行为，即不作为。①

其二，排除妨碍，是指行为人实施的行为使他人无法行使或者不能正常行使人身、财产权益的，受害人可以要求行为人排除妨害权益实施的障碍。行为人不排除妨碍的，受害人可以请求人民法院责令其排除妨碍。②

其三，消除危险，是指行为人的行为或者其管领下的物件对他人的人身和财产安全造成威胁，或存在侵害他人人身或财产的可能，应当采取有效措施，将危险因素予以消除的侵权责任承担方式。适用消除危险这一责任承担方式的前提必须是有危险状态的存在，这一危险具有造成现实损害的可能性，但是该损害又尚未实际发生。③

在此应当注意的是，被侵权人主张上述侵权责任承担方式的，并不要求侵权人具有故意或过失，即行使停止侵害、排除妨碍、消除危险等请求权并不以侵权人具有过错为要件。此时，被侵权人对于侵权人的过错无须证明，仅证明其人身或财产权利正在遭受侵权人的现实侵害或现实威胁即可。另外，在审判实践中，经常会出现上述责任承担方式要与总则编第179条规定的其他责任承担方式并用的情形。该条规定："承担民事责任的方式主要有：（一）停止侵害；（二）排除妨碍；（三）消除危险；（四）返还财产；（五）恢复原状；（六）修理、重作、更换；（七）继续履行；（八）赔偿损失；（九）支付违约金；（十）消除影响、恢复名誉；（十一）赔礼道歉。法律规定惩罚性赔偿的，依照其规定。本条规定的承担民事责任的方式，可以单独适用，也可以合并适用。"

---

① 杨立新：《侵权法论（第五版）》，人民法院出版社2013年版，第280、281页。

② 王胜明：《中华人民共和国侵权责任法释义》，法律出版社2010年版，第79页。

③ 最高人民法院侵权责任法研究小组编著：《中华人民共和国侵权责任法条文理解与适用》，人民法院出版社2010年版，第162页。

第一千一百六十八条　二人以上共同实施侵权行为，造成他人损害的，应当承担连带责任。

【条文主旨】

本条是关于共同侵权承担连带责任的规定。

【立法要点及理由】

共同侵权，是指数人共同不法侵害他人权益造成损害的行为。对共同侵权行为，有的学者称为“共同致人损害”，有的学者称为“共同过错”，还有的学者称为“共同不法行为”。[①] 大陆法系国家或者地区大都对共同侵权行为作了规定。比如，《日本民法典》第719条第1款规定：“由于多人共同的不法行为而对他人造成了损害时，各人对于该损害负有连带赔偿责任。无法得知共同行为人中的某一人是否施加了该损害时亦同样。”在英美法系，由美国法学会起草的《美国侵权法重述·第二次》第876条（a）规定：“行为人与他人共同从事侵权行为或与该他人为达成共同计划而从事侵权行为，则其应就该他人侵权行为致使第三人的伤害承担责任。”《美国侵权法重述·第三次·责任分担》第15条也规定：“当多人因共同行为而承担责任时，所有各方应对分配给参与该共同行为的每一方的比较责任份额承担连带责任。”只要数人是为了共同的目的而在共同行为之中，即便只是其中的一部分人实施了导致损害发生的侵权行为，全体人员即为共同侵权行为人。我国《民法通则》第130条规定：“二人以上共同侵权造成他人损害的，应当承担连带责任。”《侵权责任法》第8条的规定即对《民法通则》上述规定的传承，侵权责任编则又沿用了《侵权责任法》第

① 王胜明主编：《〈中华人民共和国侵权责任法〉条文解释与立法背景》，人民法院出版社2010年版，第42页。

8 条的规定。

近年来，学界和实务界对于共同侵权行为的适用范围作了进一步的研究，其核心内容就是突破主观共同故意或者共同意思联络这一问题，由此而生的是对共同侵权行为的本质的反思。杨立新教授认为，共同侵权行为的本质特征应当从主观标准向客观标准适当过渡，为了更好地保护受害人，可以借鉴我国台湾地区“民法”关于共同侵权行为的本质特征为关联共同的立场，将共同侵权行为分为主观的关联共同和客观的关联共同。[①]

【适用指南】

在数人侵权情形下，如果构成一般侵权，数个行为人分别根据各自的行为造成损害后果的可能性承担按份责任。如果构成本条规定的共同侵权，数个行为人对受害人承担连带责任，受害人可以要求任何一个行为人承担全部侵权责任。连带责任的制度价值就在于通过增加承担全部责任的主体数量，加强对受害人请求权的保护，以确保受害人获得充分的救济。但连带责任的承担实际上对于某个先行承担责任而后再行追偿的主体而言，是一种责任的加重。就外部责任而言，本条明确规定共同侵权人承担连带责任。至于如何具体适用连带责任，则要适用总则编第 178 条关于连带责任的一般规则。

连带责任的特征主要表现在：（1）连带责任对于侵权人而言是一种比较严重的责任方式。连带责任对外是一个整体的责任。连带责任中的每个人都需要对被侵权人承担全部责任。被请求承担全部责任的连带责任人，不得以自己的过错程度等为理由只承担自己的那一部分责任。（2）连带责任对于被侵权人保护得更为充分。连带责任给了被侵权人更多的选择权，被侵权人可以请求一个或者数个连带责任人承担全部或者部分的赔偿责任。

① 杨立新：《侵权法论》，人民法院出版社 2013 年版，第 915 页。

（3）连带责任是法定责任，连带责任人不能约定改变责任的性质，对于内部责任份额的约定对外不发生效力。①

至于内部责任，即使本条并未规定，也要适用总则编第178条的规定，这既涉及追偿权问题，也涉及其内部责任划分问题。在共同侵权行为中，共同加害人就内部责任而言，各个加害人的过错和行为的原因力可能是不一样的。各加害人必须根据各自的过错和行为的法律原因力分担其内部责任份额。依据第178条第2款的规定，连带责任人的责任份额根据各自责任大小确定；难以确定责任大小的，平均承担责任。实际承担责任超过自己责任份额的连带责任人，有权向其他连带责任人追偿。具体而言，可以分为四种情形来确定共同侵权人的内部责任份额：

其一，各行为人过错与法律原因力都能确定的，确定共同加害人责任份额的基本要求，是各共同行为人过错程度和行为的原因力，将这两个因素综合判断，确定各共同加害人各自的份额。具体方法是：第一，确定整体责任是100%；第二，确定各行为人主观过错在整体过错中的百分比，按照故意重于重大过失、重大过失重于一般过失的标准，分别确定各行为人各自所占过错比例的百分比；第三，确定各行为人的行为对损害发生的原因力，亦用百分比表示，即全体行为人的行为总和为100%，各行为人的行为所占百分比；第四，某一行为人的过错百分比与行为原因力百分比相加除以2，即为该行为人的责任份额。例如，某一行为人的过错程度为30%，行为的原因力为50%，其责任份额即为40%。②

其二，全部或部分行为人的过错难以确定但各行为人的法律原因力能确定的，根据各自的法律原因力的大小确定各行为人的责任份额。

其三，全部或部分行为人的法律原因力难以确定但各行为人的过错能确定的，根据各自过错的大小分配各行为人的责任份额。

其四，各个共同侵权行为人的过错与法律原因力都无法确定的，应当

① 王胜明主编：《〈中华人民共和国侵权责任法〉条文解释与立法背景》，人民法院出版社2010年版，第60页。

② 杨立新：《侵权法论》，人民法院出版社2013版，第942、943页。

以各行为人平均分担责任为原则，并适当考虑加害人的非法获利、经济负担能力等情况来确定。

此外，对于本条的适用，要注意与民事诉讼中确定共同被告特别是追加被告的规则衔接问题。依据《最高人民法院关于适用〈中华人民共和国民事诉讼法〉的解释》第73条的规定，必须共同进行诉讼的当事人没有参加诉讼的，人民法院应当依照《民事诉讼法》第132条的规定，通知其参加；当事人也可以向人民法院申请追加。人民法院对当事人提出的申请，应当进行审查，申请理由不成立的，裁定驳回；申请理由成立的，书面通知被追加的当事人参加诉讼。具体而言，人民法院通过审核诉讼材料和审前调查，如果发现必须共同进行诉讼的当事人没有参加诉讼，应当通知其参加诉讼。依法追加当事人参加诉讼，这样才可以使人民法院解决争议实现全面彻底。对于必须共同进行诉讼的当事人，因属于不可分之诉，人民法院应当依照《民事诉讼法》第132条规定，依职权追加其参加诉讼。必须共同进行诉讼的当事人没有参加诉讼的，已经参加诉讼的当事人也可以申请人民法院追加共同诉讼当事人。人民法院对当事人提出的申请，应当进行审查，申请没有理由的，裁定驳回；申请有理由的，书面通知应被追加的当事人。人民法院依法追加共同诉讼的当事人时，应当通知其他当事人。人民法院依法追加原告时，如果应当追加的原告已经明确表示放弃实体权利的，可不予追加；既不愿意参加诉讼，又不放弃实体权利的，仍应追加为共同原告，其不参加诉讼，不影响人民法院对案件的审理和判决。人民法院依法追加被告时，不以其本人和案内所有其他诉讼当事人的主观意愿为转移，均应通知追加，即便其不来参加诉讼，也不影响人民法院对案件的审理与判决，且判决生效以后，对其同样具有约束力。但是，如果应当追加的被告属于依法必须到庭的被告，在其经人民法院通知追加后拒不到庭参加诉讼的，经两次传票传唤，无正当理由拒不到庭的，可以对其实行拘传。另外，如果发现原告或被告不符合当事人条件的，应当通知符合条件的原告或被告参加诉讼，更换不合格的当事人。①

第一千一百六十九条　教唆、帮助他人实施侵权行为的，应当与行为人承担连带责任。

教唆、帮助无民事行为能力人、限制民事行为能力人实施侵权行为的，应当承担侵权责任；该无民事行为能力人、限制民事行为能力人的监护人未尽到监护职责的，应当承担相应的责任。

【条文主旨】

本条是关于教唆和帮助侵权的责任承担的规定。

【立法要点及理由】

从侵权法理论上讲，教唆和帮助侵权是多数人侵权的典型形式。通说认为，多数人侵权行为及责任的概念来源于大陆法系的多数人之债。史尚宽先生认为："以同一给付为标的之债之关系，有多数债务人或多数债权人或双方均为多数者，谓之多数主体之债之关系。"多数人侵权行为是由数个行为人实施，造成同一个损害后果，各侵权人对同一损害后果承担不同形态的责任的侵权行为。而多数人侵权责任则是指数个行为人实施的行为，造成了同一个损害后果，数人对该同一损害后果按照行为的不同类型所承担的不同形态的侵权责任。共同侵权行为当然是多数人侵权行为，是多数人侵权行为中最为典型的类型，也是最为重要的类型。对共同侵权行为的类型尽管有多种不同的学说主张，但包括主观的共同侵权行为、客观的共同侵权行为、共同危险行为、叠加的共同侵权行为，是基本的共识。

① 王胜明主编：《中华人民共和国民事诉讼法释义》，法律出版社 2012 年版，第 318 页。

在主观的共同侵权行为中，包括教唆人、帮助人责任以及团伙成员责任。[①]综观有关国家立法例，只要规定了共同侵权行为的民法典，大多都对教唆和帮助侵权作出了明确规定。例如，《德国民法典》第830条第2款规定："教唆人和帮助人视为共同行为人。"《日本民法典》第719条第2款规定："教唆行为人者及帮助行为人者看作共同行为人，适用前款规定。"在我国，《民法通则》仅规定了共同侵权制度，并未对教唆、帮助侵权作出具体规定。《民通意见》对此作了很好的补充，其第148条规定："教唆、帮助他人实施侵权行为的人，为共同侵权人，应当承担连带民事责任。教唆、帮助无民事行为能力人实施侵权行为的人，为侵权人，应当承担民事责任。教唆、帮助限制民事行为能力人实施侵权行为的人，为共同侵权人，应当承担主要民事责任。"《侵权责任法》在此基础上，对教唆帮助侵权行为的责任承担规则作了进一步完善，其第9条规定："教唆、帮助他人实施侵权行为的，应当与行为人承担连带责任。教唆、帮助无民事行为能力人、限制民事行为能力人实施侵权行为的，应当承担侵权责任；该无民事行为能力人、限制民事行为能力人的监护人未尽到监护责任的，应当承担相应的责任。"本条沿用了这一规定。

所谓教唆行为，是指利用言语对他人进行开导、说服或通过刺激、利诱、怂恿等行为，最终促使被教唆人接受教唆人的意图，进而实施某种加

① 关于团伙成员的共同侵权责任，为1992年施行的《荷兰民法典》第6：166条所规定，参见张新宝：《侵权责任法》，中国人民大学出版社2006年版，第60页。另，关于教唆、帮助行为与共同侵权行为之间的关系，学者之间有着不同的认识。有的学者认为，共同侵权行为的主体是共同加害人，共同加害人按其行为的特点，可以分为实行行为人、教唆行为人和帮助行为人。因而，教唆行为和帮助行为都是共同侵权行为人实行的行为，都是典型的共同侵权行为。有的学者认为，如果某人教唆或者帮助他人从事侵权行为，由于各行为人具有共同故意，其行为已与其他共同侵权行为人的行为构成一个共同的、不可分割的整体，因此都是共同侵权行为人。有的学者认为，教唆或者帮助他人实施侵权行为的人并未直接从事加害行为，原则上是不应承担侵权责任的；但是，如果不令这些教唆人或者帮助人承担侵权责任必将大大违背社会正义观念，而且也不利于遏制此等教唆行为或帮助行为之发生。因此，在侵权责任法中将这两类人与直接从事侵权行为的人同样对待，视其为共同侵权行为人。参见王胜明主编：《中华人民共和国侵权责任法释义》，法律出版社2010年版，第60页。

害行为。[①] 离开教唆人的唆使行为，被教唆人就不会产生实施侵权行为的意图，也不会有侵权行为的发生，所以，教唆行为与被教唆人的侵权行为之间具有法律意义上的因果联系。

所谓帮助行为，是指通过提供工具、指示目标或以言语激励等方式从物质上或精神上帮助实施加害行为的人。[②] 在帮助行为中，被帮助人本来已有加害他人的意图，帮助人的行为致使加害行为得以实现并导致最终损害结果的出现。与教唆行为相比，帮助行为通常不会对加害行为起决定性作用，而主要是对加害行为起到推动或者促进作用。

【适用指南】

本条以教唆、帮助的对象之属于完全民事行为能力人或者无民事行为能力人、限制民事行为能力人而承担责任的不同，分设两款规定，即以教唆、帮助对象不同而适用不同的责任形态。

一、教唆、帮助完全民事行为能力人情形下的侵权责任承担规则

本条第 1 款规定："教唆、帮助他人实施侵权行为的，应当与行为人承担连带责任。"对照第 2 款的规定，此处的"他人"是指完全民事行为能力人。完全民事行为人的认定，应当按照总则编的有关规定进行。教唆人、帮助人与侵权行为人可能不存在共同意思联络，但教唆、帮助行为均出于故意，可以认为教唆人、帮助人对侵权行为的发生具有道德上的可谴责性，这也为连带责任的承担提供了伦理基础。教唆人、帮助人与侵权行为人承担连带责任，被侵权人可以请求教唆人、帮助人承担部分或者全部连带责任，此时被侵权人有选择权。此外，教唆人、帮助人与侵权行为人之间也存在内部责任分担的问题。换言之，教唆人、帮助人与侵权行为人承担连带责任，属侵权责任的外部关系，教唆人、帮助人与侵权行为人之

---

① 张铁薇：《共同侵权制度研究》，法律出版社 2007 年版，第 193 页。

② 王利明：《民商法研究》，法律出版社 1999 年版，第 168 页。

间的责任分担，为他们之间的内部关系。在内部关系中，他们之间承担的是按份责任，适用按份责任的一般规则，适用总则编第 178 条第 2 款的规定："连带责任人的责任份额根据各自责任大小确定；难以确定责任大小的，平均承担责任。实际承担责任超过自己责任份额的连带责任人，有权向其他连带责任人追偿。"

二、教唆、帮助无民事行为能力人、限制民事行为能力人情形下的侵权责任承担规则

本条第 2 款规定："教唆、帮助无民事行为能力人、限制民事行为能力人实施侵权行为的，应当承担侵权责任；该无民事行为能力人、限制民事行为能力人的监护人未尽到监护职责的，应当承担相应的责任。"这是对教唆、帮助行为中的特殊情形，即被教唆、帮助人为无民事行为能力人、限制民事行为能力人情形的规定。当被教唆、帮助人为无民事行为能力人、限制民事行为能力人时，教唆人、帮助人实际上是利用被教唆、帮助人的身体动作作为侵害他人权利的方式，来实现其非法目的，被教唆、帮助人在这里类似于他们实施侵权行为的工具。一般而言，这时被教唆、帮助的无民事行为能力人或者限制民事行为能力人由于欠缺相应的认知、判断能力，对该侵权行为的实施并无过错可言，其不能成为该侵权行为的责任主体，教唆人、帮助人应就该侵权行为承担单独的侵权责任。

"该无民事行为能力人、限制民事行为能力人的监护人未尽到监护职责的，应当承担相应的责任"，这是与监护制度直接对应的。依据法理，如果监护人没有尽到管教和约束被监护人的责任，致使被监护人实施侵害他人人身、财产的不法行为，监护人应当承担民事责任。侵权责任编第 1188 条对无民事行为能力人、限制民事行为能力人的监护人的责任作了规定，本条第 2 款规定与以上规定都是相对应的。

笔者认为，在案件处理中对无民事行为能力人和限制民事行为能力人作适当区分更有利于案件的公平妥善处理。同时，与教唆行为相比，帮助行为在加害行为实施中起辅助作用。在审判实务中，有必要根据案件实际情况，在侧重保护无民事行为能力人和限制民事行为能力人的基础上，做好与监护人承担相应责任的对接。具体而言，与无民事行为能力人相比，限制行为能力人应对自己的行为有一定程度的判断力和理解力，其监护人进行监护的难度相对小一些，故在限制民事行为能力人实施了加害行为的情形下，认定其监护人“未尽到监护责任”的可能性更大，认定“未尽到”的程度要更重；与教唆行为相比，帮助行为在加害行为实施中起辅助作用，对损害的发生未起到决定性的作用，而被帮助的无民事行为能力人和限制民事行为能力人的加害行为起主要作用，故在帮助无民事行为能力人和限制民事行为能力人实施侵权行为的情形下，与被教唆人的监护人相比，认定被帮助人的监护人“未尽到监护责任”的可能性更大。①

第一千一百七十条　二人以上实施危及他人人身、财产安全的行为，其中一人或者数人的行为造成他人损害，能够确定具体侵权人的，由侵权人承担责任；不能确定具体侵权人的，行为人承担连带责任。

【条文主旨】

本条是关于共同危险行为的规定。

【立法要点及理由】

“共同危险行为”在理论上被称为“准共同侵权”，属于广义的共同侵权类型之一。学理上的共同危险行为，是指数人的危险行为对他人的合法权益造成了某种危险，但对于实际造成的损害又无法查明是危险行为中的何人所为，法律为保护被侵权人的利益，将数个行为人视为侵权行为

① 参见最高人民法院侵权责任法研究小组编著：《中华人民共和国侵权责任法条文理解与适用》，人民法院出版社 2010 年版，第 82 页。

人。共同危险行为制度为世界大多数国家和地区的民法典所规定。我国《民法通则》和《民通意见》没有对共同危险行为制度作出明确规定。《侵权责任法》在总结以往经验的基础上，在第10条首次以立法形式专设条文对共同危险行为作出规定，该条规定："二人以上实施危及他人人身、财产安全的行为，其中一人或者数人的行为造成他人损害，能够确定具体侵权人的，由侵权人承担责任；不能确定具体侵权人的，行为人承担连带责任。"侵权责任编在本条完全保留了《侵权责任法》的相应规定。

【适用指南】

根据本条规定，共同危险行为即为二人以上实施危及他人人身、财产安全的行为，仅有其中一人或者部分人的行为造成他人损害，但无法确定具体侵权人的侵权行为类型。具体而言，共同侵权行为的构成要件如下：

1. 二人以上实施危及他人人身、财产安全的行为

行为主体具有复数性，这是构成共同危险行为最基本的条件。

2. 行为主体之间没有意思联络

共同危险行为主体具有复数性，即二人以上，这与共同加害行为具有同一特征；但与共同加害行为的区别在于各行为主体之间对加害行为没有共同的意思联络，也缺乏共同的认识。

3. 数人实施危险行为

依本条规定，这是指实施了"危及他人人身、财产安全的行为"。这里的"危及"应当结合日常生活经验法则来认定，数个行为人的行为都应具有导致他人人身损害或者财产损害的高度可能性。这里的实施，通常被界定为"共同实施"，但此"共同"应既不是共同故意的共同，也不是行为的客观关联共同，即不属于共同侵权行为的样态。在共同危险行为制度中，"共同"的含义主要是要求数个行为人的行为必须是在同一时间、同一场所的行为，即"时空上的共同性"。如果各被告的行为在时间上、场

所上发生了分离，就不属于共同危险行为。

4. 其中一人或者部分人的行为造成他人损害

这里包含两个方面的要求：一方面，要造成损害后果；另一方面，明确此损害后果系其中一人或数人的行为造成，即不能是全部人的行为造成的损害后果，这涉及侵权责任编其他条文的适用。另外，这里也包括因果关系的要件，即某一行为或者数个行为造成了相应的损害后果。

5. 无法确定具体侵权行为人

此即学理上的加害人不明。如果能够确定具体的加害人，当然不能适用本条规定的规则，而应适用相应的独立的侵权责任构成来确定其责任。这里强调的是无法确定造成损害后果的具体行为人到底是谁，也可以理解为是直接的因果关系难以认定，即共同危险行为人中一人或数人的行为已实际造成损害后果，但究竟是数人中谁的行为实际造成损害结果的，该事实难以认定。

根据本条规定，适用共同危险行为制度的法律后果是，数个行为对受害人承担连带责任。从侵权人的角度，其免责事由的问题有必要予以明确。免责事由，是指被告针对原告的诉讼请求而提出的，证明原告的诉讼请求不成立或不完全成立的事实。在侵权法中，免责事由是针对承担民事责任的请求而提出来的，所以，又称免责或减轻责任的事由，也叫作抗辩事由。[①] 一般而言，免责事由有效成立必须具备两个条件：其一，对抗性要素。必须是对抗侵权责任构成的具体要件，阻断整个侵权责任构成，使原告诉请的侵权责任归于不能成立。抗辩事由虽然是对抗对方当事人的侵权诉讼请求，但它具体对抗的是侵权责任构成，破坏对方当事人请求权的成立，导致对方的侵权诉讼请求在法律上不成立。这就是侵权责任免责事由对抗性的要求。侵权责任纠纷的被告提出的主张如果不具有对抗性，而仅能证明自己具有可以谅解，但不足以对抗对方当事人请求的情况，不能成为抗辩事

① 王利明、杨立新：《侵权行为法》，法律出版社 1997 年版，第 76 页。

由。[①] 其二，客观性要素。免责事由必须是客观存在的、已经发生的事实，而不能是主观臆断或者尚未发生的事实。

从理论上讲，侵权责任的免责事由主要是正当防卫、紧急避险、受害人的同意、第三人过错、不可抗力等。通常而言，这些免责事由对于适用过错责任原则的侵权行为类型都可以适用，法律、行政法规没有排除这些免责事由适用的其他侵权行为类型也都可以适用。也就是说，总则编和侵权责任编规定的免责事由，如不可抗力、紧急避险、受害人故意等，对于共同危险行为而言，都可以适用。

在共同危险行为的免责问题上，争议比较大的是如何确定部分行为人免责的问题。从本条规定的文义看，侵权责任编系采取"因果关系确证说"。因为依照"因果关系排除说"，其内容应当体现"共同危险行为人能够证明损害后果不是由其行为造成的，不承担赔偿责任"的表述，而本条规定"能够确定具体侵权人的，由侵权人承担责任；不能确定具体侵权人的，行为人承担连带责任"。依文义解释，本条显然是要求在明确证明谁是具体造成损害后果的侵权行为人时，其他人才可以免责。而且，从逻辑上讲，共同危险行为应当存在一个基于充分救济受害人考虑的构成共同危险行为时的数人连带责任规则，这应属于外部责任；而共同危险人之间如何免责的问题，则可以类似于他们之间的内部责任。从本条规定加强对受害人保护的初衷以及公平原则的角度考虑，"确定具体侵权人"的举证责任也不能分配给受害人一方，而只能分配给主张自己免责的实施危险行为的人。其实，从常理上看，这也符合"谁主张，谁举证"的一般规则。

在此需要说明的是，也有观点主张本条并未明确规定免责抗辩。理由在于：第一，"能够确定具体侵权人的，由侵权人承担责任；不能确定具体侵权人的，行为人承担连带责任"，依其文义，应当是对共同危险行为与独立侵权行为的要件构成进行区别的规定，即强调只有加害人不明的情形才构成共同危险行为，承担连带责任；加害人能够确定的，即非共同危

① 参见佟柔主编：《中国民法》，法律出版社 1995 年版，第 571 页。

险行为，而系独立侵权行为，应由造成该独立侵权的行为人承担侵权责任。第二，具体侵权人能否确定，系事实证明问题，而非免责抗辩问题。不能证明的，本条为保护受害人，乃采取法定的因果关系推定，使共同危险行为人负连带责任。依照法理，凡属事实推定，受不利推定的当事人均可以事实反证推翻该项推定。此项事实反证，即因果关系不存在；而指证具体侵权人，虽亦可以排除其他共同危险行为人与损害结果之间的因果关系，达到事实反证的效果，但其不能排斥共同危险行为人采用其他事实反证的方法和路径，即指证具体侵权人不能成为免责抗辩的强制性义务和唯一路径。[①] 这一见解颇有道理，也符合形式逻辑的要求，对于完善有关共同危险行为理论体系以及加强实务指导具有积极意义。

第一千一百七十一条　二人以上分别实施侵权行为造成同一损害，每个人的侵权行为都足以造成全部损害的，行为人承担连带责任。

【条文主旨】

本条是关于特定分别侵权行为承担连带责任的规定。

【立法要点及理由】

本条规定的侵权行为类型在理论上又被称为叠加的共同侵权行为，属于无意思联络数人侵权的典型形式，通常而言，无意思联络的数人侵权，是指二人以上没有意思联络，但其行为相互结合造成他人人身或者财产损害，且每个人的侵权行为都足以造成全部损害的侵权行为类型。理论上，

---

① 最高人民法院侵权责任法研究小组编著：《中华人民共和国侵权责任法条文理解与适用》，人民法院出版社 2010 年版，第 87 页。

通常依据主体有无意思联络而将多数人侵权区分为有意思联络的数人侵权和无意思联络的数人侵权，对其要件构成和责任承担作出区分。其基本的价值判断依据在于，现代侵权法遵循理性原则，要求侵权人承担责任应当与其理性预期相一致。因此，有无合理的理性预期就成为有无意思联络的多数人侵权在责任承担方式上的分水岭。当然，还有其他的价值判断标准决定对多数人侵权的类型区分。例如，对被侵权人的充分救济与保护行为人的行为自由两者之间应当如何平衡，涉及立法上对多数人侵权时的风险分配问题。不同的价值取向决定了立法对多数人侵权采不同的分类标准。当然，立法划分多数人侵权时，首要遵循的是行为人的理性预期与其责任承担相一致的基本价值判断标准。因此，有无意思联络就成为侵权法划分多数人侵权的基本类型。审判实务中对多数人侵权并不过分强调主观有无意思联络，而更着重于对受害人的损害赔偿救济，同时也考虑连带责任承担方式的均衡扩张，因此将多数人侵权划分为共同侵权、准共同侵权和多因一果几种类型。[①] 本条规定沿用了《侵权责任法》第 11 条的规定，对无意思联络的数人侵权承担连带责任的特定情形作了规定。从对应关系上看，本条实际上是与第 1172 条构成一个无意思联络数人侵权类型下的两个分类。

【适用指南】

根据本条规定，二人以上分别实施侵权行为，行为人对所造成的损害承担按份责任。但如果每个行为人的侵权行为都足以造成全部损害，行为人就应当承担连带责任。据此，本条规定侵权行为的构成要件如下：

一是二人以上分别实施侵权行为。行为主体的复数性仍然是最基本的条件，每个人的行为都必须符合相应的侵权责任构成，这里的侵权责

---

① 最高人民法院侵权责任法研究小组编著：《中华人民共和国侵权责任法条文理解与适用》，人民法院出版社 2010 年版，第 91 页。

任构成应当包括侵权责任编关于过错责任、过错推定责任以及无过错责任的构成要件。换言之，本条作为侵权责任编“一般规定”中的内容，应当对侵权责任编各具体侵权行为类型具有适用的效力，本条规定可以适用于无过错责任原则有关的侵权行为。相比本编关于共同侵权的规定，本条要求数个侵权行为之间相互独立。本条中的“分别”是指实施侵权行为的数个行为人之间不具有主观上的关联性，各个侵权行为都是相互独立的。每个行为人在实施侵权行为之前以及实施侵权行为过程中，与其他行为人无意思联络，也没有认识到还有其他人在实施类似的侵权行为。①

二是造成同一损害后果。“同一损害”指数个侵权行为所造成的损害的性质和内容是相同的，都是同一身体伤害或者同一财产损失，如果能够区分出各自造成的损害后果并不相同，这就不是同一损害，而是不同损害，应当按照各自过错大小承担责任。

三是每个侵权行为都足以造成全部损害。判断每个侵权行为是否足以造成全部损害是适用本条的关键。本条中的“足以”并不是指每个侵权行为都实际上造成了全部损害，而是指即便没有其他侵权行为的共同作用，单个侵权行为也完全可以造成这一损害后果。

第一千一百七十二条　二人以上分别实施侵权行为造成同一损害，能够确定责任大小的，各自承担相应的责任；难以确定责任大小的，平均承担责任。

【条文主旨】

本条是关于分别侵权行为承担按份责任的一般规定。

---

① 王胜明主编：《中华人民共和国侵权责任法释义》，法律出版社2010年版，第67页。

【立法要点及理由】

分别侵权行为，学者也称为无意思联络的数人侵权，是指数个行为人事先没有意思联络，只是由于他们之间的行为与损害后果之间客观上的联系，造成了同一个损害结果的侵权行为类型。我国《民法通则》没有对分别侵权作出规定。《侵权责任法》在总结有关审判实践经验的基础上，在第12条规定："二人以上分别实施侵权行为造成同一损害，能够确定责任大小的，各自承担相应的责任；难以确定责任大小的，平均承担赔偿责任。"本条基本承袭了《侵权责任法》的这一规定内容，只是将其"平均承担赔偿责任"修改为"平均承担责任"，即删除了"赔偿"二字。由于损害赔偿虽然是侵权责任承担的主要方式，但也只是其中一种方式，删除"赔偿"二字，实际上就是用侵权责任取代了赔偿责任，这样一来所涵盖的侵权责任类型似更加广阔，依照其性质不能按份的侵权责任承担方式自然不能"一刀切"地适用本条规定。当然，笔者认为，这里最主要的应当是为了保持与总则编第177条规定的按份责任一般规则的表述一致。

对于分别侵权行为的认定，实际上涉及与共同侵权行为的本质如何界定的问题。分别侵权行为与共同侵权行为相比较，最显著的区别是数个侵权行为人在主观上没有意思联络，不可能对自己的行为与他人的行为发生结合时会造成受害人的同一损害事先预见，因而既没有共同故意，也没有共同过失。基于这一点，将这种行为称为无意思联络的数人侵权，其中无意思联络只能概括无共同故意一种情况，不能概括无共同过失的情况，因而称之为分别侵权行为更为准确。[①]

---

① 王胜明主编：《中华人民共和国侵权责任法释义》，法律出版社2010年版，第969页。

【适用指南】

一、分别侵权行为的构成要件

适用本条规定应当符合下列构成要件：

一是二人以上分别实施侵权行为。如上所述，这一要件与上一条中“二人以上分别实施侵权行为”的含义相同，要求数个侵权行为相互之间是独立的，不存在侵权责任编关于共同侵权行为的情形。

二是造成同一损害后果。这一要件的判断标准也应当与本法第 1171 条中“造成同一损害”是一致的，如果数个侵权行为造成的损害后果不同，可以明显区分，则应当属于各自独立的侵权责任构成，即属于数个侵权行为，应当按照过错责任、过错推定责任或者无过错责任原则的规定确定各自的责任。这里的能够区分应当主要体现在损害后果方面，即造成了不同的损害后果。

三是每个侵权行为都符合独立的侵权责任构成要件事实。这应当也是本条适用的前提条件。如果其中一个侵权行为不符合法定的构成要件，当然无须承担侵权责任。

二、按份责任的承担

根据本条规定，数个行为人应当承担按份责任。按份责任，是指数个责任主体按照法律规定或者当事人约定，按照不同的份额对同一损害后果承担的民事责任。按份责任分为两种类型，一是约定的按份债务不履行发生的按份责任；二是依照法律规定发生的按份责任，如无意思联络的共同侵权行为导致的数个侵权人承担的按份责任。按份责任与连带责任的基本区别在于，二者承担的外部责任有本质不同：连带责任的责任人之间虽然也分有份额，但是这种份额具有内部性，对外每一个责任人都需要向权利人承担全部的责任；而按份责任的各个责任人的责任份额不具有独立性，只对自己的份额负责，不对整体责任负责。

关于按份责任承担的法律后果。如上所述，本条规定与总则编第 177

条规定的按份责任具有一致性，即“能够确定责任大小的，各自承担相应的责任；难以确定责任大小的，平均承担责任”。依据本条规定，按份责任承担的法律后果可以分为两种具体情形：

一是能够确定责任大小的情形。在此以分别侵权行为为例，虽然数个侵权行为结合造成了同一损害，但是在大部分案件中，可以根据各个侵权行为对造成损害后果的可能性（盖然性）来确定责任份额。判断这种可能性，可以综合各个行为人的过错程度、各个侵权行为与损害后果因果关系的紧密程度、公平原则以及政策考量等因素。有的学者将这种可能性称为“原因力”，指在构成损害结果的共同原因中，每一个原因对于损害结果发生或扩大所发挥的作用力。法律不可能脱离具体案件，事先抽象出各种确定责任份额的标准，只能由法官在具体案件中综合考虑各种因素来确定。

二是难以确定责任大小的情形。责任分配的尺度很难有一个可以量化的标准，在某些情形下，由于案情复杂，我们很难分清每个侵权行为对损害后果的作用力究竟有多大。其他国家在确定各个连带责任人内部份额时的做法可以借鉴，如《俄罗斯民法典》第 1081 条第 2 款中规定，当过错程度不能确定时，份额应均等；《意大利民法典》第 2055 条第 3 款规定，在有疑问的情况下，推定所有人的责任相同。本条也作出了类似规定，难以确定责任大小的，各个行为人平均承担赔偿责任。[①]

三、侵权责任法上的原因力规则

原因力是指违法行为或其他因素对于损害结果发生或扩大所发挥的作用力。原因力可分为事实原因力和法律原因力两个层次，事实原因力和法律原因力的判断分别影响到事实因果关系和法律因果关系的成立与否，而事实因果关系属于责任构成要件的因果关系，法律因果关系属于损害赔偿责任范围问题。因此，事实原因力通过对事实因果关系的影响决定侵权责任的成立与否，法律原因力通过对法律因果关系的影响明确责任范围和如

---

① 王胜明主编：《中华人民共和国侵权责任法释义》，法律出版社 2010 年版，第 70 页。

何分担损害赔偿。

在现代社会中，侵权行为呈现出一因多果、多因一果，甚至多因多果的因果关系形态，受害人的损害常是掺杂了多人的行为甚至介入了各种外来因素造成的，原因力的判断较为困难。在数种原因造成同一损害的复合因果关系形态中，原因力的判断与比较最为复杂，在此我们需要进行单独的探讨。

我国传统的必然因果关系说针对数种原因造成同一损害的情况要求区分直接原因与间接原因、主要原因与次要原因，认为间接原因与损害结果之间不存在因果关系，从而免除行为人的责任；而主要原因与次要原因都是损害事实发生的原因，根据主要原因和次要原因的不同来划定不同原因制造者的具体责任程度。尽管很多人都认为必然因果关系说已经式微，但是，一方面，必然因果关系毕竟在很多领域中还需要应用，另一方面，其要求区分直接原因和间接原因、主要原因与次要原因的合理内核，是应当发扬的。

我们应当根据这样一些因素，判定共同原因中各个原因对于损害事实发生的具体原因力的大小，即原因力的大小取决于各个共同原因的性质、原因事实与损害结果的距离以及原因事实的强度。直接原因的原因力优于间接原因；原因事实距损害结果近的原因力优于原因事实距损害结果远的原因力；原因事实强度大的原因力优于原因事实强度小的原因力。具体而言，可以按照以下标准比较各个原因的法律原因力大小：

1. 直接原因和间接原因

直接原因是指与损害后果之间自然连续，与结果之间没有任何中断因素存在的原因。间接原因是指与损害后果没有直接接续关系，而是通过第三方的介入并对损害结果起一定作用的原因。直接原因一般直接作用于损害结果，其导致损害结果的发生符合事件发生顺序，它在损害的产生、发展过程中，表现出某种必然的、一定如此的趋向。直接原因之所以具有法律原因力，并非因为其与直接结果在时间上和空间上最为接近，而是因为两者之间的因果运动中不存在其他会对之产生影响的人的活动或自然因素的介入。而间接原因对损害的发生不起直接作用，往往是偶然地介入了第三人的行为、受害人的因素、某种非人力的因素，并与这些因素相结合，才产生了损害结果。在通常情况下，间接原因距离损害结果越远，其原因力越弱，而不是像传统理论那样彻底否认间接原因对损害结果的原因力。需要注意的是，间接原因不一定具有法律原因力，也就是说不一定都要行为人负责，即使在有法律原因力的情况下，也不能由该行为人负全部责任。

在判断直接原因和间接原因的法律原因力时，可以综合时间和空间的距离、立法目的以及当事人的过错来考虑。以判断间接原因的原因力为例，当介入原因是第三人的故意或重大过失行为时，第三人的过错行为彻底解除了间接原因的原因力；而当介入原因是受害人的特殊体质或自然因素时，如果间接原因的行为人有过错，该间接原因仍具原因力。[①]

2. 主要原因和次要原因

在直接原因中造成损害结果的原因有时会有若干个，这些原因对共同损害结果的发生都起到了直接的作用，只是作用的程度有所不同。[②] 在这些共同的直接原因中，根据其发生作用的情况不同，可分为主要原因和次要原因。其中，对损害结果的发生或扩大起主要作用的是主要原因，法律原因力较大；对损害结果的发生或扩大起次要作用的是次要原因，法律原因力较小。

对于复合因果形态下侵权责任的确定和分担，我国学界基本上不再主张单一的过错程度决定说或法律原因力决定说，改采综合说。同时，对于数人侵权的责任份额划分问题，一般也要适用比较过错和比较原因力的方法。对于原因力规则既可以在有多个加害行为时使用，也可以在确定共同侵害或者其他承担连带责任情形下的内部责任时使用。

第一千一百七十三条　被侵权人对同一损害的发生或者扩大有过错的，可以减轻侵权人的责任。

---

① 参见王旸：《侵权行为法上因果关系理论研究》，载《民商法论丛》第11卷，法律出版社1999年版，第551页。

② 参见王利明：《侵权行为法归责原则研究》，中国政法大学出版社1992年版，第389页。

【条文主旨】

本条是关于过失相抵或者与有过失的规定。

【立法要点及理由】

在侵权损害赔偿案件中，如果受害人对于损害的发生或者扩大也具有故意或者过失，此时仍令侵权人承担全部损害赔偿责任，有悖于法理和公平原则。因此，各地侵权法都允许在一定程度上减轻或者免除侵权人的赔偿责任。此种制度，我国台湾地区称为“过失相抵”，德国理论上称为“与有过失”。《侵权责任法》将过失相抵作为不承担或者减轻责任的事由予以规定，其第26条规定：“被侵权人对损害的发生也有过错的，可以减轻侵权人的责任。”侵权责任编没有采取专章规定不承担或者减轻责任情形的做法，而是将这些情形统一规定在第一章“一般规定”当中。相较于《侵权责任法》第26条的规定，本条有三方面的修改：一是将“损害”修改为“同一损害”，即对损害后果作一限定；二是增加了被侵权人对同一损害的“扩大”有过错的情形，从而使得本条规定覆盖范围更广；三是将“也有过错”的“也”字删除。

【适用指南】

过失相抵规则在本质上就是由于受害人对于损害的发生或者扩大也有过错，基于该过错行为与损害后果之间原因力的大小来适当减轻侵权人的责任。也就是说，适用过失相抵规则要与原因力规则密切结合。

作为减责规则的原因力规则，是在对于受害人的损害结果由侵权人和受害人双方的行为共同造成的，即侵权人的行为和受害人的行为对损害事实都具有原因力的情形下运用的。在此应当注意，对于适用过错责任的场合，比较原因力的大小，对于与有过错责任范围的影响不能具有绝对的决定作用，这时确定责任范围的主要标准，仍是双方当事人过错程度的轻重，双方行为的原因力大小，要受双方过错程度的约束。

最后，需要注意的是，“有过错”是适用过失相抵减轻侵权人责任的条件，但此处的“过错”应当是指过失的情形，如果被侵权人故意造成损害的，行为人不承担责任，这属于下一条的规定。

第一千一百七十四条　损害是因受害人故意造成的，行为人不承担责任。

【条文主旨】

本条是关于受害人故意作为免责事由的规定。

【立法要点及理由】

免责事由，是指被告针对原告的诉讼请求而提出的，证明原告的诉讼请求不成立或不完全成立的事实。在侵权法中，免责事由是针对承担民事责任的请求而提出来的，所以，又称免责或减轻责任的事由，也叫作抗辩事由。[①] 免责事由与侵权责任构成关系密切，从某种意义上讲，在侵权责任构成的整体框架下，探讨侵权责任的免责事由更有道理。罗马法有“不幸事件只能由被击中者承担”的法谚，美国著名法学家霍姆斯认为：“良好的政策应该让损失停留在其发生之处，除非有特别干预的理由存在。”[②] 笔者认为，这一特别干预的理由，正是基于法律的价值判断及利益衡量的政策考虑得出的侵权责任的具体构成要件。具备完整的侵权责任构成要件

---

① 王利明、杨立新：《侵权行为法》，法律出版社 1997 年版，第 76 页。

② 陈本寒、艾围利：《侵权责任法不可抗力适用规则研究——兼评〈侵权责任法〉第 29 条》，载《现代法学》2011 年第 1 期。

则损害由“被击中者”转移至侵害人（此时不再称为“侵害嫌疑人”）；不具备则损害“停留在其发生之处”，即侵害嫌疑人免责。[①] 而基于侵权责任构成与侵权责任的归责原则的密切关系，免责事由与侵权责任的归责原则也息息相关。适用不同的归责原则，就有不同的责任构成要件，因而也就总是要求与归责原则和责任构成要件相适应的免责事由。[②]

一般而言，免责事由有效成立都必须具备两个条件：其一，对抗性要素。必须是对抗侵权责任构成的具体要件，阻断整个侵权责任构成，使原告诉请的侵权责任归于不能成立。抗辩事由虽然是对抗对方当事人的侵权诉讼请求，但它具体对抗的是侵权责任构成，破坏对方当事人的请求权的成立，导致对方的侵权诉讼请求在法律上不成立。这就是侵权责任免责事由对抗性的要求。侵权责任纠纷的被告提出的主张如果不具有对抗性，而仅仅能证明自己具有可以谅解，但不足以对抗对方当事人请求的情况，不能成为抗辩事由。[③] 其二，客观性要素。免责事由必须是客观存在的、已经发生的事实，而不能是主观臆断的情况或者尚未发生的事实。

《侵权责任法》第27条规定：“损害是因受害人故意造成的，行为人不承担责任。”本条沿用了这一规定，将受害人故意作为免责事由作了明确规定。具体而言，受害人故意，是指受害人明知自己的行为会给自己造成损害，而希望或放任此种结果发生的主观心理状态。受害人对损害的发生或者扩大的主观故意，说明受害人的这一故意行为是损害发生或者扩大的唯一原因，从而应使加害人就该损害或者扩大的损害免责。故法律将受害人故意作为一项法定免责事由。

【适用指南】

本条规定对行为人免责，是指损害完全是因为受害人的故意造成的，

---

① 陈本寒、艾围利：《侵权责任法不可抗力适用规则研究——兼评〈侵权责任法〉第29条》，载《现代法学》2011年第1期。

② 杨立新：《侵权法论（第五版）》，人民法院出版社2013年版，第348页。

③ 参见佟柔主编：《中国民法》，法律出版社1995年版，第571页。

即受害人故意的行为是其损害发生的唯一原因。例如，本编第 1237 条规定："民用核设施或者运入运出核设施的核材料发生核事故造成他人损害的，民用核设施的营运单位应当承担侵权责任；但是，能够证明损害是因战争、武装冲突、暴乱等情形或者受害人故意造成的，不承担责任。"此外，《道路交通安全法》第 76 条第 2 款规定，交通事故的损失是由非机动车驾驶人、行人故意碰撞机动车造成的，机动车一方不承担赔偿责任。

关于本条的适用，要注意"明知"的界定问题。目前民法理论与刑法理论对于"过错""故意""过失"的认识有着本质上的共通性。一般认为，故意就其本质而言是一种内在的追求或者放任自己行为造成损害后果的意图。[①] 据此，故意可以分为直接故意和间接故意，直接故意的界定标准为明知某一行为会发生某种损害后果，而积极追求该损害后果发生的主观心理状态；间接故意的界定标准则是明知该行为会发生某种损害后果，而放任该损害后果发生的主观心理状态。可见，无论直接故意还是间接故意，都要有"明知"这一要素。"明知"是故意构成中的认识因素，是故意的重要表现形式。故意层面的"明知"是指对违法的、危害社会结果的认识，[②] 也就是行为人认识到其行为会造成一定的危害后果。司法实践中，对于明知的证明，也往往需要通过举证有关的客观行为表现来实现。

第一千一百七十五条　损害是因第三人造成的，第三人应当承担侵权责任。

【条文主旨】

本条是关于第三人行为造成损害时行为人免责的规定。

---

① 张新宝：《侵权责任构成要件研究》，法律出版社 2007 年版，第 479 页。

② 舒洪水：《生产、销售有毒、有害食品罪中"明知"的认定》，载《法学》2013 年第 8 期。

【立法要点及理由】

关于第三人过错，《侵权责任法》第28条规定：“损害是因第三人造成的，第三人应当承担侵权责任。”本条沿用了这一规定。第三人行为造成，即该第三人的行为对于损害后果有全部的原因力，可以构成行为人的免责事由。这是针对一般的侵权行为类型而言的。

对于第三人侵权责任的构成，其核心在于第三人的过错认定问题。故在此对于过错乃至第三人过错的判断标准作一阐述和强调。

现在理论界对于过错系主观过错还是客观过错存有不同认识。检验过错用客观标准，是指判断过错时，采用客观的标准来衡量，违反客观标准，则应当认定为有过错。但是应当注意的是，现代侵权法并非完全以客观标准衡量过错的有无，主观标准仍有适用的必要。在行为人故意侵权时，当其行为完全表现出其故意的心理状态时，则仍用主观标准而非客观标准判断。一般注意义务的违反这一客观标准，不是衡量一切过错的标准，而是衡量行为人主观上是否有过失的标准。因而，过失才是对一般注意义务的违反。如果故意能用主观标准判断而偏要采用客观的违反注意义务的标准判断，显然是舍本逐末。[①] 换言之，用客观标准衡量过错，并不是绝对的标准，用客观标准衡量的只是过失以及无法用主观标准衡量的某些故意。对于故意的衡量标准，还是要用主观标准来衡量。[②]

在第三人侵权责任中，对于第三人过错的认定，也应当遵循上述客观标准为主、主观标准为辅的做法。即对于第三人过失的情形，应当按照客观标准的做法处理，但对于第三人故意的情形，则仍应当坚持主观标准来判断。比如，2005年4月到12月，河北省农民刘某斌、时某勇及王某江等人多次对胜利油田位于山东渤海湾的海底输油管道进行打孔盗油，直至

---

① 杨立新：《侵权法论（第五版）》，人民法院出版社2013年版，第207～208页。
② 杨立新：《侵权法论（第五版）》，人民法院出版社2013年版，第261页。

2006年3月12日胜利油田发现其559输油管道的打孔处发生原油外泄。为此，胜利油田仅因管道抢修费用一项就花费高达4795.24万元，给胜利油田造成了巨大的经济损失。而因为溢油污染给该段海域的生态环境带来了严重破坏，东营海域人工养殖水产品直接经济损失便达13902.05万元。刘某斌等对海底输油管道进行打孔盗油的行为显然就属于故意的范畴。

【适用指南】

关于本条的适用，要注意以下几点：

1. 本条在过错责任原则和过错推定责任原则的侵权行为类型中的适用

在过错责任和过错推定责任适用范围内，被告能够证明损害完全是由第三人的过错行为造成的，而且第三人的侵权行为是原告所遭受损害的全部原因，即第三人行为与损害之间存在百分之百的原因力，这时的被告根本不符合相应的侵权责任构成要件，当然就不承担侵权责任。

2. 本条在无过错责任的侵权行为类型中的适用

此种侵权行为类型是指被告实施的侵权行为属于法律规定应当适用无过错责任原则的侵权行为类型，此时第三人存在故意行为导致损害发生的情形。在这种情况下，应当遵循有法律、行政法规明确规定的，要适用相应规定的做法。比如，在核事故损害赔偿责任中，即使完全由第三人过错造成的损害，也应首先由被告承担责任，即被告不能以第三人造成损害为由，对原告（受害人）进行抗辩。例如，根据《国务院关于核事故损害赔偿责任问题的批复》的相关规定，营运核电站、民用研究堆、民用工程实验反应堆的单位或者从事民用核燃料生产、运输和乏燃料贮存、运输、后处理且拥有核设施的单位，即该核电站或者核设施的营运者应当对核事故造成的人身伤亡、财产损失或者环境受到的损害承担赔偿责任。营运者以外的其他人不承担赔偿责任。核事故损害是由于自然人的故意作为或者不作为造成的，营运者向受害人赔偿后，对该自然人行使追偿权。在环境侵权案件中，依照本编第1233条的规定，因第三人的过错污染环境、破坏生态的，被侵权人可以向侵权人请求赔偿，也可以向第三人请求赔偿。侵权人赔偿后，有权向第三人追偿。

3. 关于本条规定的第三人的诉讼地位问题

从程序法上讲，侵权人与第三人以受害人是否主张为标准，可具有共同被告或者单独被告的诉讼地位。那么，受害人单独起诉其中某一主体承担责任，其后又申请追加另一主体为共同被告的，人民法院对于当事人的申请应当允许。但是对于在受害人没有主张追加的情况下，已经被起诉的被告（如污染者）是否有权追加第三人参加诉讼，则争议较大。一种观点认为，为了查明案件事实、保障该第三人的程序权利以及彻底解决纠纷，人民法院应当准许追加。这一观点有一定道理，但从尊重受害人的选择权的角度考虑，不宜将不真正连带之债界定为必须共同进行的必要共同诉讼，即这一申请追加行为，人民法院不宜准许。同样的道理，受害人明确污染者或者第三人为单独被告的，人民法院似也不宜依职权追加另一主体作为被告参加诉讼。但这时人民法院是否可以依职权通知其作为无独立请求权第三人参加诉讼，则需要在审判实践中进一步探索和研究，这毕竟会涉及将来可能发生的第三人撤销之诉冲击生效裁判稳定性、权威性的问题。

第一千一百七十六条　自愿参加具有一定风险的文体活动，因其他参加者的行为受到损害的，受害人不得请求其他参加者承担侵权责任；但是，其他参加者对损害的发生有故意或者重大过失的除外。

活动组织者的责任适用本法第一千一百九十八条至第一千二百零一条的规定。

【条文主旨】

本条是关于自甘冒险的规定。

【立法要点及理由】

《民法通则》和相关司法解释中没有自甘冒险的规定。在《侵权责任法》制定过程中，曾有建议将自甘冒险作为减轻或者免除责任的情形作出单独规定，最终未被采纳。《侵权责任法》没有专门规定自甘冒险制度，但在第76条规定："未经许可进入高度危险活动区域或者高度危险物存放区域受到损害，管理人已经采取安全措施并尽到警示义务的，可以减轻或者不承担责任。"学理上一般认为这是在高度危险责任领域确立了自甘冒险的规则。在《民法典》起草过程中，是否规定自甘冒险的规则是侵权责任编起草过程中的一个重要问题，最高人民法院作为重要参与单位，就这一问题积极展开论证，在总结审判经验的基础上提出了规定自甘冒险的主张，立法机关在综合各方意见的基础上，在二次审议稿的第954条明确规定了自甘冒险的规则，"自愿参加具有危险性的活动受到损害的，受害人不得请求他人承担侵权责任，但是他人对损害的发生有故意或者重大过失的除外。活动组织者的责任适用本法第九百七十三条[①]的规定"。此后又在不断调研的基础上，对本条作了进一步完善。相较于前面的规定，本条明确限定了自甘冒险的适用范围为"自愿参加具有一定风险的文体活动"，而非一切社会活动；活动组织者承担的责任不仅限于安全保障义务人的责任，还包括学校、幼儿园及其他教育机构未尽到教育、管理职责的侵权责任。

【适用指南】

近年来的审判实践对于适用自甘冒险的规则积累了较为丰富的经验，这无论在裁判规范上还是行为导向上都具有积极意义。在参加体育运动或

① 二审稿第973条沿用了《侵权责任法》第37条的规定，系关于安全保障义务的规定。

其他带有风险性的活动过程中的损害，如行为人不存在因故意和过失导致严重违反规则的情形，不承担或者减轻损害赔偿责任。在其他领域中，如户外活动，特别是一些类似于探险的活动中，也有适用自甘冒险的实践。

具体到本条的适用，本条第1款规定的就是自甘冒险免责或者减责的情形，第2款则是对有关活动组织者、学校及幼儿园等承担相应责任的规定。现分述如下：

本条第1款规定的自甘冒险的适用条件，具体包括：(1) 所从事的行为具有不确定的危险，即从事的行为具有导致冒险行为人遭受损害的可能性。(2) 冒险行为人对于危险和可能的损害有预见或认知。这种认知既包括对于其行为的性质、条件的认知，也包括对其行为所面临的危险和可能发生的损害的认知。这种危险应当是一种具体的现实的危险，而损害则是一种非必然发生的、可以避免的损害。(3) 行为人默示同意，即行为人对于可能发生但不确定发生之损害，有意一赌其不发生，并于损害不幸发生时，愿意承受其不利益。(4) 行为人自甘冒险行为，并非出于尽法律上或者道德上的义务。(5) 行为人自甘冒险是为了获得如无偿、重赏或特殊期待等非常规利益。① 在这里要注意的是，自甘冒险的适用范围应当限定在活动的参与者当中，这时也要依相应的社会日常生活经验法则来判断，如在体育活动中，发生在运动员、裁判员等参加者之间的损害可以不承担侵权责任，但对观众造成的损害不宜包括在内。

本条第2款系指引性规定。有意见认为，本款实际上是规定了安全保障义务人和学校、幼儿园等承担补充责任的规定，实际上不尽然，因为依据本编第1198条至第1201条的规定，这里既有上述有关主体的直接责任的内容，也有符合相应条件时承担补充责任的规定。至于本编第1198条至第1201条的具体适用问题，在这里不作过多论述，符合相应情形的，直接适用上述规定即可。

---

① 曾世雄：《损害赔偿法原理》，中国政法大学出版社2001年版，第90、91页。

第一千一百七十七条　**合法权益受到侵害，情况紧迫且不能及时获得国家机关保护，不立即采取措施将使其合法权益受到难以弥补的损害的，受害人可以在保护自己合法权益的必要范围内采取扣留侵权人的财物等合理措施；但是，应当立即请求有关国家机关处理。**

受害人采取的措施不当造成他人损害的，应当承担侵权责任。

【条文主旨】

本条是关于自助行为的规定。

【立法要点及理由】

自助行为，是指权利人为保护自己的权利，在情势紧迫而又不能及时请求国家机关予以救助的情形下，对他人的财产或人身施加扣押、约束或其他措施，而为法律或社会公德所认可的行为。[①] 自助行为的性质，属于私力救济的范畴。从近现代法治发展的轨迹看，应该是越来越重视公力救济，私力救济处于例外状态，即能够通过公力救济解决的，就不宜适用私力救济的方式，只有符合特定条件的才可以例外地适用私力救济，这应该是适用私力救济的一般规则。

不可否认，私力救济的存在具有合理性，对于防止损害扩大、及时救济权利以及弥补公力救济的不足，乃至促进社会发展具有积极作用。不少国家的法律和判例承认自助行为，如德国、法国、日本、英国等。从我国立法历程来看，《民法通则》、《合同法》的总则中均未将自助行为作为一类免责或减轻责任的法定事由，但也未见（原则上）禁止自助行为之规定，在某些分则条款中，立法还对自助行为持肯定态度，如《合同法》第

---

① 王利明、杨立新：《侵权行为法》，法律出版社 1996 年版，第 85 页。

264条规定："定作人未向承揽人支付报酬或者材料费等价款的，承揽人对完成的工作成果享有留置权，但当事人另有约定的除外。"《侵权责任法》在起草过程中，曾规定了自助行为，"在自己的合法权益受到不法侵害，来不及请求有关部门介入的情况下，如果不采取措施以后就难以维护自己的合法权益的，权利人可以采取合理的自助措施，对侵权人的人身进行必要的限制或者对侵权人的财产进行扣留，但应当及时通知有关部门。错误实施自助行为或者采取自助措施不当造成损害的，应当承担侵权责任"。但考虑到自助行为是一把双刃剑，会存在以暴制暴的争议，甚至成为新的侵犯公民合法权益的行为，最终《侵权责任法》对此没有规定。

立法机关在综合各方意见的基础上，同时注重对审判实践经验的总结和吸收，在《民法典》起草过程中明确规定了自助行为，即第二次审议稿第954条之二规定："合法权益受到侵害，情况紧迫且不能及时获得国家机关保护的，受害人可以在必要范围内采取扣留侵权人的财物等合理措施。受害人实施前款行为后，应当立即请求有关国家机关处理。受害人采取的措施不当造成他人损害的，应当承担侵权责任。"此后，立法机关对此进一步研究论证，对该条内容作了进一步完善，形成了本条规定。二者相较，一是本条规定增加了"不立即采取措施将会使其权益受到难以弥补损害的"这一限定条件，更加科学合理。二是本条将原来第2款规定的"受害人实施前款行为后，应当立即请求有关国家机关处理"修改为"但是，应当立即请求有关国家机关处理"并且放在了第1款，这样不仅在衔接上更为顺畅，更为重要的是，对于"立即请求有关国家机关处理"的时间作了进一步限缩，使自助行为的适用条件更加严格。此外在第二次审议稿之后，立法机关曾将本条中的"扣留侵权人的财物"修改为"扣留财物"，此后又恢复为原来二审稿的"扣留侵权人的财物"，这一表述较为严谨，且有利于避免自助行为可能的滥用。

【适用指南】

依据本条规定，构成自助行为须具备以下要件：

其一，须有不法侵害状态存在。侵害，是指对某种权利的侵袭和损害，或者说是对某种权利的攻击。没有侵害，无须进行救济行为。只有在侵害发生后，才有可能实施自助行为。

其二，须为保护自己的合法权利。自助行为旨在保护自己的权利，而非他人权利，这也是自助行为与正当防卫、紧急避险的一个显著区别。

其三，须情况紧迫而来不及请求有关国家机关的援助。这是指权利人在客观上来不及请求有关国家机关的保护，如果不实施自助行为，请求权就无法实现，或者实现的难度显著增加。本条规定的“不立即采取措施将使其合法权益受到难以弥补的损害的”，即为明确要求，也体现了比例原则的理念。

其四，不得超过必要范围。所谓必要的自助行为，是为了保全其请求权而需要的行为。这里的“必要范围”的要件，也包括采取的措施必须合理，且原则上应当限制在对侵权人财物予以扣留等的范畴，在解释上应当严格依据本条规定进行，不可随意扩大。

其五，须为法律或公共道德所许可。这一方面要求实施自助行为不得违反法律的强制性规定，另一方面也不能违反社会公序良俗。比如，雇佣他人以暴力方法讨债、将债务人囚禁于笼子里来讨债等形式皆为法律或者公序良俗所禁止。

作为保护民事权利的两种私力救济方法，正当防卫与自助行为颇为相似，如两者都可以针对正在发生的侵害民事权利的行为而实施，但两者也存在明显区别：首先，正当防卫针对正在进行的侵害，而自助行为针对的是已经发生的侵害行为，具有一定的事后性。权利正在受到侵害时所实施的保护权利的行为是正当防卫而不是自助行为。其次，正当防卫可以是为了保护自己、他人的合法权益以及公共利益，而自助行为只能是为了保护自己的权利。再次，自助行为限于情势紧迫而又不能及时请求国家机关予以救助的情形，而正当防卫则不以此为要件。最后，正当防卫采取的措施在本质上要求是制止侵权行为，在紧迫性上更加紧急，而自助行为则是以救济自身损害为要求，紧迫性上要缓于正当防卫，且在程序上要求必须是及时请求有关国家机关处理。

第一千一百七十八条　本法和其他法律对不承担责任或者减轻责任的情形另有规定的，依照其规定。

【条文主旨】

本条是关于减责免责事由法律适用规则的规定。

【立法要点及理由】

侵权责任的法律适用规则在《侵权责任法》中已有规定，其第5条规定："其他法律对侵权责任另有特别规定的，依照其规定。"侵权责任编没有保留这一规定，而是在此基础上明确了免责或者减责事由的法律适用规则。本条强调的内容不仅是特别法优先适用的规则，还包括"本法"即《民法典》相关部分规定的免责和减责事由对于有关侵权责任纠纷也同样适用的问题，这里主要包括总则编和人格权编的有关规定。

【适用指南】

除了侵权责任编之外，《民法典》中有关免责或者减责事由的规定主要体现在总则编和人格权编中。

一、总则编关于免责或者减责事由的规定

在民事责任部分也系统规定免责事由，这些内容对于侵权责任同样适

用。具体如下：

1. 不可抗力

总则编第 180 条规定："因不可抗力不能履行民事义务的，不承担民事责任。法律另有规定的，依照其规定。不可抗力是不能预见、不能避免且不能克服的客观情况。"

不可抗力是各国通例上最为典型的免责事由。从分类上讲，既有自然原因的不可抗力，如地震、台风、海啸等，也有社会原因的不可抗力，如战争、动乱等。通常而言，不可抗力是各国立法通行的免责事由。不可抗力作为免责事由的根据是，让人们承担与其行为无关而又无法控制的事故的后果，不仅对责任的承担者来说是不公平的，而且不能起到教育和约束人们的积极后果。依据这样的价值观念，将不可抗力作为免责事由，必须是构成损害结果发生的原因。只有在损害完全是由不可抗力引起的情况下，才表明被告的行为与损害结果之间毫无因果关系，同时表明被告没有过错，因此应被免除责任。[①] 以侵权责任为例，从侵权责任构成上，特别是就过错责任而言，不可抗力通常不仅阻却了因果关系这一要件，而且否定了行为人的过错要件，故行为人对相应的损害后果不承担责任。按照该条规定，除法律有特别排除的规定外，不可抗力既可适用于侵权责任，也可适用于违约责任，在侵权责任中，可以适用于过错责任、过错推定责任和无过错责任。除此之外，在总则编中将不可抗力作为免责事由，意味着在其他的民事责任承担中，除非法律有排除性规定，否则也要适用不可抗力免责的规定。

2. 正当防卫

总则编第 181 条规定："因正当防卫造成损害的，不承担民事责任。正当防卫超过必要的限度，造成不应有的损害的，正当防卫人应当承担适当的民事责任。"

所谓正当防卫，是指行为人为了保护社会公共利益、自身或者他人的

---

① 杨立新：《侵权法论（第五版）》，人民法院出版社 2013 年版，第 350 页。

合法权益免受正在进行的紧迫侵害，针对这一非法侵害采取必要措施，在必要限度内采取的防卫措施。由于正当防卫本身具有正当性，是一种合法行为，因此在符合正当防卫构成要件的前提下，对此造成的损害，防卫人不承担赔偿责任。

通常而言，构成正当防卫必须满足的条件有：(1) 必须有侵害事实。侵害的事实在先，防卫行为在后；侵害是防卫的前提，防卫是侵害导致的结果。没有侵害事实，就不得进行防卫。对侵害事实的要求是须为现实的侵害，特点是已经着手、正在进行、尚未结束。对想象中的侵害、未发生的侵害、实施终了的侵害，都不能实施防卫行为。[①] (2) 不法侵害须正在进行且具有现实紧迫性。不法侵害必须是正在进行的，而不是尚未开始，或者已实施完毕，否则就是防卫不适时，应当承担民事责任。而且实施正当防卫本身毕竟要对他人合法权益造成侵害，因此这一侵权行为必须具有现实紧迫性，如果不及时实施防卫行为就会造成重大损失。如果可以通过其他方式（如公力救济的方式）进行救济也不会造成无法弥补的损失的，这时不宜采用正当防卫。(3) 须以合法防卫为目的。即把防卫公共的、他人的或本人的权益免受侵害作为防卫的目的，这里并不限于本人遭受侵害。以防卫为借口而施以报复的行为或防卫挑拨的行为都是违法行为，构成侵权行为。(4) 防卫须对加害人本人实行。对加害人的防卫反击，根据制止不法侵害的需要，可以是对人身的，也可以是对财产的，但是任何防卫行为都不能对第三人实施。(5) 防卫不能超过必要的限度。必要限度的要求即该防卫行为达到足以有效制止侵害行为的强度，如果超出该必要限度，则就构成防卫过当，应当依照本条第 2 款承担相应的民事责任。鉴于总则编对于正当防卫的条件并没有作出规定，以后可以在吸收和总结既有审判实践经验的基础上，通过司法解释对此作出规定，以更加有效地指导审判实务。

正当防卫的法律后果是免除防卫人对造成损害的民事责任。正当防卫超过必要限度，即防卫过当，造成不应有的损害的，正当防卫人应当承担

① 杨立新：《侵权法论（第四版）》，人民法院出版社 2011 年版，第 281 页。

适当的民事责任。

3. 紧急避险

总则编第 182 条规定："因紧急避险造成损害的，由引起险情发生的人承担民事责任。危险由自然原因引起的，紧急避险人不承担民事责任，可以给予适当补偿。紧急避险采取措施不当或者超过必要的限度，造成不应有的损害的，紧急避险人应当承担适当的民事责任。"

所谓紧急避险，是指为了社会公共利益、自身或者他人的合法利益免受更大的损害，在不得已的情况下采取的造成他人少量损失的紧急措施。紧急避险是一种合法行为，是在两种合法利益不可能同时都得到保护的情况下，不得已而采用的牺牲其中较轻的利益，保全较重大的利益的行为。①危险有时来自人的行为，有时来自自然原因。

具体而言，紧急避险行为须满足的构成要件有：（1）必须是为了使本人、他人的人身、财产权利免受危险的损害。这是对紧急避险的"险"所提的要求。也就是说，紧急避险应是使本人或者他人的人身、财产和其他权利免受正在发生的危险，不得已而采取的避险行为。（2）必须是对正在发生的危险采取的紧急避险行为。如果危险尚未发生或者已经消除，或者虽然已经发生但不会对合法权益造成损害，则不能采取避险措施。某人基于对危险状况的错误认识甚至臆想而采取避险措施，造成他人利益损害的，当然构成侵权行为，应当承担民事责任。（3）必须是在不得已情况下采取避险措施。即该避险行为具有现实紧迫性，如果面对突如其来的危险，不采取紧急避险措施，就会造成更大的损失，这时就要采取紧急避险行为。（4）不能超过必要限度，这是对避险行为的要求。也就是说，在面临紧急危险时，实施紧急避险行为的人应采取适当的措施，以尽可能小的损害来保全更大的合法利益。概言之，紧急避险行为所引起的损害应轻于该危险所可能带来的损害。满足上述四个要件，即可构成该条第 1 款规定的紧急避险。这时实施避险行为的人对因此造成的损害免于承担民事责任。

---

① 杨立新：《侵权法论》，人民法院出版社 2013 年版，第 356 页。

4. 见义勇为

总则编第183条规定："因保护他人民事权益使自己受到损害的，由侵权人承担民事责任，受益人可以给予适当补偿。没有侵权人、侵权人逃逸或者无力承担民事责任，受害人请求补偿的，受益人应当给予适当补偿。"

所谓见义勇为，是指在没有法定或约定义务的前提下，为保护他人的人身、财产权益，制止各种侵权行为、意外事件的救助行为。《最高人民法院关于当前形势下加强民事审判切实保障民生若干问题的通知》指出："要依法鼓励和保护见义勇为等好人好事，坚决制止利用媒体恶意炒作、谎称见义勇为逃避民事责任的行为。"为了弘扬社会主义核心价值观，倡导良好的社会风尚，鼓励和支持舍己为人的高尚行为，防止见义勇为者流血又流泪的问题出现，本条规定了见义勇为者的请求权和承担责任的规则。关于见义勇为受害责任的承担。依据该条规定，见义勇为受害责任承担的具体规则如下：

其一，由侵权人承担责任为原则，见义勇为者也可以要求受益人适当补偿。侵权行为是侵权人造成的，不是自然原因引起的，这时侵权人的侵权行为对见义勇为者的损害符合完整的侵权责任构成，因此给见义勇为者造成损失的要以侵权人承担赔偿责任为原则。但为公平起见，因见义勇为行为受益的人也可以给予适当补偿，这里的适当补偿与后面的"没有侵权人、侵权人逃逸或者无力承担民事责任"情形下的适当补偿责任有本质不同，并没有强制性。

其二，受益人的适当补偿责任。见义勇为行为人是为了他人的民事权益不受侵害才遭受损害的，在一般情况下，侵权人承担侵权赔偿责任。但会有侵权人逃逸，根本找不到侵权人，或者存在虽然找得到侵权人，但侵权人根本赔偿不了的情况，为了公平起见，本条规定在侵权人逃逸或者侵权人根本无力赔偿的情况下，由受益人给予适当的补偿。这里需要注意三点：一是逃逸了的侵权人确实找不到，或者侵权人确实无力赔偿，这是被侵权人请求补偿的限定条件，如果侵权人没有逃逸或者有赔偿能力的，被侵权人不能找受益人要求补偿；二是有明确的受益人，被侵权人明确提出了要求受益人补偿的请求；三是受益人应当给予适当的补偿，补偿不是赔偿，赔偿一般是填平原则，即受损多少赔偿多少，而补偿仅是其中的一部分，本条用的是“给予适当的补偿”，就是要根据被侵权人的受损情况、受益人的受益情况等决定补偿的数额。[①]

5. 紧急救助

总则编第 184 条规定：“因自愿实施紧急救助行为造成受助人损害的，救助人不承担民事责任。”

自愿实施紧急救助行为，是行为人针对紧急情势，及时对遭受困难的受助人予以救助的情形。这里的紧急情势既可能是不法侵害，也可能是受助人突发疾病、个人危难等情况。自愿实施紧急救助行为，从道德上讲是一种彰显优良道德风尚的助人为乐行为，从法律意义上讲，这是一种见义勇为的典型样态。自愿实施紧急救助行为作为免责事由必须满足的条件有：其一，救助情形的紧急性。也就是说，需要救助对象所面临的情况如果不能第一时间予以施救，将会造成难以弥补的损失。该救助行为通常针对受助人可能遭受的人身损害，但也不限于此，挽回紧急情况下的财产损害的施救行为也包括在内。至于救助情形的紧急性，在审判实践中还需要结合具体案件情况予以综合判断。其二，救助行为的自愿性。这里的自愿性体现的是其主观上的能动性，在行为样态上其主动施救，至于是否接受他人建议或者指示再所不问，但这要以其对救助者没有法定或者约定的救助义务为前提。其三，其就该救助行为对受助人而非其他人造成的损害免责。若存在其他人的损害，则要看是否符合紧急避险、无因管理或者侵权责任构成要件等情形予以处理。依据该条的规定，自愿实施紧急救助行为对于因此造成受助人的损害属于免责事由，而非减责事由。至于受助人是否有重大过失均再所不问。

二、人格权编规定的减责或者免责事由

人格权编规定的免责或者减责事由主要集中某些特定的人格权范畴，

---

① 王胜明主编：《中华人民共和国侵权责任法释义》，法律出版社 2010 年版，第 115 页。

在处理相关纠纷时要予以适用。在此简要列举如下：

一是关于“合理使用”的规定。人格权编第999条规定：“为公共利益实施新闻报道、舆论监督等行为的，可以合理使用民事主体的姓名、名称、肖像、个人信息等；使用不合理侵害民事主体人格权的，应当依法承担民事责任。”第1020条规定：“合理实施下列行为的，可以不经肖像权人同意：（一）为个人学习、艺术欣赏、课堂教学或者科学研究，在必要范围内使用肖像权人已经公开的肖像；（二）为实施新闻报道，不可避免地制作、使用、公开肖像权人的肖像；（三）为依法履行职责，国家机关在必要范围内制作、使用、公开肖像权人的肖像；（四）为展示特定公共环境，不可避免地制作、使用、公开肖像权人的肖像；（五）为维护公共利益或者肖像权人合法权益，制作、使用、公开肖像权人的肖像的其他行为。”

二是关于受害人同意免责的规定。法理上讲，受害人同意属于免责事由，这要以受害人同意建立在不受欺诈、胁迫的前提下，且不违反公序良俗。侵权责任编没有将受害人同意作为一般的免责事由予以规定，但在人格权编中对此有体现，如第1033条、第1035条均有关于自然人或者其监护人对其他人收集适用其个人信息的同意规则。

最后需要注意的是，其他法律规定的免责或者减责事由要作为特别法优先适用。这里的其他“法律”，应仅指全国人民代表大会及其常务委员会通过的法律，而不包括行政法规等其他规范性文件。对此没有扩大适用或者解释的空间。《立法法》第8条第8项规定，“民事基本制度”只能是制定法律的事项。第9条规定：“本法第八条规定的事项尚未制定法律的，全国人民代表大会及其常务委员会有权作出决定，授权国务院可以根据实际需要，对其中的部分事项先制定行政法规，但是有关犯罪和刑罚、对公民政治权利的剥夺和限制人身自由的强制措施和处罚、司法制度等事项除外。”由此，凡涉及民事基本制度，除因全国人民代表大会及其常务委员会的授权可由国务院制定行政法规外，均应当由全国人民代表大会及其常务委员会制定法律来规范。而诸如合同、物权、婚姻、侵权等都应当属于民事基本制度，此前的《合同法》《物权法》《婚姻法》作为民事基本法均由全国人民代表大会及其常务委员会制定。遍查全国人民代表大会及其常务委员会的各种决议，没有发现给予国务院在其制定的行政法规中可以规定侵权责任的一般性授权或者特别授权。[①] 所以，有关侵权责任的规范，包括关于侵权责任的构成要件、归责原则、赔偿项目和计算标准、免责事由、特殊侵权责任的类型以及承担侵权责任的方式等事项，需要由全国人民代表大会及其常务委员会制定法律加以规定。[②] 当然，这里的其他法律是指《民法典》之外的关于侵权责任的某些特殊问题由全国人民代表大会常务委员会在单行法律、特别法律中作出规定，如《产品质量法》《环境保护法》中的相关规定。

---

① 张新宝：《行政法规不宜规定具体侵权责任》，载《法学家》2007 年第 5 期。

② 最高人民法院侵权责任法研究小组编著：《中华人民共和国侵权责任法条文理解与适用》，人民法院出版社 2010 年版，第 41 页。

第二章　损害赔偿

第一千一百七十九条　侵害他人造成人身损害的，应当赔偿医疗费、护理费、交通费、营养费、住院伙食补助费等为治疗和康复支出的合理费用，以及因误工减少的收入。造成残疾的，还应当赔偿辅助器具费和残疾赔偿金；造成死亡的，还应当赔偿丧葬费和死亡赔偿金。

【条文主旨】

本条是关于人身损害赔偿范围的规定。

【立法要点及理由】

人身损害赔偿是指行为人侵犯他人的生命健康权益造成致伤、致残、致死等后果，承担金钱赔偿责任的一种民事法律救济制度。[①] 我国的立法早在《民法通则》第119条中就规定了人身损害赔偿制度的基本内容，根据该规定，侵害公民身体造成伤害的，应当赔偿医疗费、因误工减少的收入、残废者生活补助费等费用；造成死亡的，并应当支付丧葬费、死者生前扶养的人必要的生活费等费用。《消费者权益保护法》《产品质量法》等法律以及最高人民法院的司法解释在《民法通则》的基础上对人身损害

① 王胜明主编：《〈中华人民共和国侵权责任法〉条文解释与立法背景》，人民法院出版社2010年版，第75页。

赔偿制度作了补充和完善。《侵权责任法》第16条在《民法通则》等法律规定的基础上，总结二十多年来的司法实践经验，对人身损害赔偿的范围作了系统完善的规定。这一规定在实践中整体运用效果较好，侵权责任编在本条保留了上述规定。

一、关于死亡赔偿金的性质问题

《人身损害赔偿解释》将“死亡赔偿金”的性质确定为收入损失的赔偿，而非“精神损害抚慰金”。具体的赔偿数额，以20年固定赔偿年限计算，即采取定型化赔偿模式。其第15条规定：“死亡赔偿金按照受诉法院所在地上一年度城镇居民人均可支配收入或者农村居民人均纯收入标准，按二十年计算。但六十周岁以上的，年龄每增加一岁减少一年；七十五周岁以上的，按五年计算。”该计算方法既与过去的法律法规相衔接，又不致因主观计算导致贫富悬殊、两极分化。在城乡二元化问题在一定时期内仍将存在的背景下，为尽量避免死亡赔偿金法律适用上不必要的争议，尽量对处于弱势法律地位的受害人予以充分救济，尽量尊重社会大众的朴素法感情，最高人民法院也在死亡赔偿金的计算问题上作了较大的努力，在经过大量调研的基础上，《最高人民法院民一庭关于经常居住地在城镇的农村居民因交通事故伤亡如何计算赔偿费用的复函》针对云南省高级人民法院《关于罗某会等五人与云南昭通交通运输集团公司旅客运输合同纠纷一案所涉法律理解及适用问题的请示》，明确了在人身损害赔偿案件中，残疾赔偿金、死亡赔偿金和被扶养人生活费的计算，应当根据案件的实际情况，结合受害人住所地、经常居住地等因素，确定适用城镇居民人均可支配收入（人均消费性支出）或者农村居民人均纯收入（人均年生活消费支出）的标准。本案中，受害人唐某亮虽然为农村户口，但在城市经商、居住，其经常居住地和主要收入来源地均为城市，有关损害赔偿费用应当根据当地城镇居民的相关标准计算。有关人身损害赔偿案件也都是按照这一规则确立死亡赔偿金的计算标准的，这在实质上也是贯彻赔偿标准“就高不就低”的精神。

立法机关还认为，上述两种死亡赔偿金定性的模式各有利弊，但共同的缺憾是都以财产损失为基础，而没有考虑精神生活的损失。人的生活可分为物质生活和精神生活，即使是物质生活，也不单纯是取得报酬或者收入。侵害人的生命，造成被侵权人死亡，赔偿范围应包括物质损失和非物质损失。这样，有利于保护被侵权人的合法权益，符合民法损害赔偿原则，彰显尊重生命的时代精神。[①] 这一观点较有道理。《侵权责任法》除在第16条规定了死亡赔偿金等赔偿项目外，还在第22条规定了精神损害赔偿，同时在第18条第1款规定了被侵权人死亡的，其近亲属有权请求侵权人承担侵权责任。这些规定也基本被侵权责任编所吸纳。

二、关于残疾赔偿金的定性和计算标准

残疾赔偿金是受害人因伤致残后所特有的赔偿项目。对残疾赔偿金的性质和计算标准，存在着与死亡赔偿金大致相似的争议。有的认为，残疾赔偿金是精神损害抚慰金，因此其不应有明确的赔偿标准，应由法官根据具体案情，考虑若干因素决定赔偿数额。有的将残疾赔偿金界定为对受害人未来的预期收入损失，并明确规定了赔偿标准。有的认为，残疾赔偿金既是对受害人未来预期收入损失的赔偿，也是对其因残疾丧失的一些精神生活的赔偿。《人身损害赔偿解释》以“劳动能力丧失说”为原则，同时也综合考虑收入丧失与否的实际情况，以平衡当事人双方的利益。

由于本条对于残疾赔偿金的计算标准并没有规定，应当适用《人身损害赔偿解释》第12条的规定。依据该条规定，残疾赔偿金根据受害人丧失劳动能力程度或者伤残等级，按照受诉法院所在地上一年度城镇居民人均可支配收入或者农村居民人均纯收入标准，自定残之日起按二十年计算。但六十周岁以上的，年龄每增加一岁减少一年；七十五周岁以上的，按五年计算。受害人因伤致残但实际收入没有减少，或者伤残等级较轻但造成职业妨害严重影响其劳动就业的，可以对残疾赔偿金作相应调整。

---

① 王胜明主编：《〈中华人民共和国侵权责任法〉条文解释与立法背景》，人民法院出版社2010年版，第74页。

【适用指南】

对于本条的适用，需要注意以下问题：

一是“两金”的具体认定标准问题。残疾赔偿金和死亡赔偿金的计算标准均为“受诉法院所在地上一年度城镇居民人均可支配收入或者农村居民人均纯收入标准”。其中，城镇居民可支配收入，是指被调查的城镇家庭居民在支付个人所得税、财产税及其他经常性转移支出后所余下的实际收入，此收入除以平均负担系数计算出的即个人平均收入。农村居民家庭纯收入，是指农村常住居民家庭总收入中，扣除从事生产和非生产经营费用支出、缴纳税款和上交承包集体任务金额以后剩余的，可直接用于进行生产性、非生产性建设投资、生活消费和积蓄的那一部分收入。农村居民家庭纯收入除以平均负担系数计算出的即农村居民人均纯收入。从全国范围来看，因经济发展不平衡，不同受诉法院所在地本身在经济发展水平上存在着巨大差异，如我国东部、中部、西部，居民可支配收入存在巨大差异。再者，即使在同一地区，“城镇居民人均可支配收入”和“农村居民人均纯收入”也存在不同。所以，因残疾赔偿金和死亡赔偿金的计算采取了“受诉法院所在地”相关收入标准，受诉法院所在地不同，最终计算得出的残疾赔偿金和死亡赔偿金的数额也必然存在相应差异。《人身损害赔偿解释》作如此规定，主要是考虑到从性质上讲，残疾赔偿金和死亡赔偿金是对赔偿权利人损失的赔偿，其中残疾赔偿金的理论基础是“劳动能力丧失说”，认为受害人因残疾丧失部分或全部劳动能力，意味着其未来收入有损失，加害人应当赔偿此种损失。但未来的收入是一个抽象的、不确定的概念，尤其是暂不具备劳动能力的未成年人，其未来的劳动收入水平难以预测，因此采取定型化赔偿的计算方法，理论上按照平均收入水平计算其未来收入损失。死亡赔偿金的计算方法是基于“继承丧失说”，认为受害人导致家庭整体收入减少，家庭成员在财产上蒙受消极损失，加害人应当赔偿此种损失，也是采用定型化赔偿的计算方法。但基于我国的国情，各个地区经济发展水平和居民收入水平差异较大，如果采纳全国统一的标准，就会造成以下结果：对收入高于统一标准的地区而言，不能充分填补被侵权人的损失；对收入低于统一标准的地区而言，赔偿可能会超出被侵权人的损失，从而不利于平衡双方当事人的利益，故适用受诉法院所在地标准是国际上各个国家的通例。《人身损害赔偿解释》亦采取了受诉法院所在地的标准，这体现了既保障受害人利益，又适当兼顾社会公平的指导思想。①

二是被扶养人的生活费是否适用本条规定进行计算。《人身损害赔偿解释》第 17 条对被扶养人生活费的计算标准作出了规定，即“被扶养人生活费根据扶养人丧失劳动能力程度，按照受诉法院所在地上一年度城镇居民人均消费性支出和农村居民人均年生活消费支出标准计算……”，被扶养人生活费同样适用“受诉法院所在地”相关标准。该司法解释于2020年修正后增加了一条作为第 16 条，明确规定被扶养人生活费计入残疾赔偿金或者死亡赔偿金。

第一千一百八十条　因同一侵权行为造成多人死亡的，可以以相同数额确定死亡赔偿金。

【条文主旨】

本条是因同一侵权行为造成多人死亡时，如何确定死亡赔偿金标准的规定。

【立法要点及理由】

在《侵权责任法》起草过程中，有的常委委员、专家提出，在许多情

---

① 参见最高人民法院民事审判第一庭编著：《最高人民法院人身损害赔偿司法解释的理解与适用》，人民法院出版社 2004 年版，第 369 页。

况下，根据死者年龄、收入状况等情形，确定的死亡赔偿数额有所不同，但在因同一事故造成多人死亡时，为便于解决纠纷，实践中，不少采用相同数额予以赔偿，如有的地方对药物损害事故中的多个死者统一赔偿每人20万元，这样的做法起到了良好的社会效果，《侵权责任法》应当吸收实践中的这些有益做法，增加相关规定。[①] 起初本条的表述为：因交通事故、矿山事故等侵权行为造成死亡人数较多的，可以不考虑年龄、收入状况等因素，以同一标准确定死亡赔偿金。[②] 最后，《侵权责任法》第17条规定："因同一侵权行为造成多人死亡的，可以以相同数额确定死亡赔偿金。"这一规定实施以来，效果较好，故此次侵权责任编保留了这一规定，未作任何改动。从法理上讲，本条规定的同一侵权行为是造成多个被害人死亡的共同原因，有关侵权责任的构成要件整体上是相同的，即侵权人主观过错（适用无过错责任原则的特殊侵权行为类型则无此要求）、侵害事实、损害后果、因果关系的要件都相同，这也构成了同一事故造成多人死亡采用数额相同死亡赔偿金的基础。

【适用指南】

根据本法的规定，以相同数额确定死亡赔偿金原则上仅适用于因同一侵权行为造成多人死亡的案件。在审判实务中，对于本条的适用要采取适当从宽的态度，即没有特殊情况的，均应当适用数额相同的赔偿标准。同时，在加快推动城镇化进程，特别是党中央提出建立健全城乡融合发展体制机制和政策体系的大背景下，统一城乡死亡赔偿金、残疾赔偿金的标准是大势所趋。结合中央有关政策精神和当前经济社会实际情况，对于同一侵权行为造成多人残疾的，残疾赔偿金也可以参照本条规定按照同一标准进行赔偿。

---

① 王胜明主编：《中华人民共和国侵权责任法释义》，法律出版社2010年版，第91页。

② 最高人民法院侵权责任法研究小组编著：《〈中华人民共和国侵权责任法〉条文理解与适用》，人民法院出版社2010年版，第142页。

第一千一百八十一条 **被侵权人死亡的，其近亲属有权请求侵权人承担侵权责任。被侵权人为组织，该组织分立、合并的，承继权利的组织有权请求侵权人承担侵权责任。**

被侵权人死亡的，支付被侵权人医疗费、丧葬费等合理费用的人有权请求侵权人赔偿费用，但是侵权人已经支付该费用的除外。

【条文主旨】

本条是关于被侵权人之外其他请求权主体的规定。

【立法要点及理由】

《侵权责任法》第18条规定："被侵权人死亡的，其近亲属有权请求侵权人承担侵权责任。被侵权人为单位，该单位分立、合并的，承继权利的单位有权请求侵权人承担侵权责任。被侵权人死亡的，支付被侵权人医疗费、丧葬费等合理费用的人有权请求侵权人赔偿费用，但侵权人已支付该费用的除外。"本条基本沿用了这一规定，主要是在上述被侵权人为"单位"的情形中，将"单位"修改为"组织"，使涵盖范围更广，表述更加严谨，更可以与自然人相对应，解释上应当包括法人和非法人组织。概言之，可以主张侵权责任的请求权主体主要包括：

其一，一般请求权主体。总则编第120条规定："民事权益受到侵害的，被侵权人有权请求侵权人承担侵权责任。"依据该规定，原则上以被侵权人本人即侵权行为损害后果的直接承受者为请求权人。

其二，被侵权人死亡时的请求权主体。在被侵权人死亡，权利能力消灭、法律主体资格不复存在，死者不能以权利主体资格请求侵权人承担侵权责任，只能是被侵权人以外的主体。对于哪些人是适格主体，本条第1款前段规定："被侵权人死亡的，其近亲属有权请求侵权人承担侵权责任。"该规定将请求权主体资格赋予死者的近亲属。《人身损害赔偿解释》

第 1 条第 2 款规定，本条所称“赔偿权利人”，是指因侵权行为或者其他致害原因直接遭受人身损害的受害人以及死亡受害人的近亲属。

其三，作为被侵权人的组织分立、合并后承继其权利的组织。这是本条第 1 款后段的规定。分立是指将原来的组织一分为二或者一分为多，合并则是指几个组织合为一个组织，这其中最典型的就是法人的分立和合并。作为被侵权人的组织分立、合并的，都涉及分立、合并前的该组织所享有的侵权请求权在分立、合并后由谁行使的问题。本条明确了在这一情形下由承继其原来的权利义务关系的组织作为请求权主体来主张权利。

其四，支付相关费用的人。依据本条第 2 款的规定，被侵权人死亡的，支付被侵权人医疗费、丧葬费等合理费用的人有权请求侵权人赔偿费用，但侵权人已支付该费用的除外。也就是说，在被侵权人死亡情形下，如果支付被侵权人医疗费、丧葬费等侵权赔偿费用的人不是侵权人，而是其他人（可能是负有支付该笔费用的义务的人），其在支付上述费用后即与侵权人之间形成了债权债务关系，形成了对侵权人的债权，有权向侵权人主张偿还。

【适用指南】

对于本条的适用，实践中争议比较大的是无近亲属或者近亲属不明的被侵权人即俗称“无名死者”的请求权主体问题。此类案件中道路交通事故较多，在医疗损害纠纷及其他侵权纠纷中也偶有发生。《第八次全国法院民事商事审判工作会议（民事部分）纪要》明确：“鉴于侵权责任法第十八条明确规定被侵权人死亡，其近亲属有权请求侵权人承担侵权责任，并没有赋予有关机关或者单位提起请求的权利，当侵权行为造成身份不明人死亡时，如果没有赔偿权利人或者赔偿权利人不明，有关机关或者单位无权提起民事诉讼主张死亡赔偿金，但其为死者垫付的医疗费、丧葬费等实际发生的费用除外。”《最高人民法院关于审理道路交通事故损害赔偿案件适用法律若干问题的解释》（以下简称《道路交通司法解释》）第 23 条也有类似规定：“被侵权人因道路交通事故死亡，无近亲属或者近亲属不明，未经法律授权的机关或者有关组织向人民法院起诉主张死亡赔偿金的，人民法院不予受理。侵权人以已向未经法律授权的机关或者有关组织支付死亡赔偿金为理由，请求保险公司在交强险责任限额范围内予以赔偿的，人民法院不予支持……”

第一千一百八十二条　侵害他人人身权益造成财产损失的，按照被侵权人因此受到的损失或者侵权人因此获得的利益赔偿；被侵权人因此受到的损失以及侵权人因此获得的利益难以确定，被侵权人和侵权人就赔偿数额协商不一致，向人民法院提起诉讼的，由人民法院根据实际情况确定赔偿数额。

【条文主旨】

本条是关于侵害人身权益造成财产损失赔偿的规定。

【立法要点及理由】

在近现代民法中，赔偿损失已经成为一项最为重要和广泛采纳的侵权责任承担方式。它不仅适用于财产侵害，也适用于人身侵害；不仅适用于对有形财产的侵害，也适用于对于无形财产的侵害；不仅包括直接损害，也包括间接损害。[①] 损害赔偿的基本规则是全面赔偿原则。对于间接损失的赔偿，应采取可预见性标准予以限制。杨立新教授主持的侵权责任法草案学者建议稿第 170 条【间接损失赔偿】即规定：“受害人因物权或者债权受到侵害造成的间接损失，侵权人应当予以赔偿。赔偿间接损失，应当按照侵权行为所实际造成的可得利益损失范围计算，但不得超过加害人在

① 覃有土、晏宇桥：《论侵权的间接损失认定》，载《现代法学》2004 年第 4 期。

实施侵权行为时应当预见的损失范围。"①

本条系对《侵权责任法》第20条规定予以修改完善作出的规定。《侵权责任法》第20条规定："侵害他人人身权益造成财产损失的，按照被侵权人因此受到的损失赔偿；被侵权人的损失难以确定，侵权人因此获得利益的，按照其获得的利益赔偿；侵权人因此获得的利益难以确定，被侵权人和侵权人就赔偿数额协商不一致，向人民法院提起诉讼的，由人民法院根据实际情况确定赔偿数额。"相较这一规定，本条规定不再强调先以所受损害来赔偿，后以侵权人获得利益的标准进行赔偿的规则，而是把这两个赔偿标准修正为并列关系，这应该更符合实际情况，也更有利于惩治和预防有关侵权行为。

此外，如果涉及对有关人格利益造成损害的，就会涉及纯粹经济损失的赔偿问题。基于上述的分析，有关纯粹经济损失的赔偿更要适用可预见性规则来限定责任范围甚至限定责任构成。

【适用指南】

实践中有争议的主要是侵害他人名誉权、荣誉权、姓名权、肖像权和隐私权等人身权益造成的财产损失如何赔偿的问题。对此，学说界一直存在不同认识，有的人认为，侵害他人非物质性人身权益没有财产损害，只能寻求精神损害赔偿。也有的人认为，侵害他人非物质性人身权有时也会产生财产损害，应当按照其实际损害赔偿。例如，某些名人的姓名权、肖像权具有一定的商业价值，如果用于广告等商业目的，取得使用的同意一般需要给付相应的对价，未经同意擅自使用其姓名或者肖像，直接影响了其应当获得的财产利益，这种财产损失是可计算的，因此属于侵害他人人身权益造成财产损害的情形。有的明星已经与企业签订了肖像权独家使用

① 杨立新：《中华人民共和国侵权责任法草案建议稿及说明》，法律出版社2007年版，第42页。

的合同，一旦其肖像被另外的企业使用，该明星对于签约企业形成违约，其违约损失就是财产损失。有的因个人隐私被披露导致生病，看病的费用也是直接的财产损失。[①] 对于人格权造成的损失到底是什么、是多少，尤其是有关间接损失的问题，在实践中往往难以认定。比如，侵犯某运动员的肖像权，到底给该运动员造成多少可得利益的损失，其实是难以认定的，这时就要考虑采用其他合理的赔偿标准。

《精神损害赔偿解释》第5条规定的关于精神损害的赔偿数额确定的因素中，将"侵权人的获利情况"作为重要参数之一，由此，在侵害他人人身权益的情况下，可将侵权人的获利情况作为司法实践中确定赔偿数额的重要因素。《侵权责任法》在总结有关经验的基础上明确了以侵权人获利为标准的赔偿方式。在此后的审判实践中，《最高人民法院关于审理利用信息网络侵害人身权益民事纠纷案件适用法律若干问题的规定》第12条又对有关可得利益的赔偿问题在网络侵害人身权益领域作了细化，该条规定："被侵权人为制止侵权行为所支付的合理开支，可以认定为民法典第一千一百八十二条规定的财产损失。合理开支包括被侵权人或者委托代理人对侵权行为进行调查、取证的合理费用。人民法院根据当事人的请求和具体案情，可以将符合国家有关部门规定的律师费用计算在赔偿范围内。被侵权人因人身权益受侵害造成的财产损失以及侵权人因此获得的利益难以确定的，人民法院可以根据具体案情在50万元以下的范围内确定赔偿数额。"本条在结合以往实践、总结有关方面意见的基础上将"所获利益标准"提升到与所受损失并列的高度。

至于本条规定的协商不成时人民法院根据实际情况确定的规则与《侵权责任法》第20条的基本精神是一致的。对此要注意的是，这一规则适用的前提条件包括被侵权人所受损失或者侵权人所获利益无法确定和双方当事人对此协商不成两个条件，尤其是第一个条件，如果被侵权人所受损失或者侵权人所获利益其一可以确定，则应当适用前面的标准，这里的可

① 王胜明主编：《中华人民共和国侵权责任法释义》，法律出版社2010年版，第102页。

以确定不仅包括事实上的可以确定，还包括依据有关法律或者司法解释规定的标准或者防范能够取得相应的损失或者所得利益的多少可以确定。

对于本条的适用，还涉及一个争议较大的问题，就是“机会丧失的可赔性”。由本条规定可以看出，无论是损失形态还是有关赔偿标准的规定，应当是对于确定已经发生或必然得到而没有获得的收益的损失进行赔偿的规则，并没有涵盖获得某种机会的可能性丧失的损失，而依照欧美各国的侵权法理论和实践，这种机会丧失（loss of opportunity）[①] 的损失也应纳入可以赔偿的范围。所谓机会丧失理论，依美国学者 Joseph King 的解释，是指加害人的行为使受害人原本可能获得一个较为理想的结果（获得某种利益或避免某种损害），而该加害行为使得这种机会丧失或减少，这种机会的丧失就应由加害人予以赔偿的学说。[②] 依法理分析，“机会丧失”应属于可赔偿的损害范畴。赔偿客体需具备三个要件：其一，须为不利益；其二，须表彰的权利或法益受到侵害；其三，须客观上确定或可得确定。[③] 而机会丧失本身完全具备这三个要件：一是机会利益属于法益的范畴。机会利益固然并非权利，但它作为对未来利益的期待，这种期待具有独立价值，[④] 具备了法益的品格，应当属于可以救济的范围。二是机会利益的丧失使受害人蒙受不利益。机会利益的本质在于不失时机地发现机会，并采取一切手段获得较佳的结果。机会存在，当事人固然并不一定能够获得预期的利益，但机会一旦丧失，却必定会导致不利益的产生。[⑤] 三是机会利益丧失具有确定性。虽然就机会丧失本身而言，机会能否变为现实具有或然性，但这并不意味着机会本身具有不确定性，机会是客观存在的，该机会利益的丧失当然就是客观的，而机会本身完全可依客观情况运用一定的

---

① 机会丧失理论过去一直称为 loss of chance，Levin 法官认为 chance 系不能预测、了解或控制的机会，而 opportunity 则可包括为达到目的之有利情况，故 loss of opportunity 为佳。参见潘维大：《英美侵权行为法案例解析》（上），瑞兴图书股份有限公司 2002 年修订版，第 259 页。

② See Joseph King, Causation, Valuation, and Chance in Personal Injury Torts Involving Preexisting Conditions and Future Consequences, Y. L. T. 90, 1981, p. 138.

③ 曾世雄：《损害赔偿法原理》，中国政法大学出版社 2001 年版，第 275 页。

④ 陈聪富：《“存活机会丧失”之损害赔偿》，载《中原财经法学》2002 年第 8 期。

⑤ 田韶华、樊鸿雁：《论机会丧失的损害赔偿》，载《法商研究》2005 年第 4 期。

计算方法如概率论予以确定。

对于机会丧失的赔偿金的具体计算规则，英美法系存在两种不同的观点：一是“比例赔偿说”，即以受害人最终遭受的损害乘以丧失的机会比例作为计算赔偿金的方法；二是“法官自由裁量说”，即由法官根据案件的实际情况对赔偿金的数额予以自由裁量。① 此以第一种观点为其通说。依“比例赔偿说”，赔偿金的数额在多数情形下以丧失机会的比例为依据得出。它只是对受害人遭受的最终损害的部分赔偿，而非全部赔偿。依照概率论中的“大数定律”，个体的随机现象在数量足够多的一个群体中会表现出一种确定和可以预言的特征。在能够通过统计得出机会丧失的概率时，以期待利益（即最终损害）的总数乘以该概率得出赔偿的数额，将是一个理想的赔偿数额计算模式。比如，对于被告的行为导致原告膝盖受伤，但日后是否会引发关节炎不能确定的案件，原告对于未来损害发生之危险请求损害赔偿，法院就可以扣除损害可能不发生的概率。换言之，被告应赔偿被害人丧失避免未来损害发生之机会，亦即以丧失机会的比例，作为损害赔偿计算之参考。② 而对于受害人尚未着手从事某一职业而使损害的程度难以确定的案件，法官通常以受害人能够从事某一职业的机会为依据确定赔偿数额。例如，在美国的 Grayson v. Irvmar Realty Corp. 案中，原告是一个学歌剧的学生，但因交通事故丧失了听力，这使她再也不能从事歌剧职业，法官扣除了她原本可能不从事该职业的概率，对剩下的她丧失从事这一职业的机会判决赔偿。③ 1990 年，在澳大利亚的 Malec v. J. C. Hutton Pty. Ltd. 一案中，法官也判决被告对原告在审判前因人身伤害导致的工作机会丧失予以赔偿。④

但在特殊情况下无法通过统计得出概率的大小时，应当由法官综合案

① 田韶华、樊鸿雁：《论机会丧失的损害赔偿》，载《法商研究》2005 年第 4 期。

② David A. Fischer, Tort Recovery for Loss of a Chance, 36 Wake Forest L. Rev. 605, 609 (2001).

③ See 7A. D. 2d 436, 437 (N. Y. 1959).

④ See (1990) 169 CLR 638.

件的各种因素，对丧失的机会价值进行评估。这毫无疑问也是法官应尽的职责。通常应当以客观水平为作为判断标准，即应当以同类型现象的社会平均水平作为选择。作为一个客观数值，每一类侵权损害案件的机会成本认定应当建立在我国的现实情况上，在对社会进行大量的调查和案件积累的基础上确定数额。[①] 重要的是，因为对比机会丧失更具有确定性的间接损失进行赔偿时，尚要用可预见性规则予以限定，所以在确定机会丧失的赔偿数额时，更应采用可预见性规则来限制侵权行为人的赔偿数额，以免赔偿范围过广而过分限制行为自由、压抑社会的活力。

有人担心对机会丧失的损失进行赔偿有可能会使受害人双重获益，依照"水闸理论"（Flood of Litigation），一旦放开对机会丧失的赔偿，会诱发人民的滥诉，使法院徒增负担。[②] 虽然此种担心有一定道理，但如上所述，我们对机会丧失的赔偿已经预设了限定规则，而且法院完全可以依据其对事实的判断和价值衡量，设置合理的诉讼门槛，从而避免滥诉。[③] 在贯彻损害赔偿填平理念的基础上，要积极探索机会丧失的赔偿问题，但在制度设计上对于机会丧失的赔偿问题要采取审慎的态度，具体规则上要有严格的适用条件，个案裁判上更要有充分的说理论证。特别是"机会丧失"的损害赔偿问题在实践中非常复杂，还需要进一步的研究。

第一千一百八十三条　侵害自然人人身权益造成严重精神损害的，被侵权人有权请求精神损害赔偿。

因故意或者重大过失侵害自然人具有人身意义的特定物造成严重精神损害的，被侵权人有权请求精神损害赔偿。

---

① 覃有土、晏宇桥：《论侵权的间接损失认定》，载《现代法学》2004 年第 4 期。

② State Rubbish Collectors ass'n v Siliznoff, Supreme Court of California, 1952. 38 Cal. 2d 330, 240 P. 2d 282.

③ 潘维大：《英美侵权行为法案例解析（上）》，瑞兴图书股份有限公司 2002 年版，第 58 页。

【条文主旨】

本条是关于精神损害赔偿请求权的规定。

【立法要点及理由】

从比较法上看，大陆法系国家和我国台湾地区主张，生命权、健康权或者名誉权、隐私权等人格权受到侵害的，可以请求精神损害赔偿。《德国民法典》中确立精神抚慰金即精神损害赔偿金至今已有一百多年的历史。2008 年 8 月以前，精神损害赔偿的法律依据主要是《德国民法典》第 847 条规定，在侵害身体或者健康以及剥夺人身自由的情况下，受害人所受损害即使不是财产上的损失，也可以因受损害而要求合理的金钱赔偿。对妇女犯有违反道德的犯罪或者不法行为，或者以欺诈、威胁或者滥用从属关系，诱使妇女同意婚外同居的，该妇女享有精神损害赔偿请求权。原则上，只有当发生非合同的过错责任时，才会产生精神抚慰金。精神抚慰金具有双重功能，即补偿功能和让受害人获利心理平衡功能。2002 年 8 月以后，德国议会颁布了《关于修改损害赔偿法规定的第二法案》，对精神损害赔偿的范围作了重大调整，将第 847 条的内容并到第 253 条中，规定：对于非财产损害，只有法律上有明确规定的，才能请求金钱赔偿。由于侵害身体、健康、自由或性自主权而须损害赔偿的，受害者也可基于非财产损害请求合理的金钱赔偿。调整精神损害赔偿适用范围的意义在于统一了精神抚慰金适用的标准，不再以合同与非合同、过错与非过错的区分为基础。后来德国又将精神抚慰金适用范围由限于侵权行为法领域扩展到合同法和危险责任领域，加强了对受害者利益的保护。德国目前关于精神损害赔偿的发展趋势主要体现在两个方面：一是从 20 世纪 90 年代起，提高痛苦费的金额，对于重大伤情确定痛苦费的，数额明显高于以前，居欧洲领先地位；二是不再有家庭成员的痛苦费，死者家属作为间接的受害者，在法律规定的例外情况下有自己的索赔权。[①] 我国台湾地区“民法”第195条第1款规定，不法侵害他人之身体、健康、名誉、自由、信用、隐私、贞操，或不法侵害他人人格权而情节重大者，被害人虽非财产上之损害，亦得请求赔偿相当之金额。其名誉被侵害者，并得请求为恢复名誉之适当处分。

在美国的司法实践中，可以主张精神损害赔偿的情况一般包括：一是因身体伤害导致精神损害的。二是因性骚扰、不合理解雇雇员以及性别歧视导致精神损害的。三是“旁观者”因目睹侵权人侵犯第三人而受到精神损害，且第三人是“旁观者”近亲属的。例如，原告目睹自己的亲人遭受被告的殴打、羞辱和强暴，以致心脏病突发或出现精神方面疾病的，法官一般会判原告受到了精神损害。四是侵犯名誉、隐私导致其受到精神损害，对于这种精神损害，原告只需证明自己、隐私受到侵犯，但这种赔偿一般是象征性的，数额较低。法官决定是否给予精神损害一般考虑侵权人的主观恶意（故意或者通过极端骇人的、不可忍受的行为）和受害人是否受到精神损害，一时不高兴不能算作精神损害。[②]

在我国，精神损害赔偿制度是在实务中特别是审判实践中不断探索发展进而确立的。在总结以往经验的基础上，《侵权责任法》第22条规定：“侵害他人人身权益，造成他人严重精神损害的，被侵权人可以请求精神损害赔偿。”这一条规定也得到了实践的认可。本条将上述的“他人”改为“自然人”，即明确了只有自然人才可以作为有权主张精神损害赔偿的主体。同时，本条也充分吸收了司法实践经验，对于侵害自然人具有人格意义的特定物的精神损害赔偿规则作了规定，在本条增加一款，作为第2款，规定了“因故意或者重大过失侵害自然人具有人身意义的特定物造成严重精神损害的，被侵权人有权请求精神损害赔偿”的内容。

---

① 王胜明主编：《中华人民共和国侵权责任法释义》，法律出版社2010年版，第109页。
② 王胜明主编：《中华人民共和国侵权责任法释义》，法律出版社2010年版，第111页。

【适用指南】

依据本条第1款的规定，主张精神损害赔偿须满足以下条件：

其一，侵害他人人身权益可以请求精神损害赔偿。根据本款的规定，精神损害赔偿的范围是侵害自然人人身权益，侵害财产权益原则上不在精神损害赔偿的范围之内。至于“具有人格象征意义的特定纪念物品，因侵权行为而永久性灭失或者毁坏”的情形，因本条第2款对此作了修正，故应当适用本条的规定，对有关特别物品的损害适用精神损害赔偿。

其二，须造成被侵权人严重精神损害。换言之，并非只要侵害他人人身权益被侵权人就可以主张精神损害赔偿，而是只有“造成严重精神损害的”才可以。一般而言，对于“严重”的认定，应当结合精神损害自身特性和现行司法解释进行理解。精神损害是否达到严重程度，应视人格权益性质不同而有所区别。对于侵害身体权、健康权的情形，在目前尚无新的针对性规定出台的情形下，仍可考虑借鉴当前司法实践中的主要做法，以达到伤残标准作为构成严重精神损害的主要依据。原则上，只有达到伤残等级标准，才能提起精神损害赔偿。至于没有达到伤残等级标准的，精神损害是否构成后果严重，则应视情况而定，从严把握。相比身体、健康被侵害导致伤残的情形，生命被侵害造成的恶劣影响更为显著，更有必要以精神损害赔偿方式抚慰相关人员因此遭受的精神痛苦。而在精神性人格权益被侵害的情形，鉴于该类人格权益很难外化且存在个体差异性，因此在确定是否达到严重标准时，应综合考虑侵权人的主观状态、侵害手段、场合、行为方式和被侵权人的精神状态等具体情节加以判断。①

其三，侵害行为与精神损害后果有因果关系。对于侵害行为与精神

① 最高人民法院侵权责任法研究小组编著：《〈中华人民共和国侵权责任法〉条文理解与适用》，人民法院出版社2010年版，第171页。

痛苦的后果之间的因果关系，在认定上应持谨慎从严的态度，可以参考必然因果关系的标准来判断侵害行为与精神损害后果之间是否存在因果关系。

其四，精神损害赔偿的适用要符合其他有关侵权责任构成的相应要件。被侵权人主张精神损害赔偿，除具备上述有关精神赔偿的适用条件外，还要根据具体侵权行为类型进行判断。适用过错责任原则的，以侵权人有过错为要件。适用无过错责任原则的，则不再强调侵权人的过错。但对于本条第 2 款规定的侵害特定物品的精神损害赔偿，要以侵权人有“故意或者重大过失”为限，侵权人仅有“一般过错”则不能承担精神损害赔偿的责任，但在符合相应侵权行为构成要件的情况下要依法承担其他的侵权责任，如物质损害赔偿责任等。

第一千一百八十四条　侵害他人财产的，财产损失按照损失发生时的市场价格或者其他合理方式计算。

【条文主旨】

本条是关于财产损失计算方式的规定。

【立法要点及理由】

关于财产损失的计算方法，《民法通则》本身未作出规定。在《侵权责任法》起草过程中，《侵权责任法》的二次审议稿第二章“责任构成和责任方式”中第 19 条规定：“侵害他人财产造成损失的，财产损失按照损失发生时的市场价格计算。”当时只规定了“按照损失发生时的市场价格计算”这一种方法。考虑到这种方法虽然是计算财产损失的主要方法，但也只是方法之一，不排除可以采用其他计算方法，而且有关法律、法规也规定了其他的计算方法，因此草案三次审议稿在“按照损失发生时的市场价格”计算方式的基础上增加了“或者其他标准计算”的规定。最后审议通过的法条中只是将“其他标准”在文字上修改为“其他方式”。[①] 最终《侵权责任法》第19条规定：“侵害他人财产的，财产损失按照损失发生时的市场价格或者其他方式计算。”本条在此基础上作了适当修改，将“其他方式”修改为“其他合理方式”。

【适用指南】

本条所称“按照损失发生时的市场价格”计算的方法，也被称为差额计算法。侵害他人的物权，往往会导致其市场价值减少，实践中对该损失通常运用差额计算法来确定赔偿数额。

通常而言，差额计算法的计算公式为：损失＝原物价值－残存价值。对此需要把握以下三点：一是原物价值的确定，二是计算时间点的确定，三是残存价值的确定。

本条规定的文义和上述的有关计算方法，主要是针对有关财产损失的直接损失部分计算而言的。实践中存在大量侵权纠纷涉及间接损失的赔偿，这往往也是实务中的难点问题。计算间接损失价值的公式是：间接损失价值＝单位时间增值效益×影响效益发挥的时间。在这一公式中，“单位时间增值效益”是一个关键要素，确定这一数值通常有三种方法：一是收益平均法，即计算出受害人在受害之前一定时间里的单位时间平均收益值。例如，某甲经营出租车运营，汽车被损坏后，20天没能营运。对此，可以用前一个月的总收益除以该月的天数，即得出该汽车一天营运的收益额。在使用这种计算方法时，要注意季节等条件因素对经营的影响，应取同等条件或相似条件作为参照来计算。二是同类比照法，即确定条件相同或基本相同的同类生产、经营者，以其为对象，计算该人在同等条件下的平均收益值，作为受害人损失的单位时间增值效益的数额，按此数额确定

---

① 最高人民法院侵权责任法研究小组编著：《〈中华人民共和国侵权责任法〉条文理解与适用》，人民法院出版社2010年版，第148页。

受害人的单位时间增值效益。使用这种计算方法要注意同等条件，如同等时间、同等属性、同等生产经营等因素。三是综合法，即将以上两种方法综合使用，使计算的结果更趋于客观准确。“影响效益发挥的时间”这个量的计算，因财产的损坏和财产的侵占、灭失而不同。财产的一般损坏影响效益发挥的时间，是从损坏发生之时到经维修为正常使用之时。财产的侵占、灭失，则从侵害发生之时，到返还、正常购买的财产正常使用之时。[①] 在确定了这两个基本量后，就可以按照上述计算公式计算出相应的间接损失。

本条规定的“其他方式”计算财产损害，通常是在被侵害的财产本身没有市场价格可以作为计算标准时作为补充方式来运用的。“其他方式”的范围本条并未作明确规定，需要通过司法实践和其他立法根据不同行业领域及不同损害等来逐步加以明确和解决。当然，在其他法律对于特定侵权行为的损害赔偿额的计算方式有特别规定时，就应当根据其规定的方式计算。比如，知识产权侵权领域的法定赔偿标准，即应根据知识产权的类型、侵权行为的性质和情节等因素，由人民法院在法定的数额幅度内酌情确定赔偿数额。特别是在所受损失或者所得利益都难以确定的情况下，基于侵权人不应比合法状态下处境更优的原则，以该知识产权在正常许可状态下可以同比计算的许可费为基础，将该许可费的一倍以上作为被侵权人的损失；即使用了上述三种方法，损失仍难以计算的，法定赔偿就成为解决此种难题的最后一招，人民法院可以根据侵权行为的性质、侵权人的主观过错等酌情确定适当的赔偿额。[②] 其实这也为其他领域侵权纠纷的损害赔偿提供了有益参考。

---

① 杨立新：《侵权法论》，人民法院出版社 2013 年版，第 1133 页。

② 最高人民法院侵权责任法研究小组编著：《〈中华人民共和国侵权责任法〉条文理解与适用》，人民法院出版社 2010 年版，第 151 页。

第一千一百八十五条　故意侵害他人知识产权，情节严重的，被侵权人有权请求相应的惩罚性赔偿。

【条文主旨】

本条是关于侵害知识产权惩罚性赔偿的规定。

【立法要点及理由】

惩罚性赔偿是指侵权人所要承担的损害赔偿数额超过其造成被侵权人实际损害的数额，在填平被侵权人损害的基础上提高赔偿数额，以彰显对侵权人进行惩罚的制度。

我国的惩罚性赔偿制度起初主要规定在消费者权益保护领域，如《消费者权益保护法》第55条明确规定了商品或者服务欺诈的三倍赔偿规则，《食品安全法》也规定了惩罚性赔偿。在知识产权领域，起初的立法和实务并未采用惩罚性赔偿制度。考虑到知识产权损害数额难以确定以及加强知识产权保护的需要等因素，立法上首先从损害赔偿计算标准上引入法定赔偿标准的内容，即已蕴含着适用惩罚性赔偿的元素。比如，《专利法》第71条第2款规定："权利人的损失、侵权人获得的利益和专利许可使用费均难以确定的，人民法院可以根据专利权的类型、侵权行为的性质和情节等因素，确定给予三万元以上五百万元以下的赔偿。"此即在损害赔偿数额难以确定的情况下人民法院依法酌定的数额，在一定程度上体现了惩罚该类侵权行为的倾向。2013年第三次修正后的《商标法》第63条第1款规定："侵犯商标专用权的赔偿数额，按照权利人因被侵权所受到的实际损失确定；实际损失难以确定的，可以按照侵权人因侵权所获得的利益确定；权利人的损失或者侵权人获得的利益难以确定的，参照该商标许可使用费的倍数合理确定。对恶意侵犯商标专用权，情节严重的，可以在按照上述方法确定数额的一倍以上三倍以下确定赔偿数额。赔偿数额应当包括权利人为制止侵权行为所支付的合理开支。”依据该条规定，在行为人恶意侵害商标权且情节严重的情形下，受害人有权请求行为人承担惩罚性赔偿责任。这是立法上首次明确规定的侵害商标权的惩罚性赔偿制度。此后，2019 年再次修正的《商标法》将本条规定的惩罚性赔偿数额调整为“可以在按照上述方法确定数额的一倍以上五倍以下确定赔偿数额”①。在司法实践中，2020 年修正的《最高人民法院关于审理专利纠纷案件适用法律问题的若干规定》第 15 条规定：“权利人的损失或者侵权人获得的利益难以确定，有专利许可使用费可以参照的，人民法院可以根据专利权的类型、侵权行为的性质和情节、专利许可的性质、范围、时间等因素，参照该专利许可使用费的倍数合理确定赔偿数额；没有专利许可使用费可以参照或者专利许可使用费明显不合理的，人民法院可以根据专利权的类型、侵权行为的性质和情节等因素，依照专利法第六十五条第二款的规定确定赔偿数额。”我国的上述规定和司法解释、审判实务中的裁判案例为我国《民法典》确立侵害知识产权惩罚性赔偿的一般规则提供了有益的可复制的经验。

在总结以往经验的基础上，《民法典》在第二次审议稿中规定了知识产权惩罚性赔偿制度，其第 961 条之一规定：“故意侵害知识产权，情节严重的，被侵权人有权请求相应的惩罚性赔偿。”本条在此基础上作了文字修改，正式确立了知识产权惩罚性赔偿制度。

【适用指南】

依据本条规定，在知识产权侵权责任中适用惩罚性赔偿，须符合以下条件：

一是故意侵害他人知识产权。在主观过错上，行为人应当以故意实施侵害知识产权的行为为限。二是情节严重。自《商标法》2013 年修改以

---

① 参见《商标法》（2019 年第四次修正）第 63 条第 1 款规定。

来，有的法院在适用侵害商标权的惩罚性赔偿规则时，并没有提及情节严重的问题，而是直接以主观恶意明显为由，适用惩罚性赔偿。[①] 实务中，关于情节严重的认定，具体可以参考有关法律或者司法解释的规定来确定，如上述《专利法》第71条第2款规定的“人民法院可以根据专利权的类型、侵权行为的性质和情节等因素”。《最高人民法院关于审理著作权民事纠纷案件适用法律若干问题的解释》第25条第2款规定：“人民法院在确定赔偿数额时，应当考虑作品类型、合理使用费、侵权行为性质、后果等情节综合确定。”《最高人民法院关于审理商标民事纠纷案件适用法律若干问题的解释》第16条第2款规定：“人民法院在适用商标法第六十三条第三款规定确定赔偿数额时，应当考虑侵权行为的性质、期间、后果，侵权人的主观过错程度，商标的声誉及制止侵权行为的合理开支等因素综合确定。”这些细化的项目都可以作为认定有关情节的参考因素，但是这些细化项目都未涉及“严重”的问题，有必要在上述内容中再增加有关“严重”的认定标准问题。一般而言，这需要结合日常生活经验法则和侵害知识产权案件的具体情况确定，但有关类型化的概括总结，对于审判实务也具有重要参考借鉴意义。对此，王利明教授将理论和实务有机结合，提炼了具体参考因素可资借鉴：

（1）侵权手段恶劣。此种情形通常表现为手段恶劣或损害结果严重。例如，在“北京盖伦教育发展有限公司与石家庄市新华区凯迪培训学校侵害商标权纠纷案”中，法院认为，被告人在经原告多次致函催告后，不但没有停止使用其商标，反而进一步扩大经营规模，对原告的商标权进行了更严重的侵害，此种行为构成“情节严重”，应当承担惩罚性损害赔偿的责任。[②] 实践中，还有法院将行为人构成刑事犯罪作为情节严重的依据。例如，在“宁波太平鸟时尚服饰股份有限公司、广州富贯达服饰有限公司侵害商标权纠纷案”中，法院认为，被告已经构成犯罪的行为属于“情节严重”。[③]

---

① 参见山东省青岛市中级人民法院（2015）青知民初字第9号民事判决书。

② 参见河北省高级人民法院（2015）冀民三终字第62号民事判决书。

③ 参见广东省广州知识产权法院（2017）粤73民终2097号民事判决书。

（2）侵权时间长（如1年以上）、多次侵权的（如3次以上）或经行政处罚或法院判决后再次侵权的，等等。例如，在“美盛农资（北京）有限公司与常州市大地肥业科技有限公司侵害商标权纠纷案”中，法院认为，侵权人曾经因侵权行为受到行政查处，却未予停止侵害他人商标权的行为，继续从事生产仿冒产品，构成情节严重。①

（3）以侵权为业。例如，在“雅马哈发动机株式会社与浙江华田工业有限公司、台州华田摩托车销售有限公司等商标侵权纠纷案”中，虽然法院认为，被告以侵权为业，应当返还其获得的利润，② 但应当看到，在惩罚性赔偿的“情节严重”判断中，也可将行为人以侵权为业作为“情节严重”的判断依据。

（4）侵权人从事的侵害行为对权利人产生了巨大的损害与消极影响。例如，被告的侵权产品粗制滥造，严重降低他人知识产权的市场价值，应当构成情节严重。在我国司法实践中，有的法院也采纳了此种立场。例如，在“约翰迪尔（北京）农业机械有限公司、约翰迪尔（丹东）石油化工有限公司、兰西佳联迪尔油脂化工有限公司（上诉人、原审被告）与迪尔公司、约翰迪尔（中国）投资有限公司（被上诉人、原审原告）侵害商标权及不正当竞争纠纷案”中，法院认为，侵权人从事的侵害行为对权利人产生了巨大的损害与消极影响，因此应当适用惩罚性赔偿。③

概言之，知识产权侵权人侵权行为持续时间较长、多次侵权、给权利人造成的损害比较大、侵权行为性质恶劣等，均可以作为认定知识产权侵权行为情节严重的参照因素。

第一千一百八十六条　受害人和行为人对损害的发生都没有过错的，依照法律的规定由双方分担损失。

---

① 参见江苏省高级人民法院（2017）苏民终220号民事判决书。

② 参见最高人民法院（2006）民三终字第1号民事判决书。

③ 参见北京市高级人民法院（2017）京民终413号民事判决书。转引自王利明：《论我国民法典中侵害知识产权惩罚性赔偿的规则》，载《政治与法律》2019年第8期。

【条文主旨】

本条是关于公平责任的规定。

【立法要点及理由】

本条是关于公平分担损失的规定，学理上通常将此称为公平责任。理论上对于公平责任的性质认定存有一定争议，主要在于是否将公平责任列为一项独立的归责原则。在《侵权责任法》起草过程中，有的人认为，公平责任原则是我国民法公平原则的必然引申，是由民法所担负的保护公民和法人的合法权利的任务决定的，是市场发展的内在要求，也是淳化道德风尚、建设社会主义精神文明的需要。该责任原则既不同于过错责任，也有别于严格责任，具有相当的特殊性、功能和自身独有的适用范围。有的人认为，公平责任不是侵权责任法的归责原则。因为过错责任原则和无过错责任原则，均体现了公平原则的精神。公平原则属于指导性原则，不能成为法院裁判的依据。有的认为，公平责任的适用不具有法律上的确定性，将其作为归责原则，将会背离过错责任这一基本原则，造成另一种形式的不公平。考虑到实践中有适用公平责任的特殊需求，《民法通则》和最高人民法院的司法解释也都对公平责任作了规定，因此《侵权责任法》保留了关于公平责任的规定，但将《民法通则》规定的“分担民事责任”修改为“分担损失”。该修改主要基于理论和实践两方面考虑：从理论层面看，无过错即无责任是承担侵权责任的基本原则，既然双方当事人对损害的发生都没有过错，那么行为人就不应承担责任，而只能是分担损失；从实践层面看，让无过错的当事人承担责任，他们比较难以接受。比如，高空抛物造成他人损害的案件，一些建筑物的使用人认为，自己并不是行为人，出于道义可以拿出钱来对受害人提供帮助，但说自己有“责任”，在感情上接受不了。[①] 本条将《侵权责任法》规定的“可以根据实际情况”修改为“依照法律的规定”。从文义和沿革变化上看，无疑前者更加强调根据实际情况来适用公平原则分担损失，给予法官更大的裁量空间，而本条规定的态度则属于改变此前的做法，旨在限制裁量空间，要求依据法律的规定来适用公平责任。

本条规定的公平责任只适用于行为导致损害的少数情况，不具有普遍性，尤其是本条规定将公平责任的适用空间限缩在狭小的“法律”规定的情形下，这就显然不符合归责原则所要求具有一定的普遍适用性的特征，而且公平责任旨在分担损失，故其只适用于损害赔偿的侵权责任承担方式，对赔礼道歉、恢复名誉等侵权责任承担方式并不适用。

【适用指南】

依据本条规定，公平责任的适用条件有严格的限制，具体条件如下：

首先，本条已明确适用本条的前提是“受害人和行为人对损害的发生都没有过错”。这里的“没有过错”强调的是在导致损害发生这一关键问题上，受害人和行为人双方的主观心理状态均是既没有故意也没有过失，均不具有任何可归责性。

其次，必须是法律规定的适用公平责任的情形。如上所述，本条规定对于适用公平责任的范围作了明确限制。就本法规定而言，主要包括：

其一，本编第1190条第1款规定：“完全民事行为能力人对自己的行为暂时没有意识或者失去控制造成他人损害有过错的，应当承担侵权责任；没有过错的，根据行为人的经济状况对受害人适当补偿。”

其二，本编第1254条第1款规定：“……从建筑物中抛掷物品或者从建筑物上坠落的物品造成他人损害的，由侵权人依法承担侵权责任；经调查难以确定具体侵权人的，除能够证明自己不是侵权人的外，由可能加害

① 王胜明主编：《中华人民共和国侵权责任法释义》，法律出版社2010年版，第119页。

的建筑物使用人给予补偿。可能加害的建筑物使用人补偿后，有权向侵权人追偿。”

其三，总则编第182条第2款、第3款规定：“危险由自然原因引起的，紧急避险人不承担民事责任，可以给予适当补偿。紧急避险采取措施不当或者超过必要的限度，造成不应有的损害的，紧急避险人应当承担适当的民事责任。”

其四，总则编第183条规定：“因保护他人民事权益使自己受到损害的，由侵权人承担民事责任，受益人可以给予适当补偿。没有侵权人、侵权人逃逸或者无力承担民事责任，受害人请求补偿的，受益人应当给予适当补偿。”

其五，本编第1188条规定：“无民事行为能力人、限制民事行为能力人造成他人损害的，由监护人承担侵权责任。监护人尽到监护职责的，可以减轻其侵权责任。有财产的无民事行为能力人、限制民事行为能力人造成他人损害的，从本人财产中支付赔偿费用；不足部分，由监护人赔偿。”通说也认为本条是关于适用公平责任的规定，即在本条规定情形下，监护人即使尽到监护职责也不是免除责任，而要分担部分损失，同时有财产的无民事行为能力人、限制民事行为能力人要先从其财产中支付赔偿费用。在符合上述规定情形下就应当适用公平原则。

此外，其他法律对于适用公平原则分担损失有规定的也要适用其规定。

最后，双方当事人的行为需与损害后果的发生具有一定的因果关系。尽管本条规定行为人没有过错也应承担责任，但也并不是不考虑行为人的行为与受害人的损害之间的关系，损害与双方当事人的行为具有一定因果关系应该是他们分担损失的重要条件。

在审判实践中还要注意的是，虽然本条删除了《侵权责任法》原有的“可以根据实际情况”的规定，但是人民法院是否仍然可以根据实际情况适用公平原则。笔者认为，社会生活本身具有复杂性，个案有时千差万别，人民法院根据实际情况适用公平原则裁量案件，作为一种例外的情形也有存在的客观必要。特别是总则编第 6 条对公平原则仍有明确规定，该条规定："民事主体从事民事活动，应当遵循公平原则，合理确定各方的权利和义务。"这一规定对于侵权责任编调整的有关事项当然具有一般适用和补充适用的效力。尤其是在因意外情况造成损害的案件中就有必要根据案件实际情况分担损失。在因为意外事件造成损害后果的情形中行为人一方是没有过错的，而受害人一方往往也没有过错，这时如果完全由受害人一方承担损害会显失公平。比如，一夜暴雨，甲拦截并获准搭乘一辆运棺材的卡车，上车后，甲为躲雨钻进棺材。不一会儿，乙和丙也搭上该车，上车后，他们只看到车上有一棺材，并不知甲在棺材内。在车上，乙对丙说："我想抽烟，你有火吗?"丙答："没有。"甲在棺材内听到此，推开棺材盖伸手递出打火机。乙看到棺材里突然伸出一只手，以为诈尸，吓得跌下车去受了伤。甲对于乙的受伤并无过错，但乙受伤确因甲的行为引起，最终法院依据公平原则，判甲承担乙的部分损失。[①]"可以根据实际情况"似应考虑当事人的经济条件。这里的经济条件包括当事人的实际经济收入、必要的经济支出和应对家庭和社会承担的经济负担等。在考虑当事人的经济条件时，应全面考虑双方当事人的经济条件。这是因为，行为人的经济情况只有与特定受害人的经济情况相比较，而不是和一般人比较，才能确定损失分担的根据。反过来，受害人的经济条件与其损害程度也是紧密联系的。因此，如果行为人的经济条件优于受害人的经济条件或与受害人大致相同时，那么在确定双方分担损失的比例时，应由行为人承担更大比例的损失。如果行为人的经济条件明显不如受害人的财产状况时，则可考虑让受害人分担更大比例的损失。[②]

---

① 王胜明主编：《中华人民共和国侵权责任法释义》，法律出版社 2010 年版，第 116 页。

② 最高人民法院侵权责任法研究小组编著：《中华人民共和国侵权责任法条文理解与适用》，人民法院出版社 2010 年版，第 185 页。

第一千一百八十七条　损害发生后，当事人可以协商赔偿费用的支付方式。协商不一致的，赔偿费用应当一次性支付；一次性支付确有困难的，可以分期支付，但是被侵权人有权请求提供相应的担保。

【条文主旨】

本条是关于损害赔偿费用支付方式的规定。

【立法要点及理由】

《民法通则》和有关司法解释对赔偿费用的支付方式也作了规定。《民法通则》第108条规定："债务应当清偿。暂时无力偿还的，经债权人同意或者人民法院裁决，可以由债务人分期偿还。有能力偿还拒不偿还的，由人民法院判决强制偿还。"《人身损害赔偿解释》第20条规定："赔偿义务人请求以定期金方式给付残疾赔偿金、辅助器具费的，应当提供相应的担保。人民法院可以根据赔偿义务人的给付能力和提供担保的情况，确定以定期金方式给付相关费用。但是，一审法庭辩论终结前已经发生的费用、死亡赔偿金以及精神损害抚慰金，应当一次性给付。"第21条规定："人民法院应当在法律文书中明确定期金的给付时间、方式以及每期给付标准。执行期间有关统计数据发生变化的，给付金额应当适时进行相应调整。定期金按照赔偿权利人的实际生存年限给付，不受本解释有关赔偿期限的限制。"

《侵权责任法》借鉴有关国家和地区的立法经验，结合我国法律已有规定和司法实践的做法，在综合定期金赔偿和一次性支付的利弊的基础上，对于损害赔偿费用的支付方式作了明确规定，其第25条规定："损害发生后，当事人可以协商赔偿费用的支付方式。协商不一致的，赔偿费用应当一次性支付；一次性支付确有困难的，可以分期支付，但应当提供相应的担保。”本条基本沿用了这一规定，只是将“但应当提供相应的担保”修改为“但是被侵权人有权请求提供相应的担保”。这一修改更加符合尊重当事人意思自治和民事诉讼当事人处分权原则的要求，表述更加严谨。

【适用指南】

根据本条的规定，有关侵权损害赔偿费用的支付方式应当遵循的规则是：首先适用协商一致的支付方式；其次适用一次性支付方式；最后适用分期支付方式。

按照本条的规定，当双方当事人就赔偿费用的支付方式不能协商一致时，原则上应当采用一次性支付的方式。一次性给付赔偿即把将来的多次赔偿一并计算，现在作一次性赔偿，使这一损害赔偿法律关系因一次性赔偿完毕而即时消灭，这也是我国通行的人身损害赔偿方式。对于财产损害、精神损害的赔偿原则上也要遵循此规则。一次性支付作为协商不成时的赔偿费用的首选支付方式，在我国立法中早有类似规定。例如，《医疗事故处理条例》第52条规定：“医疗事故赔偿费用，实行一次性结算，由承担医疗事故责任的医疗机构支付。”目前，人民法院在审判实践中对赔偿费用的支付普遍采取的也是一次性支付的方式。如上所述，一次性支付的方式可以彻底了结纠纷，避免被侵权人对侵权人未来可能出现不能按照约定支付的风险，也避免此后可能引发的其他纠纷。

定期金支付是指赔偿义务人在赔偿义务确定后未来的一段确定的时间（如法律或司法解释确定的赔偿期限）或不确定的时间（如受害人的生存期间），分次按年或按月预先确定的数额或按照预先确定的计算标准支付人身赔偿费用的一种损害赔偿方式。①

在现实生活中确实存在行为人一次性支付确有困难的情况。比如，有

① 张新宝：《侵权责任法原理》，中国人民大学出版社2005年版，第516页。

的侵权人虽可竭尽全力一次支付，但支付后不能保证自己的基本生活需要，或者造成企业停业甚至破产，带来新的社会问题。侵权责任法虽然要填补受害人损失，但也要兼顾侵权人的合法权益。[①] 而且，虽然一次性支付在及时填补赔偿权利人损失、消除未来纠纷方面作用明显，但其也有一定弊端：从上述赔偿费用的具体项目可以看出，医疗费、护理费、交通费、误工费等费用属于被侵权人的现实财产损害，而残疾赔偿金、死亡赔偿金等则是被侵权人将来所失利益的汇总。现实财产损害的计算相对比较客观明确，容易计算，一次性支付问题不大。而残疾赔偿金是对被侵权人因劳动能力降低或丧失而导致的未来收入减少的补偿。同理，按照继承丧失说的观点，死亡赔偿金实质上也是受害人因死亡导致未来收入的减少影响到其法定继承人在将来的财产继承数额。鉴于被侵权人未来收入本身的不确定性以及通货膨胀等不可预期因素的影响，对残疾赔偿金、死亡赔偿金等未来费用采取一次性支付的方式不必然对赔偿权利人有利。[②] 为解决这一问题，本条规定了“一次性支付确有困难的，可以分期支付”。

通常而言，判断侵权人是否“一次性支付确有困难”的问题属于法官自由裁量权的范畴，可以参考的因素主要是侵权人是否存在经济上的现实困难。一般而言，侵权人如果自身经济条件不好，清偿能力较弱，甚至如果一次性支付将导致其破产或生活陷入窘迫时，可以认定其确有困难，这是适用定期金支付的基本因素。赔偿数额的大小、受害人需要赔偿款项的现实紧迫性等因素也可作为法院裁量的重要参数。此外，被侵权人的状况将来可能发生重大变化。比如，有证据证明被侵权人可能因被侵害导致健康状况将来出现恶化，这时可以考虑适用定期金支付的方式；或者为保护受损害的无民事行为能力人或限制民事行为能力人的合法权益，防止其应得的赔偿费用被其监护人挪用甚至挥霍，这些情况下也都可以不实行一次性支付，适用分期支付。

---

① 王胜明主编：《中华人民共和国侵权责任法释义》，法律出版社 2010 年版，第 121 页。

② 最高人民法院侵权责任法研究小组编著：《中华人民共和国侵权责任法条文理解与适用》，人民法院出版社 2010 年版，第 190 页。

在此需要注意的是，侵权赔偿费用采用分期支付方式的，被侵权人有权请求提供相应的担保。在有关分期支付的担保的问题上，司法实务界曾存在不同意见。其中最主要的反对意见就是担保难以在司法实践中得到有效落实。笔者认为，分期支付因履行周期长而在履行过程中可能出现赔偿义务人履行能力的降低和恶意逃债行为等情形。为避免赔偿权利人的预期利益受损，本法最终仍规定赔偿义务人应为分期支付提供担保。这也为国内外相关立法所采纳。[①] 例如，《荷兰民法典》第 105 条第 1 款规定："法官可以判决债务人一次性支付赔偿金额，或者判决债务人附履行担保或不附履行担保分期支付赔偿金额。"《人身损害赔偿解释》第 20 条也作了类似规定。所谓担保，依据物权编、合同编的有关规定，主要包括人保和物保的方式，结合本条规定，能够适用于本条规定情形的担保方式主要有保证、抵押、质押、定金及其他担保方式。当然，关于具体提供担保，一方面要符合《民法典》其他部分关于担保的规定，另一方面要受到本条规定的"相应"的限制。这里的"相应"应当理解为确定担保数额时，侵权人提供担保的数额能够与分期给付的数额相对应，保持大致公平，或者尊重当事人的意思自治。

---

① 最高人民法院侵权责任法研究小组编著：《中华人民共和国侵权责任法条文理解与适用》，人民法院出版社 2010 年版，第 192 页。

第三章　责任主体的特殊规定

第一千一百八十八条　无民事行为能力人、限制民事行为能力人造成他人损害的，由监护人承担侵权责任。监护人尽到监护职责的，可以减轻其侵权责任。

有财产的无民事行为能力人、限制民事行为能力人造成他人损害的，从本人财产中支付赔偿费用；不足部分，由监护人赔偿。

【条文主旨】

本条是关于监护人侵权责任的规定。

【立法要点及理由】

侵权责任编第三章“责任主体的特殊规定”主要规定的是对人的替代责任，是侵权责任中的特殊责任形态。监护人责任就是替代责任的具体类型。监护人的侵权责任，是指无民事行为能力人和限制民事行为能力人造成他人损害时，由监护人承担的侵权民事责任。我国的监护人责任最早由《民法通则》第133条作出规定，《侵权责任法》第32条基本沿用了该规则，本条规定内容虽与《侵权责任法》第32条相同，但因《民法总则》在监护制度中增加规定了成年人监护制度并被本法沿用，故本条规定的实施加害行为的被监护人不再限于未成年人和精神病人，丧失民事行为能力的老年人、植物人等成年人致人损害的，监护人也应承担监护责任。因此，本条规定的监护人责任的内涵与外延较《侵权责任法》第32条更为丰富。

一、监护人责任的归责原则

关于被监护人致人损害时监护人责任的归责原则，国外立法主要存在过错责任原则、过错推定责任原则和混合归责原则三种立法例。我国立法上被监护人致人损害时监护人责任的归责原则，有人认为是一种特殊的过错推定责任，“其特殊性体现在即使监护人能够证明自己尽到了监护义务，也仅能减轻责任，而不能免责”。笔者认为，从《民法通则》到《侵权责任法》再到《民法典》侵权责任编的本条规定，我国立法对监护人责任采取的都是无过错责任原则。与大多数国家的规定不同，监护人未尽监护义务并非监护人责任的成立要件，而只是减轻责任的要件。即使监护人没有疏于、怠于履行监护责任，但仍然不能避免损害的发生，监护人也应当承担民事责任，只是责任程度可以根据具体情况适当减轻，也就是说监护人尽到监护责任仅是监护人责任的减责事由。

将监护人责任规定为无过错责任的原因在于：首先，从行为人的认知能力来看，无民事行为能力人和限制民事行为能力人缺乏相应的认识和判断行为的法律后果的能力；其次，从对受害人赔偿的角度来看，无民事行为能力人和限制民事行为能力人往往无相应的赔偿能力，如由其承担责任往往使受害人难以得到赔偿；最后，从与无民事行为能力人和限制民事行为能力人的关系上来看，监护人对无民事行为能力人和限制民事行为能力人负有法定的监督、教育等义务，监护人和被监护人之间存在最密切的联系，只有监护人才最有可能通过日常教育和采取具体措施避免或减少对第三人的侵害。①

二、监护人责任的特点

1. 监护人责任是对人的替代责任

无民事行为能力人或者限制民事行为能力人实施具体的侵权行为，造

① 张新宝：《侵权责任法原理》，中国人民大学出版社2005年版，第309页。

成了被侵权人的人身、财产损害，但承担侵权责任的不是造成损害的行为人，而是行为人的监护人，即由监护人替代行为人承担侵权责任，故我国规定的监护人责任是典型的替代责任，即为他人的侵权行为负责的责任。

2. 监护责任是无过错责任，但以公平原则作为补充

无民事行为能力人或者限制民事行为能力人实施侵权行为，造成了他人的人身、财产损害，无论监护人是否尽到监护责任，监护人都应承担侵权责任。但是，监护人尽到监护责任的，可以减轻其民事责任，这是公平原则的适用，是考虑平衡双方当事人的经济利益而采取的措施。注重未成年人成长构成的社会性，理解父母在抚养孩子的过程中付出的社会价值，就会倾向于适当减轻监护人的责任，更多地考虑过错要素对责任构成和责任承担的作用。因此，在规定监护人应当对无民事行为能力人和限制民事行为能力人致人损害的行为承担侵权责任的同时，规定监护人尽到监护责任时可以减轻其侵权责任。

3. 监护人责任不以行为人的年龄、认知能力和责任能力加以区分，但责任范围的确定受行为人财产状况的制约

在各国侵权法中，监护人责任都是依据行为人的责任能力而确定的，即没有民事责任能力的未成年人或者心智丧失之人，不承担侵权责任，而由他们的监护人承担责任。我国立法没有采纳责任能力的概念，而是以行为能力代替责任能力，无论致人损害的行为人有无行为能力，均不影响受害人的赔偿请求权成立。但是，监护人责任的承担，受无行为能力或者限制行为能力的行为人有无财产的制约。行为人自己有财产的，应当先从自己的财产中支付赔偿金，监护人仅对不足的部分承担责任，该责任为补充责任。至于行为人的财产，可以是受赠的财产、继承的财产，以及其他合法所得财产。需要指出的是，本条的“有财产”，并非指被监护人有少量的零用钱或价值不大的日常生活用品，而是指被监护人拥有价值较大的动产（如存款、贵重物品）和不动产（如房产）。从被监护人的财产中支付赔偿费用，必须保证被监护人正常生活和接受教育，不得超过这一限度支付赔偿费用。

【适用指南】

审判实践中适用本条规定，应注意以下几点：

第一，在审判实践中，如果受害人仅起诉致人损害的被监护人或者仅起诉监护人，人民法院应当依照《民事诉讼法》的有关规定，依职权追加监护人或者致人损害的被监护人为共同被告，以便查明侵权行为是否成立以及如何承担侵权责任的问题。

第二，本条规定的实施加害行为的被监护人，不再限于未成年人和精神病人。根据成年人监护制度，未患精神病的成年人如果实施加害行为时属于无民事行为能力人或者限制民事行为能力人，其监护人都应承担民事责任。监护人在这种情况下的民事责任，是由法律直接规定的，而不考虑监护人对被监护人平时教育、管教是否尽责，也不考虑无民事行为能力人、限制民事行为能力人本人的年龄、智力及其判断能力。

第三，在无民事行为能力人、限制民事行为能力人的监护人不明确的情况下，应由顺序在前的有监护能力的人承担民事责任。这里的监护人不明确是指有监护资格的人对监护人的确定有争议，无法达成协议而又尚未经有关机关指定监护人的情形。

第四，侵权行为发生时行为人不满 18 周岁，在诉讼时已满 18 周岁并有经济能力的，应当承担侵权责任；行为人没有经济能力的，应当由原监护人承担侵权责任。

第五，关于夫妻离婚后的监护问题。在夫妻离婚后，双方仍然都是未成年人的法定监护人，只是抚养子女的方式发生了变化，一方直接抚养、照顾子女，另一方承担抚养费并享有探望子女的权利。当未成年子女侵害他人权益时，与该子女共同生活的一方首先应当承担民事责任，因为未与子女共同生活的一方客观上很难履行监护职责，等于把监护职责委托给直接抚养子女的一方行使。与子女共同生活一方的监护职责与另一方相比，更为直接和具体，其管教和保护未成年子女的义务也更重。如果直接抚养子女的一方独立承担民事责任确有困难的，未与子女共同生活的一方（毕竟还是法定的监护人）应共同承担民事责任。

第六，单位担任监护人的，是否承担监护责任的问题。《民法通则》第133条第2款规定："有财产的无民事行为能力人、限制民事行为能力人造成他人损害的，从本人财产中支付赔偿费用。不足部分，由监护人适当赔偿，但单位担任监护人的除外。"如何理解《民法通则》规定的"单位担任监护人的除外"的含义，在司法实践中有两种截然不同的观点：一种观点认为单位应当承担全部赔偿责任；另一种观点认为单位不承担赔偿责任。《侵权责任法》第32条和本条规定均没有《民法通则》第133条第2款中"但单位担任监护人的除外"的规定。根据全国人大法工委民法室所作的条文释义，之所以这样修改，是为了促使单位监护人履行监护职责，防止其怠于行使监护职责，放任被监护人侵权行为的产生，保证被侵权人受到的损害得到赔偿，明确单位监护人应当承担与非单位监护人同样的责任。①

第七，《民法典》侵权责任编增加规定了第1189条关于委托监护的侵权责任的规定。在被监护人由他人照管的场合，如果被监护人造成了他人的损害，适用本章第1189条的规定确定侵权责任。

第一千一百八十九条　无民事行为能力人、限制民事行为能力人造成他人损害，监护人将监护职责委托给他人的，监护人应当承担侵权责任；受托人有过错的，承担相应的责任。

【条文主旨】

本条是关于委托监护侵权责任的规定。

---

① 参见王胜明主编：《〈中华人民共和国侵权责任法〉条文解释与立法背景》，人民法院出版社2010年版，第131页。

【立法要点及理由】

委托监护是指监护人将监护职责部分或者全部委托给他人履行。在《民法典》编撰之前，《民通意见》第22条规定："监护人可以将监护职责部分或者全部委托给他人。因被监护人的侵权行为需要承担民事责任的，应当由监护人承担，但另有约定的除外；被委托人确有过错的，负连带责任。"《民法典》侵权责任编吸收借鉴了《民通意见》第22条的规定，在本条规定了委托监护的侵权责任问题，但对受托监护人的责任作出了调整。按照本条规定，受托监护人对被监护人造成的损害有过错的，不再承担连带责任，而是承担相应的责任。理解该条，应注意把握以下几个方面：

一、委托监护的性质

委托监护是监护人难以履行监护职责的产物，其实质是一种以监护人和受托监护人为主体，以监护职责的代为行使为主要内容的委托合同。因此，委托监护法律关系是建立在监护法律关系上的委托关系。委托监护并非与《民法典》总则编规定的法定监护、指定监护并列的一项监护制度，因为监护权作为一种身份权，只有法律规定的特定主体才享有，基于身份权的专属性，监护权不得让渡，所以受托人并不因委托监护而享有监护权。委托监护的成立前提是既存的监护关系，只是监护人发生监护障碍时，在监护人地位不发生变更的情况下，受托人依双方约定代为履行监护职责。受托人代监护人照管被监护人，但监护权并不因委托监护的发生而转移，而只是监护人履行监护职责方式的变更。委托监护的成立并不成为监护开始的原因。

二、委托监护的特征

1. 委托监护的成立应以监护人与受托人之间达成明示或默示的代为履行监护职责的合意为基础

因监护职责的履行直接关系到被监护人人身、财产和其他合法权益，故法律对监护人资格作了明确规定。监护职责原则上应由监护人亲自履行，但监护障碍的出现，使委托监护成为帮助监护人履行监护职责的辅助手段，受托监护人也因此承担了代监护人履行部分或全部监护职责的义务。在民法上，义务的产生或基于法律规定，或基于当事人约定。相对于监护人承担监护职责的法定性，受托监护人的代为履行只能以监护人与受托人之间的约定为基础。双方可以采取书面或者口头约定的明示方式设立委托监护关系，如家长与婴幼儿托管机构签订托管合同，在工作日将未成年子女交付托管机构托管；也可以采用默示的方式设立，即由监护人的委托行为与受托人的照管行为推断监护合意的存在，如父母进城务工，将未成年子女交给农村的爷爷奶奶照看。无论何种方式，委托监护的成立均应以监护人与受托人达成代为履行监护职责的合意为前提。

2. 委托监护的内容是监护职责的代为行使，即受托人为监护人处理监护事务

监护人与受托人之间往往具有一定的信任关系。因委托监护义务的履行关系到未成年人的人身、财产利益，受托人的选定体现了监护人对受托人代为履行监护职责的能力和水平的认可，监护人对受托人的信任不言自明；受托人接受委托事务，也表达了其对监护人和监护职责的了解而承担责任的意愿。监护职责的特殊性使得委托监护一旦成立，除受托人无法履职等特殊情况外，受托人即要亲自完成监护义务和对第三人权益的注意义务。

委托监护不仅使监护人与受托人之间形成委托合同关系，受托监护人与被监护人之间也形成了一种特殊关系，这种特殊关系使受托监护人获得了对被监护人的行为一定程度上的控制能力，承担了对被监护人的监督。

3. 委托监护可为有偿，也可为无偿

因监护人和受托人间的信任关系，委托监护有偿与否，主要取决于当事人的约定。实践中，有偿与无偿的委托监护都大量存在。

三、委托监护中被监护人致人损害的侵权责任

1. 监护人的责任

监护权作为一种身份权，以义务为中心，而不是以权利为中心。在监

护人将监护职责委托给他人的场合，如果被监护人造成了他人的损害，因受托人只是协助监护人履行监护职责，并不改变原监护人的地位，监护权并未因委托监护而发生转移，监护义务仍属于监护人，故仍应由监护人对被监护人造成的损害承担侵权责任。对于监护人对被监护人的侵权行为承担侵权责任的法理依据，存在监护理论说、控制理论说、危险理论说等多种学说。我国立法采大陆法系的监护理论说，因为监护职责的存在，监护人应对被监护人采取合理措施，监督被监护人的行为，防止其对他人利益造成损害。当监护人未尽到监护职责所要求的监督义务，致使被监护人侵害他人人身财产权益的，监护人应当就其监督过失承担赔偿责任。监护人承担的这种赔偿责任，其性质是完全责任、替代责任，责任的范围、赔偿费用的支付仍适用本法侵权责任编第1188条关于监护人责任的规定。

2. 受托人的责任

被监护人致人损害时，受托监护人应否承担侵权责任、如何承担侵权责任，是本条重点规范的内容。本条有别于《民通意见》第22条，受托人对被监护人造成的损害有过错的，不再承担连带责任，而是承担相应的责任。

委托监护产生的根本原因在于监护障碍的出现，对于代为履行监护义务的受托监护人，合同义务的全面履行要求其代监护人对未成年人进行较为细致、全面的照管，受托监护人因代为履行监护职责而在一定程度上获得了对被监护人行为的控制能力，承担了对被监护人的监督义务和对第三人权益的注意义务。如果受托监护人在被监护人实施侵害行为时，具有对被监护人的控制能力却疏于监督，并由此导致被监护人的行为造成他人损害，应认定受托监护人对被监护人致人损害结果的发生具有过错。受托监护人怠于监护的消极行为与被监护人的行为叠加，造成了第三人的损害，故损害结果的发生与受托监护人的过错行为之间具有法律上的因果关系。据此，受托监护人应为其疏于履行监护责任的消极行为，对损害后果的发生承担过错侵权责任。受托监护人所承担的侵权责任，性质上属于自己责任、过错责任。由于受托监护人所承担的侵权责任是过错责任、自己责任，因此承担责任的范围应根据受托监护人的过错程度、过错与损害结果之间的原因力予以认定。因此，本条中关于“受托人有过错的，承担相应的责任”的规定，应理解为与受托人的过错及原因力相适应的按份责任。受托监护人与监护人之间仅具有委托合同关系，并不具有法律上承担连带责任的特定法律关系，《民通意见》第22条规定受托监护人与监护人承担连带责任，加重了受托监护人的责任，不利于委托监护制度的功能发挥。

【适用指南】

受托监护人的过错，应以疏于履行监督义务为标准。对于疏于履行监督义务的判断，应坚持“个案判断”原则和“利益衡量”原则。史尚宽先生认为，监督义务的判断“不独已尽一般的所要求之监督义务，而且就该加害行为特别情事，亦应已为必要之监督，始可免除疏懈之责……又监督之疏懈与否，应以加害行为之时为准。即于此时法定代理人是否以善良管理人之注意，尽其监督之责任”①。由于被监护人“加害行为之时”的具体情况千差万别，很难对受托监护人的监督义务作出一般性规定，而只能根据个案的情况，综合受害人的人身财产权益、被监护人的自身特点（年龄、性格、过往表现）、健康自由发展空间、教育义务的履行情况、受托监护人的履行成本等因素予以判断。同时，在考虑受托人的责任时，还应依据委托合同的有偿和无偿等因素，决定受托人的责任范围。

第一千一百九十条　完全民事行为能力人对自己的行为暂时没有意识或者失去控制造成他人损害有过错的，应当承担侵权责任；没有过错的，根据行为人的经济状况对受害人适当补偿。

完全民事行为能力人因醉酒、滥用麻醉药品或者精神药品对自己的行为暂时没有意识或者失去控制造成他人损害的，应当承担侵权责任。

---

① 史尚宽：《债法总论》，中国政法大学出版社2000年版，第184～185页。

【条文主旨】

本条是对完全民事行为能力人暂时丧失心智损害责任的规定。

【立法要点及理由】

本条规定沿用了《侵权责任法》第 33 条的规定。完全民事行为能力人造成他人损害应当承担侵权责任，一般是以行为人有过错为要件；若行为人丧失意识后致人损害，则难谓有过错，行为人是否承担民事责任，在《侵权责任法》颁布之前我国法律及司法解释中都没有规定。完全民事行为能力人暂时丧失意识或者失去控制造成他人损害的责任，德国、日本和我国台湾地区都作了规定，如《日本民法典》第 713 条规定，在心神丧失期间给他人造成损害者不负损害赔偿责任，但因故意或过失招致一时的心神丧失时，行为人仍应承担侵权责任。《侵权责任法》第 33 条规定了这种特殊侵权责任类型，《民法典》侵权责任编予以保留。

本条根据不同情形，规定了完全民事行为能力人丧失意识后致人损害的侵权责任：

第一，完全民事行为能力人对自己的行为暂时没有意识或者失去控制存在过错，应承担侵权责任。这里的“过错”，是指明知某种行为（如服用兴奋剂或某种药物）会导致对自己的行为暂时没有意识或者失去控制，仍然追求或者放任自己的行为，结果在自己不能控制的情况下造成他人损害。因其对导致自己暂时没有意识或者失去控制具有主观上的过错，故应承担侵权责任。这种侵权责任仍贯彻了过错原则，属于过错侵权责任。

第二，完全民事行为能力人对自己的行为暂时没有意识或者失去控制没有过错（如驾车途中突发心脏病），但造成了他人损害，从公平的角度考虑，应根据行为人的经济状况对受害人予以适当补偿。这种情况下，完全民事行为能力人承担的是“补偿责任”，而不是“赔偿责任”。侵权责任编第1186条规定："受害人和行为人对损害的发生都没有过错的，依照法律的规定由双方分担损失。"该条是关于公平原则的规定。在当事人对于损害的发生都不应承担侵权责任时（如损害由不可抗力、意外事件造成），法官应当以公平作为衡量的价值标准，根据实际情况，由当事人双方公平地分担损失，当事人的负担能力也是适用公平原则所应考虑的必要因素。依据该规定，由于行为人对自己的行为丧失意识或者失去控制没有过错，行为人不应承担侵权赔偿责任，但可以基于公平原则承担"补偿责任"，补偿范围可以根据行为人的经济状况来确定：行为人的经济状况较好的，可以多补偿一些受害人的损失；行为人的经济状况不好的，可以对受害人少补偿一些。

第三，完全民事行为能力人因醉酒、滥用麻醉药品或者精神药品对自己的行为暂时没有意识或者失去控制造成他人损害，这种情况是对本条第1款行为人有过错的情形进行了比较具体的表述，实际是同一个层面的问题。根据我国《刑法》的规定，醉酒的人应当承担刑事责任。《治安管理处罚法》第15条第1款规定，醉酒的人违反治安管理的，应当给予处罚。麻醉药品是具有一定依赖性潜力的药品，连续使用、滥用或者不合理使用，易产生生理依赖性和精神依赖性，能成瘾癖。精神药品是直接作用于中枢神经系统，使之极度兴奋或抑制的药品。我国对于精神药品一直实行严格管理并严禁滥用。作为完全民事行为能力人，应当预见到醉酒或者滥用麻醉药品、精神药品后会难以控制自己的行为，可能会危害公共安全和他人的生命健康，但行为人放任结果的发生，仍然驾车或者采取其他方式造成他人人身权和财产权的损害，其行为本身具有违法性，应当对此发生的侵权行为承担侵权责任。例如，某著名演员在北京醉酒驾车，与一辆重型厢式货车左后部接触，造成该演员当场死亡，两车损坏。事故发生后，经交警调查，该演员属于醉酒驾车并超速行驶，应对该起事故承担主要责任。

【适用指南】

一、如何认定行为人“暂时没有意识或者失去控制”

行为人“暂时没有意识或者失去控制”的事实，应由实施加害行为的完全民事行为能力人承担。因为行为人通常会利用该事实对受害人的责任主张进行抗辩，所以依据“谁主张，谁举证”的举证责任分配原则，应由行为人举证证明其实施加害行为时暂时没有意识或者失去控制。人民法院在审理此类纠纷时，遇有专业问题，应征询专家的意见，正确把握认定行为人“暂时没有意识或者失去控制”的尺度。

二、如何认定行为人有过错

行为人的过错应当由受害人举证证明，这是一般举证责任规则的要求。行为人抗辩自己无过错的，应当对此举证证明。在现实生活中，有一些人属于反社会人格障碍者，因他们不讲道德，易于扰乱社会治安并造成危害他人的后果，故又称为违纪型人格障碍。反社会人格不属于精神病，但其心理过程等方面，特别是情感和行为受累的程度远远超过精神正常的人，他们的现实检验能力、是非判断能力和行为能力较一般人差，亦即他们居于精神病和正常人之间。尽管如此，这类反社会人格障碍者在大多数情况下仍然有辨认自己行为的能力，对他人造成损害时仍应承担侵权赔偿责任。

三、如何判定行为人没有过错时，对受害人的适当补偿标准

法院作出判定时应考虑行为人的经济状况。“经济状况”不应机械地理解行为人个人的经济状况，而应当是其家庭经济状况，因为此时需要尽量填补受害人的损失，行为人家庭的整体经济状况一般强于个人，这样的考虑有助于保护受害人。而且，在考虑行为人经济状况时应对比行为人与受害人间的经济状况，即使行为人经济状况也不好，但如果受害人的经济状况更差，那么行为人也应当给予适当的补偿。

四、本条第 2 款在适用中需注意的问题

1. 如何理解“醉酒”

醉酒在法律上有生理性醉酒和病理性醉酒之分，前者是指饮酒超过一定量后导致的醉酒状态，后者是指少量饮酒即导致醉酒状态。两者的法律意义是不同的，对本可控制的生理性醉酒造成损害的，行为人具有过错，应当承担侵权责任。对病理性醉酒，行为人无法控制，即使造成损害，行为人有时也没有过错，不应一概要求其承担侵权责任。对于第 2 款中的醉酒，无疑应当包括生理性醉酒，而病理性醉酒则需要分别探讨。笔者认为，对于明知自己会病理性醉酒，仍然少量饮酒的人来讲，其少量饮酒致人损害的行为也构成过错，按照第 1 款的规定应当承担侵权责任，所以不妨将其纳入第 2 款的“醉酒”范畴。而对于初次饮酒或不知道自己会病理性醉酒的人，如果发生病理性醉酒，即使在醉酒后失控造成损害，其不存在过错，对醉酒也不承担侵权责任，行为人按照本条第 1 款后段的规定对受害人的损害适当补偿。另外，在判断生理性醉酒时，法律并没有给出明确的标准，而且因各人的酒量不同而导致是否醉酒无法统一规定，实践中应当从行为人有无识别能力来判断，如果行为人已没有意识或失去控制，应当认为其醉酒。在机动车致人损害场合，我国从 2011 年开始禁止酒驾，故无论是生理性醉酒还是病理性醉酒后驾车致人损害的，都应承担侵权责任。

2. 如何理解“滥用麻醉药品或者精神药品”

根据《麻醉药品和精神药品管理条例》第 3 条第 1 款规定，麻醉药品和精神药品是指列入麻醉药品目录、精神药品目录的药品和其他物质。“滥用”包括两方面的内容：其一是本不应使用而予以使用。比如，缓解轻微疼痛本不应使用海洛因，而行为人吸食海洛因，导致其暂时失去意识。其二是过量使用。过量与否应当以该药品的正常使用量作为标准。过量使用导致行为人失去识别能力的，应当认定为滥用。

第一千一百九十一条　用人单位的工作人员因执行工作任务造成他人损害的，由用人单位承担侵权责任。用人单位承担侵权责任后，可以向有故意或者重大过失的工作人员追偿。

劳务派遣期间，被派遣的工作人员因执行工作任务造成他人损害的，由接受劳务派遣的用工单位承担侵权责任；劳务派遣单位有过错的，承担相应的责任。

【条文主旨】

本条是关于用人者责任的规定，包括用人单位责任和劳务派遣单位、劳务用工单位责任。

【立法要点及理由】

本条是在《侵权责任法》第 34 条的基础上修改形成，修改体现在两方面：一是增加规定了用人单位与工作人员内部之间的责任承担，明确了用人单位对工作人员执行工作任务的侵权行为承担责任后，可以向具有故意或者重大过失的工作人员进行追偿。二是对于劳务派遣单位的责任规定，由《侵权责任法》第 34 条第 2 款规定的“相应的补充责任”，修改为“相应的责任”。

本条与第 1192 条的个人劳务责任都是关于用人者的特殊侵权责任规定，在比较法上和我国学理上称为雇主责任、使用人责任。《民法典》侵权责任编承继了《侵权责任法》的立法模式，根据用工主体性质的不同，将用人者责任分为第 1191 条和第 1192 条两条规定，但具体所指基本相同。本条分两款，分别规定了用人单位责任和劳务派遣单位、劳务用工单位责任。

一、用人单位责任的特点

1. 用人单位责任的归责原则

用人单位的工作人员因执行工作任务造成他人损害的，由用人单位承担侵权责任，这种责任属于替代责任，即由非行为人对行为人的侵权行为承担责任。关于用人单位责任的归责原则，存在着无过错责任和过错推定责任两种观点。根据立法机关的解读，本条规定的用人单位责任属于无过错责任，其目的是适用无过错责任原则，有利于减少或避免用人单位侵权行为的发生，促进用人单位提高技术及管理水平，最终促进社会生产力的发展；有利于切实保护受害人的合法权益，使受害人的损害赔偿请求权更容易实现，受到损害的权利能及时得到救济。

2. 用人单位责任以工作人员构成职务侵权为前提

一是侵权行为必须是工作人员执行工作任务的行为；二是工作人员执行职务的行为构成侵权。工作人员在执行工作任务时造成他人损害的，只有该行为构成侵权行为，用人单位才承担侵权责任。比如，在一般侵权场合，工作人员执行职务的行为需同时满足行为的违法性、过错、因果关系和损害后果四个要件才成立侵权法律关系，此时用人单位才需承担侵权责任。若工作人员执行职务致人损害是出于紧急避险等原因所致而不成立侵权责任，则用人单位无须承担侵权责任。

3. 用人单位责任是单独责任

在比较法上，雇主责任存在着单独责任和连带责任两种立法例。本条规定区分了受害人与侵权人的外部求偿关系与用人单位和工作人员的内部追偿关系。在外部求偿关系中，用人单位的工作人员因工作对他人实施侵权行为，仅以用人单位为唯一的侵权责任主体，未将行为人作为侵权责任主体，即用人单位责任是单独责任，其理论依据在于只要用人单位的法定代表人或工作人员在经营活动范围内的一切行为，都应视为用人单位实施的行为，而不是他们个人的行为，因此产生的责任也应当由作为雇主的用人单位承担，而不是他们个人负担。① 即在行为人与其所属单位或组织之间，从第三人的角度观察，行为人的人格已经为单位或组织等使用人的人格所吸收，其独立性不复存在，不再是独立的主体，进而执行使用人职务

① 江平主编：《法人制度论》，中国政法大学出版社1994年版，第39页。

之际，该行为并不具有独立的意思，无论是法律行为、事实行为或侵权行为，逻辑上均为使用人的行为，行为人当然也就不能享有权利、负担义务、承担责任。[①] 但在用人单位和工作人员的内部追偿关系中，本条新增规定用人单位承担侵权责任后，可以向有故意或者重大过失的工作人员追偿。

4. 用人单位承担侵权责任后享有追偿权

用人单位承担侵权责任后能否向工作人员追偿，《侵权责任法》第 34 条没有作出规定，本次编纂《民法典》侵权责任编，增加了用人单位追偿权的规定，即用人单位承担侵权责任后，可以向有故意或者重大过失的工作人员追偿。一是虽然《侵权责任法》第 34 条没有规定用人单位的追偿权，但立法机关认为这不影响用人单位依照法律规定或者根据双方约定来行使追偿权。用人单位和工作人员对能否追偿、追偿多少有争议的，可以向人民法院提起诉讼，由人民法院根据具体情况公平解决。[②] 本条增加规定用人单位的追偿权，使这一问题得以明确，避免争议。二是用人单位只能向因故意或者重大过失造成损害的工作人员追偿，这体现了内部求偿关系中的过错原则，如果工作人员对损害的发生不存在故意或者重大过失，仅是一般或轻微过失，或者没有过错，即便工作人员致人损害的行为成立侵权行为，用人单位承担责任后也不能向该工作人员追偿。对用人单位追偿权作出此种限制，是为了达到保障劳动者权益与兼顾公平的平衡。三是追偿权作为一种权利，用人单位既可以行使，也可以放弃。

二、执行工作任务的认定标准

"因执行工作任务造成他人损害"，是用人单位承担替代责任的前提条件和核心要素。结合相关学术观点及司法实践，笔者认为，判断工作人员的侵权行为是否属于执行工作任务的范围，须考虑行为的内容、时间、地点、场合、名义（以用人单位名义或以个人名义）、受益人（为用人单位受益或

---

① 蔡立东：《个体主义方法论与使用人侵权责任的重构》，载《烟台大学学报（哲学社会科学版）》2009 年第 3 期。

② 王胜明主编：《〈中华人民共和国侵权责任法〉条文解释与立法背景》，人民法院出版社 2010 年版，第 136～137 页。

个人受益)，以及是否与用人单位意志有关联等。例如，工作人员在执行职务中，以执行职务的方法，故意致害他人，以达到个人不法目的，虽然其内在动机是出于个人的目的，但其行为与职务有着内在联系，因此也应认为是执行职务的行为，属于用人单位侵权行为，应由用人单位承担侵权责任。

实践中还有以下两个问题值得研究：

一是工作人员超越职权范围以用人单位名义实施的行为致人损害的，用人单位是否承担责任？一种观点认为，工作人员只有在职权范围内为用人单位的利益活动时致人损害的，才构成用人单位的行为，由用人单位承担责任；另一种观点认为，工作人员的行为即使超出职权范围，但只要从行为的客观形式上不能使受害人有所认识，仍构成用人单位的行为，用人单位应当承担责任。笔者认为，从保护受害人利益的角度，并结合表见代理、表见代表制度考虑，第二种观点值得肯定。例如，某公司的采购员奉命驾车去甲商场采购，途中听说乙商场的价格更便宜，遂改道去乙商场，途中致伤他人。用人单位明确指示去甲商场，而采购员却去了乙商场，与用人单位的指示不一致，超越了职权范围，但去乙商场的行为在外观上来看，仍然是去执行用人单位职务，所以其侵权行为仍应视为用人单位的侵权行为，由用人单位承担责任。

二是工作人员以用人单位名义实施的行为超出用人单位经营范围致人损害的，用人单位是否承担责任？严格来说，用人单位只能在有关部门行政许可的经营范围内从事经营活动，超出该范围的经营活动，已不属于用人单位的合法活动。但是，这是从用人单位的行为是否合法来分析问题的，即只有在用人单位经营范围内从事的活动，才能为合法的行为，超出用人单位经营范围的活动，就不是合法行为，而侵权行为本身就是一种违法行为，不能以经营范围划定。因此，工作人员在以用人单位名义实施的经营范围外的活动时致人损害的，同样可构成用人单位的侵权行为，由用人单位承担侵权责任。

三、劳务派遣期间责任主体的特殊规定

1. 关于劳务派遣的理解

劳务派遣关系中的劳务派遣单位、劳务用工单位责任，是用人单位侵

权责任的特殊形式，本条第 2 款对此加以特别规定。劳务派遣这种用工方式明显有别于传统的用工模式，因为传统的用工方式只涉及双方主体，即用人单位和劳动者，而劳务派遣却存在三方主体，包括劳务派遣单位即用工单位、实际用工单位和被派遣劳动者；存在两个合同关系，即劳务派遣单位与工作人员之间的劳动合同关系，以及劳务派遣单位与用工单位之间的劳务派遣合同关系。可见，劳务派遣关系中的"用人"与"用工"发生了分离，被派遣的工作人员不与用工单位签订劳动合同，不建立劳动关系，而是与劳务派遣单位存在劳动关系，但被派遣至用工单位劳动，如此便产生了"有关系没劳动，有劳动没关系"的局面，这不仅是劳务派遣法律关系的显著特征，也在一定程度上增加了劳务派遣关系的复杂性。

2. 劳务派遣单位与劳务用工单位的侵权责任

对于被派遣劳动者在工作中给他人造成损害的侵权责任，《侵权责任法》第 34 条第 2 款规定，劳务派遣期间，被派遣的工作人员因执行工作任务造成他人损害的，由接受劳务派遣的用工单位承担侵权责任；劳务派遣单位有过错的，承担相应的补充责任。本条第 2 款基本沿用了《侵权责任法》第 34 条第 2 款的立法思路，但将劳务派遣单位的责任修改为"相应的责任"，而不再是"相应的补充责任"。

（1）从归责原则上看，劳务用工单位承担的是无过错责任，而劳务派遣单位承担的则是过错责任。立法规定由劳务用工单位承担无过错责任主要是基于以下考虑：劳务派遣单位将劳动者派至用工单位后，劳动过程是在用工单位的管理安排下进行，被派遣劳动者要根据用工单位的指挥监督从事生产工作，并要遵守用工单位的工作规则、规章制度，即用工单位对其工作人员的工作进行实际指挥控制。而实际指挥控制是各种用工形式中的稳定因素和共同的核心内容，也是判断侵权责任承担者的主要依据。劳务派遣单位将劳动者派至用工单位后，就不再对劳动者的具体活动进行指挥和监督，被派遣劳动者在用工单位的指挥监督下从事劳动，劳动者与用工单位之间的关系实质正是实际指挥控制与监督的关系。因此，用工单位应当承担被派遣劳动者职务活动中致人损害的无过错责任。

劳务派遣单位在归责原则上承担的是过错责任。劳务派遣单位的过错主要是指选任方面的过错。劳务派遣“用人”和“用工”分离的先天属性，导致劳务派遣单位对被派遣劳动者失去了实际指挥控制和监督权，但劳务派遣单位如同用工单位的人事部门，负有对被派遣劳动者的选任责任，即在招聘、录用被派遣劳动者时，应当对该劳动者的健康状况、能力、资格以及对用工单位所任职务能否胜任进行详尽的考察。因此，劳务派遣单位对劳动者因执行工作任务致人损害承担的责任，是因劳务派遣单位对选任不当承担的相应的过错责任。

（2）在责任形态上，劳务用工单位责任与劳务派遣单位责任属于共同责任。需要注意的是，《侵权责任法》第34条第2款规定的劳务派遣单位责任是“相应的补充责任”，而本条规定的是“相应的责任”，删去了“补充”二字。在侵权责任编编纂时，对劳务派遣中工作人员致人损害时劳务派遣单位与劳务用工单位的责任形态问题，曾存在较大争议：一种观点认为应坚持补充责任这种不真正连带关系，另一种观点认为劳务派遣单位与劳务用工单位之间应承担连带责任。笔者认为，本条中“相应的责任”在文义上并没有清晰地表达这一责任的性质是什么，但从条文内容的前后变化来看，不宜再将劳务派遣单位的侵权责任理解为补充责任，理解为按份责任可能更为妥当，即劳务派遣单位根据其过错大小，承担与过错相应的按份责任。既然是按份责任，劳务派遣单位承担的就不再是第二顺位的责任，而是第一顺位责任，但只是在劳务派遣单位存在过错的情况下才承担责任，如果其没有过错，则应由劳务用工单位承担全部侵权责任。

【适用指南】

一、关于用人单位对工作人员行使追偿权的问题

只有在工作人员有故意或者重大过失，该行为超出了法律赋予的职权或单位的授权范围，造成侵权时，用人单位才享有向该工作人员追偿的权利。

二、关于工作人员因执行工作任务遭受第三人侵害的处理

本编对此仍没有作出规定。这实际上涉及长期困扰司法实践的第三人侵权与工伤事故竞合时的责任承担问题，而该问题在劳动争议司法解释和人身损害赔偿司法解释的制定过程中虽均被提及①，但仍未明确规定如何进行法律适用，只是在《人身损害赔偿解释》第 3 条第 2 款规定："因用人单位以外的第三人侵权造成劳动者人身损害，赔偿权利人请求第三人承担民事赔偿责任的，人民法院应予支持。"司法实践对此适用较为混乱。由于该问题涉及劳动法（工伤保险）和侵权法两大领域，对于如何协调解决必须慎重，需要将来通过立法或制定司法解释来解决。现阶段，因第三人侵权所致的损害，原则上应由第三人承担民事赔偿责任，而劳动者的伤害是因执行工作任务而发生并构成工伤的，用人单位亦应按无过错责任的归责原则承担工伤赔付责任。

但同时，应赋予保险机构和用人单位对因第三人侵权引起工伤的侵害人享有代位求偿权。用人单位和工伤保险经办机构不能要求工伤职工必须先向侵害人索赔后才能申请工伤保险待遇，也不能从工伤职工应享有的保险待遇中扣减其从侵害人处获得的赔偿款项。但对于相同赔付项目是否要扣减，仍需要进一步调研。至于公务员、事业单位工作人员等不请求工伤保险和公务员抚恤待遇而直接向本单位请求人身损害赔偿，单位或医保部门报销后对因第三人侵权引起工伤的侵害人享有代位求偿权。

三、关于用工单位和劳务派遣单位就其工作人员侵权行为的责任分配进行了约定的效力认定

审判实践中经常遇到劳务派遣单位与用工单位就工作人员侵权的责任承担进行了约定，对于该约定的效力如何认定需要明确。笔者认为，劳务派遣单位与用工单位在劳务派遣协议中约定由一方单独承担或者由双方按比例对外承担侵权责任，该约定应当得到尊重，其效力应当得到认可，不

---

① 详见胡仕浩：《〈关于审理劳动争议案件适用法律若干问题的解释（二）〉的理解与适用》，载《人民司法》2006 年第 10 期。最高人民法院民事审判第一庭编著：《最高人民法院人身损害赔偿司法解释的理解与适用》，人民法院出版社 2004 年版，第 187 ~ 201 页。

能因约定内容与本条规定不同而随意反悔。因劳务派遣单位与用工单位之间基于劳务派遣协议所产生的是民事合同关系，根据民法意思自治原则，双方的约定只要不违反法律、行政法规的强制性规定，该约定当然有效。该约定的效力应当仅及于劳务派遣单位与用工单位之间，不得对抗受害人。实践中还应注意一点，除劳务派遣单位与用工单位事先在劳务派遣协议中就侵权责任分担进行约定外，在实际侵权行为发生后，如果劳务派遣单位与用工单位就侵权责任分担能达成协议，对该协议的效力仍应予以确认。毕竟，对受害人而言，只要其损害能够获得相应赔偿，其是不在乎具体赔偿人及赔偿比例的。

第一千一百九十二条　个人之间形成劳务关系，提供劳务一方因劳务造成他人损害的，由接受劳务一方承担侵权责任。接受劳务一方承担侵权责任后，可以向有故意或者重大过失的提供劳务一方追偿。提供劳务一方因劳务受到损害的，根据双方各自的过错承担相应的责任。

提供劳务期间，因第三人的行为造成提供劳务一方损害的，提供劳务一方有权请求第三人承担侵权责任，也有权请求接受劳务一方给予补偿。接受劳务一方补偿后，可以向第三人追偿。

【条文主旨】

本条是关于个人之间因提供劳务发生的侵权责任的规定。

【立法要点及理由】

本条规定包括提供劳务一方因提供劳务造成他人损害和自己损害、提供劳务一方在劳务期间遭受第三人侵害三种情形，在《侵权责任法》第

35 条的基础上作了两处修改：一是增加规定因提供劳务造成他人损害的，接受劳务一方承担侵权责任后享有追偿权；二是增加规定提供劳务一方遭受第三人侵害的责任承担。本条与第 1191 条本质上都是关于雇主侵权责任的规定。考虑到我国当前的社会经济状况和劳动法律制度，立法机关对用人单位侵权责任和个人劳务侵权责任作了区分规定。

本条中“提供劳务一方”仅指自然人，包括家庭和农村承包经营户；但个体工商户、合伙的雇员因工作发生的纠纷，按照本编第 1191 条关于用人单位责任的规定处理。本条不包括因承揽关系产生的侵权责任纠纷，因承揽关系产生的侵权责任问题，由本编第 1193 条予以规范和调整。

一、因提供劳务造成他人损害的侵权责任

本条第 1 款前半段是关于提供劳务一方因提供劳务造成他人损害的侵权责任的规定。提供劳务一方因劳务造成他人损害的，由接受劳务一方承担侵权责任，此种责任为无过错责任、替代责任，只要提供劳务一方因劳务造成他人损害的行为构成侵权，接受劳务一方就应承担侵权责任，而不问接受劳务一方是否存在过错。雇员是雇主手臂的延伸，雇员的行为是雇主权利的扩张，雇员的行为自然可被看作雇主自己的行为。基于报偿责任原理，雇员所从事的雇佣活动是为雇主的利益，因此按照现代民法利益、风险、责任一致的原则，雇佣活动中所产生的风险应由雇主承担，而不是由雇员承担。

本条增加规定了接受劳务一方承担侵权责任后，可以向有故意或者重大过失的提供劳务一方追偿，解决了接受劳务一方与提供劳务一方的内部求偿问题。但在外部关系中，对受害人而言，侵权责任主体仍是唯一的接受劳务一方。这与本编第 1191 条规定相类似，在理解上也是相似的，在此不再赘述。但应注意的是，个人劳务关系中，接受劳务一方行使追偿权的条件可以比用人单位行使追偿权的条件略宽。①

---

① 参见王胜明主编：《〈中华人民共和国侵权责任法〉条文解释与立法背景》，人民法院出版社 2010 年版，第 141 页。

二、提供劳务一方因劳务致使自己受到损害的侵权责任

本条第 1 款后半段是关于提供劳务一方因劳务致使自己受到损害的侵权责任的规定。提供劳务一方因劳务致使自己受到损害的，根据提供劳务一方和接受劳务一方各自的过错承担相应的责任，故雇员因劳务自身遭受损害的侵权责任属于过错责任。这一规定和工作人员在用人单位遭受损害的规定有所不同。国务院颁布的《工伤保险条例》规定，中华人民共和国境内的企业、事业单位、社会团体、民办非企业单位、基金会、律师事务所、会计师事务所等组织和有雇工的个体工商户应当依照本条例规定参加工伤保险，为本单位全部职工或者雇工缴纳工伤保险费。从《劳动合同法》的规定来看，工作人员在工作过程中受到工伤损害的，用人单位原则上承担无过错责任。只要工作人员是因工作遭受事故伤害或者患职业病的，职工就可以依照相关规定获得医疗救治和经济补偿。由于本条仅调整“个人之间形成的劳务关系”，不属于依法应当参加工伤保险统筹的情形，提供劳务一方因劳务受到损害的，不能适用《工伤保险条例》，因此提供劳务一方因劳务受到损害的，不宜采取无过错责任原则要求接受劳务一方无条件承担赔偿责任。实践中因劳务受到损害的情况比较复杂，应当区分情况，根据双方的过错来处理比较合理。因此，本条规定双方根据各自的过错承担责任，比较公平，也符合现实的做法。

三、提供劳务一方在劳务期间遭受第三人侵害的责任承担

第三人的侵权行为致雇员伤害的赔偿问题，在《侵权责任法》中未作规定，本条第 2 款增加规定了第三人侵权致雇员伤害的赔偿责任，赋予遭受第三人侵害的提供劳务一方以选择请求权，其既可以请求实施侵权行为的第三人承担赔偿责任，也可以请求接受劳务一方承担赔偿责任，接受劳务一方承担侵权责任后，可以向第三人追偿。实施侵权行为的第三人与接受劳务一方的关系为不真正连带债务。从终局责任承担的角度考虑，接受劳务一方承担赔偿责任后，可以向第三人追偿，这种追偿是代位清偿的追偿权。

四、“因劳务”行为的理解与判断

同本编第 1191 条一样，接受劳务一方并非对提供劳务一方的所有侵

权行为都承担赔偿责任，而是仅对提供劳务一方的职务行为造成的侵权承担赔偿责任。因此，如何正确判断提供劳务一方的行为是否为职务行为，是理解并正确适用本条的关键和核心要素，而本条并未对提供劳务一方的职务行为作出认定，只是精练地表述为“因劳务”。笔者认为，既考虑雇员主观意思，又对其客观行为加以判断，构成一个主观和客观相结合的标准，才能既合理地划分雇佣关系的范围，又顾及对受害者利益的维护。

【适用指南】

一、本条不适用于因承揽关系产生的侵权责任纠纷

因承揽关系产生的侵权责任问题，适用本编第 1193 条的规定予以处理。个人之间提供劳务的关系属于雇佣关系是适用本条的前提。在实践中，对个人之间提供劳务的关系是雇佣关系还是承揽关系可以结合以下因素进行综合判断：（1）受雇时间是长期的，还是临时的；（2）工作性质是日常的，还是应急的；（3）该工作人员是否有自己的工资和业务；（4）是谁提供工作工具和设备；（5）是根据接受劳务一方的指示在特定地点工作，还是自己决定工作地点；（6）领取工资的方式是固定的，还是一次性的；（7）双方事前如何确定各自的身份以及合同如何规定等。

二、关于帮工关系中的侵权责任问题

侵权责任编没有规定帮工人责任，因帮工与个人之间的劳务关系在性质上有所区别，故不能认为本条适用于帮工人责任。《人身损害赔偿解释》第 4 条规定：“无偿提供劳务的帮工人，在从事帮工活动中致人损害的，被帮工人应当承担赔偿责任。被帮工人承担赔偿责任后向有故意或者重大过失的帮工人追偿的，人民法院应予支持。被帮工人明确拒绝帮工的，不承担赔偿责任。”第 5 条规定：“无偿提供劳务的帮工人因帮工活动遭受人身损害的，根据帮工人和被帮工人各自的过错承担相应的责任；被帮工人明确拒绝帮工的，被帮工人不承担赔偿责任，但可以在受益范围内予以适

当补偿。帮工人在帮工活动中因第三人的行为遭受人身损害的，有权请求第三人承担赔偿责任，也有权请求被帮工人予以适当补偿。被帮工人补偿后，可以向第三人追偿。”

第一千一百九十三条　承揽人在完成工作过程中造成第三人损害或者自己损害的，定作人不承担侵权责任。但是，定作人对定作、指示或者选任有过错的，应当承担相应的责任。

【条文主旨】

本条是关于定作人过错责任的规定。

【立法要点及理由】

《民法典》颁布之前，我国法律对承揽人在完成承揽事项中致人损害的侵权责任没有作出规定，审判实践中一般适用 2003 年《人身损害赔偿解释》第 10 条（该条现已根据 2020 年 12 月 29 日《最高人民法院关于修改〈最高人民法院关于在民事审判工作中适用《中华人民共和国工会法》若干问题的解释〉等二十七件民事类司法解释的决定》删除）来处理涉及承揽人侵权的案件。该规定：“承揽人在完成工作过程中对第三人造成损害或者造成自身损害的，定作人不承担赔偿责任。但定作人对定作、指示或者选任有过失的，应当承担相应的赔偿责任。”本条规定吸收借鉴了该条，仅作了文字调整。

承揽人在完成承揽事项中致人损害的侵权责任，来源于英美等普通法系国家的判例。2003 年《人身损害赔偿解释》第 10 条虽对此问题作出了规定，但《侵权责任法》并未将该条规定吸收到法律条文中，导致定作人责任问题一直缺乏立法规定。本次《民法典》编纂注意到了这一问题，将定作人责任单独成条规定，无疑是一大进步。

一、承揽与雇佣的区别

关于承揽合同的定义，《民法典》第770条保留了《合同法》第251条的内容，规定承揽合同是承揽人按照定作人的要求完成工作，交付工作成果，定作人支付报酬的合同。应完成工作并交付成果的一方为承揽人，应接受承揽人的工作成果并给付报酬的一方为定作人。承揽人所完成的工作成果为定作物。承揽合同的主体，不限于自然人，也适用于自然人与法人之间以及法人之间。承揽合同的内容，包括加工、定作、修理、复制、测试、检验等工作。除此之外，建房合同（本法合同编第十八章规定的建设工程合同除外）、房屋修缮合同、印刷合同、设计合同、翻译合同、打印合同、画品装裱合同等，都是生活中常见的承揽合同。因完成工程勘察、设计、施工为内容的建设工程合同而发生的承揽关系与传统的承揽合同有明显区别，故无论是《合同法》，还是《民法典》合同编，均将承揽合同和建设工程合同分为两章分别加以规定，但不能因此否定建设工程合同具有承揽合同的基本属性。

关于承揽与雇佣的区别，法学理论中一般将其论述为：（1）承揽合同中的当事人具有独立性，承揽人基本是依靠自己的独立判断来进行工作，不受合同相对人的支配；而雇佣关系中雇员在一定程度上要受接受雇主的支配，在完成工作中须听从雇主的安排、指挥。（2）承揽合同是以完成工作成果为目的，提供劳务仅是完成工作成果的手段，而雇佣关系是以直接提供劳务为目的。（3）承揽合同履行中所生风险由完成工作成果的承揽人承担，定作人对定作、指示或者选任有过错的，承担相应的责任；而雇佣合同履行中所生风险，一般由雇主承担。

审判实践中，当事人双方就承揽与雇佣的性质发生争议时，人民法院可以综合分析下列因素，结合案件具体情况予以认定：（1）当事人之间是否存在控制、支配和从属关系；（2）是否由一方指定工作场所、提供劳动工具或设备、限定工作时间；（3）是定期给付劳动报酬，还是一次性结算劳动报酬；（4）是继续性提供劳务，还是一次性提供工作成果；（5）当事人一方所提供的劳动是其独立的业务或者经营活动，还是构成合同相对方的业务或者经营活动的组成部分。如当事人之间存在控制、支配和从属关系，由一方指定工作场所、提供劳动工具或设备、限定工作时间，定期给付劳动报酬，所提供的劳动是接受劳务一方生产经营活动的组成部分的，可以认定为雇佣。反之，则应认定为承揽。

二、定作人责任的归责原则和责任构成

本条规定的是定作人对定作、指示或者选任有过错的侵权责任，即：定作人对承揽人在完成工作过程中造成第三人损害或者自己损害的，原则上定作人不承担侵权责任，仅限于定作人对定作、指示或者选任有过错的，才承担与过错相适应的侵权责任。因此，定作人责任的归责原则是过错责任原则。定作人的过错责任虽然也是对他人的替代责任，属于特殊的侵权责任，即行为人与责任分离的情况，但定作人的替代责任与雇主（用人单位和接受劳务一方）的替代责任的归责原则有较大区别。用人单位和接受劳务一方的替代责任实行的是严格责任或无过错责任，而定作人的替代责任实行的是过错责任。因此，因承揽人完成承揽事项而致人损害的场合，受害人必须举证证明定作人具有过错，才能主张定作人承担责任，向其行使求偿权，否则只能向承揽人求偿。同时，定作人若能举证证明自己没有过错，亦能免除自己的责任。

定作人的过错，包括对定作、指示或者选任的过错。所谓对定作的过错，是指定作人委托加工、制作的定作物本身具有高度的危险性或不法性，如吸毒者委托医生从药品中提取毒品，居民委托他人建造违章建筑。所谓对指示的过错，是指定作人在定作物的制作方法上所作出的指示有明显的过错，如指使承揽人用危险的方法制作或强迫承揽人违反法律蛮干。所谓对选任的过错，是指定作人对承揽人的选任具有明显过错，如明知承揽人没有从业资格而选任。

定作人对承揽人完成承揽事项致人侵权的行为承担过错侵权责任，须满足以下责任构成要件：（1）定作人与承揽人之间存在特定的承揽合同关系。承揽人依照合同的约定或者定作人的指示完成加工承揽事项，这种合同关系只要事实上存在即可，不一定必须具备书面的合同形式。（2）侵权行为是承揽人在执行承揽合同、完成承揽事项过程中发生的。如果超出执行承揽事项的范围，则不存在定作人的责任。(3) 承揽人造成第三人损害的，承揽人的行为须成立侵权行为。(4) 定作人对定作、指示或者选任有过错，且这种过错与损害后果的发生具有因果关系。

定作人承担过错侵权责任的情形，可以分为以下几种：一是损害完全是由定作人在定作、指示、选任中的过错所致，承揽人自身没有过错的，则应由定作人承担完全的替代赔偿责任，定作人承担责任后不享有对承揽人的追偿权。二是损害是由承揽人完成承揽事项的行为引起，定作人不存在过错的，则应由承揽人单独承担责任，定作人不承担责任。三是定作人与承揽人构成共同侵权的，则不属于本条的适用范围，应依据共同侵权的处理原则，判令定作人和承揽人承担连带赔偿责任。

【适用指南】

一、定作人过错侵权责任与承揽合同责任的区别

定作人的过错侵权责任与承揽合同责任具有以下不同：(1) 定作人过错侵权责任是特殊侵权责任，其发生依据是侵权行为，而承揽合同责任是违约责任，发生依据是不履行或不适当履行合同。(2) 定作人过错侵权责任的受偿主体是合同以外的第三人或承揽人自身，承揽合同责任的受偿主体是承揽合同的当事人一方。(3) 定作人侵权责任的主要承担方式是赔偿损失，而违反承揽合同的补救方式有继续履行、修理重作、赔偿损失等多种方式。

二、定作人过错侵权责任与承揽人个人侵权责任的区别

定作人过错侵权责任与承揽人个人侵权责任有联系，二者都与执行承揽合同的承揽事项有关，也都侵害了第三人的人身、财产权利。但二者的根本区别在于，承揽人个人侵权责任是因承揽人自身过错导致第三人损害，故是一般侵权责任，责任由承揽人个人承担，定作人不承担责任。而定作人的过错责任则是定作人对定作、指示或者选任存在过错，导致承揽

人在执行承揽事项中致人损害，定作人的过错与损害结果之间存在因果关系，故定作人承担与过错相应的侵权责任，它是一种替代责任，是特殊的侵权责任。

三、定作人过错责任与定作人和承揽人共同侵权的区别

本条规定的定作人过错责任是定作人的单方过错责任，该责任虽属于替代责任，但定作人不享有对承揽人的追偿权。在外部关系中，受害人可以同时向定作人和承揽人主张赔偿，但只有在定作人对定作、指示或者选任存在过错的情况下，才可以判令定作人承担与其过错相应的侵权责任，否则应由承揽人承担侵权责任。但应注意的是，如果第三人的损害是由定作人和承揽人共同侵权导致的，则应按照共同侵权的处理原则，由定作人和承揽人对外承担连带侵权责任，在内部关系中，可以区分各侵权人的过错程度，以划分不同的责任比例。

第一千一百九十四条　网络用户、网络服务提供者利用网络侵害他人民事权益的，应当承担侵权责任。法律另有规定的，依照其规定。

【条文主旨】

本条是关于网络用户和网络服务提供者直接侵权的规定。

【立法要点及理由】

本条与第 1195 条、第 1196 条、第 1197 条都是关于网络侵权的规定，是将《侵权责任法》第 36 条的规定分别独立成条，并加以修改而来。本条规定保留了《侵权责任法》第 36 条第 1 款的内容，新增了“法律另有规定的，依照其规定”的除外条款。

网络侵权是指发生于互联网空间的侵权行为，包括网络用户侵权责任和网络服务提供者侵权责任。在《侵权责任法》的起草过程中，有的意见提出，对于网络用户、网络服务提供者利用网络侵害他人民事权益的行为，尽管可以通过一般侵权以及《著作权法》等规定予以解决，但针对网络侵权行为日益增多这一突出问题，加之网络侵权也有其特殊性，作出专条规定很有必要。正是基于此种考虑，《侵权责任法》第36条专门规定了网络侵权。《民法典》侵权责任编不仅保留了网络侵权的规定，还将其予以细化。本条是对网络用户和网络服务提供者侵犯他人民事权益应当承担侵权责任的原则性规定。

一、网络用户及其利用网络侵害他人民事权益的情形

网络用户包括自然人用户和法人用户。自然人用户通常被称为“网民”。在网络过程中，自然人用户指的是接受网络服务的当事人。网络用户也包括法人用户，任何法人组织只要同时具备网上交易的能力，能以法人的名义为自己的交易承担相应的法律责任，就可以参与网络活动。

网络用户利用网络侵害他人民事权益，大体可以分为以下几种类型：一是侵害人格权。主要表现为：（1）盗用或者假冒他人姓名，侵害姓名权。（2）未经许可使用他人肖像，侵害肖像权。（3）发表攻击、诽谤他人的文章，侵害名誉权。（4）非法侵入他人电脑，非法截取他人传播的信息，擅自披露他人个人信息、大量发送垃圾邮件，侵害隐私权。二是侵害财产权益。基于网络活动的便捷性和商务性，通过网络侵害财产利益的情形较为常见，如窃取他人网络银行账户中的资金，而最典型的是侵害网络虚拟财产，如窃取他人网络游戏装备、虚拟货币等。三是侵害知识产权。主要表现为侵犯他人著作权与商标权。侵犯著作权的情形，如擅自将他人作品进行数字化传输、规避技术措施，侵犯数据库等。侵犯商标权的情形，如在网站上使用他人商标，故意使消费者误以为该网站为商标权人的网站，恶意抢注与他人商标相同或相类似的域名等。

二、网络服务提供者及其直接侵害他人民事行为的情形

“网络服务提供者”一词实际上并不是IT业中的一个专业词语，其更多的是一个法律上的概念。目前，在我国法律、行政法规和司法解释中，对于“网络服务提供者”并无十分明确的定义，且在不同法律、法规中，也出现了同义但不同名的表述。除“网络服务提供者”外，还有“提供内容服务的网络服务提供者”“内容服务提供者”“互联网接入服务提供者”“互联网信息服务提供者”“网站经营者”等。《信息网络传播权保护条例》按照提供服务的种类，对网络服务提供者进行了分类，主要包括：(1) 提供信息存储空间或提供搜索、链接服务的网络服务提供者（第14条)。(2) 根据服务对象的指令提供网络自动接入服务，或者对服务对象提供的作品、表演、录音录像制品提供自动传输服务的网络服务提供者(第20条)。(3) 为提高网络传输效率，自动存储从其他网络服务者获得的作品、表演、录音录像制品，根据技术安排自动向服务对象提供的网络服务提供者（第21条)。(4) 为服务对象提供信息存储空间，供服务对象通过信息网络向公众提供作品、表演、录音录像制品的网络服务提供者(第22条)。《互联网著作权行政保护办法》将“网络服务提供者”表述为互联网信息服务提供者。在该办法中，互联网信息服务提供者，是指根据互联网内容提供者的指令，通过互联网自动提供作品、录音录像制品等内容的上载、存储、链接或搜索等功能，且对存储或传输的内容不进行任何编辑、修改或选择的自然人、法人或非法人组织。

从立法者的解释来看，本条所称“网络服务提供者”的内涵较广，应包括网络技术服务提供者和网络内容服务提供者。所谓技术服务提供者，主要指提供接入、缓存、信息存储空间、搜索以及链接等服务类型的网络主体，其不直接向网络用户提供信息。所谓网络内容服务提供者，是指主动向网络用户提供内容的网络主体，其法律地位基本与出版社相同，应当对所上传内容的真实性与合法性负责。这两类网络服务提供者有着本质的区别。对于网络技术服务提供者，其只是提供通道或者平台，本身并不对传输或存储的信息进行主动编辑、组织或者修改，全部内容都是由网络用户提供。而对于网络内容服务提供者，其自身直接向网络用户提供内容或者产品服务，其提供的内容和产品是该网络服务提供者自己主动编辑、组织、修改或提供的。据此，立法对这两种行为规定了不同的规制模式。对于那些提供内容和产品服务的网络内容服务提供者而言，由于其网站的信息内容都是该网络服务提供者自己主动编辑、组织和提供的，当然应由该网络服务提供者自己负责，造成侵害他人权益的，如捏造虚假事实诽谤他人、发布侵犯著作权的影视作品等，应该承担直接侵权责任。对于那些提供网络接入或者平台服务的网络技术服务提供者，除符合本法第 1195 条、第 1196 条、第 1197 条的规定外，技术服务提供者一般无须对网络用户提供的信息侵犯他人民事权益承担责任，但技术服务提供者如果主动实施侵权行为，如破坏他人技术保护措施、利用技术手段攻击他人网络、窃取他人个人信息等，也要依据本条承担侵权责任。

需要说明的是，这里的网络是指能够使不同计算机等具有信息处理能力的装置之间以电子方式进行信息交换的通信系统，包括互联网和局域网。

【适用指南】

第一，应注意区分本条与本法第 1195 条、第 1196 条、第 1197 条的适用范围。本条是关于网络侵权的原则性规定，规范的是网络用户、网络服务提供者的直接侵权行为。而本法第 1195 条、第 1196 条、第 1197 条规范的是网络用户利用网络实施侵权行为时，网络服务提供者在何种情况下需要与网络用户承担连带责任。网络服务提供者承担的连带责任是中间责任。

第二，应注意区分网络服务提供者的具体类型，来确定其承担侵权责任的请求权基础。目前，很多网络主体提供的服务具有多样性，既提供技术服务，又主动提供相关内容，如搜狐、新浪等综合性门户网站的运营方既是技术服务提供者，又是内容服务提供者。在确认其承担侵权责任的请求权基础时，应当根据具体情形作出必要的区分，不同类型的网络服务提供者成立侵权责任的要件、承担责任的方式以及免责事由都是有区别的。

第一千一百九十五条 **网络用户利用网络服务实施侵权行为的，权利人有权通知网络服务提供者采取删除、屏蔽、断开链接等必要措施。通知应当包括构成侵权的初步证据及权利人的真实身份信息。**

网络服务提供者接到通知后，应当及时将该通知转送相关网络用户，并根据构成侵权的初步证据和服务类型采取必要措施；未及时采取必要措施的，对损害的扩大部分与该网络用户承担连带责任。

权利人因错误通知造成网络用户或者网络服务提供者损害的，应当承担侵权责任。法律另有规定的，依照其规定。

【条文主旨】

本条与本法第1197条都是关于网络服务提供者承担间接侵权责任的规定。

【立法要点及理由】

本条为网络服务提供者确立了“避风港”规则和责任限制，并规定了网络用户错误通知的侵权责任，在沿袭《侵权责任法》第36条第2款规定的基础上，吸收了2014年《最高人民法院关于审理利用信息网络侵害人身权益民事纠纷案件适用法律若干问题的规定》第5条、第6条、第7条、第8条[①]以及《信息网络传播权保护条例》第14条的相关内容。本条在沿袭《侵权责任法》第36条第2款规定的基础上，作了以下修改：一是将被侵权人修改为权利人；二是在“通知—取下”程序中增加规定权利人通知所包含的必要信息；三是增加规定网络服务提供者接到通知后的及

① 根据2020年12月29日《最高人民法院关于修改〈最高人民法院关于在民事审判工作中适用《中华人民共和国工会法》若干问题的解释〉等二十七件民事类司法解释的决定》，2014年《最高人民法院关于审理利用信息网络侵害人身权益民事纠纷案件适用法律若干问题的规定》的第5条、第8条已被删除，第6条、第7条有修改。

时转送义务；四是增加规定权利人错误通知的侵权责任。

一、"避风港"规则

本条是关于网络服务提供者未及时采取必要措施，就扩大的损失与网络用户承担连带责任的规定，实际上为网络服务提供者设立了"避风港"和责任限制。权利人亦即被侵权人如果发现网络用户利用网络服务侵害其合法权益，有权向网络服务提供者发出通知，要求其采取必要措施。如果网络服务提供者及时采取了必要措施，则不承担侵权责任，这一规则被学界形象地称为"避风港"规则。如果网络服务提供者在收到被侵权人的通知之后未及时采取必要措施，或者采取的措施不合理，造成损害结果扩大的，网络服务提供者只对因此造成的损害的扩大部分与直接侵权的网络用户承担连带责任，这体现了立法对网络服务提供者的侵权责任作出的限制。这里的网络服务提供者是指那些提供信息平台或者信息通道服务的网络服务提供者，不包括提供内容或者产品服务的网络服务提供者。

本条的保护范围是民事权益，不仅包括著作权，还包括名誉权、肖像权、隐私权等人身权益以及财产权益，与欧盟和日本的做法类似。之所以这样规定，主要是考虑到，网络具有即时性的特征，侵权信息被上传至网络后，可能在几分钟之内就会传播到全世界的各个角落，一旦在网络上发生侵犯他人名誉权、隐私权等人格权的行为，如果不赋予被侵权人及时救济的权利，会使损害后果无限扩大，连侵权人也无法控制，可能导致被侵权人无法获得充分救济。

二、"避风港"规则中的"通知—取下"程序

本条对"避风港"规则中的"通知—取下"程序作了原则性规定，并增加规定了权利人通知的必要内容、网络服务提供者的及时转送通知和采取必要措施义务。

（一）通知涉及的主体

1. 通知人

通知人是被侵权人、权利人，即网络用户利用网络服务实施侵权行为的被侵权人，被侵权人认为自己受到网络侵权行为侵害时，有权通知网络服务提供者采取必要措施。

2. 接收通知人

即网络服务提供者，指依照服务类别有能力采取删除、屏蔽、断开链接等必要措施的网络服务提供者。

3. 侵权人

即网络用户。侵权人以利用网络实施网络侵权行为为必要条件，但网络侵权行为的特点是侵权人不明确。因而，通过网络服务提供者将侵权通知转送相关网络用户，被侵权人可以有效地确定侵权人。

（二）“通知”的形式和内容

在形式方面，本条并未对被侵权人向网络服务提供者发出的通知规定任何形式要求。《信息网络传播权保护条例》第 14 条要求通知应采取书面形式。

在内容方面，为了达到促使网络服务提供者采取必要措施的目的，本条增加规定了通知包含的必要事项，即通知应当包括构成侵权的初步证据及权利人的真实身份信息。由于这一规定非常原则，对于通知应当包括的内容和程序，可以适用其他法规的规定。《信息网络传播权保护条例》第 14 条第 1 款规定，通知书应当包含下列内容：“（一）权利人的姓名（名称）、联系方式和地址；（二）要求删除或者断开链接的侵权作品、表演、录音录像制品的名称和网络地址；（三）构成侵权的初步证明材料。”

（三）网络服务提供者及时转送通知和采取必要措施的义务

1. 网络服务提供者及时转送通知的义务

本条关于网络服务提供者及时向网络用户转送通知的规定，是在《侵权责任法》第 36 条第 2 款规定的基础上新增加的规定。之所以要规定网络服务提供者及时向网络用户转送通知，是因为在很多情况下，被侵权人和公众无法知晓谁是侵权人。在网络世界，大量的信息被高速复制，侵权行为的损害后果有时难以估计，举证也十分困难。通过网络服务提供者将侵权通知转送相关网络用户，被侵权人可以有效地确定侵权人。

2. 对“必要措施”的理解

必要措施是指足以防止侵权行为的继续和侵害后果的扩大并且不会给网络服务提供者造成不成比例的损害的措施，包括删除、屏蔽、断开链接、暂时中止对该网络用户提供服务等。

3. 对“及时”的理解

网络服务提供者采取删除、屏蔽、断开链接等必要措施是否及时，是其能否援引“避风港”规则进行免责抗辩的关键。本条对网络服务提供者采取必要措施作出“及时”的时间限定，其目的是平衡好网络服务提供者与被侵权人的利益，若为网络服务提供者设定的免责条件门槛太低，则易导致网络服务提供者消极履行义务，利用免责条款轻易免责而损害被侵权人的利益。可以说，对“及时”的合理认定将成为“避风港”规则能否正确适用的关键因素。

2020年修正后的《最高人民法院关于审理利用信息网络侵害人身权益民事纠纷案件适用法律若干问题的规定》第4条对网络服务提供者采取必要措施是否“及时”的认定标准作出了规定。依据该条规定，人民法院认定网络服务提供者采取的删除、屏蔽、断开链接等必要措施是否及时，应当根据网络服务的类型和性质、有效通知的形式和准确程度、网络信息侵害权益的类型和程度等因素综合判断。在该条起草过程中，学者们对“及时”的认定标准是规定具体的时间段还是仅规定抽象标准产生了争议。经反复讨论和征求意见，司法解释最终采取以抽象标准的方式规定“及时”的认定标准。

三、网络服务提供者的责任限制和责任形态

网络服务提供者的责任限制体现在，如果网络服务提供者在收到权利人的通知之后未及时采取必要措施，或者采取的措施不合理，造成损害结果的扩大的，网络服务提供者只对因此造成的损害的扩大部分与实施直接侵权行为的网络用户承担连带责任。这是因为，经过权利人的通知，网络服务提供者对网络用户的侵权行为已经明知，其接到该通知后未及时采取必要措施的，属于对网络用户侵权行为的放任，具有间接故意，视同共同侵权行为，应当与侵权的网络用户就损害扩大的部分，与网络用户承担连带责任。网络服务提供者所承担的这种连带责任是间接侵权责任、中间责任，网络服务提供者在承担责任后可以向网络用户进行追偿。

何谓“损害的扩大部分”？应以网络服务提供者被通知之后确定，凡是被通知之后造成的损害，就是损害的扩大部分。网络用户侵权行为实施之后被侵权人通知网络服务提供者的，当然是被通知之后的损害为扩大的损害。如果网络用户实施侵权行为之时或者之前，网络服务提供者就明知侵权行为的，则应适用本法第 1197 条规定，由网络服务提供者与网络用户就被侵权人的全部损害承担连带责任。

四、错误通知的侵权责任

依据本条第 3 款规定，因错误通知造成网络用户或者网络服务提供者损害的，应当承担侵权责任。增加本款规定的目的在于，明确通知人错误通知的法律后果。

1. 错误通知的理解

网络用户在网络上通过播放视频、发表文章、发送照片图像等形式，正常行使自己的宣传、说明、提示、意见、建议、批评等法律没有禁止性规定的权利，而通知人对上述网络用户发出的各类信息发生认知错误，以致错误地向网络服务提供者发出通知，要求其采取删除等措施。简言之，就是通知人将不构成侵权的网络信息误认为构成侵权，向网络服务提供者发出错误的删除通知。这种错误通知是通知人承担侵权责任的先决条件，如果是网络用户起诉主张发出通知一方的通知错误的，则只有在通知一方举证证明网络信息构成侵权的前提下才能证明通知正确。①

2. 因错误通知侵害的权益类型

由于错误通知导致网络用户发布的信息被错误删除，侵害了网络用户的何种权益？错误通知的通知人侵犯了网络用户在网上发表信息、言论的

① 参见最高人民法院民一庭编著：《最高人民法院利用网络侵害人身权益司法解释理解与适用》，人民法院出版社 2014 年版，第 130 页。

自由。《侵权责任法》所规定的民事权益包括法律明确规定的权利和法律没有明确规定的法益。权利的类型相对比较明确，而法益的保护相对复杂。从现行法的规定来看，网络用户在网络上发表信息、表达言论的自由尚不能归属于某种具体的人格权，但这并不妨碍其成为保护对象。笔者认为，错误通知导致错误删除，妨碍了网络用户的表达自由，在现行法框架下，可将此种权益归属于《民法典》第四编所规定的人格权。

因错误通知导致网络服务提供者何种损害？由于网络用户与网络服务提供者存在服务合同关系，网络服务提供者可能因错误删除而向网络用户承担违约责任，由此产生的损害应由错误通知的通知人承担。

【适用指南】

第一，“及时采取必要措施”属于免责抗辩事由，应由网络服务提供者承担举证责任。

第二，“及时采取措施”义务由网络技术服务提供者承担，网络内容服务提供者不适用“通知—取下”规则而免责，应注意区分本条规定与第1194条的适用范围。

第三，对于未经“通知”即“知道”侵权事实的网络服务提供者，不适用本条第1款规定而免责，应注意区分本条第1款与本法第1197条的适用范围。

第一千一百九十六条 **网络用户接到转送的通知后，可以向网络服务提供者提交不存在侵权行为的声明。声明应当包括不存在侵权行为的初步证据及网络用户的真实身份信息。**

网络服务提供者接到声明后，应当将该声明转送发出通知的权利人，并告知其可以向有关部门投诉或者向人民法院提起诉讼。网络服务提供者在转送声明到达权利人后的合理期限内，未收到权利人已经投诉或者提起诉讼通知的，应当及时终止所采取的措施。

【条文主旨】

本条是与第1195条避风港规则中“通知—取下”程序相配套的“反通知—恢复”程序的规定。

【立法要点及理由】

《侵权责任法》第36条第2款关于网络服务提供者“避风港”规则的具体程序规定，仅有“通知—取下”程序，没有网络用户的反通知和网络服务提供者的恢复程序。《民法典》侵权责任编吸收借鉴《信息网络传播权保护条例》第16条、第17条的规定，增加规定了网络用户的反通知和网络服务提供者的恢复程序。

2006年，我国在借鉴美国《千禧年数字版权法案》和欧盟《电子商务指令》的基础上制定了《信息网络传播权保护条例》（后于2013年修订），该条例第20条至第23条最早引入了“避风港”规则，创立了我国在自动接入传输、系统缓存、信息存储、搜索链接领域的四项“避风港”，还规定了与之相配套的“通知—删除—通知转送—反通知—恢复”的处理程序。该条例除在第15条规定了网络服务提供者接到权利人的通知而及时删除侵权信息外，还在第16条规定了网络用户的反通知权利，在第17条规定了网络服务提供者的恢复义务。该条例第16条规定：“服务对象接到网络服务提供者转送的通知书后，认为其提供的作品、表演、录音录像制品未侵犯他人权利的，可以向网络服务提供者提交书面说明，要求恢复被删除的作品、表演、录音录像制品，或者恢复与被断开的作品、表演、录音录像制品的链接。书面说明应当包含下列内容：（一）服务对象的姓名（名称）、联系方式和地址；（二）要求恢复的作品、表演、录音录像制品的名称和网络地址；（三）不构成侵权的初步证明材料。服务对象应当对书面说明的真实性负责。”第17条规定：“网络服务提供者接到服务对象的书面说明后，应当立即恢复被删除的作品、表演、录音录像制品，或者可以恢复与被断开的作品、表演、录音录像制品的链接，同时将服务对象的书面说明转送权利人。权利人不得再通知网络服务提供者删除该作品、表演、录音录像制品，或者断开与该作品、表演、录音录像制品的链接。”

本条第1款规定的网络用户不存在侵权行为的声明，即相当于上述第16条规定中的反通知。增加规定网络用户提交不存在侵权行为的声明，其目的是赋予网络用户以抗辩权，权利人经网络服务提供者送达网络用户侵权的通知，则基于权利平等原则，网络用户也应享有不构成侵权的抗辩权。抗辩意味着对主张的反驳，网络用户应提供相应的反驳证据，故本条规定网络用户提交的不构成侵权的声明，应当包括不存在侵权行为的初步证据。应注意的是，在接到网络服务提供者转来的侵权通知后，网络用户可以提交不构成侵权的声明，也可以不提交，此为网络用户的权利而非义务，但如果提交不构成侵权的声明，声明就应当包括不存在侵权行为的初步证据，否则该声明无效。

本条第2款规定了网络服务提供者转送声明的义务和恢复义务。网络用户向网络服务提供者作出不构成侵权的声明后，网络服务提供者作为网络用户的合同相对方，有义务将该声明转送发出通知的权利人，以使发出通知的权利人知晓网络用户的抗辩主张，同时，网络服务提供者也有义务告知发出通知的权利人可以向有关部门投诉或者向人民法院提起诉讼。若发出通知的权利人在接到网络用户的声明后及时提起了诉讼或者向有关部门投诉，则表明其不认可网络用户不构成侵权的声明，此时网络服务提供者无须恢复其基于侵权通知而采取的删除信息、断开链接等“取下”措施；但若发出通知的权利人接到网络用户不构成侵权的声明后，在合理期限内未向有关部门投诉或者向人民法院起诉，则为保障网络用户的合法权益，网络服务提供者应当及时终止所采取的措施，立即恢复被删除的网络信息或者恢复被断开的链接，否则其可能构成对网络用户的违约。

如何理解本条第2款规定的“合理期限”？这个问题立法者没有作出

明确规定，如果按照3年诉讼时效期间来认定，可能太长，具体应该限定为多长时间，还有待司法实践予以确定。

【适用指南】

网络用户接到转送的通知后，其是否向网络服务提供者提交不存在侵权行为的声明，都不影响网络服务提供者根据权利人发出的有效侵权通知，及时采取必要措施。

第一千一百九十七条　网络服务提供者知道或者应当知道网络用户利用其网络服务侵害他人民事权益，未采取必要措施的，与该网络用户承担连带责任。

【条文主旨】

本条规定了网络服务提供者知道或者应当知道网络用户通过其网络服务实施侵权行为时的侵权责任。

【立法要点及理由】

本条与本法第1195条都是关于提供技术服务的网络服务提供者承担间接侵权责任的规定，而本条是在《侵权责任法》第36条第3款规定的基础上修改而来。根据本条规定，提供技术服务的网络服务提供者承担的侵权责任是过错责任，其过错体现在网络服务提供者知道或者应当知道网络用户利用其网络服务侵害他人民事权益，但未采取必要措施，条文内容在《侵权责任法》第36条第3款规定的基础上增加了“或者应当知道”的规定，确定了网络服务提供者的一般注意义务。

“知道”是指一个正常的、理性的人认识到某一事实存在的主观状态。

网络服务提供者认识到网络用户利用其网络服务侵害他人民事权益，则负有及时采取必要措施、制止侵权行为的保护义务，未采取必要措施，实际上是放任了侵害结果的发生，因此应与实施直接侵权的网络用户承担连带责任。“知道”是一种主观认知状态，它必须通过客观化的方式才能得到证明。证明网络服务提供者知道网络用户利用其网络服务侵害他人民事权益的直接证据包括网络服务提供者的工作人员明确承认、有关文件中有明确记载等。但是，这类直接证据通常难以为外人获得。在司法实践中，除了有明确的证据表明网络服务提供者确实已经知道之外，还可以通过间接证据推定其有极大的可能已经知道，这种证明方法也被称为“推定知道”或者“有理由知道”。在这种方法下，如果行为人拥有某种信息，一个正常的、理性的人根据该信息，运用日常生活经验将会推出有关事实的存在，或者将会根据该事实存在的假设来控制其自身的行为。[①] 这类间接证据包括有关机构或者个人已经向网络服务提供者发出警告或者提醒等。

“推定知道”与“应当知道”并非同一概念。“应当知道”是指一个正常的、理性的人在负有某种注意义务而且具有注意能力的情况下，将能够认识到某一事实的存在。注意义务是指“行为人采取合理的注意而避免给他人的人身或财产造成损害的义务”[②]。可见，“应当知道”是以行为人负有某种注意义务为前提的，而“知道”则表明行为人并不负有此种注意义务。

2020 年修正后的《最高人民法院关于审理利用信息网络侵害人身权益民事纠纷案件适用法律若干问题的规定》第 6 条规定：“人民法院依据民法典第一千一百九十七条认定网络服务提供者是否‘知道或者应当知道’，应当综合考虑下列因素：（一）网络服务提供者是否以人工或者自动方式对侵权网络信息以推荐、排名、选择、编辑、整理、修改等方式作出处理；（二）网络服务提供者应当具备的管理信息的能力，以及所提供服务的性质、方式及其引发侵权的可能性大小；（三）该网络信息侵害人身权

① 参见肯尼斯·亚伯拉罕、阿尔伯特·泰特：《侵权法重述——纲要》，许传玺、石宏等译，法律出版社 2006 年版，第 12 节。

② William P. Statsky, Tort: Personal Injury Litigation, West Publishing Company 1990, P245.

益的类型及明显程度；（四）该网络信息的社会影响程度或者一定时间内的浏览量；（五）网络服务提供者采取预防侵权措施的技术可能性及其是否采取了相应的合理措施；（六）网络服务提供者是否针对同一网络用户的重复侵权行为或者同一侵权信息采取了相应的合理措施；（七）与本案相关的其他因素。”该条归纳了认定网络服务提供者“知道或者应当知道”的7种判断因素。

需要注意的是，以上因素是根据审判实践所总结归纳的指引性标准。在根据该条规定认定网络服务提供者是否应知其网络用户侵害人格权益时，司法解释中规定的考虑因素并不需要机械地一一进行考虑，人民法院应当根据个案的具体情况进行认定。在某些情况下，司法解释规定的考虑因素满足一个或几个即可以认定网络服务提供者应知其网络用户侵害信息网络传播权。

依据本条规定，网络服务提供者与网络用户承担连带责任。如果网络服务提供者明知网络用户利用其网络服务实施侵权行为，却不采取必要措施，可以认定为构成帮助侵权，应当对全部损害与网络用户承担连带责任。如果网络服务提供者实际上并不知道网络用户利用其网络服务实施侵权行为，而是疏于管理，没有意识到这种侵权行为的存在，则只应对应当知道而没有知道侵权行为之时起的损害与网络用户承担侵权责任，之前的损害应当由网络用户独立承担责任。①

【适用指南】

应注意把握本条与本法第1195条的关系。本条与本法第1195条都涉及网络服务提供者“知道”侵权的过错侵权责任。其中，第1195条规定的是网络服务提供者经“通知”后未及时采取措施造成损害扩大的侵权责

① 参见王胜明主编：《〈中华人民共和国侵权责任法〉条文解释与立法背景》，人民法院出版社2010年版，第155～156页。

任；而本条规定的是“知道或者应当知道”侵权事实而未采取措施的侵权责任。第1195条规定的“通知规则”与本条规定的“知道规则”在适用上既非递进关系，也非包含关系，而是“并列关系”。如果被侵权人能够举证证明网络服务提供者对侵权行为“知道”，可以不发出侵权通知，直接要求网络服务提供者承担本条即第1197条规定的侵权责任；如果被侵权人认为其无法举证证明网络服务提供者具有过错，可以根据第1195条发出侵权通知。

第一千一百九十八条　**宾馆、商场、银行、车站、机场、体育场馆、娱乐场所等经营场所、公共场所的经营者、管理者或者群众性活动的组织者，未尽到安全保障义务，造成他人损害的，应当承担侵权责任。**

因第三人的行为造成他人损害的，由第三人承担侵权责任；经营者、管理者或者组织者未尽到安全保障义务的，承担相应的补充责任。经营者、管理者或者组织者承担补充责任后，可以向第三人追偿。

【条文主旨】

本条是关于违反安全保障义务责任的规定。

【立法要点及理由】

本条规定对《侵权责任法》第37条进行了修改，修改的内容主要体现在两方面：一是对第1款的修改，在列举中增加了机场、体育场馆这两类典型的公共场所，另外将安全保障义务主体表述由原来的公共场所的管理人调整为经营场所、公共场所的经营者、管理者；二是第2款增加规定了安全保障义务主体在承担补充责任后，有权向实施了直接侵权行为的第三人追偿。

关于安全保障义务主体的范围，我国立法、司法解释制定过程中经历了一个变化的过程。在2003年《人身损害赔偿解释》中，安全保障义务主体范围是“从事住宿、餐饮、娱乐等经营活动或者其他社会活动的自然人、法人、其他组织”，其后制定的《侵权责任法》规定，安全保障义务主体的范围是“宾馆、商场、银行、车站、娱乐场所等公共场所的管理人或者群众性活动的组织者”。《侵权责任法》与2003年《人身损害赔偿解释》相比，一是将“从事住宿、餐饮、娱乐等经营活动……的自然人、法人、其他组织”改为“公共场所的管理人”，二是将“其他社会活动的自然人、法人、其他组织”改为“群众性活动的组织者”。《侵权责任法》的上述规定在实践中产生了一定争议，主要问题是：公共场所是否包括公共服务性场所？“公共场所的管理人”是否包括公共场所的经营者？为此，《民法典》侵权责任编进行明确规定，增加了“机场、体育场馆”这类典型的公共服务性场所，另外明确“经营场所、公共场所的经营者”也是安全保障义务主体。

安全保障义务主体违反安全保障义务造成损害，根据致损行为来源的不同，安全保障义务主体承担的责任可能不同。具体来说，如果因安全保障义务主体未尽安全保障义务，直接导致损害的发生，安全保障义务主体是直接侵权人，承担直接责任；如果损害系因第三人行为导致，而安全保障义务主体疏于履行安全保障义务也是损害发生的原因，安全保障义务主体是间接侵权人，其承担的责任是补充责任。无论是安全保障义务主体的直接责任还是补充责任，都以其未尽到安全保障义务为前提条件。因此，本条规定的违反安全保障义务的侵权责任是一种过错责任，即被侵权人对安全保障义务主体未尽安全保障义务应承担相应举证证明责任。

1. 直接责任

在没有第三人行为介入的情况下，义务人因违反安全保障义务导致被保护人遭受侵害，义务人承担的是直接责任。这种责任的构成要件是：安全保障义务主体未采取能够预防或消除危险的必要措施，因而违反了安全保障义务；被侵权人因为安全保障义务主体未履行义务而受到了损害；不存在第三人行为的介入，即义务人违反安全保障义务构成了损害的直接原因。安全保障义务主体就其未尽安全保障义务造成的损失承担赔偿责任。

2. 补充责任

因第三人的加害行为而产生损害，安全保障义务主体未尽安全保障义务所应承担的责任即为补充责任。补充责任的构成要件是：第三人的加害行为是损害结果发生的直接原因；安全保障义务主体未采取防范或者制止第三人的加害行为或者防止损害后果进一步扩大的必要措施，因而未尽到安全保障义务；安全保障义务主体未尽安全保障义务，客观上为损害的发生或扩大提供了便利和条件，因而在未尽安全保障义务与损害结果的发生之间建立起了间接的因果关系。

本条第2款规定的补充责任应作如下理解：

（1）它是对直接责任人的补充。在安全保障义务主体的补充责任中，直接实施加害行为的第三人才是受害人所受损害的直接原因和终极原因，因此第三人应当对其行为所造成的损害承担全部责任。安全保障义务主体未尽安全保障义务的行为只是损害发生的间接原因。法律规定由安全保障义务主体承担责任，为受害人获得充分赔偿提供了另一种途径和保障，因而是一种对直接责任人的补充。

（2）第三人的直接侵权责任和安全保障义务主体的补充责任有先后顺序。先由第三人承担侵权责任，在无法找到第三人或者第三人没有能力全部承担赔偿责任时，再由安全保障义务主体承担侵权责任。如果第三人已经全部承担侵权责任，则安全保障义务主体不再承担侵权责任。

（3）本款规定的补充责任之前有“相应的”这一限定词。相应的补充责任是指对于第三人没有承担的侵权责任，安全保障义务主体并非完全承担，而是在与其安全保障能力和过错程度范围内承担相匹配的补充赔偿责任。

（4）安全保障义务主体承担补充赔偿责任后有权向第三人追偿，这是

《民法典》侵权责任编对《侵权责任法》第37条第2款作出的实质性修改。

【适用指南】

判断安全保障义务主体是否履行了安全保障义务，可以从以下五个方面加以把握：

第一，法定标准。如果法律、法规对于安全保障的内容有直接规定的，应当以法律、法规的规定内容作为判断的标准和依据。

第二，行业标准。在法律、法规没有明确规定的情况下，安全保障义务应当达到同行业所应当达到的通常注意义务标准。由于安全保障义务主体一般是某一行业的经营者、管理者，其往往具备行业要求的相关专业资质、管理能力，其安全保障注意义务应当高于普通人的标准，即要达到与其专业经营管理能力相匹配的程度。

第三，合同标准。尽管安全保障义务是侵权责任法层面的法定义务，但不能否认的是，如果合同约定一方负有对另一方的安全保障的义务，则安全保障义务也来源于合同的约定。因此，合同约定的标准也是判断安全保障义务人是否尽到相应义务的一种依据。如果合同仅对安全保障义务作出泛泛的约定，此时，应当以能够实现订立合同目的即以保障当事人人身、财产安全的合理标准进行解释。

第四，善良管理人的标准。如果法律没有规定确定的标准，是否履行了安全保障义务，可以按照善良管理人的标准确定。

第五，特别标准。根据保障权利的特点和目的，在一些场合，对安全保障义务的要求应采取特殊标准。比如，对于未成年人的安全保障义务，因未成年人心智发育不健全，认知和自我保护能力较弱，故应当采用较成年人权益保护更高的标准。

在第三人直接实施了侵权责任的场合，赔偿权利人仅起诉安全保障义务主体，人民法院应当将实施侵权行为的第三人追加为共同被告，但第三人不能确定的除外。如赔偿权利人起诉直接侵权人的，人民法院可以根据案件具体情况决定是否追加安全保障义务主体作为第三人参加诉讼。

【相关规定】

《中华人民共和国民法典》第1165条、第1172条，《中华人民共和国消费者权益保护法》第48条，《最高人民法院关于审理旅游纠纷案件适用法律若干问题的规定》第7条

第一千一百九十九条　无民事行为能力人在幼儿园、学校或者其他教育机构学习、生活期间受到人身损害的，幼儿园、学校或者其他教育机构应当承担侵权责任；但是，能够证明尽到教育、管理职责的，不承担侵权责任。

【条文主旨】

本条是关于幼儿园、学校或者其他教育机构对无民事行为能力人在学习、生活期间受到人身损害时承担侵权责任的规定。

【立法要点及理由】

无民事行为能力人与限制民事行为能力人心智发育不成熟，自我保护能力较弱，其在幼儿园、学校或者其他教育机构学习、生活期间，暂时脱离了监护人的管理和保护。因此，对脱离监护人管理和保护范围的无民事行为能力人和限制民事行为能力人设立特别保护机制，具有现实需求。根据实践需要，《民法典》侵权责任编在承继《侵权责任法》第38条至第40条的基础上，构建了对无民事行为能力人、限制民事行为能力人在教育机构学习、生活期间人身权益的保护体系。

本条规定对《侵权责任法》第38条进行了文字修改，将幼儿园、学校或者其他教育机构未尽教育管理职责导致无民事行为能力人受到人身损害时应承担的责任，明确为侵权责任。

本条规定的无民事行为能力人，是指不满8周岁的未成年人、8周岁以上不能辨认自己行为的未成年人或者成年人。我国民法对于无民事行为能力人设立了监护制度以弥补其行为能力的欠缺，对于脱离了监护人管理、保护范围的无民事行为能力人在学习、生活期间的管理和保护职责，理应由相应的教育机构承担。该条规定的无民事行为能力人，大多数情况是幼儿园、小学的在校儿童，但也不能排除接受特殊教育的8周岁以上智力存在缺陷的未成年人和成年人。

本条规定的“幼儿园”，包括政府、集体、社会组织和个人依法设立的幼儿园。“学校”包括政府、企事业单位、社会组织和个人依法开办的普通教育学校和特殊教育学校。“其他教育机构”是指幼儿园、学校以外的为以传授文化知识和技能的教育单位。比如，技能培训班、课外补习班、兴趣班等。

本条关于无民事行为能力人在幼儿园、学校或者其他教育机构学习、生活期间受到人身损害的，采用过错推定原则。这主要考虑的是：一方面，无民事行为能力人智力发育不成熟，对事物的认知和判断能力存在明显欠缺，其不能辨认或者不能充分理解自己行为的后果，对他们的保护必须强调最高的注意义务；另一方面，无民事行为能力人在幼儿园、学校或者其他教育机构学习、生活期间，超越了监护人的管理范围，而他们自身认知能力欠缺，此时要让无民事行为能力人或者其监护人来证明学校的过错，对受害一方过于苛责。本条采用过错推定原则，学校可以通过举证证明已经尽到了相当的注意义务并且实施了合理的行为就可以免责，符合公平原则。

本条规定教育机构承担侵权责任的构成要件主要包括：

其一，损害后果。本条规定的“人身损害”是指无民事行为能力人生命、健康、身体受到不法侵害造成人身伤亡，不包括无民事行为能力人遭受的财产损害。本条规定的损害不包括财产损害的主要考虑是，我国法律、行政法规、部门规章等规范性法律文件对教育机构的教育、管理职责主要强调的是对学生、未成年人等的人身权益的保护，如果要求学校对财产损失亦应同人身损害一般承担责任，则对教育机构科加的责任太重。

其二，幼儿园、学校及其他教育机构未尽到教育、管理职责。所谓教育职责，是指依法保护无民事行为能力人或者限制民事行为能力人自身以及避免其侵害他人所应尽的职责，主要强调在安全防范、事故防范以及不损害他人等方面的教育。所谓管理职责，是指教育机构对无民事行为能力人或者限制民事行为能力人的人身安全有关的事务依法应尽到的妥善管理的职责。包括建立安保制度、提供各种安全的场所设施，以及在组织的活动中尽到安全保护的义务等。

其三，幼儿园、学校及其他教育机构未尽到教育、管理职责与未成年人脱离监护期间遭受的人身损害结果之间存在因果关系。受害人在教育机构学习、生活期间，是指教育机构正常教学期间以及组织课外、校外活动期间。总之，只要无民事行为能力人处在教育机构管理之中，教育机构就负有教育、管理职责。受害人在学习、生活期间受到的损害与教育机构的过错之间应当具有因果关系。

【适用指南】

如何确定教育机构是否尽到教育、管理职责？第一，应当以规范性法律文件的规定为标准比对判断。比如，《义务教育法》《未成年人保护法》对幼儿园、学校的教育、管理和保护义务进行了原则性的规定，此外还有《幼儿园管理条例》《中小学幼儿园安全管理办法》《学生伤害事故处理办法》等法规规章详尽规定了教育机构应当尽到的义务以及依法承担相应责任的具体情形。如果教育机构违反这类规范性法律文件的规定，应当认为其未尽到教育、管理职责。第二，在有关法律法规的规定可能未必详细周全的情况下，应当结合具体情况考虑其是否尽到了善良管理人必要的注意义务。例如，学校组织学生外出活动，对于活动时间、地点的选择，是否存在安全风险等。此外，如果出现不可抗力、意外事件等，还要判断教育机构是否尽到必要的保护救助义务，防范损害的扩大。比如，学生在校期间突发疾病，学校没有及时呼叫120急救，因救助不及时导致学生出现人身伤亡的，学校应承担相应的侵权责任。

无民事行为能力人或者限制民事行为能力人在教育机构学习、生活期间造成其他无民事行为能力人或者限制民事行为能力人人身损害的，只要教育机构未尽到教育、管理职责，致使其他未成年人身体受到伤害，即应承担民事赔偿责任，加害人的监护人也应承担相应的民事责任。如果受害人向加害人的监护人及教育机构同时提起诉讼，加害人的监护人与教育机构按份承担责任。

【相关规定】

《中华人民共和国教育法》第30条，《中华人民共和国义务教育法》第24条，《中华人民共和国民办教育促进法》第33条，《中华人民共和国未成年人保护法》第35条

第一千二百条　限制民事行为能力人在学校或者其他教育机构学习、生活期间受到人身损害，学校或者其他教育机构未尽到教育、管理职责的，应当承担侵权责任。

【条文主旨】

本条是关于学校或者教育机构对限制民事行为能力人在学习、生活期间受到人身损害承担侵权责任的规定。

【立法要点及理由】

本条规定的限制民事行为能力人，是指8周岁以上，不满18周岁的未成年人以及不能完全辨认自己行为的成年人。

本条规定教育机构承担侵权责任的归责原则为过错责任。在适用本条时，学校和其他教育机构未尽到教育、管理职责的举证责任由受到伤害的限制民事行为能力人及其监护人承担。如果限制民事行为能力人及其监护人不能举证证明学校和其他教育机构未尽到教育、管理职责，则学校和其他教育机构不承担侵权责任。与无民事行为能力人相比，限制民事行为能力人在意思能力、辨别能力方面发展得更加成熟，对于危险事物也有一定的预防和控制能力。对于此类纠纷，如果仍然适用过错推定原则，对于教育机构而言责任太重，不利于平衡保护未成年人合法权益和维护教育机构的正常教学秩序和管理秩序，这是本条与本法第1199条的区别。

【适用指南】

在学校学习生活的限制民事行为能力人或者无民事行为能力人致完全民事行为能力人人身损害，该完全民事行为能力人主张学校承担相应的责任时，无法适用本法第1199条、第1200条的规定，但可以适用违反安全保障义务责任的一般规定，学校或其他教育机构仍可能承担相应的侵权责任。

【相关规定】

《中华人民共和国教育法》第30条，《中华人民共和国义务教育法》第24条，《中华人民共和国民办教育促进法》第33条，《中华人民共和国未成年人保护法》第35条

第一千二百零一条 无民事行为能力人或者限制民事行为能力人在幼儿园、学校或者其他教育机构学习、生活期间，受到幼儿园、学校或者其他教育机构以外的第三人人身损害的，由第三人承担侵权责任；幼儿园、学校或者其他教育机构未尽到管理职责的，承担相应的补充责任。幼儿园、学校或者其他教育机构承担补充责任后，可以向第三人追偿。

【条文主旨】

本条是关于无民事行为能力人、限制民事行为能力人在教育机构因第三人侵权遭受人身损害，教育机构承担侵权责任的规定。

【立法要点及理由】

本条对《侵权责任法》第40条进行了修订：一是将教育机构以外实施了直接侵权行为的主体统一定义为第三人；二是增加规定，幼儿园、学校或者其他教育机构承担补充责任后，可以向第三人追偿。规定幼儿园、学校或者其他教育机构在承担补充责任后享有追偿权，在体系上与本法第1198条第2款保持一致。

教育机构就第三人侵害无民事行为能力人、限制民事行为能力人人身权益承担侵权责任的法理依据，源于违反安全保障义务责任。根据我国相关法律、行政法规和部门规章的规定，教育机构对在其场所接受学习教育的无民事行为能力人、限制民事行为能力人负有法定的管理职责，这种管理职责本质上是一种安全保障义务。教育机构安全保障义务保护的是在教育机构学习、生活的无民事行为能力人或者限制民事行为能力人的人身权益，此种义务同本法第1198条规定的一般安全保障义务相比属于特别规定。根据特别法优于一般法的法律适用原则，无民事行为能力人、限制民事行为能力人在教育机构因第三人侵权遭受人身损害时，应当适用本条规定。

教育机构因第三人侵权而承担责任应满足以下构成要件：其一，教育机构以外的第三人实施直接侵权行为。教育机构以外的第三人不包括在教育机构学习、生活的无民事行为能力人或限制民事行为能力人，也不包括教育机构教职员工。除了与学校等教育机构存在雇佣关系、劳务关系或者教育、管理和保护关系的人之外的人，是本法规定的第三人。其二，无民事行为能力人、限制民事行为能力人在教育机构学习、生活期间人身权益受到损害。损害必须是在教育机构学习、生活期间所遭受的人身损害，而不包括财产损害。其三，教育机构未尽到管理职责。教育机构对因第三人的原因引起侵权行为没有尽到管理职责，此种管理职责一是源于当事人的约定，二是源于法律的规定。需要说明的是，关于教育机构未尽管理职责的举证责任的问题，从法律体系一致性的角度看，笔者认为，本条适用的归责原则也应与本法规定保持一致，即在无民事行为能力人受第三人侵害场合，学校等教育机构未尽管理职责的证明责任应当由教育机构承担，在限制民事行为能力人受第三人侵害的场合，教育机构未尽管理职责的证明责任应当由原告承担。其四，学校等教育机构的行为与损害后果之间存在因果关系。在因果关系上，应当着眼于学校等教育机构尽到了应尽的管理职责、实施了其应当实施的作为义务是否可以避免或者减轻损害后果。这就需要综合损害发生时的时间、地点，学校等教育机构采取避免损害发生措施的充分性、必要性等因素进行考虑。

教育机构没有尽到管理职责，导致第三人的行为造成无民事行为能力人或限制民事行为能力人人身损害，应由实施了直接侵权行为的第三人承担责任，无法查明第三人或者第三人没有足够的赔偿能力的，教育机构承担相应的补充责任，教育机构承担补充责任后，有权向第三人追偿。

【适用指南】

完全民事行为能力人在校学习、生活期间受到人身损害，其主张教育机构未尽到教育、管理职责请求教育机构承担侵权责任的，应当依照本法

第1198条的规定，由受害者就教育机构未尽相应的安全保障义务承担责任，人民法院应结合当事人的举证情况，并根据损害发生原因认定教育机构应否承担侵权责任以及承担何种形态的侵权责任。

【相关规定】

《中华人民共和国民法典》第1198条

第四章　产品责任

第一千二百零二条　因产品存在缺陷造成他人损害的，生产者应当承担侵权责任。

【条文主旨】

本条是关于生产者承担产品责任的规定。

【立法要点及理由】

产品责任是近现代以来重要的侵权责任领域。两大法系国家的法律多对生产者的产品责任作了规定，如《美国侵权法重述·第三次·产品责任》第1条规定，凡从事产品销售或分销经营活动，销售或者分销缺陷产品，应对该缺陷所造成的人身或者财产损害承担责任。《法国民法典》第1386-1条规定，产品的生产者应对因其产品缺陷造成的损害承担责任，不论其与受害人是否有合同联系。《魁北克民法典》第1468条规定，动产制造商负有责任赔偿因物件的安全瑕疵造成的对第三人的损害，即使该动产作为不动产的服务或运作目的结合或安置在不动产上，亦同。[①] 我国台湾地区"民法"第191条之一（商品制造人之责任）规定："商品制造人因其商品之通常使用或消费所致他人之损害，负赔偿责任。但其对于商品之生产、制造或加工、设计并无欠缺或其损害非因该项欠缺所致或于防止

① 王胜明主编：《中华人民共和国〈侵权责任法〉释义》，法律出版社2010年版，第219页。

损害之发生，已尽相当之注意者，不在此限。前项所称商品制造人，谓商品之生产、制造、加工业者。其在商品上附加标章或其他文字、符号，足以表彰系其自己所生产、制造、加工者，视为商品制造人。商品之生产、制造或加工、设计，与其说明书或广告内容不符者，视为有欠缺。商品输入业者，应与商品制造人负同一之责任。”

我国有关产品责任的规范在《民法通则》《消费者权益保护法》《产品质量法》等法律中均有体现。1986 年的《民法通则》第 122 条规定：“因产品质量不合格造成他人财产、人身损害的，产品制造者、销售者应当依法承担民事责任。运输者、仓储者对此负有责任的，产品制造者、销售者有权要求赔偿损失。”1993 年起施行的《产品质量法》在第四章“损害赔偿”等部分对于产品责任作了明确规定。其第 41 条第 1 款规定：“因产品存在缺陷造成人身、缺陷产品以外的其他财产（以下简称他人财产）损害的，生产者应当承担赔偿责任。”《侵权责任法》在总结以往经验做法的基础上专章规定了产品责任，其中第 41 条明确规定：“因产品存在缺陷造成他人损害的，生产者应当承担侵权责任。”本条保留了这一规定，明确规定了生产者关于产品责任承担的规则。

【适用指南】

产品责任，又称为产品侵权责任，是指产品制造商、销售者因生产、销售缺陷产品致使他人遭受人身伤害、财产损失或有致使他人遭受人身、财产损害之虞而应当承担的赔偿损失、消除危险、停止侵害等责任。[①] 要解决产品责任的法律问题，首先要在法律上对产品作出准确界定。

一、产品的界定

我国《产品质量法》第 2 条第 2 款第一次对“产品”作了概括性的界定，产品侵权责任中的“产品”概念，是指“经过加工、制作，用于销售

① 杨立新：《类型侵权行为法研究》，人民法院出版社 2006 年版，第 732 页。

的产品”。

首先，关于“加工、制作”，我国法律法规以及司法解释对于“加工、制作”以及“用于销售”缺乏明确的界定。笔者认为，仅将“加工、制作”理解为“机械化的、工业生产的加工、制作”不利于消费者权益的保护，有悖于产品责任法的立法宗旨。① 应将“加工、制作”界定为包括机械化的，也包括手工业的，乃至任何对产品质量实施影响和控制的行为都属于加工、制作。凡是改变原材料、毛坯或半成品的形状、性质或者表面形态，使之达到规定要求的各类工作都构成加工、制作。② 生产者、销售者通过上述行为对产品质量实施了实际影响或控制，就应该是这类产品导致侵权责任的承担者。

其次，对于“用于销售”，有学者很早就主张，使用“销售”不如使用“流通”更为准确。③ 笔者认为，于现今法律框架下，应当将赠送、试用买卖等行为视为销售行为，并可以进一步考虑通过法律解释的方法将产品出租等行为准用“销售”的规定，来达到充分保护消费者的目的。

二、产品责任的构成要件

在我国，产品责任实行的也是严格责任。即产品责任之构成不必考察过错因素，无论生产者有没有过错，在所不论，只要产品存在缺陷，即可构成侵权责任。通常而言，产品责任的构成，必须具备三个要件：

第一，产品具有缺陷，通常包括制造缺陷、设计缺陷和跟踪观察缺陷。依照《产品质量法》第 46 条的规定，产品缺陷是指产品存在危及人身、他人财产安全的不合理的危险或产品不符合产品本身之保障人体健康和人身、财产安全的国家标准、行业标准。

第二，缺陷产品造成了受害人的损害，即产品使用人或者第三人的人

① 季义流：《论产品的范围》，载《当代法学》2002 年第 11 期。

② 周新军：《关于中外产品责任法中农产品问题的思考》，载《国际贸易探索》2007 年第 8 期。

③ 朱克鹏、田卫红：《论我国产品责任的构成要件及其完善》，载《法学评论》1994 年第 6 期。

身损害或者财产损害、精神损害。

第三，缺陷产品与造成的损害事实之间具有因果关系。即产品缺陷与受害人的损害事实之间存在引起与被引起的关系。

简言之，产品缺陷导致他人损害，生产者应当承担相应的侵权责任，至于产品的生产者是否具有主观过错，在所不问。在上述三个构成要件中，产品缺陷是认定产品侵权责任的最关键要素。

三、产品责任的抗辩事由

本条规定并没有规定产品责任的抗辩事由。因此，有关产品责任的抗辩事由要适用侵权责任的一般抗辩事由和《产品质量法》所规定的特殊抗辩事由。

对于前者，主要包括不可抗力、受害人自身原因或第三人过错行为等。至于不可抗力，自然不必多言，而受害人自身原因则是指受害人在使用产品的时候，没有按照产品所标示的使用说明加以使用，因而造成自己的人身或者财产损害。第三人过错行为则是指如果产品造成的使用者或者第三人的损害，是由于第三人的原因引起的，则应当由该第三人承担责任，不能由产品的生产者或者销售者承担责任。对于由于受害人的自身原因或第三人过错引起的损害，产品的销售者或者生产者不承担损害赔偿责任。

对于后者，则主要是指《产品质量法》第 41 条第 2 款的规定。据此，产品生产者能够证明有下列情形之一的，不承担赔偿责任：其一，未将产品投入流通的；其二，产品投入流通时，引起损害的缺陷尚不存在的；其三，将产品投入流通时的科学技术水平尚不能发现缺陷的存在的。凡是具有这些情形之一的，提供产品的一方能够证明属实的，都可以免除责任。

第一千二百零三条 因产品存在缺陷造成他人损害的，被侵权人可以向产品的生产者请求赔偿，也可以向产品的销售者请求赔偿。

产品缺陷由生产者造成的，销售者赔偿后，有权向生产者追偿。因销售者的过错使产品存在缺陷的，生产者赔偿后，有权向销售者追偿。

【条文主旨】

本条是关于被侵权人损害赔偿请求权及生产者、销售者追偿权的规定。

【立法要点及理由】

《产品质量法》第43条规定："因产品存在缺陷造成人身、他人财产损害的，受害人可以向产品的生产者要求赔偿，也可以向产品的销售者要求赔偿。属于产品的生产者的责任，产品的销售者赔偿的，产品的销售者有权向产品的生产者追偿。属于产品的销售者的责任，产品的生产者赔偿的，产品的生产者有权向产品的销售者追偿。"《消费者权益保护法》第40条规定："消费者在购买、使用商品时，其合法权益受到损害的，可以向销售者要求赔偿。销售者赔偿后，属于生产者的责任或者属于向销售者提供商品的其他销售者的责任的，销售者有权向生产者或者其他销售者追偿。消费者或者其他受害人因商品缺陷造成人身、财产损害的，可以向销售者要求赔偿，也可以向生产者要求赔偿。属于生产者责任的，销售者赔偿后，有权向生产者追偿。属于销售者责任的，生产者赔偿后，有权向销售者追偿。消费者在接受服务时，其合法权益受到损害的，可以向服务者要求赔偿。"《侵权责任法》在《产品质量法》第43条规定的基础上，通过第43条对生产者与销售者之间的外部责任以及内部责任承担作了更为明确的规定，即"因产品存在缺陷造成损害的，被侵权人可以向产品的生产者请求赔偿，也可以向产品的销售者请求赔偿。产品缺陷由生产者造成的，销售者赔偿后，有权向生产者追偿。因销售者的过错使产品存在缺陷的，生产者赔偿后，有权向销售者追偿"。本条基本承袭了《侵权责任法》第43条的规定，只是将原来的三款合并为两款，由第2款统一规定追偿权问题。

【适用指南】

一、生产者与销售者外部责任的承担

基于对因产品缺陷导致损害的被侵权人利益保护的需要，各国产品责任法大都确立了生产者与销售者对外承担全部责任的规则。而具体由谁承担责任，根据受害人的主张来确定。流通过程中所有的产品提供者，包括销售者，都要对缺陷产品导致损害的被侵权人承担责任。此时销售者承担的责任和生产者承担的责任一样，都是严格责任。“在他们和缺陷产品的无辜受害者之间，产品的销售者作为商业机构比个人使用者和消费者更有能力针对此类损害采取保险措施。在大多数情形下，批发商和零售商能够将产品责任的所有损失追及产品派售链的源头——制造商。将制造商纳入侵权诉讼对于原告来说存在法律程序方面的诉讼困难时，本地零售商可以先将损害赔偿金支付给受害人，然后从制造商那里获得补偿。最后，让零售商和批发商承担严格责任，能够激励他们仅和有商业声望的、财务状况良好的制造商和分销商打交道，从而有利于保护产品的使用者和消费者。”① 在满足产品责任构成要件的前提下，只要产品在离开经销链之时存在缺陷，受害人选择要求销售者承担责任，该销售者就要承担全部责任；若选择主张生产者承担责任，生产者就要承担全部责任。

二、生产者与销售者内部责任的划分

生产者与销售者内部责任关系的确定规则是产品缺陷的造成者应为产品侵权赔偿责任的最终承担者，这也是确定销售者与生产者之间追偿权的依据。

产品缺陷形成的原因，尤其是销售者的过错及其对产品缺陷形成的原因力即为划定销售者与生产者之间有关责任范围的基本依据。至于销售者

---

① ［美］肯尼斯·S. 亚伯拉罕、阿尔伯特·C. 泰特选编：《侵权法重述——纲要》，许传玺、石宏等译，法律出版社2006年版，第285页。

与生产者之间的追偿权法律关系，包括以下两种情形：其一，销售者向生产者追偿。这时必须满足的条件是：(1) 销售者已经向被侵权人承担赔偿责任；(2) 该产品缺陷之形成原因在于生产者，而非销售者自己的过错行为。对此举证责任分配上，笔者认为，考虑到"谁主张，谁举证"这一举证责任的基本规则和生产者对产品制造、设计等的实质控制，有关产品缺陷形成原因的举证责任，生产者和销售者应该予以分担。比如，生产者可以通过举证证明该缺陷是由销售者造成的来免除自己的责任，对于其生产流程、产品设计方案等内容承担举证责任；销售者也要对该缺陷之形成是由于生产者的原因造成承担一定的举证责任。而且这时产品缺陷形成的原因通常已在销售者向产品缺陷受害人承担赔偿责任的诉讼中得到确认，从某种意义上讲，并不会加重销售者的举证责任负担。其二，生产者向销售者追偿。这时必须满足的条件是：(1) 生产者已经向被侵权人承担赔偿责任；(2) 该产品缺陷之形成是由于销售者的过错行为所致。如上所述，在这种情况下，由于销售者与生产者之间的经济实力并不悬殊，而且往往生产者会更处于优势地位，因此这时销售者的责任应该是过错责任，即由生产者对销售者的过错以及因果关系的成立承担举证责任。对于销售者之间，如批发商与零售商之间的追偿关系，也要遵循上述规则确定，在举证责任上采用"谁主张，谁举证"的规则，由主张追偿权的销售者承担举证责任。

三、销售者承担最终责任的构成要件

由于销售者的过错使产品存在缺陷，造成人身财产损害的，销售者应当承担赔偿责任。当然，这仅是销售者承担最终责任的依据，而非销售者承担外部责任的依据。具体而言，其构成要件如下：

第一，产品存在缺陷。在产品责任中，销售者承担责任仍然要以产品存在缺陷为基础，如产品不存在缺陷，则销售者无须承担责任。这也充分说明产品缺陷在产品侵权责任构成中极其重要的地位。

第二，受害人遭受损害，即产品的使用人或者第三人遭受人身损害或者财产损害、精神损害。此内容与生产者承担产品责任的构成要件相同。

第三，销售者对于产品存在缺陷具有过错。此种过错既可以是故意，也可以是过失，通常以过失为常态，但如果是故意，则要涉及惩罚性赔偿的适用问题。在此需要注意的是，此过错条件仅影响其内部责任的承担，并不影响其对外向被侵权人承担责任。

第四，缺陷产品与造成的损害事实之间具有因果关系。在产品责任中，销售者责任的构成需要有双重的因果关系：一是产品责任自身的因果关系要件，即产品的缺陷与受害人的损害事实之间存在的引起与被引起的关系。二是产品缺陷与销售者过错行为的因果关系。此二者缺一不可。销售者的过错行为与某种产品缺陷的产生具有因果关系，该产品缺陷可能完全是由于销售者的过错行为导致，也可能销售者的过错行为仅使得该产品缺陷更为严重。销售者应该在其过错行为导致产品缺陷并最终导致损害的原因力范围内承担责任。

在满足上述构成要件后，该条规定可以直接作为因产品缺陷致损的受害人向该产品销售者主张权利的实体法依据。只要满足上述构成要件，销售者就应该向受害人承担相应的侵权责任。

第一千二百零四条　因运输者、仓储者等第三人的过错使产品存在缺陷，造成他人损害的，产品的生产者、销售者赔偿后，有权向第三人追偿。

【条文主旨】

本条是关于生产者、销售者对第三人替代责任的规定。

【立法要点及理由】

关于产品运输者、仓储者等第三人承担责任的规则，《民法通则》第122条规定："因产品质量不合格造成他人财产、人身损害的，产品制造者、销售者应当依法承担民事责任。运输者、仓储者对此负有责任的，产品制造者、销售者有权要求赔偿损失。”《侵权责任法》在此基础上，在第44条规定：“因运输者、仓储者等第三人的过错使产品存在缺陷，造成他人损害的，产品的生产者、销售者赔偿后，有权向第三人追偿。”本条保留了这一规定。

产品的运输和仓储等行为通常会增加产品的附加值，但如果运输或仓储等行为不当，也会造成产品缺陷。根据自己责任原则，行为人必须对自己的过错行为造成的损害负责。因此，在运输者和仓储者等第三人的行为导致的产品缺陷造成他人人身、财产损失时，该损害赔偿的责任最终应该由运输者或者仓储者自己承担。

【适用指南】

具体而言，生产者、销售者向第三人主张相应的责任，需要满足下列条件：

第一，生产者或销售者在满足产品责任构成要件的前提下，已经向被侵权人承担了赔偿责任。生产者或销售者并未承担赔偿责任，自然就不存在其行使追偿权的前提。具体而言，本条适用的条件是产品责任纠纷发生后，被侵权人通过包括双方协商、调解、诉讼等在内的多种方式解决争议，并且生产者、销售者已经向被侵权人履行了赔偿义务后，生产者、销售者才可以向有过错的运输者、仓储者等第三人行使追偿权。

第二，运输者或仓储者等第三人的行为导致产品缺陷产生。该第三人的行为可以是使本来没有缺陷的产品产生缺陷，也可以是使本来既已存在的缺陷加剧。

第三，运输者或仓储者等第三人具有过错。该第三人的过错通常以过失为常态，但也不排除有故意的形态。比如，产品在仓储环节，保管人（仓储者）应当履行妥善保管仓储物的义务。保管人（仓储者）因故意或者过失行为（如保管不善）造成仓储物毁损、灭失的，保管人（仓储者）应当承担损害赔偿责任。

在此还要注意的是，本条规定的第三人应该包括从产品设计、制造到营销环节中与产品价值的形成具有密切联系或具有辅助作用的人。该第三人的范围应该是与产品使用人相对应，而与产品生产者或销售者联系较为密切的人。与上述产品的运输者及仓储者相似，产品的原材料或者零部件的提供者也属于此类。

第一千二百零五条　因产品缺陷危及他人人身、财产安全的，被侵权人有权请求生产者、销售者承担停止侵害、排除妨碍、消除危险等侵权责任。

【条文主旨】

本条是关于生产者、销售者承担预防型民事责任的规定。

【立法要点及理由】

关于侵权责任的承担方式，早在《民法通则》第117条（财产损失的赔偿）、第134条（民事责任的承担方式）中就有一般性规定。《产品质量法》第44条规定了产品责任的损害赔偿的责任承担方式。在传统民事救济方式中，损害赔偿居于最为重要的地位，在产品责任中也不例外。具体而言，在产品责任中所涉及的损害赔偿有以下几种类型：（1）人身损害赔偿，即对身体、健康乃至生命所致损害的赔偿。《产品质量法》第44条规定："因产品存在缺陷造成受害人人身伤害的，侵害人应当赔偿医疗费、治疗期间的护理费、因误工减少的收入等费用；造成残疾的，还应当支付残疾者生活自助具费、生活补助费、残疾赔偿金以及由其扶养的人所必需的生活费等费用；造成受害人死亡的，并应当支付丧葬费、死亡赔偿金以及由死者生前扶养的人所必需的生活费等费用。因产品存在缺陷造成受害人财产损失的，侵害人应当恢复原状或者折价赔偿。受害人因此遭受其他重大损失的，侵害人应当赔偿损失。"另外在具体案件中，对损害赔偿具体数额，还应依照《人身损害赔偿解释》的规定进行确定。(2) 财产损害赔偿。通常而言，此种损害赔偿并不包括对受损产品本身的赔偿。产品自身的损害属纯经济上的损失，不包括在损害赔偿范围之内。因此，产品缺陷所导致的财产损失是指产品之外固有财产的直接损失和可得利益的丧失。(3) 精神损害赔偿。此可依照《精神损害赔偿解释》的规定进行确定。

在总结以往经验的基础上，《侵权责任法》第45条规定了预防型民事责任的承担规则，该条规定："因产品缺陷危及他人人身、财产安全的，被侵权人有权请求生产者、销售者承担排除妨碍、消除危险等侵权责任。"本条规定基本沿用了这一规定，只是在具体责任承担方式上增加了"停止侵害"这一类型。

【适用指南】

停止侵害，实际上是要求侵害人不实施某种侵害行为，即不作为，行为人实施的侵害行为仍在继续进行，受害人可以依法请求法院责令侵害人停止其侵害行为，这样可以及时制止侵害行为，防止侵害后果扩大。消除危险则是在行为人的行为对他人人身和财产安全造成威胁，或存在侵害他人人身和财产的可能的时候，他人有权要求行为人采取有效措施来消除此种危险。[①] 排除妨碍，则是指权利人行使其权利受到不法阻碍或妨害时，加害人负有排除该阻碍以保障权利正常行使的责任形式。停止侵害、消除危险、排除妨碍的责任形式，是对民事权利的积极保护，都体现了对损害或者未来损害的预防。

随着经济科技的进步，现代工业社会也同样充斥着风险，发挥侵权法的预防功能显得愈加重要，由此自然就要求在产品责任的具体制度设计上体现侵权法预防功能的要求。本条规定正是回应这一需求，明确规定消除

① 王利明、杨立新：《侵权行为法》，法律出版社1996年版，第100～101页。

危险、排除妨碍等预防型民事责任的承担方式，同时下一条又明确规定了缺陷产品售后警告以及产品召回制度，对停止侵害和消除危险等预防型民事责任方式进一步作出具体化规定。

生产者、销售者承担预防型民事责任，需要满足以下条件：

第一，产品缺陷已经客观存在，这是生产者、销售者承担预防型民事责任的前提条件。也就是说，产品本身必须已经存在危及人身、财产的不合理危险，至于该缺陷为制造缺陷、设计缺陷还是警示缺陷，在所不问。

第二，产品缺陷会危及他人人身、财产安全。这包括两种情形：其一，产品缺陷并未导致实际损害，但具有危及他人人身、财产安全的高度盖然性；其二，产品缺陷已经导致实际损害的发生，但其有进一步加大他人人身、财产损害的高度盖然性。

第三，被产品缺陷危及人身、财产安全的人是权利主体，其可选择要求生产者承担预防型责任，也可以选择销售者为责任主体，也可以同时要求生产者和销售者来承担责任。

生产者或销售者承担的责任形式有消除危险、排除妨碍、停止生产或销售、产品召回等。

第一千二百零六条　产品投入流通后发现存在缺陷的，生产者、销售者应当及时采取停止销售、警示、召回等补救措施；未及时采取补救措施或者补救措施不力造成损害扩大的，对扩大的损害也应当承担侵权责任。

依据前款规定采取召回措施的，生产者、销售者应当负担被侵权人因此支出的必要费用。

【条文主旨】

本条是关于生产者、销售者跟踪观察义务的规定。

【立法要点及理由】

现代侵权法不仅注重损害的救济，更重视损害的预防，以防患于未然。售后警示、跟踪监视、产品召回在消费者保护法上的法理基础是生产者、销售者的安全保障义务。但是我国《民法通则》以及《产品质量法》对于上述制度等都没有规定。《上海市消费者权益保护条例》第一次将产品召回制度列入了地方性法规，其第35条规定："经营者发现其提供的商品或者服务存在缺陷，有危及人身、财产安全危险的，应当立即向有关行政部门报告和告知消费者，并采取停止销售、警示、召回、无害化处理、销毁、停止生产或者服务等措施。采取召回措施的，经营者应当承担消费者因商品被召回支出的必要费用。有关行政部门发现并认定经营者提供的商品或者服务存在缺陷，有危及人身、财产安全危险的，应当立即责令经营者采取停止销售、警示、召回、无害化处理、销毁、停止生产或者服务等措施。市消保委发现商品或者服务存在缺陷的，可以向有关行政管理部门提出相应的建议。"2004年《缺陷汽车产品召回管理规定》[①] 则第一次在真正意义上确立了缺陷汽车召回制度。2009年通过的《食品安全法》第一次以法律的形式规定了缺陷食品的召回制度，其第53条规定："国家建立食品召回制度。食品生产者发现其生产的食品不符合食品安全标准，应当立即停止生产，召回已经上市销售的食品，通知相关生产经营者和消费者，并记录召回和通知情况。食品经营者发现其经营的食品不符合食品安全标准，应当立即停止经营，通知相关生产经营者和消费者，并记录停止经营和通知情况。食品生产者认为应当召回的，应当立即召回。食品生产者应当对召回的食品采取补救、无害化处理、销毁等措施，并将食品召回和处理情况向县级以上质量监督部门报告……"在总结以往立法经验的基础上，《侵权责任法》才正式确立了生产者、销售者对缺陷产品采取售

---

① 现已被《缺陷汽车产品召回管理条例》替代。

后警示、召回等补救措施即跟踪观察义务这一私法义务，以在产品责任领域充分发挥侵权责任的预防损害的功能。其第46条规定："产品投入流通后发现存在缺陷的，生产者、销售者应当及时采取警示、召回等补救措施。未及时采取补救措施或者补救措施不力造成损害的，应当承担侵权责任。"此后，2013年修正的《消费者权益保护法》第19条明确规定了经营者对存在缺陷的产品和服务及时采取措施的义务，该条规定："经营者发现其提供的商品或者服务存在缺陷，有危及人身、财产安全危险的，应当立即向有关行政部门报告和告知消费者，并采取停止销售、警示、召回、无害化处理、销毁、停止生产或者服务等措施。采取召回措施的，经营者应当承担消费者因商品被召回支出的必要费用。"其第33条第2款又进一步规定："有关行政部门发现并认定经营者提供的商品或者服务存在缺陷，有危及人身、财产安全危险的，应当立即责令经营者采取停止销售、警示、召回、无害化处理、销毁、停止生产或者服务等措施。"

侵权责任编在总结以往立法经验的基础上，在本条对产品跟踪观察义务作了明确规定，相较于《侵权责任法》第46条的规定，本条在第1款增加了"停止销售"这一补救措施，将原来的"造成损害"修改为"造成损害扩大"，另在"承担侵权责任"之前增加了"也"。尤其是新增第2款内容，明确规定了"依据前款规定采取召回措施的，生产者、销售者应当负担被侵权人因此支出的必要费用"。

【适用指南】

本条规定确立了生产者、销售者对缺陷产品采取警示和召回等补救措施的义务，但不限于警示和召回，从而明确产品使用人的要求生产者、销售者对缺陷产品进行警示和召回等补救措施的请求权基础。具体内容如下：

1. 售后警示

售后警告义务的成立要求具备以下四个要件：第一，生产者知道或应当知道该产品会对人身或财产造成损害的危险；第二，生产者能够认识到应当予以警告的对象，并可以合理地推断他们不知晓该损害危险；第三，警告应当能够有效到达应予以警告的人并且他们能够采取有效行动降低风险；第四，实际损害发生的危险大大超过实施售后警告的费用。

2. 产品召回

产品召回制度是现代民法中的一项新制度，具有预防和消除缺陷产品对公民人身和财产的危害的独特功能。产品召回义务是指因投放市场的产品存在缺陷，可能或已经对消费者的生命、健康造成严重损害，生产者依特定程序收回、退换缺陷产品并承担与此相关费用的义务。产品召回义务的特点主要表现在以下几个方面：第一，已经投放市场的产品存在缺陷，可能或已经导致人身重大损害是召回义务的成立要件；第二，生产者是召回义务的主体，中间经销商是召回义务的履行辅助人；第三，产品召回义务履行程序包括指令召回和自主召回，有严格的法定步骤和效果评估机制；① 第四，义务履行方式包括缺陷产品的回收、更换、退货以及相应的损害赔偿。

3. 追踪观察

生产者、销售者对投入流通的产品，负有跟踪监视的义务：于消极方面，生产者须建立完备的客户投诉和信息反馈机制，明确消费者投诉渠道，保存并报告消费者所反映的产品质量问题；于积极方面，生产者应该完备产品质量回访机制，在提取有效信息的基础上，对产品的设计、制造以及警示说明进行相应的改进。尤其是在科技水平进步后，更应该对原来投入流通的产品，进行安全性能方面的回访。

最后，本条第2款新增了有关采取补救措施费用承担的规则，即由生产者、销售者承担的规则，这符合国际通例，既体现了对消费者权益的保护，也属于公平合理的做法。

---

① 参见杨立新、陈璐：《药品召回义务的性质及其在药品责任体系中的地位》，载《法学》2007年第3期。

第一千二百零七条 明知产品存在缺陷仍然生产、销售，或者没有依据前条规定采取有效补救措施，造成他人死亡或者健康严重损害的，被侵权人有权请求相应的惩罚性赔偿。

【条文主旨】

本条是关于产品责任惩罚性赔偿的规定。

【立法要点及理由】

惩罚性赔偿是指法院作出决定的赔偿数额超出实际损害数额的赔偿。[①]赔偿通常是为了弥补受害者的损害，不具有惩罚性，其数额不能超出受害者的实际损失。各国对应否支持惩罚性赔偿的态度存在较大差异，但是惩罚性赔偿制度所特有的功能逐渐获得重视和认可。惩罚性赔偿不局限于补偿功能，还具有惩罚、震慑、激励等功能。

我国的惩罚性赔偿主要适用于消费者权益保护和产品责任领域。我国早期的惩罚性赔偿均未以受害者的实际损失为计算基数，也未将损害后果作为适用条件。例如，《消费者权益保护法》第 55 条第 1 款规定，经营者提供商品或者服务有欺诈行为的，应当按照消费者的要求增加赔偿其受到的损失，增加赔偿的金额为消费者购买商品的价款或者接受服务的费用的三倍；增加赔偿的金额不足五百元的，为五百元。法律另有规定的，依照其规定。《食品安全法》第 148 条第 2 款规定，生产不符合食品安全标准的食品或者经营明知是不符合食品安全标准的食品，消费者除要求赔偿损失外，还可以向生产者或者经营者要求支付价款十倍或者损失三倍的赔偿金；增加赔偿的金额不足一千元的，为一千元。但是，食品的标签、说明书存在不影响食品安全且不会对消费者造成误导的瑕疵的除外。《侵权责

① 王利明：《侵权责任法研究（下卷）》，中国人民大学出版社 2016 年版，第 276 页。

任法》第47条则对产品责任中的故意行为，规定了惩罚性赔偿，使我国的惩罚性赔偿制度更为完善。该条规定："明知产品存在缺陷仍然生产、销售，造成他人死亡或者健康严重损害的，被侵权人有权请求相应的惩罚性赔偿。"本条在这一规定的基础上对惩罚性赔偿的适用情形作了进一步细化，增加了"没有依据前条规定采取有效补救措施"的情形。

【适用指南】

惩罚性赔偿的具体适用要件如下：

1. 产品存在缺陷

依据《产品质量法》第46条规定，缺陷，是指产品存在危及人身、他人财产安全的不合理的危险；产品有保障人体健康和人身、财产安全的国家标准、行业标准的，是指不符合该标准。产品如果不符合国家标准或者行业标准，应认定为存在缺陷。

2. 主观故意

惩罚性赔偿对生产者、销售者的主观要件有严格要求。产品责任是严格责任，被侵权人无须证明生产者、销售者存在故意还是过失，即可请求其承担补偿性赔偿（先行赔偿人有追偿权）。但是被侵权人要求生产者、销售者承担惩罚性赔偿责任，则应证明生产者、销售者存在故意。比如，就医疗产品惩罚性赔偿责任而言，患者应证明医疗产品的生产者、销售者"明知"医疗产品存在缺陷仍然生产、销售。明知是指意识到某种事物，是一种意志活动。故意是指意识到某种事物，还积极去做。①

3. 后果上须造成受害人死亡、健康严重损害

惩罚性赔偿的适用排除了被侵权人仅遭受财产损害后果的情况。死亡的结果容易判断，但是如何认定健康严重损害，民事法律规范对此未进行界定，可以参考相关刑事规范。《最高人民法院、最高人民检察院关于办

① 朱广新：《惩罚性赔偿制度的演进与适用》，载《中国社会科学》2014年第3期。

理生产、销售伪劣商品刑事案件具体应用法律若干问题的解释》第3条第2款、第3款规定，生产、销售的假药被使用后，造成轻伤、重伤或者其他严重后果的，应认定为“对人体健康造成严重危害”。生产、销售的假药被使用后，致人严重残疾，三人以上重伤、十人以上轻伤或者造成其他特别严重后果的，应认定为“对人体健康造成特别严重危害”。第6条第1款规定，生产、销售不符合标准的医疗器械、医用卫生材料，致人轻伤或者其他严重后果的，应认定为刑法第一百四十五条规定的“对人体健康造成严重危害”。

在受害人未受到严重损害的情况下，如果经营者生产、销售产品的行为构成欺诈，可依据《消费者权益保护法》第55条第1款“经营者提供商品或者服务有欺诈行为的，应当按照消费者的要求增加赔偿其受到的损失，增加赔偿的金额为消费者购买商品的价款或者接受服务的费用的三倍；增加赔偿的金额不足五百元的，为五百元。法律另有规定的，依照其规定”的规定请求惩罚性赔偿。此外，生产者、销售者应承担行政责任，情节严重的还应承担刑事责任，不能逃脱法律的制裁。

4. 产品缺陷与损害后果具有因果关系

因果关系是损害赔偿的归责要件之一。如果生产者、销售者虽然明知产品存在缺陷，但是产品缺陷并非被侵权人遭受损害的原因，被侵权人亦不能主张惩罚性赔偿。

第五章　机动车交通事故责任

第一千二百零八条　**机动车发生交通事故造成损害的，依照道路交通安全法律和本法的有关规定承担赔偿责任。**

【条文主旨】

本条是关于机动车交通事故责任的一般规定。

【立法要点及理由】

本条是《民法典》侵权责任编第五章“机动车交通事故责任”的第一条，基本上沿用了《侵权责任法》第48条原文，该条规定：“机动车发生交通事故造成损害的，依照道路交通安全法的有关规定承担赔偿责任。”本条规定的“依照道路交通安全法律”与《侵权责任法》第48条规定“依照道路交通安全法”系同一含义，只是民法典编纂时根据立法技术规范进行了规范性表述。本法总则编“民事责任”规定了不可抗力、正当防卫、紧急避险等不承担责任的情形；侵权责任编“一般规定”规定了与有过错、受害人故意、第三人侵权等减轻或者免除责任的情形。这些责任承担的特殊情况，需要在确定机动车交通事故责任时，结合具体案件考虑和适用。因此，本条增加了依照“本法”有关规定承担赔偿责任的规定。

本条中所指的道路交通安全法律有关规定，主要指《道路交通安全法》第76条的规定：“机动车发生交通事故造成人身伤亡、财产损失的，由保险公司在机动车第三者责任强制保险责任限额范围内予以赔偿；不足的部分，按照下列规定承担赔偿责任：（一）机动车之间发生交通事故的，由有过错的一方承担赔偿责任；双方都有过错的，按照各自过错的比例分担责任。（二）机动车与非机动车驾驶人、行人之间发生交通事故，非机动车驾驶人、行人没有过错的，由机动车一方承担赔偿责任；有证据证明非机动车驾驶人、行人有过错的，根据过错程度适当减轻机动车一方的赔偿责任；机动车一方没有过错的，承担不超过百分之十的赔偿责任。交通事故的损失是由非机动车驾驶人、行人故意碰撞机动车造成的，机动车一方不承担赔偿责任。"

上述规定是确定机动车交通事赔偿责任承担的一般条款，起草本条时主要有以下几个方面的考虑：

1. 交强险项下保险公司对第三人的责任的一种法定责任

关于保险公司的责任性质，在理论上主要有合同义务说和法定义务说两种观点。从《道路交通安全法》规定强制责任保险制度以迅速填补损害的立法目的看，保险公司对第三人的责任是一种法定责任。

《道路交通安全法》第 76 条直接规定由保险公司向受害人赔偿损失的主要理由是及时填补受害人的损失。《机动车交通事故责任强制保险条例》（以下简称《交强险条例》）的第 1 条对此已经十分明确，其首要目的就是保护受害人。虽然在客观上，交强险具有分散投保人风险的立法目的，投保人与保险人之间也以合同关系为纽带，但是，由于强制保险的第一位立法目的是保护受害人，因此保险人与受害人之间形成了一种法定责任。换言之，保险人的赔偿责任与机动车驾驶人是否构成侵权责任、其侵权责任的大小并无关联。①

从行政法的角度看，强制保险作为一种必须购买的保险，实际上是对投保人财产权的一种限制，在此意义上，与行政征收具有相似性。从行政

① 我国台湾地区"强制汽车责任保险法"所建立的强制汽车保险制度也能为此提供比较法上的参考。其第 7 条规定，因汽车交通事故致受害人伤害或死亡者，不论加害人有无过失，请求权人得依本法规定向保险人请求保险给付或向财团法人汽车交通事故特别补偿基金请求补偿。

法的理论来看，像税收这样的行政征收的目的只能是为公众提供公共服务，在此意义上，强制保险的保险人向不特定的第三人提供的也应当是一种公共服务，所以，就保险人与第三人的关系而言，不能仅从合同的角度来理解，还应当从公共服务提供者和享有者的角度来理解。

2. 关于机动车交通事故侵权责任的归责原则

根据《道路交通安全法》第 76 条第 1 款第 1 项，机动车相撞，适用过错责任，理论和实务上并无争议。但机动车与非机动车、行人发生交通事故时适用过错推定责任还是无过错责任，一直有争议。

以姚辉、杨立新为代表的学者认为，《道路交通安全法》第 76 条第 1 款第 2 项适用的是过错推定原则。在此原则之下：条文的第一种情况是过错责任原则的认定，第二种情况是过错责任原则的减责情形，第四种是过错责任原则的免责情形。而对于备受争议的法条的第三种情况，即在机动车一方无过错的时候，对事故承担不超过百分之十的责任，按照杨立新主张的过错推定理论，机动车承担的这部分责任是“优者危险负担责任”的适用原则，不属于过错推定原则。[①] 但是，关于第三种情况，即使在过错责任原则情况下，不同的学者对于“百分之十”的责任认定，仍存有分歧。部分学者认为该规定符合“公平原则”，甚至还有人认为这是“无过错责任原则”的体现。

以张新宝、于敏为代表的部分学者认为第 76 条第 1 款第 2 项适用的是无过错责任原则，对该条款的理解是：除个别情况外，机动车一方都应该承担责任，这种责任承担的方式不需要区分机动车一方的主观状态，并且这种不考虑过错的情况不以机动车一方承担责任比例的大小而改变，即不管机动车一方承担多少份额的责任，都与机动车一方的主观状态无关。同时，该观点认为非机动车、行人一方的主观状态，可成为这种无过错责任原则的免责或是减责事由，但不能成为攻击无过错责任原则的工具。[②]

---

① 杨立新：《修正的第七十六条的进展及审判对策》，载《法律适用》2008 年第 3 期。

② 张新宝：《侵权责任法》，法律出版社 2011 年版，第 295～297 页。

笔者同意第76条第1款第2项所体现的归责原则是过错推定原则的观点。如果第76条第1款第2项真的是完全的无过错责任，那么就不需要规定当机动车无过错时，机动车一方承担不超过百分之十的责任这种情况了。因为一般来说，完全的无过错归责原则，可以根据非机动车、行人一方的过错状态设置机动车一方免责或是减责的情形，但是不能根据机动车一方的过错状态而改变其责任承担大小的。当然，在审判实践中，不管是适用过错推定还是无过错责任原则，此类案件在处理结果上没有太大差异。这也是立法上没有明确该项情况下归责原则的原因所在。

3. 关于过失相抵规则的适用

《民法典》第1173条规定了过失相抵规则，《道路交通安全法》第76条所规定的“有证据证明非机动车驾驶人、行人有过错的，根据过错程度适当减轻机动车一方的赔偿责任”，实际上就是过失相抵规则在交通事故责任的具体适用。条文起草时考虑了以下几个方面：

一是保险公司的赔偿责任不适用过失相抵规则。保险公司在赔偿限额内对第三人的赔偿责任应当认定为法定责任，其赔偿责任的大小并不以机动车一方的过错或责任大小为依据，过失相抵仅适用于超出保险限额之外的部分。

二是关于非机动车驾驶人、行人的过错认定上，应当着重从非机动车、行人作为道路交通参与者是否尽到相应的注意义务进行考察。这种注意义务主要来源于相应的交通安全法规的规定。《道路交通安全法》第四章分别对非机动车驾驶人、行人在道路交通中应当遵守的规则作出了规定，这些规定是非机动车驾驶人、行人必须遵守的道路交通法规义务。

三是对于非机动车和行人过错程度的认定，还要结合不同的场所分别判断。例如，非机动车或者行人进入高速公路，不仅是严重违反道路交通管理法规的行为，违反了对自己安全的高度注意义务，而且可能危害到公共秩序，[①] 此时，非机动车或者驾驶人的过错程度显然比之于在普通道路

---

① 于敏：《机动车损害赔偿责任与过失相抵——法律公平的本质及其实现过程》，法律出版社2006年版，第199页。

上的同等行为而言要高很多。

四是要注意根据行为人的行为能力分别判断过错程度。在行为人为无民事行为能力人的场合，尤其是在学龄前儿童和完全不能辨认和控制自己行为的精神病患者、智力障碍者等情况下，适用过失相抵规则更多地要考虑其监护人或者对其负有管理、保护职责的人的过错。在其他无民事行为能力人和限制民事行为能力人场合，要根据受害人的认知能力、判断能力、教育程度等因素综合判断其过错程度以及应减轻加害人责任的大小。

【适用指南】

1. 多车相撞后交强险保险公司责任承担

根据《道路交通安全法》第76条，由于保险公司承担的是法定责任，因此在多个车辆致人损害的场合，保险公司在保险限额内承担赔偿责任，且保险公司的责任并不以被保险人的责任大小为依据，此时多辆车的保险公司应当在责任限额内平均承担责任，并不以机动车一方的责任大小划分比例。由于实践中还涉及牵引车和挂车责任承担、部分车辆未投保交强险等问题，为了进一步明确多车相撞后交强险保险公司的责任承担，《道路交通司法解释》第18条规定："多辆机动车发生交通事故造成第三人损害，损失超出各机动车交强险责任限额之和的，由各保险公司在各自责任限额范围内承担赔偿责任；损失未超出各机动车交强险责任限额之和，当事人请求由各保险公司按照其责任限额与责任限额之和的比例承担赔偿责任的，人民法院应予支持。依法分别投保交强险的牵引车和挂车连接使用时发生交通事故造成第三人损害，当事人请求由各保险公司在各自的责任限额范围内平均赔偿的，人民法院应予支持。多辆机动车发生交通事故造成第三人损害，其中部分机动车未投保交强险，当事人请求先由已承保交强险的保险公司在责任限额范围内予以赔偿的，人民法院应予支持。保险公司就超出其应承担的部分向未投保交强险的投保义务人或者侵权人行使追偿权的，人民法院应予支持。”

2. 交强险与商业三者险并存时精神损害赔偿与物质损害赔偿次序

机动车所有人在购买强制责任保险的同时又购买商业三者险，如果发生交通事故后强制责任保险赔偿限额不足以赔偿第三人死亡伤残损失，由于商业三者险对精神抚慰金不予赔偿，此时，强制责任保险限额应当先赔偿物质损失还是精神损害？对此，《最高人民法院关于财保六安市分公司与李福国等道路交通事故人身损害赔偿纠纷请示的复函》明确：“《机动车交通事故责任强制保险条例》第3条规定的‘人身伤亡’所造成的损害包括财产损害和精神损害。精神损害赔偿与物资损害赔偿在强制责任保险限额中的赔偿次序，请求权人有权进行选择。请求权人选择优先赔偿精神损害，对物资损害赔偿不足部分由商业第三者责任险赔偿。”如果说最高人民法院对下级法院的内部答复仅有参考指导作用的话，《道路交通司法解释》第13条第2款则以司法解释的形式明确规定：“被侵权人或者其近亲属请求承保交强险的保险公司优先赔偿精神损害的，人民法院应予支持。”因此，实践中，尤其要注意保护当事人的选择权。

3. 关于保险公司能否作为被告的问题

在《侵权责任法》颁布之初，保险公司能否作为被告确有争议。笔者认为，依据保险公司承担法定责任说的结论，应当认定保险公司在诉讼中可以作为被告。其一，《道路交通安全法》第76条从表述上实际上已经赋予了第三人对保险公司的直接请求权。其二，从《道路交通安全法》和《交强险条例》的立法目的来看，赔偿受害人是其第一目的，而实现这一目的首先需要受害人对保险人的直接请求权。其三，从诉讼法的角度来看，诉讼法的各项制度的一个基本评价标准是纠纷的一次性解决。在此意义上，如果要求受害人必须先起诉致害人，在致害人承担责任的前提下，再由加害人起诉保险公司，与民事诉讼制度的功能和目的不相符合。为了进一步明确这一问题，统一司法实践，《道路交通司法解释》专门在“关于诉讼程序的规定”部分明确了保险公司的诉讼地位，但是对于交强险保险公司和商业三者险保险公司作了区分：人民法院审理道路交通事故损害赔偿案件，应当将承保交强险的保险公司列为共同被告。但该保险公司已经在交强险责任限额范围内予以赔偿且当事人无异议的除外。人民法院审理道路交通事故损害赔偿案件，当事人请求将承保商业三者险的保险公司列为共同被告的，人民法院应予准许。根据该规定，目前在我国对于交强险保险公司系必要共同被告，原则上人民法院可以依职权追加，而商业三者险保险公司则依当事人申请可以列为共同被告。

4. 关于受害人故意的认定

《民法典》第 1174 条规定，损害是由受害人故意造成的，行为人不承担责任。《道路交通安全法》第 76 条第 2 款也作出了相同的规定。适用本条需要注意以下几个方面：

一是故意主要指受害人自杀、自残或"碰瓷"的情形。《道路交通安全法》第 76 条第 2 款规定的受害人的故意，主要是指非机动车驾驶人、行人自杀、自残或"碰瓷"的情形。非机动车驾驶人、行人利用了机动车驾驶的物理上的特征达到其自杀、自残或者获取赔偿的目的，机动车一方的行为本身不具有可非难性，受害人自杀、自残或"碰瓷"的行为导致机动车一方来不及反应或无法避让，这种结果实际上是机动车一方难以控制的。因此，其不应当承担赔偿责任。也就是说，在此情况下，损害后果的发生必须单独归责于受害人。但是受害人虽有违反交通法规的故意，但是并无自杀、自残或"碰瓷"的故意时，机动车一方即使没有过错，也要承担一定的责任，即只能减轻加害人的责任而不能免除，在法律适用上，只能适用该条第 1 款第 2 项的规定而不能适用第 2 款的规定。

二是机动车一方有重大过失以上情形的不能免责。在《民法典》第 1173 条规定的过失相抵情形下，根据受害人的过错程度，可以适当减轻加害人的责任。根据《民法典》第 1174 条的规定，损害是由受害人故意造成的，行为人不承担责任。但是，需要注意的是，第 1174 条并非适用于所有的受害人故意的情形，如果加害人存在重大过失以上情形的，只能适用第 1173 条的规定而不能适用第 1174 条的规定，换言之，只能减轻其责任而不能免除其责任。同理，对《道路交通安全法》第 76 条第 2 款也应作此理解。例如，甲欲自杀，遂站在高速公路中央，乙驾车在相当距离之外已发现甲站立高速公路中央，但是并未采取任何必要的制动或避让措施，[①] 造成甲死亡。此时，即不能免除乙的责任，而只能适用《民法典》第1173条或《道路交通安全法》第76条第1款第2项的规定。其理由主要在于，首先，不管是过错推定责任还是无过错责任，在价值评价和利益衡量上都科以行为人更严格的注意义务或危险防范义务，对受害人进行更为周全的保护，更有利于受害人。其次，与机动车驾驶人无过失或仅具一般过失的情形不同，在机动车驾驶人有重大过失情形下，虽然受害人存在故意，但是并不能因此免除机动车驾驶人行为的可非难性，即加害人能采取必要措施而未采取的行为具有可非难性。最后，从交通事故赔偿责任的体系上来看，在机动车一方无过错的情形下，尚且要承担赔偿责任，而在机动车存在重大过失的情形下，却因加害人的故意而免责，显然会出现评价体系上的不一致性。因此，《道路交通安全法》第76条第2款的理解应当与《民法典》第1174条的理解相一致，即在受害人故意情形下，机动车一方如果是一般过失，则可以免责，如果是重大过失或以上的，则不能免责，只能减轻其责任。

【相关规定】

《中华人民共和国道路交通安全法》第76条

第一千二百零九条　因租赁、借用等情形机动车所有人、管理人与使用人不是同一人时，发生交通事故造成损害，属于该机动车一方责任的，由机动车使用人承担赔偿责任；机动车所有人、管理人对损害的发生有过错的，承担相应的赔偿责任。

---

① 《道路交通安全法》第47条第2款规定，机动车行经没有交通信号的道路时，遇行人横过道路，应当避让。

【条文主旨】

本条是关于租赁、借用机动车情形下发生交通事故如何承担赔偿责任的规定。

【立法要点及理由】

实践中，对于《道路交通安全法》第76条规定的“机动车一方”是指机动车所有人还是指机动车使用人，有较大争议。为了明晰这一问题，《侵权责任法》第49条对在租赁、借用情形下，机动车所有人与使用人不一致时的责任承担作出规定：“因租赁、借用等情形机动车所有人与使用人不是同一人时，发生交通事故后属于该机动车一方责任的，由保险公司在机动车强制保险责任限额范围内予以赔偿。不足部分，由机动车使用人承担赔偿责任；机动车所有人对损害的发生有过错的，承担相应的赔偿责任。”该条规定对于解决所有人与使用人不一致时的责任承担起了很好的规范作用。

在《民法典》的起草过程中，立法者根据司法实践将其进一步完善：一是由于日常生活中经常出现机动车管理人与所有人分离的情况，在机动车由管理人掌控时，机动车管理人有过错，不应由所有人承担责任，因此明确管理人对损害的发生有过错的，承担相应的赔偿责任；二是由于租赁、借用，买卖机动车未过户，挂靠，擅自驾驶他人机动车等情况下发生交通事故，属于该机动车一方责任的，都应先由承保机动车强制保险的保险人在强制保险责任限额范围内予以赔偿；不足部分，由承保机动车商业保险的保险人按照保险合同的约定予以赔偿；仍然不足或者没有投保机动车商业保险的，由侵权人赔偿。因此，包括本条在内的以下几条都不再重复规定这一保险支付原则，而是仅规定侵权责任的承担，这样就将侵权责任的承担与保险救济的支付区分开来，减少理解上的混乱。起草本条时主要有以下几个方面的考虑：

1. 本条是对强制保险责任限额之外的责任主体的认定

《侵权责任法》施行以来，租赁、借用情形下保险公司仍然要承担赔偿责任，法律上和实践中已经没有异议，但是司法实践对于强制保险责任限额之外责任主体的认定，一直存有争议。《侵权责任法》出台之前，从最高人民法院的司法解释及相关批复①来看，在机动车事故责任主体的认定上，基本上采纳了“运行支配”和“运行利益”两个标准综合判断。“所谓运行支配通常是指，可以在事实上支配管领机动车之运行的地位。而所谓运行利益，一般认为是指因机动车运行而生的利益。换言之，某人是否属于机动车损害赔偿责任的主体，要从其是否对该机动车的运行于事实上位于支配管理的地位和是否从机动车的运行中获得了利益两个方面加以判明。进一步说，某人是否是机动车损害赔偿的责任主体，以该人与机动车之间是否有运行支配和运行利益的关联性加以确定。”② 《侵权责任法》和《民法典》均采纳这一观点，保持了与司法实践认识的一致性。

2. 本条是借用、租赁情形下机动车使用人责任的具体承担

从本条规定来看，机动车借用、租赁情形下，机动车的实际使用人应按照《道路交通安全法》第 76 条的规定承担相应的赔偿责任：第一，保险公司在强制责任保险限额内对第三人承担赔偿责任；第二，超出强制责任保险限额的部分，由机动车的实际使用人承担；第三，如果该交通事故

---

① 《最高人民法院关于被盗机动车辆肇事后由谁承担损害赔偿责任问题的批复》（现已失效）规定：“使用盗窃的机动车辆肇事，造成被害人物质损失的，肇事人应当依法承担损害赔偿责任，被盗机动车辆的所有人不承担损害赔偿责任。”《最高人民法院关于购买人使用分期付款购买的车辆从事运输因交通事故造成他人财产损失保留车辆所有权的出卖方不应承担民事责任的批复》规定：“采取分期付款方式购车，出卖方在购买方付清全部车款前保留车辆所有权的，购买方以自己名义与他人订立货物运输合同并使用该车运输时，因交通事故造成他人财产损失的，出卖方不承担民事责任。”《最高人民法院关于连环购车未办理过户手续，原车主是否对机动车发生交通事故致人损害承担责任的请示的批复》认为：“连环购车未办理过户手续，因车辆已经交付，原车主既不能支配该车的营运，也不能从该车的营运中获得利益，故原车主不应对机动车发生交通事故致人损害承担责任。”

② 杨永清：《解读〈关于连环购车未办理过户手续原车主是否对机动车交通事故致人损害承担责任的复函〉》，载《解读最高人民法院请示与答复》，人民法院出版社 2004 年版，第 119 页。

是机动车与机动车相撞，超出强制责任限额部分的赔偿责任，按照机动车实际使用人的过错比例承担；如果该机动车与非机动车驾驶人、行人相撞，则适用过错推定原则确定责任。根据《民法典》第1213条的规定，机动车发生交通事故造成损害，属于该机动车一方责任的，先由承保机动车强制保险的保险人在强制保险责任限额范围内予以赔偿；不足部分，由承保机动车商业保险的保险人按照保险合同的约定予以赔偿；仍然不足或者没有投保机动车商业保险的，由侵权人赔偿。

3. 机动车所有人、管理人承担过错责任

根据本条的规定，在借用、租赁情形下发生交通事故时，机动车所有人、管理人承担过错责任。主要原因在于：在实际使用人使用过程中，机动车所有人和管理人虽然不是机动车运行的实际控制人，但是，其仍然具有一般的注意义务。在基于其意思移转机动车的占有、使用的场合，所有人或管理人应当预见到机动车由他人驾驶会产生危险，在此情况下，所有人、管理人应当尽到必要的审查义务，如机动车的车况、使用人是否具备必要的驾驶能力等。首先，从危险开启和危险来源的角度看，如果所有人或管理人未尽上述义务，则显然在一定程度上构成危险的来源。其次，从危险责任的角度看，不能科以所有人此种场合下以危险责任，因为无论是借用还是租赁，都是现代社会中的必要交易方式，如果科以所有人危险责任，对所有人的行为自由、现代社会的社会关系和相关行业的发展都会造成过于严格的限制和阻碍。最后，从受害人获得赔偿的角度看，科以所有人过错责任，既能够在一定程度上加强对受害人的赔偿，也能够最大限度地保障行为人的行为自由。

《侵权责任法》第49条仅规定了机动车所有人的过错责任，《民法典》增加规定了机动车管理人的过错责任。大部分情况下，机动车所有人就是管理人，但也有所有人和管理人分离的情况，如车辆登记在公司名下，由员工实际管理；可能从所有权人处借用租赁车辆，也可能从管理人处租赁借用车辆。从本条规定看，机动车所有人和管理人的过错主要体现在未对借用人、承租人是否具有相应的行为能力、驾驶能力等影响机动车驾驶安全驾驶因素进行合理审查，或者体现为未对机动车适于运行状态进行合理维护等方面。同时，因借用是无偿的，租赁是有偿的，在租赁情况下，所有人或管理人的注意义务应当高于借用场合。换言之，在判断出租人的过错时应比出借人更严格。

4. 所有人、管理人承担的是按份责任而非连带责任

首先，所有人或管理人承担的责任大小，应当考虑所有人或管理人的过错以及原因力与损害后果的关系综合判断。因此，在有些情况下，所有人或管理人可能承担全部责任。例如，所有人或者管理人为了加害使用人，故意将制动装置失灵的机动车出借给使用人且未告知，造成与其他机动车相撞的后果。在此情形下，根据本条和《民法典》第 1175 条的规定，所有人或管理人应承担全部责任。其次，所有人或管理人承担的是与其过错相适应的责任，而非连带责任。从连带责任的法理来看，只有在法律明确规定或当事人明确约定的情形下才承担连带责任，在出借、出租场合，所有人或管理人与使用人并不构成共同侵权，也无其他连带因素。因此，即使由于所有人或管理人的过错和使用人的驾驶行为结合造成第三人损害，所有人或管理人也承担按份责任而非连带责任。在有管理人的情况下，根据运行支配和运行利益原则，所有人就不应当再承担责任，但也不排除所有人存在过错的情况，此时仍应根据所有人过错大小，确定其应承担的按份责任。

【适用指南】

1. 所有人或者管理人过错的具体情形

《侵权责任法》和《民法典》均未对机动车所有人或者管理人过错的具体情形作出明确规定，各地法院在审判实践中对如何认定机动车所有人或者管理人具有过错进行了探索，形成了较为一致的认识，最高人民法院在总结实践经验的基础上，在《道路交通司法解释》第 1 条即明确了所有人或者管理人过错的具体情形：（1）知道或者应当知道机动车存在缺陷，

且该缺陷是交通事故发生原因之一的；（2）知道或者应当知道驾驶人无驾驶资格或者未取得相应驾驶资格的；（3）知道或者应当知道驾驶人因饮酒、服用国家管制的精神药品或者麻醉药品，或者患有妨碍安全驾驶机动车的疾病等依法不能驾驶机动车的；（4）其他应当认定机动车所有人或者管理人有过错的。

2. 未成年人作为使用人的责任承担问题

在实践中，经常发生未成年人借用或租赁机动车的情形，[①] 此时，责任主体应如何认定？笔者认为，首先，限制行为能力人订立的租赁合同或借用合同的效力问题并不影响侵权责任的承担。其次，限制行为能力人造成他人损害的，由监护人承担责任，并不考虑限制行为能力人的认知能力和判断能力，也不考虑监护人的过错问题。因此，此时应当由其监护人承担责任。最后，在此情形下，如果机动车所有人或者管理人存在过错，即未能尽到必要的注意义务，将机动车出借、出租给未成年人，应当承担与其过错相适应的责任。

3. 所有人或者管理人与使用人之间的约定不能对抗第三人

在出借、租赁场合，尤其是租赁场合，机动车的所有人或者管理人往往与使用人有关于交通责任的如何承担的约定，从合同相对性原理来看，该约定不能对抗交通事故中的受害人，受害人仍可根据本条规定请求所有人和使用人承担相应的责任。但是，这并不妨碍所有人或者管理人和使用人按照其有效合同的约定向借用人、租赁人行使请求权。

【相关规定】

《最高人民法院关于审理道路交通事故损害赔偿案件适用法律若干问题的解释》第 1 条

---

① 根据我国公安部《机动车驾驶证申领和使用规定》，申领驾驶证的最低年龄要求是 18 周岁，且根据车型的不同对年龄有不同的限制。

第一千二百一十条　当事人之间已经以买卖或者其他方式转让并交付机动车但是未办理登记，发生交通事故造成损害，属于该机动车一方责任的，由受让人承担赔偿责任。

【条文主旨】

本条是关于买卖机动车未过户发生交通事故责任承担的规定。

【立法要点及理由】

实践中，在当事人之间已经以买卖等方式转让并交付机动车使机动车所有权发生转移时，出于节省费用、以物抵债等多种原因，可能出现买受人或受赠人未办理机动车所有权转移登记的情形，导致机动车名义所有人与实际所有人不一致的情况大量存在。此时一旦机动车发生交通事故造成他人损害，应由何人承担责任，实践和理论观点并不一致。为了解决这一问题，《侵权责任法》在第 50 条对此作出了规定。此次《民法典》编纂，基本上沿用了《侵权责任法》的规定，仅把保险公司在交强险范围内承担责任的规定放到了第 1213 条，使本条成为一个单纯的确定侵权责任承担的条文，更方便人们在实践中理解与适用。

1. 关于本条的理论依据

世界上多数国家对交通事故损害赔偿责任主体的确认方法均有专门的法律加以规定，特别是当机动车名义所有人与实际所有人不一致或者驾驶人与机动车所有人不一致时。如何确定损害赔偿主体，其中最先进、最具代表性的应属危险责任和报偿责任理论。危险责任最初起源于德国，[①] 是指制造和控制危险的人对作为该危险结果的损害应负责。也就是说，对危

---

① 危险责任制度在 1871 年的德国《帝国赔偿义务法》中首次被载入成文法律，并在 20 世纪发展成为赔偿义务法律制度的第二大组成部分。参见［德］马克西米利安·福克斯：《侵权行为法》，齐晓琨译，法律出版社 2006 年版，第 258 页。

险物造成的不可避免的现实危害，唯有危险物的支配者和危险物的经营者可得预防和减少。[①] 机动车运行所生的侵害当然就应当由危险物的支配者或危险活动的经营者负其责任，也属于危险责任。报偿责任，源于罗马法“获得利益的人负担危险”的法谚，主张“利益之所归，损失之所属”，即谁享有利益，谁承担风险的原则。每个人都可依自己的意志追求自身的利益，但如果因此害及他人利益时，则作为利益的追求者应负担其损失。

根据危险责任和报偿责任理论来确定交通事故损害赔偿的责任主体，具体认定时是以“运行支配”和“运行利益”为标准把握。所谓运行支配，通常指可以在事实上支配管领机动车的运行；而所谓运行利益，一般认为仅限于因运行本身而生的利益。[②] 也就是说，某人是否是机动车交通事故损害赔偿责任的主体，要看其对该机动车的运行是否在事实上处于支配管理地位和其对该机动车的运行本身是否获得利益两方面加以认定。在司法实践中，司法解释也逐渐采纳了“运行支配”和“运行利益”两项标准。既然机动车损害赔偿责任来源于机动车的保有和使用，那么，它的责任主体就当然是能够控制机动车辆，并获得运行利益的机动车所有者和使用者。因此，机动车损害赔偿责任，一般来说，是保有人责任。在《侵权责任法》的起草过程中，立法者实际上接受了机动车保有人是机动车损害赔偿责任主体的观点。《侵权责任法》第六章第 49 条、第 50 条、第 52 条，都是该原则的具体体现。在《民法典》编纂过程中，立法者也坚持了这一观点。

至于本条所规范的情形，当事人之间已经以买卖等方式转让并交付机动车但未办理所有权转移登记，机动车发生交通事故后，将机动车的实际所有权人即受让人认定为机动车保有人，进而将其作为损害赔偿责任主体，名义所有权人不承担赔偿责任。

---

① ［德］克西米利安·福克斯：《侵权行为法》，齐晓琨译，法律出版社 2006 年版，第 257 页。

② 曹建明主编：《民事审判指导与参考》（总第 10 卷），法律出版社 2002 年版，第 109 页。

2. 保险公司在交强险责任限额内对第三人承担赔偿责任

我国《道路交通安全法》第 17 条确立了强制责任保险制度。根据《交强险条例》，保险公司对被保险机动车发生道路交通事故造成本车人员、被保险人以外的受害人人身伤亡、财产损失，在责任限额内予以赔偿。道路交通事故的损失是由于受害人故意造成的，保险公司不予赔偿。除此之外，只要被保险机动车发生道路交通事故造成本车人员、被保险人以外的受害人人身伤亡、财产损失的，保险公司都应在机动车强制保险责任限额内予以赔偿。如上文所述，保险公司对第三人承担的是法定责任。因此，当事人之间已经以买卖等方式转让并交付机动车但未办理所有权转移登记，机动车发生交通事故后，属于该机动车一方责任的，首先应由保险公司在机动车强制保险责任限额范围内予以赔偿。不足部分，由承保机动车商业保险的保险人按照保险合同的约定予以赔偿；仍然不足或者没有投保机动车商业保险的，由侵权人赔偿。

3. 机动车转让并已交付受让人的，按照《道路交通安全法》第 76 条的规定承担责任

本条所规范的情形是，当事人之间已经以买卖等方式转让并交付机动车但未办理所有权转移登记，机动车发生交通事故后，将机动车的实际所有权人即受让人认定为损害赔偿责任主体，名义所有权人不承担赔偿责任。本条作此规定，主要基于以下考虑：首先，基于上文论述，就判断机动车保有人的二元标准——运行支配与运行利益而言，机动车一旦交付给买受人或受赠人，该机动车的运行支配以及运行利益皆已归于后者，原所有人尽管在机动车登记上仍是名义上的所有人，但显然已经不对该机动车享有运行利益，也不能够进行运行支配了，让其再承担责任也有失公允。其次，目前我国的法律、法规并未明确以过户登记作为机动车所有权转移的生效要件，根据《民法典》物权编第 225 条的规定，登记亦非机动车物权变动的生效要件。因此，机动车所有权转让以交付作为生效要件。只要机动车已经交付，则买受人、受赠人即为机动车的所有人，其造成他人损害时，按照《道路交通安全法》第 76 条的规定承担责任。

【适用指南】

1. 本条只是排除了名义车主责任，受让人不一定是责任的最终承担者

根据本条，机动车所有权已经实际发生转移，但未办理所有权转移登记的，名义车主因既不能支配该车的营运，也不能从该车的营运中获得利益，不应对机动车发生交通事故致人损害承担责任。此时责任由机动车的实际所有人即受让人承担责任。但应注意到，这里的“受让人”应是指机动车的“受让人”一方，而不一定是受让人自身。因为根据本法第1209条和第1213条的规定，如果受让人又将机动车租赁、借用给他人使用的，发生交通事故后属于该机动车一方责任的，由保险公司在机动车强制保险责任限额内予以赔偿，不足部分，由承保机动车商业保险的保险人按照保险合同的约定予以赔偿；仍然不足或者没有投保机动车商业保险的，由租赁或借用的机动车使用人承担赔偿责任，如果受让人对损害的发生有过错的，也应承担相应的责任。此种情况下，机动车的使用人显然可能成为赔偿主体。另外，根据本法第1215条，如果未办理所有权转移登记，机动车被盗窃、抢劫或抢夺后发生交通事故造成损害的，由盗窃、抢劫或者抢夺人承担赔偿责任。显然，此时盗窃、抢劫或抢夺人是赔偿主体，受让人不承担责任。

2. 关于多次转让未过户的主体责任承担

对于连环购车未办理过户手续，原车主是否对机动车发生交通事故致人损害承担责任，也应属于本条规范的情形，因为从本条的字面意思理解，并未限制当事人间转让机动车的次数，也就是说即使机动车被转让过多次，本条也只规范机动车实际所有人和原名义车主之间的责任承担问题。这与《最高人民法院关于连环购车未办理过户手续，原车主是否对机动车发生交通事故致人损害承担责任的请示的批复》的精神也是一致的。为了进一步规范此问题，最高人民法院在《道路交通司法解释》第2条规定，被多次转让但是未办理登记的机动车发生交通事故造成损害，属于该

机动车一方责任，当事人请求由最后一次转让并交付的受让人承担赔偿责任的，人民法院应予支持。这里要特别注意对“最后一次转让并交付”的理解，首先，“最后一次转让并交付”中的“最后一次”针对的是在机动车交通事故发生前的最后一次因转让而交付；其次，“最后一次转让并交付”中的“转让”的对象是所有权且无须以有偿为前提；最后，“最后一次转让并交付”中的“交付”强调的是实际控制，而非观念交付。

3. 应注意机动车未参加强制保险时的责任承担

在适用本条时，应注意机动车未参加强制保险时的处理。显然，此时应由受让人承担赔偿责任，排除了保险公司的责任承担。但根据《交强险条例》第24条，有下列情形之一时，道路交通事故中受害人人身伤亡的丧葬费用、部分或者全部抢救费用，由救助基金先行垫付，救助基金管理机构有权向道路交通事故责任人追偿：（1）抢救费用超过机动车交通事故责任强制保险责任限额的；（2）肇事机动车未参加机动车交通事故责任强制保险的；（3）机动车肇事后逃逸的。

4. 如何防止转让双方恶意串通，将赔偿风险转移至没有偿付能力的受让人

审判实践中，可能出现车辆所有人通过虚假转让机动车，将责任转嫁给没有偿付能力的虚假受让人的情形。故人民法院对于是否“已经以买卖或者其他方式转让并交付”，应给予被侵权人充分的抗辩，被侵权人能够提供证据证明买卖双方恶意串通的，机动车登记所有人不能免除赔偿责任；同时，人民法院审查是否“已经以买卖或者其他方式转让并交付”应持谨慎态度，应围绕机动车转让双方是否订有书面合同、该合同是否真实、机动车是否实际交付、机动车保险的投保是否发生变更等情形予以综合认定。

【相关规定】

《最高人民法院关于审理道路交通事故损害赔偿案件适用法律若干问题的解释》第2条

第一千二百一十一条 以挂靠形式从事道路运输经营活动的机动车，发生交通事故造成损害，属于该机动车一方责任的，由挂靠人和被挂靠人承担连带责任。

【条文主旨】

本条是关于以挂靠形式从事道路运输经营活动的机动车发生交通事故后应当如何承担赔偿责任的规定。

【立法要点及理由】

在我国台湾地区，挂靠又称为“靠行”，一般要求发生交通事故后，挂靠人与被挂靠人承担连带责任。[①] 我国大陆地区对此一直未作规定，学界的观点不尽一致，各地法院的审理结果也大相径庭，有的认为被挂靠单位既不是车辆实际所有人，又不是车辆营运收入受益人，不应承担连带责任；[②] 有的认为，被挂靠单位应先行承担垫付责任，然后依据挂靠协议或约定向挂靠人追偿；[③] 有的认为被挂靠单位负有管理责任，并收取管理费用，应当承担连带责任；[④] 也有的认为，应由挂靠人（车辆的真正所有权

① 车辆挂靠在我国台湾地区俗称“靠行”或者“寄行”。台湾学界将被挂靠的单位称为“贷与名义人”，车主称为“借用名义人”。车主与被挂靠单位内部关系一般是车主向单位缴纳挂靠费，车籍、车辆营运证、税务登记等都登记在被挂靠单位名下，但车辆实际营运活动则由车主独立经营，自负盈亏，与被挂靠单位无关。台湾理论界与实务界多认为车主与被挂靠单位存在雇佣关系，认为此种挂靠即是一种选任关系，被挂靠单位是否允许车主挂靠有选择权，对于车主如何使用单位名义提供劳务有监督关系存在，因此被挂靠单位应当与车主承担连带责任。参见刘星、李静芹：《机动车道路交通事故损害赔偿责任主体的认定》，载《河北法学》2006 年第 6 期。

② 高海鹏：《新交法在当前审判实践中存在的主要问题和对策》，载中国法院网，https：//www. chinacourt. org/article/detail/2005/09/id/180351. shtml，最后访问日期：2020 年 11 月 19 日。

③ 赵学玲：《被挂靠单位应承担垫付责任——对挂靠车辆交通肇事引起的人身损害赔偿责任承担的思考》，载《人民法院报》2005 年 7 月 19 日，第 3 版。

④ 林薇：《道路交通事故中的车主责任解析》，载《公安学刊》2006 年第 2 期。

人或称车主）向第三人承担赔偿责任，由被挂靠人在收取的挂靠管理费范围内承担有限连带赔偿责任。[①]《最高人民法院关于实际车主肇事后其挂靠单位应否承担责任的复函》认为，应依据被挂靠单位是否从挂靠车辆的运营中取得了利益确定，如取得了则承担责任，否则不承担责任。《侵权责任法》曾拟对此作出规定，但因存在较大争议而最终未予规定。为了统一法律适用，最高人民法院在充分调研的基础上，于2012年的《道路交通司法解释》第3条对挂靠下的主体责任作出明确规定："以挂靠形式从事道路运输经营活动的机动车发生交通事故造成损害，属于该机动车一方责任，当事人请求由挂靠人和被挂靠人承担连带责任的，人民法院应予支持。"从近年的司法实践看，该条司法解释很好地处理了此类纠纷，得到了社会的普遍认可，效果良好。此次《民法典》编纂，完全吸收该条司法解释的规定，在本条对挂靠机动车责任承担作出明确规定，这是司法实践推动科学立法的典型事例。因为立法已有规定，该条司法解释现已被删除。当然，在机动车挂靠情形下，机动车一方对外承担责任的主要法律依据仍是《道路交通安全法》第76条，关于运行支配与运行利益的理论，对挂靠情形同样成立，在此不予赘述。在起草本条的过程中主要还有以下几个方面的考虑：

1. 本条适用对象是"以挂靠形式从事道路运输经营活动的机动车"

适用本条有两个前提条件：一是仅针对挂靠情形，其他导致实际经营人和名义经营人不一致的情况不适用本条规定；二是不针对所有的挂靠情形，只适用于对道路运输经营权的挂靠。即经运输企业同意，车主以运输企业名义从事道路运输经营活动，其中车主为挂靠人，运输企业为被挂靠人。实践中，根据是否缴纳管理费，挂靠分为有偿挂靠和无偿挂靠。根据立法精神，不管有偿挂靠还是无偿挂靠，本条规定均统一适用，不因有偿无偿而有所区别。

---

① 陈立烽：《挂靠车辆交通肇事被挂靠单位承担连带责任》，载《人民法院报》2005年12月24日，第2版。

所谓“道路运输经营”，主要指道路旅客运输经营和道路货物运输经营，即常说的客运经营和货运经营。根据《道路运输条例》，从事客运经营和货运经营，都应具备一定的条件，向道路运输管理机构提出申请以取得道路运输经营许可证，再向工商行政管理机关办理登记手续。道路运输经营要得到国家行政许可，是因为运输行业具有高度危险性，市场准入要十分严格。该条例第33条规定，道路运输车辆应当随车携带车辆劳动证，不得转让、出租。

实践中，挂靠人一般是不具有运输经营资格的个人或企业。所谓挂靠，实质上是具有道路运输经营许可证的被挂靠人向不具备道路运输经营资格的挂靠人非法转让、出租道路运输经营许可证的行为。显然，这是一种违背行政许可、规避国家有关行业准许制度的行为，是违法行为。交通部门三令五申，要求坚决清理和取缔运输车辆挂靠经营。但实践中，挂靠人和被挂靠人为了追求经济利益，这种情况仍然大量存在。同时，挂靠人对工作人员素质、挂靠车辆安全状况疏于管理，导致挂靠车辆事故频发，给第三人及社会安全造成了很大的危害。既是为了对事故第三人加大赔偿力度，又是为了进一步遏制挂靠情形的发生，本条规定，对于挂靠车辆在以被挂靠人的名义进行道路运输经营中发生交通事故造成他人损害的，挂靠人和被挂靠人承担连带责任。

2. 应适用《道路交通安全法》第76条先予认定机动车一方责任

挂靠车辆发生交通事故后，要先认定对外责任，法律依据仍然是《道路交通安全法》第76条。具体来讲，包括以下方面：一是保险公司在交强险责任限额内赔付。二是超过交强险责任限额部分，区分机动车和机动车之间发生交通事故情形以及机动车与非机动车驾驶人、行人之间发生交通事故的情形，认定挂靠车辆作为“机动车一方”是否承担责任和承担责任的比例。三是对于属于挂靠车辆责任的，依据本条规定认定具体承担责任的主体。

3. 挂靠人和被挂靠人对损害承担连带责任

在起草该条的过程中，对于挂靠人和被挂靠人如何承担责任，有多种观点：有的认为，要区分有偿挂靠和无偿挂靠，无偿挂靠不承担责任，有偿挂靠承担责任；有的认为，先由挂靠人承担赔偿责任，被挂靠人承担补充赔偿责任；多数意见认为，不管有偿还是无偿，挂靠人和被挂靠人都应当承担连带责任。最终立法采纳了承担连带责任的建议，主要基于以下几点理由：一是从受害人角度看，被挂靠人是车辆的名义所有人，也是持有道路交通运输经营许可证的主体，挂靠只是挂靠人和被挂靠人之间的内部关系，受害人作为第三人对此无从知晓。发生事故后，受害人要求被挂靠人赔偿符合民法上的外观主义原则。① 二是被挂靠人可对挂靠车辆进行控制、支配，获取运行利益。被挂靠人将经营许可证租借给他人，就等于开启了危险作业的大门，理应承担可能产生的风险；其可以通过对被挂靠人的选择、管理、监督减少事故的发生，这也是运行支配的表现；被挂靠人通过挂靠车辆运行获取了利益，不限于管理费，也不限于经济方面的利益，如市场规模、影响力扩大等。三是被挂靠人明知挂靠人没有经营资质而将资质租借给其使用，具有明显过错，且放任了车辆事故发生的可能性，也就是说挂靠人与被挂靠人两者过错相结合导致了事故的发生，构成共同侵权，理应承担连带责任。四是被挂靠人承担连带责任，有利于保护受害人权利，减少违法行为，保障公共安全，维护正常的运输经营秩序。

【适用指南】

1. 适用本条时诉讼主体的确定

根据连带责任理论，挂靠情形下，在实体权利上受害人可以要求挂靠人承担责任，也可以要求被挂靠人承担责任。但在诉讼中，为查明事实、明确各方责任，受害人只起诉挂靠人或者被挂靠人，被诉方要求人民法院

① 最高人民法院民一庭编著：《关于道路交通损害赔偿司法解释理解与适用》，人民法院出版社 2012 年版，第 54 页。

追加另一方为被告的，人民法院应当准许；当事人均未申请追加，人民法院应当依据《人身损害赔偿解释》第 2 条的规定，依职权追加另一方为共同被告。

2. 关于内部追偿权

在本条起草过程中，有意见提出，本条应写明被挂靠人有权向挂靠人追偿。但出于以下几点考虑，《民法典》最终未作出规定，一是本条规范的是挂靠车辆的外部关系，目的在于明确挂靠人和被挂靠人向第三人承担的连带赔偿责任；二是内部追偿是连带责任固有之意，即使不作规定，只要当事人无特别约定，根据《民法典》第 178 条第 2 款，也不影响被挂靠人该项权利的行使；三是一般情况下，挂靠人和被挂靠人之间对于责任承担一般都有内部协议，这种内部约定可能各有不同，责任归属的约定情形不一，是否可以追偿应当依据约定的具体内容确定，故本条中无须对追偿权作出规定。

第一千二百一十二条　未经允许驾驶他人机动车，发生交通事故造成损害，属于该机动车一方责任的，由机动车使用人承担赔偿责任；机动车所有人、管理人对损害的发生有过错的，承担相应的赔偿责任，但是本章另有规定的除外。

【条文主旨】

本条是关于未经允许驾驶他人机动车发生交通事故应当如何承担责任的规定。

【立法要点及理由】

《道路交通安全法》第 76 条使用了“机动车一方”表述，但实践中，如果机动车所有人驾驶人不一致，“机动车一方”是指所有人还是驾驶人，赔偿责任由谁承担，实践中存在不同的观点和做法。为了厘清这一问题，《侵权责任法》第 49 条、第 50 条、第 52 条分别对几种常见的机动车所有人和驾驶人不一致情形下的侵权责任主体分别作出规定，第 49 条针对租借等经所有人同意后使用的情形，第 50 条针对机动车虽交付但未办理过户的情形，第 52 条针对机动车被盗抢的情形。但实践中，还存在其他所有人和驾驶人不一致的情形，如盗抢之外的未经允许驾驶他人机动车造成交通事故的情形，为了解决这一问题，2012 年的《道路交通司法解释》第 2 条专门规定："未经允许驾驶他人机动车发生交通事故造成损害，当事人依照侵权责任法第四十九条的规定请求由机动车驾驶人承担赔偿责任的，人民法院应予支持。机动车所有人或者管理人有过错的，承担相应的赔偿责任，但具有侵权责任法第五十二条规定情形的除外。"该条款解决了实践中大量的未经允许驾驶他人机动车发生的交通事故纠纷，很好地起到了定分止争的作用。因此，根据最高人民法院的意见和建议，《民法典》借鉴该条司法解释，对未经同意擅自驾驶他人机动车交通事故责任主体作出明确规定，该条司法解释现已被删除。在起草该条款过程中，主要有以下两个方面的考虑：

1. 本条规范适用的具体情形

未经允许驾驶他人机动车，是指未经机动车所有人或管理人同意，擅自驾驶他人机动车的行为。主要包括两种情形：一是存在特定关系的当事人之间发生的擅自驾驶行为，如家人、亲戚、朋友、同事等，在这些情况下，驾驶人的驾驶行为虽然没有经过所有人或者管理人同意，但并不违背所有人或管理人可得知或者可推知的意思，即在一般情况下，若驾驶人提出请求，所有人或者驾驶人不会拒绝。二是违背所有人或者管理人意思的驾驶行为，如陌生人进行的擅自驾驶，车辆保管人、维修人、质权人等在占有机动车期间发生的擅自驾驶行为。在这些情形下，机动车所有人或者管理人并不知情，和驾驶人并不存在特定关系，驾驶行为实际上违背了其意愿。①

从广义上讲，盗抢机动车后的使用行为，也属于擅自驾驶行为，但由于《民法典》第1215条已经对此作出明确规定，因此本条不适用于盗抢机动车的情形。实践中要区分陌生人偷开与盗窃他人机动车的情形，因为二者的主观目的不同，陌生人偷开不以占有为目的，仅是为了练习技术或者寻求刺激等，表现为短时间内取得机动车的使用权；盗窃他人机动车是为了实现非法占有的目的，盗窃人会尽快将机动车开走，脱离所有人控制，与陌生人偷开又归还的主观意思不同。此外，《民法典》第1209条规定了租赁、借用机动车交通事故责任承担，第1210条规定了买卖机动车未过户交通事故责任承担，本条所指的"但是本章另有规定的除外"即指以上三种情形。

另外，擅自驾驶他人机动车还包括一种特殊情形，即擅自驾驶人和机动车所有人或者管理人存在雇佣关系或者劳动关系，此种情形下责任承担上有特殊性，是否适用本条规定，需要分清其是否属于从事雇佣活动或者是否属于执行工作任务的行为。如果雇员或者单位工作人员的擅自驾驶行为与雇佣活动或执行工作任务无关，则应当适用本条规定认定车辆驾驶人和所有人的责任，这种情形下，所有人的过错主要体现于未对雇员或者工作人员的驾驶资格予以合理审查、未对雇员或者工作人员进行有效管理、未对车辆妥善保管等。

2. 本法第1208条和第1213条仍是认定责任的实体依据

在本条规定的情况下，保险公司仍然应当在责任限额范围内承担赔偿责任，这是适用《民法典》第1208条的当然结论，也符合交强险制度的目的与功能，在此不予赘述。驾驶人仍应按照《道路交通安全法》第76条和本法第1213条的规定承担交强险范围之外的侵权责任。本法第1213条第1款前段规定，机动车发生交通事故造成损害，属于该机动车一方责

① 最高人民法院民一庭编著：《关于道路交通损害赔偿司法解释理解与适用》，人民法院出版社2012年版，第42页。

任的，先由承保机动车强制保险的保险人在强制保险责任限额范围内予以赔偿；不足部分，由承保机动车商业保险的保险人按照保险合同的约定予以赔偿；仍然不足或者没有投保机动车商业保险的，由侵权人赔偿。结合《道路交通安全法》第76条的规定，在擅自驾驶他人机动车的情形下，责任承担顺序是：第一，先由保险公司在强制保险责任限额范围内对第三人予以赔偿；第二，交强险不足部分，由承保机动车商业保险的保险人按照保险合同的约定予以赔偿；第三，仍然不足部分或者机动车没有投保机动车商业保险的，区分机动车之间和机动车与行人、非机动车之间发生的交通事故两种情形，分别根据不同的归责原则认定机动车一方责任；第四，经认定属于该机动车一方责任的，由驾驶人承担。

3. 机动车所有人或者管理人有过错的，根据过错程度承担相应的赔偿责任

擅自驾驶他人机动车情形下，机动所有人或者管理人是否应当承担责任，理论界一直存有争议。一种观点认为，根据危险责任思想，如果机动车所有人或管理人存在保管的过失，应当与驾驶人承担连带赔偿责任；如果不存在过失，则不应承担责任。另一种观点认为，按照运行支配说和运行利益说，肇事时机动车所有人并没有对机动车享有运行支配权，也不享有运行利益，因此不应就他人的擅自驾驶行为承担责任。①

本条起草过程中，多数意见认为，擅自驾驶他人机动车情形下，机动车所有人或者管理人，对车辆的保管和管理有必要的注意义务，如果所有人和管理人没有尽到相应的义务，实际上间接促成了交通事故的发生，就应当承担相应的责任。但擅自驾驶行为是违背所有人或管理人意愿的，与驾驶人之间没有共同的故意或者过失，故不应承担连带责任，仅应根据其过错承担相应的按份责任。

① 参见中国法学会“道路交通事故责任研究”课题组：《道路交通事故责任研究》，法律出版社2009年版，第187页。

【适用指南】

1. 未成年人擅自驾驶的责任承担

实践中，未成年人擅自驾驶机动车的情形十分普遍，若该未成年人是无民事行为能力人或者限制民事行为能力人，其监护人应当承担本条规定的驾驶人责任。《民法典》第 1188 条第 1 款前段规定，无民事行为能力人、限制民事行为能力人造成他人损害的，由监护人承担侵权责任。根据该条规定，未成年人不是责任承担主体，监护人是责任主体。监护人责任是无过错责任，是基于法定的监督、教育等义务为他人的行为负责的侵权责任，原则上监护人不能以其尽到监护责任为由主张免除责任。但《民法典》第 1188 条第 1 款后段还规定，监护人尽到了监护责任的，可以减轻其侵权责任。笔者认为，根据相关政策法规，未成年人不能取得驾驶证，不具备驾驶许可条件，且通常没有自己独立的财产，若随意减轻监护人责任，不利于保护受害人。当然，监护人减轻的部分责任，如果由其他主体承担则另当别论。比如，在委托监护关系中，受托人有过错的，承担相应的过错责任，受托人承担的这部分责任可以是擅自驾驶他人机动车责任承担中监护人减轻的部分。还有一种情况是，机动车所有人或者管理人有过错情况下，其承担的责任部分就是监护人减轻责任的部分。

2. 机动车所有人和管理人过错的具体认定

要注意，本条规定情形下过错认定标准与借用、租赁等情形有区分。在《民法典》第 1209 条规定的租赁、借用情形下，所有人是基于自愿将机动车交付他人使用，应当能够预见到机动车由他人驾驶有发生交通事故的危险，故其过错主要体现在未对借用人、租赁人是否具有相应的驾驶能力等影响机动车安全驾驶的因素进行合理审查，或者体现为未对机动车适于运行状态进行合理维护等方面。[1] 而在本条规定的情况下，因所有人或

① 最高人民法院民一庭编著：《关于道路交通损害赔偿司法解释理解与适用》，人民法院出版社 2012 年版，第 44 页。

者管理人对驾驶人的驾驶行为并不知情，因此也就不存在上述过错的可能，此时其过错主要体现在未对机动车妥善保管或者管理，从而导致擅自驾驶情况的发生。对于是否妥善保管或者管理的认定，要以一个普通人一般注意义务为标准，如未熄火、未拔钥匙或者人离开未锁车等。

所有人或者管理人过错程度的认定，要结合过错与损害后果的关系及具体案情综合判断。比如，在路边、公共停车场等场所，未锁车就离开，然后被他人擅自驾驶；如果可以认定为疏于管理而有过错；但是停放在自家院子里或者个人专用的停车位上，即使没有锁车，也不宜认定其有过错。

驾驶人身份的不同也会影响所有人或者管理人过错的认定。如果驾驶人是陌生人，则所有人或者管理人过错主要体现在未对车辆妥善保管。如果驾驶人是机动车所有人或者管理人的朋友、同事等有特定关系的人，因其驾驶行为不违背所有人或者管理人可推知的意思，故一般不存在妥善保管问题。但明知驾驶人无驾驶资格或者处于醉酒状态等仍将车钥匙交其保管，应认定其存在一定过错。如果驾驶人是修理人、保管人或者质权人，因此种情况下所有人对车辆已经失去控制，可以认定，此种情形下所有人没有过错。如果驾驶人是家庭成员，一般不宜认定为擅自驾驶；如果驾驶人是成年人，其应当根据《道路交通安全法》第76条承担机动车一方的责任；如果驾驶人是未成年人，由其监护人承担责任。

一般情况下机动车所有人也同时是管理人，但也存在二者不一致的情形，如果擅自驾驶行为发生之前，车辆处于管理人占有和控制之下，发生本条规定的情况，管理人承担与其过错相适用的责任，所有人不承担责任。比如，机动车被修理、委托保管或出质期间，修理人、保管人或者质权人是实际管理人，如果车辆被擅自驾驶，应由其承担相应的过错责任。实践中，所有人与管理人不一致的情况很多，但基本的判断标准是相同的，即谁对机动车负有管理义务，谁就承担相应的过错责任。

第一千二百一十三条　机动车发生交通事故造成损害，属于该机动车一方责任的，先由承保机动车强制保险的保险人在强制保险责任限额范围内予以赔偿；不足部分，由承保机动车商业保险的保险人按照保险合同的约定予以赔偿；仍然不足或者没有投保机动车商业保险的，由侵权人赔偿。

【条文主旨】

本条是关于交强险、商业险和侵权人赔偿次序的规定。

【立法要点及理由】

本条来源于《道路交通司法解释》第16条。《道路交通安全法》、《交强险条例》以及2009年《侵权责任法》的出台，在一定程度上解决了机动车事故中的加害人赔偿能力不足、受害人自我救济能力受限等问题，较好地平衡了机动车事故中的各方责任，保护了社会经济秩序的正常运行。但由于我国机动车保险理论研究相对滞后，现实中对于相关问题的认识不尽一致，各地司法实践裁判标准也不尽统一。其中，表现最为突出的是交强险、商业三者险、侵权人的赔偿次序问题，没有直接适用的明确规则，导致了司法实践裁判标准的混乱。为了解决这一问题，最高人民法院在理论检视和总结实践经验的基础上，在2012年的《道路交通司法解释》第16条第1款规定："同时投保机动车第三者责任强制保险（以下简称'交强险'）和第三者责任商业保险（以下简称'商业三者险'）的机动车发生交通事故造成损害，当事人同时起诉侵权人和保险公司的，人民法院应当按照下列规则确定赔偿责任：（一）先由承保交强险的保险公司在责任限额范围内予以赔偿；（二）不足部分，由承保商业三者险的保险公司根据保险合同予以赔偿；（三）仍有不足的，依照道路交通安全法和侵权责任法的相关规定由侵权人予以赔偿。”该解释施行后，经过多年实践，较好地解决了交强险、商业三者险、侵权人的赔偿次序问题，取得了良好的法律效果和社会效果。根据多数人意见，《民法典》第1213条对该条确定的规则在立法上予以确认，较好地实现了司法实践向立法的转化。该条司法解释也已进行修正，对应的是2020年修正后的《道路交通司法解释》第13条。

本条确立的基本原则是：先由交强险保险公司赔付，再由商业三者险保险公司赔付，最后由侵权责任人赔偿。该赔偿顺序，符合我国交强险和商业三者险制度设计，也与实践中的理赔规则一致。首先，根据《道路交通安全法》和《交强险条例》，道路交通事故损害赔偿案件中，权利人向侵权人主张权利，直接将承保交强险的保险公司一并作为被告，让其作为第一顺位赔偿义务人在责任限额范围内承担责任，完全符合立法本意，前文已经多有论述。其次，交强险责任限额总额及分项限额等都是固定的，数额也不高。而一旦发生交通事故，人身损失和财产损失数额往往十分巨大，交强险不足以弥补其损害。从更好地保护受害人角度出发，一味固守合同相对性不能突破的观点已经不合时宜，应依据法律规定和相关理论，作出合理的解释。最后，商业三者险是当事人自愿购买的，当交强险无法完全弥补受害人损失时，基于侵权法律关系，侵权人有义务依法在其应承担责任的范围内进行赔偿。如果此时，侵权人投保了商业三者险，根据合同约定，商业三者险保险公司承担的第三者赔偿金，自然应当支付给受害人。此时，商业三者险公司如何将第三者保险金支付给受害人，根据合同先支付给侵权人，再由侵权人支持给受害人，自无疑义。唯有争议的是：可否由商业三者险保险公司直接支付给受害人？笔者认为是可以的。《保险法》第65条规定，保险人对责任保险的被保险人给第三者造成的损害，可以依照法律的规定或者合同的约定，直接向该第三者赔偿保险金。责任保险的被保险人给第三者造成损害，被保险人对第三者应负的赔偿责任确定的，根据被保险人的请求，保险人应当直接向该第三人赔偿保险金。被保险人怠于请求的，第三者有权就其应获赔偿部分直接向保险人请求赔偿保险金。根据该条规定，在一定情况下，受害人（第三人）对于商业三者险保险公司有直接请求权。这正是本条规定的其他法律依据所在。

【适用指南】

1. 本条是否以当事人同时起诉侵权人、交强险和商业三者险保险公司为前提

根据《道路交通司法解释》第22条，人民法院审理道路交通事故损害赔偿案件，应当将承保交强险的保险公司列为共同被告，但对于承保商业三者险的保险公司，依当事人的申请，人民法院才能将其列为共同被告，如果当事人不主动申请将其列为被告，原则上人民法院不能依职权将其追加为共同被告。由于立法用语与司法解释用语的不同，《民法典》本条直接规定，机动车发生交通事故造成损害，属于该机动车一方责任的，先由承保机动车强制保险的保险人在强制保险责任限额范围内予以赔偿；不足部分，由承保机动车商业保险的保险人按照保险合同的约定予以赔偿；仍然不足或者没有投保机动车商业保险的，由侵权人赔偿。而不是像司法解释使用“当事人同时起诉侵权人和保险公司的，人民法院应当按照下列规则确定赔偿责任”的表述，这样会产生一个疑问：如果立法本意是交强险、商业险和侵权人赔偿次序是法定的，不以当事人的诉请为前提，那么，此时应当认定商业三者险的保险公司也是必要的共同被告，这显然与商业三者险合同的相对性原则有冲突，这一点有待于司法实践中进一步明确。笔者认为，仍应以当事人同时起诉侵权人、交强险和商业三者险保险公司为前提。

2. 如何理解“责任限额范围”，分项限额应否遵守

根据《道路交通安全法》第76条，交强险责任是法定责任，是无过错责任，同时交强险赔偿又是一种基本保障，主要是对受害人损失的填补功能，属于社会保障范畴。而且交强险运营上强调盈亏基本平衡，因此必须有一定限额，也就是所谓的责任限额。根据《交强险条例》，交强险限额区分为有责限额和无责限额，“有责”和“无责”是指被保险人交通事

故中是否有责任。同时，两个限额之下，根据交通事故所造成的损失类型的不同，又将限额区分为死亡伤残赔偿限额、医疗费用赔偿限额以及财产损失赔偿限额。[①] 据此，实践中，如果被保险人无责，则保险公司在无责限额内相应的分项限额内赔付；如果被保险人有责，则保险公司在有责限额内相应的分项限额内赔付。对于能否打破分项限额，理论上和实务上一直存有争议。有的认为，分项限额不合理，因为道路交通安全法未规定分项限额，其限制了受害人所能获得的赔偿数额。特别是在受害人花费巨额医疗费的情况下，分项限额显得更加不合理。但实践中，出于解决纠纷等考虑，一些法院合并分项限额作出判决，只要不超过总限额，都要求保险公司予以赔付。

笔者认为，在基本保障模式下，交强险的保障范围更多地取决于费率水平、事故率、道路交通状况、保险业的经营管理水平、再保险市场的发展乃至于人们的道路交通安全意识。进而言之，保障范围的大小与一国欲投入的损失填补成本息息相关，并不取决于法律上的逻辑。简言之，交强险以收支平衡模式运营，如果支出的赔偿金过多，相应的每一个机动车的交强险保费就要增加。因此，交强险最终是一个公共政策问题，而不是一个单纯的法律问题。从这个角度来说，为了将交强险费率维持在一个正常水平，保护大多数交强险投保人的利益，在目前的立法和国情之下，人民法院在审理此类案件时，应当遵循分项限额的规定。为此，2012 年《最高人民法院关于在道路交通事故损害赔偿纠纷案件中机动车交通事故责任强制保险中的分项限额能否突破的请示的答复》明确，机动车发生交通事故后，受害人请求承保机动车第三者责任强制保险的保险公司对超出机动车第三者

---

① 2020 年 9 月 2 日，银保监会印发了《关于实施车险综合改革的指导意见》。该意见指出，为更好发挥交强险保障功能作用，根据《机动车交通事故责任强制保险条例》，银保监会会同公安部、卫生健康委、农业农村部研究提高交强险责任限额，将交强险总责任限额从 12.2 万元提高到 20 万元，其中死亡伤残赔偿限额从 11 万元提高到 18 万元，医疗费用赔偿限额从 1 万元提高到 1.8 万元，财产损失赔偿限额维持 0.2 万元不变。无责任赔偿限额按照相同比例进行调整，其中死亡伤残赔偿限额从 1.1 万元提高到 1.8 万元，医疗费用赔偿限额从 1000 元提高到 1800 元，财产损失赔偿限额维持 100 元不变。

责任强制保险分项限额范围的损失予以赔偿的，人民法院不予支持。

3. 对承保商业三者险保险公司赔偿规则的理解

在交强险保险公司赔偿之后，首先应明确侵权责任的成立及范围，在此基础上确定商业三者险保险公司的赔偿范围。认为只要当事人同时起诉保险公司、侵权人的，交强险赔偿后的不足部分，商业三者险保险公司都有义务赔偿，无须区分侵权责任的成立及赔偿范围的观点是错误的。关于具体的赔偿责任，本条明确规定“不足部分，由承保机动车商业保险的保险人按照保险合同的约定予以赔偿”。也就是说，商业三者险保险公司承担责任的基础是保险合同，承担的是合同义务，应当根据其与投保人之间签订的保险合同约定以及保险法的相关内容确定赔偿。要注意，商业三者险保险公司承担的赔偿义务，与基于交强险承担的赔偿义务存在诸多不同之处。首先，从保险合同目的上看，交强险设计的初衷在于保护受害人，被保险人的风险分散居于次要地位；而投保人购买商业三者险，意在发生交通事故后获得保险公司的赔偿而分担或转嫁风险。其次，从请求权主体上看，受害人有基于法律的规定直接向交强险保险公司求偿的权利；而基于合同相对性，一般是商业三者险的被保险人向保险公司主张权利，特殊情况下如被保险人怠于履行赔偿请求权才允许受害人直接向商业三者险保险公司请求赔偿。最后，关于抗辩权的行使，与交强险不同，商业三者险保险公司对被保险人的抗辩权可以依法向被侵权人行使。

【相关规定】

《最高人民法院关于审理道路交通事故损害赔偿案件适用法律若干问题的解释》第 13 条

第一千二百一十四条　**以买卖或者其他方式转让拼装或者已经达到报废标准的机动车，发生交通事故造成损害的，由转让人和受让人承担连带责任。**

【条文主旨】

本条是关于拼装车、报废车交通事故责任的规定。

【立法要点及理由】

过去十几年，我国机动车保有量一直在快速增长，相应地，报废机动车数量也在快速增长。我国对报废机动车的管理还有不足之处，致使报废、拼装机动车回流社会现象比较严重。报废机动车总成拼装上路行驶造成的交通事故时有发生，给人民生命财产安全和社会稳定造成严重危害。在审判实践中，由于报废、拼装机动车价格便宜，发生交通事故后，很多肇事当事人弃车逃逸，致使报废、拼装机动车的实际所有人、实际使用人很难查找，一般仅能找到原报废机动车的所有人或者拼装机动车的生产企业，但长期以来法律法规没有对原报废机动车所有人和拼装机动车生产企业是否承担民事赔偿责任作出规定，致使受害人往往得不到任何赔偿，极不公平。针对这一突出问题，《侵权责任法》第51条作出明确规定，以更大限度地保护交通事故的受害人，进而也对非法买卖报废、拼装机动车行为形成威慑。此次《民法典》编纂，沿用了《侵权责任法》第51条的规定："以买卖等方式转让拼装或者已达到报废标准的机动车，发生交通事故造成损害的，由转让人和受让人承担连带责任。"

1. 关于"已达报废标准的机动车"

根据2012年《机动车强制报废标准规定》第4条规定，已注册机动车有下列情形之一的应当强制报废：（1）达到本规定第5条规定使用年限的；（2）经修理和调整仍不符合机动车安全技术国家标准对在用车有关要求的；（3）经修理和调整或者采用控制技术后，向大气排放污染物或者噪声仍不符合国家标准对在用车有关要求的；（4）在检验有效期届满后连续3个机动车检验周期内未取得机动车检验合格标志的。这里的机动车是指上道路行驶的汽车、挂车、摩托车和轮式专用机械车，但是不包括上道路行驶的拖拉机。随着2012年《机动车强制报废标准规定》的施行，私家车也就是非营运小汽车已经没有了报废年限的强制规定，但是根据上述规定，对于经修理和调整仍不符合机动车安全技术国家标准对在用车有关要求的，经修理和调整或者采用控制技术后向大气排放污染物或者噪声仍不符合国家标准对在用车有关要求的，在检验有效期届满后连续3个机动车检验周期内未取得机动车检验合格标志的三种情形，仍需强制报废。

2. 关于“拼装机动车”

即拼装车，是指违反国家关于生产汽车方面的有关规定，私自拼凑零部件装配的汽车，一般使用报废汽车发动机、方向机、变速器、前后桥、车架（统称“五大总成”）以及其他零配件组装而成。因为报废汽车含报废的摩托车和农用运输车，所以拼装机动车可以定义为使用报废机动车发动机、方向机、变速器、前后桥、车架（统称“五大总成”）以及其他零配件组装的机动车。[①] 另外，根据国务院相关规定，未经国家有关部门批准，利用进口汽车车身拼装生产的汽车，属于非法拼装的机动车；未经国家有关部门批准，利用进口摩托车发动机、车架拼装生产的摩托车，是非法拼装的机动车。

拼装车一般都存在质量差、成本高、大多不符合安全检验及运行技术标准的问题，有的还因存在装配技术问题而容易发生事故。因此，拼装是国家禁止的一种非法生产汽车行为，拼装车绝对禁止上路行驶。根据《道路交通安全法》第103条第3款、第4款的规定，生产、销售拼装的机动车或者生产、销售擅自改装的机动车的，没收非法生产、销售的机动车成品及配件，可以并处非法产品价值三倍以上五倍以下罚款；有营业执照的，由工商行政管理部门吊销营业执照，没有营业执照的，予以查封。构成犯罪的，依法追究刑事责任。

---

① 参见陈现杰主编：《中华人民共和国侵权责任法条文精义与案例解析》，中国法制出版社2010年版，第184页。

3. 关于转让人和受让人承担连带责任的主观状态

只要转让拼装的或者达到报废标准的机动车发生交通事故的，不管转让人和受让人是否知道该机动车是拼装或者达到报废标准的机动车，均应根据该条的规定承担连带责任。也就是说，只要双方之间转让的是拼装或者达到报废标准的机动车，即推定转让人和受让人对该机动车是拼装或报废机动车是明知的，对转让后可能发生交通事故致人损害也是明知的，应承担连带责任。之所以作此客观认定，主要基于以下几点考虑：第一，拼装或报废机动车严禁自由流通转让且禁止上路行驶，机动车年检也是强制标准，如果是拼装或者达到报废标准的机动车，转让人不可能不明知；第二，《道路交通安全法》第 12 条第 1 项规定，机动车所有权发生转移的应当办理相应的登记。显然，如果转让的机动车是拼装或者达到报废标准的机动车，受让人也应是明知的，如果受让人不查验机动车的相关资料证明，也不办理机动车转移登记，则完全有理由相信其对机动车不符合安全标准、上路行驶有可能因安全隐患发生交通事故致人损害是明知的，显然应对发生交通事故致人损害后果承担连带责任。另外，拼装或者达到报废标准的机动车肯定没有强制责任险和其他商业保险，发生事故后受害人的权益很难得到保障，为了更大限度地赔偿受害人的损失，让转让人和受让人承担连带责任也是十分必要的。

【适用指南】

1. 本条是指转让人和受让人对交通事故中“第三人”承担连带责任

本条的立法本意在于，转让的拼装或者达到报废标准的机动车致转让人和受让人之外的第三人受害，转让人和受让人对此第三人的人身和财产损害承担连带责任。此处“第三人”是指受让人和转让人以外的第三人，据此，该“第三人”范围包括所有本车人员以外的受害人是没有问题的，但是否包括发生事故时的车上人员可能存有疑问。笔者认为，此处的第三人应包括车上人员。但由其他实际使用人驾驶该机动车时，则应区分为两种情况。一是如果实际使用人明知该机动车是拼装或者达到报废标准的机动车，则其对自身可能遭受的损害有重大过失，转让人和受让人对其不承担责任，而且，因其明知该机动车是拼装或者达到报废标准的机动车，仍违反禁止性规定上路行驶，对损害的发生有过失，根据本法的规定，应与转让人和受让人承担连带责任。二是如果实际使用人不知道也不可能知道该机动车是拼装或者达到报废标准的机动车，其就应被视为“第三人”，转让人和受让人应对其遭受的损害承担连带责任。

2. 拼装或者达到报废标准的机动车被盗窃、抢劫或者抢夺发生事故造成损害时的责任承担

此种情况下，根据本法第 1215 条，似只应由盗窃人、抢劫人或者抢夺人承担赔偿责任。但是，很明显，如果没有转让人和受让人之间转让拼装或者达到报废标准的机动车并保有该机动车的行为，该机动车也不会被盗窃、抢劫或者抢夺。换言之，转让人和受让人先后保有该机动车的行为，为盗窃人、抢劫人或者抢夺人致他人损害创造了条件，与该机动车致人损害有因果关系，是损害发生的原因之一，此时人民法院仍可依据本条的规定，从保护受害人利益的角度出发，判令转让人、受让人和盗窃人、抢劫人或者抢夺人承担连带赔偿责任。如果盗窃人、抢劫人或者抢夺人逃逸的，转让人和受让人仍应根据本条的规定承担连带责任。当然，毕竟盗窃人、抢劫人或者抢夺人才是直接致害人，转让人和受让人承担责任后可以向盗窃人、抢劫人或者抢夺人追偿。

3. 拼装车、已达到报废标准的机动车多次转让时的事故责任承担

本条适用于报废机动车、拼装机动车发生交通事故前只有一次转让行为的情形，但在多次被转让、存在多个转让人和受让人的情况下，究竟哪些主体应承担道路交通事故中机动车一方责任，则不甚明确，这也直接导致司法实践中裁判标准不统一。为了解决这一问题，《道路交通司法解释》第 4 条明确，拼装车、已达到报废标准的机动车或者依法禁止行驶的其他机动车被多次转让，并发生交通事故造成损害，当事人请求由所有的转让人和受让人承担连带责任的，人民法院应予支持。实践中要注意，此条不

但规范了拼装车和报废机动车，还对其他依法禁止行驶的机动车作出规范，主要是指因排污未达标而报废的机动车、无故不参加年检或者年检不合格的机动车、经过改装的机动车、没有购买交强险的机动车、没有环保标志的机动车等，这些车辆被转让或者多次转让的，当事人请求由所有的转让人和受让人承担连带责任的，人民法院应予支持。

4. 审判实践中本条实际上是“结果责任”

从上文的分析可以看出，只要以买卖等方式转让拼装的或者达到报废标准的机动车，发生交通事故造成损害的，转让人和受让人必然要承担连带责任，除受害人故意和不可抗力外，无其他免责事由。之所以会有此结论，从根源上来说，是因为以买卖等方式转让拼装或者达到报废标准的机动车行为本身就已经违反了国家禁止性规定，是违法行为，对于损害后果承担连带责任是必要的，即有损害后果就有连带责任。当然，这也是从民法角度限制或消灭转让拼装的或者达到报废标准的机动车不法行为的需要。

【相关规定】

《最高人民法院关于审理道路交通事故损害赔偿案件适用法律若干问题的解释》第4条

第一千二百一十五条 盗窃、抢劫或者抢夺的机动车发生交通事故造成损害的，由盗窃人、抢劫人或者抢夺人承担赔偿责任。盗窃人、抢劫人或者抢夺人与机动车使用人不是同一人，发生交通事故造成损害，属于该机动车一方责任的，由盗窃人、抢劫人或者抢夺人与机动车使用人承担连带责任。

保险人在机动车强制保险责任限额范围内垫付抢救费用的，有权向交通事故责任人追偿。

【条文主旨】

本条是盗抢机动车交通事故责任承担的规定。

【立法要点及理由】

根据《民法典》第1208条和《道路交通安全法》第76条的规定，机动车之间发生交通事故的，按照过错原则确定侵权的民事责任，机动车与非机动车驾驶人、行人之间发生交通事故的，根据过错推定原则确定机动车一方的赔偿责任。这种赔偿责任承担的理论基础是危险控制理论和报偿理论。在一般情况下，机动车一方，包括机动车驾驶人、所有人、经营者及被挂靠经营人、机动车的控制人或是机动车运营利益人，依据上述理论应当承担相应的赔偿责任。车辆发生事故前，车辆的所有权以及与所有权相关联的占有、使用、收益权不是一成不变的，有时处于一种动态的变化过程中，由于某一法律行为的介入，而产生新的法律关系。车主对自己所有的车辆在一段时期内处于无法支配的局面，对交通事故的发生根本无法预见、无法控制。车辆由所有人以外的其他人以合法行为或非法行为实际控制运行，且肇事的驾驶员与车主不存在隶属、雇佣、监护、代理等身份关系，如果此时仍机械地判由车主承担民事责任，则不符合危险控制理论和报偿理论，明显违反公平原则。在机动车被盗窃、抢劫或者抢夺的情形下，车辆的所有人失去了对机动车的控制，并且也没有可能在机动车被盗窃、抢劫、抢夺期间获取利益，在此期间机动车因交通事故给他人造成损害，如果仍由机动车的所有人、经营者承担责任则无理论基础，亦有失公平。因此，《侵权责任法》第52条第1句规定，盗窃、抢劫或者抢夺的机动车发生交通事故造成损害的，由盗窃人、抢劫人或者抢夺人承担赔偿责任。而被盗抢机动车的车主不承担赔偿责任。

被盗抢机动车发生交通事故之后，在大多数情况下，盗抢机动车的犯罪嫌疑人为了避免盗抢犯罪的事实败露，往往逃之夭夭，致使交通事故中的受害人被弃之不顾。针对此种情形，《侵权责任法》第52条第2句规定，保险公司在机动车强制保险责任限额范围内垫付抢救费用。目的在于使交通事故的受害人能够及时得到救助，以彰显以人为本的法治理念。此规定与《交强险条例》第22条第1款第2项的规定相同。该条例第22条规定："有下列情形之一的，保险公司在机动车交通事故责任强制保险责任限额范围内垫付抢救费用，并有权向致害人追偿：（一）驾驶人未取得驾驶资格或者醉酒的；（二）被保险机动车被盗抢期间肇事的；（三）被保险人故意制造道路交通事故的……"该条规定了保险公司在特定情形下对交通事故受害人的抢救费用的垫付责任。

《侵权责任法》和《交强险条例》已实施多年，盗抢机动车的赔偿责任和保险公司的垫付责任在实践中已形成一定的共识。《民法典》沿用了《侵权责任法》原有条文的规定，并针对实践中盗抢人或者抢夺人与使用人不一致时的责任承担作出规定，此时发生交通事故造成损害，属于该机动车一方责任的，由盗窃人、抢劫人或者抢夺人与机动车使用人承担连带责任。

【适用指南】

1. 人民法院必须先查明机动车是否属于盗抢车辆

依据本条规定，被盗抢机动车发生交通事故给他人造成人身或财产损害时，机动车的所有人不承担赔偿责任。因此，对事故车辆是否是被盗抢的机动车应有明确的判断标准，以免机动车所有人以车辆被盗抢而拒绝承担赔偿责任，引发道德风险。在审判实践中应查明事故车辆在发生交通事故之前，车辆所有人或管理人是否在公安机关进行报案，并由肇事机动车的车主提供公安机关出具的报案记录或证明。

2. 依据本条，受害人可以将保险公司直接作为被告

虽然《道路交通司法解释》第22条第1款明确，人民法院审理道路

交通事故损害赔偿案件，应当将交强险保险公司列为共同被告，但在盗抢机动车致人损害情况下，实践中仍有争议。笔者认为，虽然保险公司与被保险人之间是合同法律关系，肇事者和受害人之间是侵权法律关系，两个法律关系之间貌似独立，但是上述合同法律关系与侵权法律关系并不是决然分离的，它们之间存在内在的联系。这种联系表现在：第一，从表面上看受害人责任险订立的目的似乎是保护被保险人的利益，但实质上是保护受害人的利益，被保险人是形式意义上的受益人，受害人才是真正意义上的受益人。第二，侵权法律关系的是否发生决定着保险合同法律关系中的保险公司是否需要履行合同约定的义务。第三，侵权行为一旦发生，被保险人连接着保险合同和侵权两个法律关系。现行立法明确规定了保险公司应直接在限额内赔偿受害人之损失。首先，《道路交通安全法》第 75 条、第 76 条规定不仅明确了保险公司的赔偿义务，也明确了保险公司的赔偿对象为受害人。《交强险条例》第 31 条第 1 款进一步将承保交强险的保险公司对受害人直接赔偿的义务具体化，即保险公司可以向被保险人赔偿保险金，也可以直接向受害人赔偿保险金。这并非保险公司的选择赔偿权利，而是为保险公司设定了双重的义务，即被保险人及受害人均可对保险公司请求赔偿，当保险公司向一方赔偿后，其义务消灭。从现行的法律规定中分析可知，交强险包含两个方面，支付抢救费用或直接赔偿受害人相关费用。因此，被盗抢机动车发生交通事故后，受害人可以将保险公司作为被告，要求其承担相应的赔偿责任。

3. 注意本条中“使用人”的范围及责任承担

本条中的使用人是指机动车被盗抢以后“使用”该机动车的人，这里分为多种情况，可能是通过买卖、租赁、借用等方式使用，也可能是未经盗抢人允许使用，而且在主观状态上，对于是否是盗抢的机动车辆，有的知情，有的不知情。笔者认为，本条的规定是结果责任，只要是盗抢之后的使用人，不管以何种方式获得使用权，也不管对于机动车被盗抢是否知情，都应与盗抢人承担连带侵权责任。当然，本条仅是被盗抢机动车发生交通事故后，损害赔偿责任主体的确定规则，即机动车所有人不承担责任，而应由盗抢人和其后的使用人承担责任，但具体责任的承担，仍应按照《道路交通安全法》第76条和本法的有关规定确定。

第一千二百一十六条　机动车驾驶人发生交通事故后逃逸，该机动车参加强制保险的，由保险人在机动车强制保险责任限额范围内予以赔偿；机动车不明、该机动车未参加强制保险或者抢救费用超过机动车强制保险责任限额，需要支付被侵权人人身伤亡的抢救、丧葬等费用的，由道路交通事故社会救助基金垫付。道路交通事故社会救助基金垫付后，其管理机构有权向交通事故责任人追偿。

【条文主旨】

本条是关于机动车肇事逃逸时对受害人赔偿与救助的规定。

【立法要点及理由】

现实生活中，机动车肇事后逃逸的现象时有发生，结果不但导致对受害人的抢救不及时，而且可能导致受害人得不到应有的赔偿。交强险制度和救助基金的设立，就充分考虑了机动车肇事后驾驶人逃逸后对受害人的赔偿与救助问题，目前也已经是世界通例。《侵权责任法》第53条对此作出明确规定，体现了现代社会文明的进步。本条基本上沿袭了《侵权责任法》第53条的规定，只是增加规定了抢救费用超过机动车强制保险责任限额时，需要支付被侵权人人身伤亡的抢救、丧葬等费用的，由道路交通事故社会救助基金垫付。实际上，《交强险条例》第24条对此亦有明确规定，《民法典》作此修改，使立法更为完善。

1. 关于逃逸的认定

逃逸，一般是指为躲避不利于自己的环境或事物而离开。所以，交通肇事逃逸行为是一种在造成交通事故后进行躲避、逃匿的行为。交通肇事逃逸的定义很多，有人定义为“车辆驾驶员发生交通事故后，为了逃避法律追究，故意驾驶车辆逃离交通事故现场”；有人定义为“车辆驾驶员发生交通事故后，为了逃避法律责任，不向公安机关报案而驾车或弃车逃离现场的行为”；有人定义为“行为人明知自己的行为造成了重大交通事故，为逃避法律追究而不依法报警、保护现场、等候处理等，而私自逃离现场的行为”；还有人定义为“行为人明知自己的行为造成重大交通事故后，为逃避法律追究而逃离事故现场的行为”；等等。上述对于交通肇事后逃逸的论述有三点是共同的：一是前提是在交通肇事发生后实施的；二是逃逸者均是为了逃避自己的义务和法律对其的追究；三是客观上有逃离现场的行为。因此，学者均认为逃逸者的逃逸行为主观上是“故意而为之”，目的就在于推卸和逃脱责任。交通肇事逃逸人的主观心理不但是故意，而且逃逸行为人应具有逃避《道路交通安全法》所载明的抢救义务或者逃避责任追究之动机，若缺乏这样特定的动机，行为人离开现场的行为就不具有交通肇事逃逸行为的性质。例如，肇事者仅是为躲避被害人亲属的追打而离开。

2. 关于赔偿和救助顺序

发生交通事故后，在肇事者逃逸的情形下，如果肇事车辆经查明已参加强制保险的，受害人依据本条规定可直接要求保险公司在机动车强制保险责任限额范围内予以赔偿。该条规定的法理基础在于，在机动车强制保险的情形下，保险公司根据法律规定应承担无过错赔偿责任。《道路交通安全法》第 76 条对此已经有明确规定，前文已经多次提及，在此不予赘述。

在肇事机动车不明、该机动车未参加强制保险或者抢救费用超过机动车强制保险责任限额的情况下，为了及时保障受害人的权益，本条规定了由社会救助基金垫付相关费用。道路交通社会救助基金制度是针对肇事逃逸机动车辆或未投保机动车辆在造成道路交通事故后给受害人进行补偿的一项补充保障制度。其目的是弥补机动车第三者责任强制保险制度可能遗留的保障盲区，保障受害人得到最基本的抢救治疗。因此完善这项制度，设立基金管理机构，使其发挥作用，是处理道路交通事故损害赔偿迫切需要解决的问题。《道路交通安全法》第 17 条规定："国家实行机动车第三者责任强制保险制度，设立道路交通事故社会救助基金。具体办法由国务院规定。"这在法律上明确了设立道路交通事故社会救助基金，《交强险条例》第 24 条至第 26 条细化了这一规定。其中，第 24 条规定："国家设立道路交通事故社会救助基金（以下简称救助基金）。有下列情形之一时，道路交通事故中受害人人身伤亡的丧葬费用、部分或者全部抢救费用，由救助基金先行垫付，救助基金管理机构有权向道路交通事故责任人追偿：（一）抢救费用超过机动车交通事故责任强制保险责任限额的；（二）肇事机动车未参加机动车交通事故责任强制保险的；（三）机动车肇事后逃逸的。"第 25 条规定："救助基金的来源包括：（一）按照机动车交通事故责任强制保险的保险费的一定比例提取的资金；（二）对未按照规定投保机动车交通事故责任强制保险的机动车的所有人、管理人的罚款；（三）救助基金管理机构依法向道路交通事故责任人追偿的资金；（四）救助基金孳息；（五）其他资金。"设立机动车交通事故社会救助基金，有利于弥补机动车交强险的不足，更全面地保护交通事故受害人的利益，而且也符合实行机动车交强险制度的国家和地区的通行做法。

【适用指南】

已投保强制保险的机动车肇事逃逸后，肇事人自首或依法被捉拿归案的，道路交通事故救助基金是否应当垫付丧葬、抢救等费用？救助基金垫付后才发现肇事车辆的，救助基金可否向保险公司追偿？根据本条规定，机动车肇事后逃逸的，由救助基金垫付抢救费用。但是，机动车肇事逃逸并不意味着肇事机动车或肇事者永远无法查明。在肇事后弃车而逃逸的情形，该车有无投保强制保险是很容易查明的。即使在驾车逃逸的情形下，肇事逃逸后肇事司机自首或者被依法捉拿归案的现象也较为常见。因此，应当根据个案情况判断是否由救助基金垫付抢救费用。在弃车而逃的情形下，如果肇事车辆已经投保了强制保险，就应当由保险公司承担保险赔偿责任或者垫付抢救费用；如果肇事机动车未投保强制保险，则应由救助基金垫付抢救费用。肇事逃逸后肇事人自首或被捉拿归案的，仍然应当区分该肇事车辆是否投保强制保险而作不同处理。如果已经投保强制保险，而且救助基金尚未垫付抢救费用的，由保险公司支付或垫付抢救费用；如果救助基金已经垫付抢救费用的，救助基金不仅有权向交通事故责任人追偿，而且有权向保险公司追偿。

【相关规定】

《机动车交通事故责任强制保险条例》第24~26条，《中华人民共和国道路交通安全法实施条例》第92条，《道路交通事故社会救助基金管理试行办法》第2条

第一千二百一十七条　非营运机动车发生交通事故造成无偿搭乘人损害，属于该机动车一方责任的，应当减轻其赔偿责任，但是机动车使用人有故意或者重大过失的除外。

【条文主旨】

本条是关于“好意同乘”规则适用的规定。

【立法要点及理由】

本条是关于“好意同乘”发生交通事故时如何确定赔偿责任的规定。与《侵权责任法》相比，本条是新增加的条款。实践中，免费搭乘他人非以营利为目的的机动车发生交通事故造成搭乘人损害的情况十分常见，司

法实践中裁判标准不尽统一。在《侵权责任法》立法及最高人民法院起草《道路交通司法解释》的过程中，都曾试图对好意同乘问题作出规范，但由于好意同乘涉及的方面比较多，“搭顺风车”的情况也不尽相同，因此最终未作出规定。《民法典》在总结实践经验的基础上，经过广泛征求意见，最终对“好意同乘”的归责原则和减责事由作出规定。

1. “好意同乘”的界定

随着共享经济的发展，人们对“好意同乘”一词已经十分熟悉。但“好意同乘”一直是一个笼统的法律术语，其具体概念以及如何界定划分，一直没能形成一个统一、明确、权威的观点。

学界通说认为“好意同乘”一词实质上来源于德国法律中的“好意施惠”①，但是这也只能说明好意同乘行为并不是法律行为。我国台湾地区学者王泽鉴也认为，“好意同乘”是一种独立于民法调整空间之外的生活事实，但并未给出明确详细的定义。② 梁慧星教授则认为，好意同乘必须有无偿性，但好意同乘与无偿同乘之间是不尽相同的，如商场开班车免费接送顾客的行为，实质上是无偿同乘而非好意同乘。③ 在《民法典》起草过程中，关于“好意同乘”同样存有争议，多数观点认为，好意同乘应当是好意施惠关系，即好意人基于维护情谊的初衷，让同乘人免费搭乘并送同乘人前往目的地的行为。最终立法上务实地采取了以下做法：

一是将“好意同乘”界定在非营运机动车发生的交通事故范畴。在我国，营运机动车和非营运机动车有着明确的界限，营运机动车是指从事以营利为目的的道路运输活动的机动车，主要包括出租车、承包的小客车、私人的大型翻斗车、小货车、公交车等。非营运机动车，顾名思义，就是不以营利为目的的机动车，当前主要是指个人私家车。区分营运机动车和非营运机动车，主要是看机动车行驶证上的车辆使用性质。如果行驶证车辆

① ［德］迪特尔·梅迪库斯：《德国民法总论》，邵建东译，法律出版社 2001 年版，第 148 页。

② 王泽鉴：《侵权行为法》，中国政法大学出版社 1999 年版，第 273 页。

③ 梁慧星：《民法学说判例与立法研究》，法律出版社 2003 年版，第 110 页。

使用性质是营运，那么车辆就必须有运营部门颁发的道路运输证（营运证），营运车辆驾驶员必须有从业资格证（上岗证）才可以从事营运。非营运车辆不得参加营运活动，否则将受到处罚。适用本条必须以非营运机动车为前提。

二是搭乘的“无偿性”。通常来讲，同乘人是否支付了合理的对价是判断是否构成好意同乘行为的主要标准，不过学界中对于同乘人支付部分费用能否构成好意同乘存在较大争议。赞同该观点的学者认为，同乘人即使主动承担了部分油费，此类行为依旧可以构成好意同乘。持否定观点的学者认为，同乘人支付油费的行为表明了搭乘行为实质上是有偿的，搭乘行为也因此不再具有无偿性，所以无法构成好意同乘。而另一种观点则认为，只要当事人之间分担的油费数额未达到支付报酬的标准，就不会影响到好意同乘行为的构成。本次立法实际上对此予以明确，即必须是“无偿搭乘”，同乘人没有支付费用，机动车一方也没有因此受有利益。如果支付了费用，则构成合同关系，应准用客运合同的相关规则。

2. 关于“好意同乘”的归责原则

就域外而言，2002 年德国将同乘人员也纳入危险责任范围，在同乘人受到损害时，好意人要承担无过错责任。[①] 美国立法最初采用“汽车客人规则”，好意人只有在重大过失的情况下才对同乘人承担赔偿责任。但是后来随着保险业发展，该规则深受质疑，各州已经逐步采用严格责任。日本的《机动车损害赔偿保障法》对此情形无明确规定，实践中基本上对于同乘者的损害一般适用过错责任原则。但 1967 年 9 月 29 日，最高裁判所通过对“他人”定义的扩张解释，将同乘者纳入了无过错损害赔偿范围，但没有认同对同乘者的精神损害赔偿。[②]

在《民法典》立法过程中，大多数意见认为，在“好意同乘”情形

---

① 在 2002 年颁布的《德国第二损害赔偿法规定改正法》，其中明确无论受害人是否在机动车内，无论是否支付对价，全部适用第 7 条的危险责任，至此正式将同乘人纳入保护范围。

② 参见最高人民法院民一庭编著：《关于道路交通损害赔偿司法解释理解与适用》，人民法院出版社 2012 年版，第 105 页。

下，不宜适用无过错责任原则，应适用过错责任原则确定机动车一方责任。《交强险条例》直接将车内的同乘人排除在保险赔付的范围之外，使得好意人需要承担的责任无法通过保险进行分散。显然，我国不宜采取无过错原则。立法过程中，多数意见认为，在我国现有国情下，对“好意同乘”侵权行为适用过错原则较为合理。首先，同乘工具运行的过程中必然伴随着一些不可预知的风险，在好意人尽到了合理谨慎义务的前提下，根据好意人的过错行为进行评判，不会打击好意人出于善意的好意性，同时受损的同乘人也可以得到赔偿。其次，过错责任原则不会加重好意人的举证责任，导致好意人因为背负过多的“举证责任”而遭受举证不利的后果。

3. 关于“好意同乘”的减责事由

从司法实践来看，理论界对于“好意同乘”是否应减轻好意人责任的事由一直存在一定争议。德国学者认为“好意同乘”本身就是减轻责任的事由，而日本学者则认为原则上不能因为是“好意同乘”就必然应减轻好意人的责任。《民法典》出台之前，我国对此没有明确的规定，导致全国各地法院在行使自由裁量权的过程中衡量标准不统一，裁判结果各不相同。

此次《民法典》起草过程中，大多数观点认为，“好意同乘”本身即构成减责事由。首先，考量到好意同乘的本质特征在于好意性与无偿性，好意同乘的供乘者没有对搭乘者收取任何的费用，只是出于情谊同意搭乘者乘坐自己的车辆。在道路上发生交通事故后，尽管搭乘者对于事故的发生没有任何过错，但机动车驾驶者也并没有收取搭乘者的任何费用，没有得到任何利益，是一种纯负义务的行为。在这个前提下还要驾驶者承担全部的责任，这无疑是对助人为乐优良传统的一种抹杀，不利于合乘、顺风车等分享式经济形式的发展。其次，好意同乘是一种好意施惠行为，没有达成受法律约束的意思表示，不属于法律行为。在合同法中也有相应的规定，具有法律约束力的无偿合同，如无偿保管合同，适用减轻责任。举重以明轻，没有法律拘束力之好意同乘更应当减轻赔偿责任。最后，好意同乘的供乘者尽到了应尽的注意义务，还是没有避免损害的发生时，也应适当减轻其责任。

根据过错责任的一般理论，若机动车一方具有侵权的故意或者重大过失，则不能仅以“好意同乘”作为减责事由。实践中，驾驶人除了违反一般的安全注意义务，还可能存在违反道路交通安全法的严重行为。比如，不具备驾驶资格或者有不得驾驶车辆情况的违法驾驶人免费搭载他人，就是重大过失。此种情况下不宜允许其减责。最终本条规定，机动车使用人有故意或者重大过失的，不得减轻赔偿责任。

【适用指南】

1. 目的性不影响本条的适用

目的性是否是“好意同乘”的特征，学界一直存在争论。总的来说有三种学说，即肯定说、折中说、否定说。肯定说认为，好意同乘中好意人是因为自己需要前往的目的地与同乘人一样，所以顺路将同乘人送达，这也是好意同乘行为与专程行为的区别。折中说认为，好意人与搭乘人员目的地应当具有一致性，但可以有一些例外情况。比如，同乘人去往的目的地实际上需要好意人绕路才可以到达，尽管此类情况下好意人与同乘者目的地不同，但这一过程也依旧能够构成好意同乘行为。否定说认为，即使好意人驾驶机动车的目的是将同乘者送往目的地，也应该属于好意同乘，如在“陆某诉南京长途客运公司案”中，法官认为虽然好意人并非顺路送同乘人，两者实际的目的地一样，但仍然成立好意同乘。[1] 笔者认为，日常生活中好意同乘现象往往都是双方的目的地基本相同，但是也不排除专门将同乘者送往不同目的地的情况。实践中，只要符合非营运机动车和无偿搭乘这两个条件，就应当适用本条确定赔偿责任。

---

① 方玲：《关于车主对搭乘人员的事故责任承担》，http：//china. findlaw. cn/lawyers/article/d12811. html，最后访问时间：2020 年 6 月 28 日。

2. 实践中能否适用过失相抵规则

“好意同乘”法律责任的认定是否适用过失相抵，在学界尚无定论。笔者认为，根据以上对好意同乘性质的分析以及过错责任的一般原理，为平衡好意人与搭乘人之间的利益，实践中应肯定过失相抵规则的适用。也就是说，在考量好意人过错的同时，还要考虑同乘人是否存在过错。适用过失相抵规则就是为了合理分配责任负担，避免将自己过失造成的损害后果转嫁给他人，符合法律公平正义的基本要求。在确定“好意同乘”致害责任时，当损害后果是由于同乘人的故意或者重大过失造成的，同样应当按照过失相抵规则减轻或免除好意人的责任。具体说来，如果损失是由同乘人故意造成的，好意人不承担赔偿责任；如果同乘人存在重大过失，并且与好意人的过失具有关联而致损害发生的，应当按照过失相抵规则处理，分担损失。例如，在同乘人明知好意人无驾驶执照、疲劳驾驶或酒后驾驶情形下仍坚持同乘，或有教唆司机超速、超载等情况并造成损害的，均可构成过失相抵的事由，可以根据其过错程度适当减轻或免除好意人的责任。

3. 实践中要注意与试乘、商场免费班车等致害责任的区别

实践中还有两种纠纷与好意同乘有相似之处。一种是汽车经销商提供的试乘服务。试乘服务是一种无偿行为，试乘以后，试乘者可能购买车辆，也可能不购买车辆，还有的纯粹是为了体验车辆性能。另一种是商场或超市为招揽顾客提供的免费班车，乘坐班车是无偿的，有的顾客可能乘坐班车后去商场购物，有的顾客可能仅是顺路搭乘，根本就不进商场购物。笔者认为，此两种情况下，发生交通事故机动车一方不能依据本条要求减轻责任，因为这两种行为本质上都是一种促销行为，是销售行为的前奏，属于销售行为的一部分，而且，即使某一个试乘人或顾客没有购车或购物，实际上其他顾客也可能购车或购物，加之这又是一种营销宣传行为，整体上看，汽车销售商或者商场超市从中获得了利益，所以，此两种情形下，发生交通事故造成车上试乘人或者顾客损害的，应当承担赔偿责任。对试乘问题，《道路交通司法解释》第 6 条明确规定，机动车试乘过

程中发生交通事故造成试乘人损害，当事人请求提供试乘服务者承担赔偿责任的，人民法院应予支持。试乘人有过错的，应当减轻提供试乘服务者的赔偿责任。

【相关规定】

《最高人民法院关于审理道路交通事故损害赔偿案件适用法律若干问题的解释》第6条

第六章 医疗损害责任

第一千二百一十八条 患者在诊疗活动中受到损害，医疗机构或者其医务人员有过错的，由医疗机构承担赔偿责任。

【条文主旨】

本条是关于诊疗过错责任的规定。

【立法要点及理由】

关于医疗侵权的归责原则，各国大都按照过错责任原则处理。比如，德国处理医疗侵权案件的法律依据是《德国民法典》第823条的规定，适用一般的过错责任原则，即原则上由患者承担举证责任，患者需要证明医师没有遵守相应的标准、医师的诊疗行为存在过错、医师的过错诊疗行为与损害后果之间具有因果关系。只有当医师存在重大诊疗过失时才实行举证责任转换。①

我国《侵权责任法》参考国外通例，充分考虑诊疗行为本身特点，本着既要保护患者合法权益，也要保护医院和医务人员合法权益，有利于医学科学进步以及医药卫生事业发展的考虑，在第54条明确规定了医疗损害责任适用过错责任的一般规则。该条规定："患者在诊疗活动中受到损

① 王胜明主编：《〈中华人民共和国侵权责任法〉条文理解与立法背景》，人民法院出版社2010年版，第212页。

害，医疗机构及其医务人员有过错的，由医疗机构承担赔偿责任。”本条保留了这一规定，对诊疗过错责任的归责原则、构成要件作了规定。

【适用指南】

一、关于诊疗活动的界定

诊疗活动是医疗损害侵权责任产生的前提。关于诊疗活动，学界并无统一概念，如有的意见认为，诊疗活动是指临床医务人员为了诊断、治疗疾病，或者对患者的健康状况进行评价，使病人尽快康复和延长其寿命而进行的临床实践活动。[①] 此为较为狭义的界定。另有意见认为，诊疗活动是指医疗机构及其医务人员通过各种检查，使用药物、器械及手术等方法，对疾病作出判断和消除疾病，缓解病情，减轻痛苦，改善功能，延长生命，帮助患者恢复健康的临床医学实践行为。简言之，诊疗活动就是医疗机构及其医务人员在诊疗活动中的临床实践行为。[②] 此为广义范围的界定。

一般而言，诊疗活动的基本特征是：第一，诊疗活动是以治疗、矫正或预防人体疾病、伤害残缺或保健为直接目的的行为，直接表现为使患者尽快恢复健康，延长寿命；第二，诊疗活动是借助医学的方法和手段，包括使用药品、器械、手术等方法进行预防、判断和治疗的行为；第三，诊疗活动是由医疗机构组织的医务人员实施的行为。[③]

当然，患者在医疗机构受到的损害肯定也不能与医疗损害责任完全划等号，从法律适用范围的基本构成要件上看，其关键区别点在于损害是“在诊疗活动中受到”的。有意见认为，在司法实践中，一般可以运用排除法来明确哪些情形不属于诊疗活动。以下四种情形可以认定为非诊疗活动：一是医院设施有瑕疵导致患者摔伤或在医院自残、自杀。二是医院管

---

① 杨志寅等：《论规范化诊疗行为模式的建立》，载《中国行为医学科学》2004 年第 6 期。

② 杨立新：《医疗损害责任构成要件的具体判断》，载《法律适用》2012 年第 4 期。

③ 参见杨立新：《医疗损害责任构成要件的具体判断》，载《法律适用》2012 年第 4 期。

理有瑕疵导致损害，如抱错婴儿。三是医生故意伤害患者，如拿患者做试验。四是非法行医致人伤害。[①] 上述用排除法的方法界定诊疗活动具有积极意义，但所列举的行为类型似值得商榷，尤其是对于更具有法律适用意义的是否属于医疗损害责任纠纷的情况则更值得探讨。比如，单纯的在医院自残、自杀行为显然不是医疗损害责任，因为这与诊疗活动毫无关系。而医院设施有瑕疵导致患者摔伤的情形，则需要根据不同案件情况作具体分析。如果这时存在医务人员违反护理规范的情形，也应属于医疗损害责任纠纷；在接受医学影像诊疗过程中由于医疗器械本身的缺陷或者安装、维护不及时等导致患者摔伤或者砸伤等情形，也应属于在诊疗活动中受到的损害，应当属于医疗损害责任纠纷。至于单纯的发生在医院内的物件致人损害，如高空坠物等，并不存在医疗机构违反诊疗规范或者与诊疗活动密切相关的情形，这与一般的物件致人损害无异，不宜界定为医疗损害责任纠纷。

二、关于举证责任的分配

在患者与医疗机构之间如何分配举证证明责任，是医疗损害责任纠纷案件中争议较大并受到广泛关注的重要问题。《最高人民法院关于审理医疗损害责任纠纷案件适用法律若干问题的解释》在第 4 条对诊疗过错责任纠纷的举证责任作了系统规定。该条规定："患者依据民法典第一千二百一十八条规定主张医疗机构承担赔偿责任的，应当提交到该医疗机构就诊、受到损害的证据。患者无法提交医疗机构或者其医务人员有过错、诊疗行为与损害之间具有因果关系的证据，依法提出医疗损害鉴定申请的，人民法院应予准许。医疗机构主张不承担责任的，应当就民法典第一千二百二十四条第一款规定情形等抗辩事由承担举证证明责任。"该条以构建和维护和谐医患关系为出发点，在大量实证调研和借鉴域外经验做法的基础上，为避免因举证责任分配不当而导致双方实体权利义务显著失衡、进

① 最高人民法院侵权责任法研究小组编著：《〈中华人民共和国侵权责任法〉条文理解与适用》，人民法院出版社 2010 年版，第 386 页。

而激化医患矛盾的问题，并充分考虑患者存在医学专业知识不足等客观障碍，对患者的举证责任进行了适当的缓和。

第一千二百一十九条　**医务人员在诊疗活动中应当向患者说明病情和医疗措施。需要实施手术、特殊检查、特殊治疗的，医务人员应当及时向患者具体说明医疗风险、替代医疗方案等情况，并取得其明确同意；不能或者不宜向患者说明的，应当向患者的近亲属说明，并取得其明确同意。**

医务人员未尽到前款义务，造成患者损害的，医疗机构应当承担赔偿责任。

【条文主旨】

本条是关于医疗机构说明义务及相应法律后果的规定。

【立法要点及理由】

从法律法规的规定上讲，有关医事法律法规也对医务人员的说明义务作了规定。比如，《执业医师法》第26条规定，医师应当如实向患者或者其家属介绍病情，但应注意避免对患者产生不利后果。医师进行实验性临床医疗，应当经医院批准并征得患者本人或其家属同意。《医疗机构管理条例》第33条规定，医疗机构施行手术、特殊检查或者特殊治疗时，必须征得患者同意，并应当取得其家属或者关系人同意并签字；无法取得患者意见又无家属或者关系人在场，或者遇到其他特殊情况时，经治医师应当提出医疗处置方案，在取得医疗机构负责人或者被授权负责人员的批准后实施。无法取得患者意见时，应当取得家属或者关系人同意并签字。《医疗机构管理条例实施细则》第62条规定，医疗机构应当尊重患者对自己的病情、诊断、治疗的知情权利。在实施手术、特殊检查、特殊治疗时，应当向患者作必要的解释。因实施保护性医疗措施不宜向患者说明情况的，应当将有关情况通知患者家属。此外，《病历书写基本规范》第 10 条对说明义务的要求作了进一步细化："对需取得患者书面同意方可进行的医疗活动，应当由患者本人签署知情同意书。患者不具备完全民事行为能力时，应当由其法定代理人签字；患者因病无法签字时，应当由其授权的人员签字；为抢救患者，在法定代理人或被授权人无法及时签字的情况下，可由医疗机构负责人或者授权的负责人签字。因实施保护性医疗措施不宜向患者说明情况的，应当将有关情况告知患者近亲属，由患者近亲属签署知情同意书，并及时记录。患者无近亲属的或者患者近亲属无法签署同意书的，由患者的法定代理人或者关系人签署同意书。"《侵权责任法》第 55 条规定："医务人员在诊疗活动中应当向患者说明病情和医疗措施。需要实施手术、特殊检查、特殊治疗的，医务人员应当及时向患者说明医疗风险、替代医疗方案等情况，并取得其书面同意；不宜向患者说明的，应当向患者近亲属说明，并取得其书面同意。医务人员未尽到前款义务，造成患者损害的，医疗机构应当承担赔偿责任。"本条基本沿用了这一规定，但在有关细节上作了突出强调：一是有关说明义务的履行，必须是"具体说明"，这是新增的内容，也就是要求相关说明内容要针对病情，事项要具体，不宜采取含糊的说明，这对于说明义务的规范化具有积极作用。二是取得患者一方同意不再硬性要求为书面形式，但应当取得其"明确"同意，也就是此"同意"的意思表示应该是清楚明确的，有关证据的证明也要达到此要求。本条即关于患者说明义务的规定。上述医事法律法规的内容与本条规定一起构成了完备的医务人员说明义务规范体系。

【适用指南】

依据上述规定的内容，医务人员的说明义务主要包括：

其一，纯粹的说明义务。具体的告知义务内容为：一是医疗机构的医疗水平、设备、技术状况等；二是患者的病情以及医疗机构的检查、诊断方案；三是检查、诊断结果；四是转医或转诊。

其二，取得患者或者其近亲属明确同意的义务。在这种情况下，医务人员除了履行向患者说明病情和医疗措施的义务以外，还应当及时向患者说明医疗风险、替代医疗方案等情况。所谓医疗风险是指医疗措施可能出现的并发症、后遗症、不良反应等风险，替代医疗方案信息包括可选择的几种手术方案及其利弊等信息。这种特殊说明义务适用的条件是患者需要实施手术、特殊检查、特殊治疗。[①] 对于特殊检查、特殊治疗，依据《医疗机构管理条例实施细则》第 88 条的规定，包括：（1）有一定危险性，可能产生不良后果的检查和治疗；（2）由于患者体质特殊或者病情危笃，可能对患者产生不良后果和危险的检查和治疗；（3）临床试验性检查和治疗；（4）收费可能对患者造成较大经济负担的检查和治疗。

在此需要注意的是，上述医事法规所规定的医务人员取得明确同意的对象与本条规定不尽一致。笔者认为，如果上述规定与本条规定在文本含义上相冲突，则不能再予以适用；但如果仅是规定不一致，或者有关医事法规规定的内容更加具体细化，则不能认定为是冲突规定，可以按照特别法优于一般法的规则，适用特别法的规则。比如，《民法典》已经采用了近亲属的概念，《执业医师法》《医疗机构管理条例》等关于“家属”的提法，则不能再予适用，而应统一适用《民法典》的规定。但是在情况非紧急即不属于第 1224 条规定情形时，仍找不到患者近亲属的，不能认为《病历书写基本规范》第 10 条规定的“患者无近亲属的或者患者近亲属无法签署同意书的，由患者的法定代理人或者关系人签署同意书”与本条规定相冲突，而恰恰应认为该条是本条没有规定的情形，应当继续适用。

违反说明义务的医疗损害责任属于典型的医疗伦理责任，其构成要件要适用医疗伦理责任的通用规则。具体而言，违反说明义务的医疗伦理责任的构成要件有：

---

① 最高人民法院侵权责任法研究小组编著：《〈中华人民共和国侵权责任法〉条文理解与适用》，人民法院出版社 2010 年版，第 396 页。

其一，违法行为。构成医疗伦理损害责任的违法行为，表现为违反法定义务。医疗机构和医务人员的告知或保密等义务是一种法定义务。行为人违反这些法定义务，其行为就具有了违法性。是否尽到告知义务的标准，应当采取折中说亦即合理医生和具体患者说：医师若能预见患者有意思决定表示重视该情报，且该情报为这位医师所知道或应当知道时，医师对这类情报负有说明义务。[①] 笔者认为，判断医疗机构是否尽到告知义务的标准分为如下三个层次：第一，当患者没有提出医疗期待时，医疗机构应该履行当前医疗水平告知义务。医疗机构应该首先向患者说明当前临床医疗实践中有效性和安全性[②]都得到认可的治疗方案。同时，医疗机构应该告知患者自己所属医院的类别（专科医院/综合医院）、所准备采用的医疗方案和实施能力以及本院是否达到当前专科医院的一般医疗水平等。第二，在医疗过程中，医生应告知患者所患病名，告知可以选择的治疗方案，告知治疗方法和结果，告知药品的使用方法、治疗费用的情况、继续治疗和转医转诊方案，并应告知愈后、康复的注意事项。第三，当患者提出其他医疗期待时，医疗机构应该履行其有效性和安全性尚处于被验证的医疗方案的告知义务。结合医院所处的环境等因素，某些医院还应该履行国际上有效性和安全性得到认可或正在被验证的疗法的告知义务。

其二，损害事实。医疗伦理损害责任构成要件的损害事实主要表现为侵害了患者的知情权、自我决定权、隐私权和身份权等，具体表现为人身损害、精神损害和财产损害。

在医疗伦理损害责任中，违反保密义务，受损的是患者的隐私权；而抱错孩子的医疗伦理损害，其损害事实则是违反医疗管理规范而使亲权关系受到的损害。能够证明医疗机构及医务人员违反了保密义务或者其他义务，使患者的隐私利益、亲权利益等受到损害的，就是没有尽到保密义务等绝对义务，就具有违法性。

---

① 参见龚赛红：《医疗损害赔偿立法研究》，法律出版社 2001 年版，第 172 页。

② 有关医疗水准的讨论，参见［日］新美育文：《医师的过失》，夏芸译，载张新宝主编：《侵权法评论》（第 2 辑），人民法院出版社 2003 年版，第 164 ~ 174 页。

其三，因果关系。医疗伦理损害责任构成中的因果关系要件，仍然是医疗违法行为与损害事实之间的引起与被引起的关系。这种因果关系主要表现为未善尽告知义务的行为与知情权、自我决定权、隐私权、身份权以及相关利益受到损害之间的引起与被引起的关系，前者为因，后者为果。针对这种因果关系，受害患者一方应当承担初步的举证责任，同时实行举证责任缓和，受害患者一方承担表面的证据证明后，由医疗机构承担举证责任，推翻因果关系的推定。

其四，医疗伦理过失。医疗伦理损害责任构成的过失要件，即如果存在未善尽告知义务的情况，即可推定医疗机构和医务人员具有过失。

应当说明的是，上述医疗伦理损害责任构成要件的情形，主要针对的是违反告知、保密义务的医疗损害责任，在其他医疗伦理损害责任的构成要件上，应当参照上述论述，确定具体的侵权责任构成要件内容。①

第一千二百二十条　因抢救生命垂危的患者等紧急情况，不能取得患者或者其近亲属意见的，经医疗机构负责人或者授权的负责人批准，可以立即实施相应的医疗措施。

【条文主旨】

本条是关于紧急救治的规定。

【立法要点及理由】

对生命垂危等紧急情况下的患者实施紧急救治是医疗机构及其医务人员履行救死扶伤职责的基本要求，也是医疗机构公益性特征的鲜明体现。《执业医师法》第 24 条规定："对急危患者，医师应当采取紧急措施进行

① 杨立新：《侵权法论（第五版）》，人民法院出版社 2013 年版，第 579～580 页。

诊治；不得拒绝急救处置。”《医疗机构管理条例》第31条规定：“医疗机构对危重病人应当立即抢救。对限于设备或者技术条件不能诊治的病人，应当及时转诊。”对于紧急救治的具体操作程序，有关部门规章也作了规定，如《医院工作制度》第40章附第6条规定，“……紧急手术来不及征求家属或机关同意时，可由主治医师签字，经科主任或院长、业务副院长批准执行”；《病历书写基本规范》第10条第1款规定，“为抢救患者，在法定代理人或被授权人无法及时签字的情况下，可由医疗机构负责人或者授权的负责人签字”。《侵权责任法》在总结以往医事法律法规规定和医疗法律实务的基础上，在第56条规定了医疗机构的紧急救治的规则，并在第60条从医疗机构免责事由的角度再次作了规定。《侵权责任法》第56条规定：“因抢救生命垂危的患者等紧急情况，不能取得患者或者其近亲属意见的，经医疗机构负责人或者授权的负责人批准，可以立即实施相应的医疗措施。”本条对这一规定予以保留，针对医疗机构实施紧急救助措施作了规定。

关于紧急情况的界定，依据《侵权责任法》第56条的规定，医疗机构履行紧急救治义务必须符合特定条件，并遵循一定的程序。医疗机构实施紧急救治行为的前提条件是存在抢救生命垂危的患者等紧急情况。所谓危急情况，系指患者的疾病或病情存在迫在眉睫的重大风险，根本来不及告知患者相关信息并征求其意见，如不立即采取相应抢救措施将危及其生命或对其身体健康造成重大不利后果。如某患者因交通事故大出血，应立即行手术止血；某患者因坠楼，头部严重受伤，急需开颅清除瘀血，否则会丧失生命或造成瘫痪、植物人等严重后果的情况等。①

另外，从本条规定的文义上看，紧急情况不限于抢救生命垂危的患者的情况，还应当包括虽然患者的生命没有严重危险，但患者不能行使自我决定权，如果不采取紧急救治行为，患者的健康利益将严重受损的情况。具体实施紧急救治行为的是医疗机构的医务人员，但由于紧急救治是对患

---

① 胡雪梅：《论我国危急救治制度之合理构建》，载《社会科学》2013年第1期。

者自主决定权的一种限制和补充，关涉患者重大的生命健康利益，因而实施紧急救治行为应当严谨、慎重。为充分保障患者的利益，实施紧急救治行为应当经过一定的程序，即经过医疗机构负责人或者授权的负责人批准，医疗人员才能实施紧急救治行为。[①]

【适用指南】

本条规定了紧急情况下医疗机构实施紧急医疗措施的内容，但该条中“不能取得患者或者其近亲属意见”的表述易被理解为包括患者或者其近亲属明确表示不同意的情况，对于如何处理认识上不一致，分歧较大，需要进一步明确。对于患者不能表达意志的紧急情况下如何施救，涉及患者一方自主决定权和医院救治义务的协调问题。由于本条并未规定紧急救治的具体情形，尤其是没有规定责任承担规则，《最高人民法院关于审理医疗损害责任纠纷案件适用法律若干问题的解释》第18条第1款规定：“因抢救生命垂危的患者等紧急情况且不能取得患者意见时，下列情形可以认定为民法典第一千二百二十条规定的不能取得患者近亲属意见：（一）近亲属不明的；（二）不能及时联系到近亲属的；（三）近亲属拒绝发表意见的；（四）近亲属达不成一致意见的；（五）法律、法规规定的其他情形。”

其一，本款规定仅是对“不能取得患者或者其近亲属意见”的情形作出的解释，并不能包括所有需要紧急救治的情形，且不涉及对生命垂危的患者等紧急情况的判断问题。对此仍应适用本条规定以及有关医疗法律法规、诊疗规范等进行处理，这往往需要专业判断，通过启动鉴定程序来解决。

其二，关于近亲属不明及不能及时联系到近亲属的情形。这两种情况相对容易判断，多为近亲属不在现场，在当时紧急情况下也无法查明近亲

---

① 最高人民法院侵权责任法研究小组编著：《〈中华人民共和国侵权责任法〉条文理解与适用》，人民法院出版社2010年版，第404页。

属或者联系不到近亲属的情况。对此需要注意的是：一是必须与患者本身病情的紧急情况相结合，如果病情紧急到来不及联系或者查明近亲属，这时不能苛求医疗机构去联系近亲属，同时医疗机构也不能以联系近亲属为由耽误对患者紧急病情的救助。二是对于近亲属不明或者联系不到近亲属的判断，除要与上述紧急情况相结合进行判断外，不能对医疗机构要求过于严苛，如不能要求医疗机构详细查明患者所有的近亲属甚至要与所有的近亲属联系，而只能根据当时患者处在紧急情况下的特定场景，按照一般的日常经验法则判断医疗机构是否运用力所能及的方式也查不到近亲属或者联系不到近亲属。三是对于联系不到近亲属的情形，虽然在患者身处紧急的情况下不能要求医疗机构联系到每一个近亲属，但这或多或少是医院的一定义务，即要联系近亲属。当然，在当时的情形下根本来不及联系近亲属的情形应该排除在外，因为这时抢救患者生命等人身重大利益无疑应是排在第一位的。

其三，近亲属意见不一致的情形。对此仍应与患者本身病情的紧急情况相结合，原则上应以在场的近亲属达不成一致意见为限，不能硬性要求医疗机构通知到没到场的其他近亲属。当然，在患者病情允许的情况下，医疗机构应当进一步说明和督促患者近亲属形成一致意见，以免出现不必要的纠纷。

其四，关于兜底条款。考虑到社会生活的复杂性，这一法律、法规规定的其他情形有保留的必要。这不仅能保持司法本身适用的开放性，更能结合患者病情紧急程度，将来不及征求患者近亲属意见的情形包含在其中。当然，对于来不及征求患者近亲属意见的情形如何认定，这也是一个专业判断问题，对此既要尊重诊治过程中医务人员的专业判断，又要在事后纠纷处理中尊重有关的专业意见。

第一千二百二十一条　医务人员在诊疗活动中未尽到与当时的医疗水平相应的诊疗义务，造成患者损害的，医疗机构应当承担赔偿责任。

【条文主旨】

本条是关于诊疗义务判断标准的规定。

【立法要点及理由】

诊疗过错是指医疗机构在医疗活动中，医务人员未能按照当时的医疗水平提供通常应当提供的医疗服务，或者按照医疗良知、医疗伦理、医政管理规范和管理职责，应当给予诚信、合理的医疗服务而没有尽到高度注意义务的主观心理状态，以及医疗机构存在的对医务人员疏于选任、管理、教育的主观心理状态。确定医疗过错，应以实施诊疗行为当时的医疗水平为标准，同时适当参考地区、医疗机构资质和医务人员资质，确定医疗机构和医务人员应当履行的注意义务，违反之，即为存在医疗过错。[①]《侵权责任法》第57条将医务人员违反注意义务的标准界定为“未尽到与当时的医疗水平相应的诊疗义务”。依照该条规定，医务人员的注意义务就是应当尽到与当时的医疗水平相应的诊疗义务。尽到诊疗义务的一个重要方面，是诊疗行为符合法律、行政法规、规章以及诊疗规范的有关要求。然而，医务人员的注意义务与合法合规并非完全等同的概念。一个医务人员应当具有的诊疗水平，并非完全能够被法律、行政法规、规章以及诊疗规范的有关要求所涵盖。医务人员完全遵守了具体的操作规程，仍然有可能作出事后证明是错误的判断，实施事后证明是错误的行为。然而，医疗行为具有未知性、特异性和专业性等特点，不能仅凭事后证明错误这一点来认定医务人员存在诊疗过错，不能唯结果论。关键要看是不是其他的医务人员一般都不会犯这种错误。因此，本条规定的诊疗义务可以理解为一般情况下医务人员可以尽到的，通过谨慎的作为或者不作为避免患者

---

① 杨立新:《医疗损害责任构成要件的具体判断》，载《法律适用》2012年第4期。

受到损害的义务。[①] 就有关责任承担的问题，《侵权责任法》第 57 条进一步规定："医务人员在诊疗活动中未尽到与当时的医疗水平相应的诊疗义务，造成患者损害的，医疗机构应当承担赔偿责任。"这一规定科学合理，本条予以沿用。

【适用指南】

本条规定认定诊疗过错，要以"当时的医疗水平"作为判断标准。判断"当时的医疗水平"，应当依据法律、行政法规、规章以及其他有关诊疗规范的规定，但要综合考虑、诊疗当时当地的医疗水平、医疗机构与医务人员资质、患者病情的紧急程度、患者个体差异等因素。此在《最高人民法院关于审理医疗损害责任纠纷案件适用法律若干问题的解释》第 16 条有明确规定。具体而言，应当遵循以下规则：

一、客观标准是认定诊疗过错的基本遵循

具体来说，医疗卫生管理法律、行政法规、部门规章、诊疗护理规范，特别是医疗卫生管理的部门规章、诊疗护理规范，是判断医疗过失的基本依据。在上述法规或者诊疗规范对于医疗机构及其医务人员进行有关诊疗活动应当遵循的具体规则有明确规定的情况下，违反这些规定即违反普遍的医疗水平，此时就应当认定医疗机构有过错。而且有些医疗法规或者诊疗规范实际上已将有关医疗机构或者医务人员资质、患者个人体质、疾病紧急程度等融入有关疾病诊断、治疗或护理的具体规则当中，这时就更应该直接适用这些规则认定诊疗过错。

二、参考性因素的适用

1. 医疗的地域因素和医疗机构资质条件

通常情况下，经济落后地区的医疗机构在资金、技术、人才、药品等

---

① 王胜明主编：《〈中华人民共和国侵权责任法〉条文解释与立法背景》，人民法院出版社 2010 年版，第 221 页。

方面都不同程度地落后于经济发达地区，经济发达地区与经济落后地区的整体医疗水平上存在差异。判定医生是否尽到注意义务，应以同地区或者类似地区的医疗专业水平为依据。这就是国家标准加适当差别的原则。[①] 即在认定医疗机构有无违反注意义务时，应当考虑医疗机构的客观条件的平均水平，根据其实施医疗行为时所处的特定地域的医疗水准来认定。

2. 医务人员的资质

就医师来说，可以分为全科医师与专科医师。在认定医师的注意义务时，专科医师和全科医师一般应当以不同的医疗水准为基准。另外，医疗机构的资质也有很大差异，这也在一定程度上影响到认定医务人员注意义务的医疗水准。[②]

3. 患者病情的紧急程度、患者个体差异

如上所述，患者个体差异以及病情紧急程度等作为诊疗过错认定中的参考性因素，在审判实践中也已逐渐被采用。同时，在抢救生命垂危的患者等紧急情况下的医疗机构的免责事由中明确了“尽到合理诊疗义务”的提法，而对于一般的医疗损害责任中的诊疗义务没有这一表述。通常认为，在患者情况紧急时，该诊疗义务只要合理，医疗机构就可以免责，这也是鼓励医疗机构积极履行救死扶伤职责所必需的。

第一千二百二十二条　患者在诊疗活动中受到损害，有下列情形之一的，推定医疗机构有过错：

（一）违反法律、行政法规、规章以及其他有关诊疗规范的规定；

（二）隐匿或者拒绝提供与纠纷有关的病历资料；

（三）遗失、伪造、篡改或者违法销毁病历资料。

---

① 王利明等主编：《侵权责任法裁判要旨与审判实务》，人民法院出版社2010年版，第376～377页。

② 最高人民法院《侵权责任法》研究小组编著：《中华人民共和国侵权责任法条文理解与适用》，人民法院出版社2010年版，第410页。

【条文主旨】

本条是关于推定医疗机构过错的规定。

【立法要点及理由】

关于医疗机构推定过错的问题，《侵权责任法》第58条规定："患者有损害，因下列情形之一的，推定医疗机构有过错：（一）违反法律、行政法规、规章以及其他有关诊疗规范的规定；（二）隐匿或者拒绝提供与纠纷有关的病历资料；（三）伪造、篡改或者销毁病历资料。"本条规定基本保留了这一规定，但有三处重要修改：一是将原来的"患者有损害"修改为"患者在诊疗活动中受到损害"，进一步明晰了患者受到损害必须是诊疗活动导致的，表述更加严谨；二是将"销毁"修改为"违法销毁"，这也更符合实际情况，更便于实际操作；三是新增"遗失"病历资料作为推定医疗机构过错的情形。

【适用指南】

法律、行政法规、规章以及诊疗规范是医疗机构和医务人员的工作依据。医疗机构和医务人员在自己的有关业务活动中应当掌握，并遵循规定，以确保其行为的合法性。这是利用违法推定过失的法理直接证明医疗机构及医务人员具有过错。[①] 从实践看，违反了法律、行政法规、规章以及有关诊疗规范的规定，是判断医疗机构和医务人员存在过错的最直接的标准。目前，我国已经颁布的医疗卫生管理方面的法律、行政法规主要有

---

① 王利明主编：《中国民法典学者建议稿及立法理由（侵权行为编）》，法律出版社2005年版，第266页。

《执业医师法》《职业病防治法》《药品管理法》《血液制品管理条例》《医疗机构管理条例》等。诊疗规范包括《临床输血技术规范》《社区卫生服务中心中医药服务管理基本规范》《城市社区卫生服务中心基本标准》《医用氧舱临床使用安全技术要求》等。[①]

医疗机构隐匿或者拒绝提供与纠纷有关的病历资料和遗失、伪造、篡改或者违法销毁病历资料。这两项情形，一方面反映了医疗机构的恶意，另一方面使患者难于取得与医疗纠纷有关的证据资料，这时再让患者举证已不合理，[②] 故可以直接规定医疗机构有过错。对于这两项内容的理解与适用，需要结合《最高人民法院关于审理医疗损害责任纠纷案件适用法律若干问题的解释》和《第八次全国法院民事商事审判工作会议（民事部分）纪要》的有关规定。

《最高人民法院关于审理医疗损害责任纠纷案件适用法律若干问题的解释》第6条第2款规定："患者依法向人民法院申请医疗机构提交由其保管的与纠纷有关的病历资料等，医疗机构未在人民法院指定期限内提交的，人民法院可以依照民法典第一千二百二十二条第二项规定推定医疗机构有过错，但是因不可抗力等客观原因无法提交的除外。"这里的隐匿或者拒绝提供病历资料的对象在诉讼中应当最终表现为作为一方当事人的医疗机构拒绝向人民法院提供有关病历资料或者隐匿该病历资料，即在人民法院指定的期限内未向人民法院提交。至于其他客观情况的界定，则按照本条表述，即使不能与不可抗力同日而语，但也必须是医疗机构没有过错的客观事由，否则就应当构成推定医疗机构有过错的事由。

《第八次全国法院民事商事审判工作会议（民事部分）纪要》中明确："对当事人所举证据材料，应根据法律、法规及司法解释的相关规定进行综合审查。因当事人采取伪造、篡改、涂改等方式改变病历资料内容，或者遗失、销毁、抢夺病历，致使医疗行为与损害后果之间的因果关

---

① 参见最高人民法院《侵权责任法》研究小组编著：《〈中华人民共和国侵权责任法〉条文理解与使用》，人民法院出版社2010年版，第411页。

② 王胜明主编：《中华人民共和国侵权责任法释义》，法律出版社2010年版，第290页。

系或医疗机构及其医务人员的过错无法认定的，改变或者遗失、销毁、抢夺病历资料一方当事人应承担相应的不利后果；制作方对病历资料内容存在的明显矛盾或错误不能作出合理解释的，应承担相应的不利后果；病历仅存在错别字、未按病历规范格式书写等形式瑕疵的，不影响对病历资料真实性的认定。”这一规则实际是对本条规定情形的细化，可以在审判实践中继续参照适用，如这里确立的“病历仅存在错别字、未按病历规范格式书写等形式瑕疵的，不影响对病历资料真实性的认定”，表明病历资料仅有形式瑕疵的，不能认定为对病历资料的“篡改”。

第一千二百二十三条　因药品、消毒产品、医疗器械的缺陷，或者输入不合格的血液造成患者损害的，患者可以向药品上市许可持有人、生产者、血液提供机构请求赔偿，也可以向医疗机构请求赔偿。患者向医疗机构请求赔偿的，医疗机构赔偿后，有权向负有责任的药品上市许可持有人、生产者、血液提供机构追偿。

【条文主旨】

本条是关于医疗产品责任的规定。

【立法要点及理由】

本条是关于医疗产品的生产者、药品上市许可持有人、输入不合格血液的提供机构以及医疗机构对患者损害承担责任的规定。对此，《侵权责任法》第59条规定：“因药品、消毒药剂、医疗器械的缺陷，或者输入不合格的血液造成患者损害的，患者可以向生产者或者血液提供机构请求赔偿，也可以向医疗机构请求赔偿。患者向医疗机构请求赔偿的，医疗机构赔偿后，有权向负有责任的生产者或者血液提供机构追偿。”本条基本保留这一规定，但作出了重大修改，增加了“药品上市许可持有人”作为医疗产品责任主体的规定，另将“消毒药剂”修改为“消毒产品”，以与现行有关规定衔接。

药品、消毒产品、医疗器械属于产品，应当适用产品责任的规定。依据本编第1203条的规定，因产品存在缺陷造成他人损害的，被侵权人可以向产品的生产者请求赔偿，也可以向产品的销售者请求赔偿。产品缺陷由生产者造成的，销售者赔偿后，有权向生产者追偿。因销售者的过错使产品存在缺陷的，生产者赔偿后，有权向销售者追偿。对于医疗产品损害责任的形态，本条规定为“患者可以向药品上市许可持有人、生产者、血液提供机构请求赔偿，也可以向医疗机构请求赔偿”，这与上述规定在本质上是一样的。对医疗产品责任的形态，一种意见认为医疗产品责任是连带责任，另一种意见认为是不真正连带责任，但主流意见认为，同产品责任的形态一样，医疗产品损害责任也是不真正连带责任。

侵权责任法上的不真正连带责任，是指多数行为人违反法定义务，对一个受害人实施加害行为，或者不同的行为人基于不同的行为而致使受害人的权利受到损害，各个行为人产生内容同一的侵权责任，各负全部赔偿责任，并因行为人之一的履行而使全体责任人的责任归于消灭的侵权责任形态。

不真正连带责任作为侵权责任形态之一，具有以下法律特征：

一、不真正连带责任的责任主体是对同一个民事主体违反法定义务的数个行为人

不真正连带责任是侵权责任形态中的共同责任，因此必须是两个以上的民事主体作为责任人。其责任产生的基础，是该数人对同一个民事主体的民事权益负有法定义务，不履行该法定义务，造成了受害人的损害，发生侵权责任。例如，产品生产者和销售者都对产品使用者负有安全保障义务，生产的或者销售的产品有缺陷造成使用者损害，两个义务主体都违反了法定义务，构成侵权责任。因此，两个以上的违法行为造成损害，实际上构成了两个以上的侵权行为。而连带责任则不相同，数个行为人基于共同过错实施侵权行为，已经构成了一个侵权行为而不是数个侵权行为。

二、不真正连带责任是基于同一损害事实发生的侵权责任

不真正连带责任的责任人虽然为两个以上，构成两个以上的侵权行为，但是两个以上的侵权行为造成的损害结果却是一个共同的损害。正是这一个共同的损害结果，才将两个行为人实施的侵权行为结合起来，构成共同责任，发生了不真正连带责任的法律后果。如果没有共同的损害结果，各个行为人实施的侵权行为都是单个的侵权行为，不可能构成共同责任，无从发生不真正连带责任。所以，不真正连带责任的数人行为对于损害的发生都具有百分之百的原因力。对于无过错联系的共同加害行为，行为人虽然是各自实施的侵权行为，但是每一个行为人实施的行为结合在一起才造成了一个损害，所有的行为各具不同的原因力，因此也与不真正连带责任不同。共同侵权行为虽然是一个行为，但是每一个共同加害人的行为对于损害的发生各具原因力，而不是各具百分之百的原因力。

三、不同的侵权行为人对同一损害事实发生的侵权责任相互重合

正因为数个侵权行为人实施的是各自独立的侵权行为，而造成的却是一个共同的、同一的损害结果，所以每个侵权行为人所发生的侵权责任内容是相同的，在责任性质、责任方式和责任范围上都是重合的。因此，不真正连带责任与连带责任和按份责任都不相同。连带责任是一个责任，所有的共同加害人都只对这一个损害承担责任，而在内部却分为不同的责任份额。按份责任也是一个责任，不同的行为人仅对自己的那一份额承担责任。①

药品上市许可持有人制度（Marketing Authorization Holder，MAH），通常是指拥有药品技术的药品研发机构、科研人员、药品生产企业等主体，通过提出药品上市许可申请并获得药品上市许可批件，对药品质量在其整个生命周期内承担主要责任的制度。在该制度下，上市许可持有人和生产许可持有人可以是同一主体，也可以是两个相互独立的主体。上市许可持有人可以自行生产，也可以为其他生产企业进行生产。如果采取委托生产

① 杨立新：《侵权法论》，人民法院出版社2013年版，第988～989页。

的形式，上市许可持有人要对药品的安全性、有效性以及质量可控性承担责任。

【适用指南】

医疗产品责任采用不真正连带责任，在当事人选择其中一个责任主体主张权利的情形下，人民法院认定其责任大小及承担方式并无争议。但对于医疗机构和生产者被同时起诉的情形，如何确定他们责任的大小及承担方式，则有不同看法。笔者认为，在产品责任的外部责任形态上，其更具有连带责任的特征。侵权责任法确立不真正连带责任的立法目的在于方便受害人诉讼、减轻其举证责任，将赔偿不能的风险分配给责任人来保护受害人。[①] 因此，不真正连带责任与连带责任在对外效力上不应有所不同，都是为充分保护受害人而设立。在医疗产品责任案件中，应当允许患者同时起诉数个责任主体。但这时如果直接确定由承担最终责任的主体（通常为生产者）承担责任，则需要驳回患者对其他责任主体（如医疗机构）的诉讼请求，这等于限制了患者的选择权。而且，在生产者无清偿能力的情况下，会直接导致患者丧失向医疗机构主张权利的机会，这不符合充分救济患者损害的立法精神。

对于本条的适用，还要注意关于医疗产品销售者的责任承担问题。《最高人民法院关于审理医疗损害责任纠纷案件适用法律若干问题的解释》第21条就依据有关产品责任的规定，明确规定了销售者责任，如该条第1款规定："因医疗产品的缺陷或者输入不合格血液受到损害，患者请求医疗机构，缺陷医疗产品的生产者、销售者、药品上市许可持有人或者血液提供机构承担赔偿责任的，应予支持。"当然，基于医疗的公益性考虑，民法典并没有认定医疗机构是医疗产品的销售者，而是或多或少基于当前

---

① 姜强：《〈侵权责任法〉中的连带责任、不真正连带责任及其诉讼程序》，载《法律适用》2010年第7期。

以药补医等情况的考虑，认定医疗机构实际上处于销售者的地位，[①] 在责任承担上确定了医疗机构承担与医疗产品销售者相类似的法律责任。

在实践中需要注意的问题是，如果患者在医疗机构诊断后并未在该医疗机构购买相应的医疗产品，而是到相关医疗产品经营者处按照医疗机构的处方购买了该医疗产品，后因该医疗产品缺陷导致患者损害，这时由于医疗机构并不具备类似于该医疗产品销售者之地位，其并未从该医疗产品的销售中获益，也无法控制该医疗产品之风险，当然也就无法转嫁该风险。因此，按照严格责任的基本法理，该医疗机构不应当是该缺陷医疗产品导致损害的责任承担主体，即不能适用本条规定，而应适用本编关于产品责任的一般性规定确定该医疗产品生产者和销售者的责任。如果医疗机构对患者损害存在诊疗过错，且其诊疗行为与患者损害有因果关系，这时应当对医疗机构适用医疗过错侵权的一般性规定，按照多因一果侵权行为的规则（如原因力规则）确定医疗机构的责任。

第一千二百二十四条　**患者在诊疗活动中受到损害，有下列情形之一的，医疗机构不承担赔偿责任：**

（一）患者或者其近亲属不配合医疗机构进行符合诊疗规范的诊疗；

（二）医务人员在抢救生命垂危的患者等紧急情况下已经尽到合理诊疗义务；

（三）限于当时的医疗水平难以诊疗。

前款第一项情形中，医疗机构或者其医务人员也有过错的，应当承担相应的赔偿责任。

---

① 最高人民法院侵权责任法研究小组编著：《〈中华人民共和国侵权责任法〉条文理解与适用》，人民法院出版社2010年版，第419页。

【条文主旨】

本条是关于医疗机构免责事由的规定。

【立法要点及理由】

免责或者减责事由属于诉讼法上的抗辩事由范畴。本编在医疗损害责任一章中，对于医疗损害责任的免责事由作出了细化规定，当然可以直接适用于医疗损害责任纠纷。此前，《侵权责任法》第60条规定："患者有损害，因下列情形之一的，医疗机构不承担赔偿责任：（一）患者或者其近亲属不配合医疗机构进行符合诊疗规范的诊疗；（二）医务人员在抢救生命垂危的患者等紧急情况下已经尽到合理诊疗义务；（三）限于当时的医疗水平难以诊疗。前款第一项情形中，医疗机构及其医务人员也有过错的，应当承担相应的赔偿责任。"本条规定基本保留了这一规定，有两处文字修改：一是将原来的"患者有损害"修改为"患者在诊疗活动中受到损害"；二是将第2款中的"医疗机构及其医务人员"修改为"医疗机构或者其医务人员"。

【适用指南】

对于本条第1款第1项情形，一般而言包括两种类型：一类是患者主观上故意不配合的情形。虽然实践中这一情形相对较少，但在近年来"医闹"问题出现的情况下，故意不配合的情形也有多发现象。过失的情况则较为常见，如不遵医嘱错误用药、错误饮食甚至饮酒等情形导致病症加重甚至出现并发症，医疗机构不承担赔偿责任。在本条第1款第2项、第3项情形下，对于在抢救生命垂危的患者等紧急情况下，如何判断何为"合理诊疗义务"？立法机关认为，考虑到在紧急情况下，患者生命危在旦夕，抢救时间紧迫，医务人员对患者的病情及病状无法作详细的检查、观察、诊断，难以要求医生具有与平时一样的思考时间、判断能力和预见能力。对于这种情况，法律对医生在注意程度上的要求相对低于一般医疗时的情形。但是，由于医疗行为直接关系患者的生命健康权，在紧急情况下实施紧急救治措施，医务人员仍应尽到合理诊疗的注意义务。具体而言，根据现行的诊疗规范，紧急情况下合理的诊疗义务包括如下四个方面：一是对患者伤病的准确诊断。对患者伤病的准确诊断是正确实施治疗措施的前提。如情况紧急，应当采取控制患者伤病恶化的紧急措施后，再作进一步诊断和治疗。二是治疗措施的合理、适当，包括治疗措施和治疗用药的合理、适当。三是谨慎履行说明告知义务。紧急情况下，如果事前告知不可行，那么采取紧急救治措施后仍应履行该项义务。四是将紧急救治措施对患者造成的损害控制在合理限度之内。结合上述情况，医务人员已经尽到在紧急救治情况下医务人员通常应尽到的诊疗义务即合理诊疗义务的，医疗机构不承担赔偿责任；否则，即便是为抢救生命垂危的患者，但医务人员未尽到紧急救治情况下医务人员应尽到的合理诊疗义务，医疗机构仍难以免除其赔偿责任。①

上述意见很有道理。从审判实务的角度讲，如何认定紧急情况下医务人员已经尽到合理诊疗义务，涉及专业判断问题，需要通过申请鉴定来解决。同样，法律对医务人员采取的诊疗行为是否存在过错的判断，只能基于当时的医学科学本身的发展，即是否尽到与当时的医疗水平相应的诊疗义务，尽到该项义务的，就视为医疗机构及其医务人员没有过错，对于患者的损害不承担赔偿责任。但诊疗行为是否尽到当时医疗水平要求下的义务仍然属于专业判断问题，需要通过申请鉴定来解决。

依据本条第 2 款的规定，患者或者其近亲属不配合医疗机构进行符合诊疗规范的诊疗情形下医疗机构完全免责的前提，必须是医疗机构及其医务人员都没有过错。如果患者或者其近亲属有不配合诊疗的行为，但医疗

① 王胜明主编：《〈中华人民共和国侵权责任法〉条文解释与立法背景》，人民法院出版社 2010 年版，第 240 页。

机构或者医务人员也有过错的，医疗机构仍应对患者的损害承担相应的赔偿责任。[①] 这里医疗机构承担赔偿责任的法律依据是本章第 1218 条的规定，即有关诊疗过错责任的规则。从法律适用的逻辑上讲，医疗机构承担相应赔偿责任要以符合本条规定的诊疗过错责任的构成要件为前提，即不仅要存在过错要件，还要符合违法行为、损害后果及因果关系的构成要件。

第一千二百二十五条　医疗机构及其医务人员应当按照规定填写并妥善保管住院志、医嘱单、检验报告、手术及麻醉记录、病理资料、护理记录等病历资料。

患者要求查阅、复制前款规定的病历资料的，医疗机构应当及时提供。

【条文主旨】

本条是关于医疗机构保管病历资料义务和患者查阅、复制病历资料权利的规定。

【立法要点及理由】

本条规定保留了《侵权责任法》第 61 条的内容。

本条列举了住院志、医嘱单、检验报告、手术及麻醉记录、病理资料、护理记录、医疗费用等病历资料。《医疗纠纷预防和处理条例》第 15 条规定："医疗机构及其医务人员应当按照国务院卫生主管部门的规定，填写并妥善保管病历资料。因紧急抢救未能及时填写病历的，医务人员应当在抢救结束后 6 小时内据实补记，并加以注明。任何单位和个人不得篡

---

① 王胜明主编：《〈中华人民共和国侵权责任法〉条文解释与立法背景》，人民法院出版社 2010 年版，第 238 页。

改、伪造、隐匿、毁灭或者抢夺病历资料。”第16条第1款规定：“患者有权查阅、复制其门诊病历、住院志、体温单、医嘱单、化验单（检验报告）、医学影像检查资料、特殊检查同意书、手术同意书、手术及麻醉记录、病理资料、护理记录、医疗费用以及国务院卫生主管部门规定的其他属于病历的全部资料。”依据《医疗机构病历管理规定（2013年版）》第2条的规定，病历是指医务人员在医疗活动过程中形成的文字、符号、图表、影像、切片等资料的总和，包括门（急）诊病历和住院病历。同时，该规定还对“病历资料”作了进一步明确，规定医疗机构可以为申请人复印或者复制的病历资料包括：门（急）诊病历和住院病历中的住院志（即入院记录）、体温单、医嘱单、化验单（检验报告）、医学影像检查资料、特殊检查（治疗）同意书、手术同意书、手术及麻醉记录单、病理报告、护理记录、出院记录。《最高人民法院关于审理医疗损害责任纠纷案件适用法律若干问题的解释》第6条第1款参照《医疗机构病历管理规定（2013年版）》等规定，细化了病历资料的范围，明确了病历资料包括医疗机构保管的门诊病历、住院志、体温单、医嘱单、检验报告、医学影像检查资料、特殊检查（治疗）同意书、手术同意书、手术及麻醉记录、病理资料、护理记录、出院记录以及国务院卫生行政主管部门规定的其他病历资料。考虑到一般情况下，门（急）诊病历由患者负责保管，只有在医疗机构建有门（急）诊病历档案的才由医疗机构负责保管；而住院病历一般均由医疗机构负责保管，本条第1款将此病历资料限定为“医疗机构保管”的范围。

对此争议最大的就是主观性病历资料是否属于本条规定的病历资料的范围。笔者认为，从证据属性上讲，无论是客观性病例还是主观性病历，它们都应属于书证的范畴。有观点认为，患者查阅、复制的病历资料，包括住院志、医嘱单、检验报告、手术及麻醉记录、病理资料、护理记录、医疗费用等，以及死亡病例的讨论记录、上级医师查房记录、会诊意见、病程记录等病历资料。[①] 笔者认为，疾病诊治、讨论、会诊记录等属于主观性病历资料，相当于法院的合议庭笔录、审委会笔录，属于不可复制查阅的范围，但在发生纠纷时需要封存，以便在解决纠纷时作为客观的证据使用。换言之，由于主观性病例对于认定过错、确定责任大小等具有重要作用，它们应当属于《最高人民法院关于适用〈中华人民共和国民事诉讼法〉的解释》第 112 条等规定的书证。

本条第 2 款对患者查阅、复制病历资料的权利作了规定。患者查阅、复制病历资料的权利是患者知情权的必然体现。

关于查阅、复印病历资料的规则，《医疗纠纷预防和处理条例》第 16 条第 1 款规定了患者有权查阅、复制“国务院卫生主管部门规定的其他属于病历的全部资料”，该条第 2、3 款进一步规定了复制的具体规则以及医疗机构的协助义务，该两款规定：“患者要求复制病历资料的，医疗机构应当提供复制服务，并在复制的病历资料上加盖证明印记。复制病历资料时，应当有患者或者其近亲属在场。医疗机构应患者的要求为其复制病历资料，可以收取工本费，收费标准应当公开。患者死亡的，其近亲属可以依照本条例的规定，查阅、复制病历资料。”在此要注意的是，《医疗纠纷预防和处理条例》并未明确主观性病历属于患者可以复印的范畴。这一问题还有必要由相关行政主管部门予以明确。

第一千二百二十六条　医疗机构及其医务人员应当对患者的隐私和个人信息保密。泄露患者的隐私和个人信息，或者未经患者同意公开其病历资料的，应当承担侵权责任。

【条文主旨】

本条是关于保护患者隐私权和个人信息的规定。

---

① 杨立新：《侵权法论（第五版）》，人民法院出版社 2013 年版，第 604 页。

【立法要点及理由】

隐私权，是指自然人享有的对其个人的、与公共利益无关的个人信息、私人活动和私有领域进行支配的一种人格权。有的学者将隐私权定义为“保护个人私生活秘密的权利”，有的学者将隐私权定义为“私生活”或私生活的权利。尽管各国学者对于隐私权的概念各持己见，提出了不同的学说和主张，但是对隐私权的客体及内容则无太大分歧。一般认为，隐私权的客体包括：(1) 身体秘密，指身体隐秘部位，即生殖器官和性敏感器官、身高、体重、健康状况、身体缺陷等；(2) 私人空间，即个人住宅及周围居住环境、私人专用箱包、日记等；(3) 个人事实，指个人生活经历、生活习惯、性格爱好、社会关系、学历、婚恋状况、家庭住址、电话、收入情况等；(4) 私人生活，指一切与社会无关的个人生活，如日常生活、社交、性生活等。[①] 隐私权包括四项基本权能：(1) 隐私隐瞒权。又称保密权，它首先包括公民对身体隐秘部位的保密权，这是公民一项最根本的隐私权，因为早期人类的隐私意识即萌发于裸露身体隐秘部位的羞耻心，今天的隐私权最早也是从“阴私”的范围逐渐扩大演变而来的。此外，隐瞒权还包括对个人身高、体重、三围、病历、生活经历、财产状况、身体缺陷、健康状况、婚恋、家庭、性生活、社会关系、信仰、心理特征等情报信息的保密权，未经许可，任何人不得刺探、公开和传播。(2) 隐私利用权。即公民对个人隐私进行积极利用，以满足自己精神、物质方面的需要。(3) 隐私维护权。公民对自己的隐私享有维护其不受侵犯的权利，在受到非法侵害时可以依法寻求司法保护。(4) 隐私支配权。公民对于个人隐私有权按照自己的意愿进行支配，可以公开部分隐私，准许他人对个人活动和个人领域进行察知，准许他人利用自己的隐私。如患者

---

① 最高人民法院侵权责任法研究小组编著：《〈中华人民共和国侵权责任法〉条文理解与适用》，人民法院出版社 2010 年版，第 432 页。

在诊疗过程中，允许医生检查身体隐秘部位、了解个人经历和生活习惯等。[①] 本法人格权编则专章规定了隐私权和个人信息保护。自然人的个人信息涉及的是自然人的身份、地位等信息，具有人身属性，属于人格权益的范畴。隐私权也是人身性人格权的一种。两者之间具有一定的联系和交叉，表现在：两者都是自然人独有的权利，法人和非法人组织并不具有；两者都是包含一定个人独有的，不愿意公开的资料。但两者也有显著的不同：隐私权包含的信息类型较窄，只有那些自然人不愿意公之于众的自然人信息才受隐私权的保护，而一般性的个人信息则不属于隐私权的保护范围，如手机号码、工作单位、家庭地址等，除非有特殊规定，一般情况下不属于个人隐私。对于两者的救济手段也不尽相同。

患者的患病信息往往属于敏感信息，对此进行泄露等，会给患者造成极大伤害。《侵权责任法》第 62 条专门规定了患者隐私权的保护，该条规定："医疗机构及其医务人员应当对患者的隐私保密。泄露患者隐私或者未经患者同意公开其病历资料，造成患者损害的，应当承担侵权责任。"本条在此基础上保留了患者隐私权保护的内容，同时增加了患者个人信息保密的内容。其他法律法规亦有类似规定，如《执业医师法》第 22 条第 3 项规定，医师在执业活动中应当关心、爱护、尊重患者，保护患者的隐私；《护士管理办法》第 24 条规定："护士在执业中得悉就医者的隐私，不得泄露……"

【适用指南】

侵害患者隐私权和个人信息的民事责任承担方式主要有停止侵害、赔礼道歉和赔偿损失。停止侵害的适用较为常见。赔礼道歉也是侵犯隐私权和个人信息的民事责任的一种有效方式。赔礼道歉可以采用公开方式进行，也可以采用非公开方式进行。法律上并没有规定赔礼道歉的具体方

---

① 王胜明主编：《中华人民共和国侵权责任法释义》，法律出版社 2010 年版，第 313 页。

式，主要取决于受害人的选择。[①] 就侵犯患者隐私权的赔礼道歉来说，不公开赔礼道歉的效果更好，避免对患者造成二次伤害。至于赔偿损害，由于侵犯患者隐私权的结果主要是给受害人造成精神损害，因此赔偿损失可以按照《精神损害赔偿解释》的有关规定进行。但侵害个人信息的，在损害赔偿方面，也主要是精神损害赔偿的问题。至于有关赔偿的具体问题，可以适用侵害个人信息的一般规则。

第一千二百二十七条　医疗机构及其医务人员不得违反诊疗规范实施不必要的检查。

【条文主旨】

本条是关于不得实施不必要检查的规定。

【立法要点及理由】

本条所针对的不必要检查行为，在《侵权责任法》起草过程中，曾经使用了“过度检查”的表述。但是，有意见认为，“过度检查”并非法律用语，并且何为“过度检查”，含义不明确，难以判断，建议删除。但也有意见认为，“过度检查”的现象确实存在，不仅给患者造成了不必要的经济负担，有的过度检查甚至会给患者身体带来不良影响。因此，为了维护患者的合法权益，对该问题作出禁止性规范是必要的。还有意见认为，不仅应当对“过度检查”作出禁止性规范，还应当规定其法律后果，如医疗机构应当退回不必要的检查费用，造成患者损害的，还应当承担赔偿责任。也有不同意见认为，在何为“过度检查”不明确的情况下，退费问题

---

① 陈现杰主编：《中华人民共和国侵权责任法条文精义与案例解析》，中国法制出版社2010年版，第215页。

难以操作，同时，建议以“不必要的检查”代替“过度检查”的表述，并进一步明确“不必要的检查”的判断标准。① 在对各方意见进行综合考量的基础上，《侵权责任法》第63条规定：“医疗机构及其医务人员不得违反诊疗规范实施不必要的检查。”本条对这一内容予以了保留。

【适用指南】

对于本条的适用，要注意的是，本条仅写明了“医疗机构及其医务人员不得违反诊疗规范实施不必要的检查”，但未规定相应的责任条款。一方面，本条明确提出了行为规范，对医疗机构予以约束，但出于医疗行为本身的公益性、专业性、复杂性等考虑，对于过度检查直接列明责任规定可能会影响医疗机构的行为，诱发防御性治疗等行为，会对医学发展造成不利影响。另一方面，本条规定情形下对患者造成损害的，应当依法承担侵权责任。这里就需要满足相应的侵权责任构成要件：（1）过度检查行为的主体必须是医疗服务机构或是具有行医执照的个体诊所。其主体不包括非法行医者，也不包括药店服务人员，但医疗保健机构及服务人员应包括在内。（2）医疗机构或医务人员提供了超过患者本身所需的医疗服务。此种医疗服务行为超出了疾病治疗的实际需要，对疾病的治愈、康复没有积极效果，是不必要的、多余的、不合理的。（3）须造成损害后果。此损害后果是指对患者造成的人身伤亡、财产损失、精神痛苦以及对隐私权和名誉权等的侵害。② 概言之，过度检查侵权责任的构成要从严把握，要依法适用过错责任的一般规则。另外，过度检查承担的责任中应包括退还过度检查医疗费用的内容。

---

① 王胜明主编：《中华人民共和国侵权责任法释义》，法律出版社2010年版，第318页。

② 最高人民法院侵权责任法研究小组编著：《〈中华人民共和国侵权责任法〉条文理解与适用》，人民法院出版社2010年版，第442～443页。

第一千二百二十八条　医疗机构及其医务人员的合法权益受法律保护。

干扰医疗秩序，妨碍医务人员工作、生活，侵害医务人员合法权益的，应当依法承担法律责任。

【条文主旨】

本条是关于保障医疗机构、医务人员合法权益，维护医疗秩序的规定。

【立法要点及理由】

《侵权责任法》第64条规定：“医疗机构及其医务人员的合法权益受法律保护。干扰医疗秩序，妨害医务人员工作、生活的，应当依法承担法律责任。”本条基本保留了这一规定，主要修改有二：一是将本条规定分为两款，第1款规定依法保护医疗机构和医务人员合法权益，第2款规定法律责任；二是在第2款中增加了“侵害医务人员合法权益”这一内容，彰显对医务人员保护的强化。

现实中“医闹”事件屡有发生，已经严重干扰了正常的医疗秩序，对医务人员的工作和生活造成很大影响。笔者认为，法律不仅对遭受医疗过错行为损害的患者要予以保护，对医疗机构及其医务人员的合法权益也要保护，医疗秩序更是需要维护，这涉及社会公共利益。《民法典》这一民事基本法有必要继续保留《侵权责任法》的这一规定，倡导和强化对医疗机构及其医务人员的合法权益的保护。对侵害医疗机构和医务人员合法权益的行为，法律要给予制裁。

【适用指南】

侵害医疗机构和医务人员合法权益的行为类型多样，但最为突出的首先是干扰医疗秩序的行为。这种行为不但集中地侵害了医疗机构和医务人员的利益，也妨碍了正常的社会医疗秩序，使广大患者难以正常求诊问药、接受治疗。对医疗机构而言，干扰医疗秩序的行为主要是侵害了医疗机构自主开展诊疗活动的权益和自主管理的权益，其中也可能存在对医疗机构财产权益的直接侵害。而对医务人员而言，干扰医疗秩序的行为则可能侵害其各项权益，如以暴力方式侵犯医务人员的生命权、健康权，以侮辱的方式侵害医务人员的人格权益。当然，从法律的精神和本条的逻辑关系来看，一切侵害医疗机构和医务人员合法权益的行为都应当受到法律制裁，而不仅限于干扰医疗秩序的这种侵害方式。但显然，由于当前个别患者或其亲属干扰医疗秩序的行为危害严重，本条的重点在于制裁干扰医疗秩序的行为。其次是其他妨害医务人员工作、生活的行为。医务人员是国家卫生事业的主要承担者，不保护医务人员的合法权益就不能充分调动他们的建设积极性。① 在干扰医疗秩序之外，还存在单独侵害医务人员合法权益的行为，如患者或其亲属在互联网上捏造事实攻击某医生，造成某医生社会评价急剧降低。按照《民法典》关于名誉权的规定，这应属诽谤行为，侵害了医疗机构或医务人员的名誉权，行为人应承担侵犯名誉权的侵权责任。

---

① 陈现杰主编：《中华人民共和国侵权责任法条文精义与案例解析》，中国法制出版社2010年版，第221页。

第七章　环境污染和生态破坏责任

第一千二百二十九条　因污染环境、破坏生态造成他人损害的，侵权人应当承担侵权责任。

【条文主旨】

本条是关于生态环境侵权责任适用无过错责任原则的规定。

【立法要点及理由】

对于环境侵权责任，是适用无过错责任原则还是过错责任原则，应当区分不同环境侵权类型，区别对待。依据本条规定，对于环境侵权行为造成他人财产或者人身等私益损害的，应当适用无过错责任原则。

《民法典》与《侵权责任法》相比，一个重大的变化就是将“生态破坏”单列，与“环境污染”并称。《侵权责任法》第八章名为“环境污染责任”，其中第 65 条规定，“因污染环境造成损害的，污染者应当承担侵权责任”。虽然全国人大法工委编写的《侵权责任法释义》中认为环境污染既包括对生活环境的污染，也包括对生态环境的污染，但不少学者认为，《侵权责任法》第 65 条规定的环境污染责任，仅指狭义上的污染生活环境侵权责任。[①]《环境保护法》第 64 条规定，“因污染环境和破坏生态造成损害的，应当依照《中华人民共和国侵权责任法》的有

① 杨立新：《侵权法论》，人民法院出版社 2013 年版，第 731 页。

关规定承担侵权责任”。即对破坏生态的行为造成环境损害也准许适用《侵权责任法》的相关规定。《民法典》继受了《环境保护法》的观点，认为环境污染和生态破坏是两个相对应的概念，生态破坏可能是污染所致，也可能是非污染所致，两者既有重合又存在明显区别，共同构成了对环境的损害。在《民法典》中明确将环境侵权行为分为环境污染和生态破坏两种类型，有利于司法实践中准确把握环境侵权责任概念。

环境侵权责任作为一种特殊侵权责任，其特殊性首先表现在其采用了无过错责任的归责原则。依无过错责任原则，只要他人的损害与环境侵权人的行为有因果关系，无论环境侵权人有无过错，都应当对其污染环境或破坏生态的行为承担侵权责任。笔者认为，本条规定环境侵权行为造成他人损害适用无过错责任原则，有以下几个方面的考量：

1. 环境污染、生态破坏问题比较突出，必须加以遏止

环境问题关系到人民群众的切身利益，关系到人与自然和谐相处和经济社会的永续发展。我国当前的环境污染问题依然非常严重，环境污染和生态破坏已成为重大社会公害。在民事责任承担领域，对于环境侵权案件适用无过错责任原则有利于追究侵权人的责任，促使其积极治理污染和修复被破坏的生态环境，预防和减少环境损害，维护社会公共利益。

2. 环境侵权适用无过错责任原则是国际上的通行做法

对于环境污染侵权，不同国家针对不同的情况在立法上有所不同，但大多数国家对危害较大的环境污染都采用无过错责任的归责原则。例如，《日本水污染防治法》第 19 条规定，伴随企业的活动排放含有有害物质的废水或废液，或者向地下渗透而危害了人的生命和身体时，与该排放或向地下渗透有关的企业者，应当承担由此而引起的损害赔偿责任。《德国环境责任法》第 1 条规定，因环境侵害而致人死亡，侵害其身体或者健康，或者使一个物发生损毁的，以此项环境侵害是附件一中所列举的设备引起的为限，对于由此发生的损害，设备持有人负有向受害人给付赔偿的义务。此外，英美法系的干扰妨害和严格责任在环境侵权救济中运用也比较普遍。

3. 与我国现行的环境保护法律中的归责原则保持一致

《环境保护法》第 64 条规定，“因污染环境和破坏生态造成损害的，应当依照《中华人民共和国侵权责任法》的有关规定承担侵权责任”。《水污染防治法》第 96 条第 1 款规定，因水污染受到损害的当事人，有权要求排污方排除危害和赔偿损失。《大气污染防治法》第 125 条规定，排放大气污染物造成损害的，应当依法承担侵权责任。

4. 克服过错责任原则局限性，平衡当事人利益的需要

环境侵权行为人大多是具有经济、科技、信息、社会优势地位的工商企业，使得处于弱势地位的受害人无法与之抗衡。即便在普通民众与中小企业、个体工商户的环境侵权诉讼中，也很难找到足够证据证明环境侵权人存在过错，进而得到相应补偿。采用无过错责任原则，有利于充分救济被侵权人，维护社会的稳定。

【适用指南】

1. 适用本条，需注意本条与《侵权责任法》第 65 条的不同之处

对于环境侵权造成的损害，《侵权责任法》第 65 条规定的不是“造成他人损害”，而是“造成损害”。该条的表述意味着损害并不仅指自然人、法人或者其他组织的人身损害和财产损害，还包括更广泛的损害，即对生态环境本身的损害，这种损害很显然不属于对他人人身权和财产权造成的损害范畴。《民法典》没有完全继受《侵权责任法》的规定，改为因污染环境、破坏生态造成“他人”损害的，侵权人应当承担侵权责任。也就是说，《民法典》这一条中规定的无过错责任归责原则不适用对生态环境造成的损害。对生态环境造成的损害，根据《民法典》第 1234 条和第 1235 条的规定，需要以“违反国家规定”为前提。

2. 关于企业排污符合国家或地方规定的污染物排放标准但造成损害的情况是否应当承担侵权责任的问题

对于这一问题，《国家环境保护局关于确定环境污染损害赔偿责任问

题的复函》有明确答复："根据《中华人民共和国环境保护法》第四十一条第一款的规定：'造成环境污染危害的，有责任排除危害，并对直接受到损害的单位或者个人赔偿损失。'其他有关污染防治的法律法规，也有类似的规定。可见，承担污染赔偿责任的法定条件，就是排污单位造成环境污染危害，并使其他单位或者个人遭受损失。现有法律法规并未将有无过错以及污染物的排放是否超过标准，作为确定排污单位是否承担赔偿责任的条件。至于国家或者地方规定的污染物排放标准，只是环保部门决定排污单位是否需要缴纳超标排污费和进行环境管理的依据，而不是确定排污单位是否承担赔偿责任的界限。《中华人民共和国水污染防治法实施细则》第三十六条还明确规定，缴纳排污费、超标排污费的单位或者个人，并不免除其赔偿损失的责任。"《最高人民法院关于审理环境侵权责任纠纷案件适用法律若干问题的解释》中也持相同观点，该司法解释的第 1 条第 2 款明确规定，侵权人以排污符合国家或者地方污染物排放标准为由主张不承担责任的，人民法院不予支持。笔者认为，这一观点符合近些年的审判实践，本条既然规定环境侵权行为造成他人损害适用无过错责任归责原则，就意味着即使按照排污标准排放污染物，给他人造成损害的，也应当承担赔偿责任。

3. 关于本条与环境保护单行法律规定的协调问题

《民法典》关于环境侵权责任的规定相较于其他环境保护单行法的规定，具有基本法的性质，其他环境保护单行法是特别法。在法律适用上应当遵循特别法优于一般法的规则，优先适用特别法的规定。比如，《环境噪声污染防治法》第 2 条第 2 款规定，"本法所称环境噪声污染，是指所产生的环境噪声超过国家规定的环境噪声排放标准，并干扰他人正常生活、工作和学习的现象"。与一般环境侵权行为造成他人损害适用无过错责任原则不同，环境噪声侵权行为人的主观上要有过错，须具有超过国家规定的噪声排放标准的违法性，才承担噪声污染侵权责任。

4. 关于本条与《民法典》第 294 条的协调问题

《民法典》第 294 条规定，不动产权利人不得违反国家规定弃置固体废物，排放大气污染物、水污染物、土壤污染物、噪声、光辐射、电磁辐射等有害物质。这一规定源自《物权法》第90条。根据该规定，在相邻不动产权利人排放污染物造成他人人身、财产损害的情形中，违法性要件即是否违反国家规定是判断相邻不动产权利人是否应当承担民事责任的构成要件之一，这显然与《民法典》第1229条的规定相冲突。全国人大法工委在其编著的《中华人民共和国物权法释义》一书中认为，居民之间生活污染适用过错责任，主要由《物权法》规定的相邻关系解决，而企业生产等污染环境的则适用无过错责任，主要由《侵权责任法》《环境保护法》《大气污染防治法》《水污染防治法》等相关法律调整。笔者赞同这种划分，因相邻不动产的个人或家庭生活排放大气污染物、水污染物、固体废物、噪声、光辐射、电磁波辐射等有害物质对他人人身或财产权益造成损害的，适用《民法典》第294条的规定，应把是否合规排放作为认定污染者是否承担民事责任的构成要件之一。因个人或家庭生生活之外的相邻不动产权利人实施的环境侵权行为，主要是因法人、其他组织以及自然人在生产经过程中排放大气污染物、水污染物、固体废物、光辐射、电磁波辐射等有害物质对他人人身或财产权益造成损害的，属于本条规定调整的范畴，适用无过错责任归责原则，是否合规排放并非认定污染者应否承担民事责任的构成要件之一。

【相关规定】

《中华人民共和国民法典》第294条，《中华人民共和国环境保护法》第64条，《中华人民共和国水污染防治法》第96条，《中华人民共和国大气污染防治法》第125条，《中华人民共和国环境噪声污染防治法》第2条

第一千二百三十条　因污染环境、破坏生态发生纠纷，行为人应当就法律规定的不承担责任或者减轻责任的情形及其行为与损害之间不存在因果关系承担举证责任。

【条文主旨】

本条规定了环境民事诉讼案件适用因果关系举证责任倒置原则。

【立法要点及理由】

举证责任是指法律要求纠纷当事人对自己所主张的事实，提出证据加以证明的责任。举证责任分配是诉讼制度设计的核心，举证责任分配是否公平，直接关系到保护被侵权人的目标能否实现。在一般的侵权关系中，加害行为与损害结果之间往往具有即时性、直观性、特定性的特点，因果关系的判断相对容易。因此，实行“谁主张，谁举证”的原则，由被侵权人证明侵权行为与损害结果之间存在因果关系。不同于普通侵权行为，环境侵权行为具有复杂性、技术性强、信息不对称等特点，侵权人和被侵权人双方举证能力严重失衡。被侵权人囿于经济、技术水平限制往往难以准确还原或证明侵权行为与损害之间的因果关系，由被侵权人承担因果关系的举证责任有非常大的难度。为充分保护被侵权人的合法权益，本条规定了因果关系的举证责任倒置原则。侵权人需要就法定的减轻、免除责任情形以及侵权行为与损害之间不存在因果关系举证，侵权人如不能否认因果关系，则承担败诉风险。

即使侵权行为与损害之间存在因果关系，侵权人的责任有时也可能并非绝对责任，侵权人可以依照法律规定不承担责任或者减轻责任的情形提出抗辩，从而免除或者减轻自己的侵权责任。不同类型的环境侵权，免责和减轻责任的法定事由不尽相同。《民法典》侵权责任编第一章“一般规定”中对侵权责任的减免事由进行了一般规定，《海洋环境保护法》《水污染防治法》等环境保护单行法对环境侵权责任的减免事由进行了特别规定。根据“特别法优于一般法”原则，环境侵权责任的减免事由应当优先适用各环境保护单行法。《海洋环境保护法》第91条规定，完全属于下列情形之一，经过及时采取合理措施，仍然不能避免对海洋环境造成污染损害的，造成污染损害的有关责任者免予承担责任：（1）战争；（2）不可抗拒的自然灾害；（3）负责灯塔或者其他助航设备的主管部门，在执行职责时的疏忽，或者其他过失行为。此规定的免责事由要比《民法典》侵权责任编第一章的规定更加严格。在发生这类环境侵权时，侵权人可以依据该条规定主张不承担责任。《水污染防治法》第 96 条第 2、3 款规定，由于不可抗力造成水污染损害的，排污方不承担赔偿责任；法律另有规定的除外。水污染损害是由受害人故意造成的，排污方不承担赔偿责任。水污染损害是由受害人重大过失造成的，可以减轻排污方的赔偿责任。

【适用指南】

1. 要注意环境侵权举证责任倒置与拒不提供相关环境信息的区别

《最高人民法院关于审理环境民事公益诉讼案件适用法律若干问题的解释》第 13 条规定，原告请求被告提供其排放的主要污染物名称、排放方式、排放浓度和总量、超标排放情况以及防治污染设施的建设和运行情况等环境信息，法律、法规、规章规定被告应当持有或者有证据证明被告持有而拒不提供，如果原告主张相关事实不利于被告的，人民法院可以推定该主张成立。该条是关于被告拒不提供环境信息法律后果的规定。对于被告拒不提供相关环境信息的，根据该条规定，如果原告主张相关事实不利于被告的，人民法院可以推定该主张成立。需要注意的是，这里的“主张成立”，只能是原告主张的事实成立，即与被告持有的环境信息相关的事实成立，不应扩大到原告主张的所有事实，更不能产生原告关于诉讼请求的主张成立的误解。而举证责任倒置，要求被告举证证明其侵权行为与损害之间不存在因果关系，否则被告就要承担侵权责任。可以看出，两者导致的后果不一样，被告拒不提供环境信息的结果是推定事实成立，而举证责任倒置原则的结果是，被告如果不能证明不存在因果关系即应承担民事侵权责任。

2. 被侵权人应就侵权行为与损害结果之间存在关联性提供初步证明材料

因果关系举证责任的倒置是相对的，不是绝对的。举证责任倒置，并不是说环境民事诉讼中的原告不需要承担任何举证责任，而是就行为与损害之间存在因果关系不负有举证责任。作为被侵权人，仍然应当就存在侵权行为和损害承担举证责任，并提交侵权行为和损害之间可能存在因果关系的初步证据。对于被侵权人应当就侵权行为和损害事实承担举证责任，司法实践中争议不大，但对于被侵权人是否应当就侵权行为与损害结果之间存在关联性提交初步证据材料，理论界和实务界还是有不同意见。笔者认为，即使《民法典》第1230条规定了环境侵权案件适用因果关系举证责任倒置规则，被侵权人也应当就侵权行为与损害结果之间存在关联性提交初步证明材料，理由如下：一是举证责任分为行为意义上的举证责任和结果意义上的举证责任。环境侵权责任纠纷案件的被侵权人和侵权人都负有行为意义上的举证责任，都有义务就自己提出的任何主张提供证据。人民法院结合双方的证据综合全案判断因果关系是否存在，如果事实仍然真伪不明的，才会启动举证责任倒置规则，由对因果关系负有结果意义举证责任的侵权人承担不利后果。二是要求被侵权人对因果关系承担“初步”举证责任，有利于防止滥诉。三是由于举证责任倒置规则在逻辑结构上存在不足，如果直接僵化地适用举证责任倒置规则，将使推定结论的准确性和可靠性大打折扣，并很有可能让不是真正加害人的被告承担赔偿责任。当然，侵权行为与损害结果之间具有关联性的初步证明标准为低度盖然性标准，不是高度盖然性标准或者排除合理怀疑标准，只要具有一般表象证据即可，不必严苛到这些证据与侵权行为之间存在必然的直接联系。

【相关规定】

《中华人民共和国民事诉讼法》第64条，《中华人民共和国海洋环境保护法》第91条，《中华人民共和国水污染防治法》第92条

第一千二百三十一条　两个以上侵权人污染环境、破坏生态的，承担责任的大小，根据污染物的种类、浓度、排放量，破坏生态的方式、范围、程度，以及行为对损害后果所起的作用等因素确定。

【条文主旨】

本条是关于数个环境侵权人内部责任份额的划分规则。

【立法要点及理由】

本条的规定是为了解决数个环境侵权者责任划分的标准问题，与侵权者对外承担连带责任或按份责任并无必然联系。在案件类型上，可能是数个侵权者承担连带责任后内部追偿的案件，也可能是数个污染者对外承担按份责任的案件。

《侵权责任法》第67条规定，两个以上污染者污染环境，污染者承担责任的大小，根据污染物的种类、排放量等因素确定。本条的规定是对《侵权责任法》上述规定的传承和发展，两者在本质上是一致的。尽管本条规定的究竟是数个侵权者外部责任承担规则还是内部责任分担规则，在理论界和实务界都存有争议。但笔者经研究认为，本条不是关于按份责任的规定，而是加害人内部责任份额的划分规则。主要理由为：第一，按照《民法典》第1171条、第1172条的规定，数人分别侵权并非对外一律承担按份责任，而是根据每个人的侵权行为对于损害结果发生或者扩大所发挥的作用力区分连带责任或者按份责任。如果每个人的侵权行为都足以造成全部损害的，行为人承担连带责任，否则承担按份责任。第二，仅将本条内容理解为对外承担按份责任的规定不符合环境共同侵权的规则。从本质上看，连带责任与按份责任在某种侵权行为类型上的适用，完全体现了一种法律价值判断，包含公共政策导向的考虑。如果将数人分别侵权一律认定为承担按份责任，不利于充分保护被侵权人的合法权益，不利于制裁环境侵权行为，与现行的环境保护政策和精神不符。第三，在审判实践中，在数人实施环境侵权行为的情况下，既可能存在承担连带责任的情形，也可能存在承担按份责任的情形，这两种情况都涉及一个最终的责任份额确定问题。将本条理解为责任划分标准的规则，就可以为上述两种情形提供明确的法律依据。

对于数人侵权的责任份额问题，在侵权责任法的理论和实务中，一般要适用比较过错和比较原因力规则。比较过错制度是过错责任原则的发展，本质上是过错责任提出的应依据过错确定责任和责任范围的要求。[①] 所谓原因力，是指在构成损害结果的多个原因中，每一个原因对于损害结果发生或者扩大所起的作用。[②] 原因力的大小取决于各个原因的性质、原因事实与损害结果的距离以及原因事实的强度。在一般的过错责任中，以过错程度比较为主，原因力比较为辅的方法确定各自的责任是合理的。因为环境侵权适用无过错责任原则，而无过错责任不需要考虑行为人是否有过错，或者说行为人是否有过错对民事责任的构成和承担并不产生影响，此时因果关系是决定行为人承担责任的基本要件，所以分担责任份额的依据应更加注重比较原因力。本条即是按照这一思路作出的规定。依据本条规定，侵权者承担责任大小的依据主要是侵权行为在导致损害结果中所占的原因力比例。当然，对于确实无法区分过错和原因力的，应按照公平原则，以数人平均分担责任为原则，并适当考虑加害人的非法获利、经济负担能力等情况。

【适用指南】

1. 注意本条与《民法典》第 1168 条、第 1170 条、第 1171 条、第 1172 条规定的衔接适用问题

本条是关于数个侵权者责任份额标准的规定，既可以适用于环境侵权

---

① 张新宝：《侵权责任法立法研究》，中国人民大学出版社 2009 年版，第 219 页。

② 杨立新：《侵权法论》，人民法院出版社 2004 年版，第 525 页。

中承担连带责任后的内部份额承担问题，也可以适用于数个侵权者的按份责任情形。共同侵权及其他适用连带责任的情形既包括《民法典》第1168条规定的共同侵权情形，也包括《民法典》第1171条规定的分别实施侵权行为但足以造成全部损害的承担连带责任的情形，同时还应当包括《民法典》第1170条规定的共同危险行为情形。数个侵权者承担按份责任的情形主要是指《民法典》第1172条规定的情形。对于本条的适用，在审判实践中应当注意的是，在发生数人实施生态环境侵权行为时，应当先根据《民法典》第1168条、第1170条、第1171条、第1172条规定明确对受害人承担责任的规则，在此基础上，再根据本条的规定确定侵权者内部的责任份额。

2. 本条的适用，还涉及客观行为关联的共同侵权行为和分别侵权但每一个侵权行为都不足以造成全部损害的界定问题

在确定数个环境侵权者对外承担按份责任还是对外承担连带责任后确定内部追偿份额的问题时，争议最大的就是客观行为关联的共同侵权行为和分别侵权但每一个侵权行为都不足以造成全部损害的界定问题，前者适用《民法典》第1168条，数个侵权人对外承担连带责任，后者适用《民法典》第1172条，数个侵权人对外承担按份责任。共同侵权的构成不以数个行为人之间存在共同故意或过失为必要条件，在数个行为人分别实施加害行为导致同一损害发生且这些行为存在高度关联性时，也构成共同侵权。① 客观的共同关联性为数人所为违法行为致生同一损害者，纵然行为人相互间无意思联络，仍应构成共同侵权行为。这种类型的共同加害行为的共同关联性乃在于数人所为不法侵害他人权利的行为在客观上为被害人所生损害的共同原因。② 判断数个侵权行为是否属于客观共同侵权行为承担连带责任，应当从"时空一致性"的要求和"结果不可分性"两个方面考虑。具体到数人环境侵权当中，如数人在同一相对集中的时间和同一相对集中的地域内一起排污，不仅可以是物理上的混合，更可能表现为复

---

① 张新宝、庄超：《扩张与强化：环境侵权责任的综合适用》，载《中国社会科学》2014年第3期。

② 孙森焱：《新版民法债编总论》（上册），三民书局2004年版，第276～278页。

杂的化学反应或者生物反应，导致同一损害后果的发生，该损害后果即具有不可分性，应属于数个侵权者承担连带责任的情形，否则应当属于《民法典》第1172条规定的按份责任的情形。

【相关规定】

《中华人民共和国民法典》第1168条、第1170条、第1171条、第1172条，《最高人民法院关于审理环境侵权责任纠纷案件适用法律若干问题的解释》第4条

第一千二百三十二条　侵权人违反法律规定故意污染环境、破坏生态造成严重后果的，被侵权人有权请求相应的惩罚性赔偿。

【条文主旨】

本条是关于生态环境损害惩罚性赔偿制度的规定。

【立法要点及理由】

本条的规定确立生态环境侵权惩罚性赔偿制度，是立法上的一个重大突破，解决了理论界与实务界的长期争论，为未来司法实践提供了指导。

惩罚性赔偿是指超过实际损害的范围判决加害人或者对损害负有赔偿义务的人对受害人予以额外的金钱赔偿，以示对加害人的惩罚。惩罚性赔偿具有以下七项功能：（1）惩罚被告；（2）特别阻吓，防治被告再为相同加害行为；（3）一般阻吓，防治其他人实施类似行为；（4）保障和平，禁止同态复仇；（5）诱导私人执行法律，即鼓励受害人对不守法的侵权行为人提起诉讼；（6）对受害人无法填补的损害予以赔偿；（7）支付原告律

师费用等。[①]《民法典》第179条第2款规定，法律规定惩罚性赔偿的，依照其规定。这意味着我国《民法典》在总则编确立了惩罚性赔偿制度。随着我国经济社会的快速发展，生态破坏和环境污染问题日益严峻，需要特殊的法律手段予以治理。传统的损害填补性质的赔偿虽然能对受害人的健康权、财产权及生态环境的损失起到一定的补偿作用，但存在无法充分弥补所有损失的问题，更不利于遏制生态环境破坏行为的发生。本条引入惩罚性赔偿制度对受害人予以救济，是“用最严格制度，最严密法治保护生态环境”理念在民事私法中的体现，有利于制裁生态环境损害中的恶意侵权人，阻吓他人实施生态环境侵权行为，减少受害人的不满情绪，增加社会福祉。

但是，惩罚性赔偿的特殊性在于它突破了公法和私法的界限划分，本质上是借由私法这个外壳来达到惩罚违法者、维护社会公益和和平秩序的公法目的，本身具有公法属性。《民法典》调整的是平等民事主体之间的法律关系，生态环境侵权责任的适用不是为了代行环境保护行政管理主体的制裁职能，不能过分背离侵权责任损害填平的原则，因此惩罚性赔偿的适用应当克制。本条除明确对污染环境、破坏生态侵权责任适用惩罚性赔偿外，还对惩罚性赔偿的适用条件进行了严格限制。

（1）惩罚性赔偿的请求权主体仅限于被侵权人，不包括国家规定的机关或者法律规定的组织。惩罚性赔偿适用于平等主体之间，原告与被告之间属于私的法律关系，加害人支付的惩罚性赔偿金是给受害人而非上交国家。因此，惩罚性赔偿仅在环境私益侵权诉讼中适用，不能在环境民事公益诉讼或生态环境损害赔偿诉讼中适用。

（2）生态环境侵权惩罚性赔偿责任的主观要件限定为故意，即如仅存在过失或者不存在过错，则不能使用惩罚性赔偿。其原因在于，惩罚性赔偿主要是针对恶意的、在道德上具有严重可非难性的行为而实施的法律措施。故意实施不法行为侵犯他人的合法权益，其主观恶性足以表明行为人

---

① 张新宝：《侵权责任法立法研究》，中国人民大学出版社2009年版，第14～15页。

内心之邪恶，对其适用惩罚性赔偿责任，既是法律对侵权人的一种强烈谴责，也是对受害人的一种有力支持。

（3）惩罚性赔偿责任的适用要以违法性为条件。法律是道德的最低要求，如果某种不当行为并不存在违法性，那就意味着该行为的恶劣程度还不足以达到社会不能容忍的地步，就不宜用惩罚性赔偿作为手段予以严厉的制裁。况且，环境污染和生态破坏是工业发展不可避免的副产品，对所有产生环境污染和生态破坏的企业不加区别地适用惩罚性赔偿，也不符合经济发展规律。

（4）适用惩罚性赔偿责任，结果要件要达到“造成严重后果”的程度。适用惩罚性赔偿的合理性之一，在于加害行为的严重性，而“造成严重后果”无疑是行为严重的表现形式之一。故在生态环境侵权中，应以“造成严重后果”作为适用惩罚性赔偿责任的前提。

【适用指南】

1. 适用本条，涉及如何确定赔偿金额的问题

虽然本条规定了生态环境侵权惩罚性赔偿制度，但并未明确赔偿数额的衡量标准，也未对赔偿倍数作出限制。笔者认为，考虑到该制度的主要目的在于惩罚和威慑，因此在确定赔偿数额时应以达到适度威慑为原则，综合考虑以下四点：（1）侵权人的过错程度，即不法行为的可谴责性。侵权人的主观过错程度是确定惩罚性赔偿数额的首要因素。不法行为的主观恶性越大、可谴责性越大，惩罚性赔偿的数额应越高。（2）损害后果的严重性。惩罚性赔偿作为损害赔偿的特殊形式，应当遵循损害赔偿的基本原则，以损害后果的严重性作为确定赔偿金额的重要参考。损害后果越严重，侵权人承担的责任应该越大，惩罚性赔偿金额应该相对更高。（3）侵权人的经济情况。遏制侵权行为再次发生，是在生态环境侵权责任中适用惩罚性赔偿的目的之一，根据侵权人的财产状况适当调整赔偿金额，可以起到更好的威慑效果，迫使侵权人主动改变生产方式，从源头上抑制其违

法冲动。（4）侵权人从不法行为中获利的情况。侵权人从不法行为中获利或者可能获利的数额越大，侵权人就越有可能铤而走险，此时增加惩罚性赔偿的数额剥夺其已经获得或者将要获得的利益，可以增强威慑力。

2. 适用本条，还涉及与行政罚款、刑事罚金的衔接问题

《民法典》第 187 条规定，民事主体因同一行为应当承担民事责任、行政责任和刑事责任的，承担行政责任或者刑事责任不影响承担民事责任；民事主体的财产不足以支付的，优先用于承担民事责任。惩罚性赔偿虽然称作赔偿，但是与行政罚款和刑事罚金性质不同。惩罚性赔偿保护的是私人权利受到损害的民事利益关系，请求权主体为民事主体，最终赔偿金额归属被侵权人，属于私法责任。行政罚款和刑事罚金属于公法责任。根据《民法典》第 187 条的规定，惩罚性赔偿和行政罚款、刑事罚金可以并用，当侵权人财产不足以承担全部责任时，惩罚性赔偿应优先于行政罚款、刑事罚金，财产优先支付给受害人。

【相关规定】

《中华人民共和国民法典》第 179 条、第 187 条

第一千二百三十三条　因第三人的过错污染环境、破坏生态的，被侵权人可以向侵权人请求赔偿，也可以向第三人请求赔偿。侵权人赔偿后，有权向第三人追偿。

【条文主旨】

本条规定了生态环境侵权责任中第三人过错的不真正连带责任规则。

【立法要点及理由】

对于污染环境、破坏生态是由于侵权人与被侵权人之外的第三人的过

错导致的情形，为了充分保护被侵权人的合法权益，本条规定了被侵权人可以选择请求侵权人或者第三人赔偿，侵权人承担责任后可以向第三人追偿。

《民法典》第1175条规定，损害是因第三人造成的，第三人应当承担侵权责任。即第三人的行为对于损害后果有全部的原因力，可以构成侵权人的免责事由。这是针对一般的侵权行为类型而言的。在过错责任原则和过错推定原则适用的场合，谁有过错，谁就要承担责任。但是，在生态环境侵权中侵权人适用无过错责任原则，无论侵权人主观上有无过错，只要存在侵权行为，并且造成了他人人身或者财产的损害，侵权人就要承担环境侵权责任。第三人是独立于侵权人之外的人，法律没有专门规定对该第三人适用无过错责任原则，其承担责任与否根据过错责任原则来定。因此，在环境侵权第三人责任中，第三人与侵权人一起承担的是不真正连带责任，被侵权人在受到损害后可以向侵权人主张责任，也可以向第三人主张责任，侵权人承担责任后可以向第三人追偿。

【适用指南】

1. 关于如何确定第三人范围及如何界定第三人行为的问题

关于本条规定的第三人，应从以下三个层面理解：第一，这里的第三人是指被侵权人和侵权人之外的第三人，第三人与受害人和侵权人之间不存在法律上的隶属关系，该第三人不限于自然人，还可以是法人或者其他组织。第二，第三人和侵权人之间不存在构成共同侵权的情形，如果第三人与侵权人构成共同侵权，则两者承担连带责任。第三，此第三人并非《民事诉讼法》中有独立请求权的第三人或者无独立请求权的第三人，一旦被侵权人起诉要求有过错的第三人承担侵权责任，则此第三人属于被告或者居于共同被告地位。

对于第三人行为的界定，需要注意的是，第三人的过错行为不是环境侵权行为，否则该第三人的身份就发生根本变化，属于侵权人的范畴。这里的第三人行为是指作用于侵权人并使侵权人的侵权行为造成了被侵权人损害的第三人过错行为，即该行为必须是与侵权人行为结合在一起导致了损害后果。

2. 关于被侵权人是否可以同时以侵权人和第三人为被告主张权利的问题

本条只规定了被侵权人可以择一行使损害赔偿请求权，但对能否同时主张，没有明确规定。笔者认为，被侵权人向侵权人或者第三人择一主张权利，符合不真正连带责任的基本属性，但其同时以侵权人或者第三人为被告主张权利的，人民法院也应当受理，这样有利于彻底查明案件事实，有利于充分保护各方的程序权利，更有利于实现纠纷的彻底解决。但是，在侵权人和第三人同时为被告的情况下，不能因为第三人承担的责任是终局责任，而侵权人承担的是中间责任，就径行判决由承担终局责任的第三人承担责任，而不再判决侵权人承担责任。因为这样做既不符合被侵权人同时诉讼的基本预期，也不符合本条突出对被侵权人予以充分救济的基本要求，不能将该第三人清偿不能的风险完全转嫁给被侵权人。

3. 关于被侵权人主张侵权人承担责任或者第三人承担责任的归责原则问题

如上文所述，在环境侵权案件中对侵权人适用的是无过错责任原则，而对第三人适用的是过错责任原则。由此导致被侵权人的举证责任也不相同，特别是在第三人的责任承担问题上，被侵权人应当对第三人的过错承担举证责任，而对于环境侵权人，则还是适用举证责任倒置的规则。在侵权人承担责任后向第三人行使追偿权时，也应当贯彻过错责任原则，第三人最终承担与其过错程度相应的赔偿责任。

【相关规定】

《中华人民共和国民法典》第 1175 条

第一千二百三十四条　违反国家规定造成生态环境损害，生态环境能够修复的，国家规定的机关或者法律规定的组织有权请求侵权人在合理期限内承担修复责任。侵权人在期限内未修复的，国家规定的机关或者法律规定的组织可以自行或者委托他人进行修复，所需费用由侵权人负担。

【条文主旨】

本条是关于侵权人生态环境修复责任的规定。

【立法要点及理由】

该条首次在法律中将修复生态环境作为一种法定的侵权责任形式予以规定，是为了更好地在生态环境损害赔偿领域适用恢复原状这一责任方式，突出了修复生态环境的目的。《民法典》出台之前的司法解释中规定了污染者的修复义务，将其作为“恢复原状”的一种实现形式，如《最高人民法院关于审理环境侵权责任纠纷案件适用法律若干问题的解释》第14条、《最高人民法院关于审理环境民事公益诉讼案件适用法律若干问题的解释》第20条都有被侵权人（原告）请求修复生态环境的，人民法院可以依法裁判侵权人承担环境修复责任的相关内容。《最高人民法院关于审理生态环境损害赔偿案件的若干规定（试行）》第11条虽将“修复生态环境”作为与赔偿损失、停止侵害、排除妨碍、消除危险、赔礼道歉等并列的民事责任形式，但司法解释只是对现行法律的适用问题进行解释，并未上升到法律规定的高度。该条规定为修复生态环境提供了明确的法定请求权基础，有利于更好实现生态环境保护目的。

那么，在《民法典》总则编已规定了恢复原状民事责任的情况下，为什么还要在侵权责任编中规定生态环境修复责任呢？笔者认为，这主要是基于以下考虑：

第一，“恢复原状”和“修复生态环境”在内涵上有所不同。一是救济的对象不同。恢复原状主要指所有权人的财产被非法侵害而损坏时，能够修理的，所有权人有权要求加害人通过修理，恢复财产原有的状态。而修复生态环境所救济的客体是受损的生态环境，具有公共性，是对环境公共利益的救济，其结果是使受损生态环境得以修复。二是修复的标准不同。生态环境本身是由各环境要素组成的生态系统，不仅各环境要素相互作用和影响，而且整个生态系统处于不断的物质循环、能量流动、信息传递过程中，这与传统民法意义上所界定的“物”是不同的，其修复标准自然不同。三是救济的方式不同。因恢复原状所救济的是传统民法上的财产，一般通过修理等方式即可，故通常情况下侵权责任人自己即可进行恢复；而对生态环境的修复具有专业技术性，责任人通常无法独自开展，况且生态环境的修复还涉及公共利益，故对生态环境的修复往往需要公众的参与、监督以及公权力主体、公共机构的介入。

第二，强调生态环境修复责任形式的使用，突出了修复生态环境在责任体系中的重要地位。一般而言，对损失应当以赔偿为主要的责任承担方式。但就生态环境而言，每一处生态环境都是互不相同的，有其独立的生态价值，故在生态环境被损害的情形下，应首先采取修复措施使生态环境恢复到损害没有发生时的状态，修复生态环境应当作为首选责任承担方式，在无法修复的情况下，可以采取赔偿损失的方式予以弥补。因此，《民法典》将生态环境修复责任放到其他责任方式之前，并单独作为一条，突出了该种责任方式的首要性。

【适用指南】

1. 关于直接修复和替代修复

依据修复对象的不同，修复生态环境责任的承担方式可分为直接修复和替代修复。直接修复是针对受到污染或者破坏的环境介质、生物、生态系统等进行评估并予以原区域、原体的修复。司法实践中，如果直接原地、原体修复能够使生态环境损害恢复至受损害之前的状态或水平的，应当直接修复。也就是说，直接修复应是修复生态环境责任承担方式的首要方式。与之对应，如果无法直接修复原生态环境的，可以采取替代性修复方式。如在审理水污染导致的环境民事公益诉讼案件中，由于雨水冲刷、河流自净等原因，受到污染的水环境无须治理已自然修复的情况下，就可以采取替代性修复方式。替代性修复方式既包括在相同地区的不同地点采取修复措施，也包括针对生态功能相同但分属不同种类、同一质量而数量不同等不同情形进行修复。以绍兴市环境保护局等生态环境损害赔偿协议司法确认案为例，该案中上峰公司违法排放的大气污染物因大气的扩散而稀释自净，不再需要采取现场直接修复的方式。对于上峰公司造成的生态环境损害，绍兴市环境保护局与上峰公司、次坞镇政府经磋商后达成了修复生态环境损害的磋商协议，协议约定上峰公司以实施次坞镇大院里村景观环境整治工程的方式进行替代修复。法院受理司法确认申请后依法裁定确认协议有效。

2. 关于自行修复和委托修复

该分类标准在于由谁来具体实施修复生态环境的责任，亦即二者的实施主体不同。自行修复主要指由侵权人自行组织实施修复，盖因其系生态环境损害赔偿的责任主体，由其实施修复生态环境是法律责任的应有之义。同时，在侵权人未履行修复义务的情况下，国家规定的机关或者法律规定的组织具备修复能力的情况下，也可以自行修复。

但是，囿于生态修复的专业性、复杂性，或者侵权人因受刑事处罚而不具备实施生态修复的条件等多种因素制约，存在侵权人以及国家规定的机关或者法律规定的组织无法直接实施生态修复活动的情况，此时即需要委托他人修复以实现救济受损生态环境的目的。委托第三方修复只是修复任务具体实施的转移，并不意味着修复过程中责任人修复责任的转移，其仍是修复生态环境的责任承担者。

3. 关于修复费用的确定

该条未明确规定如何确定修复费用。实践中，如该费用尚未支付，可依据专业机构的评估报告、招投标文件等确定；如已支付，可根据支出证明材料等确定。另外，实践中也存在修复费用难以计算的情况。就此问题，可参考《最高人民法院关于审理环境民事公益诉讼案件适用法律若干问题的解释》第23条，即“生态环境修复费用难以确定或者确定具体数额所需鉴定费用明显过高的，人民法院可以结合污染环境、破坏生态的范围和程度，生态环境的稀缺性，生态环境恢复的难易程度，防治污染设备的运行成本，被告因侵害行为所获得的利益以及过错程度等因素，并可以参考负有环境资源保护监督管理职责的部门的意见、专家意见等，予以合理确定”。

【相关规定】

《最高人民法院关于审理环境侵权责任纠纷案件适用法律若干问题的解释》第14条，《最高人民法院关于审理环境民事公益诉讼案件适用法律若干问题的解释》第20条、第23条，《最高人民法院关于审理生态环境损害赔偿案件的若干规定（试行）》第11条

第一千二百三十五条 **违反国家规定造成生态环境损害的，国家规定的机关或者法律规定的组织有权请求侵权人赔偿下列损失和费用：**

（一）生态环境受到损害至修复完成期间服务功能丧失导致的损失；

（二）生态环境功能永久性损害造成的损失；

（三）生态环境损害调查、鉴定评估等费用；

（四）清除污染、修复生态环境费用；

（五）防止损害的发生和扩大所支出的合理费用。

【条文主旨】

本条是关于生态环境损害的赔偿责任及范围的规定。

【立法要点及理由】

《民法典》出台之前，生态环境损害赔偿具体范围的相关规定仅散见于《最高人民法院关于审理环境民事公益诉讼案件适用法律若干问题的解释》《最高人民法院关于审理生态环境损害赔偿案件的若干规定（试行）》等司法解释及相关政策性文件中。该条首次在法律中明确规定了生态环境损害赔偿的范围，为实践提供了实体法依据。

侵权人因其污染环境、破坏生态的行为造成了国家利益、社会公共利益的损害，其首要的责任是承担生态环境修复责任，但该责任无法包含也无法替代对生态环境造成损害的赔偿责任。本条即规定了侵权人承担生态环境损害赔偿责任的范围。对于生态环境损害能够修复的，作为赔偿责任请求权主体的“国家规定的机关或者法律规定的组织”有权请求侵权人承担过渡期损害赔偿责任，即赔偿生态环境受到损害至修复完成期间内存在的因生态服务功能丧失而导致的损失。对于生态环境损害无法修复的，则请求权人有权请求构成生态环境永久性损害赔偿责任的侵权人赔偿“生态环境功能永久性损害造成的损失”。此外，对前述两种赔偿责任，在求偿时也可同时要求赔偿合理、必要的“生态环境损害调查、鉴定评估等费用”“清除污染、修复生态环境费用”和“防止损害的发生和扩大所支出的合理费用”。

“生态环境受到损害至修复完成期间服务功能丧失导致的损失”即期间损失，《环境损害鉴定评估推荐方法（第Ⅱ版）》中将期间损失定义为生态环境损害发生至生态环境恢复到基线状态期间，生态环境因其物理、化学或生物特性改变而导致向公众或其他生态系统提供服务的丧失或减少，即受损生态环境从损害发生到其恢复至基线状态期间提供生态系统服务的损失量。生态环境事件发生后到生态环境恢复原状之前，社会公众丧失了在上述期间所应享有的生态系统服务利益，故污染者应对上述利益损失进行赔偿。

另外，本条规定“防止损害的发生和扩大所支出的合理费用”则是关于预防性责任承担方式的规定。《环境保护法》第5条规定，“环境保护坚持保护优先、预防为主、综合治理、公众参与、损害担责的原则”。保护就是预防，预防就是保护，生态环境一旦被破坏、被污染，往往造成非常严重的后果，难以恢复原状，消除损害影响的费用也非常巨大。从经济效率的角度考虑，如果侵权行为造成了实际的损害后果，再通过侵权责任的承担等方式予以救济，就需要另外花费更多的社会资源。而通过预防性的责任形式的运用，就可以起到“防患于未然”的效果，从而在整体上避免社会资源的浪费。[①] 因此，基于发挥侵权法预防功能的需要，停止侵权、消除危险、排除妨碍也被纳入侵权责任承担方式体系中，故侵权责任的预防功能在环境污染责任体系之中非常重要。根据侵权法自负（自己）责任的理念，采取预防措施的费用不由受害人承担，原告自己采取预防措施而支出费用的，可以请求被告承担。故该条第5项规定了预防性责任的内容。

总之，《民法典》第1234条、第1235条分别规定了侵权人违反国家规定造成生态环境损害应承担的修复责任和赔偿责任，明确了国家规定的机关或者法律规定的组织的索赔权。这一规定吸纳了《生态环境损害赔偿制度改革方案》的相关内容，在《民法典》中规定了公法性质的生态环境损害修复或者赔偿责任，是《民法典》的重大突破，体现了《民法典》对环境保护问题的回应，也是《民法典》“绿色化”、贯彻生态文明理念的成果。

① 参见石佳友：《论侵权责任法的预防功能》，载《中州学刊》2009年第3期。

【适用指南】

1. 损害赔偿与生态环境修复责任的关系

虽然对于生态环境损害的救济以修复责任为首要责任，但其与损害赔偿并不冲突。专家认为，“恢复原状和赔偿损失并非对立的民事责任方式，二者相互吸收，而是可以分别适用或合并适用的两种责任形式”[①]。损害赔偿和修复生态环境可以并用，是基于如下考量：一是存在生态环境无法修复的情况，此时应赔偿生态环境功能永久性损害造成的损失等费用；二是修复生态环境只考虑到财产、生态环境的交换价值的恢复，没有考虑到财产、生态环境使用价值的损失[②]，故对于受到损害至恢复期间的服务功能损失也应予以赔偿。例如，树木被他人砍伐，在补种和生长期间，树木本应对生态环境贡献的光合作用功能丧失，在此情况下，除了要求责任人恢复原状之外，还可以要求行为人赔偿损失。

2. “防止损害的发生和扩大所支出的合理费用”的范围

《生态环境损害赔偿制度改革方案》规定的生态环境损害赔偿范围包括清除污染费用、生态环境修复费用、生态环境修复期间服务功能的损失、生态环境功能永久性损害造成的损失以及生态环境损害赔偿调查、鉴定评估等合理费用。《民法典》在此基础上增加规定了“防止损害的发生和扩大所支出的合理费用”。何为“防止损害的发生和扩大所支出的合理费用”，目前立法上并未见直接规定。只有《最高人民法院关于审理环境民事公益诉讼案件适用法律若干问题的解释》第19条第2款规定，原告为停止侵害、排除妨碍、消除危险采取合理预防、处置措施而发生的费用，请求被告承担的，人民法院可以依法予以支持。笔者认为，上述费用不仅包括突发事故中的应急处置费用，还包括预防非突发状态下环境侵权

---

① 张新宝：《侵权责任立法研究》，中国人民大学出版社2009年版，第118页。

② 王利明：《侵权责任法研究》（上卷），中国人民大学出版社2011年版，第611页。

行为而产生的费用，以及污染事件发生后清理、处置污染物的费用等。另外，需要说明的是，清除污染、修复生态环境费用、防止损害的发生和扩大所支出的合理费用等通常是由负有生态环境管理职责的行政机关支出的，《民法典》结合了《生态环境损害赔偿制度改革方案》《最高人民法院关于审理生态环境损害赔偿案件的若干规定（试行）》的规定，赋予了生态环境损害赔偿诉讼的原告（即地级以上人民政府及其授权的负有生态环境管理职责的行政机关）就上述费用进行求偿的权利。

【相关规定】

《中华人民共和国民法典》第1167条，《中华人民共和国环境保护法》第5条，《最高人民法院关于审理环境侵权责任纠纷案件适用法律若干问题的解释》第15条，《最高人民法院关于审理环境民事公益诉讼案件适用法律若干问题的解释》第19~22条，《最高人民法院关于审理生态环境损害赔偿案件的若干规定（试行）》第12~14条

第八章　高度危险责任

第一千二百三十六条　从事高度危险作业造成他人损害的，应当承担侵权责任。

【条文主旨】

本条是关于高度危险责任一般条款的规定。

【立法要点及理由】

我国在《民法通则》中明确规定了高度危险作业致害责任。《民法通则》第123条规定："从事高空、高压、易燃、易爆、剧毒、放射性、高速运输工具等对周围环境有高度危险的作业造成他人损害的，应当承担民事责任；如果能够证明损害是由受害人故意造成的，不承担民事责任。"据此，一是通过列举"高空、高压、易燃、易爆、剧毒、放射性、高速运输工具"这七种常见的高度危险作业形式，同时也在其后加上"等对周围环境有高度危险的作业"来界定高度危险作业的范围。二是规定了高度危险作业实行无过错责任原则，并规定损害是由受害人故意造成的，高度危险作业人可以不承担责任。这一规定作为高度危险责任的一般规定，为其后制定涉及高度危险责任的单行法和司法实践发挥了积极的指导作用。另外，《民用航空法》《铁路法》等许多法律法规中还具体规定了高度危险作业致害责任。《侵权责任法》在总结以往立法经验的基础上，在第69条确立了高度危险责任的一般条款，并专章规定高度危险责任。该条规定："从事高度危险作业造成他人损害的，应当承担侵权责任。"《民法典》沿用了这一做法，在本条原文保留了高度危险责任一般条款的规定。当然，本条也明确了高度危险责任适用无过错责任原则。

【适用指南】

一、关于高度危险责任的归责原则和构成要件

高度危险责任采用何种归责原则，我国理论上曾有不同的看法。从本条规定看，从事高度危险作业造成他人损害的，就应当承担责任。行为人不能通过证明自己对造成损害没有过错而不承担侵权责任，只有在证明存在法律规定的不承担责任或者减轻责任的情形时，才能形成正当抗辩事由。因此，高度危险责任在归责原则上采用的是无过错责任原则。

归责原则直接影响着构成要件的具体内容。侵权法理论认为，广义的侵权责任的构成要件可以分为三个阶层：一是狭义构成要件，包括加害行为、损害后果及二者之间的因果关系；二是违法性，违法性要件的主要意义在于引进"违法阻却事由"，即只有在责任人举证证明存在法定的违法阻却事由时始能推翻此种推定；三是有责性，即通常所谓的过错。高度危险责任作为一种侵权责任，其构成自然需要狭义的构成要件，即加害行为、损害后果及二者之间的因果关系。高度危险责任作为无过错责任，不以过错作为构成责任的必要。值得探讨的是其是否以违法性要件为必要。德国法区分"不法"与"不幸"，认为二者分别对应于过错责任和高度危险责任。高度危险责任的发生既然是不幸事件，自然不要求违法性要件。"特殊的归责原因使得所有高度危险责任的构成要件具有一个独特的基本结构：侵害法益/损害表现为特殊的危险成为现实的后果。由于这一构成要件的基本结构，高度危险责任形成了与过错责任不同的构成要件，即取

消了违法性和过错的因素。"[①] 我国也有类似的观点，认为高度危险责任对应的是合法行为，本身不具有过错，因而也就谈不上行为违法性问题。对此，笔者认为违法性仍应是高度危险责任的构成要件。一者，从法律适用的角度看，在对高度危险责任作具体列举式规定的情况下，某一高度危险行为只有在构成法律明确规定的高度危险责任，即具有违法性时，始得承担高度危险责任。二者，离开了违法性要件，免责事由（即违法阻却事由）在逻辑上将无所归依。[②] 综上，高度危险责任构成要件包括加害行为、损害后果及二者之间的因果关系三个要件。

值得探讨的问题是，本条规定还涉及"他人损害"中的"他人"范围的界定问题。"他人"是指一切因高度危险作业而受害的人还是限定于某一特定的范围，是必须予以明确的问题。从审判实践来看，高度危险作业的受害人主要包括三类：一是与高度危险作业本身无关的第三人，如飞机坠落时，在农田耕作的因之受伤的村民。二是与高度危险作业有特定法律关系的人，如在飞机事故中死亡的飞机上的乘客、铁路事故中死伤的乘客等。三是高度危险作业的作业人，作业人一般为直接操作者，如直接进行爆破作业的工人、飞机的驾驶员、火车司机等。笔者认为，高度危险责任中的"他人"应当指前两种人员，不包括高度危险作业的直接作业者。虽然对于高度危险作业中如乘客等是否包括在高度危险责任的他人范围内法律规定不明确，实践中也多有争议，但从高度危险责任的立法本意来讲，凡是受高度危险责任作业损害的，都应当列入"他人"范围，"他人"主要是与"作业人"相对应的。[③] 我国关于高度危险责任的法律如《铁路法》《电力法》《民用航空法》等，对于乘客的财产和人身损害，也都采用了无过错责任原则，抗辩事由也多限于"不可抗力""受害人故

---

① ［德］马克西米利安·福克斯：《侵权行为法》，齐晓琨译，法律出版社 2006 年版，第 257 页。

② 陈现杰主编：《中华人民共和国侵权责任法条文精义与案例解析》，中国法制出版社 2010 年版，第 241 页。

③ 最高人民法院侵权责任法研究小组编著：《〈中华人民共和国侵权责任法〉条文理解与适用》，人民法院出版社 2010 年版，第 478 页。

意"，符合高度危险责任的一般构成要件。对于"作业人"，不能作为高度危险作业致害的相对方，不能构成此类侵权案件的受害人。他们因此而受到的损害，可以适用用人单位责任、工伤责任等予以救济。

二、关于高度危险责任的免责事由

关于高度危险责任的免责事由，主要限于不可抗力以及受害人故意两种情形。

1. 关于不可抗力

在高度危险责任中，不可抗力原则上是可以作为完全的免除责任事由的，但在例外情况下，不可抗力的抗辩或免责效果仍然要受到限制，如在某些案件类型中，不能以不可抗力作为抗辩事由。比如，第 1238 条关于民用航空器致害责任的规定中，仅规定受害人故意可以免责，并未规定不可抗力可以免责。另外，不可抗力的范围受到限制。虽然允许被告以不可抗力作为抗辩事由主张减责或免责，但对不可抗力的范围严加限制，如第 1237 条规定的民用核设施致害责任仅将不可抗力限于战争等情形，则战争以外的其他不可抗力不能作为免责事由。

2. 关于受害人故意

所谓受害人故意，指的是受害人明知自己的行为会发生损害自己的后果，却希望或放任此种结果的发生。受害人对损害的发生具有故意，足以表明受害人的行为是损害发生的唯一原因，因而与加害人的行为无关，从而免除行为人的责任。在高度危险责任中，受害人故意是具有普适性的免责事由。

第一千二百三十七条　民用核设施或者运入运出核设施的核材料发生核事故造成他人损害的，民用核设施的营运单位应当承担侵权责任；但是，能够证明损害是因战争、武装冲突、暴乱等情形或者受害人故意造成的，不承担责任。

【条文主旨】

本条是关于民用核设施发生核事故造成他人损害时责任承担规则的规定。

【立法要点及理由】

早在20世纪30年代，随着核物理科学的发展，核能的利用被提上重要日程。自第二次世界大战后期以来，美国和苏联在研发出核武器后，也开始进行核能的和平利用。1954年，苏联利用石墨水冷生产堆的经验，在奥布宁斯克建成了世界上第一座核电站。1957年，美国第一座核电站——希平港压水堆核电站投入运行。此后，英国、法国、德国、日本等一些国家也相继建立起核电厂。我国的核工业是在新中国成立后创建和发展起来的。1950年，中国科学院近代物理研究所成立，开始从事核科学技术研究工作。1958年，中国第一座重水型实验用反应堆和回旋加速器建成并投入运行。20世纪70年代末，随着国家工作重点转向经济建设，核工业由主要为军用服务，转向军民结合，以核为主，多种经营，主要从事核能、核技术的和平利用，民用产品的开发。1991年12月，中国自行设计、建造的秦山核电站并网发电；1993年8月和1994年2月，大亚湾核电站1号机组和2号机组分别并网发电。近年来，按照“适度发展核电”的政策，我国的核工业得到了更快的发展。

总的说来，核能是一种安全、经济、清洁的能源，但一旦发生事故，后果不堪设想。1979年美国三里岛事故、1986年苏联切尔诺贝利核事故、1999年日本东海村核燃料加工厂临界事故也在警示我们，尽管核电站发生严重事故的频度极低，但是，一旦发生，后果极为严重，因此必须采取严格措施保证核设施安全稳定运行。

我国一直十分重视核安全管理，不仅制定了《放射性污染防治法》《民用核设施安全监督管理条例》《核电厂核事故应急管理条例》等一系列法律、法规，还加入了《核安全公约》，全面履行公约所要求的核安全义务。总的说来，我国已经建立起一套比较完善的核安全管理法律体系。但关于核设施发生核事故的民事责任，在法律层面规定得较为原则，如《放射性污染防治法》第59条规定，因放射性污染造成他人损害的，应当依法承担民事责任。而《民法通则》第123条也是对从事高空、高压、易燃、易爆、剧毒、放射性和高速运输工具等高度危险作业责任作了一般性规定。2007年，国务院针对核事故损害赔偿责任，向国家原子能机构作出《国务院关于核事故损害赔偿责任问题的批复》，该批复根据国际通行做法，对核损害赔偿责任的主体、归责原则、赔偿限额等问题作了规定。在《侵权责任法》起草过程中，有关部门和单位建议，应当根据国务院这一批复内容，在该法中对民用核设施发生核事故损害的赔偿责任作出规定。民用核设施的运行是一种危险程度很高的行为，其不承担责任的情形应当更加严格限制。因此，有必要对民用核设施的致害责任作出单独规定。在《民法通则》和2007年国务院批复的基础上，《侵权责任法》第70条明确规定了核事故责任的承担规则，该条规定："民用核设施发生核事故造成他人损害的，民用核设施的经营者应当承担侵权责任，但能够证明损害是因战争等情形或者受害人故意造成的，不承担责任。"相较这一规定，本条的修改主要有：一是增加了"运入运出核设施的核材料发生核事故造成他人损害"的情形；二是责任主体上将原来的"民用核设施的经营者"修改为"民用核设施的营运单位"；三是细化了免责情形，将原来的"因战争等情形"修改为"因战争、武装冲突、暴乱等情形"。

依据《放射性污染防治法》第62条第2项规定，核设施，是指核动力厂（核电厂、核热电厂、核供汽供热厂等）和其他反应堆（研究堆、实验堆、临界装置等）；核燃料生产、加工、贮存及后处理设施；放射性废物的处理和处置设施等。所谓民用核设施，是指非军用的核能设施，是国家有关部门批准，为和平目的而建立的核设施。[①] 依据1986年国务院发布

① 杨立新：《侵权法论》，人民法院出版社2005年版，第491页。

的《民用核设施安全监督管理条例》第2条规定，本条例适用于下列民用核设施的安全监督管理：核动力厂（核电厂、核热电厂、核供汽供热厂等）；核动力厂以外的其他反应堆（研究堆、实验堆、临界装置等）；核燃料生产、加工、贮存及后处理设施；放射性废物的处理和处置设施；其他需要严格监督管理的核设施。

所谓"核事故"，又称"核事件"（nuclear accident or nuclear incident），依据《民用核设施安全监督管理条例》第24条第5项的规定，是指核设施内的核燃料、放射性产物、废料或运入运出核设施的核材料所发生的放射性、毒害性、爆炸性或其他危害性事故，或一系列事故。国际社会和核发达国家对核事故或者核事件都进行了具体规定。根据国际原子能机构相关文件，核事故是指人类在和平开发利用核能的活动中所发生并给人体健康、财产和环境等造成损害的灾祸或者非同寻常的重大事情。① 美国《1988年普莱斯－安德森修正法》（亦即美国《1954年原子能法》修正案）规定："'核事件'是指由源材料、特殊核材料或核产品的放射性、有毒性、爆炸性或其他危险性性能而引起或导致的、在美国境内发生的任何事件包括非常核事件，此类事件在美国境内外引起人体伤害、生病、疾病、死亡、财产灭失或损害或者财产的用途丧失。"另外，该法还引入了"非常核事件（extraordinary nuclear occurrence，ENO）"的概念，所谓"非常核事件"是指引起源材料、特殊核材料或核产品自其专用容器中大量外

① 国际原子能机构（IAEA）和经济合作与发展组织核能机构（OECD/NEA）于1989年共同召集的一个国际专家组设计了国际核事件分级表（International Nuclear Event Scale，INES）。国际核事件分级表是用统一的术语向公众快速通报核设施所发生事件的安全重要性的一种工具，能够为核工业界、媒体和公众之间形成共同的理解提供便利。分级表将事件分类为七级：较高的级别（4～7级）被定为"事故"，依次包括：Accident without Significant Off-site Risk，Accident with Off-site Risk，Serious Accident and Major Accident；较低的级别（1～3级）被定为"事件（incidents）"，依次包括：Anomaly，Incident and Serious Incident。不具有安全意义的事件被归类为分级表以下的零级（Below Scale/No Safety Significance），定为"偏离（deviations）"。与安全无关的事件被定为"分级表以外"。参见《注册核安全工程师岗位培训丛书》编委会编著：《核安全相关法律法规》，中国环境科学出版社2004年版，第206～210页。转引自最高人民法院侵权责任法研究小组编著：《〈中华人民共和国侵权责任法〉条文理解与适用》，人民法院出版社2010年版，第484页。

溢或散布，或者使场外辐射水平增加的任何事件。非常核事件也可指大型核反应堆在建设或运行的过程中发生的事件。美国核管会有关非常核事件的规则明确了非常核事件认定的两个标准：一是场外发生了放射性物质的大量泄漏，或者放射性物质自贮存地泄漏时，大大增加了场外的辐射水平；场外人员已经或可能已经暴露的辐射剂量超过了规定的水平；场外财产发生表面污染，且超过规定值；放射性物质在运输过程中发生泄漏，场外任何财产的表面污染水平超过规定值。二是事件如符合标准之一，即可认定其已经导致或将很可能导致场外人员或财产的重大损害。而且，该事件在发生30日以内，已经造成场外5人以上的死亡或身体伤害；任何一人已经或即将遭受250万美元以上的场外损害或已经或即将遭受共计500万美元以上的场外损害；50人以上中的每人已经或即将遭受共计5000美元以上的场外损害，只要该损害达到了100万美元以上。[①] 我国台湾地区“核子损害赔偿法”第9条规定：“本法所称核子事故，指由同一原因造成核子损害之单一事件或数个同时或先后接续发生之事件。”依据我国《核安全法》第93条的规定，核事故，是指核设施内的核燃料、放射性产物、放射性废物或者运入运出核设施的核材料所发生的放射性、毒害性、爆炸性或者其他危害性事故，或者一系列事故。

【适用指南】

依据本条规定，核事故造成的损害应适用无过错责任原则。核事故责任的构成要件为：一是民用核设施或者运入运出核设施的核材料发生核事故；二是发生了损害后果；三是核事故与损害后果之间具有因果关系。

关于免责事由，依据本条的规定，民用核设施的营运单位能够证明损害是因战争、武装冲突、暴乱等情形或者受害人故意造成的，不承担责

---

① 来源网址：http：//www. nea. fr/html/law/nlb/NLB - 45 - EN. pdf。转引自最高人民法院侵权责任法研究小组编著：《〈中华人民共和国侵权责任法〉条文理解与适用》，人民法院出版社2010年版，第484页。

任。在此要注意的问题是，一是本条规定限缩了不可抗力的适用范围。并非所有的不可抗力可以作为核事故责任的免责事由，而是仅限于“战争、武装冲突、暴乱等情形”，这与国际上通行做法也是一致的。二是与其他法律规定衔接适用问题。《核安全法》第 90 条规定：“因核事故造成他人人身伤亡、财产损失或者环境损害的，核设施营运单位应当按照国家核损害责任制度承担赔偿责任，但能够证明损害是因战争、武装冲突、暴乱等情形造成的除外。为核设施营运单位提供设备、工程以及服务等的单位不承担核损害赔偿责任。核设施营运单位与其有约定的，在承担赔偿责任后，可以按照约定追偿。核设施营运单位应当通过投保责任保险、参加互助机制等方式，作出适当的财务保证安排，确保能够及时、有效履行核损害赔偿责任。”笔者认为，这一规定与本条规定属于有关核事故赔偿责任的特别法与一般法的关系。这一规定与本条规定相比较，细化了一些规定。如有关约定追偿的问题，本条并没有规定，应该适用上述规定。但在免责事由方面，本条规定增加了“受害人故意”这一情形。对此，由于《核安全法》是自 2018 年 1 月 1 日起施行的，本条规定在后，且又增加了适用情形，这时应当遵循“后法”优于“前法”的规则，适用本条规定，即“受害人故意”属于核事故责任的法定免责事由。

关于责任承担方式，本条规定的“侵权责任”的范围显然要宽于损害赔偿责任。由于核事故对周围环境带来很大的危害，往往会带来次生危害，在发生核事故后，民用核设施的运营者不仅要进行损害赔偿，更要在事发时积极采取停止侵害、消除危险等措施。

第一千二百三十八条　民用航空器造成他人损害的，民用航空器的经营者应当承担侵权责任；但是，能够证明损害是因受害人故意造成的，不承担责任。

【条文主旨】

本条是关于民用航空器致害责任的规定。

【立法要点及理由】

1903 年，美国莱特兄弟发明第一架飞机成功飞上天空，标志着人类进入了航空时代。1919 年，法国与比利时之间开通了世界上第一条国际民航客运航线，标志着交通运输拥有了划时代的新方式、新体系。如今，随着人们收入水平的提高、生活节奏的加快和消费结构的升级，航空运输以其快速、便捷、舒适、安全、机动等特点，日益成为长距离客运最重要的方式之一。在我国，民航的增长速度远远高于其他运输方式。1978 年至2007 年，旅客周转量年均增长率持续增长，在国内中长距离旅客运输尤其是城际客运业务中，航空运输的作用大幅提升；在国际旅客运输中，航空运输完全占据主体地位。随着技术的发展和管理的不断完善，航空运输的安全性远远高于铁路、水路运输，更高于公路运输。但是，随着航空运输的迅速发展，客货航班将不断增加，造成人员伤亡的空难也时有发生。由于航空运输具有特殊性，飞机一旦发生事故常常会造成较大规模的人员伤亡和巨大的财产损失，有关民用航空器造成他人损害的侵权责任是法律层面的重要问题。

我国最早处理民用航空器致害责任的法律依据是 1986 年《民法通则》第 123 条，该条规定了使用高速运输工具造成他人损害的，应当承担民事责任，如果能够证明损害是由受害人故意造成的，不承担民事责任。1995 年，我国颁布了《民用航空法》，该法根据《民法通则》及国际公约，结合我国的实际情况和国际通行做法，对民用航空器造成乘客人身、财产损害和地面第三人损害的民事责任作了具体规定。考虑到民用航空器高速、高空带来的高风险，《侵权责任法》第 71 条在《民法通则》和《民用航空法》的基础上，对民用航空器致害责任作出了原则性规定。该条规定：“民用航空器造成他人损害的，民用航空器的经营者应当承担侵权责任，但能够证明损害是因受害人故意造成的，不承担责任。”本条沿用了《侵权责任法》第 71 条的规定，仅是作了个别文字修改，如将“但”修改为

"但是"等。

在此要注意的是，本条调整范围限定在民用航空器。所谓航空器，依据1967年国际民航组织的定义，是指能从空气的反作用而不是从空气对地（水）面的反作用在大气中获得支撑的任何机器。[①] 航空器主要包括固定翼飞机、滑翔机、直升机等飞机。一般认为，火箭是借助燃料所产生的反作用力，运动方式和空气无直接关系，因而不属于航空器。另外，气垫船和地面效应船也不属于航空器，因为它们虽然能够离开地面或水面，在离地面较低的高度上滑行，但它们的飞升力大部分都是靠地面效应产生的，以至于它们根本无法真正在大气中飞行。[②] 1944年《国际民用航空公约》首次引用国家航空器和民用航空器的概念。该公约并未对国家航空器进行明确定义，而是采用排除法规定了国家航空器的范围，即排除用于执行军事、海关和警察飞行任务的航空器。我国《民用航空法》也采用了这个标准，其第5条规定："本法所称民用航空器，是指除用于执行军事、海关、警察飞行任务外的航空器。"本条所称的航空器，是指经国家有关部门批准而投入营运的民用航空器，如各类民用的飞机、飞船、卫星、热气球等。[③] 从航空器的使用目的看，民用航空器主要用途有两个方面：一是专门从事运送旅客、行李、邮件或者货物的运输飞行。二是通用航空，包括从事工业、农业、林业、渔业和建筑业的作业飞行，以及医疗卫生、抢险救灾、气象探测、海洋监测、科学实验、教育训练、文化体育等方面的飞行活动。有学者认为，民用航空器是指飞机、飞艇、气球以及其他凭借空气之反作用力得以飞航于大气中之器物。[④] 民用航空器的主要特征在于其是高速运载工具，而非高空作业意义上的高度危险物。因此，飞艇、

① See Annex 1，2，3，6/I/II/III，7，8，11，13，16/I of the Chicago Convention. 转引自最高人民法院侵权责任法研究小组编著：《中华人民共和国侵权责任法条文理解与适用》，人民法院出版社2010年版，第490页。

② 王胜明主编：《中华人民共和国侵权责任法释义》，法律出版社2010年版，第359页。

③ 王利明主编：《中国民法典学者建议稿及立法理由：侵权行为编》，法律出版社2005年版，第191页。

④ 王泽鉴：《侵权行为法（第2册）》，三民书局2006年版，第304页。

热气球等飞行物除非具备高速运载工具的特征，否则不能认为构成“民用航空器”而适用本条规定。

本条规定的经营者主要包括从事运输旅客、货物运输的承运人和从事通用航空的民用航空器使用人。对此，《民用航空法》第158条规定：“本法第一百五十七条规定的赔偿责任，由民用航空器的经营人承担。前款所称经营人，是指损害发生时使用民用航空器的人。民用航空器的使用权已经直接或者间接地授予他人，本人保留对该民用航空器的航行控制权的，本人仍被视为经营人。经营人的受雇人、代理人在受雇、代理过程中使用民用航空器，无论是否在其受雇、代理范围内行事，均视为经营人使用民用航空器。民用航空器登记的所有人应当被视为经营人，并承担经营人的责任；除非在判定其责任的诉讼中，所有人证明经营人是他人，并在法律程序许可的范围内采取适当措施使该人成为诉讼当事人之一。”第159条又规定：“未经对民用航空器有航行控制权的人同意而使用民用航空器，对地面第三人造成损害的，有航行控制权的人除证明本人已经适当注意防止此种使用外，应当与该非法使用人承担连带责任。”这属于对民用航空器致害责任中责任主体的细化规定，在实务中应当遵循。

【适用指南】

发生本条规定的民用航空器造成他人损害的情形时，民用航空器的经营者应当承担无过错责任，这与国际公约和世界通行做法是一致的。本条也坚持这个原则：民用航空器造成他人损害的，民用航空器的经营者应当承担侵权责任。关于不承担责任的情形，根据本条规定，能够证明损害是因受害人故意造成的，民用航空器经营者不承担责任；即使是因为自然原因引起的不可抗力事件，造成他人损害的，民用航空器的经营者也要承担责任。[①] 据此，适用本条规定的构成要件包括民用航空器在

① 王胜明主编：《中华人民共和国侵权责任法释义》，法律出版社2010年版，第361页。

使用中发生损害后果，此损害后果的发生与民用航空器的使用有因果关系。此因果关系也采取推定的形式，要由民用航空器的经营者承担证明无因果关系的举证责任，而且其只有举证相应的免责事由才可以否定该因果关系的存在。

适用本条的规定，存在一个难点，就是有关免责事由的范围问题。本条仅规定了“受害人故意”这一种情形。据此，加害人主张该免责事由的，应举证证明受害人的故意，其故意的行为与损害后果之间的关系。《民用航空法》还就免责事由作了其他规定。《民用航空法》第160条规定：“损害是武装冲突或者骚乱的直接后果，依照本章规定应当承担责任的人不承担责任。依照本章规定应当承担责任的人对民用航空器的使用权业经国家机关依法剥夺的，不承担责任。”第161条又对过失相抵规则作了规定：“依照本章规定应当承担责任的人证明损害是完全由于受害人或者其受雇人、代理人的过错造成的，免除其赔偿责任；应当承担责任的人证明损害是部分由于受害人或者其受雇人、代理人的过错造成的，相应减轻其赔偿责任。但是，损害是由于受害人的受雇人、代理人的过错造成时，受害人证明其受雇人、代理人的行为超出其所授权的范围的，不免除或者不减轻应当承担责任的人的赔偿责任。一人对另一人的死亡或者伤害提起诉讼，请求赔偿时，损害是该另一人或者其受雇人、代理人的过错造成的，适用前款规定。”笔者认为，本条与《民用航空法》有关第三人责任的规定属于特别法与一般法的关系，根据特别法优先于一般法的法律适用规则，应优先适用特别法的规定。但本条规定较于《民用航空法》又属于新法，在新的一般法与旧的特别法出现不一致时，如何适用法律应作具体分析。《民用航空法》的规定与本条相冲突的应当予以废止，但其规定与本条规定不冲突，属于细化或者新增规定情形的，则应继续适用。比如，该法第162条规定：“两个以上的民用航空器在飞行中相撞或者相扰，造成本法第一百五十七条规定的应当赔偿的损害，或者两个以上的民用航空器共同造成此种损害的，各有关民用航空器均应当被认为已经造成此种损害，各有关民用航空器的经营人均应当承担责任。”第 164 条规定：“除本章有明确规定外，经营人、所有人和本法第一百五十九条规定的应当承担责任的人，以及他们的受雇人、代理人，对于飞行中的民用航空器或者从飞行中的民用航空器上落下的人或者物造成的地面上的损害不承担责任，但是故意造成此种损害的人除外。”这些规定都要予以适用。

最后，由于民用航空器致害的后果往往非常严重，各国多采取责任保险的形式来分散风险、填补损失，我国也是如此。《民用航空法》对有关保险内容作了规定，其第 166 条规定：“民用航空器的经营人应当投保地面第三人责任险或者取得相应的责任担保。”第 167 条又规定：“保险人和担保人除享有与经营人相同的抗辩权，以及对伪造证件进行抗辩的权利外，对依照本章规定提出的赔偿请求只能进行下列抗辩：（一）损害发生在保险或者担保终止有效后；然而保险或者担保在飞行中期满的，该项保险或者担保在飞行计划中所载下一次降落前继续有效，但是不得超过二十四小时；（二）损害发生在保险或者担保所指定的地区范围外，除非飞行超出该范围是由于不可抗力、援助他人所必需，或者驾驶、航行或者领航上的差错造成的。前款关于保险或者担保继续有效的规定，只在对受害人有利时适用。”第 168 条规定：“仅在下列情形下，受害人可以直接对保险人或者担保人提起诉讼，但是不妨碍受害人根据有关保险合同或者担保合同的法律规定提起直接诉讼的权利：（一）根据本法第一百六十七条第（一）项、第（二）项规定，保险或者担保继续有效的；（二）经营人破产的。除本法第一百六十七条第一款规定的抗辩权，保险人或者担保人对受害人依照本章规定提起的直接诉讼不得以保险或者担保的无效或者追溯力终止为由进行抗辩。”第 169 条规定：“依照本法第一百六十六条规定提供的保险或者担保，应当被专门指定优先支付本章规定的赔偿。”第 170 规定：“保险人应当支付给经营人的款项，在本章规定的第三人的赔偿请求未满足前，不受经营人的债权人的扣留和处理。”这些规定，在实践中都要予以适用。

第一千二百三十九条　占有或者使用易燃、易爆、剧毒、高放射性、强腐蚀性、高致病性等高度危险物造成他人损害的，占有人或者使用人应当承担侵权责任；但是，能够证明损害是因受害人故意或者不可抗力造成的，不承担责任。被侵权人对损害的发生有重大过失的，可以减轻占有人或者使用人的责任。

【条文主旨】

本条是关于占有或者使用高度危险物致害侵权责任的规定。

【立法要点及理由】

《民法通则》第123条把高空、高压、高速运输工具与易燃、易爆、剧毒、放射性等高度危险物作为典型的高度危险作业形式规定了高度危险责任的一般原则。但实际上，不同的高度危险作业，其危险程度是不同的，在具体不承担责任和减轻责任的情形上是有区别的。特别是近年来，烟花爆竹爆炸、矿山瓦斯爆炸、危险化学品泄漏等因高度危险物品致人伤亡的重大事故时有发生，危害严重。立法机关认为有必要对高度危险品致人损害责任作单独规定。《侵权责任法》在《民法通则》规定的基础上，结合审判实践经验，规定因易燃、易爆、剧毒、放射性等高度危险物造成他人损害应当承担无过错责任。根据其危险性特点，明确限定了其不承担责任和减轻责任情形。《侵权责任法》第72条规定：“占有或者使用易燃、易爆、剧毒、放射性等高度危险物造成他人损害的，占有人或者使用人应当承担侵权责任，但能够证明损害是因受害人故意或者不可抗力造成的，不承担责任。被侵权人对损害的发生有重大过失的，可以减轻占有人或者使用人的责任。”本条基本沿用了这一规定，只是将“放射性”修改为“高放射性”，同时新增了“强腐蚀性”等形态，另作了个别文字修改。

对易燃、易爆、剧毒、放射性物品的认定，一般根据国家颁布的标准，如GB 6944－2012《危险货物分类和品名编号》、GB 12268－2012《危险货物品名表》。《危险货物分类和品名编号》规定，危险货物是指具有爆炸、易燃、毒害、感染、腐蚀、放射性等危险特性，在运输、储存、生产、经营、使用和处置中，容易造成人身伤亡、财产损毁或环境污染而需要特别防护的物质和物品。根据《放射性物品运输安全管理条例》第2条第2款的规定，放射性物品是指含有放射性核素，并且其活性度和比活性度均高于国家规定的豁免值的物品。该条例根据放射性物品的特性及其对人体健康和环境的潜在危害程度，将放射性物品分为一类、二类和三类：一类放射性物品，是指Ⅰ类放射源、高水平放射性废物、乏燃料等释放到环境后对人体健康和环境产生重大辐射影响的放射性物品；二类放射性物品，是指Ⅱ类和Ⅲ类放射源、中等水平放射性废物等释放到环境后对人体健康和环境产生一般辐射影响的放射性物品；三类放射性物品，是指Ⅳ类和Ⅴ类放射源、低水平放射性废物、放射性药品等释放到环境后对人体健康和环境产生较小辐射影响的放射性物品。放射性物品的具体分类和名录，由国务院核安全监管部门会同国务院公安、卫生、海关、交通运输、铁路、民航、核工业行业主管部门制定。

需要指出的是，本条规定的放射性物品很广泛，包括可以应用于医疗、工业、农业、地质调查、科研教学领域的放射源和射线装置。在此需要注意的是，本条将原来的“放射性”修改为“高放射性”，其目的应在于对“放射性”物品作一限制，即并非所有的放射性物品都适用高度危险责任。此外，核燃料如果在核设施中造成他人损害的，应当适用本章关于民用核设施致害责任的规定。

此外，本条新增了“强腐蚀性”的高度危险物。依据《国家安全生产监督管理局、公安部、工商总局关于加强强腐蚀性危险化学品购用管理的通知》的规定精神，强腐蚀性物品主要包括：（1）强酸类：硫酸、硝酸、盐酸、氢氟酸等。（2）强碱类：氢氧化钠（烧碱）、氢氧化钾等。（3）强氧化剂类：过氧化氢（双氧水）、过氧乙酸等。（4）液氯。该产品属高毒化学品。当然，在审判实践中如何具体适用，还要根据案件实际情况予以判断。

此外，本条调整的高度危险物，不仅涉及易燃、易爆、剧毒、放射性物品这几类，其他因其自然属性极易危及人身、财产的物品，也适用本条的规定。

【适用指南】

高度危险责任适用无过错责任原则，本条规定情形也不例外。高度危险物品导致他人损害的，应当由控制或者应当控制该危险的人承担侵权责任，这也契合无过错责任原则的基本法理。特别是在工业生产中，制造、加工、使用易燃、易爆、剧毒、放射性等高度危险物，会对周围环境的人身安全和财产安全造成危险，具有高度危险性。占有人或使用人必须尽到高度注意义务，采取安全保障措施，防止损害发生。例如，《放射性污染防治法》第 31 条明确规定，放射性同位素应当单独存放，不得与易燃、易爆、腐蚀性物品等一起存放，其贮存场所应当采取有效的防火、防盗、防射线泄漏的安全防护措施。

依据本条规定，高度危险物致害责任的构成要件包括占有和使用高度危险物、发生损害后果、损害后果的发生与高度危险物的影响或者危害有因果关系，即该损害后果是由高度危险物造成的。从举证责任的角度讲，被侵权人要对损害后果和侵权人占有、使用高度危险物承担举证责任。有关因果关系的问题，应当适用推定的规则，即由被侵权人证明不存在因果关系，而且必须完成对法定免责事由的举证，才可以阻却因果关系的成立。

依据本条规定，高度危险物的占有人或者使用人能够证明损害是因受害人故意或者不可抗力造成的，占有人或者使用人不承担责任。不可抗力是指不能预见、不能避免并不能克服的客观情况。高度危险物虽然本身具有危险属性，但危险程度要低于民用核设施和民用航空器。因此，本条在免责事由上增加了不可抗力免责的一般规则，而且同比相当类型的侵权责任形态，根据《环境保护法》《水污染防治法》等法律规定，因不可抗力造成高度危险物污染损害的，也不承担侵权责任。依据本条规定，关于受害人故意和不可抗力免责的举证责任应由高度危险物的占有人或者使用人承担，其只有证明损害是因为受害人故意或者不可抗力引起的，才能依法不承担责任。

此外，本条还规定了减轻责任的情形，即被侵权人对损害的发生有重大过失的，可以减轻占有人或者使用人的责任。

第一千二百四十条　从事高空、高压、地下挖掘活动或者使用高速轨道运输工具造成他人损害的，经营者应当承担侵权责任；但是，能够证明损害是因受害人故意或者不可抗力造成的，不承担责任。被侵权人对损害的发生有重大过失的，可以减轻经营者的责任。

【条文主旨】

本条是关于高度危险作业致人损害责任的规定。

【立法要点及理由】

关于高度危险作业的侵权责任，《民法通则》第123条对高度危险作业致害责任的一般原则作出了规定，并列举了高空、高压、易燃、易爆、剧毒、放射性和高速运输工具这几种高度危险作业。《侵权责任法》在此基础上区分不同危险程度的情形作了细化规定。《侵权责任法》第73条规定："从事高空、高压、地下挖掘活动或者使用高速轨道运输工具造成他人损害的，经营者应当承担侵权责任，但能够证明损害是因受害人故意或者不可抗力造成的，不承担责任。被侵权人对损害的发生有过失的，可以减轻经营者的责任。"相较这一规定，本条基本沿用了其内容，另对有关减责事由作了重大修改，将原来的"被侵权人对损害的发生有过失的，可以减轻经营者的责任"修改为"被侵权人对损害的发生有重大过失的，可以减轻经营者的责任"，提高了侵权人减责的门槛。

"高空""高压"究竟要多高，是一个经验判断的问题，无法界定一个绝对的标准。所谓高空作业，是从相对高度概念出发的。这里需要说明的是高空作业与高处作业的区别。根据 GB/T 3608 – 2008《高处作业分级》国家标准的规定，凡在有可能坠落的高处进行施工作业，当坠落高度距离基准面在 2m 或 2m 以上时，该项作业即称为高处作业。所谓基准面，即坠落下去的底面，如地面、楼面、楼梯平面、相邻较近建筑物的屋面、基坑的底面、脚手架的通道板等。底面可能高低不平，所以对基准面的规定为，发生坠落时最低坠落着落点的水平面。最低坠落着落点指的是在坠落中可能跌落到的最低点。高处作业之所以将 2m 作为基准，是因为在人体高度范围内的高处坠落，伤害可能性较小。高处作业的定义主要是从作业人坠落造成损害的角度考虑。此处的高空作业不仅指作业人，也包括高空作业人之外的人，如地面的行人造成的损害。高空作业指的是在建筑、设备、作业场所、工具、设施等高部位作业。高空作业一般包括高空建筑、高空维修、高空安装、高空美化、高空装饰、高空防腐作业、高空清洗等。这些作业具有一定的危险性。首先是对作业人来讲，可能因坠落造成伤亡，这种造成作业的工人人身伤亡的，属于工伤事故，一般按照工伤事故的规定请求赔偿；其次高空作业对地面或其他地方造成损害。例如，在建筑物顶部安装广告牌作业时，工具、材料、人员脱落或坠落等，造成地面行人或其他建筑物、财产的损害。在此应当注意的是，民用航空运输不属于高空作业，在民用航空器飞行中因坠落物体造成地面人员损害的，应当适用《民用航空法》和本编第 1238 条关于民用航空器致人损害责任。如果是高空缆车造成他人损害的，则应属于高空作业，适用本条规定。①

高压，是指压力超过通常标准，即高于通常标准的压力。工业上通常利用高压方式制造、运输、储藏特殊能源或者物质，工业上的高压极具危险性，对周围环境和人身安全具有重大危险。"高压作业"造成他人损害，应指高压输电线路和高压设施致人损害。《最高人民法院关于审理触电人身损害赔偿案件若干问题的解释》② 第 1 条就规定，"高压"包括 1 千伏

① 王胜明主编：《中华人民共和国侵权责任法释义》，法律出版社 2010 年版，第 367 页。

② 该解释已被《最高人民法院关于废止 1997 年 7 月 1 日至 2011 年 12 月 31 日期间发布的部分司法解释和司法解释性质文件（第十批）的决定》废止。

（KV）及其以上电压等级的高压电；1千伏（KV）以下电压等级为非高压电。即1千伏定为对周围环境具有高度危险电压的起点。日常家用电器额定电压为220伏，三相380伏适用于小型动力用电。对人体而言，无论是380伏还是220伏，都不是安全电压，都可以致人死亡。但是人体接触220伏或380伏的电，尚有自救的可能。1千伏及其以上的电压等级的电，对人体会有严重的伤害，没有自救的可能。该解释虽然已经被废止，但上述关于高压的界定，仍具有参考意义。我国以前电力设计规程明确1千伏就是高压电，现在仍以1千伏为高压电的起点。1千伏以下的常见电压等级为220伏或380伏，其他电压等级如500伏或600伏也可能存在，但一般人接触不到，通常在发电厂或有特殊需要的场所。《电力设施保护条例》第10条规定，1千伏至10千伏的电力线路必须设置5米的保护区。该条所指1千伏是额定电压。但实际运行的电压容许在一定程度上偏离额定电压，在这一容许偏离范围内，各种电力设备以及电力系统仍能正常运行。所以，在某些情况下，电力设备实际运行的电压稍微偏离额定电压，不是说该设备的额定电压等级有改变。例如，某一设备的额定电压为1千伏，在特定时间通过的电流即使是980伏或者是1030伏都属正常，并没有改变该设备的1千伏额定电压的性质，当事人不能认为980伏的电压为非高电压。①

地下挖掘活动就是在地表下一定深度进行挖掘的行为，主要包括地下挖煤、采矿，以及地下建筑、地下管道铺设等具有高度危险性的地下挖掘、开采活动。近年来，因地下采矿、地下施工造成的损害日益增多。特别是城市隧道（主要是地铁工程及各类市政地下工程）施工往往处于建筑物、道路和地下管线等设施的密集区，城市隧道建设中出现了一些塌陷事件，造成他人伤害。

高速的界定，通常以火车速度为标准，以铁路为例，铁路速度的分档为：时速100～120公里称为常速；时速120～160公里称为中速；时速

① 沈德咏主编：《民事司法解释理解与适用》，法律出版社2009年版，第126页。

160～200公里称为准高速和快速；时速200～400公里称为高速，时速400公里以上称为特高速。[①] 我国则以最高时速作为对交通工具的定性标准，只要最高时速达到高速标准，就可以称之为“高速轨道运输工具”。铁路运输是高速轨道运输，是具有危险性的运输活动。高速运轨道运输工具致人损害的情形包括铁路行车事故、列车在运行中发生的人身损害事故或者财产损害事故，也包括从列车上坠落、投掷物品、列车排放能量，造成他人人身损害或者财产损害的事故。[②] 本条将适用范围限于高速轨道运输工具，主要指的是铁路，包括通常所谓的铁路、城铁、轻轨。在我国，铁路有快车、慢车之分，但此种区分主要着眼于停靠车站的多寡，就慢车本身的新车速度而言，仍具有高速性特征，因此仍有本条适用的空间。[③]

【适用指南】

依据本条规定，高度危险作业致人损害的侵权责任适用无过错责任原则，即不以侵权人是否有过错作为本条规定承担责任的要件。适用这一归责原则，主要不是根据作业人的过错，而是根据损害的客观存在、作业人的活动及所从事的业务的危险性质与所造成的损害结果的因果关系，加重作业人的责任，使无辜的受害人得到赔偿。[④]

据此，高度危险作业侵权责任的构成要件包括：（1）加害人实施了高度危险作业的行为。本条规定了两种行为：一是从事高空、高压或地下挖掘活动；二是使用高速轨道运输工具。从事以上两类活动给他人造成人身或财产方面的损害的，经营者应当承担赔偿责任。（2）发生了损害后果。

① 王胜明主编：《中华人民共和国侵权责任法释义》，法律出版社2010年版，第371页。

② 最高人民法院侵权责任法研究小组编著：《中华人民共和国侵权责任法条文理解与适用》，人民法院出版社2010年版，第503页。

③ 陈现杰主编：《中华人民共和国侵权责任法条文精义与案例解析》，中国法制出版社2010年版，第257页。

④ 最高人民法院侵权责任法研究小组编著：《中华人民共和国侵权责任法条文理解与适用》，人民法院出版社2010年版，第500、501页。

损害后果的要件属于本条规定情形与其他侵权行为的共性要件，在此不再赘述。高度危险作业只是对他人人身、财产构成严重危险，损害事实尚未发生，则不能根据本条要求行为人承担赔偿责任。（3）高度危险作业和损害后果之间有因果关系。高度危险作业致人损害要求行为人从事的高度危险作业必须与被侵权人的损害后果之间存在因果关系。受害人的损害是因为行为人从事的高空、高压、地下挖掘活动，或是因为高速轨道运输工具造成的。本条规定从事高度危险作业致人损害赔偿的责任主体为从事高度危险作业的经营者。高度危险作业的民事责任适用无过错责任原则。

依据本条规定，高度危险作业侵权责任中的免责事由包括受害人故意和不可抗力两种情形。

第一千二百四十一条　遗失、抛弃高度危险物造成他人损害的，由所有人承担侵权责任。所有人将高度危险物交由他人管理的，由管理人承担侵权责任；所有人有过错的，与管理人承担连带责任。

【条文主旨】

本条是关于遗失、抛弃高度危险物侵权责任的规定。

【立法要点及理由】

高度危险物即易燃、易爆、剧毒、高放射性、强腐蚀性的危险物品。这些物品本身即具有对人身、财产极易造成损害的高度危险性，因此国家对高度危险物品的生产和储存实行统一规划、合理布局和严格控制，并对高度危险物生产、储存和处理制定了严格的规范。高度危险物的所有人或者管理人应当严格按照有关安全生产规范，对其占有、使用的高度危险物进行储存或者处理。生产、储存、使用高度危险物的，应当根据高度危险物的种类、特性，在车间、库房等作业场所设置相应的监测、通风、防晒、调温、防火、灭火、防爆、泄压、防毒、消毒、中和、防潮、防雷、防静电、防腐、防渗漏、防护围堤或者隔离操作等安全设施、设备，并按照国家标准和国家有关规定进行维护、保养，保证符合安全运行要求。在现实中，有些储存、使用高度危险物的单位的安全措施不到位，随意处置高度危险物，对周围的人民群众的生命健康和财产产生巨大威胁，并造成人员伤亡事故。因此，应当对遗失、抛弃高度危险物造成损害的侵权责任作出明确规定，并加重责任人的责任。[①]《侵权责任法》第 74 条规定："遗失、抛弃高度危险物造成他人损害的，由所有人承担侵权责任。所有人将高度危险物交由他人管理的，由管理人承担侵权责任；所有人有过错的，与管理人承担连带责任。"本条沿用了《侵权责任法》的这一规定。

【适用指南】

关于本条的适用，要注意以下几点：

一是高度危险物侵权责任主体主要集中在所有人以及管理人。对于物的损害，由所有人以及管理人承担赔偿责任。危险物被遗失的，所有人对遗失物虽然丧失了占有，但是对该物并没有丧失所有权，其仍然是自己的财产。遗失的危险物因其自身的危险性质致人损害的，由其所有人承担民事责任。危险物被抛弃，所有人就丧失了该危险物的所有权，如果被抛弃之后，该危险物由于其自身的危险性而致害他人，仍然产生侵权责任。虽然抛弃危险物的人已经丧失对该物的所有权，但是造成损害的原因还是抛弃者的责任，对自己抛弃的危险物所造成的损害，只要这个危险物没有被别人所占有或者别人没有对此产生所有权，仍要由抛弃物的所有人承担责任。[②]

二是关于本条适用的构成要件。依据本条规定，遗失或者抛弃高度危险物的侵权责任，作为高度危险责任的具体情形，其归责基础仍在于高度

---

① 王胜明主编：《中华人民共和国侵权责任法释义》，法律出版社 2010 年版，第 375 页。

② 杨立新：《中华人民共和国侵权责任法草案建议稿及说明》，法律出版社 2007 年版，第 239 页。

危险物本身的危险特性，因此这里的侵权责任也要适用无过错责任原则。据此，构成遗失或者抛弃高度危险物侵权责任的构成要件为：(1) 所有人或管理人遗失或者抛弃了高度危险物。(2) 被侵权人遭受损害。(3) 该损害后果与高度危险物的危险性具有因果关系，即由于所有人或者管理人遗失、抛弃高度危险物，被侵权人因为高度危险物自身的危险性质遭受损害。

三是关于本条规定的责任承担规则。依据本条规定，有关法律适用的具体规则是：其一，遗失、抛弃高度危险物造成他人损害的，以该高度危险物的所有人承担侵权责任为原则。本条规定的“侵权责任”不仅包括对受害人的损害赔偿责任，也包括停止侵害，及时采取补救措施等，如发生事故后，应立即将抛弃的高度危险物妥善回收，防止损害扩大。其二，所有人将高度危险物交由他人管理的，应由管理人承担侵权责任。其三，所有人有过错的，与管理人承担连带责任。所有人将高度危险物交由他人管理的，应当选择有相应资质的管理单位。如果所有人未选择符合资质的管理人，或者未如实说明有关情况，应当认定所有人存在过错。按照本条规定，在所有人有过错的情形下，管理人抛弃、遗失高度危险物造成他人损害的，所有人与管理人承担连带责任。被侵权人可以要求所有人承担侵权责任，或者要求管理人承担侵权责任，也可以要求所有人和管理人共同承担侵权责任。在诉讼主体上，此二者可以成为共同被告，尤其是被侵权人往往选择将他们作为共同被告起诉，这时人民法院就应当审查该所有人有无过错、是否需要承担责任。

第一千二百四十二条　非法占有高度危险物造成他人损害的，由非法占有人承担侵权责任。所有人、管理人不能证明对防止非法占有尽到高度注意义务的，与非法占有人承担连带责任。

【条文主旨】

本条是关于非法占有高度危险物侵权责任的规定。

【立法要点及理由】

高度危险物品的所有人和管理人应当严格按照有关安全生产规范，对其占有、使用的高度危险物进行保管，将高度危险物储存在专用仓库、专用场地或者专用储存室内，并由专人管理。高度危险物出入库，必须进行核查登记并对库存高度危险物作定期检查。剧毒化学品以及储存数量构成重大危险源的其他高度危险物必须在专用仓库内单独存放，实行双人收发、双人保管制度，并采取必要的保安措施，防止高度危险物被盗、丢失。[①] 但在现实中，由于有些储存、使用高度危险物的所有人或者管理人的安全措施不到位或者其他原因，高度危险物遗失、被盗甚至被抢，对周围的人民群众的生命健康和财产产生巨大威胁，并造成人员伤亡。因此，有必要对被非法占有的高度危险物造成损害的侵权责任作出明确规定。《侵权责任法》第 75 条规定："非法占有高度危险物造成他人损害的，由非法占有人承担侵权责任。所有人、管理人不能证明对防止他人非法占有尽到高度注意义务的，与非法占有人承担连带责任。"本条基本沿用了这一规定，只是将原来的"对防止他人非法占有尽到高度注意义务"修改为"对防止非法占有尽到高度注意义务"，即删除了"他人"二字。

【适用指南】

一、关于"非法占有"的界定

所谓非法占有，是指明知自己无权占有，而通过非法手段将他人的物品占为己有。从这一界定看，非法占有就是指无权占有，即无权占有行为本身就意味着对本权的侵害，除非占有人证明其占有系有合法原因。但理

---

① 王胜明主编：《中华人民共和国侵权责任法释义》，法律出版社 2010 年版，第 376 页。

论上，无权占有又可作进一步的分类，如依占有的手段，可以分为暴力占有与和平占有；依占有的方法，可以分为公然占有与隐秘占有；依占有人是否误信其占有为有权占有，可以分为善意占有与恶意占有。而在和平占有、善意占有中，不能说和平占有人、善意占有人是非法占有人。所以，笼统地以非法占有指称无权占有并不妥当。如以占有方式上的暴力占有指称非法占有，则一方面，盗窃行为并非暴力占有，但又难称合法占有；另一方面，即便在和平占有场合，如遗失物拾得人以自己所有的意思对物进行的支配，其行为构成侵占，难称合法占有，仍不周延。事实上，传统民法上并无非法占有的概念，而与其相近的是“恶意占有”。恶意占有指的是占有人明知自己为无权占有，仍以有权占有的意思对其进行占有。恶意占有包括如下几种情形：一是暴力占有。在暴力占有场合，占有脱离物系基于暴力行为如抢夺、抢劫等行为而取得。二是隐秘占有。即通过隐秘窃取方式而占有。三是和平占有也存在恶意占有的可能。和平占有指的是占有脱离物系通过平和、公然的方式取得的，如通过遗失物拾得、埋藏物发现等方式获得占有的占有。以遗失物为例，拾得人并非所有人，如其以拾得人身份占有拾得物，此时就其作为他主占有人而言，并不存在相信自己是所有人而进行占有的问题，因此其所为的占有仍属善意占有。但如其以自己所有的意思占有遗失物，则其所为的自主占有显属恶意占有。在此情况下，仍有本条适用的空间。①

二、关于本条适用情形的构成要件

危险物被他人非法占有期间，危险物致人损害的，无论是人身损害还是财产损害，都由该非法占有人承担民事责任。非法占有人承担侵权责任的归责原则是无过错责任原则。据此，非法占有高度危险物侵权责任构成要件包括：(1) 侵权人非法占有高度危险物；(2) 发生了损害后果；(3) 受害人的损害是由于非法占有人非法占有的高度危险物造成的。如果涉及所有人

① 陈现杰主编：《中华人民共和国侵权责任法条文精义与案例解析》，中国法制出版社2010年版，第261页。

和管理人承担责任的，这时还需增加一个要件，即所有人、管理人不能证明对防止非法占有尽到高度注意义务。

三、关于本条情形下的责任承担规则

依据本条规定，非法占有高度危险物造成他人损害的，由非法占有人承担侵权责任。所有人、管理人不能证明对防止非法占有尽到高度注意义务的，要与非法占有人承担连带责任。所有人、管理人承担连带责任的法理依据在于，按照有关高度危险物安全规范，所有人或者管理人对其占有的高度危险物要尽到高度注意义务，采取严格的安全措施，妥善保管高度危险物，将高度危险物放置在特定的区域，并由专人看管，防止高度危险物被盗或者非法流失。如果所有人或者管理人未尽到高度注意义务，一旦导致高度危险物被非法占有，将对社会产生巨大危害，严重威胁人民群众的人身财产和公共安全。因此，应当加重所有人、管理人的责任，使其对自己的过失行为负责。此外，考虑到非法占有人可能没有赔偿能力，如果仅让其承担侵权责任，受害人得不到合理的赔偿，对受害人保护不力，也不利于促使高度危险物的所有人或者管理人加强管理，采取有效的安全措施，所以，所有人、管理人不能证明对防止他人非法占有尽到高度注意义务的，与非法占有人承担连带责任。① 至于连带责任的具体规则，应当适用总则编第 178 条关于连带责任的规定。

关于本条规定情形的免责事由问题，和第 1241 条规定情形一样，本条也未规定免责事由。笔者认为，对此也应适用与第 1241 条相同的逻辑，非法占有人相较于合法占有人而言，更具有可归责性，其免责事由也要更加严格，这需要今后在司法解释中予以细化。

第一千二百四十三条　未经许可进入高度危险活动区域或者高度危险物存放区域受到损害，管理人能够证明已经采取足够安全措施并尽到充分警示义务的，可以减轻或者不承担责任。

---

① 王胜明主编：《中华人民共和国侵权责任法释义》，法律出版社 2010 年版，第 377 页。

【条文主旨】

本条是关于未经许可进入高度危险活动区域或者高度危险物存放区域侵权责任承担的规定。

【立法要点及理由】

实际中，高度危险责任的类型非常复杂，除这一类对周围环境实施积极、主动危险活动的高度危险作业外，还包括另一类，它并非积极、主动实施对周围环境造成高度危险的活动，而是因其管理控制的场所、区域具有高度危险性，如果未经许可擅自进入该区域，则易导致损害的发生，即高度危险活动区域或者高度危险物存放区域责任。如果将对高度危险场所、区域的控制和管理也视为高度危险活动，那么这一类高度危险活动是静态的，不像高度危险作业活动一样对周围环境实施了积极、主动的危险行为。虽然二者都属于高度危险责任，但在免责和减责事由上，二者应有所区别。[①] 正因如此，《侵权责任法》第 76 条规定："未经许可进入高度危险活动区域或者高度危险物存放区域受到损害，管理人已经采取安全措施并尽到警示义务的，可以减轻或者不承担责任。"相较这一规定，本条对这一侵权行为情形作了保留，但有关内容作了重大修改：一是将原来的"管理人已经采取安全措施并尽到警示义务的，可以减轻或者不承担责任"修改为"管理人能够证明已经采取足够安全措施并尽到充分警示义务的，可以减轻或者不承担责任"，即明确了本条规定适用举证责任倒置的规则，实际上是过错推定责任，较以前的表述采取了更为严格的责任。二是将"已经采取安全措施并尽到警示义务"修改为"已经采取足够安全措施并尽到充分警示义务"，提高了管理人的注意义务标准。

① 王胜明主编：《中华人民共和国侵权责任法释义》，法律出版社 2010 年版，第 379 页。

本条规定从责任承担角度讲，是管理人符合相应构成要件时承担责任的规定，类似于过错推定责任的表述。但从另一角度讲，本条实际上也是关于高度危险责任抗辩事由的规定。

【适用指南】

从本条规定来看，管理人承担侵权责任的构成要件有：

第一，受害人未经许可进入高度危险活动区域或者高度危险物存放区域而受到损害。受害人进入该高度危险区域或者高度危险物存放区域未得到许可，属于擅自进入的情形，这时受害人对于损害后果的发生具有过错。当然，高度危险活动区域或者高度危险物存放区域应当属于依法依规设定的区域。

第二，管理人未采取足够的安全措施或者并未尽到充分的警示义务。判断管理人是否尽到了安全保护和警示义务的问题，首先要依据相应的法律法规的规定，其次在实务上还要依危险活动或者危险物的危险性程度高低来确定其安全保护或者警示义务的高低，同时还要根据受害人的情况来判断该种安全保护或者警示是否足以起到相应作用，而不宜按照一般注意义务为判断标准。[①] 本条关于减轻或者免除管理人责任的规定是基于过失相抵的原理而设定的。受害人未经许可进入高度危险区域，同时管理人又已经采取了足够的安全措施并尽到了充分的警示义务，则表明受害人明知是危险区域或者因其自身重大过失而进入，对因此而受到的损害有重大过错。这一重大过错包括故意和重大过失。如果受害人明知是高度危险区域而进入，对于相应的损害结果是积极追求或者放任的态度，则为受害人故意的情形，这时管理人应当免责。如果是受害人因为重大过失没有注意到警示误入高度危险区域的，一般只是减轻管理人的责任。

---

① 最高人民法院侵权责任法研究小组编著：《中华人民共和国侵权责任法条文理解与适用》，人民法院出版社2010年版，第517页。

第三，高度危险物或者高度危险作业与损害后果之间有因果关系。进入高度危险活动区域或者高度危险物存放区域，是受害人遭受损害的基本条件，如果受害人不进入危险区域，则会避免损害的发生。同时，此损害后果必须是高度危险物或者高度危险作业造成的，这也是管理人承担侵权责任的基本要件。

从另一个角度讲，对于受害人未经许可进入高度危险活动区域或者高度危险物存放区域而受到损害的情形，如果管理人尽到了采取足够安全措施并且充分警示的义务，这时该管理人就应当减轻或者免除责任。

本条作为高度危险责任一般条款的补充，即关于减责、免责事由的规定，也属于有关减责、免责事由的一般规定。在法律适用上要遵循特别法优先适用、本条规定补充适用的规则，如第1238条对民用航空器致害责任的免责事由有明确规定，涉及此类损害时，就要直接适用该条规定。

第一千二百四十四条　承担高度危险责任，法律规定赔偿限额的，依照其规定，但是行为人有故意或者重大过失的除外。

【条文主旨】

本条是关于高度危险责任赔偿限额的规定。

【立法要点及理由】

在侵权法理论上，限额赔偿属于限制赔偿的一种方式。限制赔偿既可能表现为责任范围的限制，也可能表现为责任数额的限制（即赔偿限额）。关于赔偿范围问题，《民用航空法》第128条规定："国内航空运输承运人的赔偿责任限额由国务院民用航空主管部门制定，报国务院批准后公布执行。旅客或者托运人在交运托运行李或者货物时，特别声明在目的地点交付时的利益，并在必要时支付附加费的，除承运人证明旅客或者托运人声明的金额高于托运行李或者货物在目的地点交付时的实际利益外，承运人应当在声明金额范围内承担责任；本法第一百二十九条的其他规定，除赔偿责任限额外，适用于国内航空运输。”第129条对此又作了具体规定：“国际航空运输承运人的赔偿责任限额按照下列规定执行：（一）对每名旅客的赔偿责任限额为16600计算单位；但是，旅客可以同承运人书面约定高于本项规定的赔偿责任限额。（二）对托运行李或者货物的赔偿责任限额，每公斤为17计算单位。旅客或者托运人在交运托运行李或者货物时，特别声明在目的地点交付时的利益，并在必要时支付附加费的，除承运人证明旅客或者托运人声明的金额高于托运行李或者货物在目的地点交付时的实际利益外，承运人应当在声明金额范围内承担责任。托运行李或者货物的一部分或者托运行李、货物中的任何物件毁灭、遗失、损坏或者延误的，用以确定承运人赔偿责任限额的重量，仅为该一包件或者数包件的总重量；但是，因托运行李或者货物的一部分或者托运行李、货物中的任何物件的毁灭、遗失、损坏或者延误，影响同一份行李票或者同一份航空货运单所列其他包件的价值的，确定承运人的赔偿责任限额时，此种包件的总重量也应当考虑在内。（三）对每名旅客随身携带的物品的赔偿责任限额为332计算单位。”第132条又进一步规定：“经证明，航空运输中的损失是由于承运人或者其受雇人、代理人的故意或者明知可能造成损失而轻率地作为或者不作为造成的，承运人无权援用本法第一百二十八条、第一百二十九条有关赔偿责任限制的规定；证明承运人的受雇人、代理人有此种作为或者不作为的，还应当证明该受雇人、代理人是在受雇、代理范围内行事。”

此外，《国务院关于核事故损害赔偿责任问题的批复》对民用核设施发生核事故致人损害的赔偿限额也作了规定。

【适用指南】

本条但书条款明确规定“行为人有故意或者重大过失的除外”，即在此情形下可以不适用限额赔偿责任。对当事人而言，就会产生过错责任与高度危险责任的选择适用问题。从二者的对比看，在适用高度危险责任时，并不需要证明责任主体的过错。对受害人而言，在危险责任中，责任构成较为容易，而在过错责任中则需要就行为人有过错进行举证。但在赔偿的范围上，在高度危险责任中，法律有时设立了最高赔偿限额。而在过错责任中，采完全赔偿原则，受害人所遭受的全部损害都要给予赔偿。在适用范围上，本条规定的但书条款目前主要针对的是现有法律规定的有关限额责任的情形。在今后有关法律对高度危险责任类型的限额赔偿作出规定后，此但书条款同样适用，这可以理解为此但书条款属于高度危险责任限额赔偿的例外规定，在后的法律即使仅写明限额赔偿而无例外规定，也要优先适用本条但书条款的规定，不能片面理解和遵循“特别法优先于一般法的规则”和“后法优于先法”的规则。其实，这一但书条款就构成了一般规则之外的特别规则，应当具有优先适用的效力。本条规定的适用过错责任的情形，在法律上限定为“故意和重大过失”，这一表述似又与前面的允许当事人选择适用过错责任不尽一致。从文义上讲，在“行为人有故意和重大过失”时即可突破有关限额赔偿的规定。

第九章　饲养动物损害责任

第一千二百四十五条　饲养的动物造成他人损害的，动物饲养人或者管理人应当承担侵权责任；但是，能够证明损害是因被侵权人故意或者重大过失造成的，可以不承担或者减轻责任。

【条文主旨】

本条是关于饲养动物致人损害责任承担的一般规定。

【立法要点及理由】

本条明确了一般情形下饲养动物致人损害适用无过错责任的归责原则；同时，还规定了动物饲养人或者管理人的抗辩事由，即举证证明被侵权人对损害的发生具有故意或者重大过失。

饲养动物损害责任承担是众多国家由来已久的问题，从古至今，大多数国家或地区对动物致害责任都有规定。在我国《民法通则》实施以前，司法实践中有关饲养动物侵权责任是按照过错责任原则处理的，如最高人民法院在1981年1月22日关于李某诉孙某鸡啄眼赔偿一案的函复中指出：李某抛开孩子，自己与他人在路上闲聊，造成孩子被鸡啄伤右眼，这是李某做母亲的过失，与养鸡者无直接关系。因此，判决孙某负担医药费是没有法律根据的。这一复函肯定了动物致害适用过错责任原则。随着社会进步和生活水平的提高，“动物”逐渐演变成了“宠物”，也出现了一些新的社会问题，其中犬咬伤人的事件屡有发生。对此，1986 年 4 月 12 日通过的《民法通则》第 127 条规定："饲养的动物造成他人损害的，动物饲养人或者管理人应当承担民事责任；由于受害人的过错造成损害的，动物饲养人或者管理人不承担民事责任；由于第三人的过错造成损害的，第三人应当承担民事责任。"该条按三个层次进行表述，其中第一层次对饲养动物损害责任作出一般性规定，即动物饲养人或者管理人应当承担责任。

在我国学术界，对于动物致害责任的归责原则存在两种主张。一是无过错责任说，该说主张《民法通则》第 127 条所规定的饲养动物致人损害责任应当理解为无过错责任。在侵权责任构成要件中不要求被告的过错，但如果被告想否认自己的责任，可通过举证证明受害人或第三人的过错来实现。二是过错推定责任说，该说主张无过错责任不存在任何抗辩事由，《民法通则》第 127 条的规定应理解为过错推定责任。因为在过错推定中，过错是推定的，具有偶然性，所以允许被告通过举证证明自己没有过错来开脱责任，受害人的过错、第三人的行为等也能成为抗辩事由。目前无过错责任说具有通说地位。

从《侵权责任法》第 78 条规定来看，其采纳的也是无过错责任原则。主要有以下考虑：一是动物非理性的本性决定了其具有令人难以估量的行为和对他人的生命、健康和财产造成损害的危险；二是对动物致害适用无过错责任归责原则，旨在对动物饲养人或管理人提出了更高的要求，促使其采取一切可能措施防止动物致害发生，以保护公众的安全；三是从比较法角度观察，各国多采取无过错责任。本条沿用了这一规定，仅作了文字调整。

【适用指南】

关于本条的适用要注意以下问题：

一是关于"饲养的动物"的界定。本条规定致人损害的动物是指"饲养的动物”。判断动物是否为饲养，普遍认为有以下条件：（1）为特定的人所有或者占有；（2）饲养人或者管理人对动物具有适当程度的控制力；（3）依动物自身的特性，有可能对他人或者财产造成伤害；（4）该动物为家畜、家禽、宠物或者驯养的野兽、爬行类动物等。依照上述标准，我们可以作出判断：自然保护区或者野生动物保护区的野生动物，虽然可能存在定期喂食等人为的饲养或者管理行为，但是由于人们对其控制力较低，因此不属于本条所称的“饲养的动物”。此外值得注意的是，如果该动物属于《野生动物保护法》第 2 条第 2 款规定的“珍贵、濒危的陆生、水生野生动物和有重要生态、科学、社会价值的陆生野生动物”，则在该等动物造成损害时，受害人有权请求国家给予补偿。这是因为野生动物资源属于国家所有①；动物园里驯养的野兽、爬行动物符合上述四个条件，虽然属于“饲养的动物”，但是本法第 1248 条对动物园的动物致害责任另作了规定，故不属于本条所称的“饲养的动物”；家养的金鱼等不具有造成他人伤害的可能性，不能列入“饲养的动物”范畴。

此外，还有两个特殊问题。一是对军用、警用以及专业表演团体、科研机构等单位因工作需要饲养的动物是否属于本条所称的“饲养的动物”。本法对此未作出明确规定，但笔者认为，在解释上应当将军用、警用以及专业表演团体、科研机构等单位因工作需要饲养的动物纳入本条所称的“饲养的动物”，否则本法对社会的调整将出现纰漏，从而不利于对相关社会生活秩序的规范。二是关于细菌是否属于本条所称的“饲养的动物”。目前，多数观点认为，细菌不属于本条所称的“饲养的动物”的范畴。而对传染性很强且危害性很大的病毒发生泄漏所肇的损害，一般按照高度危险作业责任处理，而不适用动物致害责任的规定。

二是对“造成他人损害”的理解。根据一般民法理论，动物致人损害的构成要件包括动物加害行为和造成他人损害的事实。所谓动物加害行为，是指动物基于本能或在外界的刺激下所为的行为。若动物在人的唆使

---

① 程啸：《侵权责任法》，法律出版社 2015 年版，第 624 页。

下伤人，此时动物等于人为控制下的工具，实质上属于人的加害行为，而不属于本章规定的特殊侵权行为，应按一般侵权行为处理。所谓造成他人的损害，应当不限于表现为饲养动物以咬伤、抓伤等造成他人人身损害的通常情形，因饲养动物导致被侵权人受到惊吓、恐吓而出现心理恐惧并因此诱发其他损害时①，在某些情况下也可能属于本条所称的“造成他人损害”的范畴。

三是关于动物致害责任的赔偿主体。各国法律规定不尽一致。德国是占有人或管理人，法国是所有人或使用人，意大利是所有人或管理人，日本是占有人。这些法律规定虽有差别，但都围绕着一个中心：承担赔偿责任主体与饲养动物之间的物权关系。在我国，本条规定的动物致害责任的赔偿主体是动物饲养人或者管理人。对此有人这样理解，动物饲养人与动物所有人同义，是指对动物享有占有、使用、收益、处分权的人；动物的管理人是指实际控制和管束动物的人，即根据某种法律关系直接占有和控制动物的人。动物的饲养人与管理人有时为同一人，有时为不同的人。在动物的饲养人与管理人为同一人的情况下，也就是由动物的所有人自己占有和管束动物，此时赔偿主体是很清楚的；在动物的饲养人与管理人为不同人的情况下，这时的赔偿主体应由直接管束动物的管理人承担。对于管理人是有偿管理或无偿管理、长期管理或短期管理等，并不作考量。

笔者认为，这种解释有可取之处。但按照以上解释，对于动物的非法占有人（如抢劫、抢夺、盗窃动物的人）责任问题存在不同看法。一种观点认为，尽管其为非法占有，但为更有利于防范动物致人损害、保护社会公众权益，应将其纳入“动物饲养人或管理人”的范围。另一种观点则持不同意见，其认为本条所表述的“动物饲养人或管理人”应指基于合法的根据或事由饲养或管理动物的人。笔者倾向于后一种观点。

此外需要注意的是，一般情况下，被侵权人需要证明被告系致害动物

---

① 例如，在“左某诉王某银、白某等健康权纠纷案”中，受害人因被告饲养的动物的惊吓而摔倒受伤，法院认为，适用饲养动物损害责任。参见天津市第二中级人民法院（2014）二中民四终字第 204 号民事判决书。

的饲养人或者管理人。但在有些情况下，由于致害动物的特殊性，可以根据案件的具体事实合理推断被告是致害动物的饲养人或者管理人，如“张某钊诉贡某生因被蜂蜇致其人身损害赔偿纠纷案”①。

四是关于动物致害责任的抗辩事由。本条的但书条款即抗辩事由的规定。本条规定的抗辩事由既包括免除行为人责任的事由，也包括减轻行为人责任的事由。

本条规定的抗辩事由是动物饲养人或管理人能够举证证明损害是由被侵权人的故意或者重大过失造成的，即由动物饲养人或管理人承担举证证明责任。对于被侵权人是否存在故意或者重大过失，需要结合本条的立法本意判断。在实践中，被侵权人的故意显然极难判断，目前笔者倾向于认为，只有在被侵权人实施盗取他人饲养动物或者动物饲养人、管理人已经对特定私人场所内有饲养动物及其可能发生的危险后果进行警示并已采取相应防范措施，但被侵权人仍然在未经允许的情况下擅自进入该特定场所等的极端情况下，才能够视其存在故意。② 关于被侵权人是否存在重大过失，可从一般人对不同动物以及诱发该动物危险性爆发的可能性认知角度进行判断。依照此标准，被侵权人同样的行为在针对不同饲养动物时是否存在重大过失也会不同。比如，在投喂家养动物时，原则上不应认定其存在重大过失，若对驯养的动物则可能构成重大过失。同时，在上述一般判断规则基础上，仍有必要对家养动物作进一步区分，如马应为家养动物，但对马的投喂行为，显然不能和对鸡、鸭、绵羊的投喂行为一概而论。综上，在审判实践中，要结合一般人对不同动物、危险爆发可能性等因素的判断，对被侵权人是否存在重大过失进行评判。

还需要注意的是，当动物饲养人或者管理人举证证明损害是由被侵权人的故意或者重大过失造成，但没有明确提出减轻或者免除自己责任的主

---

① 最高人民法院中国应用法学研究所编：《人民法院案例选》（总第 53 辑），人民法院出版社 2005 年版，第 214 页以下。

② 最高人民法院侵权责任法研究小组编著：《中华人民共和国侵权责任法条文理解与适用》，人民法院出版社 2016 年版，第 527 页。

张时，法院能否依据职权减轻或者免除动物饲养人或者管理人的责任，在我国民法学界存在不同看法。个别学者认为过失相抵是加害人的一项抗辩事由；[①] 大多数学者认为过失相抵无须当事人主张即可由法官依职权进行。[②] 笔者赞同多数学者的观点，过失相抵的目的在于确定责任的范围，因此一旦构成过失相抵，法官应依职权对加害人的责任进行减轻或免除。

第一千二百四十六条　违反管理规定，未对动物采取安全措施造成他人损害的，动物饲养人或者管理人应当承担侵权责任；但是，能够证明损害是因被侵权人故意造成的，可以减轻责任。

【条文主旨】

本条是关于未被采取安全措施的动物致人损害的责任承担。

【立法要点及理由】

本条主要针对违反动物管理规定，未对动物采取安全措施情况下的动物侵权类型予以规定。相较于《侵权责任法》第79条规定，可以看出，本条新增了抗辩事由，即能够证明损害是因被侵权人故意造成的，可以减轻责任。

《侵权责任法》第79条规定："违反管理规定，未对动物采取安全措施造成他人损害的，动物饲养人或者管理人应当承担侵权责任。"该条规定适用绝对责任，未规定受害人的故意或者重大过失可以导致动物饲养人或者管理人责任的免除或者减轻。考虑到这种情况下动物饲养人或者管理人不能减免责任，就会出现被侵权人因为没有责任而主动挑逗、触摸动物

---

① 张新宝：《中国侵权行为法》，中国社会科学出版社1998年版，第606页以下。

② 王利明：《侵权行为法归责原则研究》，中国政法大学出版社2004年版，第356页；杨立新：《侵权法论（上）》，吉林人民出版社2000年版，第377页。

的情况，从而导致更多损害情形的发生，本条对此予以规定，实行过失相抵原则，适当减轻违反管理规定未采取安全措施的动物饲养人或管理人的责任。

在本章中，第 1245 条对饲养动物损害责任作出了一般规定，将动物致人损害的侵权责任规定为无过错责任。对此，有人认为，在本法第 1245 条规定之下，不应设定未被采取安全措施的动物致人损害的侵权责任这一条款，理由是依照本条规定，只要动物的饲养人或者管理人没有违反管理规定并且对动物采取了安全措施，则饲养人或者管理人对动物致人损害可不承担责任，与第 1245 条规定相矛盾。笔者认为，本条与第 1245 条并不冲突，若出现饲养动物致人损害的情况，动物的饲养人或者管理人没有违反管理规定并且对动物采取了安全措施，可以适用第 1245 条对饲养动物损害责任的一般规定，即动物的饲养人或者管理人承担无过错责任，而非对受害人免责。

【适用指南】

关于本条的适用要注意以下问题：

一是关于饲养动物管理规定的理解。根据本条规定，在违反管理规定，未对动物采取安全措施造成他人损害时，动物饲养人或者管理人应当承担侵权责任。因此，适用本条规定承担侵权责任的前提，是有饲养动物的管理规定。此处的管理规定，应当限于规范性法律文件的规定，包括法律、行政法规、规章、条例、办法等，但是社区的管理规约不应包含在内。从实际生活来看，饲养的动物种类繁多，但以犬类为主，以此为例。所谓养犬管理的规定，主要是指协调养犬人与非养犬人、养犬人之间及养犬人与社会公共利益之间关系的法律、地方性法规等规范性法律文件。基于加强规范动物饲养行为、保障公民健康和人身安全、创造文明卫生生活环境及维护社会公共秩序的目的，养犬管理规定除规范饲养人资格、登记及办证、年检、缴费、注销手续外，最主要的是规定了犬只安全维持义务。例如：（1）携犬出户时，应当对犬束犬链，由成年人牵领，并应当避让老年人、残疾人、孕妇和儿童。（2）不得携犬乘坐除小型出租车外的公共交通工具；若乘坐小型出租车，应当征得驾驶员同意，并将犬装入犬袋、犬笼，或者为犬佩戴嘴罩等。（3）在小区内，携犬乘坐电梯时，应当避开乘坐电梯的高峰时段，并采取为犬佩戴嘴罩等措施；居民委员会、村民委员会、业主委员会根据实际生活情况可以确定禁止携犬乘坐电梯的具体时间。（4）在重点管理区内，禁止饲养烈性犬、成年体高超过35厘米的大型犬，如德国牧羊犬、俄罗斯高加索犬、雪达猎犬等。（5）禁止饲养人携犬进入市场、商店、商业街区、饭店、公园、公共绿地、学校、医院、展览馆、影剧院、体育场馆、社区公共健身场所、游乐场、候车室等公共场所等。（6）定期为犬注射预防狂犬病疫苗。（7）不得虐待、遗弃所养犬，更禁止放任、驱使犬类伤害他人。（8）严格履行养犬义务保证书规定的其他义务。除此之外，养犬管理规定还对犬只伤人后的救助义务和危险预防义务进行了规定。比如，犬伤害他人的，养犬人应当立即将被伤害者送至医疗机构诊治，并先行垫付医疗费用。对伤人犬或者疑似患有狂犬病的犬，养犬人应当及时送交公安机关设立的犬类留检所，由动物防疫监督机构进行检疫；对确认患有狂犬病的犬，动物防疫监督机构应当依法采取扑灭措施，并进行无害化处理。①

二是关于未对动物采取安全措施的界定。由上可知，我国养犬管理相关规定所确定犬只饲养人或者管理人应负担的义务涉及很多方面，但并非养犬管理规定中所有义务的未履行都属于衡量本条所称的“未对动物采取安全措施”的标准。有人认为，按照规定，养犬人在年检时应当出示有效的养犬登记证和动物健康免疫证，其目的是确保犬只的安全性，如果饲养人或者管理人未履行年检义务，依据本条，应承担侵权的民事责任。笔者认为，“对动物采取安全措施”主要是指动物安全性维持义务。以养犬为例，关于养犬管理规定中确定犬只饲养人或者管理人应履行的办证、年

① 可参见北京市颁布的养犬管理规定及相关规定。

检、缴费、注销等义务，其性质属于行政管理方面。按规定进行年检虽是为了确保犬只健康，但犬只安全性维持义务中的“定期为犬注射预防狂犬病疫苗”同样可达到维持犬只安全性的目的。因此，如果动物饲养人或者管理人已经履行了动物安全性维持义务，但同时存在违反行政管理义务之行为，其最终承担的责任在性质上应属于行政处罚，而非民事责任。

此外还需要注意的是，本条规定的饲养人或者管理人负有采取安全措施的义务主要针对在公共场所中。如果出现在家中或者其他特定非公共区域，对于动物未采取戴嘴罩、束犬链等安全措施造成他人损害的，由于居室等其他特定非公共区域不属于公共场所，饲养人或者管理人不负有本条所涉及的安全措施义务，而应依据本法第 1245 条的规定进行处理。值得注意的是，对于虽出现在家中或者其他特定非公共区域，但动物饲养人或者管理人未给犬注射预防狂犬病疫苗造成他人损害的，仍应按照本条规定处理。

第一千二百四十七条　禁止饲养的烈性犬等危险动物造成他人损害的，动物饲养人或者管理人应当承担侵权责任。

【条文主旨】

本条是关于禁止饲养的危险动物的损害责任的规定。

【立法要点及理由】

考虑到危险动物较一般动物对周围人的人身和财产具有更大的危险性，本条作出了非常严格的规定，不得进行过失相抵，即只要饲养了禁止饲养的烈性犬等危险动物致人损害，动物饲养人或者管理者就应当承担侵权责任，没有任何的免责事由可以援引。

从学理上讲，加害人存在故意时，应当排除过失相抵的适用。结合本条来看，动物饲养人或者管理人违反禁止性规定饲养烈性犬等危险动物是对动物管理规定的严重违反，其过错性质属于故意的范畴，故本条排除过失相抵的适用，未规定免责事由。从规范行为上讲，本条之所以规定了如此严格的责任，就是为了引导饲养人为自己、为他人、为社会着想，不得违反管理规定饲养烈性犬等危险动物。

【适用指南】

关于本条的适用要注意以下问题：

一是关于禁止饲养烈性犬等危险动物的相关管理规定。所谓禁止饲养的危险动物，主要是指在规范性法律文件中禁止饲养的动物。在实践中，我国很多地方性法规均对禁止饲养的烈性犬作出明确规定，但各地对烈性犬的品种范围不尽相同，主要包括藏獒、猎狐犬、德国牧羊犬、斑点狗、松狮犬、俄罗斯高加索犬、阿根廷杜高犬等。除规定禁止饲养的烈性犬品种外，对大型犬的体高也有限制性相关规定，有的地区规定禁止饲养成年体高 35 厘米以上的，有的地区规定禁止饲养 45 厘米以上的。综上，关于危险动物，没有统一的规定，但可理解为具有较强攻击性和野性的动物，如蜥蜴、大蟒等。

此外还需注意以下问题。第一，禁止饲养烈性犬的义务主体主要为居民等一般民众，对于有特定需要的法人或者其他组织，可以在经过批准后饲养危险动物，如有的地区规定，机关、团体、部队、企事业单位饲养的军犬、警犬、护卫犬、科研医疗实验用犬，经批准的，不属于禁止饲养的危险动物。若该法人或者其他组织未经批准饲养烈性犬致人损害的，则应按照本条规定处理。第二，判断是否属于被禁止饲养的烈性犬等危险动物要严格区分地区和区域。比如，在多数地区藏獒都被列为禁止饲养的烈性犬，因此在这些地区发生藏獒致人损害的，应当按照本条规定作出处理；但在藏区，藏獒可能并未被列为禁止饲养的烈性犬。因此，凡在此地区发生藏獒致人损害的，可以按照本编第 1245 条、第 1246 条规定作出处理。

第三，关于禁止饲养的重点管理区域，一般将居民住宅区、商业区、工业区及主管部门划定的其他重点管理区规定为重点管理区，但也有以城区为标准进行划定的，如《北京市养犬管理规定》规定，本市东城区、西城区、朝阳区、海淀区、丰台区、石景山区为重点管理区，其他区为一般管理区。

二是关于禁止饲养的烈性犬等危险动物致人损害的归责原则。依照本条规定，禁止饲养的危险动物致害责任适用无过错责任原则。作为归责原则之一的无过错责任原则，其责任构成要件的判断，是根据已经发生的损害结果，而不考虑侵权人主观的过错状态。也就是说，确定责任承担的基础不是过错而是损害事实，有损害就有责任，没有损害就没有责任。结合本编第1245条规定来看，本条可以看作该条的加重责任条款，其中加重责任主要体现在烈性犬等危险动物致人损害的免责事由上，即不得进行过错相抵。由此可见，本条立法采取的是最为严格的无过错责任原则。

三是关于免责条款。有观点认为，禁止饲养的烈性犬等危险动物造成他人损害的，虽都应当承担赔偿责任，但若损害是受害人故意造成的，应当免除饲养人或者管理人的责任。主要理由有两点：一是受害人故意造成损害的行为表明受害人行为与损害结果之间存在直接的、全部的因果关系，从而阻断了动物致害行为与损害结果之间的因果关系，不满足承担无过错责任的构成要件，应由受害人承担全部责任；二是损害结果是受害人主观意识上所追求的，由饲养人或者管理人承担责任不符合诚信原则。笔者认为，从表述来看，本条未规定免责事由，且考虑到禁止饲养的危险动物具有高度的危险性，饲养人或者管理人的责任不应随意减轻或者免除。

第一千二百四十八条　**动物园的动物造成他人损害的，动物园应当承担侵权责任；但是，能够证明尽到管理职责的，不承担侵权责任。**

【条文主旨】

本条是关于动物园动物致人损害的责任承担规定。

【立法要点及理由】

与本章其他动物侵权归责原则不同，本条规定的动物园的动物致人损害不适用无过错责任，而适用过错推定责任，且实行举证责任倒置，由动物园承担举证责任。此外，从本条的但书条款即抗辩事由来看，动物园的侵权责任是因其未尽到管理职责而导致，故属于不作为侵权范畴。

在《侵权责任法》立法过程中，有人认为，相较于一般个人为满足生活需求而饲养的动物的危险性，动物园中许多动物的危险性更大。因此，应当让占有、使用具有更大危险属性的动物的动物园承担比较严格的侵权责任。立法者在《侵权责任法》第 81 条中最终规定对动物园适用过错推定责任，实行举证责任倒置，由动物园来承担其尽到了管理职责的举证责任。本条对这一规定予以沿用，主要是考虑到，动物园饲养的动物是为了满足人民物质和文化生活质量提高或进行科学研究的需要，并非如普通的自然人饲养动物那样，主要是出于精神上的满足。况且，从实践来看，游客因动物园的动物而遭受损害，要么是因为动物园没有尽到管理的职责（如安全设施或设备的瑕疵、欠缺警示标志等），要么是游客的自身原因（如违反规定投喂食物、激惹或挑逗动物等）。因此，在动物园已经尽到了管理职责的情形下，损害就完全是由于受害人自身原因所致。如果让动物园承担无过错责任，则过于苛刻。①

① 参见《侵权责任法草案座谈会简报（二）》，载全国人大常委会法制工作委员会民法室：《侵权责任法立法背景与观点全集》，第 146 页。

【适用指南】

关于本条的适用要注意以下问题：

一是关于承担责任主体的确定。本条规定的承担侵权责任的主体系动物园，本条规定的动物园应仅限于为公众服务的国家动物园，不包含私人动物园。关于动物园的具体范围界定，可以借鉴《城市动物园管理规定》的规定，主要包括综合性动物园、专类性动物园、野生动物园、城市公园的动物展区等。

二是关于动物园动物加害行为的理解。本条规定的动物系动物园的动物，主要是指属于动物园管理的动物。关于动物的种类没有进行限制，无论是牛、马、大象，还是蛇、蜥蜴等动物，只要处在动物园的管理下，均属于本条规范的范畴。若动物虽然在动物园内，但不属于动物园实际管理而侵害到他人合法权益的，则不可适用本条规定。比如，在动物园内有游客所携带的动物伤到他人，此时该动物不属于动物园实际管理的范围，动物园不因此而承担侵权责任。

首先，本条规定的加害行为应限于动物本身的独立动作，应理解为由动物自发或者因受到外界刺激而造成他人损害的行为，而对于非出于动物本身的独立动作但造成他人损害的，则不构成动物加害行为。比如，运送牛的车辆在动物园内发生车祸，牛从车上掉下而砸伤游客的，不得适用本条。其次，本条中的加害行为种类，不仅限于动物的直接加害行为，如动物园的猴子抓伤孩子等；还包括动物的间接加害行为，如动物园内跳出围栏的羊，游客为躲避而遭受的人身或者财产损害。

对于动物园动物实施加害行为的地点应当限定于动物园这种管理主体所实际控制的区域范围之内。这里的所实际控制的区域范围，除了指在动物园内，还包括在动物园运送动物的过程中动物园所实际控制的区域范围。比如，在动物园运送动物的途中，运送动物的员工因疏于管理而导致动物跳出笼子，侵害了他人人身财产权益的，亦适用本条规定，即由动物园承担责任。

三是关于动物园动物致害责任的归责原则。本条中，动物园的动物侵权采用过错责任原则，且实行举证责任倒置。过错责任原则是指以过错为责任要件的归责原则，依据此原则，只有在侵权人主观上存在过错时才须承担侵权责任。因此，在实践中适用过错责任原则时，证明侵权人存在过错是判定责任构成的关键问题。本条对动物园采用过错推定责任。所谓过错推定责任，是指从损害事实的本身推定加害人有过错并据此确定造成他人损害的行为人承担赔偿责任的归责原则。适用过错推定责任时，行为人承担举证责任，即如果行为人能够举证证明自己不存在过错，就不承担侵权责任；如果行为人不能够举证证明自己没有过错，则须承担侵权责任。过错推定责任仍属于过错责任归责原则，与一般的过错责任原则不同的是，其将对损害结果不存在过错的举证责任强加于侵权人，即举证责任倒置。

本条所采用的过错推定责任，缓和了过错责任的僵化，在一定程度上避免了被侵权人因不能证明侵权人存在过错而得不到赔偿的情况，使受害人的合法权益更容易获得救济。然而异于本章其他动物侵权的无过错责任原则，动物园的动物致害采取的是过错责任原则，说明立法适当倾斜于动物园一方。因此，为实现被侵权人与动物园之间的平衡，司法实务中对于被侵权人的举证责任不能过于严格，被侵权人往往只要能够举证证明存在表象事实即已足够，而无须承担过大的举证责任。比如，小孩在动物园遭受侵害，对于该动物不属于动物园实际管理的举证责任应由动物园承担。此外，被侵权人与动物园之间的平衡还可通过在司法实务中提高对动物园注意义务的标准来实现。①

四是关于动物园管理职责的界定。本条规定的免责事由是动物园如果能够举证证明“尽到管理职责”，则不承担侵权责任。关于动物园的管理

① 王利明、周友军、高圣平：《中国侵权责任法教程》，人民法院出版社 2010 年版，第723 页。

职责，可以理解为对动物的看管义务，判断动物园是否尽到对动物的看管义务，一方面要从动物本身的角度，依照具体动物的种类和性质进行判定；另一方面还要从保障可能遭受侵害的人身财产权益角度出发。动物园管理职责不应仅限于防止一般人受到侵害，还应包括防止特殊人群受到伤害；不应仅限于采用一般的侵害防止措施，还应包括采用特殊的侵害防止措施。比如，饲养大猩猩的防护栏须足够严密，以防止充满好奇的儿童接近；再如，对于一般个人饲养犬只，饲养人或者管理人的管理义务是在其院中醒目位置张贴猛狗标识，而对于动物园来说，管理职责应包括将游客隔离在安全区域之外，避免动物因游客挑逗而加害他人，还应包括防范动物跳出防护围栏或离开其他所控制的安全区域使游客遭受侵害等，否则，均将认定动物园没有尽到管理职责。

第一千二百四十九条　遗弃、逃逸的动物在遗弃、逃逸期间造成他人损害的，由动物原饲养人或者管理人承担侵权责任。

【条文主旨】

本条是关于遗弃、逃逸的动物在遗弃、逃逸期间致人损害责任承担的规定。

【立法要点及理由】

本条主要规定的是动物在遗弃或者逃逸期间的致害责任，由动物原饲养人或者管理人承担。由此可见，对遗弃动物致人损害的，原饲养人或管理人应对因其遗弃动物而致人损害的结果承担责任；对动物逃逸致人损害的，原饲养人或者管理人应对因其管理不当致使动物逃逸而致人损害的结果承担责任。但是，如果遗弃或者逃逸的动物有了新的饲养人或者管理人，则不再由动物原饲养人或者管理人承担责任。

在现实生活中，动物的遗弃或逃逸都会导致其对社会公众产生危险。比如，流浪狗在不卫生的环境下觅食，其身上及粪便中会携带有各种病毒或者寄生虫，给其周围居住的人民群众身体健康带来危害，对公共卫生安全造成威胁。对此，《侵权责任法》第82条规定："遗弃、逃逸的动物在遗弃、逃逸期间造成他人损害的，由原动物饲养人或者管理人承担侵权责任。"本条基本沿用了这一规定，但有一处文字修改，将"原动物饲养人或者管理人"修改为"动物原饲养人或者管理人"，规定由动物原饲养人或者管理人承担遗弃、逃逸的动物在遗弃、逃逸期间致人损害的责任。主要考虑到，一方面被遗弃或者逃逸的动物可能更具野性，因此须从源头着手遏制遗弃饲养动物的行为与饲养动物丢失的发生；另一方面须保证责任和权利相互对应。综上，本条为解决流浪动物致害问题作出规定，即明确了遗弃、逃逸的动物在遗弃、逃逸期间致人损害的责任由动物原饲养人或管理人承担。

【适用指南】

关于本条的适用需要注意以下问题：

一是如何判断致人损害的动物处于被遗弃或者逃逸的状态。所谓遗弃，在第二编物权上的表述为抛弃，属于当事人行使其物权权能的形式之一。遗弃的动物是指动物的饲养人依据其自由意志抛弃了的动物。逃逸的动物是指饲养人或者管理人非主动放弃饲养或者管理动物，而是暂时失去了对该动物的占有和控制。须注意的是，若遗弃、逃逸的动物拥有了新的饲养人或者管理人，此时发生动物致人损害的，原饲养人或者管理人不应再承担责任，而是由新的饲养人或者管理人承担侵权责任；此外，若将动物放回自然状态，放还大自然，则不存在遗弃和逃逸的问题，之后发生致人损害的，不应再由原饲养人或者管理人承担侵权责任。

此外在实践中，动物园的动物在遗弃或者逃逸期间造成他人损害的，应当适用本条的规定还是适用本编第1248条动物园的动物侵权责任规定，仍须进一步探究。有人认为，应当适用第1248条的规定，适用过错责任原则，动物园承担举证责任证明其尽到管理职责即可免责。笔者认为，根据本章饲养动物损害责任的立法目的，动物园作为管理动物的专业场所，若出现因其管理不周遗弃动物或者致使动物逃逸造成他人损害的，动物园应当承担更严重的责任，因此适用本条的无过错责任原则更为适当。

二是对遗弃、逃逸动物的加害行为及造成他人损害的理解。首先，对于遗弃或者逃逸动物的加害行为，应限于动物本身的独立动作，应理解为由动物自发或者因受到外界刺激而造成他人损害的行为，而对于非出于动物本身的独立动作但造成他人损害的，则不构成动物加害行为。其次，从加害行为种类来讲，其不仅限于动物的直接加害行为，如逃逸的牛羊造成他人田园篱笆或者蔬菜等财产损失、遗弃的小狗抓伤孩子等，还包括动物的间接加害行为，如动物在逃逸期间，致使他人为躲避而发生事故遭受损害等。

对遗弃、逃逸动物造成他人损害的范围，应不仅限于对他人人身和财产造成损害，在特定情况下还应当包括对精神造成的损害。人身损害，如逃逸的狗咬伤路人的臂膀，饲养的禽类啄伤孩子的眼睛等；财产损害，如农户走丢的耕牛吞食他人粮食等；精神损害，如张某饲养的牛逃离牛群四处游走，后来在公路上与小客车相撞致人残疾而对他人造成的精神损害等。

三是责任承担的主体。本条明确规定，由遗弃、逃逸动物的原饲养人或者管理人承担侵权责任。如果原饲养人或者管理人为同一人，承担赔偿责任不会产生问题。而如果非同一人，尤其是在基于委托或者寄养等法律关系的情况下，责任承担则可能产生一定的适用困难问题。比如，甲购买了一批马，并将该马寄养于乙家中，寄养期间，此马逃离马圈而撞伤丙，此时，对于马的直接占有人即管理人乙应当承担责任并没有疑问，但对于所有权人甲是否应当基于其寄托关系而承担饲养人的责任存在不同主张。对此，《德国民法典》第 840 条第 1 款规定，动物饲养人（所有权人）和管理人对受害人要承担连带责任，而对于饲养人与管理人之间的责任分配应由其内部合同关系作解决。以上处理方式虽具有一定合理性，但是鉴于本条并未对饲养人与管理人承担连带责任作出明文规定，笔者认为，应依照立法本意，在饲养人与管理人非同一人的情况下，不要求饲养人与管理人承担连带责任。

四是关于减轻与免除责任的依据。如果被告能够证明损害是因被侵权人故意或者重大过失造成的，是否可减轻责任？若可减轻责任，应适用本编第1173条还是第1245条的规定？笔者认为，鉴于本条未规定准用第1245条的规定，因此可以适用第1173条的规定予以减轻责任。但是要注意的是，第1173条是关于减轻责任的规定，不涉及免责的适用问题；另外，第1173条既包括重大过失，也包括一般过失和轻微过失，但考虑到本章规定的立法精神和第1245条规定的免除或者减轻责任事由，适用第1173条规定时，应当否认一般过失和轻微过失情形下的减轻责任。若被告能够证明"损害是因受害人故意造成的"，才可以适用本编第1174条规定予以免责。

五是本条的法条竞合问题。实践中，本条与本编第1247条规定可能发生法条竞合问题。比如，在出现禁止饲养的烈性犬等危险动物被遗弃、逃逸致人损害的情形时，笔者认为，在法律适用上，鉴于本编第1247条规定的是最严格的侵权责任，因此在出现法条竞合时，考虑到立法本意，应适用第1247条规定。[①]

第一千二百五十条　因第三人的过错致使动物造成他人损害的，被侵权人可以向动物饲养人或者管理人请求赔偿，也可以向第三人请求赔偿。动物饲养人或者管理人赔偿后，有权向第三人追偿。

【条文主旨】

本条是关于因第三人的过错致使动物致人损害的责任承担的规定。

---

① 最高人民法院侵权责任法研究小组编著：《中华人民共和国侵权责任法条文理解与适用》，人民法院出版社2016年版，第551页。

【立法要点及理由】

在饲养动物的具体侵权中，因第三人的过错致使动物致人损害的，应由谁承担责任？《民法通则》第127条规定："……由于第三人的过错造成损害的，第三人应当承担民事责任。"可知，因第三人的过错致使动物造成他人损害时，只有第三人承担侵权责任，动物饲养人或者管理人不必承担责任。对此，《侵权责任法》第83条则明确规定，因第三人的过错致使动物造成他人损害的，被侵权人可以向动物饲养人或者管理人请求赔偿，也可以向第三人请求赔偿。动物饲养人或者管理人赔偿后，有权向第三人追偿。据此，因第三人的过错致使动物造成他人损害的，除第三人应当承担侵权责任外，动物饲养人或者管理人并不因此免责，而是承担责任后可以向第三人追偿。此责任承担方式即属于不真正连带责任。本条沿用了这一规定。

本条的立法理由须结合本编第1245条的规定进行理解。该条是本条规定的理论基础，是正确理解本条的前提。根据该条规定，饲养动物损害责任是无过错责任，所以其免责或者减轻责任的事由非常严格，仅限于被侵权人对损害结果存在故意或者重大过失。因第三人的过错致使动物造成他人损害，显然不属于被侵权人的重大过失。因此，第三人的过错不能成为动物侵权责任的免责事由，即动物饲养人或者管理人并不能因第三人的过错免责。此外，本条立法的法理依据是考虑到动物尚有的行动自由。在因第三人的过错致使动物造成他人损害的场合，虽然第三人的过错是动物造成他人损害的原因，但动物尚有行动自由，动物的加害行为仍然出于动物自己的独立行为，因此仍然构成动物加害行为，[①] 动物饲养人或者管理人仍须在此场合中承担动物致人损害责任。

---

① 最高人民法院侵权责任法研究小组编著：《〈中华人民共和国侵权责任法〉条文理解与适用》，人民法院出版社2016年版，第554～555页。

从司法实践来看，本条之规定不仅是为了增大被侵权人获得法律救济、得到实际赔偿的可能性，还为了强调动物饲养人或者管理人的动物侵权责任，促使其对饲养动物尽更严格的管束与更多的注意义务，从而更有效地减少动物致人损害的发生。

【适用指南】

关于本条的适用，要注意以下问题：

一是关于“第三人”范围的界定。本条规定中的第三人，是指动物饲养人或者管理人以及被侵权人以外的人。关于对第三人的理解，当存在动物非法占有人的情形时，理论界存在争议。比如，当非法占有人实际控制和管束动物时，因除合法饲养人或者管理人、被侵权人以及非法占有人外的他人过错致使动物造成他人损害的，对于赔偿义务的主体存在不同观点。有人认为，动物饲养人或者管理人不包括非法占有人，若要求非法占有人承担赔偿责任，就应对本条规定的“第三人”作扩大解释，将非法占有人归为第三人的范畴，如此，合法饲养人或者管理人承担连带赔偿责任，非法占有人承担第三人责任；还有人认为，根据“谁能控制危险，谁因物而受益”的原理来看，应当对动物饲养人或者管理人作扩大解释，将非法占有人归为动物饲养人或者管理人的范畴，这样，合法饲养人或者管理人无须承担赔偿责任。

从案件处理角度看，笔者倾向于合法饲养人或者管理人不承担责任，除非被侵权人能够证明合法饲养人或者管理人在被侵权的事件中负有责任。主要理由有以下几点：其一，根据本编第 1249 条规定，遗弃、逃逸的动物在遗弃、逃逸期间造成他人损害的，由动物原饲养人或者管理人承担侵权责任。依照相反解释的规则，被偷盗的动物在偷盗期间造成他人损害的，包括因第三人的过错致使动物造成他人损害的，原动物饲养人或者管理人不应承担侵权责任。其二，依据谁能控制危险，谁因物而受益，谁应承担责任的原理进行评判，动物在被盗期间发生加害行为的，此时原饲养人或者管理人既不能控制危险，避免动物致人损害，也不能因动物而受益，因此不应承担责任。其三，著名学者王泽鉴先生认为，“间接占有人应不包括在内，因其对于动物并未由管领力而管束”①。

二是关于第三人的过错行为。对于本条中第三人的过错行为，可以是作为，也可以是不作为。前者如第三人挑逗他人的动物致人损害；后者如第三人负有避免动物致害的作为义务而未尽到该义务。在大多数场合，第三人的过错表现为：有意挑逗、投打、投喂、诱使动物，致使他人受到人身或财产的损害。对于认定第三人对动物造成他人损害是否存在过错，我们应当依照民法中关于过错的认定标准进行判定，但需要注意的是，第三人对动物致人损害的发生不能预见或者不应预见的，不得认定其有过错。

三是关于第三人承担责任的归责原则。根据本条规定，第三人承担责任的基础是其对动物造成他人损害有过错，如果没有过错，第三人就不应当承担责任。由此可见，第三人承担责任的归责原则是过错责任原则。因此，本条实际上包含两种归责原则：动物饲养人或者管理人承担责任的归责原则是无过错责任原则；第三人承担责任的归责原则是过错责任原则。这是由于动物饲养人或者管理人是为动物行为承担责任，而第三人是为个人行为承担责任。

还需注意的是，第三人的过错与饲养人或者管理人的过错共同致使动物造成他人损害的，责任如何承担。对于被侵权人而言，其依然享有对动物饲养人或者管理人以及第三人请求赔偿的选择权。对于动物饲养人或者管理人与第三人之间如何承担责任，则应当适用过错责任原则来确定各方的责任承担。

四是关于责任承担方式。一方面，本条赋予了被侵权人选择权。因第三人的过错致使动物造成他人损害的，被侵权人可以向动物饲养人或者管理人请求赔偿，也可以向第三人请求赔偿。另一方面，本条还赋予了动物饲养人或者管理人追偿权。动物饲养人或者管理人赔偿后，有权向第三人

① 王泽鉴：《侵权责任法（2）特殊侵权行为》，2006年自版，第196页。

追偿。从学理上讲，本条规定的责任承担方式属于不真正连带责任。所谓“不真正连带责任”，是指多数行为人违反法定义务，对一个受害人实施加害行为，或者不同行为人基于不同行为而致使被侵权人合法权益遭受损害，各行为人产生同一内容的侵权责任，均负全部赔偿责任，并因部分行为人的履行而使全体责任人的责任归于消灭的侵权责任形态。需要注意的是，在不真正连带责任中，有一个终局责任人的概念。有学者认为，“尽管各责任人的责任是基于不同的法律事实独立产生的，但是由于最终可归责于一人的事由而引起的一系列责任的发生，这种可最终归责的责任人就是终局责任人”。据此，本条规定中，动物饲养人或者管理人、第三人承担不真正连带责任，且第三人是终局责任人。本条中对于不真正连带责任的规定，一方面有利于被侵权人及时获得救济，另一方面也是维护动物饲养人或者管理人自身权益的一种重要手段。

五是关于饲养人或者管理人的抗辩事由。被侵权人对损害的发生也有过错的，责任应如何承担？对此，本法第 1245 条规定在此有适用余地。依照该条规定，饲养的动物造成他人损害，动物饲养人或者管理人承担侵权责任，但能够证明损害是因被侵权人故意或者重大过失造成的，可以不承担或者减轻责任。因此，只有被侵权人具有故意或者重大过失的情形，动物饲养人或者管理人才可以不承担或者减轻责任。也就是说，因第三人的过错致使动物造成他人损害的，动物饲养人或者管理人与第三人对外承担连带责任，但能够证明损害的发生是由被侵权人的重大过失造成的，可以减轻或者不承担责任。

第一千二百五十一条　饲养动物应当遵守法律法规，尊重社会公德，不得妨碍他人生活。

【条文主旨】

本条是关于饲养动物者应当履行的义务的规定。

【立法要点及理由】

本条属于倡导性规范，规定动物饲养人或者管理人饲养动物应当履行的义务，有遵守法律法规、尊重社会公德、不得妨碍他人生活三项。

遵守法律法规、尊重社会公德、不得妨碍他人生活，是包括动物饲养人或管理人在内的所有公民应当履行的基本义务，因此严格说来属于《民法典》第一编总则中规定的内容，可以不在本章规定。但本条规定的现实性在于，实际生活中存在大量动物饲养人或者管理人不遵守法律法规、不尊重社会公德、妨碍他人生活的现象，如养犬人不按规定拴束狗链、放任犬只在公共环境随意大小便、疏于管理伤及他人等，故此有作这一规定的必要。

同时，动物本身所具有的危险性决定了饲养动物的两面性，饲养动物除了能给人们带来快乐、安慰等精神享受，还会致他人遭受人身和财产损害。动物饲养人或者管理人既然占有或控制着动物，就应该肩负起对自己、对他人、对社会应负的责任。基于此，本条从切实保障广大人民群众的人身和财产安全、维护社会的稳定和正常秩序、建设良好社会环境与文明和谐社会的角度出发，针对动物饲养人或者管理人应当履行的基本义务作出规定，倡导依法、文明、科学饲养动物。

【适用指南】

关于本条的理解要注意以下相关概念：

一是遵守法律法规。《侵权责任法》第 84 条规定：“饲养动物应当遵守法律，尊重社会公德，不得妨害他人生活。”本条增加了“法规”二字，以更加明确规定应当遵守规范的范围。本条中的“法律法规”，既包括全国人大及其常委会制定的法律，也包括行政法规、地方性法规、部门规章、自治条例和单行条例等。因此，动物饲养人或者管理人既要遵守法律的有关规定，也要根据自己所处的地区遵守《深圳市养犬管理条例》《昆明市养犬管理条例》《北京市养犬管理规定》《呼和浩特市养犬管理规定》等法规的有关规定，自觉规范自己的行为，依法依规饲养动物。

二是尊重社会公德。这里的“社会公德”，可以简称为“公德”，是指处于同一时代同一生活环境里的社会群体为了维持社会共同生活所必须遵守的最简单、最起码的行为规范。与有关个人品德、作风、习惯以及个人私生活中的“私德”相对，“公德”是指与国家、组织、集体、民族、社会等有关的道德。

社会公德是人类在长期社会生活实践中逐渐积累起来的，是人类社会文明成果的一种沉淀和积累，是维护社会成员之间最基本的社会关系秩序、保障社会和谐稳定最基本的道德要求。具体来说，它具有基础性、全民性、相对稳定性、简明性的特点：(1）基础性。社会公德是社会道德体系的基础层次，在每一个社会都被看作最起码的道德准则，是为维护社会公共生活的正常进行而提出的最基本的道德要求。遵守社会公德，是对社会生活中每个人的最低层次的道德要求，在此基础之上还有许多更高的道德标准和道德要求。社会公德水平的高低又昭示着一个社会道德风气好坏的程度。(2）全民性。社会公德是社会全体成员都必须遵守的道德规范，具有最广泛的群众性和适用范围。在同一社会中，不管属于哪个阶级或者从事何种职业，任何社会成员对于社会公共生活的简单规则都必须遵守，否则就要受到社会舆论谴责。(3）相对稳定性。社会公德作为“多少世纪以来人们就知道的、千百年来在一切行为守则上反复谈到的、起码的公共生活规则”，是人类世世代代调整公共生活中最一般的关系的经验结晶。这种最一般的关系，在不同时代、不同社会形态里都存在。因而，调整这种关系的社会公德在历史上比起其他各种道德分支来，具有更多的稳定性。而且社会公德总是随着社会物质文明和精神文明的发展，保存和发扬其进步的、合理的方面，剔除其落后的、不合理的部分。(4）简明性。社会公德大多是生活经验的积累和风俗习惯的提炼，往往不需要做更多的说明就能被人们理解。

社会公德作为调整公共生活的准则，包含非常广泛的内容，在我国现代社会中主要包括：文明礼貌；助人为乐；爱护公物；保护环境；遵纪守法。针对动物饲养人或者管理人而言，主要应从保护环境和遵纪守法两个方面，履行尊重社会公德的义务。

三是不得妨碍他人生活。相较于《侵权责任法》第84条规定，本条将“妨害”修改为“妨碍”，更明确强调饲养人或者管理人饲养动物时不得干扰、阻碍他人生活。基于本条规定，动物饲养人或者管理人饲养动物，除应当遵守法律法规、尊重社会公德外，还应当履行不得妨碍他人生活的义务。比如，不得影响他人休息，不得让动物随地大小便破坏周围环境等。

此外需要特别注意的是，本条在规范性之上系倡导性规定，属于无害条款。在审判实践中，如果受害人以本条规定为依据起诉，请求赔偿损失，人民法院不予支持。

第十章 建筑物和物件损害责任

第一千二百五十二条 建筑物、构筑物或者其他设施倒塌、塌陷造成他人损害的，由建设单位与施工单位承担连带责任，但是建设单位与施工单位能够证明不存在质量缺陷的除外。建设单位、施工单位赔偿后，有其他责任人的，有权向其他责任人追偿。

因所有人、管理人、使用人或者第三人的原因，建筑物、构筑物或者其他设施倒塌、塌陷造成他人损害的，由所有人、管理人、使用人或者第三人承担侵权责任。

【条文主旨】

本条是关于建筑物倒塌致人损害责任的规定。

【立法要点及理由】

此前《民法通则》第126条对此问题有所规定，条文内容为："建筑物或者其他设施以及建筑物上的搁置物、悬挂物发生倒塌、脱落、坠落造成他人损害的，它的所有人或者管理人应当承担民事责任，但能够证明自己没有过错的除外。"可见，《民法通则》在立法时，是将建筑物致人损害的三种表现形式即倒塌、脱落和坠落共同规定于同一条文之中，有关归责原则、赔偿义务主体等，三者都是完全相同的。而且，当时在民法领域内尚未明确提出关于构筑物的概念用语。在《侵权责任法》立法过程中，对于建筑物倒塌造成他人损害的，是否应当明确规定建设单位、施工单位等承担侵权责任，曾有不同意见。有的意见认为，建筑物倒塌严重危害人民群众的人身、财产安全，应当对此作出严格规定，从而促使建设单位等提高建设工程质量，杜绝“豆腐渣”工程，保障人民群众的生命财产安全。有的意见认为，造成建筑物、构筑物或者其他设施倒塌的原因复杂，建议依照《建筑法》《建设工程质量管理条例》等法律、法规的规定追究责任，没有必要在《侵权责任法》中专门规定。经同有关部门研究，《侵权责任法》区分了建筑物倒塌与脱落、坠落的不同责任，规定建筑物、构筑物或者其他设施倒塌造成他人损害的，由建设单位与施工单位承担连带责任。建设单位、施工单位赔偿后，有其他责任人的，有权向其他责任人追偿。因其他责任人的原因，建筑物、构筑物或者其他设施倒塌造成他人损害的，由其他责任人承担侵权责任。[①]《侵权责任法》第 86 条规定：“建筑物、构筑物或者其他设施倒塌造成他人损害的，由建设单位与施工单位承担连带责任。建设单位、施工单位赔偿后，有其他责任人的，有权向其他责任人追偿。因其他责任人的原因，建筑物、构筑物或者其他设施倒塌造成他人损害的，由其他责任人承担侵权责任。”相较该规定，本条主要有三处修改：一是第 1 款增加了免责抗辩的情形，即“但是建设单位与施工单位能够证明不存在质量缺陷的除外”；二是第 2 款对“其他责任人”进行了明确界定，改为“所有人、管理人、使用人或者第三人”；三是增加了“塌陷”这一情形，更符合实际情况。

【适用指南】

关于本条的适用要注意以下问题：

本条第 1 款第 1 句规定了建设单位与施工单位承担连带责任。我国一些法律和司法解释都对相关问题作了规定。根据《建筑法》第 55 条、第

① 王胜明：《中华人民共和国侵权责任法释义》，法律出版社 2010 年版，第 419 页。

56条的规定，建筑工程实行总承包的，工程质量由工程总承包单位负责，总承包单位将建筑工程分包给其他单位的，应当对分包工程的质量与分包单位承担连带责任。分包单位应当接受总承包单位的质量管理。建筑工程的勘察、设计单位必须对其勘察、设计的质量负责。根据本条第1款第1句的规定，建筑物、构筑物或者其他设施倒塌、塌陷造成他人损害的，由建设单位与施工单位承担连带责任。建筑物倒塌、塌陷造成他人损害的，被侵权人既可以要求建设单位承担侵权责任，也可以要求施工单位承担侵权责任，还可以要求二者共同承担侵权责任。同时该句中明确了建设单位和施工单位的免责要件，即他们能够证明不存在质量缺陷时即可免责。这一但书条款既是免责要件的规定，也是对举证责任的明确。有关建筑物、构筑物或者其他设施是否存在缺陷的问题，要依据有关法律、行政法规的规定以及有关国家标准、行业标准来确定。

本条第1款第2句规定，建设单位、施工单位赔偿后，有其他责任人的，有权向其他责任人追偿。建筑物、构筑物或者其他设施倒塌的，除了建设单位、施工单位以外，可能还存在其他责任人。比如，勘察单位、设计单位或者监理单位等。《建筑法》第56条规定："建筑工程的勘察、设计单位必须对其勘察、设计的质量负责。勘察、设计文件应当符合有关法律、行政法规的规定和建筑工程质量、安全标准、建筑工程勘察、设计技术规范以及合同的约定。设计文件选用的建筑材料、建筑构配件和设备，应当注明其规格、型号、性能等技术指标，其质量要求必须符合国家规定的标准。"第35条规定："工程监理单位不按照委托监理合同的约定履行监理义务，对应当监督检查的项目不检查或者不按照规定检查，给建设单位造成损失的，应当承担相应的赔偿责任。工程监理单位与承包单位串通，为承包单位谋取非法利益，给建设单位造成损失的，应当与承包单位承担连带赔偿责任。"《建设工程质量管理条例》第36条规定："工程监理单位……代表建设单位对施工质量实施监理，并对施工质量承担监理责任。"

依据本条第2款规定，因所有人、管理人、使用人或者第三人的原因，建筑物、构筑物或者其他设施倒塌造成他人损害的，由所有人、管理人、使用人或者第三人承担侵权责任。比如，业主擅自改变房屋基本结构等特殊情形造成他人损害的，被侵权人可以根据本条第二款的规定，依法直接请求造成建筑物等设施倒塌的所有人或者使用人承担侵权责任。该款规定既是所有人、管理人、使用人或者第三人承担建筑物等倒塌、塌陷责任的法律依据，也是建筑物等的建设单位和施工单位主张免责的一个重要依据，即他们只要能够证明造成建筑物倒塌或者塌陷是由上述其他责任人造成的，即可免责。当然，笔者认为，这并非建设单位或者施工单位的唯一免责事由，只要其能够证明其行为不符合相应的侵权责任构成，就可以阻却侵权责任的成立，从而免责。

第一千二百五十三条　建筑物、构筑物或者其他设施及其搁置物、悬挂物发生脱落、坠落造成他人损害，所有人、管理人或者使用人不能证明自己没有过错的，应当承担侵权责任。所有人、管理人或者使用人赔偿后，有其他责任人的，有权向其他责任人追偿。

【条文主旨】

本条是关于建筑物、构筑物或者其他设施脱落、坠落致害责任的规定。

【立法要点及理由】

关于建筑物、构筑物或者其他设施脱落、坠落致害责任，此前《民法通则》第126条规定："建筑物或者其他设施以及建筑物上的搁置物、悬挂物发生倒塌、脱落、坠落造成他人损害的，它的所有人或者管理人应当承担民事责任，但能够证明自己没有过错的除外。"在此基础上，《侵权责任法》把《民法通则》第126条规定的建筑物或者其他设施以及建筑物上的搁置物、悬挂物倒塌、脱落、坠落损害责任一分为二，将建筑物等脱落、坠落的致损责任规定在该法第 85 条，将建筑物等倒塌的致损责任规定在第 86 条。其中，《侵权责任法》第 85 条规定："建筑物、构筑物或者其他设施及其搁置物、悬挂物发生脱落、坠落造成他人损害，所有人、管理人或者使用人不能证明自己没有过错的，应当承担侵权责任。所有人、管理人或者使用人赔偿后，有其他责任人的，有权向其他责任人追偿。"本条沿用了《侵权责任法》第 85 条的规定。

建筑物是指人工建造的、固定在土地上，其空间用于居住、生产或者存放物品的设施，如住宅、写字楼、车间、仓库等。构筑物或者其他设施是指人工建造的、固定在土地上、建筑物以外的某些设施，如道路、桥梁、隧道、城墙、堤坝等。建筑物、构筑物或者其他设施上的搁置物、悬挂物是指搁置、悬挂在建筑物、构筑物或者其他设施上，非建筑物、构筑物或者其他设施本身组成部分的物品。例如，搁置在阳台上的花盆、悬挂在房屋天花板上的吊扇等。

本条规定了建筑物、构筑物或者其他设施及其搁置物、悬挂物发生脱落、坠落，致使他人人身、财产权益遭受损害，所有人、管理人或者使用人应承担侵权责任。就归责原则而言，依据本条规定，要采过错推定原则，即被侵权人只需证明自己遭受的损害系因建筑物、构筑物或者其他设施或者其搁置物、悬挂物发生脱落、坠落所造成的即已完成自己的举证责任，随后由建筑物、构筑物及有关物件的所有人、管理人或者使用人对自己没有过错承担举证责任。据此，本条规定的物件致人损害的责任构成要件为：第一，必须是由物件自然脱落、坠落造成损害且该物的范围是建筑物、构筑物或者其他设施及其搁置物、悬挂物。如果系有人使用这些物件致害则属于行为侵权而不能适用本条规定，因为此时物已经是行为人实施侵权行为的工具了。第二，有损害事实。此处的损害，应当理解为包括人身损害、财产损害以及精神损害。第三，受害人的损害结果与上述物件的脱落、坠落等有因果关系。有时候物的脱落、坠落虽并未直接作用于他人的人身及财产，但是由此引发他人遭受损害的，也应当认定为存在因果关系。第四，物件所有人、管理人或者使用人不能证明自己没有过错。本法关于建筑物致人损害责任为过错推定责任，因此物件所有人、管理人或者使用人不能证明自己对物件的脱落、坠落没有过错时，致害责任成立。[①] 此处的过错，通常是指所有人、管理人或者使用人对本条所称之物在维护和管理方面存在不完全、不完备状态，以致物缺少所应当具备的安全性。对此，要采取客观过错的认定标准，即从客观实际进行判断，对于不具备法律法规或者有关标准要求的安全性，不管其产生的具体原因如何，都认定存在维护和管理瑕疵，这也有利于保护受害人的合法权益。

【适用指南】

关于本条的适用，要注意以下问题：

一是关于所有人、管理人或者使用人承担责任的问题。对此，从本条的条文表述上讲，这里的“或者”应当是择一关系，并不存在他们之间承担连带责任的问题，因为连带责任必须由法律作出明文规定。但由于社会生活的复杂性，在具体个案当中，可能存在所有人、管理人或者使用人均未尽到管理、维护义务的情形，这时他们如何对被侵权人承担责任，本条并未规定。笔者倾向于认为，应当从本条的立法目的，即充分救济被侵权人的角度出发，将所有人、管理人或者使用人的责任作为一个整体对待，某责任主体承担责任后可以向其他有过错的主体追偿。这一情形涉及的责任承担规则较为复杂，还需要实践中进一步探索。

二是关于对其他责任人的追偿关系问题。首先，本条规定的其他责任人要承担的责任，应属于所有人、管理人或者使用人承担责任行使追偿权的内部责任关系，该其他责任人并非本条规定的对被侵权人承担责任的主体。其次，若该其他责任人与被侵权人存在合同关系的，被侵权人基于该

---

① 最高人民法院侵权责任法研究小组编著：《中华人民共和国侵权责任法条文理解与适用》，人民法院出版社 2010 年版，第 567 页。

合同关系对该责任人主张损害赔偿，则另当别论。最后，若该其他责任人属于直接侵权人的范畴，这时该责任人具有独立的侵权责任构成，应当作为侵权责任主体对被侵权人直接承担责任。

第一千二百五十四条　禁止从建筑物中抛掷物品。从建筑物中抛掷物品或者从建筑物上坠落的物品造成他人损害的，由侵权人依法承担侵权责任；经调查难以确定具体侵权人的，除能够证明自己不是侵权人的外，由可能加害的建筑物使用人给予补偿。可能加害的建筑物使用人补偿后，有权向侵权人追偿。

物业服务企业等建筑物管理人应当采取必要的安全保障措施防止前款规定情形的发生；未采取必要的安全保障措施的，应当依法承担未履行安全保障义务的侵权责任。

发生本条第一款规定的情形的，公安等机关应当依法及时调查，查清责任人。

【条文主旨】

本条是关于高空抛物侵权责任的规定。

【立法要点及理由】

在《侵权责任法》起草过程中，关于建筑物不明抛掷物、坠落物致人损害的责任承担，就曾引起广泛讨论，存在多种意见。一种意见认为，不宜规定由建筑物使用人承担侵权责任。理由是：（1）侵权责任的承担需要以可归责性为前提，缺乏可归责性的，受害人就应当风险自负。建筑物抛掷物、坠落物致人损害，难以确定具体侵权人的，缺乏可归责性，让所有可能加害的建筑物使用人承担责任，对他们不公平。（2）建筑物抛掷物、坠落物致人损害，难以确定具体侵权人时的责任归属，既不能用建筑物所有人、管理人责任来分析，也无法用共同侵权来解释，更难以用英美法系“市场份额”理论来推理。由可能加害的建筑物使用人承担侵权责任，缺乏理论基础，世界其他国家和地区也没有这样的立法例。(3) 让所有可能加害的建筑物使用人承担侵权责任，牵涉的范围太大，容易引发更多的矛盾。(4) 侵权责任法不能解决所有的问题，不可能保证所有被侵权人的损失都能够得到充分的填补。对于建筑物不明抛掷物、坠落物致人损害这类涉及公众安全的问题，可以考虑通过社会保险、国家救助基金制度等解决。另一种意见认为，应当由可能加害的建筑物使用人承担赔偿责任。理由是：(1) 一般情况下，真正的侵权人就在建筑物使用人的范围内，如果仅因为不能够确定具体的侵权人而让被侵权人自己承担损害后果，对被侵权人不公平，同时也是对侵权行为的纵容。(2) 这种情况与共同危险行为类似，在难以确定具体侵权人时，可以借鉴共同危险行为的责任承担方式，由可能加害的建筑物使用人承担侵权责任。(3) 让可能加害的建筑物使用人承担侵权责任，有利于发现真正的侵权人。由于建筑物使用人以外的人难以深入了解建筑物的使用情况，因此由被侵权人寻找真正的侵权人是极其困难的。同一建筑物的使用人多是长期生活在一起的邻居，比较熟悉，可以更方便地知道真正的侵权人，但是，人们大多抱着“多一事不如少一事”的心态，特别是碍于邻里关系，不愿提供证据证明他人的违法行为，这就使得被侵权人更加难以查找到真正的侵权人，有时即使是公安机关也很难查出具体的侵权人。让可能加害的建筑物使用人对被侵权人承担赔偿责任，可以促使他们积极举证，有利于确定真正的侵权人。还有意见认为，应当由可能加害的建筑物使用人对被侵权人给予补偿。建筑物抛掷物、坠落物造成他人损害，难以确定具体侵权人的，如果让被侵权人自己承担不利后果，对被侵权人不公平。如果让可能加害的建筑物使用人承担赔偿责任，建筑物使用人也难以接受。但是，让可能加害的建筑物使用人对被侵权人给予补偿，既保护了被侵权人的合法权益，同时也使建筑物使用人在心理上更容易接受，有利于缓和矛盾，解决纠纷。[①] 经过反复研究，立法机关最终在《侵权责任法》第87条规定："从建筑物中抛掷物品或者从建筑物上坠落的物品造成他人损害，难以确定具体侵权人的，除能够证明自己不是侵权人的外，由可能加害的建筑物使用人给予补偿。"应该说，这一规定出来之后，尤其是与《侵权责任法》第85条衔接适用，对于统一法律适用尺度，填平受害人损害，预防高空抛物行为发挥了积极作用。但是理论上有关高空抛物行为法律责任承担的争议一直存在，实践中也时常发生高空抛物伤人事件，[②] 引起社会广泛关注。本条规定存在的打击面过广、有违归责原则基本法理、对受害人救济不及时、不利于及时查找侵权人、不利于有效打击和预防高空抛物行为等问题也日渐暴露，有必要在立法上进一步完善高空抛物的侵权责任规则。在此大背景下，在《民法典》编纂过程中，学者们对于高空抛物侵权责任规则作了深入研究，最终作出了本条规定。

相较《侵权责任法》第87条规定，本条的重大变化主要有：一是开宗明义地新增规定"禁止从建筑物中抛掷物品"，旗帜鲜明地表达态度。针对高空抛物造成人身伤亡等问题，明确提出高空抛物为法律所禁止，价值导向明确。从法律适用上讲，这也为认定高空抛物行为的违法性提供了明确的法律依据。二是明确了从建筑物中抛掷物品或者从建筑物上坠落的物品造成他人损害时，由侵权人依法承担侵权责任为一般规则，由可能加害的建筑物使用人给予补偿为例外规则，而非《侵权责任法》第87条规定的由可能加害的建筑物使用人给予补偿为一般规则。三是新增了物业服务企业等建筑物管理人的责任，本条第2款规定的"物业服务企业等建筑物管理人应当采取必要的安全保障措施防止前款规定情形的发生；未采取必要的安全保障措施的，应当依法承担未履行安全保障义务的侵权责任"对于加强物业管理服务，预防高空抛物行为具有重大意义，也有利于快速有效地救济受害人损害。四是新增了有关部门查找职责的规定，本条第3

---

① 王胜明主编：《中华人民共和国侵权责任法释义》，法律出版社2010年版，第427页。

② 2019年6月16日上午，深圳市福田区某小区内一男童被高坠玻璃砸伤后经抢救无效死亡；2019年7月2日，一个灭火器从贵阳市某高楼上砸下，砸中一女子头部，致其死亡；等等。

款规定："发生本条第一款规定的情形的，公安等机关应当依法及时调查，查清责任人。"这对于解决实践中高空抛物侵权人查找难问题具有积极作用。

【适用指南】

高空抛物侵权人直接责任与可能加害人补偿责任的承担既涉及本条第1款的适用问题，也涉及第3款规定的内容。

依据本条第1款规定，从建筑物中抛掷物品或者从建筑物上坠落的物品造成他人损害的，应当由侵权人承担责任。在归责原则和构成要件上，本条规定并无体现过错的内容，但从本章的体系上讲，物件致人损害的责任属于过错推定责任。特别是第1253条关于建筑物、构筑物或者其他设施及其搁置物、悬挂物坠落致人损害的情形，就采取了过错推定责任。本条规定的从建筑上坠落的物品造成他人损害的，应当适用与第1253条相同的规则，而高空抛物行为，行为主观恶性更重，社会危险性更大，举轻以明重，此种情形更要适用过错推定责任，而不能适用过错责任加重受害人的负担。

本条第1款后段规定，"经调查难以确定具体侵权人的，除能够证明自己不是侵权人的外，由可能加害的建筑物使用人给予补偿"。该条文采用的是过错推定责任，即被告不能证明自己没有过错或者不能证明自己不是侵权人，均要承担民事责任。关于此种情形的适用，要注意以下几点：

一是关于可能加害的建筑物使用人的范围问题。"可能加害"的建筑物区分所有单元范围内的侵权人的确定问题可以依据科技手段和日常生活经验法则来进行，如在一楼的住户显然不可能属于高空抛物可能加害人的范围。此外，如果通过鉴定该损害发生的实际情况，可以确定坠落物来源高度超过一定楼层，则该楼层以下的建筑物使用人也可以免除责任。如果不能确定为坠落物，则应该是由可能抛掷物品的窗户所在建筑物使用人承担责任，这主要是因为抛掷物品来源的范围比坠落物的大。如果有证据证明抛掷物来自一定楼层或者一定方向，即可以确定一定范围内的“可能加害的建筑物使用人”，则应该尽量缩小责任人的范围。[①] 对于这一内容的适用，有必要做好相应的利益平衡保护。既要依法保护受害人的合法权益，又要注重维护建筑物使用人特别是建筑物居民的合法权益，尽量查明直接侵权人，尽量限缩“可能加害的建筑物使用人”的范围，实现救济损害与保障安居乐业的有机统一，促进社会和谐稳定。

二是关于举证责任倒置。根据本条规定，无法确定具体的侵权人的，由被侵权人证明自己是被建筑物上的抛掷物、坠落物伤害的，由建筑物使用人证明自己不是侵权人。建筑物使用人不能证明自己不是侵权人的，应对被侵权人受到的损害进行补偿。当然，如果有证据能够确定具体的侵权人，则其他可能加害的建筑物使用人无须再举证证明自己不是侵权人。[②] 在此要注意的是，一方面，这一举证责任倒置的做法，一定程度上加重了建筑物使用人的负担，但这是立法上分散风险、公平救济受害人的制度设计所要求的；另一方面，这一补偿责任更多的是基于道义、公平的理念进行的，不能理解为赔偿责任，也不能理解为可以被归责的过错责任。

在此还要注意的是，依据本条规定，物业服务企业等建筑物管理人承担侵权责任的前提是其未采取必要的安全保障措施，即未履行相应的安全保障义务。笔者认为，对此的判断依据应在于，不履行或者不完全履行物业服务合同约定或者法律法规规定、相关行业规范确定的维修、养护、管理和维护义务。而违反此义务的行为与造成建筑物及其搁置物、悬挂物发生脱落、坠落并最终致使他人损害具有因果关系。从责任形态上讲，物业服务企业等建筑物管理人承担的是违反安全保障义务的法律后果。对此，本编第1198条第1款规定：“宾馆、商场、银行、车站、机场、体育场馆、娱乐场所等经营场所、公共场所的经营者、管理者或者群众性活动的

---

① 王竹：《侵权责任法疑难问题专题研究（第二版）》，中国人民大学出版社2018年版，第338页。

② 王胜明主编：《中华人民共和国侵权责任法释义》，法律出版社2010年版，第429页。

组织者，未尽到安全保障义务，造成他人损害的，应当承担侵权责任。”第2款规定：“因第三人的行为造成他人损害的，由第三人承担侵权责任；经营者、管理者或者组织者未尽到安全保障义务的，承担相应的补充责任。经营者、管理者或者组织者承担补充责任后，可以向第三人追偿。”该条第1款是关于违反安全保障义务的直接侵权责任的规定，第2款则是存在第三人直接侵权时，安全保障义务人承担补充责任的规定。

在有其他侵权人的情形下，依据第1253条规定，物业服务企业等建筑物管理人在承担赔偿责任后，可以向其他责任人追偿。在此需要注意的是，这里的“向其他责任人”追偿必须严格限定在第1253条规定的情形，即必须是“建筑物、构筑物或者其他设施及其搁置物、悬挂物发生脱落、坠落造成他人损害”。

第一千二百五十五条　堆放物倒塌、滚落或者滑落造成他人损害，堆放人不能证明自己没有过错的，应当承担侵权责任。

【条文主旨】

本条是关于堆放物损害责任的规定。

【立法要点及理由】

堆放物损害责任，是指堆放的物品发生倒塌、滚落、滑落，致使他人人身、财产权益遭受损害，堆放人依法应承担的侵权责任。《民法通则》并未对堆放物损害责任作出规定。《民通意见》第155条对此作了明确，该条规定：“因堆放物品倒塌造成他人损害的，如果当事人均无过错，应当根据公平原则酌情处理。”《侵权责任法》在吸收司法实践经验的基础上，将堆放物损害责任作为物件损害责任的一种特定类型予以规定，该法第88条明确：“堆放物倒塌造成他人损害，堆放人不能证明自己没有过错的，应当承担侵权责任。”

《侵权责任法》第88条仅规定了堆放物倒塌一种加害形态。依据立法机关的解读，这里的倒塌包括堆放物整体的倒塌和部分的脱落、坠落、滑落、滚落等，如码头堆放的集装箱倒塌、建筑工地上堆放的建筑材料倒塌、伐木场堆放的圆木滚落等。[①]《最高人民法院关于处理涉及汶川地震相关案件适用法律问题的意见（二）》第9条规定，因地震灾害致使堆放物品倒塌、滚落、滑落的，所有人或者管理人不承担赔偿责任。

堆放物具有一定的危险性，一旦发生倒塌、滚落、滑落，可能对社会公众的人身、财产安全造成威胁。堆放人对堆放物有管护义务，应当合理选择堆放地点、堆放高度，要堆放稳固并进行看管，防止被他人随意挪动、攀爬等。《民通意见》第155条首次确立堆放物损害责任时，采用的责任形式为公平责任，由双方分担损失。但公平责任仅适用于双方均无过错的情形，而实践中堆放物发生倒塌、滑落、滚落，通常系由堆放瑕疵或者管理瑕疵所致。发生堆放物致人损害的事件，一般都表明堆放人具有过错，只不过这种过错受害人很难证明而已。仅根据公平原则，无法使受害人得到完全赔偿。[②]《侵权责任法》第88条在总结司法实践经验基础上，正式将堆放物损害责任确立为过错推定责任。本条基本沿用了这一规定，仅把“倒塌”修改为“倒塌、滚落或者滑落”，根据司法实践和其他相关法条对侵权行为情形进行了细化，更能满足审判实践的需要。

【适用指南】

依据本条规定，堆放物致人损害采用过错推定原则。堆放人不能证明自己没有过错的，承担侵权责任。如果堆放人能够证明堆放物的倒塌是因不可抗力、第三人的故意造成的，即不可抗力或者第三人故意行为对于损

---

① 王胜明主编：《中华人民共和国侵权责任法释义》，法律出版社2010年版，第432页。
② 王利明：《侵权责任法研究（下卷）》，中国人民大学出版社2011年版，第733页。

害的造成具有百分之百的原因力，这就意味着堆放人本身并没有过错，其就不承担侵权责任。但如果堆放人对此损害的造成也有过错，则应该根据其过错大小承担责任。

依据本条规定，有关责任构成要件为：其一，在行为样态上，堆放物发生倒塌、滚落或者滑落，是本条规定责任构成的基本条件。所谓倒塌，顾名思义就是指堆放物全部或者部分倾倒、坍塌。滚落，是指高处的堆放物滚下。滑落，是指高处的堆放物滑下。[①] 滚落、滑落是《民法典》编纂时吸收司法解释规定增补的两种情形。其二，发生了现实损害。这与其他侵权责任类型并无区别，也包括人身损害和财产损害。其三，损害结果与堆放物倒塌、滚落、滑落之间具有因果关系。人身、财产损害与堆放物倒塌、滚落、滑落事实之间存在引起和被引起的关系。其四，堆放人不能证明自己没有过错。这是适用过错推定责任原则的基本要求。堆放人不能证明自己没有过错的，即应承担侵权责任。

第一千二百五十六条　在公共道路上堆放、倾倒、遗撒妨碍通行的物品造成他人损害的，由行为人承担侵权责任。公共道路管理人不能证明已经尽到清理、防护、警示等义务的，应当承担相应的责任。

【条文主旨】

本条是关于公共道路妨碍物致害责任的规定。

【立法要点及理由】

公共道路妨碍物致害责任，是指在公共道路上堆放、倾倒、遗撒妨碍

① 杨立新：《侵权责任法》，法律出版社 2010 年版，第 590 页。

通行的物品，致使他人人身、财产权益遭受损害，行为人及公共道路管理人依法应承担的侵权责任。

在此前的法律中，《公路法》《道路交通安全法》既规定了损坏、污染公路和影响公路畅通的行为人的法律责任，也规定了道路交通主管部门的管理维护义务及处罚职权，但对有关民事责任并未作出明确规定。审判实践中不乏此类案件，需要明确相应法律适用规则。特别是对于行为人无法确定或者行为人无赔偿能力的情况下，未尽管理职责的公共道路所有人和管理人应否承担责任的问题需要明确。最高人民法院公报刊载的多个案例均持肯定态度。比如，在江苏省江宁县东山镇副业公司诉江苏省南京机场高速公路管理处损害赔偿案[①]中，法院裁判认为，高速公路管理处未及时清除散落物导致交通事故的，应承担赔偿责任。在范某等诉淮安电信分公司淮阴区电信局、淮安市淮阴区公路管理站人身损害赔偿纠纷案[②]中，法院裁判认为，物的所有人或管理人因维护、管理瑕疵致人损害应承担赔偿责任，除非其能够证明自身无过错。在综合审判经验及各方意见的基础上，《侵权责任法》正式确立了公共道路妨碍物致害责任，其第 89 条规定："在公共道路上堆放、倾倒、遗撒妨碍通行的物品造成他人损害的，有关单位或者个人应当承担侵权责任。"《民法典》继续对这一规则予以规定，但有关内容作了进一步修改或者细化。一是明确了具体的责任主体和相应侵权责任构成，针对侵权行为人与公共道路管理人分别规定了不同的责任范围：行为人承担的是完全赔偿责任，公共道路管理人承担的是相应的责任。二是明确了归责原则。一方面，对行为人而言，并未明确要求以过错为构成要件，[③] 只要在公共道路上从事了堆放、倾倒、遗撒妨碍通行物品的行为造成他人损害，即应承担侵权责任；另一方面，对于公共道路

---

① 载《最高人民法院公报》2000 年第 1 期（总第 63 期）。

② 载《最高人民法院公报》2011 年第 11 期（总第 181 期）。

③ 对此，有观点认为，公共道路上不得堆放物品，堆放了就有过错，造成损害便应当承担责任，这一责任为一般过错责任。参见王胜明：《〈侵权责任法〉实施疑难问题专家学者纵横谈》，载《法律适用》2011 年第 10 期。

管理人而言，适用过错推定责任原则，其不能证明已经尽到清理、防护、警示等义务时方应当承担相应的责任。三是在表述上将原来的“单位或者个人”修改为“行为人”。

【适用指南】

关于本条的适用，要注意以下问题：

一是关于公共道路的界定问题。通常而言，公共道路是指公共通行的道路。根据《公路法》和《公路管理条例》的规定，公路是指经公路主管部门验收认定的城间、城乡间、乡间能行驶汽车的公共道路，公路包括公路渡口、公路路基、路面、桥梁、涵洞、隧道。根据《道路交通安全法》的规定，道路是指公路、城市道路和虽在单位管辖范围但允许社会机动车通行的地方，包括广场、公共停车场等用于公众通行的场所。本条所说的公共道路包括但不局限于《公路法》《公路管理条例》中的公路以及《道路交通安全法》中的道路。公共道路既包括通行机动车的道路，也包括人行道路。另外，广场、停车场等可供公共通行的场地、建筑区划内属于业主共有但允许不特定的公众通行的道路都属于公共道路。[①] 概言之，公共道路的认定关键应在于是否允许不特定社会公众通行。在单位、小区等范围内且不允许社会公众通行的私人道路所发生的损害责任不适用本条规定。

二是关于公共道路管理人责任的承担问题。对此，要注意两个问题：(1) 依据本条规定，公共道路管理人的责任适用过错推定责任原则，其不能证明自己没有过错，即未尽到清理、防护、警示等义务，因此造成损害的，就要承担相应的责任。过错推定的立法政策反映了近代以来工业社会各种事故与意外事件大量发生的实际状况之需要，从而将利益的天平适当向受害人倾斜。[②] (2) 该公共道路管理人承担的责任为“相应的责任”，

---

① 王胜明：《中华人民共和国侵权责任法释义》，法律出版社 2010 年版，第 432 ~433 页。

② 张新宝：《侵权责任构成要件研究》，法律出版社 2007 年版，第 487 页。

从文义和体系解释角度言之，此“相应的责任”都不属于“相应的补充责任”的范畴，在本条对此有完备责任构成的情形下，特别是对此责任形态没有专门强调的情况下，公共道路管理人承担的责任与本条前句规定的行为人的责任，既非连带责任，也非补充责任。从某种意义上讲，本条对公共道路管理人的责任不规定为补充责任，也有利于对被侵权人的救济，使之不必限于补充责任所要求的限定条件（查找不到直接侵权人或者直接侵权人没有赔偿能力），而可以直接向公共道路管理人主张损害赔偿责任。在目前规范的语境下，基于对被侵权人充分救济的考量，就多数人责任形态而言，这一“相应的责任”界定为按份责任可能也不尽妥当。若作为在相应范围内的不真正连带责任，允许被侵权人在适当范围内选择相应主体来主张权利，则可作进一步的建设性探讨。当然，在解释论上，是否存在行为人的直接侵权行为与公共道路管理人未尽相应义务的不作为行为结合造成了损害后果，则不无进一步研究和探索的空间。

第一千二百五十七条　因林木折断、倾倒或者果实坠落等造成他人损害，林木的所有人或者管理人不能证明自己没有过错的，应当承担侵权责任。

【条文主旨】

本条是关于林木折断、倾倒或者果实坠落等造成他人损害时责任承担的规定。

【立法要点及理由】

关于林木折断、倾倒或者果实坠落等造成他人损害时的责任承担问题，《民法通则》并未规定。《侵权责任法》第 90 条规定：“因林木折断造成他人损害，林木的所有人或者管理人不能证明自己没有过错的，应当承担侵权责任。”该条只规定了林木折断一种情形，但从立法机关的解读来看，林木折断造成他人损害不仅包括林木枝蔓等的掉落造成他人损害，还包括其他情形，如实践中出现的椰树果实坠落砸伤路人、树木倒伏压坏路旁汽车等，[①] 故立法的本意应包括林木折断、林木倾倒、果实坠落等三种情形。最终，本条在《侵权责任法》第 90 条规定的基础上，增加了上述司法解释规定中的林木倾倒、果实坠落两种加害形态，更加系统全面。

【适用指南】

依据本条规定，林木折断、倾倒或者果实坠落等造成他人损害的责任适用过错推定责任原则，由此决定了适用本条规定的构成要件是：从客观要件来看，须有致害行为的发生，即出现了林木折断的事实；同时须有受害人的损害事实，受害人受到的损害既包括人身损害也包括财产损害，林木折断可能砸伤人，也可能砸坏车辆等财产。发生的损害是由林木折断造成的，而不是对林木本身造成损害。同时，是否由林木的所有人或者管理人实施的行为导致损害以及林木折断是否直接接触受害人，不属于考虑的因素。比如，一人骑车为躲闪即将坠落的折断的林木，仓促之中不慎摔伤，可能受害人并未被折断的林木直接砸到，但此种情况下，亦构成林木折断致人损害的侵权责任。从因果关系要件来看，须损害事实与树木管理瑕疵导致的损害行为之间有因果关系，需要特别指出的是须有近因关系，换言之，林木折断的行为直接导致了侵权行为的发生。从主观要件来看，须树木管理人或者所有人不能证明自己没有过错。[②]

关于所有人或者管理人的责任承担。林木的所有人是指对林木享有占有、使用、收益和处分权利的人，当其直接占有、管理树木时应当承担责任。林木的管理人，是指依据法律规定或者合同约定对林木进行管理的

---

① 王胜明主编：《中华人民共和国侵权责任法释义》，法律出版社 2010 年版，第 434 页。

② 最高人民法院侵权责任法研究小组编著：《中华人民共和国侵权责任法条文理解与适用》，人民法院出版社 2010 年版，第 596 ~ 597 页。

人。《森林法》第20条规定，国有企业事业单位、机关、团体、部队营造的林木，由营造单位管护并按照国家规定支配林木收益。农村居民在房前屋后、自留地、自留山种植的林木，归个人所有。城镇居民在自有房屋的庭院内种植的林木，归个人所有。集体或者个人承包国家所有和集体所有的宜林荒山荒地荒滩营造的林木，归承包的集体或者个人所有；合同另有约定的从其约定。其他组织或者个人营造的林木，依法由营造者所有并享有林木收益；合同另有约定的从其约定。是故，林木的所有人或者管理人应当对林木进行合理的维护，防止林木出现危害他人安全的情形。例如，所有人或者管理人应当固定好新栽的树木，在林木可能危害他人的安全时，要设置明显标志并采取相应的安全措施，及时消除危险状态，如要及时修剪干枯的树枝、采伐干枯的树木，及时清理树上的积雪，及时采摘成熟的果实等。所有人或者管理人欲证明自己没有过错，通常要证明其对林木已经尽到了管理、维护的义务。需要说明的是，很多时候，林木的折断表面上是由于自然原因或者第三人等的原因造成的，但实质上与所有人或者管理人的过错有关。例如，大风将因虫害而枯死的大树刮倒，砸伤了过路的行人。大风和虫害是导致树木折断的因素，但由于虫害可能是所有人或者管理人没有尽到管理、维护的义务造成的，因此所有人或者管理人不能证明自己没有过错的，就要承担侵权责任。再如，他人驾驶机动车撞到树木上，造成树木倾斜，后来树木倾倒或者折断造成他人损害，所有人或者管理人不能证明在该树木被撞倾斜后，自己为了防止该树木倾倒或者折断而及时采取了合理措施的，仍然要承担责任。如果林木的折断完全是因自然原因、第三人或者受害人的过错造成，林木的所有人或者管理人能够证明自己没有过错的，不承担侵权责任。①

在此还要注意的是，林木折断、倾倒或者果实坠落等应当是自然发生的，才能依据本条规定由林木的所有人或者管理人承担损害赔偿责任。但如果林木折断、倾倒或者果实坠落等完全是由第三人原因造成的，如故意

① 王胜明：《中华人民共和国侵权责任法释义》，法律出版社2010年版，第435～436页。

折断林木砸伤路人或者在树上采摘果实袭击他人等，则应适用《民法典》第1175条规定的“损害是因第三人造成的，第三人应当承担侵权责任”。如果存在第三人过错和林木的所有人或者管理人未尽管理、维护义务结合导致损害发生的情形，在法律没有明确规定且不符合目前《民法典》及其他法律关于连带责任规定的情况下，不宜认定林木的所有人或者管理人与第三人承担连带责任。在吴某景、张某逸、吴某娟诉厦门市康健旅行社有限公司、福建省永春牛姆林旅游发展服务有限公司人身损害赔偿纠纷案[①]中，法院认定有过错的第三人与未尽维护、管理义务的林木管理人构成无意思联络的数人侵权，应当根据过失大小或者原因力比例各自承担相应的赔偿责任，各被告之间为按份责任。

第一千二百五十八条　在公共场所或者道路上挖掘、修缮安装地下设施等造成他人损害，施工人不能证明已经设置明显标志和采取安全措施的，应当承担侵权责任。

窨井等地下设施造成他人损害，管理人不能证明尽到管理职责的，应当承担侵权责任。

【条文主旨】

本条是关于公共场所或者道路上施工致人损害责任的规定。

【立法要点及理由】

关于在公共场所或者道路上施工等造成他人损害责任和窨井等地下设施造成他人损害责任的问题，《侵权责任法》第91条规定：“在公共场所或者道路上挖坑、修缮安装地下设施等，没有设置明显标志和采取安全措

① 载《最高人民法院公报》2006年第6期（总第116期）。

施造成他人损害的，施工人应当承担侵权责任。窨井等地下设施造成他人损害，管理人不能证明尽到管理职责的，应当承担侵权责任。”本条基本沿用了这一规定，修改有两点：一是将“挖坑”修改成“挖掘”，对侵权行为的范围进行了扩展；二是将“没有设置明显标志和采取安全措施造成他人损害的，施工人应当承担侵权责任”修改为“施工人不能证明已经设置明显标志和采取安全措施的，应当承担侵权责任”，明确了施工人根据过错推定原则举证证明自己免责。

【适用指南】

关于本条的适用要注意的问题是，地面施工致人损害侵权责任的承担，是以施工人没有设置明显标志和采取安全措施为条件的。也就是说，如果施工人已设置明显标志和采取安全措施，客观上已尽其应有的注意义务，即可以免除责任。依据本条第1款规定，对此应由施工人来证明自己已按规定设置明显标志和采取安全措施；举证不能或举证不足的，则侵权责任成立。地面施工致人损害的侵权责任，在归责原则上应当适用过错推定原则。这种施工作业，属于有一定致损危险，但并非具有高度危险的作业。也就是说，在这种作业中，只要尽到了应有的谨慎和勤勉义务，就可以避免损害的发生。所以，从理论上讲，这种情况不同于高度危险的作业，没有必要实行无过错责任。同时，由于地面施工多发生在人群密集的地方，为加重地面施工人的义务，防范危险的发生，有必要将是否存在过错的举证责任分配给施工人，而且受害人也很难举证证明损害是因为施工人的过错造成的，所以也不宜将地面施工致人损害的侵权责任界定为过错责任。适用过错推定责任较好地平衡了受害人与致害人的关系。既免除了受害人的举证责任，也赋予了致害人推翻自己有过错的机会，相对公平合理。过错推定原则是过错责任原则的一种特殊表现形式，致害人承担民事责任同样要求具备过错责任的四个构成要件，只不过致害人主观上的过错直接由损害事实推定，受害人不负举证责任，致害人认为自己无过错的，应负举证责任，致害人没有证据或所举证据不足以证明自己没有过错的，应承担民事责任，能举证证明自己没有过错的，则免除致害人的民事责任。[①] 在此应当注意的是，本条规定的过错推定原则并非一般意义上的举证自身没有过错即可免责，而是要求举证特定免责事由才可免责，本条第1款即将此限定在施工人“已经设置明显标志和采取安全措施”这一情形。

对于本条第2款规定的窨井等地下设施致人损害的问题。《城市道路管理条例》第23条规定：“设在城市道路上的各类管线的检查井、箱盖或者城市道路附属设施，应当符合城市道路养护规范。因缺损影响交通和安全时，有关产权单位应当及时补缺或者修复。”《治安管理处罚法》第37条第2项规定，在车辆、行人通行的地方施工，对沟井坎穴不设覆盖物、防围和警示标志的，或者故意损毁、移动覆盖物、防围和警示标志的，处五日以下拘留或者五百元以下罚款；情节严重的，处五日以上十日以下拘留，可以并处五百元以下罚款。明确窨井等地下设施致人损害时责任的承担，有利于保护被侵权人的利益，也有利于促使地下设施的管理人认真履行职责，确保窨井等地下设施的安全，保护广大人民群众人身财产安全。依据本条第2款的规定，管理人对此要承担安全保障义务，但其承担义务也是有一定界限的，不能上升为绝对义务。只要管理人能够证明已经尽到了合理注意义务即管理职责的，就可以免除责任。

---

① 最高人民法院侵权责任法研究小组编著：《中华人民共和国侵权责任法条文理解与适用》，人民法院出版社2010年版，第604页。

附　　则

第一千二百五十九条　民法所称的“以上”、“以下”、“以内”、“届满”，包括本数；所称的“不满”、“超过”、“以外”，不包括本数。

【条文主旨】

本条是关于法律术语含义的规定。

【立法要点及理由】

本条关于“以上”“以下”等的表述是否包括本数的界定在《民法通则》中也有规定，其第155条规定，民法所称的“以上”“以下”“以内”“届满”，包括本数；所称的“不满”“以外”，不包括本数。由于《民法通则》将期间的规则也放在附则中规定，因此学理和实务上都将其认为是对与期间计算有关的术语的解释。这一说法有一定道理，因为上述术语大多数情况下都是适用于与期间有关的情况。但是由于社会实践的丰富多样性，在法律适用上，上述术语的适用也并不限于与期间有关的情况，因此在《民法总则》的起草过程中，在将期间单列一章规定的情况下，仍将这一术语解释规则放在附则中规定，此术语的适用范围就不再局限于与期间有关的情况。对于期间之外的情况，如对于民事主体年龄的要求、标的物数量等都要适用。此外，相较《民法通则》的规定，本条新增规定了“超过”这一情形也不包括本数的规定。总则编在附则部分对这一规定予以了沿用。

关于“以上”“以下”“以内”包括本数的规则，属于各个部门法律的通用规则，如《刑法》第99条规定：“本法所称以上、以下、以内，包括本数。”刑法中出现以上、以下、以内的用语一般是用于刑期的规定。由于刑法贯彻罪刑法定原则，上述有关刑期或者罚金的规定，都会有法律的明文规定，而民法贯彻意思自治原则，有关以上、以下、以内的术语除了有法律明确规定之外，还会存在大量的当事人约定的情形。应该说，约定的情形更为普遍，如当事人约定的债务履行期、交付标的物的数量等都会涉及。至于法定情形，如总则编第 17 条规定："十八周岁以上的自然人为成年人。不满十八周岁的自然人为未成年人。"第 18 条第 2 款规定："十六周岁以上的未成年人，以自己的劳动收入为主要生活来源的，视为完全民事行为能力人。"第 19 条规定："八周岁以上的未成年人为限制民事行为能力人，实施民事法律行为由其法定代理人代理或者经其法定代理人同意、追认；但是，可以独立实施纯获利益的民事法律行为或者与其年龄、智力相适应的民事法律行为。"第 75 条第 1 款规定："设立人为设立法人从事的民事活动，其法律后果由法人承受；法人未成立的，其法律后果由设立人承受，设立人为二人以上的，享有连带债权，承担连带债务。"在此需要注意的是，上述规定对于"以上"的要求都涉及此民事主体或者连带债权债务基本属性的认定，只有符合这些规定的年龄、人数要求，才属于该规定的适用范围，当事人显然不能通过约定排除适用。

此外，本条根据民事审判实务中的情况，将"届满"这一情形也明确为包括本数的情形。

关于"不满""超过""以外"，本条明确规定不包括本数。比如，总则编第 17 条规定："十八周岁以上的自然人为成年人。不满十八周岁的自然人为未成年人。"第 178 条第 2 款规定："连带责任人的责任份额根据各自责任大小确定；难以确定责任大小的，平均承担责任。实际承担责任超过自己责任份额的连带责任人，有权向其他连带责任人追偿。"这都是法律明确规定的适用本条的情形，应当遵循法定优先的规则。至于约定的情形，如同上述关于"以上"等包括本数的情形一样，在实践中更是大量存在。在此需要注意的是，对于"以外"等与数量无关的情形并不能适用本条规定，如总则编第 36 条第 3 款规定的"前款规定的个人和民政部门以外的组织未及时向人民法院申请撤销监护人资格的，民政部门应当向人民法院申请"。这是对于有关主体之外是否有其他主体情形的规定，与数量无关，故不能适用本条规定。

【适用指南】

对于本条的适用需要注意以下两个问题：

其一，关于当事人能否依照约定排除本条适用的问题。对此需要具体问题具体分析，但基本的适用规则应当是在除本条规定外其他法律没有禁止性规定且约定排除该规定并不会改变某一法律关系中的民事主体资格、权利义务或者责任属性的情况下，应当允许当事人通过约定改变上述规则的适用。比如，上述完全民事行为能力人的年龄要求，当然不能通过约定排除适用，但对于债务履行期等情形，当事人当然可以约定“6 个月以内”中的“以内”不包括本数。

其二，关于本条的适用范围问题。本条规定适用于《民法典》的所有各编，包括总则编和分则各编。而且在我国实行民商合一立法体例情形下，对于商事法的内容，如《公司法》等都要适用，至于其他的民事特别法，也都要适用。

第一千二百六十条　本法自 2021 年 1 月 1 日起施行。《中华人民共和国婚姻法》、《中华人民共和国继承法》、《中华人民共和国民法通则》、《中华人民共和国收养法》、《中华人民共和国担保法》、《中华人民共和国合同法》、《中华人民共和国物权法》、《中华人民共和国侵权责任法》、《中华人民共和国民法总则》同时废止。

【条文主旨】

本条是关于《民法典》施行时间以及相关法律废止的规定。

【立法要点及理由】

按照立法惯例，法律的施行时间都会在这部法律的最后一条予以规定，《民法典》也不例外。对此，本条前半部分规定："本法自 2021 年 1 月 1 日起施行。"

法的时间效力是指法律何时生效、何时终止生效及法律对其颁布实施前的事件和行为是否具有溯及力的问题。其中，法的生效时间，一般是根据法律的具体性质和实际需要来决定的。主要有以下几种形式；（1）自法律颁布之日起生效；（2）由该法来规定具体生效时间；（3）由专门法规定该法的具体生效时间；（4）规定法律颁布后达到一定期限开始生效。[①]

本条和 2017 年通过的《民法总则》一样，都是采取了上述第二种情形。比如，《民法总则》是由第十二届全国人民代表大会第五次会议于 2017 年 3 月 15 日通过，但要自 2017 年 10 月 1 日起施行。而《民法典》是由第十三届全国人民代表大会第三次会议于 2020 年 5 月 28 日通过，自 2021 年 1 月 1 日起施行。《民法总则》明确规定公布之后的一定日期为具体的生效时间，通常表述为"本法自某年某月某日起施行"。这种方式一般是基于预留一段准备期，使得需要适用法律的有关方面做好必要的学习、掌握和准备，以便于法律的顺利实施的考虑。《民法典》作为民商事领域的基本法律，其内容事关经济社会生活方方面面，对广大人民群众的切实利益以及民商事审判实务影响重大，尤其是《民法典》各编对于《民法通则》《物权法》《合同法》《侵权责任法》《担保法》等规定都作了一系列修改，新增完善了相关规则制度，体系庞大，内容丰富，需要社会各个行业领域学习、消化、吸收，这都需要一段时间。因此，为了更好地保障《民法典》的贯彻施行，本条明确规定本法自 2021 年 1 月 1 日起施行，以留足本法施行前准备的充分时间。

关于相关法律的废止问题。编纂《民法典》不是制定全新的民事法律，也不是简单的法律汇编，而是对现行的民事法律规范进行编订纂修，

---

① 此外，关于法的终止时间问题。法律效力的终止是指通过明令废止或默示废止的形式而终止某一法律的效力。我国法律终止效力的形式有：（1）新的法律公布后，原有的法律即丧失效力；（2）新法律取代原有法律，同时宣告旧法律作废；（3）法律本身规定的有效期届满；（4）由有关机关颁发专门文件宣布废止某个法律；（5）法律已完成其历史任务而自行失效。

对已经不适应现实情况的规定进行修改完善，对经济社会生活中出现的新情况、新问题作出有针对性的新规定。从新旧法律对照的角度上讲，民法典主要是针对《婚姻法》《继承法》《民法通则》《收养法》《担保法》《合同法》《物权法》《侵权责任法》《民法总则》的相关内容进行的修订编纂；从调整范围上讲，《民法典》的调整范围与上述九部法律的调整范围也是对应关系。换言之，《民法典》属于新法，这九部法律属于旧法，《民法典》施行后，上述九部法律自然应当废止。但是在此需要注意的是，《民法典》颁布后、施行前，即2020年5月28日至2021年1月1日，《民法典》并未施行，上述九部法律也并没有被废止，审判实践中对于上述九部法律仍然要予以适用。

【适用指南】

在此需要注意的是关于新旧法律的衔接适用问题。

关于法的溯及力，又称法的溯及既往的效力，是指新的法律颁布后，对其生效前的事件和行为是否适用的问题，如果适用，则具有溯及力；如果不适用，则不具有溯及力。一般情况下，我国法律坚持“法不溯及既往”的原则，但也有例外，特别是在刑法中，目前各国采用的通例是“从旧兼从轻”原则，我国现行《刑法》采用的也是这一原则。

对此，《立法法》第93条对于法律不溯及既往的原则作出了明确规定：“法律、行政法规、地方性法规、自治条例和单行条例、规章不溯及既往，但为了更好地保护公民、法人和其他组织的权利和利益而作的特别规定除外。”此规定的法理依据在于，法律作为社会的行为规范，它通过对违反者的惩戒来促使人们遵守执行，人们之所以对自己的违法行为承担不利后果，接受惩戒，就是因为事先已经知道或者应当知道哪些行为是法律允许的、哪些行为是法律不允许的，法律对人们的行为起指导和警示作用。不能要求人们遵守还没有制定出来的法律，法只对其生效后的人们的行为起规范作用。如果允许法具有溯及力，人们就无法知道自己的哪些行为将要受到惩罚，就没有安全感，也没有行为的自由。因此，作为一项法律原则，法是不具有溯及既往的效力的。大多数国家都承认这一原则。因此，无论是法律、行政法规、地方性法规、自治条例和单行条例还是规章，不论其效力等级是高还是低，都没有溯及既往的效力。这是一个原则，但是，任何原则都是相对的，都可能有例外。对于法不溯及既往这项原则来说，如果法律的规定是减轻行为人的责任或增加公民的权利，也可以具有溯及力，如刑法的从旧兼从轻的规定就是如此。因此，本条规定，为了更好地保护公民、法人和其他组织的权利和利益，法律规范可以有溯及力。这里的"公民、法人和其他组织"是指法律、法规、规章等规范性文件所直接指向的具体的公民、法人和其他组织，是法律、法规、规章等特定的调整对象，不是泛指，不是为了保护多数人的利益而使法律、法规、规章等具有溯及力。

按照这一法的溯及力基本规则，对于《民法典》施行前的有关法律关系以及民商事纠纷，都要遵循从旧兼从轻的规则，即适用原有的规定，如《物权法》《合同法》《侵权责任法》等的规定，相关案件纠纷都要适用这些法律及有关司法解释的规定。但是对于这些已经生效的法律都没有规定的情形，尤其是涉及《民法典》的新增规定，则有必要参照《民法典》的规定予以处理。对此，应根据《最高人民法院关于适用〈中华人民共和国民法典〉时间效力的若干规定》进行适用。

后 记

《中华人民共和国民法典》于2021年1月1日起正式生效施行。在以习近平同志为核心的党中央坚强领导下，经过立法机关、各参加编纂单位、法学理论界、法律实务界等的共同努力，2020年5月28日，第十三届全国人民代表大会第三次会议审议通过《中华人民共和国民法典》。这是新中国第一部以法典命名的立法，开创了我国法典编纂立法的先河，具有里程碑意义。

2020年5月29日，中共中央政治局就“切实实施民法典”举行第二十次集体学习。习近平总书记在主持学习时强调，民法典是新时代我国社会主义法治建设的重大成果，在中国特色社会主义法律体系中具有重要地位，是一部固根本、稳预期、利长远的基础性法律，对推进全面依法治国、加快建设社会主义法治国家，对发展社会主义市场经济、巩固社会主义基本经济制度，对坚持以人民为中心的发展思想、依法维护人民权益、推动我国人权事业发展，对推进国家治理体系和治理能力现代化，都具有重大意义。全党要切实推动民法典实施，以更好推进全面依法治国、建设社会主义法治国家，更好保障人民权益。习近平总书记的讲话为各级党政机关全面认识民法典颁布实施的重大意义，正确贯彻实施民法典，提供了强大的理论武装、思想指引、行动指南。

民法典系统整合了新中国成立70多年来长期实践形成的民事法律规范，汲取了中华民族5000多年优秀法律文化，借鉴了人类法治文明建设有益成果，是一部体现我国社会主义性质、符合人民利益和愿望、顺应时代发展要求的民法典，是一部体现对生命健康、财产安全、交易便利、生活幸福、人格尊严等各方面权利平等保护的民法典，是一部具有鲜明中国特色、实践特色、时代特色的民法典。

民法典在全面总结我国民事立法和司法实践经验基础上，根据新时代中国特色社会主义发展要求和法治需求，立足我国国情实际，对《民法总则》《民法通则》《物权法》《合同法》《担保法》《婚姻法》《收养法》《继承法》《侵权责任法》以及关于人格权的民事法律制度规范，进行系统整合、修订、编纂，形成一部包含总则编、物权编、合同编、人格权编、婚姻家庭编、继承编、侵权责任编共七编及附则的体例科学、结构严谨的法典，在我国法律体系中具有重要地位。

习近平总书记指出，要加强民法典重大意义的宣传教育。要讲清楚，实施好民法典是坚持以人民为中心、保障人民权益实现和发展的必然要求，是发展社会主义市场经济、巩固社会主义基本经济制度的必然要求，是提高我们党治国理政水平的必然要求。民法典实施水平和效果，是衡量各级党政机关履行为人民服务宗旨的重要尺度。国家机关履行职责、行使职权必须清楚自身行为和活动的范围和界限。各级党和国家机关开展工作要考虑民法典规定，不能侵犯人民群众享有的合法民事权利，包括人身权利和财产权利。有关政府机关、监察机关、司法机关要依法履行职能、行使职权，保护民事权利不受侵犯、促进民事关系和谐有序。

为贯彻落实习近平总书记重要指示精神，2020年6月12日，中国法学会发布《关于学习宣传贯彻〈中华人民共和国民法典〉的通知》，要求各研究会切实抓好民法典的学习宣传工作，着力加强研究阐释，积极参与民法典相关联、相配套的法律法规制度建设和相关法律法规、司法解释修改完善工作，组织编写宣传民法典通俗读本。为此，中国法学会证券法学研究会会长办公会研究决定立项编写本套宣传阐释民法典的丛书，作为研究会2020－2021年贯彻落实习近平总书记重要指示精神、落实中国法学会部署的重点工作。作者队伍中，包括证券法学研究会理事和一直参与民法典编纂和贯彻实施工作或者长期从事民商事审判业务工作的法官。

2020年12月30日，最高人民法院召开新闻发布会，向全社会通报了最高人民法院贯彻实施民法典全面完成司法解释清理相关情况，并发布

《最高人民法院关于适用〈中华人民共和国民法典〉时间效力的若干规定》等首批民法典配套司法解释。经过全面整理，共364件司法解释及相关规范性文件与民法典规定一致，未作修改、继续适用；共111件司法解释及相关规范性文件进行了修改，重新公布实施；共116件司法解释及相关规范性文件被废止。司法解释的全面清理和首批民法典配套司法解释的施行，为切实实施民法典，统一民事法律适用提供了有力保障。

本套丛书的亮点在于将《民法典》1260个条文的立法背景、制度目的的深入解析与司法实务密切结合，对民法典条文在司法实践中的适用提出方案，力求为司法实务和理论研究提供参考。同时，紧密结合司法解释和指导性案例的全面清理成果，对《民法典》新增制度和重大修改内容进行重点阐述，确保新制度、新规范能够被准确理解和正确适用。

本套丛书因撰写工作量大、出版时间紧张等原因，难免有不尽不周之处，敬请谅解，并欢迎反馈意见，我们对广大读者的关心和关照表示感谢！

郭　锋

2021年1月1日

图书在版编目（CIP）数据

中华人民共和国民法典条文精释与实务指南. 人格权编、侵权责任编／郭锋等编著. —北京：中国法制出版社，2021. 3

ISBN 978－7－5216－1165－6

Ⅰ. ①中…　Ⅱ. ①郭…　Ⅲ. ①民法－法典－法律解释－中国②人格－权利－法律解释－中国③侵权行为－民法－法律解释－中国　Ⅳ. ①D923. 05

中国版本图书馆 CIP 数据核字（2020）第 112976 号

策划编辑　谢　雯
责任编辑　谢　雯　赵律玮　　　　封面设计　李　宁

中华人民共和国民法典条文精释与实务指南：人格权编、侵权责任编

ZHONGHUA RENMIN GONGHEGUO MINFADIAN TIAOWEN JINGSHI YU SHIWU ZHINAN. RENGEQUANBIAN、QINQUAN ZERENBIAN

编著/郭锋等
经销/新华书店
印刷/三河市国英印务有限公司
开本/730 毫米×1030 毫米　16 开　　　　印张/ 39. 25　字数/ 468 千
版次/2021 年 3 月第 1 版　　　　2021 年 3 月第 1 次印刷

中国法制出版社出版
书号 ISBN 978－7－5216－1165－6　　　　定价：139. 00 元

北京西单横二条 2 号
邮政编码 100031　　　　传真：010－66031119
网址：http：//www. zgfzs. com　　　　**编辑部电话：010－66010493**
市场营销部电话：010－66033393　　　　**邮购部电话：010－66033288**

（如有印装质量问题，请与本社印务部联系调换。电话：010－66032926）